"十二五"职业教育国家规划教材
经全国职业教育教材审定委员会审定

移动通信

第2版

Yidong Tongxin

主　编◎曾庆珠
副主编◎顾艳华　陈雪娇　张志友
主　审◎柳春锋　杜庆波

北京理工大学出版社
BEIJING INSTITUTE OF TECHNOLOGY PRESS

内容简介

本书注重对学生移动通信技术知识的传授、应用和工程能力的培养，每章有学习目的和知识点以及小节和习题，方便学生学习。第 1 章介绍移动通信的定义、分类、工作方式，移动通信发展历史、系统的组成和特点；第 2 章主要介绍移动通信信道、噪声与干扰、移动通信主要调制解调技术和组网技术；第 3 章介绍 GSM 的系统组成、主要技术、编号计划、接续、安全性和移动性管理；第 4 章介绍 CDMA 的结构、扩频原理、CDMA 信道、功率控制原理和技术；第 5 章介绍 3G 标准、WCDMA/CDMA2000/TD－SCDMA 的网络结构和主要技术；第 6 章介绍基站 RBS200 和 RBS2000 的原理、基站维护流程及典型故障分析；第 7 章介绍网络规划与优化；第 8 章介绍移动通信的系统、基站维护、移动通信设备识别等典型实训项目。

本书适合高等院校通信工程专业、电子信息工程专业学生学习或作为培训教材使用。

图书在版编目（CIP）数据

移动通信/曾庆珠主编．—2 版．—北京：北京理工大学出版社，2014.8（2021.8 重印）
ISBN 978－7－5640－9399－0

Ⅰ.①移…　Ⅱ.①曾…　Ⅲ.①移动通信－通信技术－高等职业教育－教材
Ⅳ.①TN929.5

中国版本图书馆 CIP 数据核字（2014）第 126230 号

出版发行／北京理工大学出版社有限责任公司
社　　址／北京市海淀区中关村南大街 5 号
邮　　编／100081
电　　话／（010）68914775（总编室）
　　　　　82562903（教材售后服务热线）
　　　　　68944723（其他图书服务热线）
网　　址／http：//www.bitpress.com.cn
经　　销／全国各地新华书店
印　　刷／北京虎彩文化传播有限公司
开　　本／787 毫米×1092 毫米　1/16
印　　张／25
字　　数／578 千字
版　　次／2014 年 8 月第 2 版　2021 年 8 月第 4 次印刷
定　　价／55.00 元

责任编辑／张慧峰
文案编辑／多海鹏
责任校对／孟祥敬
责任印制／李志强

图书出现印装质量问题，请拨打售后服务热线，本社负责调换

前言 Preface

随着4G TD－LTE牌照的发放，4G的号角已经响起，我们即将从“e”时代向“u”时代迈进。

3G/4G的牌照发放是一种政府行为，但对于企业真正运行3G/4G需要的还是能够掌握3G/4G技能的人才，所以人才一定是先行的。伴随着3G/4G步伐的加快，市场对通信人才的需求将呈现出要求不断提高、价值不断上升、领域不断扩展的趋势，故复合型的通信人才将成为市场的宠儿。通信行业（通信服务业）急需大量动手能力强、职业技能高的人才。因此，高职生在3G/4G产品设计、生产、安装、调试、维护及简单硬件和软件开发方面有着良好的就业市场。

人才的培养离不开好的教材，因此，为高职生和教师提供一本适合的教材，努力做到传授给学生较广的知识面和较多的现代科技知识，加强学生的基础技能和岗位职业技能训练，是编写本书的目的。

本书的内容和素材的出处主要包括以下几个方面：首先是编者所在教研室与学术梯队所承担的移动通信方面的课程建设和教学经验；其次是编者指导移动通信领域的毕业生论文；再次是编者在通信运营企业实习和通信企业培训的成果（与技术人员交流、探索）；还有部分来自引用的参考文献以及中国移动、中国联通等通信运营商所做讲座的培训教材。此外，还要向为此书的形成提供帮助的众多教师和专家们表示特别感谢！

移动通信教材有以下几个特点：

（1）教材全面地介绍了与移动通信有关的基本概念、基本原理、相关技术及工程应用，内容丰富新颖，系统性强。

（2）移动通信理论部分做到深入浅出，将理论与工程实践相结合，更加注重实用性。

（3）实验项目强调理论与应用相互结合，增强学生的动手能力。

（4）教材结构清晰，内容覆盖面广，采用图解方式并配合许多立体图，直观且易于理解。

（5）注重移动通信技术知识的传授、应用和工程能力的培养，每章均有学习目的、知识点、小结和习题，方便学生学习。

本书是为高职（大专）通信技术类专业移动通信课程编写的教材（适用于60学时），全书共分为8章，其中第1章和第2章是移动通信的基础理论知识部分（可安排20学时）；第3～6章是系统知识部分（可安排24学时）；第7章和第8章是工程实践及应用部分（可安排16学时）。其他专业的教学可以根据教学实际需要进行课时的删减。

教材的第1章主要介绍移动通信的定义、分类、工作方式及移动通信发展历史、系统的组成和特点；第2章主要介绍天线、移动通信信道、噪声与干扰、移动通信主要调制解调技术、抗衰落技术和组网技术；第3章主要介绍GSM的系统组成、主要技术、编号计划、接续、安全性、移动性管理和GSM基站；第4章主要介绍CDMA的结构、扩频原理、CDMA信道、功率控制原理和技术；第5章主要介绍3G标准、WCDMA/CDMA2000/TD－SCDMA的网络结构和主要技术；第6章主要介绍LTE技术；第7章主要介绍移动通信网络规划与优化；第8章主要介绍移动通信工程安装流程图、移动通信工程安装步骤和典型移动通信工程安装。

本书第2章由顾艳华和朱斌（中邮建技术有限公司）编写，第4～7章由陈雪娇和管宏（中邮建技术有限公司）编写，第1章、第3章和第8章由曾庆珠和常勇（中邮通建设咨询有限公司）编写，第8章部分内容由黄先栋编写，第2～4章部分内容由张志友编写。全书由曾庆珠统稿。

本书的主审柳春锋副教授和杜庆波教授，对本书给予了极大的关注，并提出了许多宝贵的意见和建议，对此表示感谢。本书编写过程中还得到了南京信息职业技术学院有关教师的帮助，特此感谢。

鉴于时间仓促，作者水平有限，加之移动通信技术的发展日新月异，书中不妥之处，恳请读者批评指正。

编　者

缩 略 语

AAA	Adaptive Antenna Array	自适应天线阵列
AB	Access Burst	接入脉冲
AMPS	Advanced Mobile Phone System	高级移动电话系统
AUC	Authentication Center	鉴权中心
ACCH	Associated Control CHannel	随路控制信道
ADPCM	Adaptive Differential PCM	自适应差分脉码调制
AGCH	Access Grant CHannel	接入允许信道
AL	Access Link	A 链路
ANSI	American National Standard Institute	美国国家标准委员会
APC	Automatic Power Control	自动功率控制
ASK	Amplitude Shift Keying	幅移键控
BCCH	Broadcast Control CHannel	广播控制信道
BER	Bit Error Rate	误比特率
BSSMAP	Base Station System Management Application Part	基站系统管理应用部分
BS	Base Station	基站
BSC	Base Station Controller	基站控制器
BSIC	Base Station Identity Code	基站识别码
BSS	Base Station Subsystem	基站子系统
BSS	Base Station System	基站系统
B-ISDN	Broadband-ISDN	宽带综合业务数字网
BTS	Base Transceiver Station	基站收发信机
BP	Burst Period	突发周期
CAMEL	Customized Applications for Mobile network Enhanced Logic	移动网增强逻辑的用户应用
CBCH	Cell Broadcast Control CHannel	小区广播控制信道
CBSM	Cell Broadcast Short Message	小区广播短消息
CC	Calling Control	呼叫控制
CC	Country Code	国家代码
CCCH	Common Control CHannel	公共控制信道
CCH	Control CHannel	控制信道
CCIR	International Radio Consultative Committee	国际无线电咨询委员会

CCITT	International Telegraph and Telephone Consultative Committee	国际电报电话咨询委员会
CCPCH	Common Control Physical CHannel	公共控制物理信道
CDMA	Code Division Multiple Access	码分多址
CGI	Cellular Global Identity	小区全球标识
CM	Connection Management	连接管理
CN	Core Network	核心网络
CPU	Central Processing Unit	中央处理单元
CQT	Call Quality Test	拨打质量测试
CRC	Cyclic Redundancy Check	循环冗余校验
CS	Circuit Switch	电路交换
CWTS	China Wireless Telecommunications Standard group	中国无线电信标准组织
DB	Dummy Burst	空脉冲
DCA	Dynamic Channel Allocation	动态信道分配
DCCH	Dedicated Control CHannel	专用控制信道
DCE	Data Circuit Equipment	数据电路设备
DCE	Data Circuit terminating Equipment	数据电路端接设备
DCS1800	Digital Cellular System at 1 800 MHz	1 800 MHz 频段的数字蜂窝系统
DECT	Digital Enhanced Cordless Telecommunications	数字增强无绳电信
DL	Diagonal Link	D 链路
DL	Data Link	数据链路
DL	Down Link	下行链路
DPPS	Data Post-Processing System	数据后处理系统
DS	Direct（Sequence）Spread（Spectrum）	直（接序列频谱）扩（展）
DTMF	Dual Tone Multiple Frequency	双音多频
DTX	Discontinuous Transmission	不连续发送
DwPTS	Downlink Pilot Time Slot	下行导频时隙
EDGE	Enhanced Data rates for GSM Evolution	增强数据率 GSM 演进
EIR	Equipment Identification Register	设备识别登记器
FACCH	Fast Associated Control CHannel	快速随路控制信道
FB	Frequency correction Burst	频率校正脉冲
FCA	Fixed Channel Allocation	固定信道分配
FCCH	Frequency Correction CHannel	频率校正信道
FDD	Frequency Division Duplexing	频分双工
FDMA	Frequency Division Multiple Access	频分多址
FH	Frequency Hopping	跳频
FPLMTS	Future Public Land Mobile	

	Telecommunication System	未来公众陆地移动通信系统
FTA	Final Type Approval	最终型号批准
FH	Frequency Hopping	跳频
FSK	Frequency Shift Keying	频移键控
GGSN	Gateway GPRS Supporting Node	GPRS 网关支持节点
GLPF	Gaussian Low Pass Filter	高斯低通滤波器
GSM	Global System for Mobile communications	全球移动通信系统
GSM900	GSM at 900 MHz	900 MHz 的全球移动通信系统
GMSC	Gateway Mobile Switching Center	网关移动交换中心
GMSK	Gaussion filtered MSK	高斯滤波最小频移键控
GPRS	General Packet Radio Service	通用分组无线业务
HCA	Hybrid Channel Allocation	混合信道分配
HCM	HanDoff complete Message	切换完成消息
HDLC	High level Data Link Control	高级数据链路控制协议
HDM	HanDoff complete Message	切换指示消息
HLR	Home Location Register	归属位置登记器
HSCSD	High-Speed Circuit-Switched Data	高速电路交换数据
HSDPA	High Speed Downlink Packet Access	高速下行分组接入
HSTP	High Signaling Transport Point	高级信令转接点
HSUPA	High Speed Uplink Packet Access	高速上行分组接入
IMEI	International Mobile Equipment Identity	国际移动设备识别
IMS	IP Multimedia Subsystem	IP 多媒体子系统
IMSI	International Mobile Subscriber Identifier	国际移动用户标识符
IMT－2000	International Mobile Telecommunication－2000	国际移动通信－2000
I/O	Input/Output	输入/输出
ISDN	Integrated Service Digital Network	综合业务数字网
ISO	International Standard Organization	国际标准化组织
ITU	International Telecommunication Union	国际电信联盟
Ki	individual subscriber authentication Key	用户鉴权码
Kc	ciphering Key	密钥
LA	Location Area	位置区
LAC	Local Area Code	位置区码
LAI	Local Area Identity	位置区域识别码
LAPB	Link Access Protocol-Balanced	链路接入协议－平衡式
LAPD	Link Access Procedure on the D-channel	D 信道链路接入规程
LI	Link Interface/Line Interface	链路接口/线路接口
LMT	Local Maintenance Terminal	本地维护终端
LMSI	Local Mobile Station Identity	本地移动台识别码

LNA	Low Noise Amplifier	低噪声放大器
LSTP	Low Signaling Transport Point	低级信令转接点
LTE	Long Term Evolution	长期演进
MAC	Media Access Control	媒体接入控制
MBMS	Multimedia Broadcast Multicast Service	多媒体广播多播服务
MCC	Mobile Country Code	移动国家码
MIB	Master Information Block	主信息块
MM	Mobility Management	移动性管理
MNC	Mobile Network Code	移动网号码
MS	Mobile Station	移动台
MSC	Mobile Switching Center	移动交换中心
MSIN	Mobile Station Identification Number	移动台识别码
MSK	Minimum (Frequency) Shift Keying	最小频移键控
MSRN	Mobile Station Roaming Number	移动台漫游号码
MSISDN	Mobile Station International ISDN Number	移动台国际 ISDN 号码
MT	Mobile Terminal	移动终端
MTP	Message Transfer Part	消息传输部分
MUD	Multi-User Detection	多用户检测
NCC	Network (PLMN) Colour Code	PLMN 网络色码
NB	Normal Burst	常规脉冲
NDC	National Destination Code	国内目的地代码
NMC	Network Management Center	网管中心
NSS	Network Switching System	网络交换系统
OFDM	Orthogonal Frequency-Division Multiplexing	正交频分复用
O&M	Operation and Maintenance	操作和维护
OMC	Operation and Maintenance Center	操作维护中心
OQPSK	Offset Quadrature Phase Modulation	交错正交相移键控
OSI	Open System Interconnection	开放系统互连
OSS	Operating Support Subsystem	操作支持子系统
PA	Power Amplifier	功率放大器
PACS	Personal Access Communication System	个人接入通信系统
PCU	Packet Control Unit	分组控制单元
PCF	Packet Control Function	分组控制功能
PDSN	Packet Data Serving Node	分组数据业务节点
PHS	Personal Handy-phone System	个人手持电话系统
PCH	Paging CHannel	寻呼信道
PCM	Pulse Code Modulation	脉冲编码调制
PDU	Protocol Data Unit	协议数据单元
PDN	Public Data Network	公共数据网

PDCH	Packet Data CHannel	分组数据信道
PIN	Personal Identity Number	个人识别码
PLMN	Public Land Mobile Network	公用陆地移动网
PS	Packet Switch	分组交换
PSDN	Public Switched Data Network	公用数据交换网
PSMM	Pilot Strength Measurement Message	导频强度测量消息
PSPDN	Packet Switch Public Data Network	分组交换公用数据网
PSTN	Public Switching Telephone Network	公用电话交换网
PUK	PIN Unlocking Key	PIN 码解锁密钥
QCELP	Qualcomm Code Excited Linear Predictive coding	Qualcomm 码激励线性预测编码
QPSK	Quadrature Phase Modulation	正交相移键控
QoS	Quality of Service	服务质量
RA	Rate Adaptation	速率适配
RACH	Random Access CHannel	随机接入信道
QAM	Quadrature Amplitude Modulation	正交振幅调制
RAN	Radio Access Network	无线接入网络
RAND	RANDom number	随机数（用于鉴权）
RAM	Random Access Memory	随机存取寄存器
RF	Radio Frequency	射频
RLC	Radio Link Control	无线链路控制
RNC	Radio Network Controller	无线网络控制器
RPE-LTP	Regular Pulse Excitation-Long Term Prediction	规则脉冲激励 - 长期预测
RRC	Radio Resource Control	无线资源控制
RRM	Radio Resource Management	无线资源管理
RRU	Remote Radio Unit	远端射频单元
RX	Receiver/Reception	收信机/接收
SACCH	Slow Associated Control CHannel	慢速随路控制信道
SB	Synchronization Burst	同步脉冲
SCCP	Signaling Connection Control Part	信令连接控制部分
SCH	Synchronization CHannel	同步信道
SCP	Signalling Control Point	业务控制点
SDCCH	Stand alone Dedicated Control CHannel	独立专用控制信道
SDMA	Space Division Multiple Access	空分多址
SEMC	SEcurity Management Center	安全性管理中心
SFH	Slow Frequency Hopping	慢速跳频
SGSN	Serving GPRS Support Node	GPRS 业务支持节点
SIM	Subscriber Identification Module	用户识别模块
SIP	Session Initiation Protocol	初始会话协议

SMS	Short Message Service	短消息业务
SMSC	Short Message Service Center	短消息业务中心
SP	Signaling Point	信令点
SRES	Signed RESponse	符号响应
SS7	Signalling System No. 7	7 号信令系统
SS	Supplementary Service	补充业务
STP	Signalling Transfer Point	信令转接点
TA	Terminate Adapter	终端适配器
TAC	Type Approval Code	型号批准码
TACS	Total Access Communications System	全接入通信系统
TE	Terminal Equipment	终端设备
TCH/F	Traffic CHannel （Full rate）	全速率话务信道
TCH/H	Traffic CHannel （Half rate）	半速率话务信道
TDD	Time Division Duplexing	时分双工
TDM	Time Division Multiplex	时分复用
TDMA	Time Division Multiple Access	时分多址
TMSC	Tendon Mobile Switch Center	汇接移动交换中心
TMSI	Temperate Mobile Station Identity	临时移动台识别号码
TRAU	Transcoding and Rate Adaptation Unit	码型转换和速率适配单元
TX	Transmitter/Transmission	发信机/发射
UE	User Equipment	用户设备
UMTS	Universal Mobile Telecommunication System	通用移动通信系统
UpPTS	Uplink Pilot Time Slot	上行导频时隙
UTRA	Universal Terrestrial Radio Access	通用陆地无线接入
VSWR	Voltage Standing Wave Radio	电压驻波比
VMSC	Visited MSC	拜访 MSC
VLR	Visitor Location Register	拜访位置寄存器

目录 Contents

第1章

移动通信概述

本章目的

- 理解移动通信定义及分类
- 掌握移动通信工作方式
- 了解移动通信发展
- 掌握移动通信组成及特点

知识点

- 移动通信工作方式
- 移动通信组成
- 移动通信特点

引导案例（见图1-0）

图1-0　二维码的使用

案例分析

某商店是一家牛仔裤专卖店，专售各种男士牛仔裤。众所周知，不爱逛街买衣服是许多男士的通病，为了让各位男士能够享受到方便快捷的购物服务，这家店为每一条牛仔裤都配上了一个二维码标签。当客户看到心仪的款式时，只需用专门的手机应用对二维码进行扫描并选好尺码，再根据程序指引到指定的试衣间即可。当客户走进试衣间时，会发现商店已经将指定尺码款式的裤子放好，可以直接进行试穿。如果觉得满意，你就可以直接在试衣间内刷卡购买了。不满意的话只需将裤子留在试衣间，商店会负责后续处理，顾客可继续另行选购。

某市农业局为方便市民对生猪屠宰检疫信息查询溯源，动监所根据《生猪屠宰检疫电子出证系统建设方案》的要求，对屠宰检疫电子出证检疫信息查询功能进行了升级改造，增加了二维码识别功能。由于新增了可用普通智能手机识别二维码标识功能，市民只需要在手机上下载一个二维码扫描软件即可查验检疫证明的真伪，还能读取检疫证明上的全部检疫信息。

问题引入

1. 什么是移动通信？
2. 手机支付费用安全吗？

1.1 移动通信定义

从“周幽王烽火戏诸侯”到“竹信”，从“漂流瓶”到人类历史上的第一份电报，直至目前的电话通信、卫星通信、光纤通信等，无不深刻反映了人类社会通信方式的进步。

自从电话进入人类社会以来，人们对它的依赖与日俱增，这主要是由于电话使用方便，传送信息迅速，可以节省大量时间。移动通信的出现，为人类带来了无线电通信的更大自由和便捷。

1.1.1 移动通信定义

什么是个人通信？所谓的个人通信就是任何用户（Whoever）在任何时间（Whenever）、任何地方（Wherever）与任何人（Whomever）进行任何方式（Whatever）（如语音、数据、图像）的通信，从某种意义上来说，这种通信可以实现真正意义上的自由通信，它是人类的理想通信，是通信发展的最高目标。

所谓移动通信，就是通信的一方或双方是在移动中实现通信的。也就是说，至少有通信的一方处在运动中或暂时停留在某一非预定的位置上。移动通信包括移动台（汽车、火车、飞机、船舰等移动体上）与固定台之间通信、移动台与移动台之间通信、移动台通过基站与有线用户通信等。

移动通信系统由两部分组成：空间系统和地面系统（包括卫星移动无线电台和天线、移动交换中心、基站）。

1.1.2 移动通信未来

在通信发展的今天，我们要明白：固定网发展 100 多年至今没有分过代；移动网的分代是人为的，不是技术进步的根本动力；用户注重的是服务，而不是提供服务的方式；技术标准的竞争实际上是各方利益的冲突；利益的冲突是难以用技术的融合手段加以解决的。

中国内地移动产业的基本态势：通信产业已成为中国经济发展的支柱产业；移动通信成为通信产业中增长迅速、发展潜力旺盛的部分。

中国内地市场的增长预测：预测总是滞后于发展速度；过去难以想象移动通信有什么用处；将来难以想象没有移动通信怎么生活。

移动通信产业所要解决的基本问题：

（1）解决无线传播的问题；

（2）解决移动组网的问题。

移动通信发展趋势：网络与业务分离；行业的融合；信息通信宽带化。

1.2 移动通信分类及工作方式

1.2.1 移动通信分类

移动通信有以下多种分类方式：

（1）按使用对象可分为民用设备和军用设备；

（2）按使用环境可分为陆地通信、海上通信和空中通信；

（3）按多址方式可分为频分多址（FDMA）、时分多址（TDMA）和码分多址（CDMA）等；

（4）按覆盖范围可分为广域网和局域网；

（5）按业务类型可分为电话网、数据网和综合业务网；

（6）按工作方式可分为同频单工、异频单工、异频双工和半双工；

（7）按服务范围可分为专用网和公用网；

（8）按信号形式可分为模拟网和数字网。

1.2.2 移动通信的工作方式

移动通信的传输方式分单向传输和双向传输两种，单向传输是指信息的流动方向始终向一个方向，这种传输方式适用于无线寻呼系统，如图 1－1 所示。双向传输有双工和半双工等多种方式，能够应用于更多的移动通信系统。

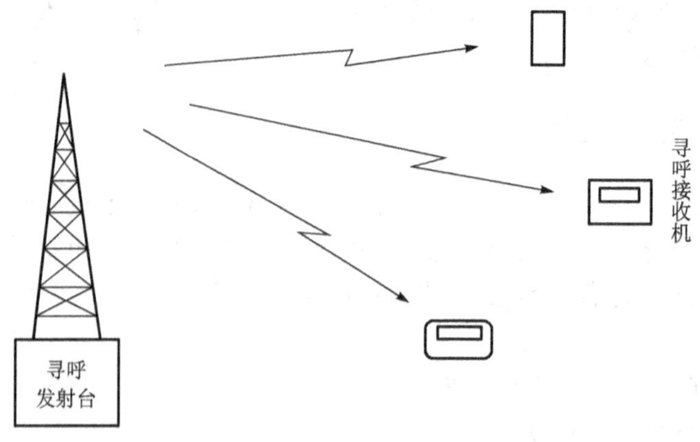

图1－1　单向传输方式（寻呼系统）

1. 单工通信

所谓单工通信是指通信双方交替进行收信和发信的通信方式，发送时不接收，接收时不发送。单工通信常用于点到点的通信，如图1－2所示。根据收发频率的异同，单工通信可分为同频单工和异频单工。

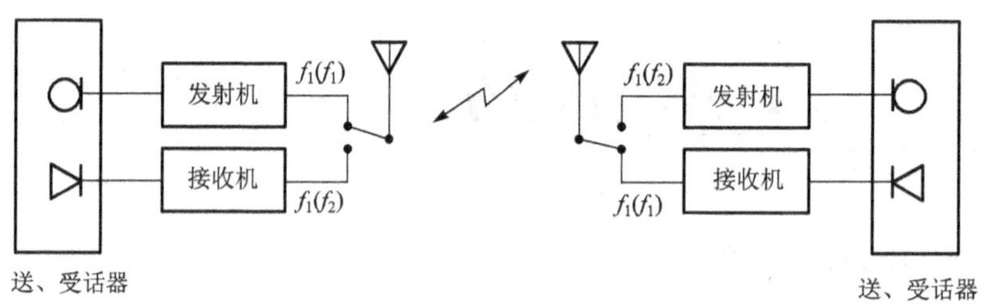

图1－2　单工通信

同频单工是指通信双方在相同的频率f_1上由收发信机轮流工作。平时双方的接收机均处于收听状态，当某方需要发话时，即按下发话按钮，关掉自己的接收机而使发射机工作，此时由于对方的接收机仍处于收听状态，故可实现通信。这种操作通常称为“按－讲”方式。同频单工的优点是：仅使用一个频率工作，能够最有效地使用频率资源；由于是收发信机间断工作，线路设计相对简单，价格也便宜。其缺点是：通信双方要轮流说话，即对方讲完后我方才能讲话，使用不方便。

异频单工是指通信双方的收发信机轮流工作，且工作在两个不同的频率f_1和f_2上。例如基站以f_1发射，移动台以f_1接收，而移动台以f_2发射，基站以f_2接收。异频单工只是在有中转台的无线电通信系统中才使用。

2. 双工通信

双工通信的特点是：同普通有线电话很相似，使用方便。其缺点是：在使用过程中，不管是否发话，发射机总是工作的，故电能消耗很大，这对以电池为能源的移动台是很不利的。针对此问题的解决办法是：要求移动台接收机始终保持在工作状态，而令发射机仅在发话时才工作。这样构成的系统称为准双工系统，也可以和双工系统兼容。这种准双工系统目前在移动通信系统中获得了广泛的应用。如图 1 - 3 所示。

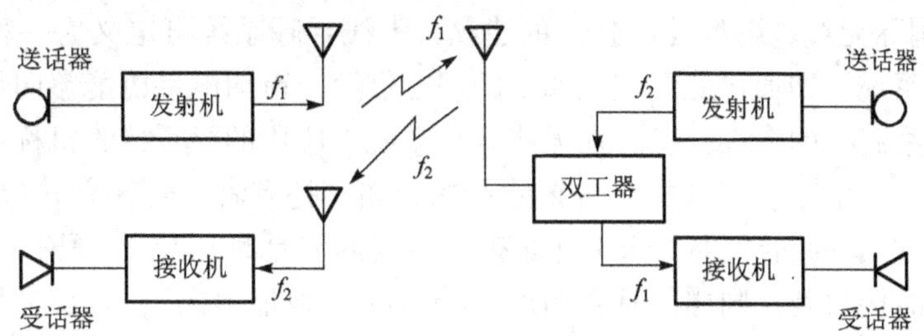

图 1 - 3　双工通信

双工通信也可分为同频双工和异频双工。异频双工制的优点是：

(1) 收发频率分开可大大减小干扰；

(2) 用户使用方便。

缺点是：

(1) 移动台在通话过程中总是处于发射状态，因此功耗大；

(2) 移动台之间通话需占用两个频道；

(3) 设备较复杂，价格较贵。

在无中心台转发的情况下，异频双工电台需配对使用，否则通信双方无法通话。

同频双工采用时分双工（TDD）技术，是近年来发展起来的新技术。

3. 半双工通信

半双工通信是介于单工通信和全双工通信之间的一种通信方式，如图 1 - 4 所示。其中，移动台的工作情况与单工通信时相似：采用“按 - 讲”方式，即按下开讲开关，发射机才工作，而接收机总是在工作。基站的工作情况与全双工通信时相似，只是可以采用双工器，使收发信机共用一副天线。

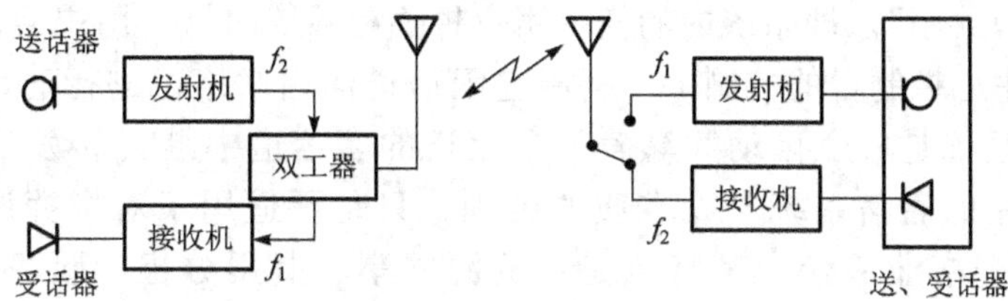

图 1 - 4　半双工通信

半双工通信的特点是：设备简单，功耗小，克服了单工通信断断续续的现象，但操作仍不太方便。所以半双工方式主要用于专业移动通信系统中，如汽车调度等。

1.2.3　移动通信系统的分类

移动通信系统按照使用要求和工作场合的不同，可以分成几个典型的移动通信系统，如无线寻呼系统、集群移动通信系统、移动卫星通信系统和无绳电话系统。

1. 无线寻呼系统

据 CCIR（国际无线电咨询委员会）的建议，无线寻呼系统可定义为一种非语言单向告警个人选择呼叫系统。即通过此系统，通信的一方借助于市话电话机能够向特定的寻呼接收机持有者传递一些简单的个人信息。在无线寻呼系统中应用的寻呼接收机称为袖珍铃，俗称“BB 机”。当接收到信息时，BB 机以告警的形式通知其持有者。告警方式包括声音、视觉、振动或是这几种方式的结合。每个 BB 机都有其特定的“地址编码”，只有真正发送给它的信息，持有者才能接收到；同样，只有知道了特定的“地址编码”，才能向特定的 BB 机发送信息。如图 1－5 所示。

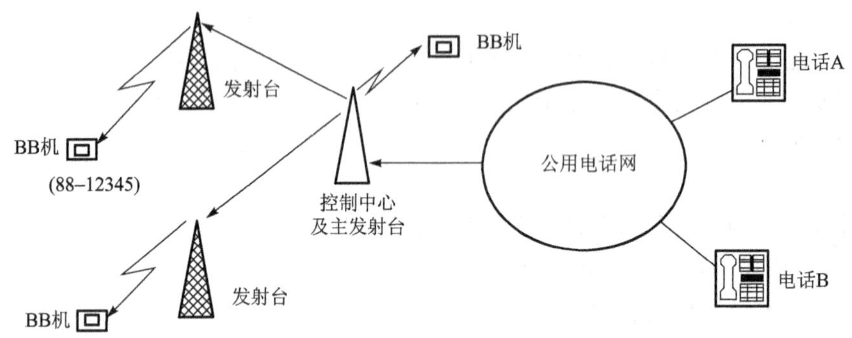

图 1－5　无线寻呼系统网络结构

2. 集群移动通信系统

集群移动通信系统也称大区制移动通信系统。CCIR 最初称为 Trunking System（中继系统），为了避免与无线中继系统混淆，后又改称集群系统。

集群系统是一种高级移动调度系统，是指挥调度最重要和最有效的通信方式之一，代表着专用移动通信网的发展方向。CCIR 对它的定义为“系统所具有的全部可用信道可为系统的全体用户共用”。即系统内的任一用户想要和系统内另一用户通话，只要有空闲信道，就可以在中心控制台的控制下，利用空闲信道沟通联络，进行通话。从某种意义上讲，集群通话系统是一个自动共享若干个信道的多信道中继（转发）通信系统。它与普通多信道共用的通信系统并无本质的区别，只是更适用于对指挥调度功能要求较高的专门部门或企事业单位。其特点是：资源共享、费用分担、服务优良、效率高、造价低。

3. 移动卫星通信系统

卫星通信的发展经历了如下几个阶段：国际卫星通信、国内卫星通信、VSAT（Very Small Aperture Terminal）卫星通信、当今的移动卫星通信和未来的空间信息高速公路。

所谓移动卫星通信是指以通信卫星为中继站，在较大地域及空间范围内实现移动台与固定台、移动台与移动台以及移动台或固定台与公众网用户之间的通信，如图 1－6 所示。移动卫星通信是移动通信和卫星通信相结合的产物，兼具卫星通信覆盖面宽和移动通信服务灵活的优点，是实现未来个人移动通信系统和真正的信息高速公路的重要手段之一。

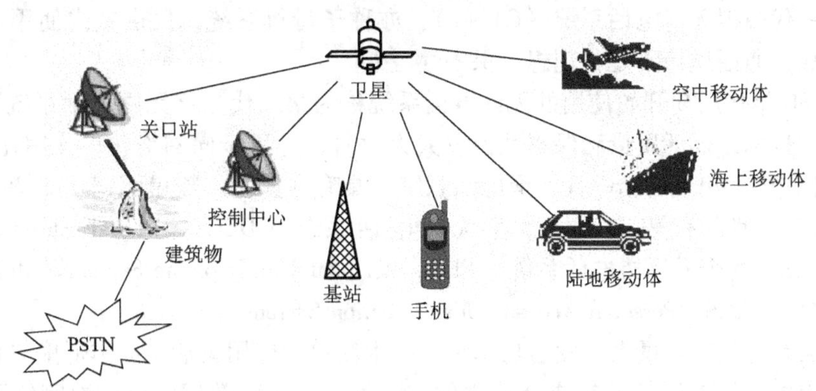

图1-6 移动卫星通信系统

移动卫星通信系统主要分为两大类：

(1) 同步轨道移动卫星通信系统。其特点是移动终端在移动，卫星是相对静止的（卫星与地球同步自转），因而又称静止轨道移动卫星通信系统（GEO）。典型的系统有美国的MSAT、澳大利亚的MOBILESAT等。

(2) 中、低轨道移动卫星通信系统（MEO、LEO）。其特点是移动终端相对静止（相对于移动中的卫星而言），因而又称非同步轨道移动卫星通信系统。典型的中轨道系统有ICO系统；典型的低轨道系统有Motorola公司的lridum（铱）系统和Qualcomm等公司的Globalstar（全球星）系统。这类系统更适合于手持终端的通信。

移动卫星通信系统的特点是：覆盖范围广，用户容量大，通信距离远且不受地理环境限制，质量优，经济效益高等。

目前移动卫星通信系统主要应用于大型远洋船舶的位置测定、导航和海难救助、移动无线电、无线电寻呼等。在IMT-2000提案中，有6个关于移动卫星通信的提案，基于这些提案的一些实验系统正在开发之中。

4. *无绳电话系统*

无绳电话系统指的是以无线电波（主要是微波波段的电磁波）、激光、红外线等作为主要传输媒介，利用无线终端、基站和各种公共通信网（如PSTN、ISDN等），在限定的业务区域内进行全双工通信的系统，如图1-7所示。无绳电话系统采用的是微蜂窝或微微蜂窝无线传输技术。

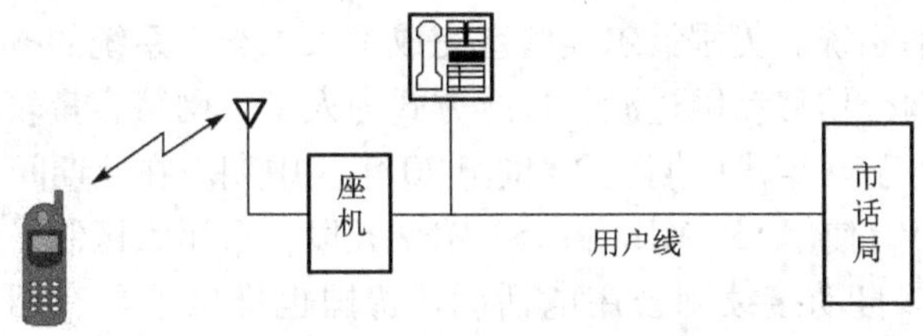

图1-7 无绳电话系统示意图

无绳电话系统经历了从模拟到数字，从室内到室外，从专用到公用的发展历程，最终形成了以公用交换电话网（PSTN）为依托的多种网络结构。20世纪70年代出现的无绳电话系统称为第一代模拟无绳电话系统（CT－1），亦称子母机系统，仅供室内使用，由于采用模拟技术，故其通话质量不是很理想，保密性也差。

20世纪80年代后期开始使用的无绳电话系统称为第二代数字无绳电话系统（CT－2），由于采用数字技术，通话质量和保密性得以大大改善，并逐步向网络化、公用化方向发展；20世纪90年代中期出现的新一代无绳电话系统，具有容量大、覆盖面宽、支持数据通信业务等特点，其典型的代表有泛欧数字无绳电话系统（DECT，Digital European Cordless Telephone）、日本的个人手持电话系统（PHS，Personal Handy phone System）和美国的个人接入通信系统（PACS，Personal Access Communication System）。

无绳电话系统具有容量大、发射功率小、技术简单、应用灵活、成本低廉等特点。无绳电话系统除用作有线市话的补充或延伸之外，还可实现多种数据业务：数字传真、可视图文、可视电话等。通过数字无绳系统，可以很方便地建立无线局域网络，如果借助于一些外加设施，还可以开展互联网业务。一般认为，无绳电话技术、蜂窝网技术和低轨道卫星移动通信技术构成了个人通信网的基础。

1.3 移动通信发展历史

1.3.1 发展简史

移动通信可以说从无线电通信发明之日就产生了。1897年，M·G·马可尼所完成的无线通信试验就是在固定站与一艘拖船之间进行的，距离为18海里。

现代移动通信技术的发展始于20世纪20年代，大致经历了五个发展阶段：

第一阶段从20世纪20年代至20世纪40年代，为早期发展阶段。在这期间，首先在短波几个频段上开发出了专用移动通信系统，其代表是美国底特律市警察使用的车载无线电系统。该系统工作频率为2 MHz，到20世纪40年代提高到30～40 MHz，可以认为这个阶段是现代移动通信的起步阶段，特点是专用系统开发，工作频率较低。

第二阶段从20世纪40年代中期至20世纪60年代初期。在此期间，公用移动通信业务开始出现。1946年，根据美国联邦通信委员会（FCC）的计划，贝尔系统在圣路易斯城建立了世界上第一个公用汽车电话网，称为“城市系统”。当时使用三个频道，间隔为120 KHz，通信方式为单工，随后，西德（1950年）、法国（1956年）、英国（1959年）等国相继研制了公用移动电话系统。美国贝尔实验室完成了人工交换系统的接续问题。这一阶段的特点是从专用移动网向公用移动网过渡，接续方式为人工，网络容量较小。

第三阶段从20世纪60年代中期至20世纪70年代中期。在此期间，美国推出了改进型移动电话系统（IMTS），使用150 MHz和450 MHz频段，采用大区制、中小容量，实现了无线频道自动选择并能够自动接续到公用电话网。德国也推出了具有相同技术水平的B网。可以说，这一阶段是移动通信系统改进与完善的阶段，其特点是采用大区制、中小容量，使用450 MHz频段，实现了自动选频与自动接续。

第四阶段从20世纪70年代中期至20世纪80年代中期。这是移动通信蓬勃发展时期。1978年底，美国贝尔实验室研制成功先进移动电话系统（AMPS），建成了蜂窝状移动通信网，大大提高了系统容量，并于 1983 年首次在芝加哥投入商用。1983 年 12 月，在华盛顿也开始启用。之后，服务区域在美国逐渐扩大。到 1985 年 3 月已扩展到 47 个地区，约 10 万移动用户。其他工业化国家也相继开发出蜂窝式公用移动通信网。日本于 1979 年推出 800 MHz 汽车电话系统（HAMTS），在东京、神户等地投入商用。西德于 1984 年完成 C 网，频段为 450 MHz。英国在 1985 年开发出全地址通信系统（TACS），首先在伦敦投入使用，以后覆盖了全国，频段为 900 MHz。法国开发出 450 系统。加拿大推出了 450 MHz 移动电话系统 MTS。瑞典等北欧四国于 1980 年开发出了 NMT－450 移动通信网，并投入使用，频段为 450 MHz。

这一阶段的特点是蜂窝状移动通信网成为实用系统，并在世界各地迅速发展。移动通信大发展的原因，除了用户要求迅猛增加这一主要推动力之外，还有几方面技术进步所提供的条件。首先，微电子技术在这一时期得到长足发展，这使得通信设备的小型化、微型化有了可能性，各种轻便电台被不断地推出。其次，提出并形成了移动通信新体制。随着用户数量增加，大区制所能提供的容量很快饱和，这就必须探索新体制，在这方面最重要的突破即是贝尔实验室在 20 世纪 70 年代提出的蜂窝网的概念。蜂窝网，即所谓小区制，由于实现了频率再用，大大提高了系统容量。可以说，蜂窝概念真正解决了公用移动通信系统要求容量大与频率资源有限的矛盾。第三方面的进展是随着大规模集成电路的发展而出现的微处理器技术日趋成熟以及计算机技术的迅猛发展，从而为大型通信网的管理与控制提供了技术手段。

第五阶段从 20 世纪 80 年代中期开始。这是数字移动通信系统发展和成熟时期。

以 AMPS 和 TACS 为代表的第一代蜂窝移动通信网是模拟系统。模拟蜂窝网虽然取得了很大成功，但也暴露了一些问题。例如，频谱利用率低、移动设备复杂、费用较贵、业务种类受限制以及通话易被窃听等，最主要的问题是其容量已不能满足日益增长的移动用户需求。解决这些问题的方法是开发新一代数字蜂窝移动通信系统。数字无线传输的频谱利用率高，可大大提高系统容量。另外，数字网能提供语音、数据多种业务服务，并与 ISDN 等兼容。实际上，早在 20 世纪 70 年代末期，当模拟蜂窝系统还处于开发阶段时，一些发达国家就开始着手数字蜂窝移动通信系统的研究。到 20 世纪 80 年代中期，欧洲首先推出了泛欧数字移动通信网（GSM）的体系。随后，美国和日本也制定了各自的数字移动通信体制。泛欧网 GSM 于 1991 年 7 月开始投入商用。

与其他现代技术的发展一样，移动通信技术的发展也呈现加快趋势，目前，当数字蜂窝网刚刚进入实用阶段，正方兴未艾之时，关于未来移动通信的讨论已如火如荼地展开。各种方案纷纷出台，其中最热门的是所谓个人移动通信网。关于这种系统的概念和结构，各家解释并未一致。但有一点是肯定的，即未来移动通信系统将提供全球性优质服务，真正实现在任何时间、任何地点、向任何人提供通信服务这一移动通信的最高目标。移动通信技术在第五阶段中的发展，还可作以下细分：

第一代移动通信技术（1G）。主要采用的是模拟技术和频分多址（FDMA）技术。由于受到传输带宽的限制，不能进行移动通信的长途漫游，只能是一种区域性的移动通信系统。第一代移动通信有多种制式，我国主要采用的是 TACS。第一代移动通信有很多不足之处，比如容量有限、制式太多、互不兼容、保密性差、通话质量不高、不能提供数据业务、不能提供自动漫游等。

第二代移动通信技术（2G）。主要采用的是数字的时分多址（TDMA）技术和码分多址

（CDMA）技术。全球主要有 GSM 和 CDMA 两种体制。GSM 技术标准是欧洲提出的，目前全球绝大多数国家使用这一标准。我国移动通信也主要是 GSM 体制，比如中国移动的 135 到 139 手机号码，中国联通的 130 到 132 都是 GSM 手机。目前使用 GSM 的用户占国内市场的 97%。CDMA 是美国高通公司提出的标准，目前在美国、韩国等国家使用。2G 的主要业务是语音，其主要特性是提供数字化的语音业务及低速数据业务。它克服了模拟移动通信系统的弱点，语音质量、保密性能得到大的提高，并可进行省内、省际自动漫游。第二代移动通信替代第一代移动通信系统完成了模拟技术向数字技术的转变，但由于第二代采用不同的制式，移动通信标准不统一，用户只能在同一制式覆盖的范围内进行漫游，而无法进行全球漫游。由于第二代数字移动通信系统带宽有限，限制了数据业务的应用，也无法实现高速率的业务，如移动的多媒体业务。

第 2.5 代移动通信技术（2.5G），在二代与三代技术之间，比如中国移动的 GPRS 技术和中国联通推出的 CDMA1X 技术。这些技术的传输速率虽然没有 3G 快，但理论上也有 100 多 K，实际应用基本可以达到拨号上网的速度，因此可以发送图片、收发电子邮件等。同时，还可以广泛应用于生产领域。

第三代移动通信技术（3G）。与从前以模拟技术为代表的第一代和第二代移动通信技术相比，3G 有更宽的带宽，其传输速度最低为 384 Kb/s，最高为 2 Mb/s，带宽可达 5 MHz 以上。目前全球有三大标准，分别是欧洲提出的 WCDMA、美国提出的 CDMA2000 和我国提出的 TD-SCDMA。3G 不仅能传输语音，还能传输数据，从而提供快捷、方便的无线应用，如无线接入 Internet。能够实现高速数据传输和宽带多媒体服务是第三代移动通信的另一个主要特点。第三代移动通信网络能将高速移动接入和基于互联网协议的服务结合起来，提高无线频率利用效率；提供包括卫星在内的全球覆盖并实现有线和无线以及不同无线网络之间业务的无缝连接；满足多媒体业务的要求，从而为用户提供更经济、内容更丰富的无线通信服务。但第三代移动通信仍是基于地面、标准的区域性通信系统。

虽然第三代移动通信可以比现有传输率快上百倍，但是仍无法满足用户对移动多媒体通信的更高要求。这直接推动了第四代移动通信系统的研发，第四代移动通信系统将提供更大的频宽，满足第三代移动通信尚不能达到的在覆盖、质量、造价上支持的高速数据和高分辨率多媒体服务的需要。

准第四代移动通信技术（3.9G）。为了弥补 3G 到 4G 的差距，人们提出了向 4G 的演进性技术，即 3.5G/3.75G/3.9G。目前，移动无线通信技术的演进主要有三条路径：一是 WCDMA 和 TD－SCDMA，均是从 HSPA 演进到 HSPA＋，进而演进到 LTE，全世界大多数电信运营商以及爱立信、诺基亚、西门子、华为等主要电信设备生产商均支持这一路线；二是 CDMA2000 沿着由 EV－DO ReV. O/ReV. A/ReV. B 最终至 UMB 的路线，目前主要的 CDMA 网络运营商和设备商均已明确表示放弃 UMD 演进路线，选择 LTE 技术向 4G 过渡；三是是 802.16m 的 WiMAX 路线，以英特尔、三星电子、阿尔卡特朗讯、奥维通等为代表的 WiMAX 厂商和一些新兴运营商仍然坚持这一路线。WiMAX、LTE 和 UMB 成为目前向 4G 演进的主要标准。

IMT－Advanced 要求的 4G 标准：LTE－Advanced 和 WirelessMAN－Advanced（802.16 m），其中由我国提出的 TD－LTE Advanced 作为 LTE－Advanced 标准分支之一入选。

LTE－Advanced 是指 3GPP 在 Release 10（R10）以及之后的技术版本，是 LTE 在版本 8 基础上丰富提高完善的版本。LTE 是 3GPP 组织为满足 IMT－AdVanced 需求而提出的，从已具有明显 4G 技术特征的 LTE 技术上平滑演进而来，所以 LTE Advanced 技术是一个向后兼容的技术，完全兼容 LTE。

WirelessMAN－Advanced（802.16m）事实上就是 WiMAX（802.16e）的升级版，即 IEEE 802.16 m 标准。802.16 m 最高可以提供 1 Gb/s 无线传输速率，还将兼容未来的 4G 无线网络，提高网络覆盖率，改建链路预算；提高频谱效率；提高数据和 VOIP 容量；低时延 QoS 增强；功耗节省。

以 WiMAX 为代表的宽带无线接入技术与以 LTE 为代表的移动通信技术非常相似，两者之间界线变得模糊。出现这样的局面，究其原因是不同的产业领域从不同方向向同一市场渗透。因此，3G/E3G 与宽带无线接入在很大程度上存在着竞争关系，主要集中在中低速移动速率环境下的无线数据服务。目前的 3G 技术商用程度远高于宽带无线接入技术，而宽带无线接入技术也有其独到的优势，处于不断完善并加快研发的进程。但两者也有互补之处，例如 3G 可以提供广域漫游、高移动性的语音和低速数据业务，而 WiMAX 可以提供重点区域的高速数据业务。

WiMAX－Advanced 逐步实现宽带业务的移动化，而 LTE－Advanced 则实现移动业务的宽带化，两种网络的融合程度会越来越高，这也是未来移动世界和固定网络的融合趋势。

第一代到准第四代移动通信发展如图 1－8 所示。

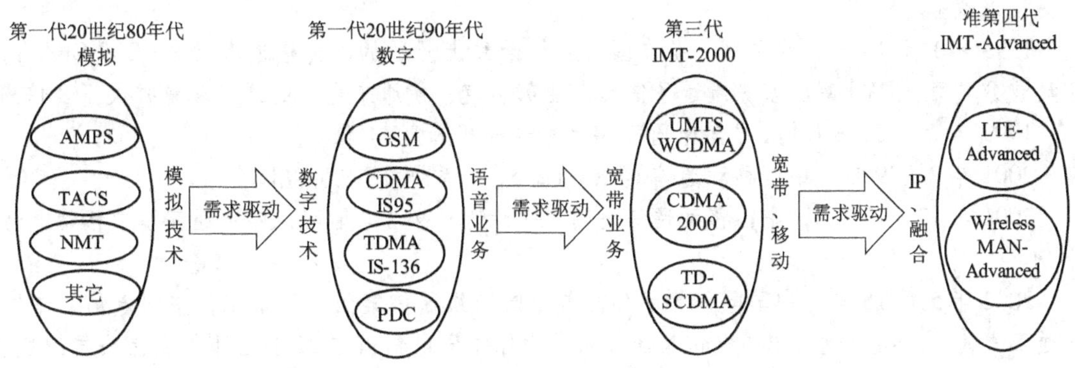

图 1－8　第一代至第四代移动通信发展

1.3.2　发展趋势

目前对第四代移动通信系统主要有以下几方面的描述：

（1）建立在新的频段（比如 5～8 GHz 乃至更高）上的无线通信系统；

（2）基于分组数据的高速率传输（10 Mb/s 以上）；

（3）真正的“全球一统”（包括卫星部分）系统；

（4）基于全新网络体制的系统，或者说其无线部分将是对新网络（智能的、支持多业务的、可进行移动管理）的“无线接入”；

（5）不再是单纯的（传统意义上）的“通信”系统，而是融合了数字通信、数字音/视频接收和互联网接入的崭新的系统。

第四代移动通信技术（4G）集3G与WLAN于一体，并能够传输高质量视频图像，它的图像传输质量与高清电视不相上下。4G系统能够以100 Mb/s的速度下载，比目前的拨号上网快2 000倍，上传的速度也能达到20 Mb/s，并能够满足几乎所有用户对无线服务的要求。而在用户最为关注的价格方面，4G与宽带网络相比不相上下，而且计费方式更加灵活机动，用户完全可以根据自身的需求制定所需的服务。此外，4G可以在DSL和有线电视调制解调器没有覆盖的地方部署，然后再扩展到整个地区。很明显，4G有着不可比拟的优越性。

在4G之后，个人通信系统将成为未来移动通信系统的大趋势。“个人通信系统”的概念在20世纪80年代后期就已出现，当时便引起了世界范围内的巨大兴趣。个人通信系统是一个要求任何人能在任何时间、任何地点与任何人进行各种业务通信的通信系统。这里指的个人通信是既能提供终端移动性，又能提供个人移动性的通信方式。终端移动性指用户携带终端连续移动时也能进行通信，个人移动性指用户能在网中任何地理位置上根据他的通信要求选择或配置任一移动的或固定的终端进行通信。可见个人通信系统的实现将使人类彻底摆脱现有通信网的束缚，达到无约束、自由通信的最高追求。

【中国通信简史】

1993年9月19日，我国第一个数字移动电话通信网在浙江省嘉兴市首先开通。

1994年10月，我国第一个省级数字移动通信网在广东省开通，容量为5万门。

1998年5月15日，北京电信长城CDMA网商用试验网133网，在北京、上海、广州、西安投入试验。

1999年1月14日，我国第一条在国家一级干线上开通的、传输速率为8×2.5 Gb/s的密集波分复用（DWDM）系统通过了信息产业部鉴定，使原来光纤的通信容量扩大了8倍。

1999年7月22日0时，“全球通”移动电话号码升至11位。

2001年7月9日，中国移动通信GPRS（2.5G）系统投入试商用。

2001年12月31日，中国移动通信关闭TACS模拟移动电话网，停止经营模拟移动电话业务。

2002年5月15日，中国电信集团公司与中国网络通信集团公司重组，中国电信、中国网通正式挂牌。新组建的中国电信集团公司是由原中国电信南方21省区市的电信公司组成；新组建的中国网通集团公司是由原中国电信北方10省区市电信公司和原中国网通公司、中国吉通公司组成。

2002年5月17日，中国移动通信GPRS业务正式投入商用，中国迈入2.5G时代。

2003年7月，我国移动通信网络的规模和用户总量均居世界第一，手机产量约占全球的1/3，已成为名副其实的手机生产大国。

2008年，我国TD-SCDMA系统为奥运会提供3G通信服务。

2008年5月23日，中组部在中国联通、中国电信、中国移动和中国网通宣布了最新的电信运营商人事任命。意味着电信重组正式开始。重组如下：中国铁通集团有限公司并入中国移动通信集团公司，成为其全资子公司，目前仍将保持相对独立运营；中国电信将收购联通C网；中国联通将与中国网通合并成立新联通。

2009年1月7日，工业和信息化部为中国移动、中国电信和中国联通发放了3张第三代移动通信（3G）牌照，此举标志着我国正式进入3G时代。批准中国移动增加基于TD-

SCDMA 技术制式的3G 牌照，中国电信增加基于 CDMA2000 技术制式的3G 牌照，中国联通增加基于 WCDMA 技术制式的3G 牌照。

2012 年1 月18 日，国际电信联盟无线电通信权贵审核通过了满足 IMT – Advanced 要求的4G 标准为 LTE – Advanced 和 WirelessMAN – Advanced（802.16 m），其中由我国提出的 TD – LTE Advanced 作为 LTE – Advanced 标准分支之一入选。

1.4　移动通信系统组成及特点

1.4.1　系统组成

移动通信系统的组成如图1 –9 所示。

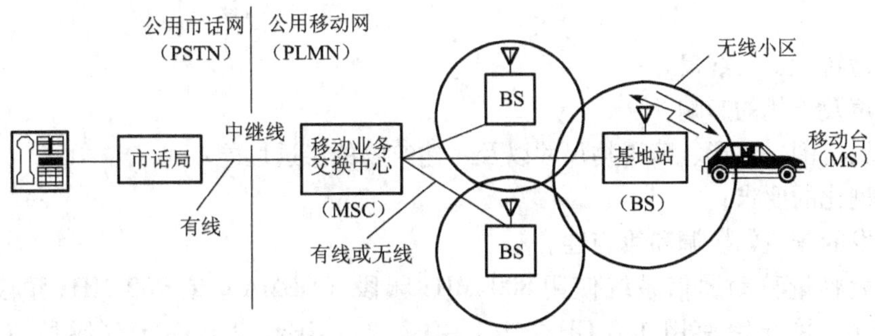

图1 –9　移动通信系统的组成

1. 交换分系统（Exchange System）

交换分系统包括移动交换中心（MSC，Mobile Switching Center）、归属位置登记处（HLR，Home Location Register）、被访位置登记处（VLR，Visit Location Register）、设备识别登记处（EIR）、鉴权中心（AC）和操作管理中心（OMC）等基本组成部分。它是移动通信系统的控制交换中心，也是与公众通信网的接口。

2. 基站分系统（Base Station System）

基站分系统包括一个基站控制器（BSC）和若干个由基站控制器控制的基站收发信系统（BTS）。基站主要的作用是负责移动通信系统的无线资源的管理，实现固定用户与移动用户之间的通信连接，传送系统信号及用户信息。BSC 单元用来与 MSC 进行数据通信，与移动台（MS）在无线信道上进行数据传输。基站（BS）的通话频道单元数量取决于需要同时通话的用户数，一般有几条或几十条，甚至多达几百条。BS 与 MSC 之间采用有线中继电路传输数据或模拟信号，有时也采用光缆传输或数字微波中继方式。BS 与 MS 以无线形式连接，BS 天线的覆盖范围称为无线区。

3. 移动用户终端（Mobile Station）

移动用户终端又称为移动台（MS，Mobile Station）是移动通信中不可缺少的一部分，它的主要形式有车载台、手持机、携带式等类型。在数字蜂窝移动通信系统中，移动台除了电话业务外，还可以为用户提供各种非通话业务，如短消息、数据传输、手机上网等功能。移动台由收信机、发信机、频率合成器、数据逻辑单元、拨号按键和送话器、受话器等组成。

4. 操作和维护子系统（OSS）

操作维护子系统包括三个部分：对电信设备的网络操作与维护、注册管理和计费、移动设备管理。它是通过网络管理中心（NMC）、安全管理中心（SEMC）、用户识别管理个人化中心（PCS）、集中计费管理数据处理系统（DPPS）等功能实体，以实现对移动用户注册管理、收费和记账管理、移动设备管理的网络操作和维护。

1.4.2 移动通信系统的工作频段

为了有效地使用有限的频率资源，对频率的使用和分配必须服从国际和国内的统一管理，否则会造成互相干扰或资源的浪费。确定移动通信的频段应主要从以下几个方面来考虑：

电波传播特性，天线尺寸；

环境噪声及干扰的影响；

服务区域范围、地形、障碍物尺寸以及对建筑物的渗透性能；

设备小型化的要求；

与已开发的频段的协调和兼容性。

目前，大容量移动通信系统使用800 MHz频段（CDMA）或900 MHz频段（AMPS、TACS、GSM），并开始使用1.8 GHz、2.1 GHz、2.3 GHz、2.6 GHz等频段（GSM1800/DCS1800），该频段用于微蜂窝（Microcell）系统。图1－10所示为我国陆地蜂窝移动体系系统频段分配。

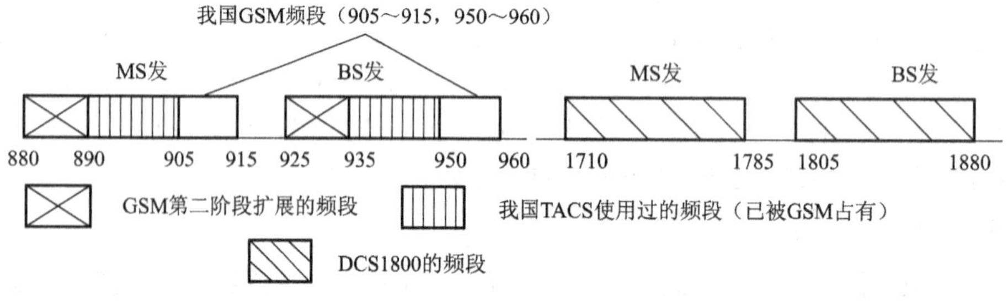

图1－10　我国陆地蜂窝移动体系系统频段分配（2G）

根据国际电联的分配规定，我国无线电管理委员会关于陆地移动通信使用频率的规定，将900 MHz频段中的806～821 MHz和851～866 MHz分配给集群移动通信，825～845 MHz和870～890 MHz分配给部队使用，大容量公用陆地移动通信系统频段为890～915 MHz和935～960 MHz。为进一步发展公用陆地移动通信网，还要考虑到满足网络容量，1 GHz以下只有零散频段。因此未来移动通信系统的通信频段划分为1 710～2 690 MHz，在世界范围内灵活运用，鼓励移动业务改革；1 885～2 025 MHz和2 110～2 200 MHz用于IMT2000系统和发展世界范围的移动通信。

卫星移动通信的频段划分主要为：

137～138 MHz、400.15～401 MHz（均用于下行）和148～149.9 MHz（上行）用于小低轨道卫星移动业务；1 610～1 626.25 MHz（上行）和2 483.5～2 500 MHz（下行）用于大低轨道卫星移动业务；1 980～2 010 MHz（上行）和2 170～2 200 MHz（下行）用于第三代移动通信的移动卫星通信业务。

我国大容量公用陆地移动通信采用的是GSM体制的数字移动通信系统，相邻频道间隔为200 kHz。上行链路采用905～915 MHz频段，下行链路采用950～960 MHz频段。随着业务的发展，可根据需要向下扩展，相应缩小模拟公用移动电话网的频段（890～905 MHz，935～950 MHz）。

1.4.3 移动通信特点

1. 电波传播条件复杂

移动通信的电波传播环境十分的恶劣。移动台处在快速运动中，导致接收信号的强度和相位随时间、地点不断变化，同时地形、地物的影响会使电波多径传播而造成多径衰落（又称为瑞利衰落），这种衰落差达40 dB以上；另外多径传播产生的多径时延或时间展宽等效为移动信道的传输性畸变，对数字移动通信影响很大。

多普勒频移产生附加调频噪声。所谓多普勒效应指的是当移动台（MS）具有一定速度v的时候，基站（BS）接收到移动台的载波频率将随v的不同，产生不同的频移。反之也如此。移动产生的多普勒频率为

$$f_{\mathrm{d}}=\frac{v}{\lambda}\cos\theta$$

式中，v为移动体速度；λ为工作波长；θ为电波入射角（如图1－11所示）。

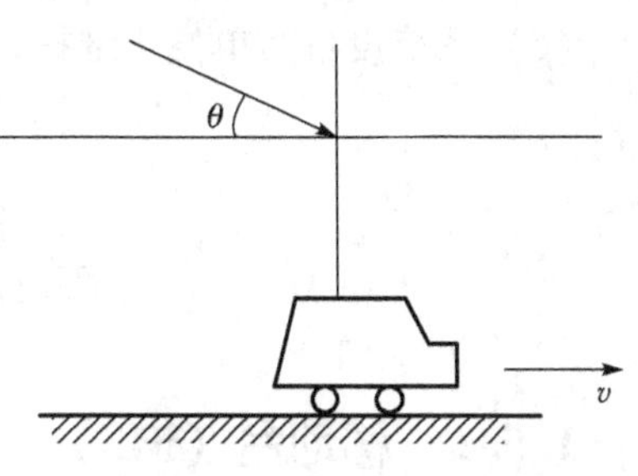

图1－11 多普勒效应示意图

此式表明，移动速度越快，入射角越小，则多普勒效应就越严重。

多普勒频移对信号的影响主要表现在以下几个方面：

（1）多普勒频移产生的附加调频或寄生调相均为随机变量，对调频或调相信号都会有干扰伤害；

（2）在高速移动的电话系统中，多普勒频移影响300 Hz左右的语音信号，产生使人不舒服的失真；

（3）多普勒频移对低速数字信号不利，对于高速数字波形则影响不大，在数据通信中，为避免调制功率谱能量集中在随机调频的范围内，选择一种适当的波形是必要的。

2. 干扰和噪声严重

因为移动通信网是多频道、多电台同时工作的通信系统，所以当移动台工作时，往往受到各种干扰，如由城市噪声、各种车辆发动机点火噪声的干扰设备中器件的非线性特性引起的互调干扰、由移动台“远近效应”引起的邻道干扰及同频复用所引起的同频干扰等。因此，在系统设计时，应根据具体情况，采取相应的抗干扰和噪声的措施。

3. 频带利用率要求高

移动通信，特别是陆地移动通信的用户数量很大，为了缓和用户数量大与可利用的频率资源有限的矛盾，除了开发新频段之外，还要采取各种措施以便更加有效地利用频率资源，如压缩频带、缩小波道间隔、多波道共用等，即采用频谱和无线频道有效利用技术。

4. 移动台的移动性强

由于移动台的移动是在广大区域内的不规则运动，而且大部分的移动台都会有关闭不用的时候，它与通信系统中的交换中心没有固定的联系，因此，要实现通信并保证质量，必须要发展自己的跟踪、交换技术，如位置登记技术、波道切换技术、漫游技术等。

5. 建网技术复杂

为了保证移动台在大范围内自由运动仍能够实现实时通信，移动通信网络控制中心应该知道移动台的位置，以便确定由哪个基站与移动台建立联系，并相应地分配一个合适的信道，因此在建网过程中采用了位置登记技术、越区切换技术和跟踪交换技术。

1.4.4 对移动通信系统的要求

对移动通信系统的要求是：

（1）系统的抗干扰能力强。

（2）系统的抗衰落能力强。

（3）频带利用率高，在给定的频段内能容纳更多的用户。

（4）用户能方便、灵活、迅速地接入信道并与对方建立通信连接。

（5）具有多种功能。移动通信应包括语音、数据和图像（多媒体）等业务。

（6）系统设备简单便于维护。

1.5 技能训练

1.5.1 移动台（MS）

1. 实验目的

（1）理解移动台结构及原理。

（2）了解移动台的部分参数和重要指标。

2. 实验工具与器材

螺丝刀，镊子，静电手镯，酒精，棉球，放大镜（100倍）。

3. 实验原理

移动台是移动通信系统四大组成部分之一，是系统的终端设备，是用户能直接面对的部分，也是用户使用最多的部分，因此，对用户来说了解手机的结构和原理，认清其功能和原理非常重要。其原理如图1－12所示。

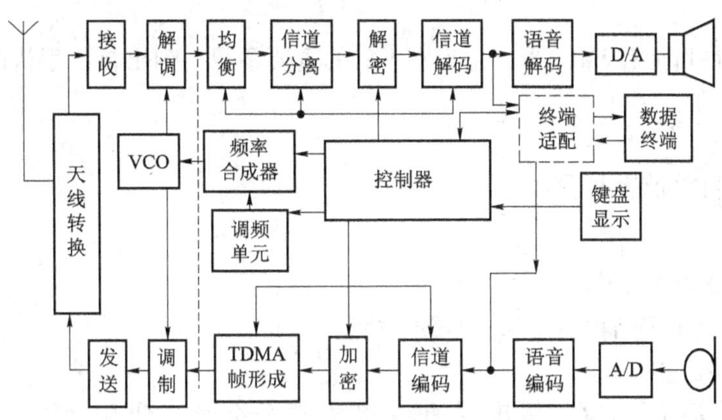

图 1－12　移动台的原理

1）移动台（MS）结构

移动台 MS 是 GSM 移动通信网中用户使用的设备，移动台的类型主要有车载台和手机，随着 GSM 标准的手机进一步向小型、轻巧和多功能方向发展，手机用户所占比重将越来越大。移动台 MS 除具有通过无线接口进入 GSM 系统的常规无线通信功能和相关处理功能外，还必须提供与使用者之间的接口。比如提供通话呼叫所需要的话筒、扬声器、显示屏和键盘，进行数据通信时还需要提供与其他一些终端设备之间的接口，如与个人计算机和传真机之间的接口。

（1）移动台。移动台为移动用户设备，可以是车载台或手持台（手机）。用户和移动设备二者是完全独立的，从图 1－12 中可以看出，数字式移动台式由收发信、基带信号发送与接收信道处理和控制、终端接口三大部分组成。收发信部分包括天线系统、发送、接收、调制解调和振荡器等高频系统。发送信道处理包括语音编码、信道编码、加密、TDMA 帧形式、调频，其中信道编码包括分组编码、卷积码和交织。接收信道的处理包括解调、均衡、信道分离、解密、信道解码和语音解码。控制部分是由微处理器来实现的，主要是对移动台进行控制和管理，包括定时、跳频、收发信基带信号处理及终端接口等的控制。终端接口部分包括模拟语音接口（A/D、D/A 变换，话筒，扬声器）、数字接口（数字终端适配器）和人机接口（显示器、键盘、SIM 卡）。

移动台的硬件电路由专用集成电路及少量外围电路组成，专用集成电路包括收信电路、发信电路、锁相环合成器、调制解调器、均衡器、信道编码器、控制器、识别卡（SIM）与数字接口、语音处理专用集成电路。其中控制器可用微处理器构成，包括 CPU、EPROM 和 EEPROM。移动台的硬件结构如图 1－12 所示。

（2）SIM 卡。移动设备只有插入 SIM 卡后才能入网。GSM 系统中的移动用户都有一张用户识别卡（SIM），GSM 系统通过 SIM 卡来识别用户，SIM 卡中存有用于身份证所需的信息，如国际移动用户识别码（IMSI），并能存储一些与安全保密有关的信息，以防止非法用户入网。SIM 卡还可存储与网络和用户有关的管理数据。SIM 卡的应用使移动台不是固定地束缚于一个用户，为建造不同电信网之间的大范围可移动个人通信系统奠定了一个良好的基础。

（3）电池。电池是手机重要的组成部分，没有电池手机无法进行正常的移动通信，手机电池种类很多，请同学拿出自己的手机电池，分辨手机电池的类型和参数。

2）手机识别

手机的入网许可证和IMEI号，是识别手机的重要参数，列出自己手机的入网许可证和IMEI号，进行识别。

3）注意静电

学生在拆手机前带静电手镯。

4. 实验要求

（1）写出实验报告。

（2）列举自己手机结构、品牌、参数、功能。

（3）查询手机IMEI。

（4）分组将手机拆除，写出手机各组成部分名称、功能、数量等信息，填入表1－1中。

表1－1 产品列表

序号	名称	数量	品牌（商标）	功能	其他
1					
2					
3					
4					
5					
6					
7					
8					
9					
10					

1.5.2 移动通信系统组成

1. 实验目的

（1）了解移动通信系统的基本组成与功能。

（2）了解移动通信系统的基本工作过程。

2. 实验工具与器材

（1）移动通信实验系统 N 台（$N \geqslant 3$）。

（2）每组小交换机1台、电话机多部。

3. 实验基本原理

图1－13所示为与公用电话网（PSTN）相连的移动通信系统方框图。各要素之间的信道，包括MS－BS的无线信道以及BS－MSC、MSC－EX、EX－TEL的有线信道都包含信令通道及话音通道。各段信令互连，逐段传输、转发，最终完成一次呼叫接续，在主、被呼用

户间分配、建立一条逐段互连而成的话务信道，以实现双方通信（既可传输话音，亦可传数据等信息）。

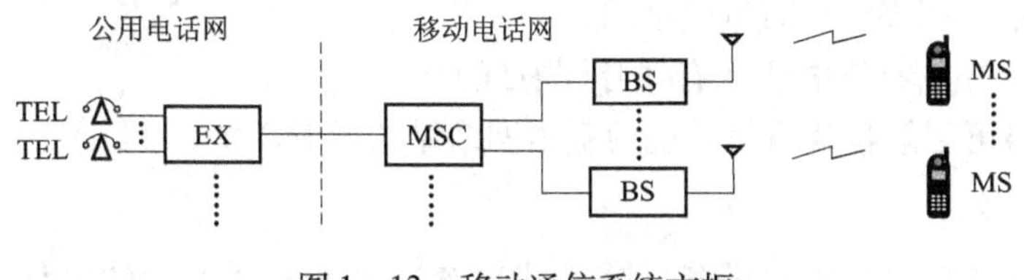

图1-13　移动通信系统方框

目前常用的移动通信系统主要有四类：蜂窝移动通信系统、集群移动通信系统、无绳电话系统及无线寻呼系统，它们的功能及应用场合各不相同，但它们的基本原理及许多技术是相同的。

目前应用得最为广泛的是数字蜂窝移动通信系统，如GSM、CDMA数字蜂窝移动通信系统，这些系统十分庞大、技术复杂、设备昂贵，无法放在实验室内由同学动手做实验。为此，可将系统在基本原理不变的前提下进行合理简化，如图1-14所示，其与图1-13实际系统在网络基本结构及基本功能等方面是完全一样的，也由移动台MS、基站BS和交换中心三大要素构成。

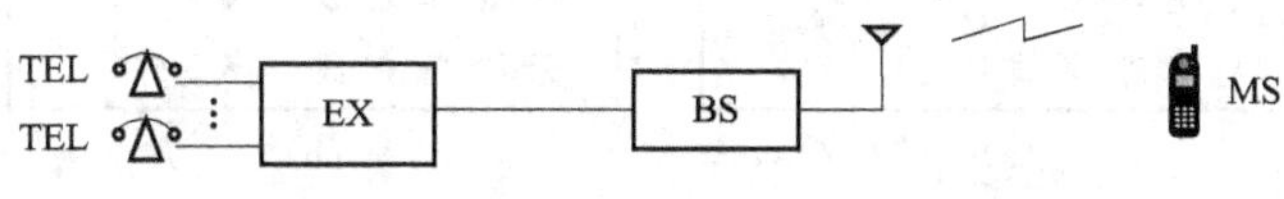

图1-14　简化的移动通信系统方框

移动通信的多址方式主要有FDMA、TDMA、CDMA三大类。FDMA系统一般为模拟移动通信制式，TDMA及CDMA为数字移动通信制式。FDMA发展早，已成功应用于各种移动通信系统多年，目前仍在CT1无绳电话、模拟集群网等领域广泛应用；数字移动通信是在模拟移动通信基础上发展、演化而来的，在网络组成、设备配置、系统功能和工作过程等方面二者都有许多相同之处。

基于以上原因，为了得到体积小巧、价格低廉、可在实验桌上由学生动手操作的移动通信综合实验系统，在图1-14中，将BS、MS设计为采用FDMA技术及数字信令的实验仪，EX选用小型程控交换机，TEL为有线电话机。

1）实验仪器

实验仪包括BS收发信机、MS收发信机、有线接口和主控等几部分，根据需要可设置成基站或移动台工作模式，充当移动通信系统中的基站或移动台，完成基站或移动台的功能。同时也作为实验观测对象，观测各种数据和波形。

2）程控交换机

本实验系统中程控交换机充当交换中心，负责完成有线方的交换接续。采用2拖8双绳路小型用户程控交换机（推荐型号：TCL AF-208），两条外线，可接8部内部分机，任何一部分机都可呼叫外线或其他内部分机。本实验中不用其外线端口，只使用其内部8条用户线端口，交换接续功能也只使用其最基本的内线呼内线功能。

3）移动通信实验系统的功能

根据上面介绍的各设备原理，按照图1-14的布局设备连接系统，就构成了本移动通信实验系统。本实验系统可实现以下呼叫通话功能：

（1）MS呼叫有线电话（无线呼叫有线）。

（2）有线电话呼叫MS（有线呼叫无线）。

（3）有线电话呼叫有线电话（有线呼叫有线）。

通过以上实验可了解移动通信系统的基本网络结构及其功能。

4. 实验操作步骤

（1）按图1－14的结构配置设备并连接成系统：两部有线电话的电话线插入交换机的两条内线端口（如号码601、602）；同组中一台实验仪设置为基站（BS）模式（简称“基站”）、若干台实验仪设置为移动台（MS）模式（简称“移动台”）。用电话线将基站BS的有线接口接入交换机的另一条内线端口（如号码608）。这些端口对应号码就是各部电话对应的号码。将话柄插入移动台MS侧的J202，左旋基站、移动台上的W001到底。接通交换机、实验仪的220 V AC电源。

利用“前”或“后”键、“确认”键进入如图1－15所示的操作界面。

10. 系统组成BS

有线呼有线　CH05

有线呼无线

无线呼有线

（a）

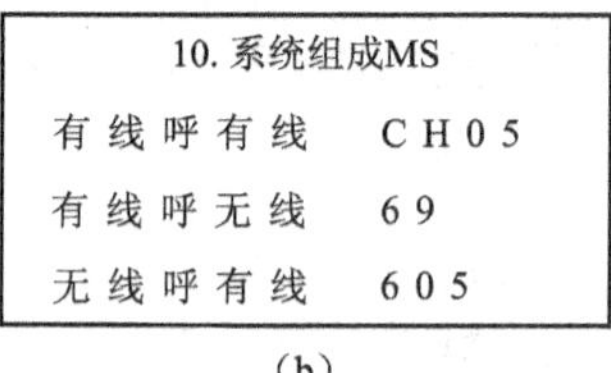

（b）

图1－15　实验操作界面

（a）基站；（b）移动台

（2）利用“前”或“后”键将光标移到第二行，再利用“＋”或“－”键选择某一无线频道，频道号将在LCD上显示。

注意：基站和各移动台所选的频道应一致，并与其他组不同。

（3）有线呼有线。有线电话1摘机，此用户听拨号音。用户拨号呼叫有线电话2，有线电话2振铃，有线电话1听回铃。有线电话2摘机、通话。通话完毕后挂机，未挂机的一方听忙音。若有线电话2忙（已摘机），则有线电话1摘机拨号后将听到忙音。反之，有线电话2拨号呼叫有线电话1，通话完毕挂机。注意：摘机后7 s左右不拨号，交换机将改拨号音为忙音。

（4）无线呼有线。

① 利用“前”或“后”键、“确认”键将基站选定在“无线呼有线”方式。

② 在发起呼叫的移动台上利用“前”或“后”键将光标移到第四行，再利用“＋”或“－”键选择被叫有线分机的号码601～607（假设BS有线接口接在小交换机的608端口），再按“确认”键进入“无线呼有线”方式。然后按一下“PTT”键，MS摘机并发射摘机指令及被叫有线号码，基站正确接收后将电话线608摘机，D3、D306亮，随后发出被叫号码（如605）。小交换机收到后向被叫有线分机（如605）振铃，该移动用户听到回铃，被叫有线用户摘机即可与移动用户进行通话。通话完毕，该移动台通过按一下“PTT”键发出挂机指令，基站收到挂机指令后将有线挂机，随后BS和该移动台也挂机，D3、D306、D203熄灭。

（5）有线呼无线。

同实训步骤（3）操作，设置好基站、移动台的工作频道及“有线呼无线”方式。某一有线分机（如606）摘机听小交换机送来的拨号音，拨与基站有线接口相连电话线所对应的号码（假设为608），有线用户听基站/有线接口送来的二次拨号音（一声“嘟－－”），然后拨某移动台的号码（LCD第三行显示的号码，假设为69）。基站将此号码向所有移动台广播。被呼移动台收到被呼号码后振铃，并向主呼有线用户送回铃音，移动用户摘机即可与有线用户进行通话。通话完毕，该移动台通过按一下“PTT”键发出挂机指令，基站收到挂机指令后将有线挂机，随后BS和该移动台也挂机，D3、D306、D203熄灭。

（6）将双踪示波器两个探头分别接至实验仪BS及MS侧的接收解调输出端口TP107、TP207，可观测到整个过程中信令及话音波形。

注意：

（1）在本实验中，非起呼或被呼通移动台是被禁听的，听筒中听不到声音。

（2）挂机后BS处于原设定状态（有线呼无线或无线呼有线）守候，等待下次呼叫；移动台则返回到实验项目选择界面。

（3）起呼方发出呼叫指令后即等待对方应答，在指定时间内收不到应答则重发呼叫，若6次仍收不到应答，则本次呼叫失败（距离太远或有干扰、或信道不对），主叫用户听到“嘀、嘀、嘀”提示，随后自动挂机。

（4）由于是单信道移动通信系统，因而同时只能有一对用户进行通信。

（5）实验中可根据需要调节W001，加入或关闭1 000 Hz测试单音。

（6）实验中按“返回”键可退出本实验，返回实验项目选择界面。

（7）电话机必须是双音频电话机。

5. 实验要求

（1）画出移动通信系统实验的网络结构方框图，列出系统功能。

（2）总结主呼方从摘机、拨号、通话到挂机的各个阶段都听到了哪些信号音。

本章小结

1. 个人通信就是任何用户（Whoever）在任何时间（Whenever）、任何地方（Wherever）与任何人（Whomever）进行任何方式（Whatever）（如语音、数据、图像）的通信，从某种意义上来说，这种通信可以实现真正意义上的自由通信，它是人类的理想通信，是通信发展的最高目标。

2. 移动通信，就是通信的一方或双方是在移动中实现通信的，也就是说，至少有通信的一方处在运动中或暂时停留在某一非预定的位置上。

3. 移动通信可分为大区制和小区制服务区域覆盖方式。

4. 移动通信的传输方式分单向传输和双向传输两种，单向传输是指信息的流动方向始终向一个方向，这种传输方式适用于无线寻呼系统。双向传输有单工、双工和半双工等多种方式。

5. 移动通信系统按照使用要求和工作场合的不同，可以分成几个典型的移动通信系统。无线寻呼系统、移动通信系统、无绳电话系统、集群移动通信系统。

6. 移动通信特点主要有：电波传播条件复杂、干扰和噪声严重、频带利用率要求高、移动台的移动性强、建网技术复杂。

7. 移动通信系统主要由交换网络子系统（NSS）、基站子系统（BSS）、操作和维护子系统（OSS）和移动台（MS）四大部分组成。

8. 第一代移动通信技术（1G），主要采用的是模拟技术和频分多址（FDMA）技术；第二代移动通信技术（2G），主要采用的是数字的时分多址（TDMA）技术和码分多址（CDMA）技术；第三代移动通信技术（3G），主要有WCDMA、CDMA2000和TD-SCDMA三种标准。准第四代移动通信技术，主要有LTE和LTE－Advanced和WirelessMAN－Advanced（802.16 m）。

本章习题

1. 移动通信系统的定义是什么？
2. 简述移动通信系统的组成及各部分的作用。
3. 移动通信系统的特点有哪些？
4. 简述单工、双工和半双工方式的区别。
5. 根据移动通信的特点，对移动通信系统有哪些要求？
6. 2G和3G系统有何不同？
7. 简述移动通信的发展。

第 2 章 移动通信技术基础

本章目的

- 掌握天线的基本工作原理及参数
- 了解天线的类型及选型准则
- 掌握电波的传播特性及移动信道的衰落特性
- 理解并掌握移动信道的传播损耗计算模型
- 掌握移动信道中的噪声和干扰
- 掌握移动通信中的调制解调技术、抗衰落技术和组网技术等

知识点

- 天线的基本工作原理及参数
- 天线的类型及工程上的选型准则
- 电波在空间的传播特性
- 移动信道的快衰落及慢衰落
- 奥村模型计算传播损耗的方法
- 噪声、干扰的分类及三阶互调干扰的判断准则
- MSK、GMSK、QPSk、OQPSK、QAM、OFDM 等调制技术的基本原理及特点
- 分集技术的概念及分类
- 区域覆盖及信道分配方法
- 多址技术、多信道共用技术的基本原理
- 移动通信系统中的信令
- 越区切换的相关概念

引导案例（见图2－0）

图2－0　固定电话与移动电话

案例分析

现代人对有线通信和无线通信都很熟悉，我们几乎天天都在用，看起来这两者似乎只有空中接口和无线信道的区别。似乎从有线过渡到无线通信很简单，但是只要你稍微思考以下几个问题，就会发现似乎并非如此。

问题引入

（1）一个墙上的插口通常只能对应一台电话，而基站的一面天线要同时接收很多手机信号，如何区分信号来自哪个手机呢？

（2）固定电话和网络联系是非常简单的，只需要找到电话线的插口插上即可，而手机则要麻烦得多，能让它接入无线网络的基站在哪里？如何才能找到呢？

（3）固定电话的位置是固定的，把信号送入指定的电话线和指定的接口即可联系该固定电话，而无线通信就不同了，手机的位置随时在变化，联接的基站不固定，如果有人呼叫手机用户，怎么才能知道用户在哪里，然后找到该用户呢？

（4）在固定通信时，确定一个用户的身份是很简单的，因为电话线就装在用户家里；而无线通信是通过电磁波在空中传送信号，没有实体接口可以确认身份，那么就得有别的办法确认使用者是不是合法用户，倘若非法用户进入了系统，后果不堪设想。

（5）空中接口的电磁波是开放的，谁都可以拦截到。如果不想被人窃听，该如何加密呢？

（6）手机在通话过程中位置会不断变化，通话环境也会随之变化，怎样才能保证用户通话不中断呢？

要想搞清楚以上的诸多问题，只要仔细学习本章内容，你就能解开疑惑，更加深入的了解电磁波和移动通信中诸多的关键技术了。

2.1 天　　线

2.1.1　天线的基本工作原理

由物理学常识可知，变化的电场产生变化的磁场，变化的磁场产生变化的电场，相互激发，脱离场源后，以一定的速度传播，这种特殊物质就是电磁波（它以光速传播）。即电磁波的辐射是由时变电流源产生的，或者说是由做变速运动的电荷所激发的。电磁波的传播是有方向性的，其传播方向和电场、磁场相互垂直。

导线载有交变电流时，如图 2－1（a）中所示，如果两导线的距离很近，两导线所产生的感应电动势几乎可以抵消，因而辐射很微弱。如果将两导线张开，如图 2－1（b）和图 2－1（c）所示，这时由于两导线的电流方向相同，则由两导线所产生的感应电动势方向相同，因而辐射较强。

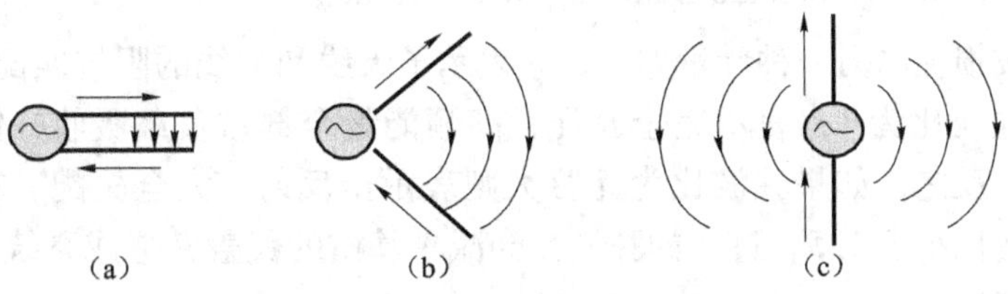

图 2－1　电磁波辐射示意图

（a）两导线距离很近；（b），（c）两导线分开

当导线的长度远小于波长时，导线的电流很小，辐射很微弱。当导线的长度增大到可与波长相比拟时，导线上的电流就大大增加，因而就能形成较强的辐射。所以说天线辐射的能力与导线的长短和形状有关。

2.1.2　天线的性能指标

天线的重要参数有以下几项：

1. 输入阻抗（Impedance）

天线的输入阻抗是天线和馈线的连接端，即馈电点两端感应的信号电压与信号电流之比。输入阻抗有电阻分量和电抗分量。输入阻抗的电抗分量会减少从天线进入馈线的有效信号功率。因此，理想情况是令电抗分量为零，使天线的输入阻抗为纯电阻，这时馈线终端没有功率反射，馈线上没有驻波。输入阻抗与天线的结构和工作波长有关，基本半波振子，即由中间对称馈电的半波长导线，其输入阻抗为（73.1＋j42.5）Ω。当把振子长度缩短 3%～5%时，就可以消除其中的电抗分量，使天线的输入阻抗为纯电阻，即使半波振子的输入阻抗为 73.1 Ω（标称 75 Ω）。通常移动通信天线的输入阻抗为 50 Ω。

2. 回波损耗（Return Loss）

当馈线和天线匹配时，高频能量全部被负载吸收，馈线上只有入射波，没有反射波。馈

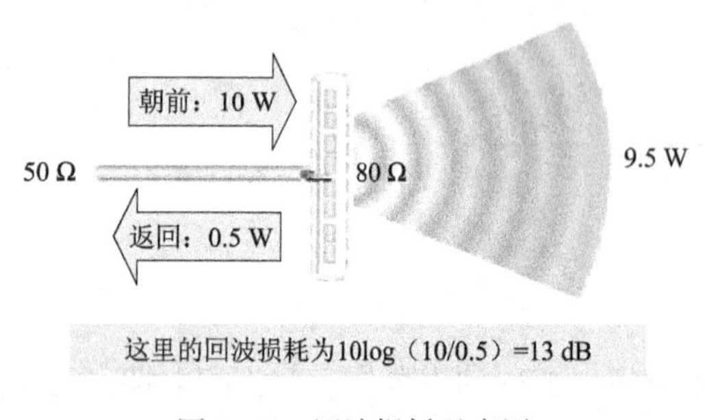

图2－2 回波损耗示意图

线上传输的是行波，各处的电压幅度相等，任意一点的阻抗都等于它的特性阻抗。而当天线和馈线不匹配时，也就是天线阻抗不等于馈线特性阻抗时，负载就不能全部将馈线上传输的高频能量吸收，而只能吸收部分能量，即入射波的一部分能量将反射回来形成反射波。回波损耗就是度量反射信号能量的一种计量方法。图2－2所示为回波损耗示意图。

天线反射系数Γ和回波损耗的关系：

$$RL = -10 \times \log|\Gamma|^2$$

天线反射系数Γ和驻波比的关系：

$$VSWR = \frac{1+|\Gamma|}{1-|\Gamma|}$$

3. 驻波比（VSWR，Voltage Standing Wave Ratio）

驻波比是回波损耗的另一种计量方式，它表示了天线和馈线的阻抗匹配程度。其值在1到无穷大之间。驻波比为1，表示完全匹配，高频能量全部被负载吸收，馈线上只有入射波，没有反射波；反之，如果驻波比为无穷大则表示全反射，完全失配。在移动通信系统中，一般要求驻波比小于1.5，过大的驻波比会减小基站的覆盖并造成系统内干扰加大，影响基站的服务性能。

4. 带宽（Bandwidth）

天线的频带宽度是指天线的阻抗、增益、极化或方向性等参数保持在允许范围内的频率跨度。在移动通信系统中一般是基于驻波比来定义带宽的，即当天线的输入驻波比≤1.5时，天线的工作频带宽度。例如，ANDREW CTSDG－06513－6D天线为824～894 MHz，显然其可以工作于800 MHz的CDMA频段。按照天线带宽的相对大小，可以将天线分为窄带天线、宽带天线和超宽带天线。

5. 增益（Gain）

增益是指在输入功率相等的条件下，实际天线与理想的辐射单元在空间同一点处所产生的场强的平方之比，即功率之比，天线增益衡量了天线朝一个特定方向收发信号的能力。增益一般与天线方向图有关，方向图主瓣越窄，后瓣、副瓣越小，增益越高。天线增益对移动通信系统的运行质量极为重要，因为它决定了蜂窝边缘的信号电平。增加增益就可以在一个确定的方向上增大网络的覆盖范围，或者在确定范围内增大增益余量。图2－3给出了常用的三种天线的增益比较。

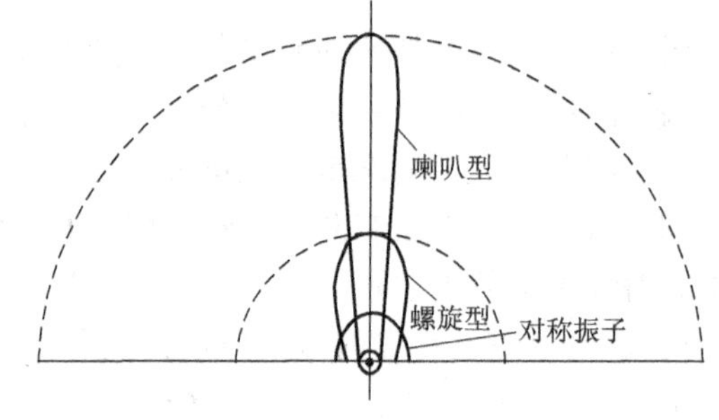

图2－3 三种常用天线增益比较

6. 方向图

方向图又可称为波瓣图，它是一种三维图形，可以描述天线辐射场在空间的分布情况。一般意义上的方向图是指天线远区辐射场的幅度或功率密度方向图。同时，一般情况下以归一化的方向图来描述天线的辐射情况。通常取过三维方向图轴线的一个剖面来表述主极化平面上的方向性。如果该剖面上的切向分量只有电场，则称为 E 面方向图；如果切向分量只有磁场，则称为 H 面方向图。图 2 -4 所示为半波振子天线方向图的示意图。

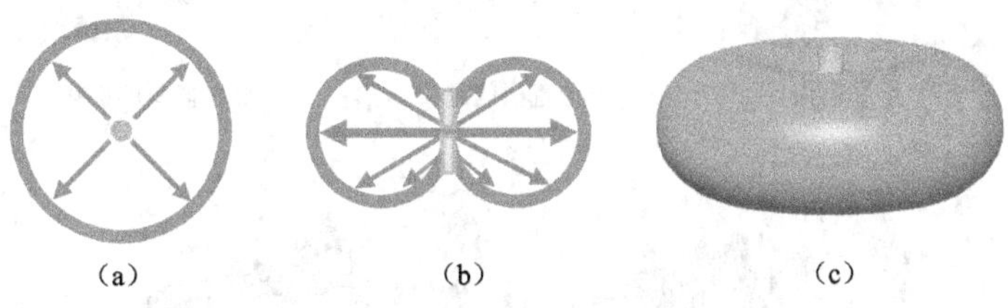

（a）　　（b）　　（c）

图 2 -4　半波振子天线方向

（a）顶视；（b）侧视；（c）立体

7. 波瓣宽度（Beam-width）

在天线的方向图中通常都有两个瓣或多个瓣，其中最大的瓣称为主瓣，其余的瓣称为副瓣。主瓣两个半功率（ -3 dB）点间的夹角定义为天线方向图的波瓣宽度，又称为半功率角。一般来说，天线的方向性和波瓣宽度是成比例的，即波瓣宽度越窄的天线方向性越强。在图 2 -5 中，ANDREW CTSDG -06513 -6D 天线的水平半功率角为 65°，垂直半功率角为 15°。

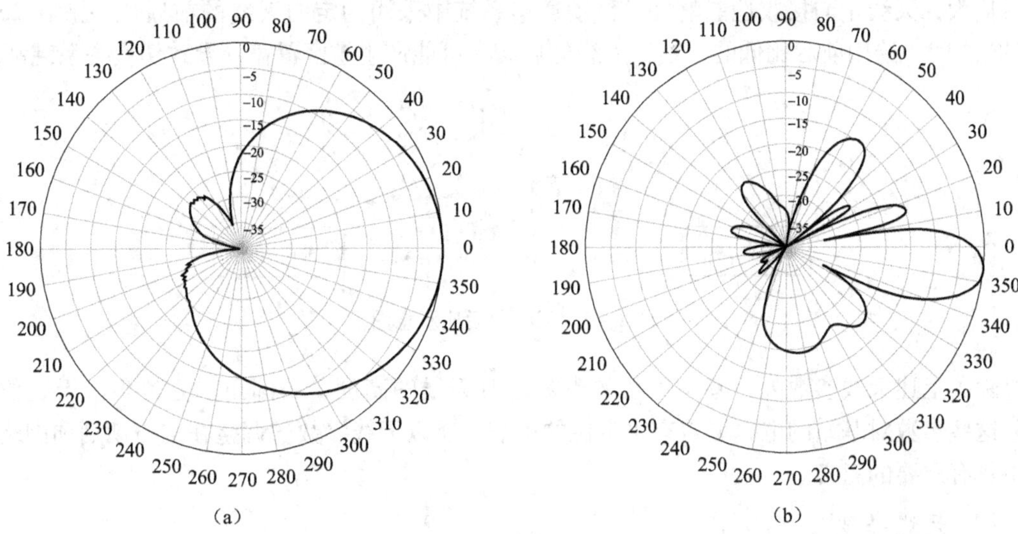

（a）　　（b）

图 2 -5　ANDREW CTSDG -06513 -6D 基站天线的水平和垂直方向

（a）水平方向；（b）垂直方向

8. 极化方式（Polarisation）

天线的极化就是指天线辐射时形成的电磁场的电场方向。当电场方向垂直于地面时，此电波就称为垂直极化波；当电场方向平行于地面时，此电波就称为水平极化波。在移动通信系统中，一般采用单极化的垂直极化天线和±45°的双极化天线，如图2-6所示。双极化天线组合了+45°和-45°两副极化方向相互正交的天线，两个天线为一个整体传输两个独立的波，并同时工作在收发双工模式下，大大节省了每个小区的天线数量；同时由于±45°为正交极化，有效保证了分集接收的良好效果，其极化分集增益约为5 dB，比单极化天线提高了约2 dB。

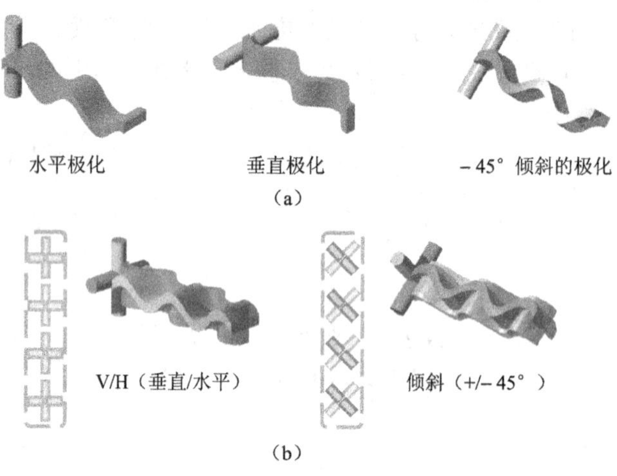

图2-6 天线极化方式示意图

（a）单极化；（b）双极化

9. 前后比（Front-Back Ratio）

如图2-7所示，前后瓣最大电平之比称为前后比，它表明了天线对后瓣抑制的好坏。前后比大，天线定向接收性能就好。移动通信系统中采用的定向天线的前后比一般在25～30 dB之间。选用前后比低的天线，天线的后瓣有可能产生越区覆盖，导致切换关系混乱。

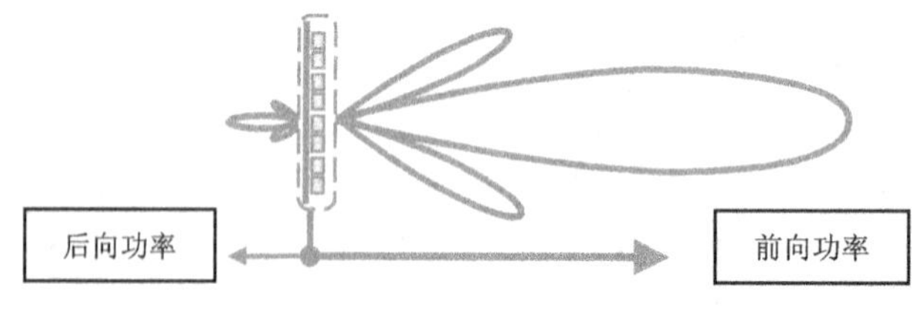

图2-7 天线前后比示意图

除了上述天线参数外，基站天线的参数还有天线的高度、俯仰角、方位角、天线位置等，这些参数对基站的电磁覆盖有决定性的影响。所以天线参数的调整在网络规划和网络优化中具有重要的意义。

10. 天线高度

天线高度直接与基站的覆盖范围有关。移动通信的频段一般是近地表面视线通信，天线所发直射波所能达到的最远距离（S）直接与收发信天线的高度有关（见图2-8），具体关系式可简化如下：

$$S=\sqrt{2R}\left(\sqrt{H}+\sqrt{h}\right)$$

式中，R 为地球半径，约为6 370 km；H 为基站天线的中心点高度；h 为手机或测试仪表的天线高度。

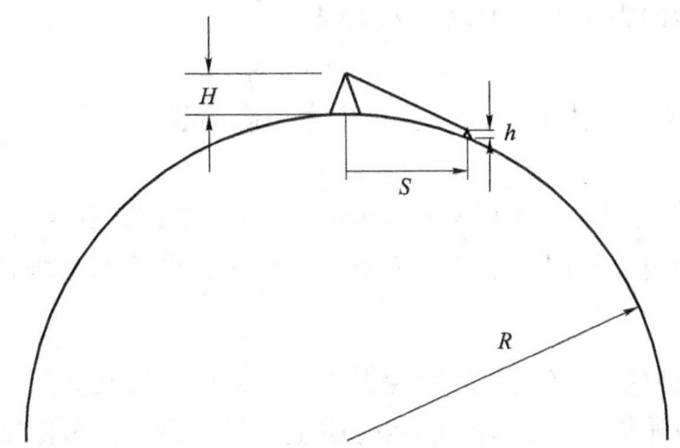

图 2 - 8　天线覆盖距离计算示意图

移动通信网络在建设初期，站点较少，为了保证覆盖，基站天线一般都架设得较高。随着移动通信网络的发展，基站站点数逐渐增多，当前在密集市区已经达到约 500 m 左右一个基站。所以在网络发展到一定规模的时候，我们必须减小基站的覆盖范围，适当降低天线的高度，否则会严重影响通信网络质量。其影响主要有以下几个方面：

（1）话务不均衡。基站天线过高，会造成该基站的覆盖范围过大，从而造成该基站的话务量较大，而与之相邻的基站由于覆盖范围较小且被该基站覆盖，话务量较小，不能发挥应有作用，导致话务不均衡。

（2）系统内干扰。基站天线过高，会造成越站无线信号干扰，引起掉话、串话和有较大杂音等现象，从而导致整个无线通信网络质量下降。

（3）孤岛效应。孤岛效应是基站覆盖性问题，当基站覆盖大型水面或多山地区等特殊地形时，由于水面或山峰的反射，使基站在原覆盖范围不变的基础上，在很远处出现“飞地”，而与之有切换关系的相邻基站却因地形的阻挡覆盖不到，这样就造成“飞地”与相邻基站之间没有切换关系而成为一个孤岛，当手机占用“飞地”覆盖区的信号时，很容易因没有切换关系而引起掉话。

11. 天线俯仰角

天线俯仰角是通信网络规划和优化中的一个非常重要的参数。选择合适的俯仰角可以使天线至本小区边界的电磁波与周围小区的电磁波能量重叠尽量小，从而使小区间的信号干扰减至最小；另外，应选择合适的覆盖范围，使基站实际覆盖范围与预期的设计范围相同，同时加强本覆盖区的信号强度。

在目前的移动通信网络中，由于基站站点的增多，使得我们在设计密集市区基站的时候，一般要求其覆盖范围大约为 500 m，而根据移动通信天线的特性，如果不使天线有一定的俯仰角（或俯仰角偏小），基站的覆盖范围会远远大于 500 m，如此则会造成基站实际覆盖范围比预期范围偏大，从而导致小区与小区之间交叉覆盖、相邻基站切换关系混乱，系统内信号干扰严重；另一方面，如果天线的俯仰角偏大，则会造成基站实际覆盖范围比预期范围偏小，导致小区之间存在信号盲区或弱区，同时易导致天线方向图形状的变化（如从鸭梨形变为纺锤形），从而造成严重的系统内干扰。因此，合理设置俯仰角是保证整个移动通信网络质量的基本保证。

一般来说，俯仰角的大小可以由以下公式推算：

$$\theta = \arctan(h/R) + A/2 \tag{2-1}$$

式中，θ 为天线的俯仰角；h 为天线的高度；R 为小区的覆盖半径；A 为天线的垂直平面半功率角。

式（2－1）是将天线的主瓣方向对准小区边缘时得出的，在实际的调整工作中，一般均是在由此得出的俯仰角的基础上再加上1°～2°，以使信号更有效地覆盖在本小区之内。

12. 天线方位角

天线方位角对移动通信网络质量的影响很大。一方面，准确的方位角能保证基站的实际覆盖与预期相同，以保证整个网络良好的运行质量；另一方面，可依据话务量或网络存在的具体情况对方位角进行适当的调整，以更好地优化现有的移动通信网络。

在现行的3扇区定向站中，一般以一定的规则定义各个扇区，因为这样做可以很轻易辨别各个基站的各个扇区。一般的规则是：

A小区：方位角度0°，天线指向正北；

B小区：方位角度120°，天线指向东南；

C小区：方位角度240°，天线指向西南。

按顺时针方向依次是A、B、C三个扇区。

在网络建设及规划中，我们一般严格按照上述的规定对天线的方位角进行安装及调整，这也是天线安装的重要标准之一，如果方位角设置存在偏差，则易导致基站的实际覆盖与所设计的不相符，导致基站的覆盖范围不合理，从而导致一些意想不到的同频及邻频干扰。

但在实际网络中，一方面，由于地形的原因，如大楼、高山、水面等，往往会引起信号的折射或反射，从而导致实际覆盖与理想模型存在较大的出入，使得一些区域信号较强，一些区域信号较弱，这时我们可根据网络的实际情况，对相应天线的方位角进行适当的调整，以保证信号较弱区域的信号强度，达到网络优化的目的。另一方面，由于实际存在的人口密度不同，导致各天线所对应小区的话务不均衡，这时我们可通过调整天线的方位角，达到均衡话务量的目的。

当然，在一般情况下建议不要轻易调整天线的方位角，因为这样可能会造成一定程度的系统内干扰。但在某些特殊情况下，如当地紧急会议或大型公众活动等，导致某些小区话务量特别集中，这时我们可临时对天线的方位角进行调整，以达到均衡话务、优化网络的目的；另外，针对郊区某些信号盲区或弱区，亦可通过调整天线的方位角达到优化网络的目的，这时应对周围信号进行测试，以保证网络的运行质量。

13. 天线位置

由于后期工程、话务分布以及无线传播环境的变化，往往存在一些基站难以通过天线方位角或倾角的调整来改善局部区域覆盖、提高基站利用率。此时就需要搬迁基站，为基站重新选点。

2.1.3 天线的类型

移动网络类型不同，基站天线的选择也不同。2G时代的GSM、CDMA以及3G时代的几种制式，对基站天线的带宽、三阶互调等性能指标有着不同的要求。目前应用的基站天线除了 TD－SCDMA 的智能天线有较大不同外，其他网络制式使用的天线基本结构差别不大。在 GSM、GPRS、EDGE、CDMA2000、WCDMA 等系统中使用的宏基站天线按定向性可分为全向和定向两种基本类型；按极化方式又可分为单极化和双极化两种基本类型；按下倾角调整方式又可分为机械式和电调式两种基本类型。以下简要介绍这几种基本天线类型。

1. 全向天线

全向天线在水平方向图上表现为 360°均匀辐射，也就是平常所说的无方向性，在垂直方向图上表现为有一定宽度的波束，一般情况下波瓣宽度越小，增益越大。全向天线在移动通信系统中一般应用于郊县大区制的站型，覆盖范围大。

2. 定向天线

定向天线在水平方向图上表现为在一定角度范围辐射，也就是平常所说的有方向性，在垂直方向图上表现为有一定宽度的波束，同全向天线一样，波瓣宽度越小，增益越大。定向天线在移动通信系统中一般应用于城区小区制的站型，覆盖范围小，用户密度大，频率利用率高。

根据组网的要求建立不同类型的基站，而不同类型的基站可根据需要选择不同类型的天线。选择的依据就是上述技术参数。比如全向站就是采用了各个水平方向增益基本相同的全向型天线，而定向站就是采用了水平方向增益有明显变化的定向型天线。一般在市区选择水平波束宽度为 65°的天线，在郊区可选择水平波束宽度为 65°、90°或 120°的天线（按照站型配置和当地地理环境而定），而在乡村选择能够实现大范围覆盖的全向天线则是最为经济的。

3. 机械天线

所谓机械天线是指使用机械调整下倾角度的移动天线。

机械天线与地面垂直安装好以后，可通过调整天线背面支架的位置改变天线的倾角来实现优化网络。在调整过程中，虽然天线主瓣方向的覆盖距离明显变化，但天线垂直分量和水平分量的幅值不变，所以天线方向图容易变形。

实践证明：机械天线的最佳下倾角度为 1°～5°；当下倾角度在 5°～10°变化时，其天线方向图稍有变形但变化不大；当下倾角度在 10°～15°变化时，其天线方向图变化较大；当机械天线下倾 15°后，天线方向图形状改变很大，从没有下倾时的鸭梨形变为纺锤形，这时虽然主瓣方向覆盖距离明显缩短，但是整个天线方向图不是都在本基站扇区内，在相邻基站扇区内也会收到该基站的信号，从而造成严重的系统内干扰。

另外，在日常维护中，如果要调整机械天线下倾角度，整个系统要关机，不能在调整天线倾角的同时进行监测；机械天线调整下倾角度非常麻烦，一般需要维护人员爬到天线安放处进行调整；机械天线的下倾角度是通过计算机模拟分析软件计算的理论值，同实际最佳下倾角度有一定的偏差；机械天线调整倾角的步进度数为 1°，三阶互调指标为 －120 dBc。

4. 电调天线

所谓电调天线是指使用电子调整下倾角度的移动天线。

电子下倾的原理是通过改变共线阵天线振子的相位，改变垂直分量和水平分量的幅值大小，以改变合成分量场强强度，从而使天线的垂直方向图下倾。由于天线各方向的场强强度同时增大或减小，保证了在改变倾角后天线方向图变化不大，使主瓣方向覆盖距离缩短，同时又使整个方向图在基站的扇区内减小覆盖面积但又不产生干扰。实践证明，电调天线下倾角度在1°～5°变化时，其天线方向图与机械天线的大致相同；当下倾角度在5°～10°变化时，其天线方向图较机械天线的稍有改善；当下倾角度在10°～15°变化时，其天线方向图较机械天线的变化较大；当机械天线下倾15°后，其天线方向图较机械天线的明显不同，这时天线方向图形状改变不大，主瓣方向覆盖距离明显缩短，整个天线方向图都在本基站扇区内，增加下倾角度，可以使扇区覆盖面积缩小，但不会产生干扰，因此采用电调天线能够降低呼损，减小干扰。图2－9所示为电调天线原理示意图。

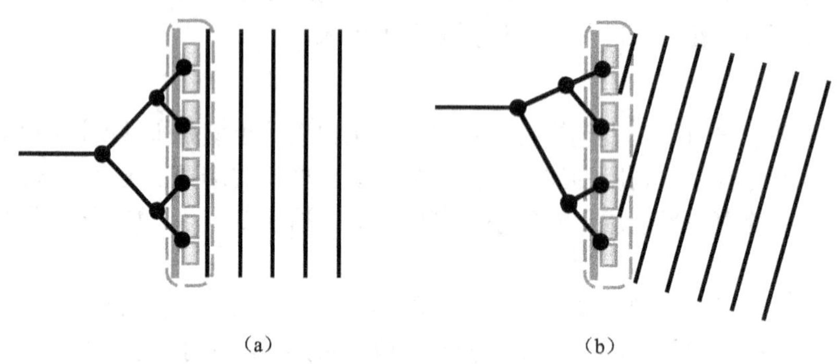

图2－9　电调天线原理示意图

（a）无下倾时在馈电网络中路径长度相等；（b）有下倾时在馈电网络中路径长度不相等

另外，电调天线允许系统在不停机的情况下对垂直方向图下倾角进行调整，实时监测调整的效果，调整倾角的步进精度也较高（为0.1°），因此可以对网络实现精细调整；电调天线的三阶互调指标为－150 dBc，较机械天线相差30 dBc，有利于消除邻频干扰和杂散干扰。

5. 双极化天线

双极化天线是一种新型天线技术，组合了两副极化方向为＋45°和－45°相互正交并同时工作在收发双工模式下的天线，因此其最突出的优点是节省单个定向基站的天线数量；一般GSM数字移动通信网的定向基站（三扇区）要使用9根天线，每个扇形使用3根天线（空间分集，一发两收），如果使用双极化天线，每个扇形只需要1根天线；同时由于在双极化天线中，±45°的极化正交性可以保证＋45°和－45°两副天线之间的隔离度满足互调对天线间隔离度的要求（≥30 dB），因此双极化天线之间的空间间隔仅需20～30 cm；另外，双极化天线具有电调天线的优点，在移动通信网中使用双极化天线同电调天线一样，可以降低呼损、减小干扰、提高全网的服务质量。如果使用双极化天线，由于双极化天线对架设安装要求不高，不需要征地建塔，只需要架一根直径20 cm的铁柱，将双极化天线按相应覆盖方向固定在铁柱上即可，从而节省了基建投资，同时使基站布局更加合理，基站站址的选定更加容易。

对于天线的选择，应根据移动网络的覆盖、话务量、干扰和网络服务质量等实际情况，选择适合本地区移动网络需要的移动天线：

（1）在基站密集的高话务地区，应该尽量采用双极化天线和电调天线。

（2）在边郊等话务量不高、基站不密集及只要求覆盖的地区，可以使用传统的机械天线。

我国目前的移动通信网在高话务密度区的呼损较高，干扰较大，其中一个重要原因是机械天线下倾角度过大，天线方向图严重变形。要解决高话务区的容量不足，必须缩短站距，加大天线下倾角度，但是使用机械天线，下倾角度大于5°时，天线方向图就开始变形，超过10°时，天线方向图变形严重，因此采用机械天线，很难解决高话务密度区呼损高、干扰大的问题。因此建议在高话务密度区采用电调天线或双极化天线替换机械天线，替换下来的机械天线可以安装在农村、郊区等话务密度低的地区。

6. 单极天线和对称振子天线

单极天线和对称振子天线是直线型天线，如图 2－10 所示，单极天线与地面的镜像可以等效为对称振子。对称振子由两段直径和长度相等的直导线构成。对称振子天线适用于短波、超短波直至微波波段，因其结构简单、极化纯度高而被广泛应用于通信、雷达和探测等各种无线电设备中。它既可以作为独立的天线应用，也广泛用作天线阵中的单元，或者作为反射面天线的馈源。

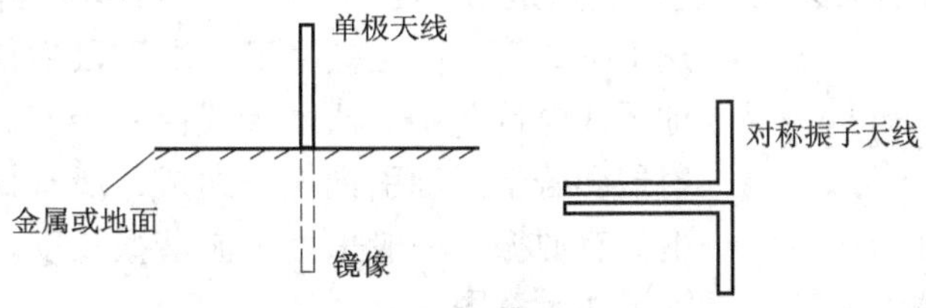

图 2－10　单极天线和对称振子天线

对称振子长度小于一个波长，辐射方向图是个油饼形或南瓜形，如图 2－11 所示。在 $\theta=90°$时电场辐射最强，$\theta=0°$时没有辐射。单极天线是个全向天线，可以接收任何方向的磁场信号，增益为1。

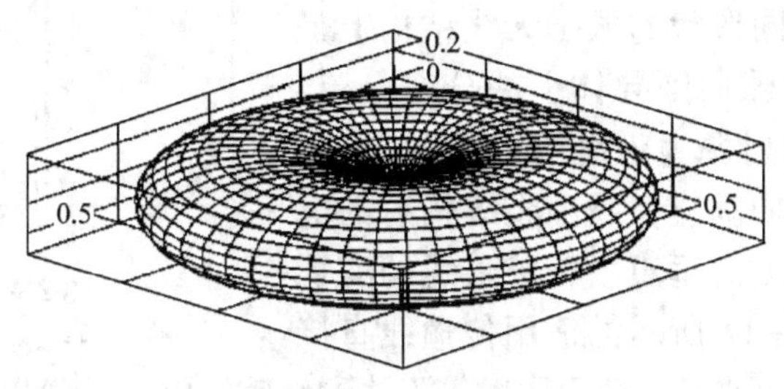

图 2－11　振子天线辐射方向

一般地，对称振子天线的长度等于半波长，阻抗为 73 Ω，增益为 1.64（2.15 dB）。如果天线长度远小于波长，称为短振子。短振子的输入阻抗非常小，难以实现匹配，辐射效率很低。实际中把单极振子称作鞭状天线，长度为四分之一波长，与同轴线内导体相连，接地板（接地板通常是车顶或机箱）与外导体相接辐射方向图是对称振子方向图的一半（地面以上部分），阻抗也是对称振子的一半（37 Ω）。

图 2－12 所示为不同长度的对称振子天线的辐射方向图，其中 l 是对称振子天线的长度。

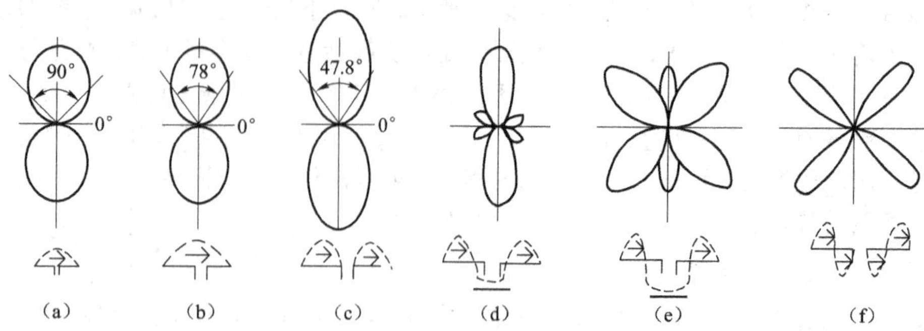

图 2-12 不同长度的对称振子天线的辐射方向

(a) $2l \ll \lambda$；(b) $2l = \lambda/2$；(c) $2l = \lambda$；(d) $2l = 1.25\lambda$；(e) $2l = 1.5\lambda$；(f) $2l = 2\lambda$

7. 八木——宇田天线

八木天线是一种引向天线，它的优点是结构与馈电简单，制作与维修方便，天线增益可达15 dB等，广泛应用于分米波段通信、雷达、电视和其他无线电设备中。八木天线由一个有源振子、一个无源反射器和若干无源引向振子组成，所有振子排列在一个平面上。有源振子一般采用半波谐振长度。图 2-13 给出了八木天线示意图。

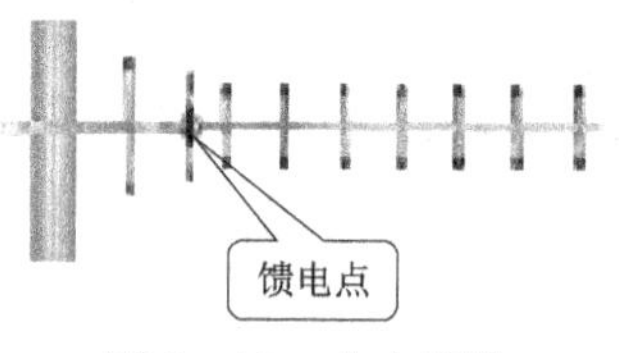

图 2-13 八木天线

8. 缝隙天线

缝隙天线基本原理如图 2-14 所示，传输线将能量馈送至缝隙，馈电点与缝隙末端的距离 s 决定了天线的输入阻抗，对 50 Ω 特性阻抗传输线而言，$s \approx 0.05\lambda$。缝隙形状与同形状的振子天线结构上是互补的，其辐射来自缝隙周围导体上的分布电流，这些分布电流的等效辐射源为沿缝隙的等效磁流。缝隙上的电场与缝隙方向垂直，缝隙天线辐射的电磁波极化方向也与缝隙方向垂直。缝隙天线的实现形式很多，除了如图 2-14 所示的适用传输线直接馈电的形式外，还可以用波导、馈源照射等方法给缝隙馈电，并常以缝隙阵列的形式出现。

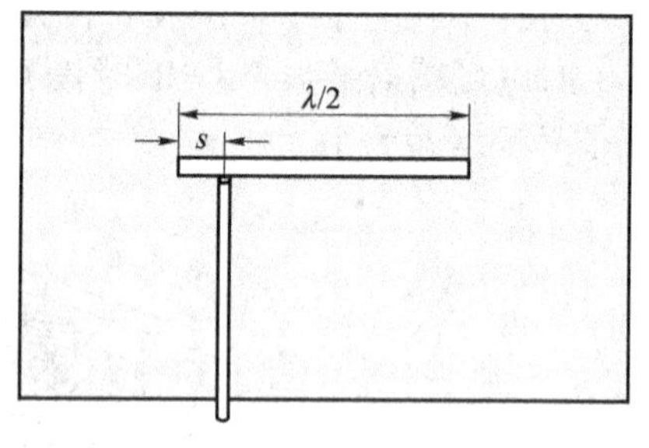

图 2-14 缝隙天线

9. 喇叭天线

金属波导口可以辐射电磁波，其口径较小不能达到高增益，但可以将其开口逐渐扩大、延伸，这就形成了喇叭天线，如图 2-15 所示。喇叭天线因其结构简单、频带较宽、功率容量大、易于制造的特点，而被广泛应用于微波波段。喇叭天线的增益一般为 10~30 dB。其既可以作为单独的天线使用，也可以作为反射面天线或透镜天线的馈源。图 2-16 给出了棱锥形喇叭天线的辐射方向。

10. 反射面天线

反射面天线在馈源辐射方向上采用了具有较大或很大电尺寸的反射面，比较容易实现高增益和大的前后比，如图 2-17 所示。反射面天线的口径场可以利用光学原理分析。较常见

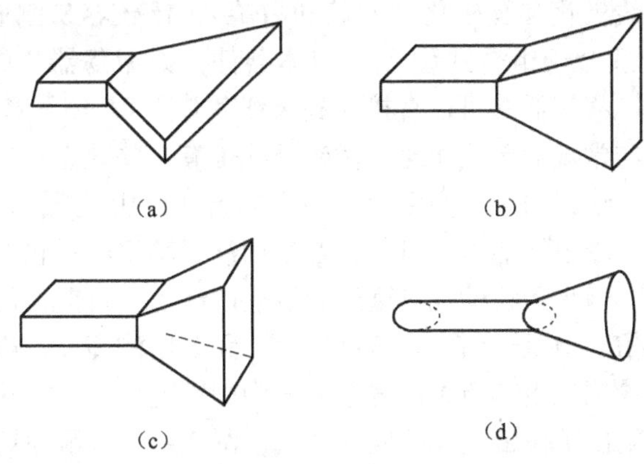

图 2 - 15　几种常见喇叭天线

(a) H 面扇形喇叭天线；(b) E 面扇形喇叭天线；(c) 角锥形喇叭天线；(d) 圆锥形喇叭天线

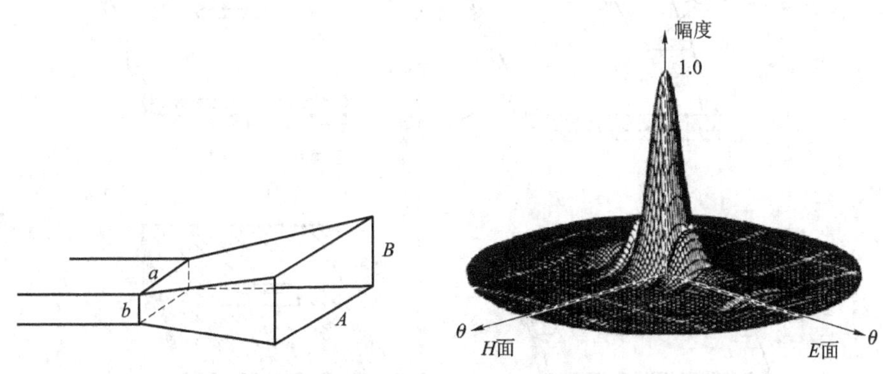

图 2 - 16　棱锥形喇叭天线的辐射方向

的反射面天线为抛物面天线，抛物面天线是一种高增益天线，是卫星或无线接力通信等点对点系统中使用最多的反射面天线。若抛物面天线的抛物面口径为 1 m，工作频率为 10 GHz，照度效率为 55%，则可以计算出其增益为 37 dB，半功率点波束宽度为 2.3°，在 55 m 处形成远区场（平面波）。抛物面天线的增益很高，波束很窄，抛物面的对焦非常重要。此外，喇叭馈源一般与同轴电缆连接。

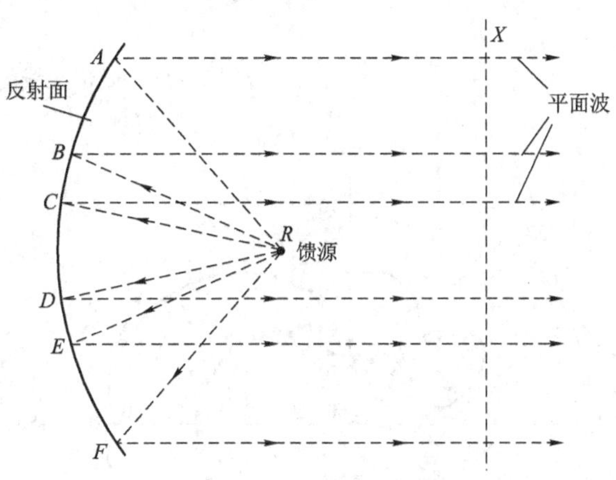

图 2 - 17　反射面天线

11. 微带天线

微带天线在 100 MHz ~ 50 GHz 的宽频带上应用得非常广泛。同常规的天线相比，微带天线具有重量轻、体积小、剖面薄的平面结构，可以做成共形天线；制造成本低，易于大量生产；可以做得很薄，能很容易地装在导弹、火箭和卫星上；天线的散射截面较小；稍稍改变馈电位置就可以获得线极化和圆极化（左旋和右旋）；比较容易制成双频率工作的天线；不需要背腔；微带天线适合于组合式设计（固体器件，如振荡器、放大器、可变衰减器、开关、调制器、混频器、移相器等可以直接加到天线基片上）；馈线和匹配网络可以和天线结构同时制作。但是，与常规的天线相比，微带天线也有一些缺点：频带窄；有损耗，因而增益较低；大多数微带天线只向半空间辐射；最大增益实际上受限制（约为 20 dB）；馈线与辐射元之间的隔离差；端射性能差；可能存在表面波；功率容量较低。

在许多实际设计中，微带天线的优点远远超过它的缺点。目前，已经应用微带天线的重要通信系统有：移动通信、卫星通信、多普勒雷达、无线电测高计、指挥和控制系统、导弹遥测、武器信管、环境检测仪表和遥感、复杂天线中的馈电单元、卫星导航接收机、生物医学辐射器等。图 2－18 给出了微带天线的四种形式，图 2－19 所示为矩形微带天线的典型方向图。

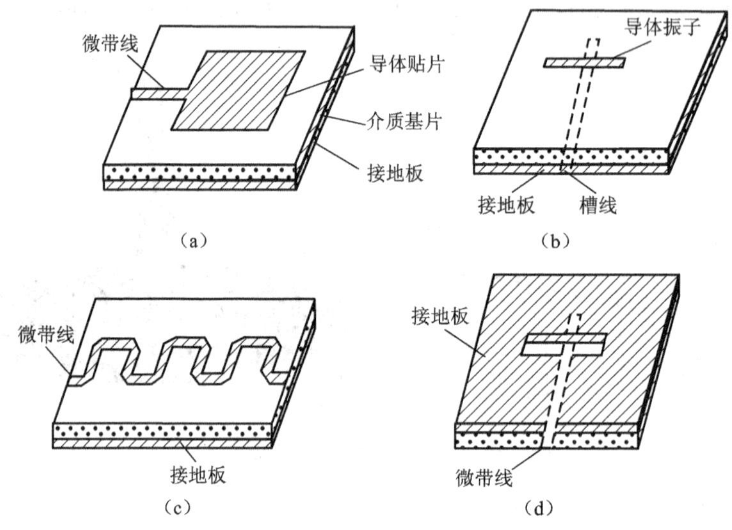

图 2－18　微带天线的四种形式

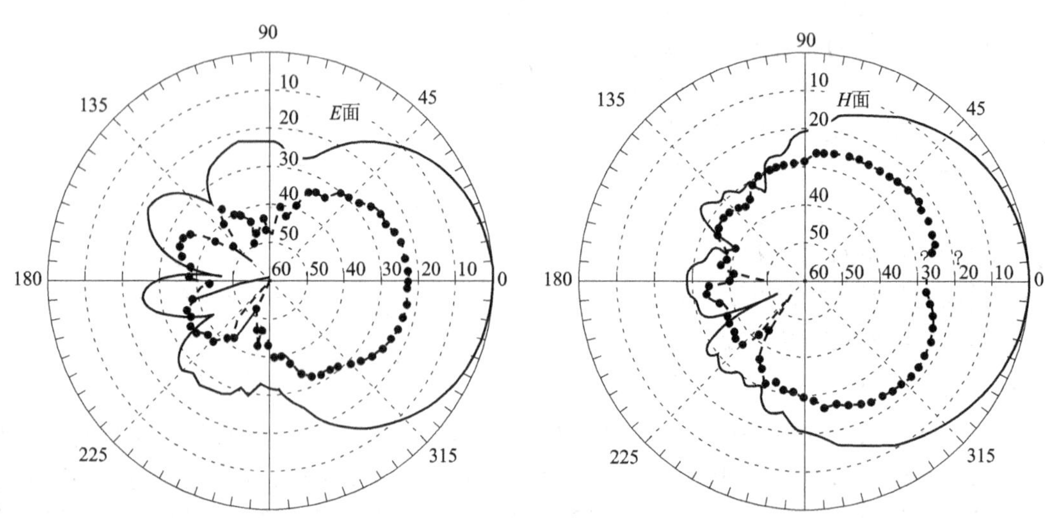

图 2－19　矩形微带天线的典型方向

2.2 移动通信信道

2.2.1 移动信道的电波传播特性

当前陆地移动通信主要使用的频段为 150 MHz、450 MHz、900 MHz 和 1 800 MHz。因此，必须熟悉他们的传播方式和特点。在通信过程中，移动台接收点的场强一般是直射波、反射波和地表面波的合成波。图 2－20 给出了典型的移动信道电波传播路径。沿路径 d 从发射天线直接到达接收天线的电波称为直射波，它是 VHF 和 UHF 频段的主要传播方式；沿路径 d_1、d_2 经过地面反射到达接收机的电波，称为地面反射波。此外还有沿地球表面传播的电波，称为地表面波，由于地表面波的损耗随频率升高而急剧增大，传播距离迅速减小，因此在 VHF 和 UHF 频段地表面波的传播可以忽略不计。在移动信道中，电波遇到各种障碍物时均会发生反射和散射现象，它对直射波会引起干涉，即产生多径衰落现象，下面主要讨论直射波和反射波的传播特性。

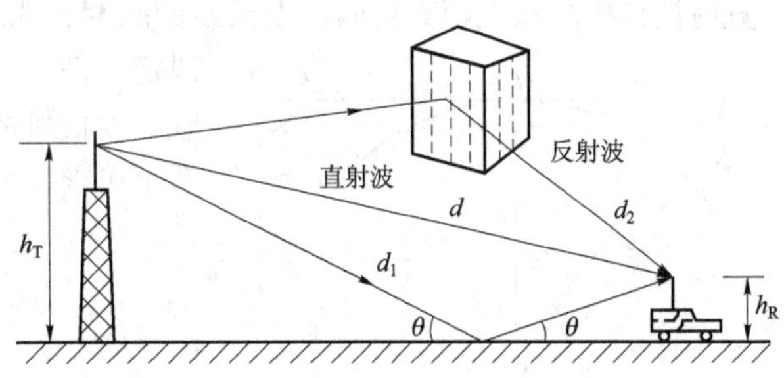

图 2－20　典型移动信道电波传播路径

1. 直射波

直射波可以按自由空间传播来考虑，电波在自由空间经过一段距离的传播之后，由于辐射能量的扩散会引起衰落，式（2－2）列出了无方向性天线接收场强的有效值与辐射功率和距离的关系：

$$E_0 = \frac{\sqrt{30P_T}}{d} \tag{2-2}$$

式中，P_T 为辐射功率，单位为瓦（W）；E_0 为距离辐射天线 d（单位为米）处的场强。

若考虑到收发信机天线的增益 G_R 和 G_T 时，则距离发射天线 d 处的电场强度为

$$E_0 = \frac{\sqrt{30P_T G_T}}{d} \tag{2-3}$$

此时接收天线上的功率为

$$P_R = P_T\left(\frac{\lambda}{4\pi d}\right)^2 G_T G_R \tag{2-4}$$

式中，λ 为电磁波的波长。

电波在自由空间的传播损耗 L_{fs} 定义为

$$L_{fs} = \frac{P_T}{P_R} = \left(\frac{4\pi d}{\lambda}\right)^2 \cdot \frac{1}{G_T G_R} \tag{2-5}$$

一般在自由空间中，收发天线可以看作两个理想的点源天线，故天线增益为 0 dB，增

益系数 $G_R=1$，$G_T=1$。工程上对传播损耗常以 dB 表示，即：

$$L_{fs}=20\lg\frac{4\pi d}{\lambda}\ (\text{dB}) \tag{2-6}$$

故电波在自由空间的传播损耗为

$$[L_{fs}]=32.45+20\lg d(\text{km})+20\lg f\ (\text{MHz})\ (\text{dB}) \tag{2-7}$$

2. 视线传播的极限距离

直射波传播的最大距离由收、发天线的高度、地球的曲面半径，以及大气折射影响共同决定。图 2－21 给出了视线传播的极限距离。设收、发信机的天线高度分别为 h_R 和 h_T，从几何关系上可求出发射天线 A 点到切点 C 的距离为

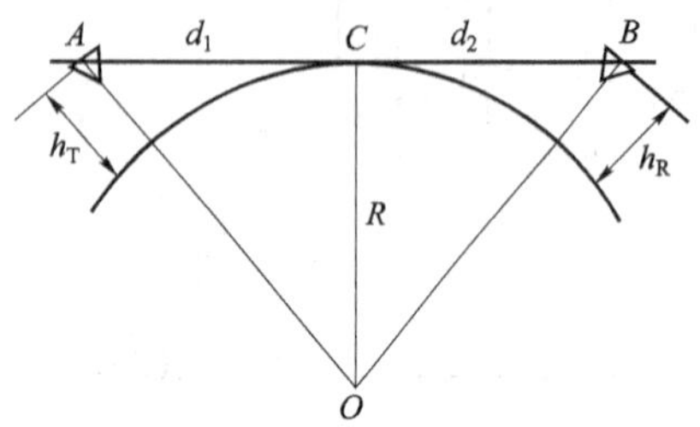

图 2－21　视线传播的极限距离

$$\begin{aligned}d_1&=[(R+h_T)^2-R^2]^{\frac{1}{2}}\\&=[(2R+h_T)h_T]^{\frac{1}{2}}\approx\sqrt{2Rh_T}\end{aligned} \tag{2-8}$$

同样可求出从 C 点到接收天线 B 点的距离为

$$d_2=\sqrt{2Rh_R} \tag{2-9}$$

所以视线传播的极限距离为

$$d=d_1+d_2=\sqrt{2R}(\sqrt{h_R}+\sqrt{h_T}) \tag{2-10}$$

将 $R=6\ 370$ km 代入式（2－10），令 h_R 和 h_T 的单位为 m，则有：

$$d=d_1+d_2=3.57[\sqrt{h_R(\text{m})}+\sqrt{h_T(\text{m})}] \tag{2-11}$$

实际上，电波在传播过程中会受到空气不均匀性的影响，则直射波传播所能到达的视线距离应作修正，在标准大气折射情况下，$R=8\ 500$ km，则有：

$$d=4.12[\sqrt{h_R(\text{m})}+\sqrt{h_T(\text{m})}] \tag{2-12}$$

由上式可见，视线传播的极限距离取决于收、发天线架设的高度，所以在系统设置中，应尽量利用地形、地物把天线适当架高。

3. 绕射损耗

在移动通信中，实际情况是很复杂的，很难对各种地形引起的电波损耗做出准确的定量计算，只能作一些定性的分析。在实际情况下，除了考虑电波在自由空间中的传播损耗之外，还应考虑各种障碍物对电波传播所引起的损耗，通常把这种损耗称为绕射损耗。

设障碍物与发射点、接收点的相对位置如图 2－22 所示，x 表示障碍物顶点 P 至直线 TR 之间的垂直距离，在传播理论中，x 称为费涅尔余隙。

根据费涅尔绕射理论，可得到障碍物引起的绕射损耗与费涅尔余隙之间的关系，如图 2－23 所示。图 2－23 中横坐标为 x/x_1，其中 x_1 称为费涅尔半径，可由下式求得：

$$x_1=\sqrt{\frac{\lambda d_1 d_2}{d_1+d_2}} \tag{2-13}$$

由图 2－23 可见，当 $x/x_1>0.5$ 时，则障碍物对直射波的传播基本上没有影响；当 $x=0$ 时，即 TR 直线从障碍物顶点擦过时，绕射损耗约为 6 dB；当 $x<0$ 时，即直线低于障碍物顶点时，损耗急剧增加。

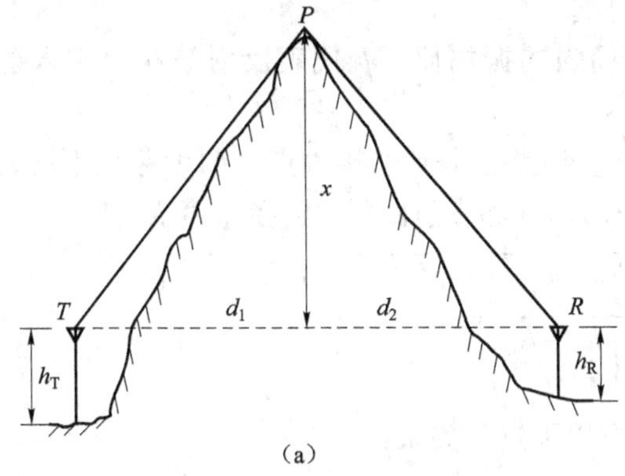

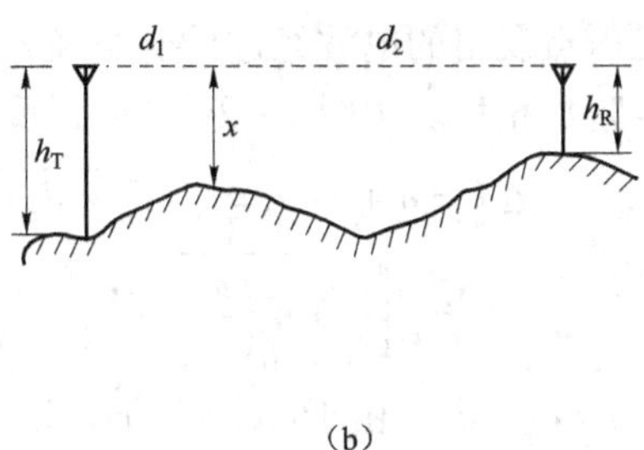

图 2－22　障碍物与余隙

（a）负余隙；（b）正余隙

［**例 2－1**］已知在图 2－23 所示的传播路径中，费涅尔余隙 $x=-82$ m，$d_1=5$ km，$d_2=10$ km，工作频率为 150 MHz。求电波传播损耗。

解：由式（2－7）求出自由空间传播的损耗为

$$[L_{fs}]=32.45+20\lg d+20\lg f$$
$$=32.45+20\lg(5+10)+20\lg 150$$
$$=99.5\ (\text{dB})$$

由式（2－13）求第一菲涅尔区半径 x_1 为

$$x_1=\sqrt{\frac{\lambda d_1 d_2}{d_1+d_2}}=\sqrt{\frac{2\times 5\times 10^3\times 10^4}{15\times 10^3}}=81.7\ (\text{m})$$

由图 2－23 查得附加损耗为 17 dB，所以电波传播的损耗为

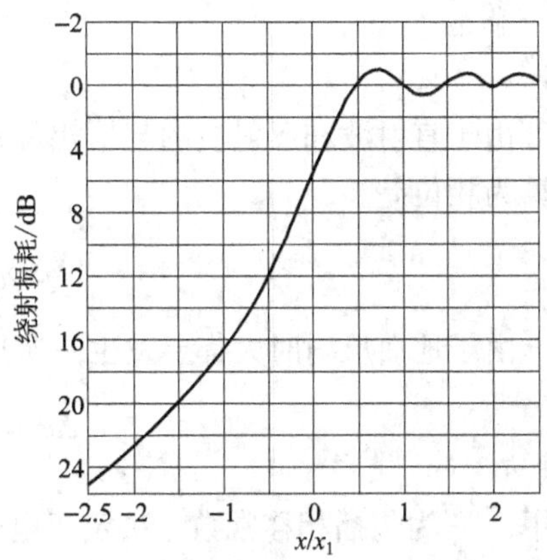

图 2－23　绕射损耗与余隙的关系

$$[L]=[L_{fs}]+17=116.5\ (\text{dB})$$

4. 反射波

电波在传播过程中，遇到两种不同介质的光滑界面时，就会发生反射现象。如果界面尺寸比波长大得多时，就会发生镜面发射。大气和大地是不同的介质，所以入射波会在界面上发生反射，因此，从发射天线到接收天线的电波包含有直射波和反射波，如图 2－24 所示。

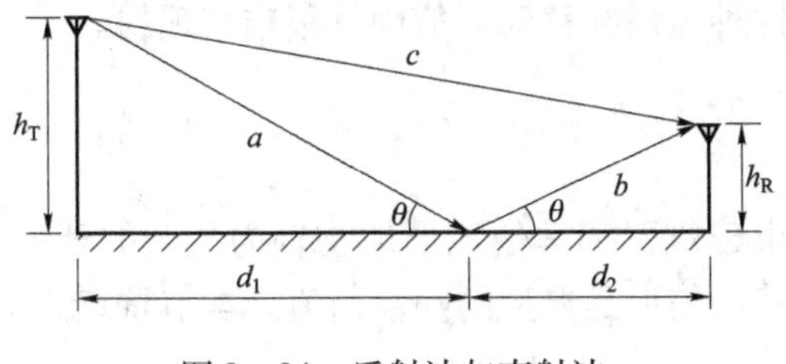

图 2－24　反射波与直射波

一般情况下，在研究地面对电波的反射时，都是按平面波处理的，即电波在反射点的入射角等于反射角，电波的相位发生一次反相（对于地面反射，当工作频率高于 150 MHz 时，θ 小于 1°，反射波场强的幅度等于入射波场强的幅度，而相位差为 180°。）

不同界面的反射特性用反射系数 R 表征，它定义为反射波场强与入射波场强的比值，R 可表示为

$$R = |R| e^{-j\psi} \tag{2-14}$$

式中，$|R|$为反射点上反射波场强与入射波场强的振幅比；ψ代表反射波相对于入射波的相移。

发射点发出的电波经过反射路径 $a+b$ 和直射路径 c 到达接收点，两者路径不同，从而会产生附加相移。由图 2－24 可见，反射路径 $a+b$ 和直射路径 c 路径差值 Δd 为

$$\begin{aligned}\Delta d &= a+b-c = \sqrt{(d_1+d_2)^2+(h_T+h_R)^2} - \sqrt{(d_1+d_2)^2+(h_T-h_R)^2} \\ &= d\left[\sqrt{1+\left(\frac{h_T+h_R}{d}\right)^2} - \sqrt{1+\left(\frac{h_T-h_R}{d}\right)^2}\right]\end{aligned} \tag{2-15}$$

式中，$d=d_1+d_2$，由于$(h_T+h_R) \ll d$，所以有以下近似关系：

$$\sqrt{1+\left(\frac{h_T+h_R}{d}\right)^2} \approx 1+\frac{1}{2}\left(\frac{h_R+h_T}{d}\right)^2 \tag{2-16}$$

由此可得：

$$\Delta d = \frac{2h_T h_R}{d} \tag{2-17}$$

由于直射波和反射波的起始相位是一致的，因此两路信号到达接收天线的时间差 Δt 可换算为相位差：

$$\Delta\varphi_0 = \frac{\Delta t}{T} \times 2\pi = \frac{2\pi}{\lambda} \cdot \Delta d \tag{2-18}$$

由于地面反射时大都要发生一次反相，所以实际的两路电波相位差为

$$\Delta\varphi = \Delta\varphi_0 + \pi = \frac{2\pi}{\lambda} \cdot \Delta d + \pi \tag{2-19}$$

式中，$\frac{2\pi}{\lambda}$为传播相移常数，决定于电磁波的波长。

接收点场强 E 可表示为

$$E = E_0(1+Re^{-j\Delta\varphi}) = E_0(1+|R|e^{-j(\psi+\Delta\varphi)}) \tag{2-20}$$

由上式可得，直射波与地面反射波的合成场强将随反射系数以及路径差的变化而变化，有时会同相相加，有时会反相抵消，这就造成了合成波的衰落现象。$|R|$越接近于 1，衰落就越严重。为此，在固定地址通信中，选择站址时应力求减弱地面反射，或调整天线的位置和高度，使地面反射区离开光滑界面，当然，这种做法在移动通信中是很难实现的。

2.2.2 移动信道的衰落特性

在陆地移动通信中，移动台常常工作在城市建筑群和其他地形地物较为复杂的环境中。其传输信道的特性是随时随地变化的。因此，移动信道是典型的随参信道。本节重点介绍信号的衰落特性。

在实际移动信道中，散射体很多，所以接收信号是由多个电波合成的。直射波、反射波或散射波在接收地点形成干涉场，接收点有时同相相加，有时反相抵消，这就造成合成波信号产生深度且快速衰落，称为快衰落（由于是多径效应造成的，故也称为多径衰落），如图 2－25 所示。图中横坐标是时间或距离（$d=vt$，v 为车速），纵坐标是相对信号电平（以 dB 计），信号电平的变动范围为 30～40 dB。图中虚线表示的是信号的局部中值，其含义是

在局部时间中，信号电平大于或小于它的时间各为 50%。由于移动台的不断运动，电波传播路径上的地形、地物是不断变化的，因而局部中值也是变化的。这种变化所造成的衰落比多径效应所引起的快衰落要慢得多，所以称作慢衰落。对局部中值取平均，可得全局中值。在移动通信中，慢衰落引起电平变化产生的影响远小于快衰落。

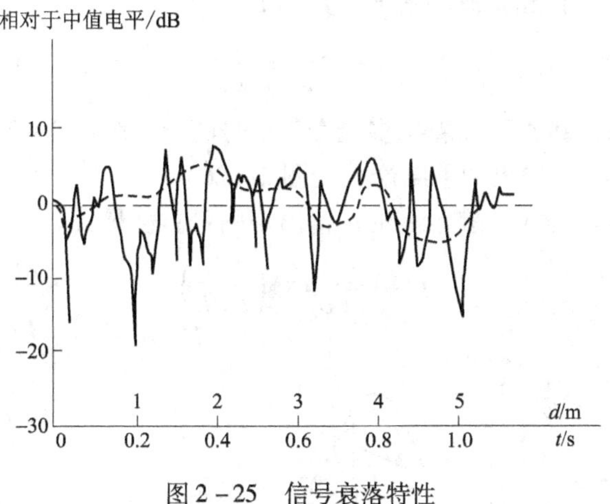

图 2－25　信号衰落特性

1. 快衰落

在陆地移动通信中，移动台往往受到各种障碍物和其他移动体的影响，以致到达移动台的信号是来自不同传播路径的信号之和。

$$S_i(t)=\alpha_i\exp\left[\mathrm{j}\left(\varphi_i+\frac{2\pi}{\lambda}vt\cos\theta_i\right)\right]\exp[\mathrm{j}(\omega_0+\varphi_0)] \tag{2-21}$$

式中，ω_0 为载波角频率；φ_0 为载波初相；经反射（或散射）到达接收天线的第 i 个信号为 $S_i(t)$，其振幅为 α_i，相移为 φ_i；v 为车速；θ_i 为移动台运动方向之间的夹角；λ 为波长。

假设 N 个信号的幅度和到达接收天线的方位角是随机的且统计独立，则接收信号 $S(t)$ 为

$$S(t)=(x+\mathrm{j}y)\exp[\mathrm{j}(\omega_0t+\varphi_0)] \tag{2-22}$$

$$r^2=x^2+y^2$$

$$\theta=\arctan\frac{y}{x} \tag{2-23}$$

$$p(r,\theta)\,\mathrm{d}r\mathrm{d}\theta=p(x,y)\,\mathrm{d}x\mathrm{d}y \tag{2-24}$$

式中，r 为信号振幅；θ 为相位。

$$x=\sum_{i=1}^{N}\alpha_i\cos\left(\varphi_i+\frac{2\pi}{\lambda}vt\cos\theta\right)=\sum_{i=1}^{N}x_i,$$

$$y=\sum_{i=1}^{N}\alpha_i\sin\left(\varphi_i+\frac{2\pi}{\lambda}vt\cos\theta\right)=\sum_{i=1}^{N}y_i \tag{2-25}$$

由于 x 和 y 都是独立随机变量之和，根据概率的中心极限定理，大量独立随机变量之和的分布趋向正态分布，即联合概率密度函数为

$$p(r,\theta)=\frac{r}{2\pi\sigma^2}\mathrm{e}^{-\frac{r^2}{2\sigma^2}} \tag{2-26}$$

对 θ 积分，可求得包络概率密度函数 $p(r)$ 为

$$p(r) = \frac{1}{2\pi\sigma^2}\int_0^{2\pi} r\mathrm{e}^{-\frac{r^2}{2\sigma^2}}\mathrm{d}\theta = \frac{r}{\sigma^2}\mathrm{e}^{-\frac{r^2}{2\sigma^2}}(r \geqslant 0) \tag{2-27}$$

式中，r、θ 分别为接收天线处相对于发射端信号的振幅和相位；σ 为标准偏差。

对 r 进行积分，可求得相位概率密度函数 $p(\theta)$ 为

$$p(\theta) = \frac{1}{2\pi\sigma^2}\int_0^{\infty} r\mathrm{e}^{-\frac{r^2}{2\sigma^2}}\mathrm{d}r = \frac{1}{2\pi}\ (0 \leqslant \theta \leqslant 2\pi) \tag{2-28}$$

（1）由表达式（2-28）可以看出多径衰落信号的相位服从 0-2π 的均匀分布。

（2）由式（2-27）可得出如下结论（见图2-26）：

① 当 $r=\sigma$ 时，$p(r)$ 最大，表示 r 在 σ 值出现的可能性最大。

$$p(r) = \frac{1}{\sigma}\exp\left(-\frac{1}{2}\right) \tag{2-29}$$

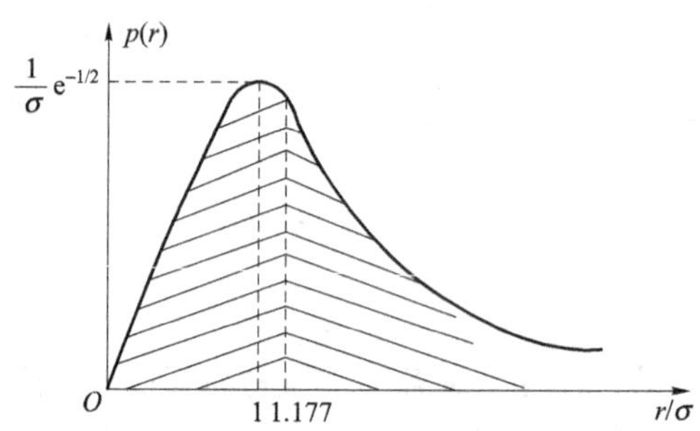

图2-26　瑞利分布的概率密度

② 当 $r=1.117\sigma$ 时，有：

$$\int_0^{1.117\sigma} p(r)\mathrm{d}r = \frac{1}{2} \tag{2-30}$$

说明衰落信号的包络有50%的概率（任意一个足够长的观察时间）大于 1.117σ，有50%的时间其振幅小于 1.117σ，因此称 1.117σ 为振幅 r 的中值，记作 r_{mid}。

③ 信号的振幅 r 低于某一指定值 $K\sigma$ 的概率为

$$\int_0^{K\sigma} P(r)\mathrm{d}r = 1 - \mathrm{e}^{-\frac{K^2}{2}} \tag{2-31}$$

理论分析及大量实测说明，信号的包络服从瑞利分布，通常称为瑞利衰落。在移动信道中衰落深度达30 dB左右，衰落速率为30～40次/s。

2. 慢衰落

在移动信道中，由大量统计测试表明：当信号电平发生快衰落的同时，其局部中值电平还随地点、时间以及移动台速度作比较平缓的变化，其衰落周期以秒级计，称作慢衰落或长期衰落；慢衰落近似服从对数正态分布，所谓对数正态分布是指以分贝数表示的信号电平服从正态分布。

此外，还有一种随时间变化的慢衰落，它也服从对数正态分布。这是由于大气折射率的平缓变化，使得同一地点处所收到的信号中值电平随时间作慢变化，这种因气象条件造成的衰落变化速度更缓慢（其衰落周期常以小时甚至天为量级计），因此常可忽略不计。

为研究慢衰落的规律，通常把同一类地形、地物中的某一段距离（1 ~ 2 km）作为样本区间，每隔 20 m（小区间）左右观察信号电平的中值变动，以统计分析信号在各小区间的累积分布和标准偏差。

3. 衰落储备

为了防止因快、慢衰落引起的通信中断，在信道设计中，必须使信号的电平留有足够的余量，以使中断率 R 小于规定指标，这种电平余量称为衰落储备。衰落储备的大小取决于地形、地物、工作频率和要求的通信可靠性指标（通信可靠性称作可通率）。

图 2 - 27 给出了可通率 T 分别为 90%、95% 和 99% 的三组曲线，根据地形、地物、工作频率和可通率要求，由图 2 - 27 可查得必需的衰落储备量。例如：$f = 450$ MHz，市区工作，要求 $T = 99\%$，则由图 2 - 27 可查得此时必需的衰落储备约为 22.5 dB。

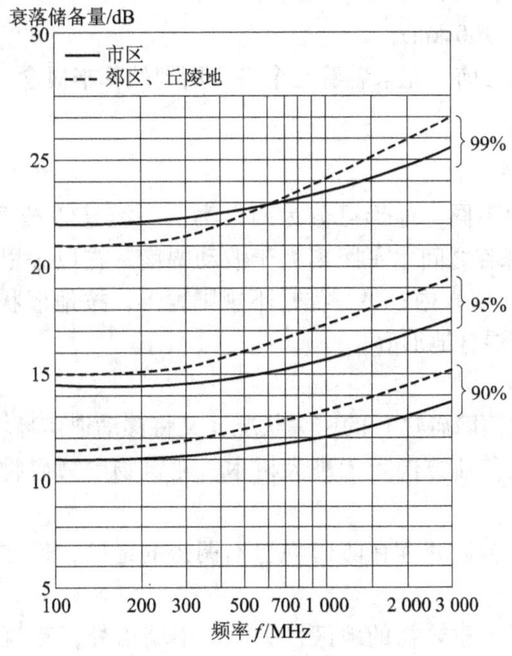

图 2 - 27　衰落特性储备

2.2.3　移动信道的传播损耗

移动通信靠的是无线电波的传播，一个移动通信系统质量的好坏，在很大程度上取决于无线传输质量的好坏。因此，学习移动通信，应掌握移动通信环境中无线电波传播的基本特点。由于移动环境的多变性和复杂性，要对接收信号进行准确的计算是相当困难的。无线通信工程上的做法是：在大量场强测试的基础上，经过对数据的分析与统计处理，找出各种地形、地物下的传播损耗与距离、频率以及天线高度的关系，给出传播特性的各种图表和计算公式，建立传播预测模型，从而用较简单的方法预测接收信号的中值。

在移动通信领域，已建立了许多场强预测模型，它们是根据在不同地形、地物环境下场强实测数据总结出来的，各有特点，能应用于不同场合。常见的模型有以下几种：

（1）自由空间传播模型。

（2）Okumura（奥村）/Hata 模型。

（3）COST231 – Hata 模型。

（4）COST231 Walfish – Ikegami 模型。

（5）Keenan – Motley 模型。

其中，Okumura 模型是最常用的一种模型，提供的数据比较齐全，应用比较广泛，适用于 UHF 和 VHF 频段。它是日本科学家奥村（Okumura）于 20 世纪 60 年代经过大量测试总结得到的。该模型以准平滑地形市区的场强中值或路径损耗作为基准，对其他传播环境和地形条件等因素分别以校正因子的形式进行修正。

奥村模型适用条件为：

（1）频率范围：150 ~ 1 920 MHz；

（2）基站天线高度：30 ~ 1 000 m；

（3）传播距离 d：1 ~ 100 km；

在没有学习奥村模型之前，先来看看几个将要用到的基本概念。

1. 地形、地物分类

1）地形分类

按照地面起伏高度的不同，地形可分为两大类，一类是“准平滑地形”，表面起伏在 20 m 以下，而且峰点和峰谷之间水平距离大于波动幅度，在以公里计的量级内，其平均地面高度的起伏变化也在 20 m 以内；另一类是不规则地形，按地形状态又分成丘陵地形、孤立山岳、倾斜地形和海陆混合地形等。

2）地物分类

按照环境地物（即地面障碍物）的密集状况，又将移动通信环境分为三类：

（1）开阔地：在电波传播方向上无高大树木、建筑物等障碍物，呈开阔状的地带，如农田、荒野和广场等。

（2）郊区地：在移动台近处存在障碍物但不稠密的地区，例如，树木、房屋稀少的田园地带。

（3）市区地：两层以上建筑物的地区，除大、中城市外，建筑物和树木混合密集的大村庄都属于此类地区。

实际上，有时很难严格按照上述定义来划分地区类别。但若我们掌握了以上类别地带场强特性，则对其他有所差异的地带的电波传播情况也就可以大致估计出来了。

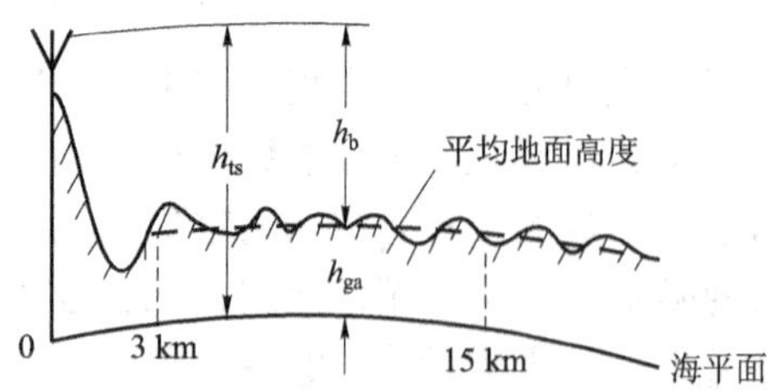

图 2 – 28　基地台天线有效高度 h_b 的定义

3）天线的有效高度

电波传播特性和天线高度是紧密相关的，但由于地形的复杂性，只讲天线自身的高度在通信中并无多大实际意义，所以有必要提出“天线有效高度”的概念。

如图 2 – 28 所示，设基地台天线顶端海拔高度为 h_{ts}，从基地台天线设置点起 3 ~ 15 km 距离内地平面平均海波高度为 h_{ga}，则基地台天线有效高度 $h_b = h_{ts} - h_{ga}$。而移动台天线的有效高度 h_m 是指天线在当地地面上的高度。以后提到的 h_m 和 h_b 都是按此定义的。

2. 准平滑地形市区传播损耗中值

在计算各种地形、地物上的传播损耗时，均以准平滑地形市区的损耗中值或场强中值作为基准，因而把它称作基准中值或基本中值。由电波传播理论可知，传播损耗取决于传播距离 d、工作频率 f、基站天线有效高度 h_b 和移动台天线有效高度 h_m 等。在大量实验、统计分析的基础上，可作出传播损耗基本中值的预测曲线。图 2－29 结出了典型中等起伏地上市区的基本中值 A_m（f，d）与频率、距离的关系曲线。图 2－29 中，纵坐标刻度以 dB 计，其是以自由空间的传播损耗为 0 dB 的相对值。图 2－29 中查出的数值是对自由空间场强（或衰耗）的修正值，是个差值量。由图 2－29 可见，随着频率升高和距离增大，市区传播基本损耗中值将增加。图中曲线是在基站天线高度情况下测得的，即基站天线有效高度 h_b = 200 m，移动台天线有效高度 h_m =3 m。

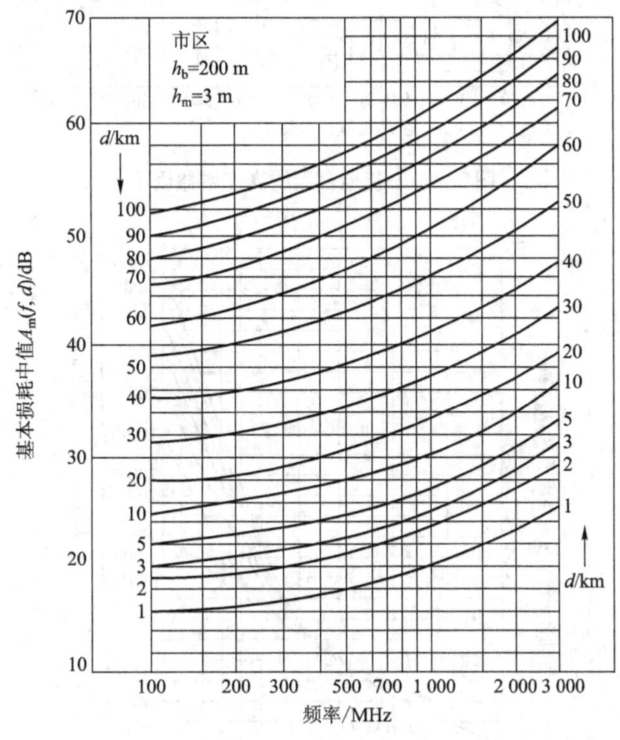

图 2－29　中等起伏地上市区基本损耗中值

如果基站天线的高度不是 200 m，则损耗中值的差异用基站天线高度增益因子 $H_b(h_b, d)$表示。图 2－30 给出了不同通信距离 d 时 $H_b(h_b,d)$与 H_b 的关系。显然，当 H_b >200 m 时，$H_b(h_b,d)$ >0 dB；反之，当 H_b <200 m 时，$H_b(h_b,d)$ <0 dB。

如果移动台天线高度不是 3 m，需用移动台天线高度增益因子从 $H_m(h_m,f)$加以修正，如图 2－31 所示。当 h_m >3 m 时，$H_m(h_m,f)$ >0 dB；反之，当 h_m <3 m 时，$H_m(h_m,f)$ < 0 dB。由图 2－31 还可知，当移动台天线高度大于 5 m 时，其高度增益因子 $H_m(h_m,f)$不仅与天线高度、频率有关，还与环境条件有关。例如，在中小城市，因建筑物的平均高度较低，屏蔽作用较小，天线高度增益因子迅速增大。当移动台天线高度在 1～4 m 范围时，$H_m(h_m,f)$受环境条件的影响较小；当移动台天线高度增高一倍时，$H_m(h_m,f)$变化约为 3 dB。

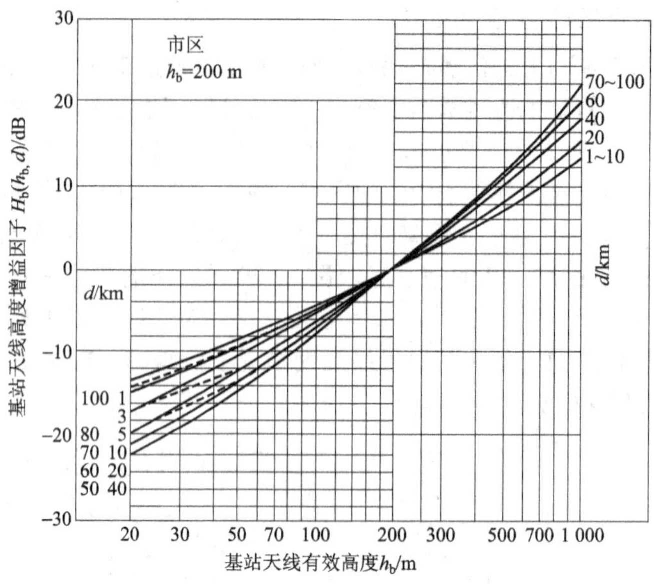

图2－30　基地台天线高度增益因子

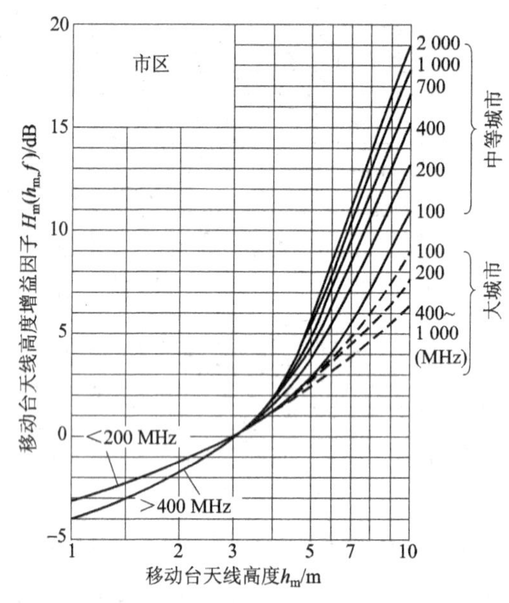

图2－31　移动台天线高度增益因子

准平滑地形市区的路径损耗中值可表示为

$$L_T = [L_{fs}] + A_m(f,d) - H_b(h_b,d) - H_m(h_m,f) \tag{2-32}$$

式中，$A_m(f, d)$为基准损耗中值；$H_b(h_b, d)$为基站天线高度增益因子；$H_m(h_m, f)$为移动台天线高度增益因子。

另外，市区场强中值还和街道走向（相对于电波传播方向）有关。特别是在与电波传播方向一致（称纵向路线）的街道和与电波传播方向垂直（称横向路线）的街道上的场强中值有明显的差别。前者高于基准场强中值，后者低于基准场强中值。图2－32绘出了这种修正曲线。从曲线上可以得到这样的结论：随着距离的增加，这种市区街道走向的绝对修正值越来越小。

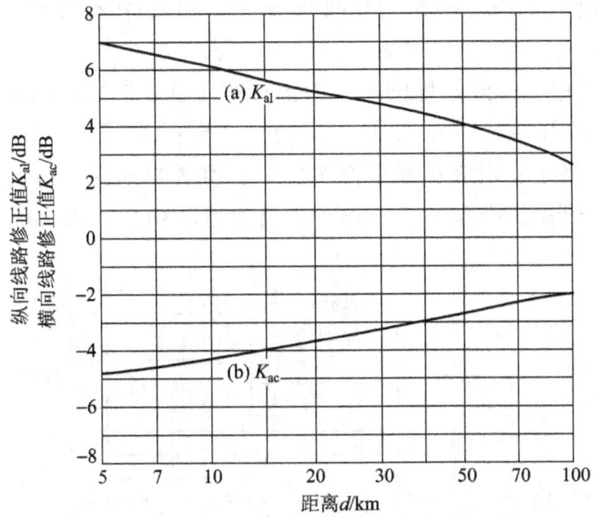

图 2-32　市区街道走向场强中值对基准值的修正值

（a）纵向路线 K_{al}；（b）横向路线 K_{ac}

3. 不规则地形的传播损耗中值

由于不规则地形对电波传播影响极大，而且地形的复杂性给场强计算增加了难度，故工程设计上往往还是使用实验图表来预测不同地形的修正因子。

1）郊区和开阔地损耗的修正因子

郊区的建筑物一般是分散、低矮的，故电波传播条件优于市区。郊区场强中值与基准场强中值之差称为郊区修正因子，记作 K_{mr}，它与频率和距离的关系如图 2-33 所

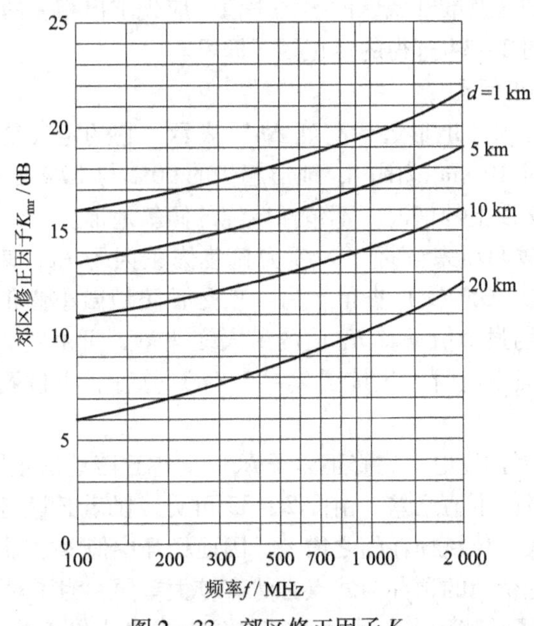

图 2-33　郊区修正因子 K_{mr}

示。由图2－33可知，郊区场强中值大于市区场强中值，或者说，郊区的传播损耗中值比市区传播损耗中值要小。K_{mr}随工作频率提高而增大，与基地台天线高度关系不大。在距离小于20 km范围内，K_{mr}随距离增加而减小，但当距离大于20 km时，K_{mr}大体为固定值。

图2－34表示开阔地、准开阔地的场强中值相对于基准场强中值的修正值预测曲线，由图2－34可见，Q_o表示开阔地修正因子，Q_r表示准开阔地修正因子。开阔地和准开阔地（开阔地和郊区间的过渡区）电波传播条件明显好于市区和郊区，在天线高度和距离不变的情况下（相同条件），开阔地典型的接收信号中值比市区约高出20 dB。

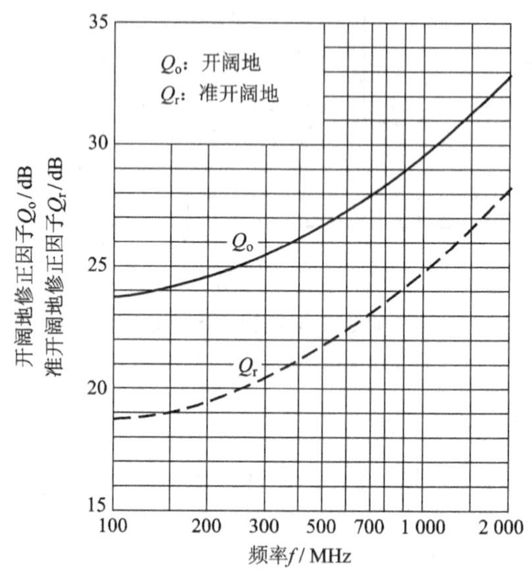

图2－34　开阔地、准开阔地修正因子

为了求出郊区、开阔区及准开阔区的损耗中值，应先求出相应的市区传播损耗中值，然后再减去由图2－33或图2－34查得的修正因子即可。

2）丘陵地损耗的修正因子

丘陵地的地形参数可用“地形起伏高度Δh”表示，它的定义是：自接收点（移动台）向发射点（基地台）延伸10 km范围内，地形起伏的90%与10%处的高度差。此定义只适用于地形起伏次数在数次以上的情况，不包括单纯的倾斜地形。

丘陵地修正因子分成两项来处理：一项为丘陵修正因子K_h，表示丘陵地场强中值与基准中值的差，可由图2－35（a）查得。另一项是丘陵地微小修正值K_{hf}，它表示接收点处于起伏顶部或谷点的场强中值偏移K_h值的最大变化量，可由图2－35（b）查得。当计算丘陵地不同地点的场强中值时，先按图2－35（a）修正，再按图2－35（b）进行补充修正。

图2－35（a）所示为丘陵地平均修正因子K_h（简称丘陵地修正因子）的曲线，它表示丘陵地场强中值与基准场强中值之差。由图2－35可见，随着丘陵地起伏高度（Δh）的增大，由于屏蔽影响的增大，传播损耗随之增大，因而场强中值随之减小。此外，可以想到在丘陵地中，场强中值在起伏地的顶部与谷点必然有较大差异，为了对场强中值进一步加以修正。图2－35（b）给出了丘陵地上起伏的顶部与谷点的微小修正值曲线。图2－35中，上

方画出了地形起伏与电场变化的对应关系，顶部处修正值及 K_{hf}（以 dB 计）为正，谷部处修正值尺 K_{hf} 为负。

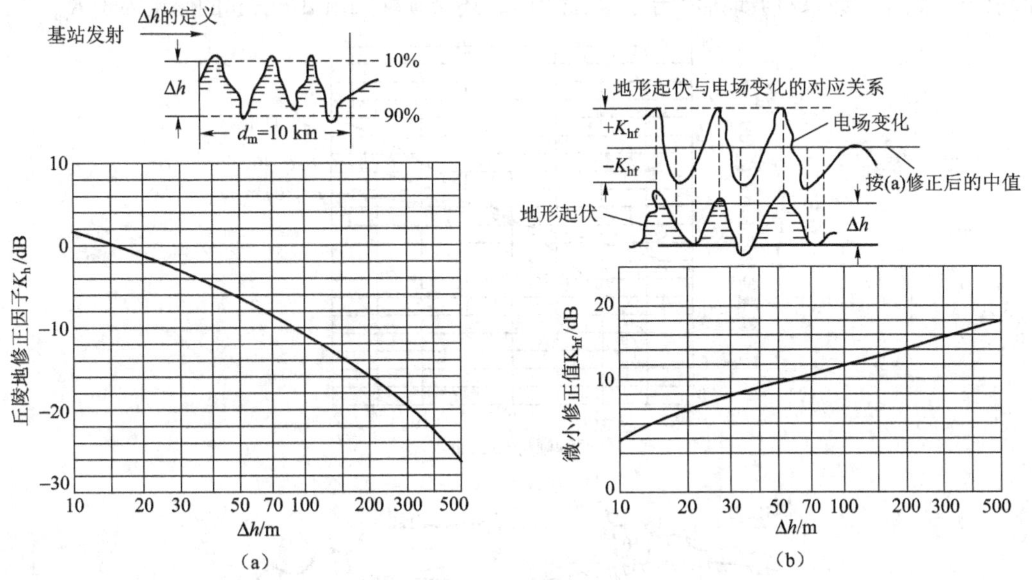

图 2-35　丘陵地场强中值修正因子

3）孤立山岳损耗的修正因子 K_{js}

当电波传播路径上有近似刃形的单独山岳时，若求山背后的电场强度，一般可从相应的自由空间场强中减去刃峰绕射损耗即可。但对天线高度较低的陆上移动台来说，还必须考虑障碍物的阴影效应和屏蔽吸收等附加损耗。由于附加损耗不易计算，故仍采用统计方法给出的修正因子 K_{js} 曲线，如图 2-36 所示。

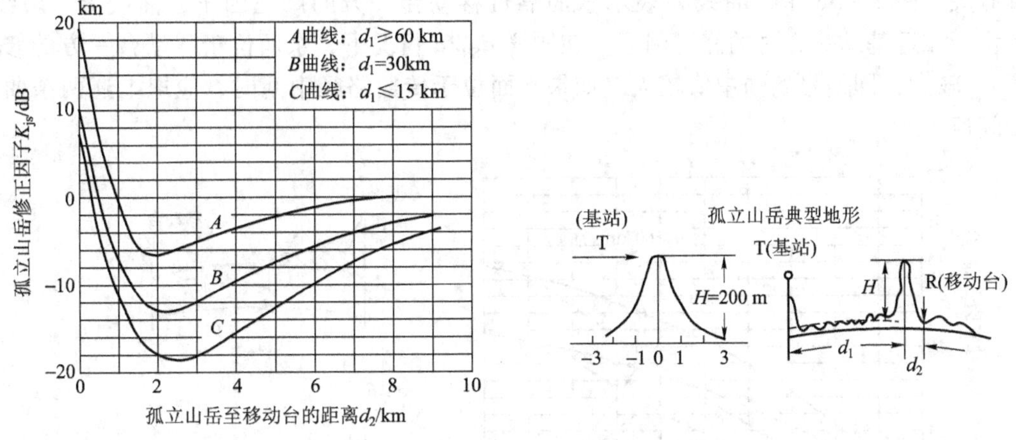

图 2-36　孤立山岳修正因子

4）斜坡地损耗的修正因子

斜坡地形是指在 5～10 km 范围内的倾斜地形。若在电波传播方向上，地形逐渐升高，称为正斜坡，倾角为 $+\theta_m$；反之为负斜坡，倾角为 $-\theta_m$，如图 2-37 所示。图 2-37 给出的

斜坡地形修正因子 K_{sp} 的曲线是在450 MHz 和900 MHz 频段得到的，横坐标为平均倾角 θ_m，以毫弧度（mrad）作单位。图2－37中给出了三种不同距离的修正值，其他距离的值可用内插法近似求出。此外，如果斜坡地形处于丘陵地带时，还必须增加由 Δh 引起的修正因子 K_{sp}。

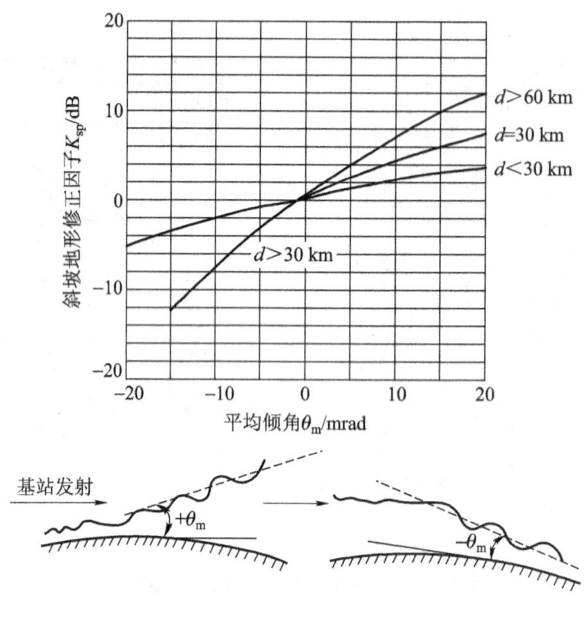

图2－37　斜坡地形修正因子

5）水陆混合损耗的修正因子

水陆混合路径修正因子 K_s，在传播路径中如遇有湖泊或其他水域，接收信号的场强往往比全是陆地时要高。为估算水陆混合路径情况下的场强中值，常用水面距离 d_{SR} 与全程距离 d 的比值作为地形参数。此外，水陆混合路径修正因子 K_s 的大小还与水面所处的位置有关。图2－38中，曲线 A 表示水面靠近移动台一方的修正因子，曲线 B（虚线）表示水面靠近基站一方时的修正因子。在同样 d_{SR}/d 情况下，水面位于移动台一方的修正因子 K_S 较大，即信号场强中值较大。如果水面位于传播路径中间时，应取上述两条曲线的中间值。

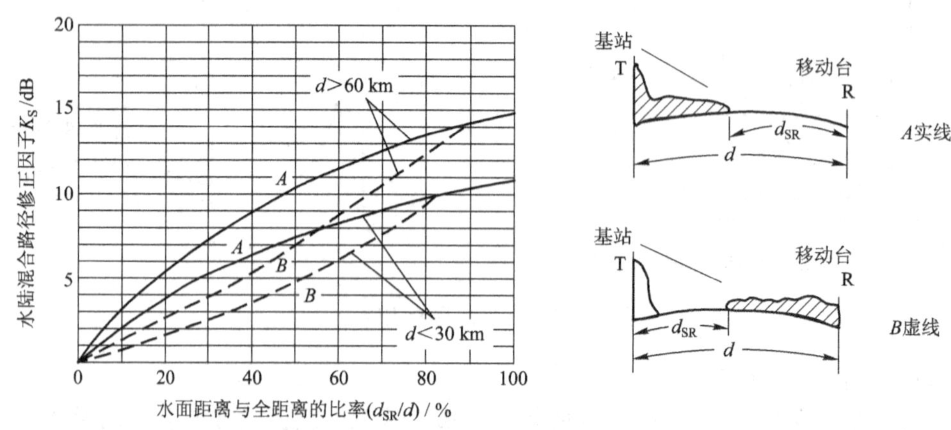

图2－38　水陆混合路径修正因子

任意地形地物情况下信号的传播损耗中值与距离、频率及天线高度等的关系，在前边已经讲过，利用上述各种修正因子就能较准确地估算各种地形地物条件下的传播损耗中值。

任意地形地区修正因子 K_T 为

$$K_T = K_{mr} + Q_o + Q_r + K_h + K_{hf} + K_{js} + K_{sp} + K_S \tag{2-33}$$

式中，K_{mr}、Q_o/Q_r、K_h/K_{hf}、K_{js}、K_{sp}、K_S 分别为郊区修正因子、开阔地或准开阔地修正因子、丘陵地修正因子及微小修正值、孤立山岳修正因子、斜坡地形修正因子、水陆混合路径修正因子。

根据地形地物的不同情况，确定 K_T 的值。如果传播路径地形为开阔上斜坡，$K_T = Q_o + K_{sp}$。

任意地形地区的传播损耗中值为

$$L_A = L_T - K_T \tag{2-34}$$

【常用各词的含义】

1. 分贝（dB）

分贝（dB）是一个相对计量单位。其实，其基本单位是贝尔，它是一个以 10 为底的对数，但由于其单位较大，故我们常以它的 1/10 的值来作常用单位，这就是分贝。首先来讨论功率分贝。图 2-39（a）所示网络，它的输入功率 P_i 为 1 W，输出功率 P_o 为 2 W，亦即功率放大倍数为 2，则以贝尔表示的增益为

$$\text{增益} = \lg(P_o/P_i) = \lg(2/1) = 3.010\,3\ (\text{B})$$

由于 1 贝尔 = 10 分贝，故：

增益（dB）$= 10\lg(P_o/P_i) = 3.010\,3$ dB 或近似为 3 分贝的增益。

图 2-39（b）所示网络，输入功率是 2 瓦，输出功率是 1 瓦，则网络衰耗为

$$\text{衰耗（dB）} = 10\lg(P_i/P_o) = 3.010\,3\ \text{dB}$$

在图 2-39（b）所示情况下，网络衰耗约为 3 dB 或者说增益为 -3 dB。

图 2-39 网络增益与衰耗

(a) 3 dB 增益；(b) 3 dB 衰耗

2. 分贝毫瓦（dBm）与分贝瓦（dBW）

前面所述的分贝（dB）是一个相对的单位，不能表示绝对电平，例如不能说一个放大器的输出是 20 dB，但可以说放大器增益为 20 dB。为了给出绝对电平的概念，采用了分贝毫瓦（dBm）和分贝瓦（dBW）的单位。

分贝毫瓦，即以 1 毫瓦的功率为参考的分贝，$10\lg P_o/P_i$ 中的 P_i 固定等于 1 mW，故分贝毫瓦公式可写为

$$\text{功率(dBm)} = 10\lg\frac{P(\text{mw})}{1(\text{mw})}$$

若 P_o 为 1 mW，则以 dBm 表示时即 0 dBm。

有时也采用分贝瓦（dBW），它定义为以 1 瓦为参考的分贝值，分贝瓦公式可写为

$$功率(dBW) = 10\lg \frac{P(w)}{1(w)}$$

3. 建筑物穿透损耗的预测

这里所说的限定空间是指无线电不能穿透的场所。在限定空间中，因为电波传播损耗很大，因而通信距离很短。例如，一般 VHF 或 UHF 电台，在矿井巷道或在直径为 3 m 左右隧道中的通信距离只有几百米。在限定空间内，为了增加通信距离，常用导波线传输方式。这种传输方式最先应用于列车无线电系统，即在隧道内敷设能导引电磁波的导波线，借助导波线，电磁波能量一面向前方传输，一面泄漏出部分能量，以便与隧道内的行驶车辆进行通信。

当移动台处于室内，进行系统设计时必须考虑穿透损耗。所谓穿透损耗是指电波由建筑外进入室内的损耗，其值等于建筑物附近场强和室内场强之差。其大小取决于建筑物的材料、高度、结构、室内陈设、工作频率等因素。穿透损耗数值应根据实验测得。另外，穿透损耗还随测量点高度而变化。其中，一楼和二楼没有明显的差别，在二楼以上，随高度的增加穿透损耗将直线下降。

2.3 噪声和干扰

无线电通信的质量，除与本身电气和机械性能有关外，还受外界干扰和本身噪声的影响。当干扰和噪声超过一定量值时，通信质量将显著变坏，甚至根本不能正常工作。因此研究干扰和噪声特性及抑制方法也是移动通信技术的重要课题。

目前，移动通信广泛使用 VHF 和 UHF 频段，信道间隔为 25 kHz，带宽为 16 kHz，因此信道间隔与带宽比值不大。当某一电台所接收的有用信号低于某一极限值，而另一部相邻信道的移动台在这个电台附近工作时，就会造成电磁干扰。在移动通信中，考虑较多的是邻道干扰、通信道干扰、互调干扰、远近效应和码间干扰等。

2.3.1 噪声的分类与特性

无线电通信所受干扰和噪声按性质可分为两大类：一类是周期性的，如电台干扰；另一类是非周期性的，非周期性干扰又分为脉冲干扰和起伏干扰（平滑干扰）。

脉冲干扰的电压波形是相互间隔较长的短脉冲，这种干扰的频谱能量主要集中在 $f<1/\tau$（τ 为脉冲宽度）范围内。因此可以认为脉冲干扰的影响对频率较高的通信比频率较低的通信要弱得多。而且接收机的通频带越宽，则可通过的干扰频谱也就越多。这种干扰电压在接收机谐振回路上引起自由震荡，由于干扰电压是脉冲性质的，因而自由震荡也是断续的，即接收机输出端会产生“喀啦”声。

起伏干扰的波形是杂乱的，没有一定的变化规律，但它们的最大值和最小值之间差别很小，这种干扰可认为是许多脉冲干扰衔接组成的，在［0，∞）的频率范围内，频谱是一个均匀函数，因此接收机受干扰的程度与频段无关，只与频带宽度成正比。平滑干扰进入接收机后，在各谐振回路中也引起自由谐振，这些自由谐振也可认为是由许多脉冲引起的，但由于各脉冲接踵而来，所以自由震荡互相重叠，这样，经过检波以后输出电压也是杂乱且连续的，则在输出端会产生“沙沙”声。

按噪声来源和干扰分以下几种：

（1）接收机内部噪声；

（2）天电噪声；

（3）宇宙噪声；

（4）人为噪声；

（5）无线电台干扰。

习惯上将（2）、（3）、（4）称为外部噪声，（5）称为干扰。自然噪声（太阳噪声、大气噪声和银河噪声）的功率谱主要在 100 MHz 频段以下，因此对工作在 VHF 和 UHF 频段的移动通信系统来说，影响较大的是（4）和（5）。

人为噪声是指各种电气装置中发生的电流或电压急剧变化而形成的电磁辐射，如电动机、电焊机、高频电器装置、医疗 X 光机、电器开关等所产生的火花放电就伴有电磁场的辐射。这类噪声电磁波除直接辐射外，还可以通过电力线传播，并由电力线与接收机天线间的电容耦合而进入接收机，直接辐射距离不超过 100 ~ 200 m，而电力线传播可达几公里。

就人为噪声本身性质来讲，它属于脉冲干扰。但在城市中，由于工业电气和汽车往来密集，合成噪声不再是脉冲性的，而是连续性的，功率谱密度分布带有起伏干扰的性质。

关于人为噪声分析的资料中，首先被人们广泛引用的是 ITT's Reference Data for Radio Engineer 提供的如图 2 - 40 所示的噪声图，它将噪声分为以下 6 种。

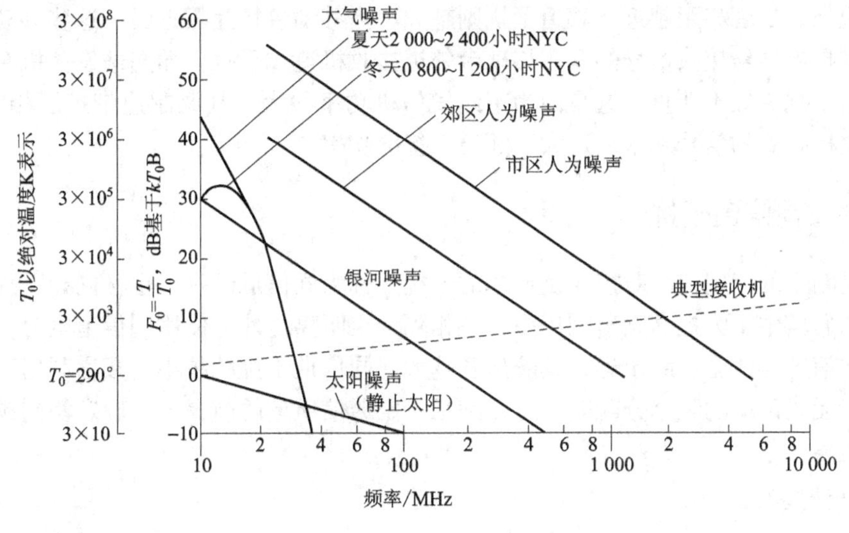

图 2 - 40　人为噪声

（1）大气噪声；

（2）市区人为噪声；

（3）郊区人为噪声；

（4）银河噪声；

（5）太阳光噪声；

（6）典型接收机固有噪声。

纵坐标 F 表示噪声系数，用超过 kT_0B 的 dB 数来表示。$k = 1.38 \times 10^{-23}$ J/K，T_0 为参考绝对温度（290 K），B 为接收机有效噪声带宽。可用图 2－27 来计算平均人为噪声功率，例如，已知工作频率为 400 MHz，接收机带宽 $B_r = 16$ kHz，所以 $kT_0B_r = -162$ dBW。由图 2－40 查得 400 MHz 平均人为噪声高于 kT_0B_r 约为 26 dB，从而接收机输入端的平均人为噪声功率为 －162 dBW ＋26 dBW ＝ －136 dBW。

通常人为噪声源的数量和集中程度随地点和时间而异，故人为噪声从地点上和时间上来说，都是随机变化的。统计测试表明，噪声强度的地点分布可近似按对数正态分布来处理。人为噪声测量很大程度上决定于采样时间及区域类型定义方法，主要的人为噪声是机动车辆的运输噪声。为了评定接收机性能受人为噪声的影响，常根据车辆流通密度把噪声源划分为三类：

（1）高噪声地区（给定瞬时内车辆的流通密度为 100 辆/km^2）；

（2）中噪声地区（给定瞬时内车辆的流通密度为 10 辆/km^2）；

（3）低噪声地区（给定瞬时内车辆的流通密度为 1 辆/km^2）。

2.3.2 邻道干扰

邻道干扰是指相邻或邻近信道之间的干扰。在多信道移动通信系统中，当移动台靠近基站时，移动台发信机的调制边带扩展，会对正在接收微弱信号的基站邻道收信机形成干扰。由于这种干扰分量落在被干扰的接收机通频带内，因而提高接收机的选择性也是无济于事的。一般说来，二者相距越近，邻道干扰则越大。当移动台相互靠近时，这些移动台发信机的调制边带扩展会给接收信号的众多移动台邻道接收机造成干扰。而基站发信机对移动台接收机的邻道干扰一般不严重，这是因为基站发信机功率很大，其调制边带扩展相对小得多，移动台接收机收到的信号功率远远大于邻道干扰的功率。

2.3.3 同信道干扰

由相同频率的无用信号对接收机形成的干扰，称为同信道干扰，也称同频干扰。

在移动通信中，为提高频谱利用率，在相隔一定距离之外，使用同信道电台，称为同信道复用。同信道无线区相距越远，其隔离度越大，同信道干扰就越小，频谱利用率越低。因此，在进行无线区群的频率分配时，应在满足一定通信质量的前提下，确定相同频率重复使用的最小距离。

1. *射频防护比*

射频防护比是指达到主观上限定的接收质量时，所需的射频信号对干扰信号的比值，一般用 dB 表示。

在移动通信中，为避免同信道干扰，必须保证接收机输入端的信号与同信道干扰之比大于或等于射频防护比。从这一关系出发，可以研究同信道复用距离。当然，有用信号和干扰信号的强度不仅取决于通信距离，而且与调制方式、电波传播特性、要求的可靠通信概率、无线小区半径 r、选用的工作方式等因素有关。因此，在不同情况下射频防护比也有所不同，表 2－1 列出了有用信号与无用信号载频相同时的射频防护比。

表 2－1 射频防护比

有用信号类型	无用信号类型	射频防护比/dB
窄带 F3E，G3E	窄带 F3E，G3E	8
宽带 F3E，G3E	宽带 F3E，G3E	8
宽带 F3E，G3E	A3E	8
窄带 F3E，G3E	A3E	10
窄带 F3E，G3E	F2B	12
A3E	宽带 F3E，G3E	8～17
A3E	宽带 F3E，G3E	8～17
A3E	A3E	17

表 2－1 中信号类型代号的意义是：

（1）第一个符号：F 代表调频，G 代表调相，A 代表双边带调幅；

（2）第二个符号：表示调制信号的类别，如“3”代表模拟单信道，“2”代表数字单信道；

（3）第三个符号：表示发送信息类别，如 E 为电话，B 为自动接收电报。

2. 同频单工方式

同频单工方式的同信道干扰示意图如图 2－41 所示。基地台 A 和 B 的无线服务区半径为 r，两个基地台相隔一定距离同频工作。假设基地台 A 处于接收状态，移动台 M 处于发送状态，由于是采用同频单工方式，收发使用相同频率，此时移动台 M 处于无线服务区的边缘，所以基地台 A 正处于接收有用信号最弱的情况。与此同时，如果基地台 B 也处于发送状态，虽距离较远，但由于其天线高度远高于移动台 M，发送功率也远远大于移动台 M，基地台 A 还是收到基地台 B 的同信道干扰信号。如果基地台 A 接收机输入端的有用信号与同信道干扰信号比之等于射频防护比，此时两基地台之间的距离 D（即同信道复用距离）等于被干扰的接收机至干扰发射机的距离 D_I，可表示为

$$\frac{D}{D_S}=\frac{D}{r}=\frac{D_I}{r} \tag{2-35}$$

式中，D/r 称为同信道复用比。

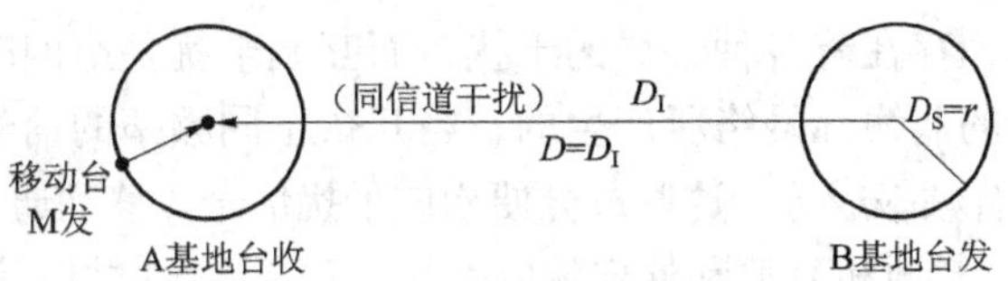

图 2－41 同频单工方式的同信道干扰示意图

3. 双工方式

对于双工方式的同信道干扰，如图 2－42 所示。在双工情况下，收发使用不同的频率，移动台 M 若置于 A 基地台到 B 基地台的连线上最易受到基地台 B 的干扰。若被干扰接收机

至干扰发射机的距离为 D_I，则同信道复用距离（A、B两基地台之间的距离）为

$$D = D_S + D_I = r + D_I \tag{2-36}$$

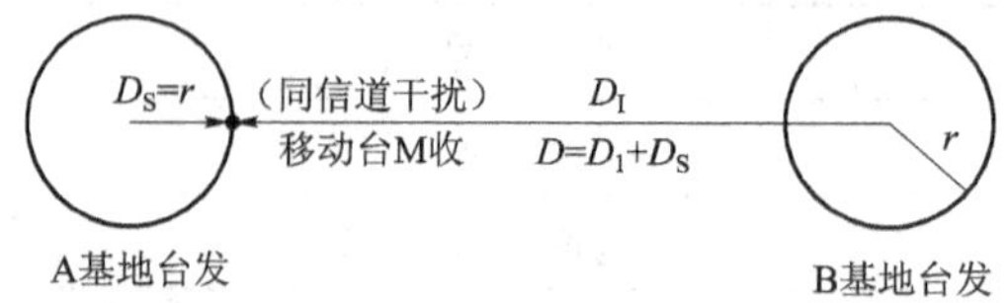

图2-42　双工方式的同信道干扰示意图

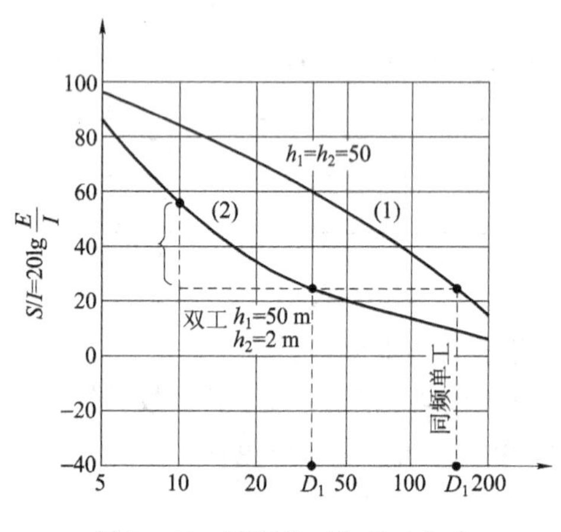

图2-43　同频单工和双工方式同信道复用距离确定

在工程设计中，通常是利用统计得到的电波传播曲线来计算同信道复用距离，这样既方便又较准确。图2-43给出了同频单工和双工方式时的同信道复用距离。例如基地台天线有效高度为50m，移动台天线高度为2 m，r = 10 km，S/I = 22 dB，若要计算同信道复用距离，可由图2-43中的电波传播曲线求解。

在双工情况下，有用信号和干扰信号的传播曲线均为曲线（2），在同频单工情况下，有用信号的传播曲线应该仍用曲线（2），而干扰信号的传播曲线应使用曲线（1）。在同频单工情况下的同信道复用距离，比双工情况下的同信道复用距离大得多，这是因为单工情况下，基地台A接收机干扰信号来自基地台B的高天线（h = 50m），而有用信号却是来自移动台的低天线（h = 2m），传播条件比较差。在双工情况下，移动台接收机的有用信号来自基地台A的高天线，干扰信号来自基地台B的高天线，传播条件是相同的，所以强有用信号将把弱干扰信号完全抑制掉，使干扰不起作用。

以上分析仅考虑了一个同信道干扰源，实际上，在小区制移动通信系统中，一个台的同信道干扰源往往不止一个。在多个同信道干扰源的情况下，则干扰信号电平应以功率叠加方式获得。

2.3.4　互调干扰

在移动通信系统中，存在着各种各样的干扰，而互调干扰是组网时必须考虑的问题。互调干扰是由传输信道中的非线性网络所产生的，当几个不同频率的信号同时加入一非线性网络时，就会产生各种组合频率成分，这些成分便构成干扰信号。移动通信系统中的互调干扰主要有三种：发射机互调、接收机互调和外部效应引起的互调。发射机互调和接收机互调在非线性电子线路中已作了详细的论述。外部效应引起的互调，主要是由于发信机高频滤波器及天线馈线等插接件的接触不良，或发信机的拉杆天线螺栓等金属件锈蚀，产生的非线性作用引起的互调现象。如果保证接插件部位接触良好，防止金属构件锈蚀，互调现象可以避免。

假定接收机的输入回路较差，有用信号频率为 ω_0，频率分别为 ω_A、ω_B、ω_C 的干扰信号同时进入接收机高频放大器或混频级，这些信号在非线性特性的作用下，将产生许多谐波

和组合频率分量。其中三阶互调干扰有两种类型，即二信号三阶互调和三信号三阶互调，其表达式分别为

$$2\omega_A - \omega_B = \omega_0$$

$$\omega_A + \omega_B - \omega_C = \omega_0 \tag{2-37}$$

根据同样的方法可求得三阶以上的互调干扰表达式，但由于高次谐波的能量很小，所以在工程设计中，可忽略五阶互调的影响。但对小区制，多信道共用组网时，则应重视五阶互调的影响。对多信道移动通信系统，在频率分配时，为避免三阶互调干扰，应适当选择不等频距的信道，使他们产生的互调产物不致落入同组中任意工作信道。选择信道组的原则是：信道组内无三阶互调产物，且占用频段最小。根据这一原则确定的无三阶互调干扰的信道组见表 2-2。

表 2-2 无三阶互调信道组

需用信道数	最小占用信道数	无三阶互调信道组的信道序号	信道利用率/%
3	4	1，2，4	75
4	7	1，2，5，7 1，3，6，7	57
5	12	1，2，5，10，12 1，3，8，11，12	41
6	18	1，2，5，11，16，18 1，2，5，11，13，18 1，2，9，12，14，18 1，2，9，13，15，18	33
7	26	1，2，8，12，21，24，26 1，3，4，11，17，22，26 1，2，5，11，19，24，26 1，3，8，14，22，23，26 1，2，12，17，20，24，26 1，4，5，13，19，24，26 1，5，10，16，23，24，26	27
8	35	1，2，5，10，16，23，33，35 1，3，13，20，26，31，34，35 …	23
9	46	1，2，5，14，25，31，34，41，46 …	20
10	56	1，2，7，11，24，27，35，42，54，56 …	18

分析表明，这些信道构成规律为：任意两个信道序号差值均不相等，则该信道组是无三

阶互调的信道组，否则就有三阶互调干扰。

由表2-2可见，在占用频段内，只能选用一部分信道构成无三阶互调信道组，因此，频段利用率不够高，一般情况下，需要的信道数越多，频段利用率就越低，因此，需要信道数很多或在频率拥挤的地域，采用无三阶互调信道组工作是很难实现的。但是，在小区制移动通信系统中，若每个小区使用的信道数较少，则可以采用信道的分区分组分配法来提高频段利用率，这种方法是以无三阶互调信道组为基础进行频率分配的。需要指出的是，选用无三阶互调信道组工作，三阶互调产物依然存在，只是不落在本系统的工作信道之内。然而，三阶互调产物可能落入其他系统，对其他系统造成干扰。

2.3.5 近端对远端的干扰

在移动通信系统中，当基地台同时接收从几个距离不同的移动台发来的信号时，若这些信号的频率相同或相近，则距基地台最近的移动台就会对距离远的移动台造成干扰或抑制，甚至有些信号会被淹没，使基地台很难收到远距离移动台的信号，这就是近端对远端的干扰，也称远近效应，如图2-44所示。

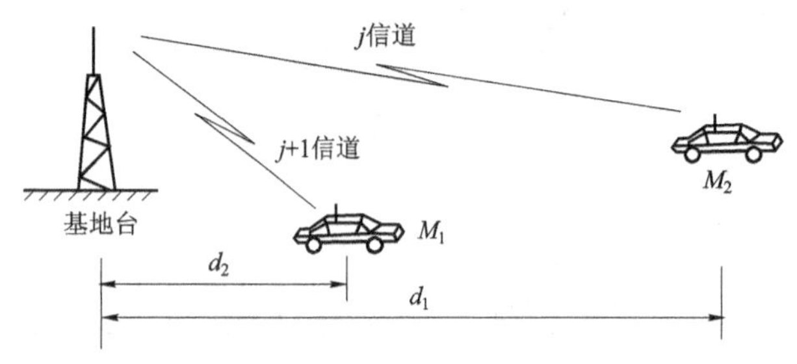

图2-44 远近效应示意图

一般情况下，各移动台的发射功率相同，因此两移动台至基地台的功率电平差异仅决定于传输路径损耗，这一差值定义为“近端对远端的干扰比”，用ξ表示：

$$\xi_{d_1,d_2}=L(d_1)-L(d_2)\ \text{(dB)} \tag{2-38}$$

式中，$L(d_1)$为远距离（d_1）移动台信号路径损耗；$L(d_2)$为近距离（d_2）移动台信号路径损耗。

为了近似估算ξ值，根据近地面干涉场理论可知，路径损耗约与距离的4次方成正比，即增加10倍距离，损耗增加40dB，故近端对远端的干扰比为

$$\xi_{d_1,d_2}=40\lg\left(\frac{d_1}{d_2}\right)\ \text{(dB)} \tag{2-39}$$

设图2-44中$d_1=10$ km，$d_2=0.1$ km，则$\xi_{d_1,d_2}=80$ dB，如果需要的信号干扰比为15 dB，则必须使接收机选择性回路对近距离移动台的信号有95dB的衰减，这样才能保证对远距离移动台信号的接收。

在移动通信系统中远近效应的问题比较突出，克服这种干扰，可以增大频距，减小场强的变化范围，采用自动功率控制电路，移动台根据收到基地台信号的强弱，自动调节发射功率，缩小无线服务区，降低移动台的发射功率。

2.4 移动通信调制解调技术

在已学过的《通信原理》中较为详细地介绍了频带调制的基础知识，也简单地介绍了

数字信号的频带传输系统，这里的频带传输系统就是数字调制系统。数字调制与模拟调制本质上没有区别，它们都属于正弦波调制。但是数字调制是调制信号为数字型的正弦波调制，而模拟调制则是调制信号为连续型的正弦波调制。数字调制采用键控载波的方法，且采用与模拟调制中不同的解调方式，并用误码率这一指标衡量解调性能。

第一代蜂窝移动通信系统采用模拟调频（FM）传输模拟语音，但其信令系统却是数字的，采用 2FSK 数字调制技术。第二代数字蜂窝移动通信系统，传送的语音都是经过数字语音编码和信道编码后的数字信号；GSM 系统采用 GMSK 调制，IS－54 系统和 PDC 系统采用 π/4－DQPSK 调制，CDMA 系统（IS－95）的下行信道采用 QPSK 调制、上行信道采用 OQPSK 调制。第三代数字蜂窝系统将采用 MQAM 调制、平衡四相（BQM）扩频调制、复四相扩频调制（CQM）、双四相扩频调制（DQM）技术。

本章将对第一代、第二代蜂窝移动通信系统的调制、解调技术做必要的讨论，也将对 QAM、OFDM 调制技术作简单介绍。

2.4.1　概述

数字通信的目的就是把数字信息“0”或“1”准确而迅速地传送到对方。对移动电话系统而言，信息是话音波形，可以通过语音编码技术把话音波形变换为 0 与 1 的二值信息。发信端发送的信息是 0 和 1 的组合，不管用什么样的形式把信号传输到对方，都要把 0 和 1 变换成表示 0 的波形信号与表示 1 的波形信号。这种波形的形式称为符号。

表示这种符号的最直观而且最容易理解的波形如图 2－45（a）所示，即“0”是振幅为 0 的直流，“1”是振幅为 A 的直流，0 和 1 的持续时间均为 T，这种波形通常称为非归零码 NRZ（Non Return to Zero），与其相对应的是归零码 RZ（Return to Zero），如图 2－45（b）所示。另为还有各种表示 0 和 1 的方法。

图 2－45 所示为用二值状态的脉冲表示发送的信息，这种表示信息的信号称为基带信号。对基带信号做出定义比较困难，而且不明确，这里把简单形状脉冲表示的信号称为基带信号。进行有线传输时，基带信号可通过电缆在线路中传输。进行无线传输时，基带信号低频分量丰富，不能以电波的形式发射出去，即使作为电波发射，当有两处以上同时发射时就会相互干扰，使通信无法进行。

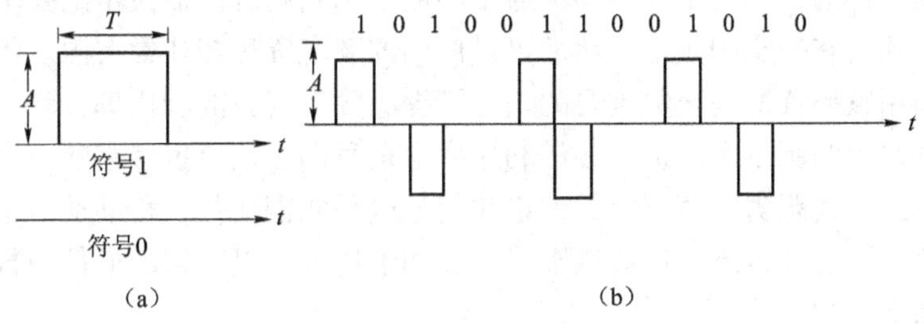

图 2－45　两种基带信号

（a）NRZ；（b）AMI

为了以电波形式发射信号，需要把基带信号变为高频正弦波信号，这种处理方法称为调制。通过调制，把基带信号能量的大部分转移到高频正弦波分量上，以电波的形式发射出去。如果每个发信机的正弦波频率不同，即使有多个发信机同时发射信号，接收方也不会受到干扰。

调制是为了使信号特性与信道特性相匹配，显然，不同类型的信道特性，将相应存在着不同类型的调制方式。数字调制是用基带数字信号改变高频载波信号的某一参数来传递数字信号的过程。就话音业务而言，经过话音编码所得到的数字信号必须经过调制才能实际传输。在无线通信系统中是利用载波来携带话音编码信号，即利用话音编码后的数字信号对载波进行调制，当载波的频率按照数字信号“1”“0”变化而对应地变化，这称为移频键控（FSK）；相应地，若载波相位按照数字信号“1”“0”变化而对应地变化则称为移相键控（PSK）；若载波的振幅按照数字信号“1”“0”变化而相应地变化，则称为振幅键控（ASK）。模拟蜂窝系统的数字信令，多采用移频键控调制。

然而通常的移频键控调制在频率转换点上的相位一般并不连续，这会使载波信号的功率谱产生较大的旁瓣分量。为克服这一缺点，一些专家先后提出了一些改进的调制方式，其中有代表性的调制方式是最小移频键控（MSK）和高斯预滤波最小移频键控（GMSK）。

目前在数字蜂窝系统中，调制技术可分为恒定包络调制和线性调制两大类。

1. 恒定包络调制

这种调制技术的射频调波信号具有确定的相位关系，而且包络恒定，故称为恒包络调制技术。它主要采用的是 FSK 调制技术，如最小移频键控（MSK）调制、高斯滤波最小移频键控（GMSK）调制等。恒定包络调制具有频谱旁瓣分量低，误码性能好，可以使用高效率的 C 类功率放大器等特点。但是，恒定包络调制的频谱利用率较低。

2. 线性调制

线性调制主要采用 PSK 调制技术，如正交移相键控 QPSK 调制、OQPSK 调制、π/4 - QPSK 调制和正交振幅调制（QAM）等。它具有较高的频谱利用率。但是，在从基带频率变换到射频以及放大到发射电平的过程中，信号变化始终要保持高度的线性，因此设计难度大，也使移动台的成本增加。近年来，由于放大器设计技术的发展，可设计制造高效实用的线性放大器，才使得线性调制技术在移动通信中得到实际应用。

上述两类调制技术在数字移动通信中都有应用，欧洲的 GSM 系统采用的是 GMSK 技术；而美国和日本的数字移动通信系统则采用了 QPSK 调制技术。无论我们研究出什么调制方式，其目的都是一样的，即为了满足移动通信的数字调制和解调器技术的要求。

移动通信必须占有一定的频带，然而可供使用的频率资源却非常有限。因此，在移动通信中，有效地利用频率资源是至关重要的。为了提高频率资源的利用率，除了采用频率再利用技术外，通过改善调制技术而提高频谱利用率也是我们必须慎重考虑的一个问题。鉴于移动通信的传播条件极其恶劣，衰落会导致接收信号电平急剧变化，移动通信中的干扰问题也特别严重，除邻道干扰外，还有同频道干扰和互调干扰，所以对移动通信中数字调制和解调器技术的要求如下：

（1）在信道衰落条件下，误码率要尽可能低。

（2）发射频谱窄，对相邻信道干扰小。

（3）高效率的解调，以降低移动台功耗，进一步缩小体积和成本。

（4）能提供较高的传输速率。

（5）易于集成。

总之，我们所采用的调制技术的最终目的就是使得调制以后的信号对干扰有较强的抵抗作用，同时对相邻的信道信号干扰较小，解调方便且易于集成。

2.4.2　数字频率调制技术

1. FSK 调制

1）基本原理

用基带数据信号控制载波频率，称为移频键控（FSK），二进制移频键控记为 2FSK。2FSK 信号便是 0 符号对应于载频 ω_1，1 符号对应于载频 ω_2（$\omega_1 \neq \omega_2$）的已调波形，而且 ω_1 与 ω_2 之间的改变是瞬时完成的。根据前后码元的载波相位是否连续，分为相位不连续的移频键控和相位连续的移频键控。2FSK 调制的实现非常简单，一般采用键控法，即利用受矩形脉冲序列控制的开关电路对两个不同的独立频率源进行选通。2FSK 信号的产生方法和波形如图 2 - 46 所示。

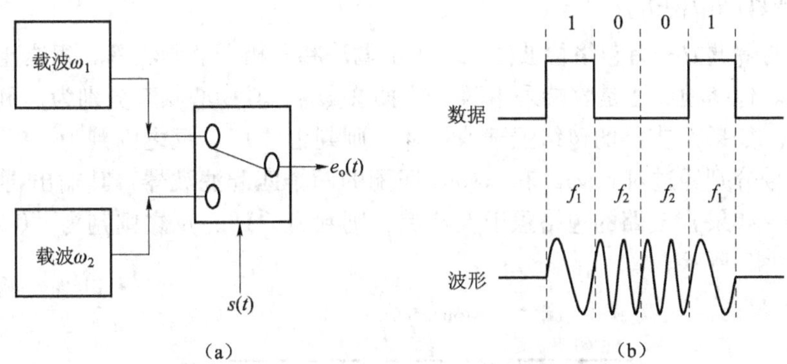

图 2 - 46　2FSK 信号的产生方法和波形

(a) 2FSK 信号的产生方法；(b) 2FSK 信号波形

根据以上对 2FSK 信号产生原理的分析，已调信号的数学表达式可以表示为

$$e_o(t) = \left[\sum_n a_n g(t - nT_s)\right]\cos(\omega_1 t + \varphi_n) + \left[\sum_n \bar{a}_n g(t - nT_s)\right]\cos(\omega_2 t + \theta_n) \tag{2-40}$$

式中，$g(t)$ 为单个矩形脉冲，脉宽为 T_s，

$$a_n = \begin{cases} 0, & \text{概率为 } P \\ 1, & \text{概率为}(1-P) \end{cases} \tag{2-41}$$

$\bar{a}_n$ 是 a_n 的反码，若 $a_n = 0$，则 $\bar{a}_n = 1$；若 $a_n = 1$，则 $\bar{a}_n = 0$，于是有：

$$\bar{a}_n = \begin{cases} 0, & \text{概率为}(1-P) \\ 1, & \text{概率为 } P \end{cases} \tag{2-42}$$

φ_n、θ_n 分别是第 n 个信号码元的初相位。

令 $g(t)$ 的频谱为 $G(\omega)$，a_n 取 1 和 0 的概率相等，则 $e_0(t)$ 的功率谱表达式为

$$P(f) = \frac{1}{16} f_s\left[\,|G(f+f_1)|^2 + |G(f-f_1)|^2\right] + \frac{1}{16} f_s |G(0)|^2\left[\delta(f+f_1) + \delta(f-f_1)\right]$$

$$+\frac{1}{16}f_s[\,|G(f+f_2)|^2+|G(f-f_2)|^2\,]$$

$$+\frac{1}{16}f_s|G(0)|^2[\,\delta(f+f_2)+\delta(f-f_2)\,] \quad (2-43)$$

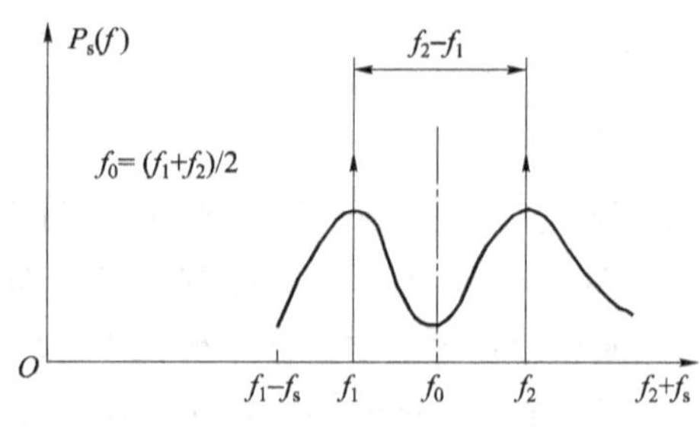

图 2-47　FSK 信号的功率谱

第一、二项表示 FSK 信号功率谱的一部分由 $g(t)$ 的功率谱从 0 搬移到 f_1，并在 f_1 处有载频分量；第三、四项表示 FSK 信号功率谱的另一部分由 $g(t)$ 的功率谱从 0 搬移到 f_2，并在 f_2 处有载频分量。

FSK 信号的功率谱如图 2-47 所示。可以看到，如果（f_2-f_1）小于 f_s（$f_s=1/T_s$），则功率谱将会变为单峰。FSK 信号的带宽约为

$$B=|f_2-f_1|+2f_s \quad (2-44)$$

2）FSK 信号的解调方法

FSK 信号的解调方法有包络检波法、相干解调法和非相干解调法等。相位连续时可以采用鉴频器解调。包络检波法是收端采用两个带通滤波器，其中心频率分别为 f_1 和 f_2，其输出经过包络检波。如果 f_1 支路的包络强于 f_2 支路，则判为“1”；反之则判为“0”。非相干解调时，输入信号分别经过对 $\cos\omega_1 t$ 和 $\cos\omega_2 t$ 匹配的两个匹配滤波器，其输出再经过包络检波和比较判决。如果 f_1 支路的包络强于 f_2 支路，则判为“1”；反之则判为“0”。相干解调的原理如图 2-48 所示。

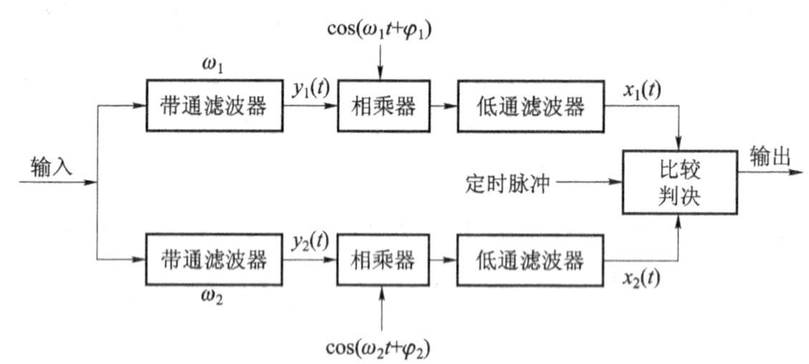

图 2-48　2FSK 相干解调

2. 最小频移键控（MSK）调制

由于一般移频键控信号相位不连续、频偏较大等原因，使其频谱利用率较低。本节将讨论的 MSK（Minimum Frequency Shift Keying）是二进制连续相位 FSK 的一种特殊形式。MSK 称为最小移频键控，有时也称为快速移频键控（FFSK）。所谓“最小”是指这种调制方式能以最小的调制指数获得正交信号；而“快速”是指在给定同样的频带内，MSK 能比 2PSK 的数据传输速率更高，且在带外的频谱分量要比 2PSK 衰减得快。

1）MSK 信号的表达式

二进制载波数字调制的基带数字信号只有两种状态，即 1、0 或 +1、-1。随着数字通信的发展，对频带利用率的要求不断提高，多进制数字调制系统获得了越来越广泛的应用。

在多进制系统中，一位多进制符号将代表若干位二进制符号。在相同的传码率条件下，多进制数字系统的信息速率高于二进制系统。在二进制系统中，随着传码率的提高，所需信道带宽也增加。采用多进制可降低码元速率和减小信道带宽。同时，加大码元宽度可增加码元能量，有利于提高通信系统的可靠性。

用 M 进制数字基带信号调制载波的幅度、频率和相位，可分别产生出 MASK、MFSK 和 MPSK 三种多进制载波数字调制信号。多进制频移键控（MFSK）简称多频制，是用多个频率不同的正弦波分别代表不同的数字信号，在某一码元时间内只发送其中一个频率。接收部分通过由多个中心频率的带通滤波器、包络检波器及一个抽样判决器、逻辑电路、并/串变换电路等实现解调，MFSK 系统占据较宽的频带，因而频带利用率低，多用于调制速率不高的传输系统中。MFSK 信号的相位是不连续的，它的功率谱会产生很大的旁瓣分量，带限后会引起包络起伏，为克服上述缺点，需控制相位的连续性，这种形式的数字频率调制称为相位连续的频移键控（CPFSK）。

在一个码元时间 T_b 内，CPFSK 信号可表示为

$$\varphi_{\mathrm{CPFSK}}(t)=A\cos[\omega_c t+\theta(t)] \tag{2-45}$$

当 $\theta(t)$ 为时间的连续函数时，已调波在所有时间上是连续的。若传 0（或 -1）码时载波频率为 ω_s（即空号频率），传 1 时载波频率为 ω_m（即传号频率），它们相对于未调波（频率为 ω_c）的频偏为 $\Delta\omega$，则式（2-45）可写为

$$\varphi_{\mathrm{CPFSK}}(t)=A\cos[\omega_c t\pm\Delta\omega t+\theta(0)] \tag{2-46}$$

其中，

$$\omega_c=(\omega_s+\omega_m)/2 \tag{2-47}$$

$$\Delta\omega=(\omega_m-\omega_s)/2 \tag{2-48}$$

在一个码元时间内，$\theta(t)$ 为 t 的线性函数：

$$\theta(t)=\pm\Delta\omega t+\theta(0)$$

式中，$\theta(0)$ 为初相角，取决于过去码元调制的结果，它的选择要防止相位的任何不连续性。对二进制 FSK 信号，为便于检测，希望传 0（或 -1）和传 1 的 $\varphi_{\mathrm{CPFSK}}(t)$ 两表达式正交。

当满足

$$(\omega_s+\omega_m)T_b=n\pi(n\text{ 为整数}) \tag{2-49}$$

及

$$2\Delta\omega T_b=n\pi(n\text{ 为整数}) \tag{2-50}$$

表示这两个信号的差异最大，检测时不易产生误码。传 0（或 -1）和传 1 的 $\varphi_{\mathrm{CPFSK}}(t)$ 两表达式之积在 $0\sim T_b$ 时间内的积分值为 0，说明两式正交。

为提高频带利用率，$\Delta\omega$ 越小越好。由式（2-50）可知，当 $n=1$ 时，$\Delta\omega$ 最小，此时有：

$$\Delta\omega T_b=\frac{\pi}{2}\text{或 }2\Delta f T_b=\frac{1}{2}=h \tag{2-51}$$

式中，h 为调制指数。

由式（2-49）可得：

$$T_b=n\times\frac{1}{4f_c}$$

即每个码元宽度是 1/4 个载波周期的整数倍。

CPFSK 在 $2\Delta f T_b=\frac{1}{2}=h$ 和 $T_b=n\times\frac{1}{4f_c}$ 这种特殊情况下，称为最小频移键控（MSK），其

表达式为

$$s(t)=\cos\left(\omega_c t+\frac{\pi}{2T_b}t\cdot a_k+\varphi_k\right) \tag{2-52}$$

其中，$a_k=\pm1$，为输入的数字信号。$s(t)$的附加相位为

$$\theta(t)=\frac{\pi a_k}{2T_b}t+\varphi_k \tag{2-53}$$

2）MSK 信号的波形

由于 MSK 信号在码元周期内，具有整数倍的1/4 个载波周期，若（2－50）式中的 n 为

$$n=4N+m \tag{2-54}$$

式中，N 为第 n 个码元周期内载波周期数；m 为第 n 个码元周期内 1/4 个载波周期数。

故式（2－50）可写为

$$T_b=\left(N+\frac{m}{4}\right)\cdot\frac{1}{f_c} \tag{2-55}$$

式中，N 为整数，$m=1, 2, 3, 4$。

由此，可求得传号频率、空号频率和两频率之差的表达式：

$$f_m=f_c+\frac{1}{4T_b}=\left(N+\frac{m+1}{4}\right)\frac{1}{T_b} \tag{2-56}$$

$$f_s=f_c-\frac{1}{4T_b}=\left(N+\frac{m-1}{4}\right)\frac{1}{T_b} \tag{2-57}$$

$$\Delta f=\frac{1}{2}\cdot\frac{1}{T_b} \tag{2-58}$$

【例2－2】 设码序列 $a_k=\{+1,-1,-1,+1,+1,+1\}$，其传输比特率 $r_b=16$ kbit/s = 1/Tb，载波频率为 $f_c=20$ kHz，则 $f_d=\frac{r_b}{4}=4$ kHz，由此可求得：

$$f_c=5f_d=\frac{5}{4}r_b=\left(1+\frac{1}{4}\right)r_b$$

由此可得：$N=1$，$m=1$，$f_m=1.5r_b=24$ kHz，$f_s=1\times r_b=16$ kHz。

根据以上分析，可得出经 a_k 调制的 MSK 波形，如图2－49 所示。

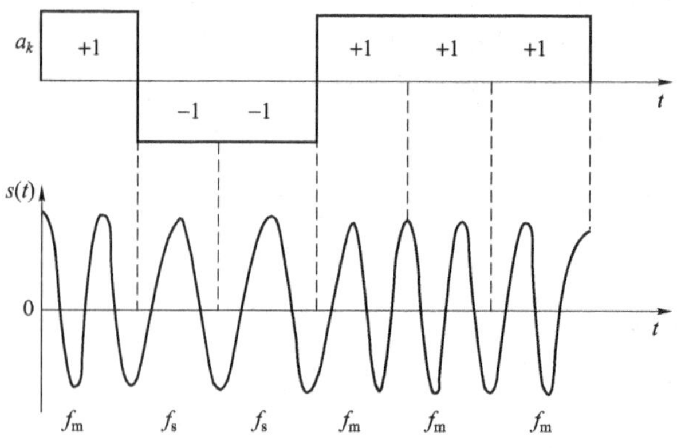

图2－49　MSK 信号的波形

由图2－49 可见，当严格满足式（2－55）时，MSK 信号是一个包络恒定相位连续的

信号。

3）MSK 信号的相位

MSK 信号的相位连续性，有利于压缩已调信号所占频谱宽度和减小带外辐射。因此，需要讨论在每个码元转换的瞬间，保证信号相位的连续性问题。由式（2-53）可知，附加相位函数 $\theta(t)$ 与时间 t 的关系是直线方程，其斜率为 $\frac{\pi a_k}{2T_b}$，截距为 φ_k。因为 $a_k = \pm 1$，$\varphi_k = n\pi$（n 为整数），所以附加相位函数 $\theta(t)$ 在一个码元期间的增量为

$$\theta(t) = \pm\frac{\pi}{2T_b}t = \pm\frac{\pi}{2T_b}\cdot T_b = \pm\frac{\pi}{2} \tag{2-59}$$

式中，正负号取决于数字序列 a_k。

根据 $a_k = \{+1, -1, -1, +1, +1, +1\}$ 可做出附加相位函数图，如图 2-50 所示。由图 2-50 可见，为保证相位的连续性，必须要求前后两个码元在转换点上的相位相等。如在每个码元内均增加或减小 $\pi/2$，则在每个码元终点处，相位必定是 $\pi/2$ 的整数倍，此外，由于 a_k 为 ±1，所以截距 φ_k 也必定是 π 的整数倍。

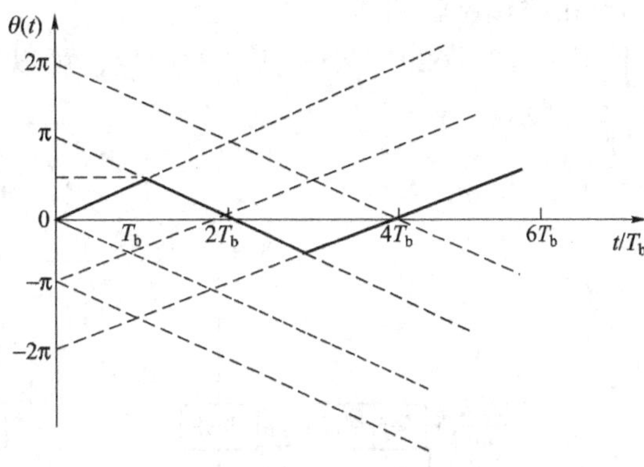

图 2-50　附加相位函数

4）MSK 信号的正交性

MSK 信号的表达式为

$$s(t) = \cos[\omega_c t + \theta(t)] \tag{2-60}$$

将式（2-60）展开，得：

$$s(t) = \cos\theta(t)\cos\omega_c t - \sin\theta(t)\sin\omega_c t \tag{2-61}$$

因为 $\varphi_k = 0$ 或 π，所以 $\sin\varphi_k = 0$，于是有：

$$\cos\theta(t) = \cos\left(\frac{\pi t}{2T_b}\right)\cos\varphi_k - \sin\theta(t) = -a_k\sin\left(\frac{\pi t}{2T_b}\right)\cos\varphi_k$$

将上式代入（2-60）可得：

$$\begin{aligned} S(t) &= \cos\varphi_k\cos\left(\frac{\pi t}{2T_b}\right)\cos\omega_c t - a_k\cos\varphi_k\sin\left(\frac{\pi t}{2T_b}\right)\sin\omega_c t \\ &= I_k\cos\left(\frac{\pi t}{2T_b}\right)\cos\omega_c t + Q_k\sin\left(\frac{\pi t}{2T_b}\right)\sin\omega_c t \end{aligned} \tag{2-62}$$

$$kT_b \leqslant t < (k+1)T_b$$

$$I_k = \cos\varphi_k, Q_k = -a_k\cos\varphi_k。 \tag{2-63}$$

式中，I_k 为同相分量，Q_k 为正交分量，它们与输入数据有关，也称为等效数据。而 $\cos(\pi t/2T_b)$ 为同相加权函数，$\sin(\pi t/2T_b)$ 为正交分量的加权函数。

由式（2-62）可见，MSK 信号是由两个正交 AM 信号合成的。

根据两个码元在转换点上相位相等的条件，可求得相位递归条件。设 $t = kT_b$，则由相位函数可得：

$$\theta(kT_b) = \frac{\pi a_{k-1}}{2T_b}(kT_b) + \varphi_k = \frac{\pi a_k}{2T_b}(kT_b) + \varphi_k \tag{2-64}$$

进而可得：

$$\varphi_k = \varphi_{k-1} + (a_{k-1} - a_k) \cdot \frac{\pi}{2}k \tag{2-65}$$

由式（2-63）和（2-65）可以得到等效数据 I_k、Q_k 和 a_k 之间的关系：

（1）当 k 为奇数，且 a_k 和 a_{k-1} 极性相反时，I_k 与 I_{k-1} 的极性才会不相同；

（2）当 k 为偶数，且 a_k 和 a_{k-1} 极性相反时，Q_k 与 Q_{k-1} 的极性才会不相同。

I_k 与 Q_k 必须经过两个 T_b 才能改变极性，即等效数据 I_k 和 Q_k 的速率比输入数据 a_k 慢一倍。

5）MSK 调制解调器

根据式（2-62），MSK 信号的产生，可以用正交调幅合成方式来实现，调制框图如图 2-51 所示。

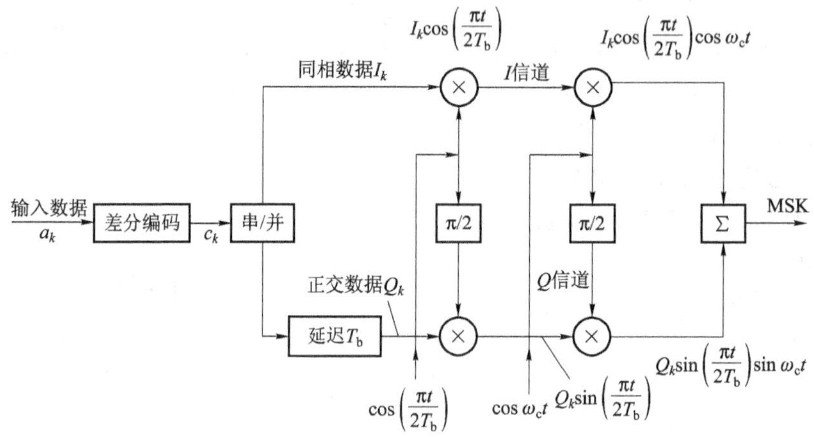

图 2-51 MSK 调制器

首先对输入信号 a_k 进行差分编码得到 c_k，再对 c_k 进行串并变换，并延迟 T_b 后得到等效数据 I_k 和 Q_k，然后分别用 $\sin\left(\frac{\pi t}{2T_b}\right)$ 和 $\cos\left(\frac{\pi t}{2T_b}\right)$ 进行加权处理，最后分别用 $\cos\omega_c t$ 和 $\sin\omega_c t$ 进行正交调制再合成可得 MSK 信号。现以一个具体的码序列来说明 MSK 调制过程中各参数值变化的情况，见表 2-3。

表 2-3 MSK 调制过程数值变化

序号 K	0	1	2	3	4	5	6	7	8	9	10	11	12	13	14	15	16
输入数据 a_k	1	-1	-1	1	1	1	-1	1	-1	-1	-1	1	1	-1	1	1	1
差分编码 c_k		1	1	-1	1	-1	-1	1	1	1	1	-1	1	1	-1	1	-1
同相数据 I_k		1		-1		-1		1		1		-1		1		1	
正交数据 Q_k			1		1		-1		1		1		1		-1		-1
频率	f_m	f_s	f_s	f_m	f_m	f_m	f_s	f_m	f_s	f_s	f_s	f_m	f_m	f_s	f_m	f_m	f_m

由表 2-3 可知，先对输入数据 a_k 进行差分编码（异或运算），得到 c_k，再将 c_k 中奇偶

序号的数据分别分离后赋予 I_k 和 Q_k。

对于 MSK 信号的产生，其电路形式不是唯一的，但均必须具有 MSK 信号的基本特点，即：

（1）恒包络，频偏为 $\pm\frac{1}{4T_b}$，调制指数 $h=1/2$；

（2）附加相位在一个码元时间内线性变化 $\pm\frac{\pi}{2}$，相邻码元转换时刻的相位应连续；

（3）一个码元时间是 1/4 个载波周期的整数倍。

MSK 信号的解调，可以采用相干解调，也可以采用非相干解调，电路形式亦有多种。非相干解调不需复杂的载波提取电路，但性能稍差。相干解调电路必须产生一个本地相干载波，其频率和相位必须与载波频率和相位保持严格的同步。在 MSK 信号中，载波分量已被抑制，故不能直接采用锁相环或窄带滤波器从信号中提取，因此必须对 MSK 信号进行某种非线性处理，这种非线性处理方法通常有平方环、科斯塔斯（Costas）环和判决反馈环等。

6）MSK 信号的功率谱密度

MSK 信号不仅具有恒包络、连续相位的优点，而且功率谱密度特性也优于一般的数字调制器。下面分别列出 MSK 信号和 QPSK 信号功率谱密度的表达式，以作比较。

$$W(f)_{\mathrm{MSK}}=\frac{16A^2T_b}{\pi^2}\left[\frac{\cos2\pi(f-f_c)T_b}{1-[4(f-f_c)T_b]^2}\right]^2 \tag{2-66}$$

$$W(f)_{\mathrm{QPSK}}=2A^2T_b\left[\frac{\sin2\pi(f-f_c)T_b}{2\pi(f-f_c)T_b}\right]^2 \tag{2-67}$$

它们的功率谱密度曲线如图 2－52 所示。MSK 信号的主瓣比较宽，第一个零点在 $0.75/T_b$ 处，第一旁瓣峰值比主瓣低约 23 dB，旁瓣下降比较快。QPSK 信号的主瓣比较窄，第一个零点在 $0.5/T_b$ 处，旁瓣下降比 MSK 要慢。MSK 调制方式已在一些通信系统中得到应用。但是，就移动通信系统而言，通常要在 25 kHz 的信道间隔中传输 16 kbit/s 的数字信号，邻道辐射功率要求低于 －80 ～ －70 dB，显然 MSK 信号不能满足。而另一种数字调制方式 GMSK 能较好地满足要求。

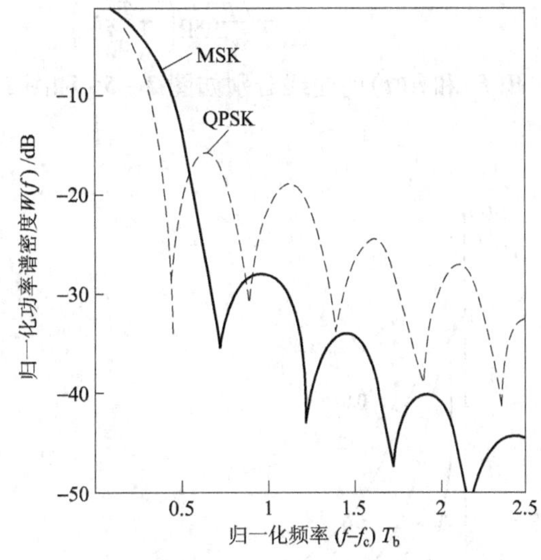

图 2－52　MSK 信号功率谱密度

3. 高斯滤波最小移频键控（GMSK）调制

MSK 是二电平矩形基带信号进行调频得到的，MSK 信号在任一码元间隔内，其相位变化为 π/2，而且在码元转换时刻保持相位是连续的。但是 MSK 信号相位变化是折线，在码元转换时刻产生尖角，从而使其频谱特性的旁瓣滚降不快，带外辐射还相对较大。为了解决这一问题，可将数字基带信号先经过一个高斯低通滤波器（GLPF）整形（预滤波），得到平滑后的某种新的波形；之后再进行调频，可得到良好的频谱特性，调制指数仍为 0.5，这种调制方式称为高斯滤波最小移频键控（GMSK）。GMSK 的调制原理如图 2－53 所示。

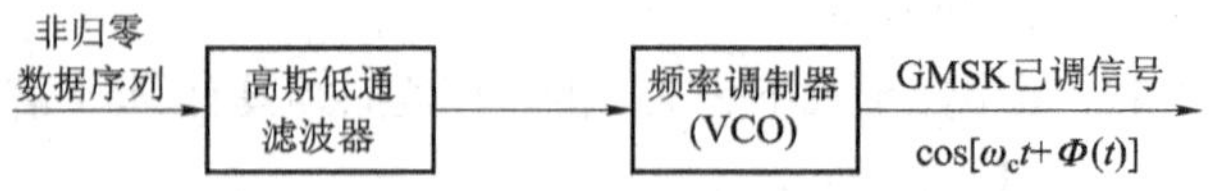

图 2-53　GMSK 调制器原理框图

在 MSK 调制器之前加入的 GLPF，可将基带信号变换成高斯脉冲信号，其包络无陡峭边沿和拐点，从而达到改善 MSK 信号频谱特性的目的。

1）GMSK 信号的基本原理

实现 GMSK 信号的调制，关键是 GLPF，对 GLPF 的要求是：

（1）可滤除基带信号中多余的高频成分，即窄带特性尖锐。

（2）脉冲相应过冲量小，防止 $\Delta\omega$ 瞬时值过大。

（3）调制系数为 1/2。

满足以上条件的 GLPF 的传输函数为

$$H(f)=\exp(-\alpha^2 f^2) \tag{2-68}$$

式中，α 是与 GLPF 的 3 dB 带宽 B_b 有关的一个待定常数，其中 $B_b=0.588\,7/\alpha$。选择不同的 α，滤波器的特性随之而变。

GLPF 的冲激响应为

$$\begin{aligned} h(t) &= \int_{-\infty}^{\infty} H(f)\,\mathrm{e}^{\mathrm{j}2\pi ft}\cdot \mathrm{d}f = \int_{-\infty}^{\infty} \exp(-\alpha^2 f^2+\mathrm{j}2\pi ft)\,\mathrm{d}f \\ &= \frac{\sqrt{\pi}}{\alpha}\exp\left(-\frac{\pi^2}{\alpha^2}t^2\right) \end{aligned} \tag{2-69}$$

$H(f)$ 和 $h(t)$ 的曲线分别如图 2-54 和图 2-55 所示。

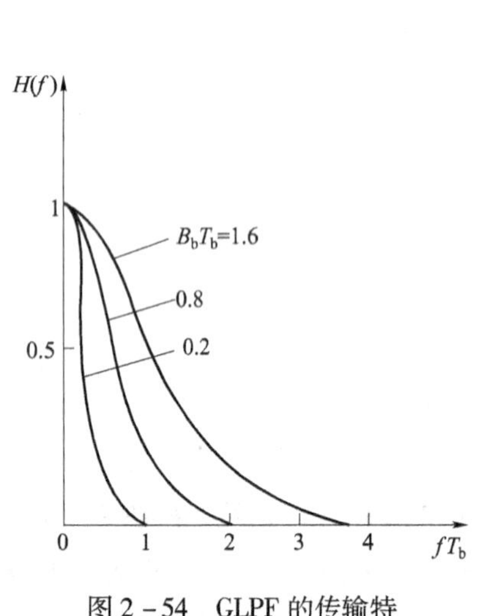

图 2-54　GLPF 的传输特

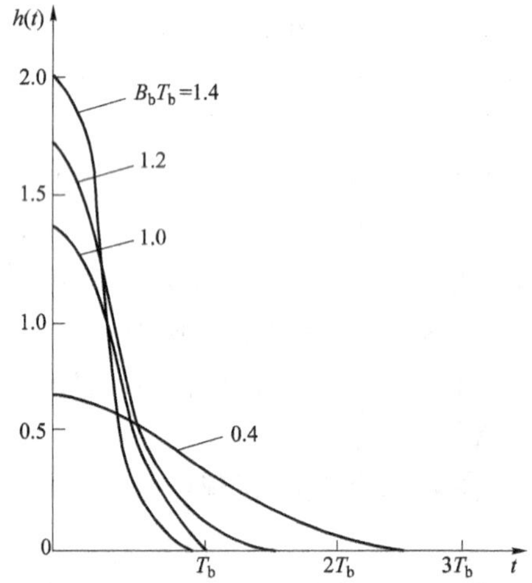

图 2-55　GLPF 的冲激响应

当输入信号是宽度为 T_b 的矩形脉冲时，不同带宽情况下，滤波器输出响应 $g(t)$ 的曲线如图 2-56 所示。由图 2-56 可见，$g(t)$ 随着 B_b 的减小而增宽，幅度则随之而减小，当 $B_bT_b=0.25$ 时，输入宽度为 T_b 的脉冲被展宽为 $3T_b$ 的输出脉冲宽度，其输出将影响前后各一个码元的响应，所以输入原始数据在通过高斯型低通滤波之后，输出将会产生码间干扰。

引入可控制的码间干扰，对压缩调制信号的频谱有利，解调判决时利用前后码元的相关性，仍可以准确地解调，这就是所谓的部分响应技术。

2）GMSK 信号的相位路径

高斯低通滤波器的输出脉冲经 MSK 调制得到 GMSK 信号，其相位路径由脉冲形状决定，或者说在一个码元期间内，GMSK 信号相位变化值取决于期间脉冲的面积，由于脉冲宽度大于 T_b，即相邻脉冲间出现重叠，因此在决定一个码元内脉冲面积时要考虑相邻码元的影响。为了简便，近似认为脉冲宽度为 $3T_b$，脉冲波形的重叠只考虑相邻一个码元的影响。因此，在考虑连续三个码元不同图案下的附加相位增量见表 2-4。

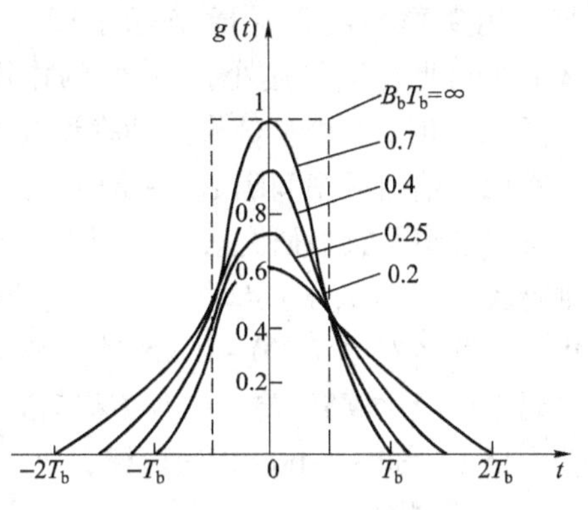

图 2-56　GLPF 脉冲输出响应

表 2-4　GMSK 信号的附加相位增量

输入码元图案	-1 1 -1	1 1 -1	1 1 1	1 -1 1	1 -1 -1	-1 -1 -1
附加相位增量	0	π/4	π/2	0	π/4	π/2

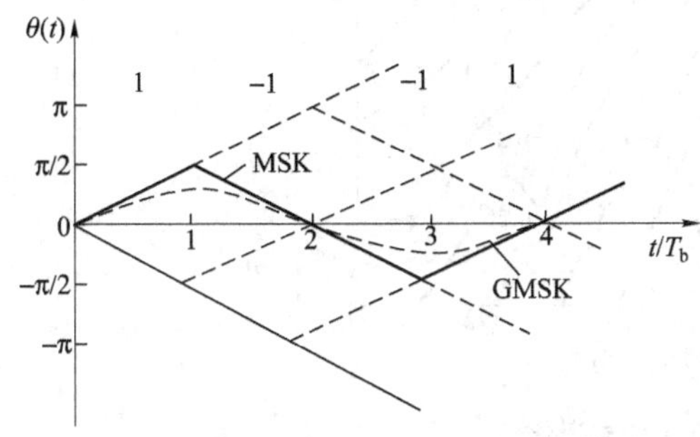

图 2-57　GMSK 和 MSK 信号的相位路径

图 2-57 给出了当输入数据为 1，-1，-1，1 时的 MSK 和 GMSK 信号的相位路径，由此可见，GMSK 信号在码元转换时刻其信号相位不仅是连续的，而且是平滑的。这样就确保了 GMSK 信号比 MSK 信号具有更优良的频谱特性。

3）GMSK 信号的产生和解调

产生 GMSK 信号时，只要将原始数据信号通过 GLPF 后，再进行 MSK 调制即可，GMSK 调制原理如图 2-53 所示。调制器输出已调波的频谱由前置滤波器的特性来控制，为了使输出频谱密集，前置滤波器必须具有以下特性：

（1）窄带和尖锐的截止特性，以抑制 FM 调制器输入信号中的高频分量；

（2）脉冲响应过冲量小，以防止 FM 调制器瞬时频偏过大；

（3）保持滤波器输出脉冲响应曲线下的面积对应于 π/2 的相移，以使调制指数为 1/2。

GMSK 信号的解调可以采用 MSK 信号的正交相干解调，也可以采用非相干解调电路。在数字移动通信信道中，由于多径干扰和深度瑞利衰落，引起接收机输入电平显著变化，因此，要构成准确稳定地产生参考载波的同步再生电路并非易事，所以进行相干检测往往比较困难，而使用非相干检测技术，可以避免因载波恢复带来的复杂问题。常用的非相干解调电路有一比特延迟差分检测、二比特延迟差分检测和鉴频器检测等。

4）GMSK 信号的性能

用计算机模拟得到的 GMSK 信号功率谱密度曲线如图 2-58 所示，纵坐标是以分贝表示的归一化功率谱密度，横坐标是归一化频率$(f—f_c)T_b$，B_bT_b是归一化 3 dB 带宽。由图 2－58 可见，B_bT_b越小，GLPF 的作用越明显，GMSK 信号高频滚降就越快，主瓣越窄；当$B_bT_b \to \infty$时，GMSK 信号的功率谱与 MSK 信号的功率谱相同。

在两个信道频率间隔Δf一定时，落在邻道中的带外辐射功率与所需信道中的总功率之比，称为邻道干扰。研究表明，当B_bT_b一定时，信道间隔ΔfT_b越大，则邻道干扰越小，反之则越大。当ΔfT_b一定时，B_bT_b越小（即已调波功率越小），则邻道干扰越小。通常 GMSK 选用B_bT_b为 0.20～0.25 的滤波器，这时 GMSK 的频谱对邻道的干扰小于－60 dB，但误码率性能比 MSK 差。在数字移动通信中进行高速率数据传输时，为了满足邻道带外辐射功率低于－80～－60 dB 的指标，要求信号有更紧凑的功率谱，如 GSM 系统采用的就是这种 GMSK 调制方式。

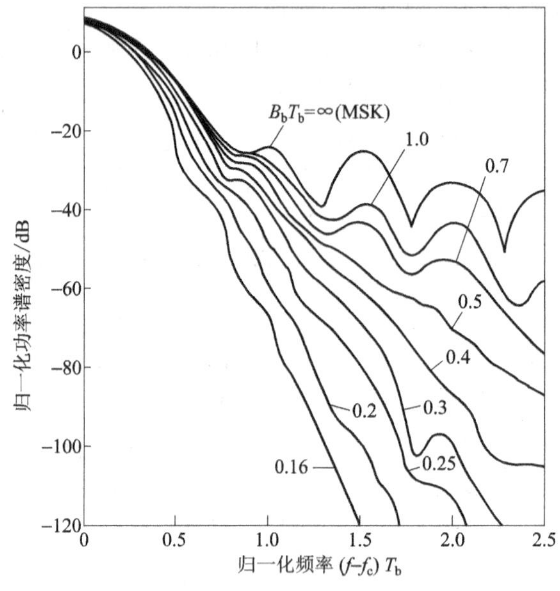

图 2－58　GMSK 信号功率谱密度

2.4.3　数字相位调制技术

数字移动通信系统能否以高质量、高速率、高效率为用户提供综合业务服务，数字调制解调技术是其关键之一。虽然 MSK、GMSK 等恒包络窄带调制技术有良好的非线性信道传输特性和频谱特性，但是它们的频谱利用率均不够高，已不能适应在有限带宽中传输更高的数据速率。为提高信道的频谱利用率，采用了多进制相位调制（MPSK）、QPSK 等相位调制技术；为改善 QPSK 信号的频谱特性，又出现了改进型的 QPSK，即交错正交四相移相键控（OQPSK）；为了进一步提高频谱特性，有利于采用差分检测，又在 QPSK 和 OQPS 信号的基础上发展起来一种新的调制技术，即 π/4－QPSK。

1. PSK 调制

在二进制的相位调制中，二进制的数据可以用相位的两种不同取值表示。设输入比特率为$\{a_k\}$，$a_k = \pm 1$，$k = -\infty \sim +\infty$，则 PSK 的信号形式为

$$S(t)=\begin{cases}A\cos(\omega_c t), & a_k=+1\\ -A\cos(\omega_c t), & a_k=-1\end{cases},\quad kT_b\leqslant t<(k+1)T_b \tag{2-70}$$

$S(t)$还可以表示为

$$S(t)=a_k A\cos\omega_c t=A\cos\left[\omega_c t+\left(\frac{1-a_k}{2}\right)\pi\right]\quad kT_b\leqslant t<(k+1)T_b \tag{2-71}$$

设基带信号 a_k的波形为双极性 NRZ 码，PSK 信号的波形如图 2－59 所示。

设 $g(t)$是宽度为 T_b的矩形脉冲，其频谱为 $G(\omega)$，则 PSK 信号的功率谱为（假定“＋1”和“－1”等概率出现）

$$P_s(f)=\frac{1}{4}[\,|G(f-f_0)|^2+|G(f+f_0)|^2\,] \tag{2-72}$$

由式（2－71）可知，PSK 信号是一种线性调制，当基带波形为 NRZ 码时，其功率谱如图 2－60 所示。频带效率只有 1/2，用在某些移动通信系统中，信号的频带就显得过宽。此外，PSK 信号有较大的副瓣，副瓣的总功率约占信号总功率的 10%，带外辐射严重。为了减小信号带宽，可考虑用多进制 PSK（MPSK）代替 PSK。

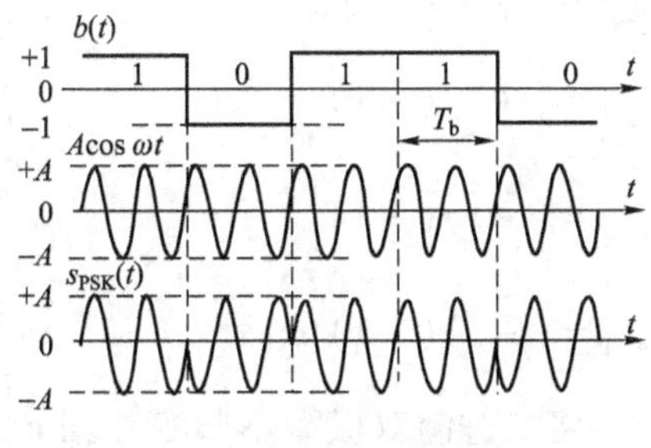

图 2－59　PSK 波形

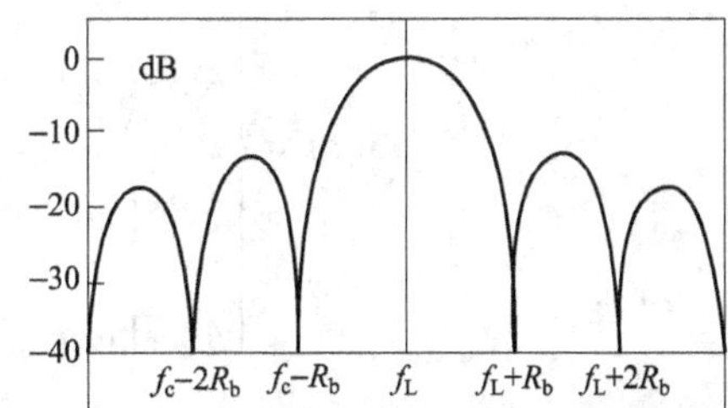

图 2－60　NRZ 基带信号的 PSK 信号功率谱

PSK 的调制方法有两种，相干解调或差分相干解调，如图 2－61 所示。

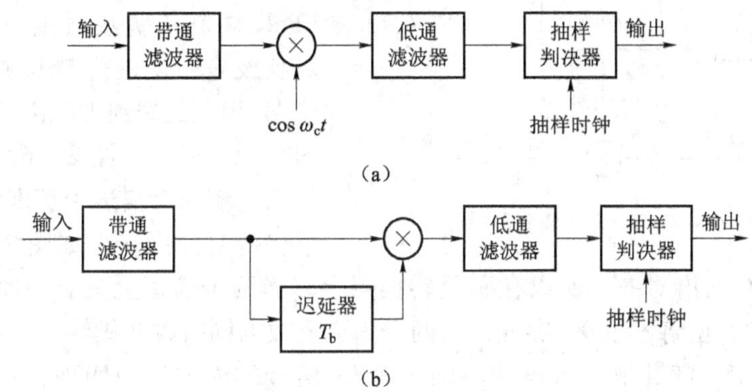

图 2－61　PSK 的解调框图

（a）相干解调；（b）差分相干解调

若输入噪声为窄带高斯噪声（其均值为 0，方差为 σ_n^2），则在输入序列“＋1”和“－1”等概率出现的条件下，相干解调后的误比特率为

$$P_e = \frac{1}{2}\text{erfc}(\sqrt{r}) \tag{2-73}$$

在相同的条件下，差分相干解调的误比特率为

$$P_e = \frac{1}{2}e^{-r} \tag{2-74}$$

2. 四相移相键控（QPSK）调制和交错四相移相键控（OQPSK）调制

1）QPSK

QPSK是一种正交相移键控，有时也称为四进制PSK或四相PSK。QPSK信号每个码元包含两个二进制信息，为此，在四相调制器输入端，通常要对输入的二进制码序列进行分组，两个码元分成一组，这样就可能有00、01、10和11四种组合，每种组合代表一个四进制符号，然后用四种不同的载波相位去表征它们。

假定输入二进制序列为 $\{a_n\}$，$a_n = \pm 1$，则在 $kT_s \leqslant t < (k+1)T_s$（$T_s = 2T_b$）的区间内，QPSK的产生器的输出为（令 $n = 2k+1$），则：

$$S(t) = \begin{cases} A\cos\left(\omega_c t + \frac{\pi}{4}\right), & a_n a_{n-1} = (+1)(+1) \\ A\cos\left(\omega_c t - \frac{\pi}{4}\right), & a_n a_{n-1} = (+1)(-1) \\ A\cos\left(\omega_c t + \frac{3\pi}{4}\right), & a_n a_{n-1} = (-1)(+1) \\ A\cos\left(\omega_c t - \frac{3\pi}{4}\right), & a_n a_{n-1} = (-1)(-1) \end{cases} \tag{2-75}$$

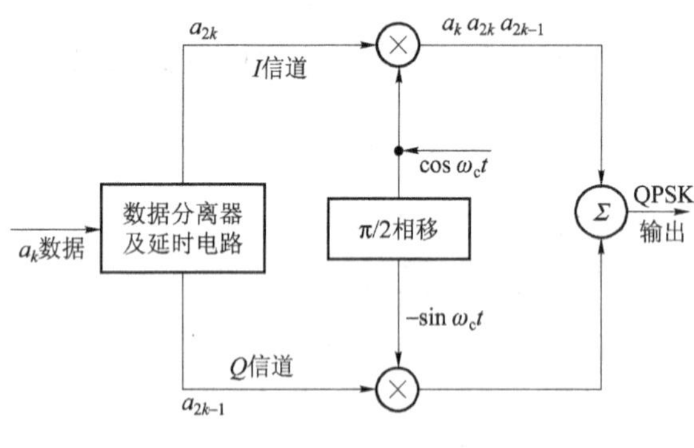

图2-62　QPSK信号调制器

将二进制双极型不归零数据 a_n 经数据分离器分成奇偶两路，每路的码元宽度 T_b 扩展为 $2T_b$，其中奇数数据 a_{2k-1} 经延时送入 Q 信道，对载波 $\sin\omega_c t$ 进行BPSK调制，偶数数据 a_{2k} 送入 I 信道，对载波 $\cos\omega_c t$ 进行PSK调制，两个二相信号相加得到四相PSK信号，如图2-62所示。图2-62中延迟电路的作用是使两个信道中宽度为 $2T_b$ 的数据前沿保持时间同步，如图2-63所示。由于两个信道上的数据沿对齐，所以在码元转换点上，当两个信道上只有一路数据改变极性时，QPSK信号的相位将发生90°突变；当两个信道上数据同时改变极性时，QPSK信号的相位将发生180°突变。随着输入数据的不同，QPSK信号的相位将在四种相位上跳变，每隔 $2T_b$ 跳变一次，其相位图如图2-64所示。在带限信道中，QPSK的数据传输速率将比PSK信号的数据传输速率提高一倍。

2）OQPSK

OQPSK信号产生时，是将输入数据 a_k 经数据分路器分成奇偶两路，并使其在时间上相互错开一个码元间隔 T_b，然后再对两个正交的载波进行BPSK调制、叠加而成为OQPSK信号，调制框图如图2-65所示。

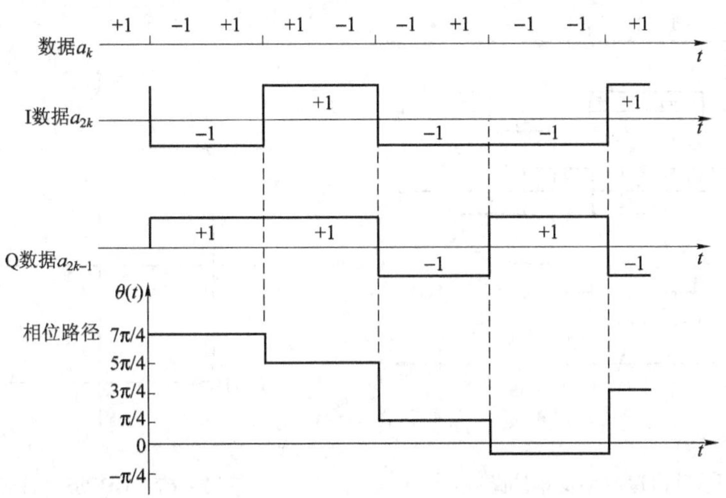

图 2－63　I、Q 信道波形相位及路径

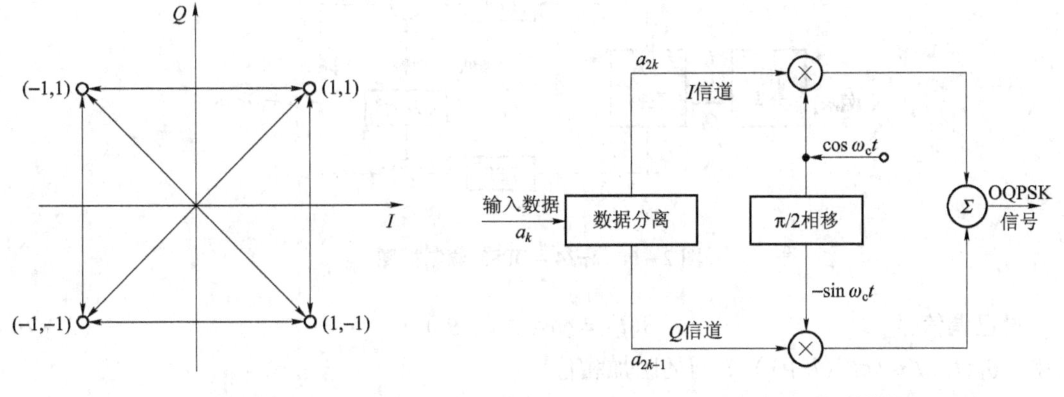

图 2－64　QPSK 的相位关系　　　　图 2－65　OQPSK 调制器框

I 信道和 Q 信道上的数据流如图 2－66 所示，由图可见，I 信道和 Q 信道的两个数据流，每次只有其中一个可能发生极性转换。所以每当一个新的输入比特进入调制器的 I 或 Q 信道时，输出的 OQPSK 信号的相位只有 $\pm\pi/2$ 跳变，而根本没有 π 的相位跳变，同时经滤波及硬限幅后的功率谱旁瓣恢复较小，这是 OQPSK 信号在实际信道中的频谱特性优于 QPSK 信号的主要原因。但是，OQPSK 信号不能接受差分检测，其相位关系如图 2－67 所示。

3. π/4 四相移相键控（π/4－QPSK）调制

1）π/4－QPSK 信号的产生

π/4－QPSK 调制电路框图如图 2－68 所示。输入数据经分离电路后，得到同相 I_k 通道和正交 Q_k 通道的两路非归零脉冲。经过适当的信号变换，使得 $kT \leqslant t \leqslant (k+1)T$ 时间内 I 通道的幅值 V_I 和 Q 通道的幅值 V_Q 发生相应的变化，在分别进行正交调制之后，合成为 π/4－QPSK 信号。

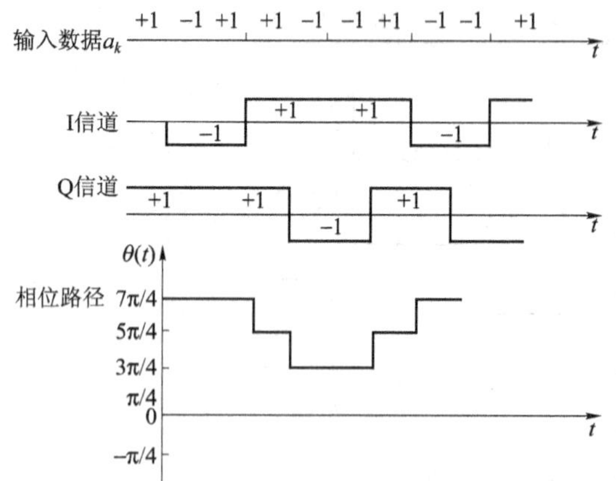

图 2－66　I、Q 信道波形及相位路径

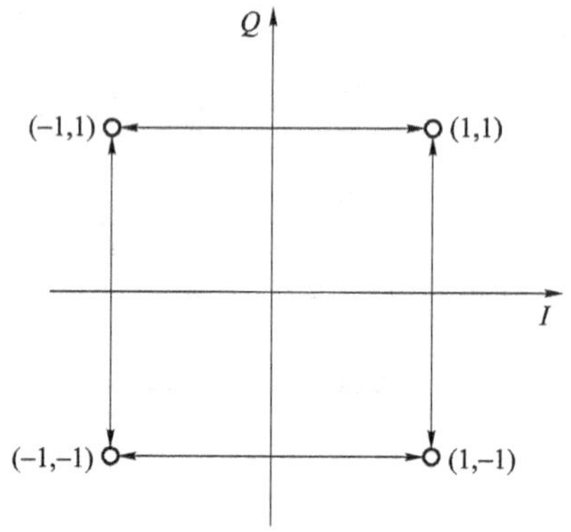

图 2－67　OQPSK 的相位关系

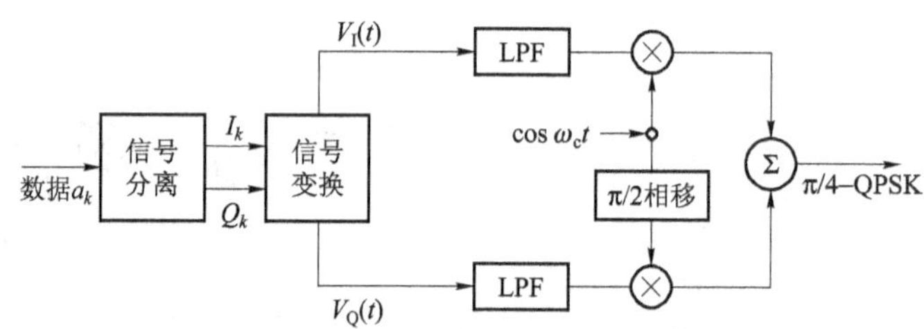

图 2－68　π/4－QPSK 调制框图

设已调信号

$$S(t)=\cos(\omega_c t+\theta_k) \tag{2-76}$$

式中，θ_k 为 $kT\leqslant t\leqslant (k+1)T$ 间的附加相位。

式（2－76）展开为

$$S(t)=\cos\theta_k\cos\omega_c t-\sin\theta_k\sin\omega_c t \tag{2-77}$$

θ_k 是前一码元附加相位 θ_{k-1} 与当前码元相位跳变量 $\Delta\theta_k$ 之和，表示了当前码元的附加相位，即：

$$\theta_k=\theta_{k-1}+\Delta\theta_k \tag{2-78}$$

设

$$\begin{aligned}V_I(t)&=\cos\theta_k=\cos(\theta_{k-1}+\Delta\theta_k)=\cos\theta_{k-1}\cos\Delta\theta_k-\sin\theta_{k-1}\sin\Delta\theta_k\\ V_Q(t)&=\sin\theta_k=\sin(\theta_{k-1}+\Delta\theta_k)=\sin\theta_{k-1}\cos\Delta\theta_k+\cos\theta_{k-1}\sin\Delta\theta_k\end{aligned} \tag{2-79}$$

令　$V_{Qm}=\sin\theta_{k-1}$，$V_{Im}(t)=\cos\theta_{k-1}$，所以式（2－79）可写为

$$\begin{aligned}V_I(t)&=V_{Im}\cos\Delta\theta_k-V_{Qm}\sin\Delta\theta_k\\ V_Q(t)&=V_{Qm}\cos\Delta\theta_k+V_{Im}\sin\Delta\theta_k\end{aligned} \tag{2-80}$$

式（2－80）表明了前一码元两正交信号幅度与当前码元两正交信号幅度之间的关系，取决于当前码元的相位跳变量。而当前码元的相位跳变量，又取决于信号变换电路的输入码组。

表 2－5 给出了双比特信息 I_k、Q_k和相邻码元间相位跳变 $\Delta\theta_k$ 之间的对应关系，由表 3.3

可见，码元转换时刻的相位跳变量只有 ±π/4 和 ±3π/4 四种取值，所以信号的相位也必定在如图 2-69 所示的“∘”组和“·”组间跳变，而不可能产生如 QPSK 信号 ±π 的相位跳变。信号的频谱特性得到了较大的改善，同时也可以看到，V_Q 和 V_I 只可能有 0、$\pm 1/\sqrt{2}$、±1 五种取值。

表 2-5　I_k、Q_k 与 $\Delta\theta_k$ 的对应关系

I_k	Q_k	$\Delta\theta_k$	$\cos\Delta\theta_k$	$\sin\Delta\theta_k$
1	1	π/4	$\frac{\sqrt{2}}{2}$	$\frac{\sqrt{2}}{2}$
-1	1	3π/4	$-\frac{\sqrt{2}}{2}$	$\frac{\sqrt{2}}{2}$
-1	-1	-3π/4	$-\frac{\sqrt{2}}{2}$	$-\frac{\sqrt{2}}{2}$
1	-1	-π	-1	0

2）π/4-QPSK 信号的解调

π/4-QPSK 信号的解调，可以采用相干解调，也可以采用非相干解调。由于 π/4-QPSK 信号中的信息完全包含在载波的相位变化 θ_k 之中，所以在接收端，可以采用差分检测，差分检测通常有三种方案：基带差分检测、中频延迟差分检测、鉴频器检测。下面以基带差分检测电路来说明 π/4-QPSK 的解调原理及解调过程。

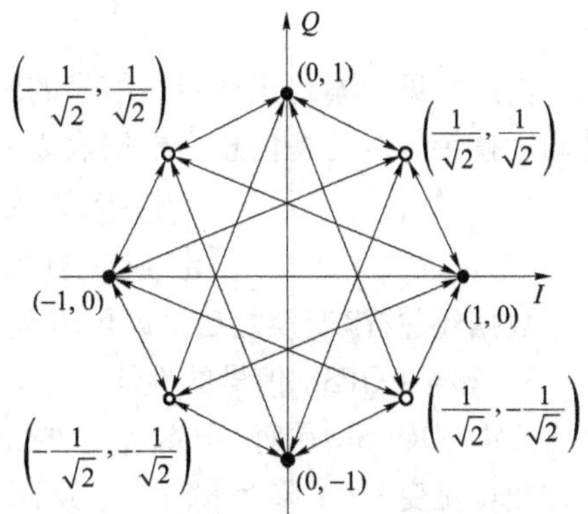

图 2-69　π/4-QPSK 的相位关系

图 2-70 所示为基带差分检测电路，本地正交载波信号 $\cos\omega_c t$、$\sin\omega_c t$ 只要求与信号的未调载波 ω_c 同频，而相位不要求相同。设接收信号为

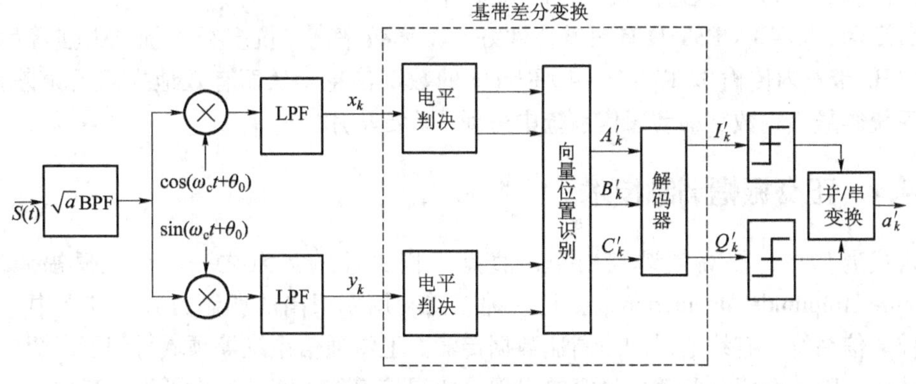

图 2-70　基带差分检测电路

$$S(t)=\cos(\omega_c t+\theta_k),kT\leqslant t\leqslant(k+1)T \tag{2-81}$$

在同相支路中信号与 cos（$\omega_c t+\theta_0$）相乘后，再经 LPF 滤波可得：

$$x_k=\frac{1}{2}\cos(\theta_k-\theta_0) \tag{2-82}$$

在正交支路中信号与 sin（$\omega_c t+\theta_0$）相乘后，再经 LPF 滤波可得：

$$y_k=\frac{1}{2}\sin(\theta_k-\theta_0) \tag{2-83}$$

式中，$\theta_k=\theta_{k-1}+\Delta\theta_k$ 是信号的相位，θ_0 是本地载波信号的固有相位差。x_k 和 y_k 的取值皆为 0、$\pm 1/\sqrt{2}$、± 1 中之一。

令基带差分变换规则为

$$\begin{aligned}I'_k&=x_k\cdot x_{k-1}+y_k\cdot y_{k-1}\\Q'_k&=x_{k-1}\cdot y_k-x_k\cdot y_{k-1}\end{aligned} \tag{2-84}$$

则可得：

$$I'_k=\frac{1}{4}\cos\Delta\theta_k$$

$$Q'_k=\frac{1}{4}\sin\Delta\theta_k \tag{2-85}$$

由此可见，本地正交载波信号的固有相位差 θ_0 对检测信息无影响，I'_k 和 Q'_k 即是接收信号码元携带的双比特信息。根据表 2-5 的相位跳变关系，数据判决规则为

$$\begin{cases}I'_k>0,\text{判为“1”}\\I'_k<0,\text{判为“}-1\text{”}\end{cases}\quad\begin{cases}Q'_k>0,\text{判为“1”}\\Q'_k<0,\text{判为“}-1\text{”}\end{cases} \tag{2-86}$$

数据经并/串变换之后，即可恢复原始数据。

3）π/4－QPSK 信号的性能

π/4－DQPSK 是对 QPSK 信号的特性进行改进的一种调制方式，改进之一是将 QPSK 的最大相位跳变 ±π，降为 ±3π/4，从而改善了 π/4－DQPSK 的频谱特性。改进之二是解调方式，QPSK 只能用相干解调，而 π/4－DQPSK 既可以用相干解调也可以采用非相干解调。π/4－DQPSK 已应用于美国的 IS－136 数字蜂窝系统、日本的（个人）数字蜂窝系统（PDC）和美国的个人接入通信系统（PACS）中。

实践证明，π/4－QPSK 具有频谱特性好、功率效率高、抗多径干扰能力强等优点，可以在 25 kHz 带宽内传输 32 Kbit/s～42 Kbit/s 的数字信息，从而有效地提高了频谱利用率，增大了系统容量，在数字移动通信系统中得到了广泛应用。

2.4.4 正交振幅调制技术

在现代通信中，提高频谱利用率一直是人们关注的焦点之一。正交振幅调制 QAM（Quadrature Amplitude Modulation）就是一种频谱利用率很高的调制方式，其在中、大容量数字微波通信系统、有线电视网络高速数据传输、卫星通信系统等领域得到了广泛应用。在移动通信中，随着微蜂窝和微微蜂窝的出现，使得信道传输特性发生了很大变化。过去在传统蜂窝系统中不能应用的正交振幅调制也引起了人们的重视。

正交振幅调制是二进制 PSK 和四进制 QPSK 调制的进一步推广，通过相位和振幅的联合控制，可以得到更高频谱效率的调制方式，从而可在限定的频带内传输更高速率的数据。正

交振幅调制利用正交载波对两路信号分别进行双边带抑制载波调幅形成，通常有二进制 QAM（4QAM）、四进制 QAM（16QAM）、八进制 QAM（64QAM）……，对应的空间信号矢量端点如图 2－71 所示，分别有 4 个、16 个、64 个……矢量端点。图 2－71（a）所示为 4QAM、16QAM、64QAM 的信号矢量端点图，图 2－71（b）所示为 16QAM 信号电平数和信号状态关系。电平数和信号状态之间的关系是 $N=M^2$。其中 M 为电平数，N 为信号状态。对于 4QAM，当两路信号幅度相等时，产生、解调、性能及相位矢量均与 4PSK 相同。

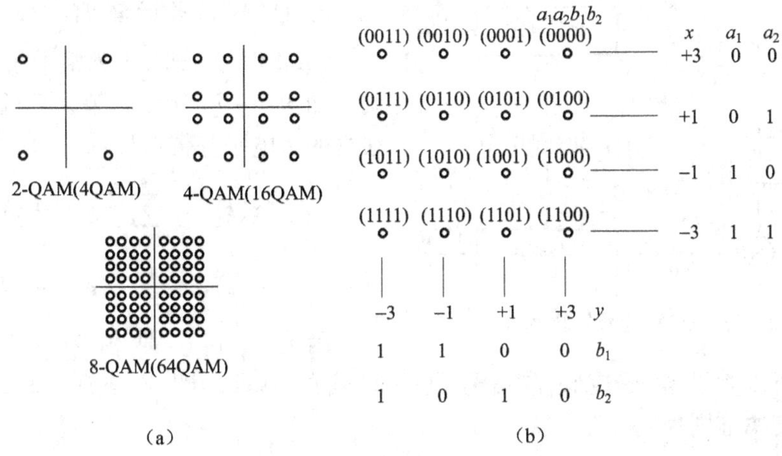

图 2－71　QAM 信号空间矢量

（a）矢量端点；（b）电平与信号状态

1. QAM 信号的产生

QAM 信号的同相和正交分量可以独立地分别以 ASK 方式传输数字信号，如果两通道的基带信号分别为 $x(t)$ 和 $y(t)$，则 QAM 信号可表示为

$$S(t)=x(t)\cos\omega_c t+y(t)\sin\omega_c t \tag{2-87}$$

式（2－87）由两个相互正交的载波构成，每个载波被一组离散的振幅 $x(t)$、$y(t)$ 所调制，其中 $x(t)$ 和 $y(t)$ 分别为

$$\begin{cases} x(t)=\sum\limits_{k=-\infty}^{\infty}x_k g(t-kT) \\ y(t)=\sum\limits_{k=-\infty}^{\infty}y_k g(t-kT) \end{cases} \tag{2-88}$$

式中，T 为多进制码元间隔。为了传输与检测方便，式中 x_k 和 y_k 一般为双极性 M 进制码元，间隔相等。例如，取为 ±1、±3、…、±（$M-1$）等，这时形成的 QAM 信号是多进制的。

通常，原始数字信号都是二进制的。为了得到多进制的 QAM 信号，首先应将二进制信号转换成 M 进制信号，然后进行正交调制，最后再相加。图 2－72 给出了产

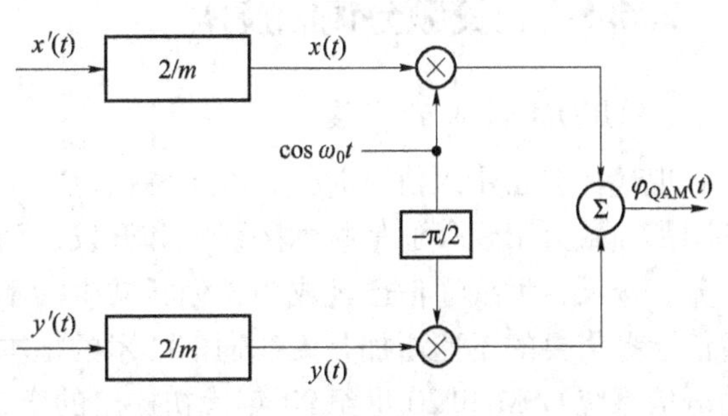

图 2－72　QAM 信号的产生

生多进制 QAM 信号的原理。图 2－72 中 $x'(t)$ 由序列 a_1，a_2，…，a_k组成；$y'(t)$ 由序列 b_1，b_2，…，b_k组成。它们是两组互相独立的二进制信号，经 2/*M* 变换为 *M* 进制信号 $x(t)$ 和 $y(t)$。

对 QAM 调制而言，如何设计 QAM 信号的结构不仅影响到已调信号的功率谱特性，而且影响已调信号的解调及其性能。常用的设计准则是在信号功率相同的条件下，选择信号空间中信号点之间距离最大的信号结构，当然还要考虑解调的复杂性。

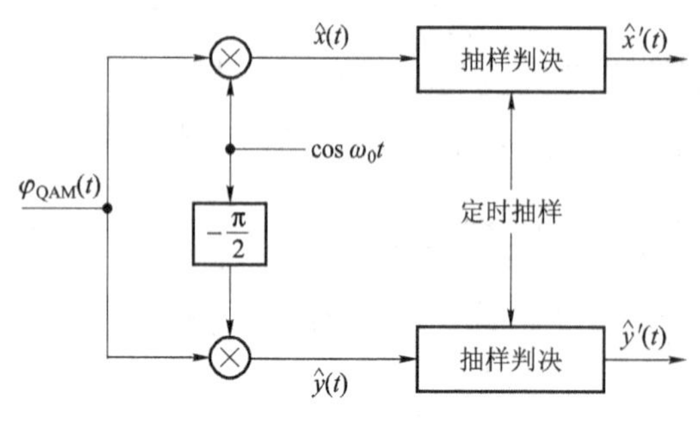

图 2－73　QAM 信号的解调

2. QAM 信号的解调

QAM 信号采取正交相干解调的方法解调，如图 2－73 所示，解调后输出两路互相独立的多电平基带信号：

$$\hat{x}(t) = \sum_{k=-\infty}^{\infty} x_k g(t-kT) \tag{2-89}$$

$$\hat{y}(t) = \sum_{k=-\infty}^{\infty} y_k g(t-kT) \tag{2-90}$$

因为 x_k 和 y_k 取值为 ±1、±3、…、±$(m-1)$，所以判决电平应设在信号电平间隔的中点，即 $V_T=0$、±2、±4、…、±$(m-2)$。判决准则为

$$\hat{x}'(V_T) = \begin{cases} 0, x_k > V_T \\ 1, x_k < V_T \end{cases}$$

$$\hat{y}'(V_T) = \begin{cases} 0, y_k > V_T \\ 1, y_k < V_T \end{cases} \tag{2-91}$$

根据多进制码元与二进制码元之间的关系，可恢复出原二进制信号。

3. QAM 信号的性能

QAM 具有更高的频谱效率，这是由于它具有更大的符号数。但需要指出的是，QAM 的高频带利用率是以牺牲其抗干扰性来获得的，电平数越大，信号星座点数越多，其抗干扰性能就越差。因为随着电平数的增加，电平间的间隔减小，噪声容限减小，则同样噪声条件下误码就会增加。

综上所述，QAM 系统的性能尚比不上 QPSK 系统，但频带利用率高于 QPSK，因此，在带限系统中，它是一种很有发展前途的调制方式。

2.4.5　正交频分调制技术

1. OFDM 技术的发展

现代社会已步入信息时代，在各种信息技术中，信息的传输即通信起着支撑作用。世界各国都在致力于现代通信技术的研究和开发，而无线通信是现代通信系统中不可缺少的组成部分。今天，无线通信已经成为人们日常生活不可缺少的重要通信方式之一，而人们对无线通信业务需要的迅速增加是无线通信技术的根本推动力。20 世纪 80 年代中期产生的全球移动电信系统 GSM 和 20 世纪 90 年代初提出的窄带码分多址（即 IS－95 CDMA）通信系统是第二代移动通信技术，满足了人们较高质量的语音业务和低速率的数据业务要求。随着人们

对通信业务类型要求的不断扩大，对通信速率的要求不断提高，已有的第二代移动通信网已经不能满足新的业务需求；为此，21 世纪初，人们制定了以宽带 CDMA 技术为核心的第三代移动通信网标准 WCDMA、CDMA2000 和 TD - SCDMA。目前，研究人员把目光投向三代以后（Beyond 3G，B3G）和第四代（4G）无线通信系统的技术研究，其主要目标是高速 Internet 无线接入和高质量数字多媒体信息无线传输等方面的应用，而此类业务的一个共同点是要求高速无线信息传输。正交频分复用（Orthogonal Frequency Division Multiplexing，OFDM）技术和正交幅度调制（QAM）相结合在高速无线传输中具有许多优势，B3G 和 4G 系统中已将 OFDM 技术列为备选物理层标准。

最近几年，研究人员针对 OFDM 技术在无线通信系统中的应用提出了许多理论和技术基础。

OFDM 是一种特殊的多载波调制技术，而多载波调制技术是由 20 世纪 60 年代研究人员针对宽带数字通信的要求提出的。

数字通信中，如果发射信号的带宽超过了信道相关带宽，信号通过信道时将经历频率选择性衰落，信道呈现出频率选择衰落特性，我们称信道呈现出频率选择特性的数字通信为宽带数字通信。在宽带数字通信中，如果使用单载波调制方式，并且接收端没有采用相应的均衡处理消除频率选择性衰落，系统性能将严重恶化，甚至失去通信能力。而系统采用的信道均衡方法在复杂度和性能之间不容易很好地折中。为此，21 个世纪 60 年代，研究人员提出了与单载波调制方式相对应的多载波调制方式，具体方法是将发射的高速数据流分配为多个低速的支数据流在多个载波上独立并行的传输，每个支数据流独立占用一个子载波，但系统共占用的带宽将小于信道相关带宽，从而各支数据流的信号经过信道将经历平坦衰落，各符号间也不存在码间干扰（ISI），多载波系统采用复杂度相对较低的信道均衡措施就能够很好的消除子载波上的平坦衰落，并且得到很好的传输性能。同时，多载波系统可以通过信道编码充分利用频率分集增益。

在使用多载波技术进行并行数据传输的发展过程中，研究人员提出了三种典型的方法对系统所占频带进行子载波划分。每一种划分方法之间最大的区别是在各个子载波上发射的信号功率谱之间是否存在重叠和重叠程度。现从系统频谱利用率的角度分别将三种子载波分割方法描述如下。

第一种方法是使用传统的成型滤波器完全分割子载波上发射信号的功率谱，将系统占用的整个频带分割为 N 个子载波，功率谱完全独立，并且互相不交叠。这种方法来源于传统的频分复用技术。为了减小或者消除各个子载波之间的相互干扰，按照传统的频分复用技术要求，各个子载波之间必须存在一定宽度的保护带宽，但保护带宽的存在限制了系统频谱利用率的提高。

第二种分割方法的每个子载波使用了交错正交幅度调制技术，其各个子载波的功率谱在 -3 dB 处发生交叠，系统的频谱利用率可以较第一种分割方法提高一倍。各个子载波发射信号的可分性依靠交错系统两个正交通道上发射数据的半个符号周期来获得，从而在接收端可以独立地恢复各个子载波的数据。

为了进一步提高系统频谱利用率，Chang R. W. 等提出了第三种具有多个正交子载波的多载波传输系统，这样的多载波调制技术被称为 OFDM 技术。在 OFDM 系统中，每个子载波的功率谱为 sinc 函数，各个子载波的功率谱通过系统时域矩形窗形成，各个子载波的功率谱紧密地相互交叠，大大提高了系统的频谱利用率。在接收端，子载波信号不能通过传统的滤波器组方法从接收信号中分离出来，而是需要通过对接收信号进行基带处理来实现，即通过基带信号处理来实现频分复用。

2. OFDM 技术的应用

OFDM 可以被看作是一种调制技术，也可以被看作是一种复用技术。选择 OFDM 的一个主要原因在于该系统能够很好地对抗频率选择性衰落或窄带干扰。正交频分复用 OFDM 最早起源于20 世纪 50 年代中期。1971 年，S. D. Weinstein 和 P. M. Ebert 提出了用快速傅里叶变换技术实现 OFDM 调制，同时由于大规模集成电路技术的发展及实现高速大点数 FFT 的芯片面世，促进了 OFDM 技术的应用。但是直到20 世纪 80 年代中期，随着欧洲在数字音频广播（DAB）方案中采用 OFDM，该方法才开始受到关注并且得到广泛的应用。

自从 20 世纪 80 年代以来，OFDM 技术已经在数字音频广播、数字视频广播、基于 IEEE802. 11 标准的无线本地局域网（WLAN）以及有线电话网上基于现有铜双绞线的非对称高比特数字用户线技术（例如 ADSL）中得到了应用。其中大都利用 OFDM 可以有效地消除信号多径传播所造成的符号间干扰（ISI）这一特征。

DAB 是在 AM 和 FM 等模拟广播基础上发展起来的，其可以提供与 CD 相比美的音质以及其他的新型数据业务。1995 年，由欧洲电信标准协会（ETSI）制定了 DAB 标准，这是第一个使用 OFDM 的标准。接着在 1997 年，基于 OFDM 的 DVB 标准也开始投入使用，在 ADSL 应用中，OFDM 被当作离散多音调制（DMT modulation），并成功的应用于有线环境中，其可以在 1 MHz 带宽内提供高达 8 Mbit/s 的数据传输速率。1998 年 7 月，经过多次的修改之后，IEEE802. 11 标准组决定选择 OFDM 作为 WLAN（工作于 5 GHz 波段）的物理层接入方案，目标是提供 6 ~ 54 M bit/s 数据速率，这是 OFDM 第一次被使用于分组业务通信当中。而且此后，ETSI、BRAN 以及 MMAC 也纷纷采用 OFDM 作为物理层的标准。此外，OFDM 还易于结合空时编码、分集、干扰抑制以及智能天线等技术，最大程度上提高了物理层信息传输的可靠性。如果再结合自适应调制、自适应编码以及动态子载波分配、动态比特分配算法等技术，则可以使其性能进一步得到优化。

3. OFDM 技术的优点

OFDM 技术有以下几个优点：

（1）抗码间干扰能力较强。在 OFDM 系统中，高速数据流经过串/并转换分散到多个正交的子载波上传输，从而使得子载波上的符号速率大大降低、符号持续周期相对增加，因此有效减轻了由无线信道的多径时延扩展所产生的时间弥散性，避免了 ISI。有时甚至可以不采用均衡器，仅通过插入循环前缀（Cyclic Prefix，CP）的方法便可消除 ISI 的不利影响。

（2）较高的抗衰落和抗窄带干扰能力。当信道中出现频率选择性衰落或者干扰时，对于 OFDM 信号来讲，只有落在频带凹陷处的子载波以及其携带的信息受影响，而其他的子载波未受损害。因此，还可以通过动态比特分配以及动态子信道分配的方法，充分利用信噪比相对较高的子信道，从而使系统性能得到提高。

（3）较高的频谱利用率。OFDM 系统采用相互正交的子载波作为子信道，允许子信道的频谱相互重叠，可以最大限度的利用频谱资源。一般来说，当子载波的个数趋于无限时，频带利用率可以达到 2 band/Hz。如图 2 – 74 所示。

(4) OFDM 系统中可以利用 IDFT/DFT 来代替多载波调制和解调，以实现各个子信道的正交调制和解调。对于子载波数目较大的系统，还可以采用快速傅立叶变换（Fast Fourier Transform，FFT）来实现。随着大规模集成电路技术和 DSP 技术的发展，快速傅立叶逆变换（Inverse Fast Fourier Transform，IFFT）和 FFT 都是非常容易实现的，这也是 OFDM 之所以越来越备受关注的一个重要原因。

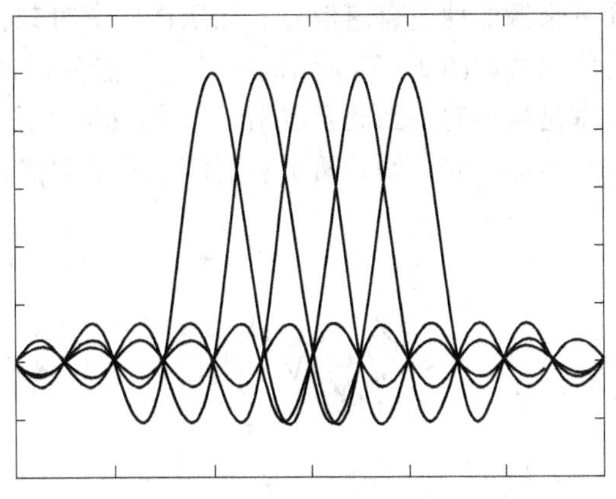
图 2-74　正交频分复用信号频谱

(5) 适用于无线数据业务中的非对称性传输。在无线数据业务中，下行链路中的数据传输量要远远大于上行链路的数据传输量，因此，无论是从用户数据业务的使用需求还是从移动通信系统的自身要求考虑，都希望物理层支持非对称的高速数据传输。OFDM 技术可以通过使用不同数量的子信道来实现下行和上行链路的不同传输速率。

(6) OFDM 系统较容易与其他多种接入方法结合使用，构成 OFDMA 系统，其中包括多载波码分多址 MC-CDMA、跳频 OFDM 以及 OFDM-TDMA 等，使得多个用户可以同时利用 OFDM 技术进行信息传输。但是因为 OFDM 系统中存在着多个正交的子载波，其输出信号是多个子信道信号的叠加，所以跟单载波系统相比，OFDM 技术存在着一定缺陷。

2.5　移动通信抗衰落技术

如前所述，在移动传播环境中，到达移动台天线的信号不是通过单一路径而来的，而是许多路径反射波的合成。由于电波通过各个路径的距离不同，相位也就不同，接收信号的幅度将急剧变化，即产生衰落。由于这种衰落是由多径现象引起的，故称为多径衰落。对多径引起的衰落可用跳频技术、分集技术和均衡技术来解决。

衰落是影响通信质量的主要因素。快衰落深度可达 30～40 dB，如果想利用加大发射功率（1 000～10 000 倍）来克服这种深衰落是不现实的，而且会对其他电台造成干扰。分集接收是抗衰落的一种有效措施，它已广泛应用于包括移动通信、短波通信等随参信道中。

2.5.1　分集接收技术

1. 分集定义

所谓分集接收是指接收端对它收到的多个衰落特性互相独立（携带同一信息）的信号进行特定的处理，以降低信号电平起伏的办法。分集含义：一是分散传输，使接收端能获得多个统计独立的、携带同一信息的衰落信号；二是集中处理，即接收机把收到的多个统计独立的衰落信号进行合并（包括选择与组合）以降低衰落的影响。

图 2-75 给出了一种利用“选择式”合并法进行分集的示意图。图中 A 与 B 代表两个

同一来源的独立衰落信号。如果在任意时刻，接收机选用其中幅度大的一个信号，则可得到合成信号如图2-75所示C。由于在任一瞬间，两个非相关的衰落信号同时处于深度衰落的概率是极小的，因此合成信号C的衰落程度会明显减小。不过，这里所说的“非相关”条件是不可少的，倘若两个衰落信号同步起伏，那么这种分集方法就不会有任何效果。

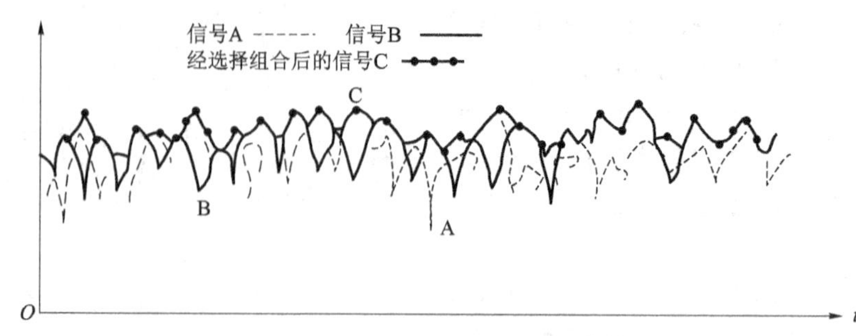

图2-75　选择式分集合并示意

2. 分集方式

分集依目的可以分为宏分集（Macroscopic）和微（Microscopic）分集。

宏分集是以克服长期衰落为目的的。“宏分集”主要用于蜂窝通信系统中，也称为“多基站”分集。这是一种减小慢衰落影响的分集技术，其做法是把多个基站设置在不同的地理位置（如蜂窝小区的对角上）和不同方向上，同时和小区内的一个移动台进行通信（可以选用其中信号最好的一个基站进行通信）。显然，只要在各个方向上的信号传播不是同时受到阴影效应或地形的影响而出现严重的慢衰落（基站天线的架设可以防止这种情况发生），这种办法就能保持通信不会中断。

微分集是一种减小快衰落影响的分集技术，在各种无线通信系统中都经常使用。理论和实践都表明，在空间、频率、极化、场分量、角度及时间等方面分离的无线信号，都呈现互相独立的衰落特性。据此，微分集又可分为空间分集、极化分集、频率分集、时间分集、角度分集和场分量分集等。

1）空间分集

空间分集是用多副接收天线来实现的（见图2-76）。在发射端采用一副天线发射，而在接收端采用多副天线接收。接收端天线之间的距离d应足够大，以保证各接收天线输出信号的衰落特性是相互独立的，即当某一副接收天线的输出信号幅度很低时，其他接收天线的输出则不一定在这同一时刻也出现幅度低的现象，经相应的合并电路从中选出信号幅度较大、信噪比最佳的一路，得到一个总的接收天线输出信号。这个总的输出信号不会因某一个接收天线的输出信号幅度很低而变低，从而大大降低了信道衰落的影响，改善了传输的可靠性。

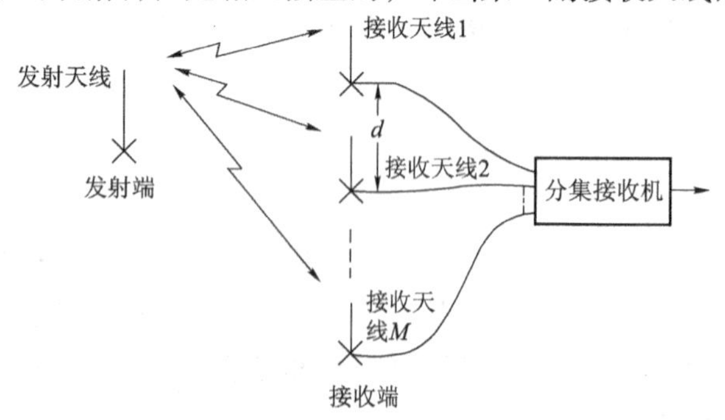

图2-76　空间分集示意图

空间分集的接收机至少需要两副相

隔距离为 d 的天线，间隔距离 d 与工作波长、地物及天线高度有关，在移动信道中，通常取：

市区：$d=0.5\lambda$；

郊区：$d=0.8\lambda$。

在满足上式的条件下，两信号的衰落相关性已很弱；d 越大，相关性就越弱。由上式可知，在 900 MHz 的频段工作时，两副天线的间隔只需 0.27 m。

在通常情况下，接收天线相互之间的距离要大于接收信号中心频率的二分之一波长。对于空间分集而言，分集天线越多，分集效果越好，但当接收天线数目较大时，设备复杂性增加，且分集增益的增加随着接收天线数目的增加而缓慢增加。实际上，通常使用两副天线组成空间分集。该技术在模拟频分移动通信系统、数字时分系统以及码分系统中都经常采用。

2）极化分集

由于两个不同极化的电磁波具有独立的衰落特性，所以发送端和接收端可以用两个位置很近但为不同极化的天线分别发送和接收信号，以获得分集效果。

极化分集可以看成空间分集的一种特殊情况，它也要用两副天线（二重分集情况），但仅仅是利用不同极化的电磁波所具有的不相关衰落特性，因而缩短了天线间的距离。在极化分集中，由于射频功率分给两个不同的极化天线，因此发射功率要损失 3 dB。

3）频率分集

由于频率间隔大于相关带宽的两个信号所遭受的衰落可以认为是不相关的，因此可以用两个以上不同的频率传输同一信息，以实现频率分集。根据相关带宽的定义，即：

$$B_c=\frac{1}{2\pi\Delta} \tag{2-92}$$

式中，Δ 为延时扩展。例如，市区中 $\Delta=3\ \mu s$，B_c 约为 53 kHz。这样频率分集需要用两部以上的发射机（频率相隔 53 kHz 以上）同时发送同一信号，并用两部以上的独立接收机来接收信号。其不仅使设备复杂，而且在频谱利用方面也很不经济。

将要传输的信息分别以不同的载频发射出去，只要载频之间的间隔足够大（大于相干带宽），则在接收端就可以得到衰落特性不相关的信号。与空间分集相比，极化分集的优点是减少了天线的数目；缺点是要占用更多的频谱资源，在发射端需要多部发射机。

4）时间分集

同一信号在不同的时间区间多次重发，只要各次发送的时间间隔足够大，那么各次发送信号所出现的衰落将是彼此独立的，接收机将重复收到的同一信号进行合并，就能减小衰落的影响。时间分集主要用于在衰落信道中传输数字信号。此外，时间分集也有利于克服移动信道中由多普勒效应引起的信号衰落现象。由于它的衰落速率与移动台的运动速度及工作波长有关，为了使重复传输的数字信号具有独立的特性，必须保证数字信号的重发时间间隔满足以下关系：

$$\Delta T\geqslant\frac{1}{2f_m}=\frac{1}{2(v/\lambda)} \tag{2-93}$$

5）角度分集

角度分集的做法是使电波通过几个不同路径，并以不同角度到达接收端，而接收端利用多个方向性尖锐的接收天线能分离出不同方向来的信号分量；由于这些分量具有互相独立的衰落特性，因而可以实现角度分集并获得抗衰落的效果。显然，角度分集在较高频率时容易实现。

6）场分量分集

由电磁场理论可知，电磁波的 E 场和 H 场载有相同的消息，但反射机理不同。例如，一个散射体反射 E 波和 H 波的驻波图形相位差90°，即当 E 波为最大时，H 波为最小。在移动信道中，多个 E 波和 H 波叠加，结果表明 E_Z、H_X 和 H_Y 的分量是互不相关的，因此，通过接收三个场分量，也可以获得分集的效果。场分量分集不要求天线间有实体上的间隔，因此适用于较低工作频段（例如低于100 MHz）。当工作频率较高时（800～900 MHz），空间分集在结构上容易实现。场分量分集和空间分集不像极化分集那样要损失3 dB的辐射功率。

分集按信号的传输方式可以分为显分集和隐分集两种。显分集指的是构成明显分集信号的传输方式，多指利用多副天线接收信号的分集。隐分集是指分集作用含在传输信号中的方式，在接收端利用信号处理技术实现分集，它包括交织编码技术和跳频技术等。隐分集一般用在数字移动通信中。

4. 分集信号的合并技术

对于具体的合并技术来说，通常有三类，即选择式合并、最大比值合并和等增益合并。

1）选择式合并

选择式合并是检测所有分集支路的信号，以选择其中信噪比最高的那一个支路的信号作为合并器的输出，如图2－77所示。在选择式合并器中，加权系数只有一项为1，其余均为0。

2）最大比值合并

最大比值合并是一种最佳合并方式，如图2－78所示。

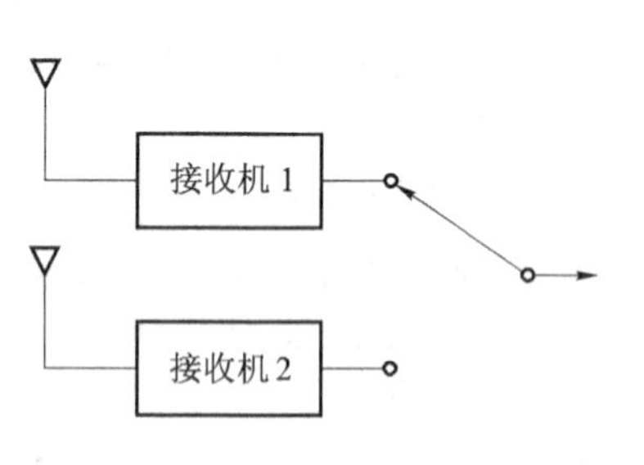

图2－77　选择式合并方式

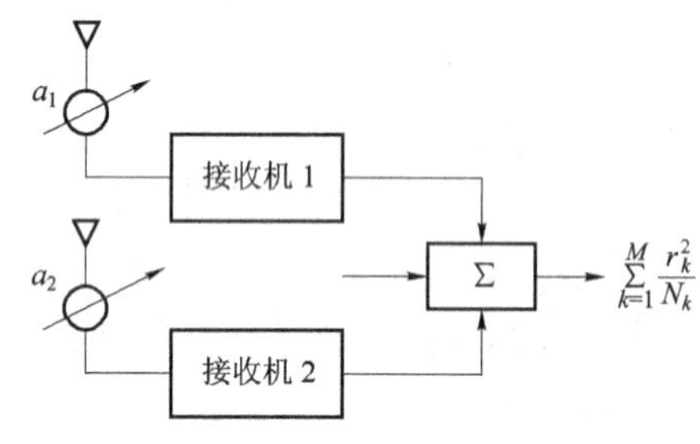

图2－78　最大比值合并方式

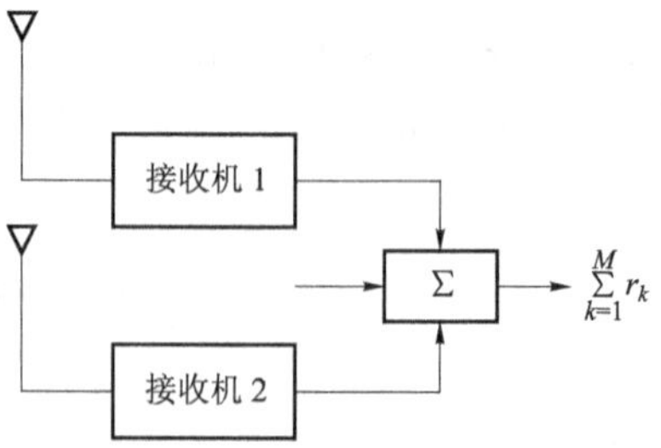

图2－79　等增益合并方式

3）等增益合并

等增益合并无需对信号加权，各支路的信号是等增益相加的，如图2－79所示。

如图2－80所示，在相同分集重数（即 M 相同）情况下，以最大比值合并方式改善信噪比最多，等增益合并方式次之；在分集重数 M 较小时，等增益合并的信噪比改善接近最大比值合并。选择式合并所得到的信噪比改善量最少，其合并器输出只利用了最强一路信号，而其他各支路都没有被利用。

等增益合并的各种性能与最大比值合并相比相差不多，但从电路实现上看，其较最大比值合并简单，尤其是加权系数的调整，前者远比后者简单，因此等增益合并是一种较实用的方式，而当分集重数不多时，选择式合并方式仍然是可取的。

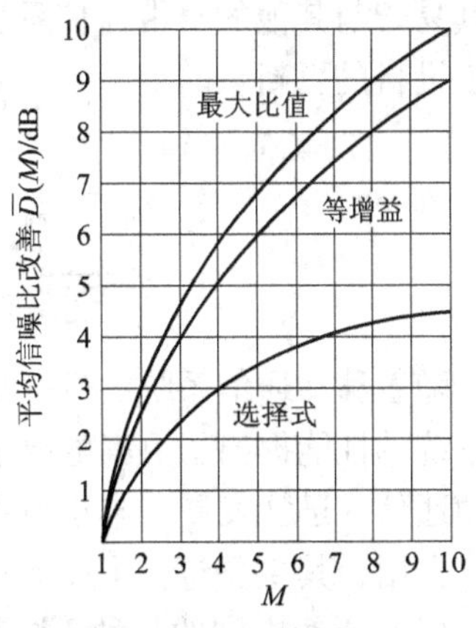

图 2 – 80　三种合并方式的比较

2.5.2　均衡技术

在移动通信中，由于多径的影响导致传输的信号会产生符号间干扰，使得被传输的信号产生失真，从而在接收机中产生误码。而均衡正是克服符号间干扰的一种技术。其在接收端插入一种可调（或不可调）滤波器，补偿整个系统的幅频和相频特性，从而减小符号间干扰的影响。这种对系统进行校正的过程称为均衡，实现均衡的滤波器称为均衡器。

均衡一般分为频域均衡和时域均衡两种。

（1）频域均衡是从频率响应考虑，利用可调滤波器的频率特性来弥补实际信道的幅频特性和群延时特性，使包括均衡器在内的整个系统的总频率特性满足无码间干扰传输条件。

（2）时域均衡是从时间响应的角度考虑，使包括均衡器在内的整个传输系统的冲击响应满足无码间干扰的条件。

2.5.3　跳频技术

跳频通信技术是在现代信息对抗日益激烈的形势下迅速发展起来的，它具有很强的抗搜索、抗截获和抗干扰能力。因此，各国军方对这一先进技术的发展和应用十分重视。大家知道，无线电通信是战场上保障作战与指挥的重要手段，但无线电通信易遭受干扰，特别是短波通信领域，不仅易遭到天气、工业等自然干扰，而且还会遇到敌方人为的跟踪、阻塞、多径干扰等各种通信干扰。因此，改善短波通信性能、提高其抗干扰能力，就成了无线电通信技术不断创新和发展的重要课题，跳频通信技术也就应时而生。

跳频是最常用的扩频方式之一，其是收、发双方传输信号的载波频率按照预定规律进行离散变化的通信方式，也就是说，通信中使用的载波频率受伪随机变化码的控制而随机跳变。

从通信技术的实现方式来说，跳频是一种用码序列进行多频频移键控的通信方式，也是一种码控载频跳变的通信系统。从时域上来看，跳频信号是一个多频率的频移键控信号；从频域上来看，跳频信号的频谱在很宽频带上以不等间隔随机跳变。其中：跳频控制器为核心部件，包括跳频图案产生、同步、自适应控制等功能；频合器在跳频控制器的控制下合成所需频率；数据终端包含对数据进行差错控制。

与定频通信相比，跳频通信比较隐蔽也难以被截获，只要对方不清楚载频跳变的规律，就很难截获我方的通信内容。同时，跳频通信也具有良好的抗干扰能力，即使有部分频点被干扰，仍能在其他未被干扰的频点上进行正常的通信。由于跳频通信系统是瞬时窄带系统，故其易于与其他的窄带通信系统兼容，也就是说，跳频电台可以与常规的窄带电台互通，有利于设备的更新。

2.6 移动通信组网技术

随着移动通信系统的进一步发展，移动通信由模拟通信系统发展到数字通信系统，用户对系统的性能提出了更高的要求，同时移动通信中所用的技术也日益增多，这些技术推着动移动通信的迅猛发展。本小节主要针对移动通信中的多址技术以及与之相适应的组网技术等加以介绍，其主要包含了以下几个部分的内容：

（1）无线电波的几种不同覆盖形状以及在实际应用中频率或信道的配置。

（2）在无线通信环境及电波的覆盖区域建立用户之间的连接方式。

（3）移动通信网的网络结构。

（4）多信道共用技术。

（5）为保证移动通信系统正常工作，移动通信系统中还要传输保证系统正常工作的信令。

（6）当移动通信中移动台从一个小区移动到另一个小区时，为了保证正常的通信就存在着越区切换的问题，当移动台的位置发生变化时就会影响用户的费用，因此对用户位置的管理对移动通信系统来说也是非常重要的。

2.6.1 区域覆盖和信道分配

1. 区域覆盖方式

电磁波在传输的过程中存在着损耗，损耗的大小不仅仅与地形和环境有关，还与距离有关，而且距离越远其损耗越大，因此在数字蜂窝移动通信中，移动台和基站的通信距离是有限的。那么为了使得用户在某一服务区内的任一点都能接入网络，需要在该服务区内设置多少基站？另一方面，对于给定的频率资源，如何在这些基站之间进行分配以满足用户容量的要求？这些是区域覆盖技术要解决的问题。

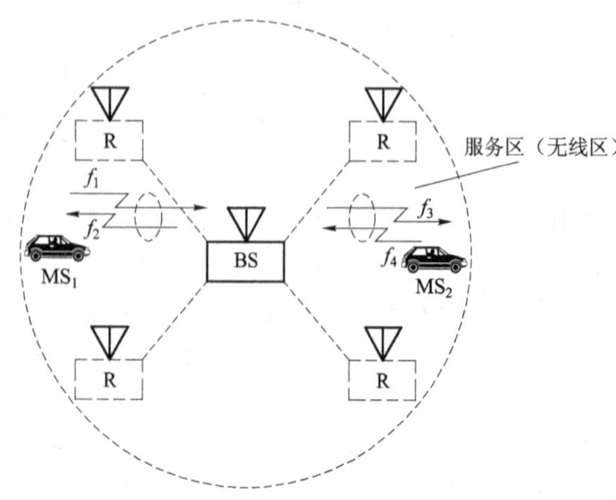

图2-81　大区制移动通信

一般来说移动通信的区域覆盖方式可分为两大类：一类是小容量的大区制，如图2-81所示；另一类是大容量的小区制。

大区制在一个服务区域内只有一个或几个基站（BS），基站负责移动通信的联络和控制。大区制的天线覆盖半径为30～50 km，用户容量为几十至数百个，小区基站天线架设得高，发射机输出功率大（可达200 W），并且为了避免同信道干扰，服务区内所有频道都不能重复。

基于大区制的上述特点，大区制的覆盖方式具有组成简单、投资少、见效快的优点；但其也具有一个缺点，即服务区内所有频道（一个频道包含收、发一对频率）的频率都不能重复，频率利用率和通信容量都受到了限制。容量较小的大区制适用于专网或用户较少的地域，为了适应大城市或更大区域的服务要求，必须采用小区制组网方式，以在有限的频谱条件下，达到扩大容量的目的。

小区制是把整个服务区域划分为若干个无线小区，每个小区分别设置一个基站。小区的覆盖半径一般为 2 ~ 20 km，有的甚至小到 1 ~ 3 km 或 500 m，用户容量可达上千个。小区基站的发射功率一般为 5 ~ 20 W，基站主要负责本小区内移动通信的联络和控制，又可在移动业务交换中心（MSC）的统一控制下，实现小区之间移动用户通信的转接以及移动用户与市话用户的联系。小区覆盖面与基站天线是紧密相关的，如果天线采用的是全向天线，则其覆盖面是圆形的。根据服务区域的形状不同，小区制又可分为带状区和面状区（蜂窝网）等，本节将根据服务区的不同形状来讨论小区制的结构和频率分配方案。

1）带状网

带状网要求小区的覆盖面是带状的。其主要用于覆盖公路、铁路、海岸等，如图 2 - 82 所示。若基站天线用全向辐射，则覆盖区形状是圆形的［见图 2 - 82（b）］；带状网宜采用有向天线，使每个小区呈扁圆形［见图 2 - 82（a）］。

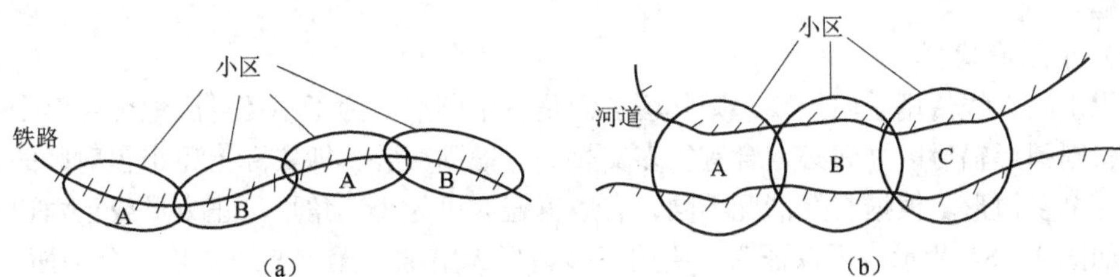

图 2 - 82　带状网

（a）椭圆形；（b）圆形

带状网可进行频率再用。若以采用不同信道的两个小区组成一个区群（在一个区群内各小区使用不同的频率，不同的区群可使用相同的频率），如图 2 - 82（a）所示，则称为双频制；若以采用不同信道的三个小区组成一个区群，如图 2 - 82（b）所示，则称为三频制。从造价和频率资源的利用率方面看，双频制最好；但从抗同频道干扰方面看，双频制最差，还应考虑多频制。

设 n 频制的带状网如图 2 - 83 所示，其每一个小区的半径为 r，相邻小区的交叠宽度为

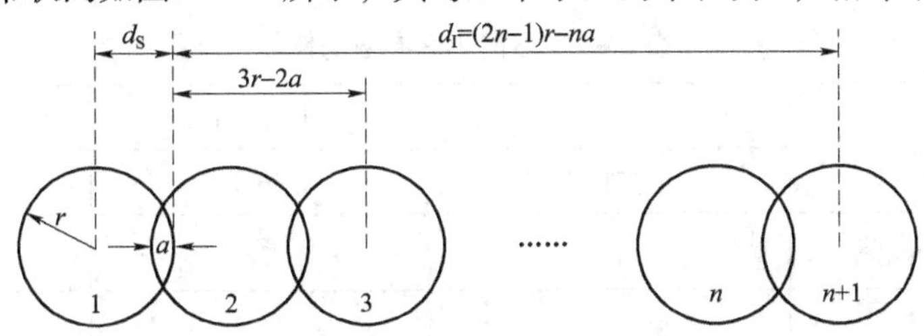

图 2 - 83　带状网的同频道干扰

a，第 $n+1$ 区与第1区为同频道小区。据此，可算出信号传输距离 d_S 和同频道干扰传输距离 d_I 之比。若认为传输损耗近似与传输距离的四次方成正比，则在最不利的情况下可得到相应的干扰信号比，见表2-6。由表2-6可知，双频制最多只能获得19 dB的同频干扰抑制比，这通常是不够的。

表2-6　带状网的同频干扰

项　目		双频制	三频制	n 频制
d_S/d_I		$\frac{r}{3r-2a}$	$\frac{r}{5r-3a}$	$\frac{r}{(2n-1)r-na}$
I/S	$a=0$	-19 dB	-28 dB	$40\lg\frac{1}{2n-1}$
	$a=r$	0 dB	-12 dB	$40\lg\frac{1}{n-1}$

2）面状网

当服务区呈现的不是一个条状而是一个宽广的平面时，该服务区称为面状服务区。面状服务区通常在平面区域内划分小区，组成蜂窝式的网络。在带状网中，小区呈线状排列，区群的组成和同频道小区距离的计算都比较方便；而在平面分布的蜂窝网中，这是一个比较复杂的问题。

（1）小区形状。

如果基站天线使用全向天线，则其覆盖面是一个圆形。为了不留空隙地覆盖整个平面的服务区，则圆形辐射区之间必定含有很多交叠。考虑到交叠，即实际上每个辐射区的有效覆盖区是一个多边形。根据交叠情况不同，有效覆盖区可为正三角形、正方形或正六边形，小区形状如图2-84所示。可以证明，要用正多边形无空隙、无重叠地覆盖一个平面的区域，可取的形状只有这三种。在辐射半径 r 相同的条件下，计算出三种形状小区的邻区距离、小区面积、交叠区宽度和交叠区面积，见表2-7。

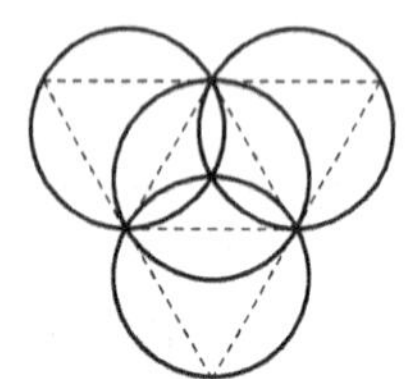
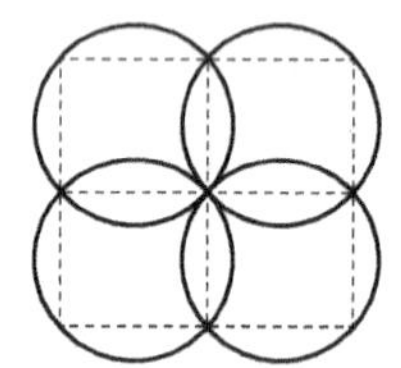

图2-84　小区形状

表2-7　不同小区参数的比较

项　目	小区形状		
	正三角形	正方形	正六边形
相邻小区的中心间隔	r	$\sqrt{2}r$	$\sqrt{3}r$
单位小区的面积	$\frac{3\sqrt{3}}{4}r^2=1.3r^2$	$2r^2$	$\frac{3\sqrt{3}}{2}r^2=2.6r^2$

续表

项　　目	小区形状		
	正三角形	正方形	正六边形
重叠区宽度	r	$(2-\sqrt{2})r \approx 0.59r$	$(2-\sqrt{3})r \approx 0.27r$
重叠区面积	$(\pi-1.3)r^2 \approx 1.84r^2$	$(\pi-2)r^2 \approx 1.4r^2$	$(\pi-2.6)r^2 \approx 0.54r^2$
重叠区与小区面积比	1.41	0.57	0.21
所需频率组最少个数	6	4	3

由表 2－7 可知，当辐射半径 r 相同时，正六边形的中心间隔最大；对同样大小的服务区域用正六边形时需要的小区数目最少，其频率组少，频率利用率最高。因此，在移动通信网中，选择正六边形作为小区的形状。

（2）簇的形成。

相邻小区显然不能用相同的信道。为了保证同信道小区之间有足够的距离，附近的若干小区都不能用相同的信道。这些不同信道的小区组成一个区群（簇）（Cluster），只有不同区群的小区才能进行相同频率的信道再用。为了实现频率复用，使有限的频率资源得到有效的利用，同时为了有效控制同频道工作小区之间的相互干扰而发展了许多复用图案，区群组成的图案如图 2－85 所示。

构成单元无线区群的基本条件：一是这一基本图样应能彼此邻接且无空隙地覆盖整个面积；二是相邻单元中，同频道的小区间距离相等且最大。满足上述条件的小区数目不是任意的，应满足下式：

$$N = i^2 + ij + j^2 \tag{2-94}$$

式中，$i=0, 1, 2, \cdots$，$j=0, 1, 2, \cdots$，且两者不同时为零。

由此可算出 N 的可能取值见表 2－8，相应的区群形状如图 2－85 所示。

表 2－8　区群小区数 N 的取值

j \ N \ i	0	1	2	3	4
1	1	3	7	13	21
2	4	7	12	19	28
3	9	13	19	27	37
4	16	21	28	37	48

（3）同频小区的距离。

区群内小区数目不同的情况下，可利用以下方法来确定同频小区的位置和距离。如图 2－86 所示，自一小区 A 出发，先沿边的垂线方向跨 j 个小区，向左（或向右）转 60°，再跨 i 个小区，这样就到达了同信道小区 A，在正六边形的六条边上可以找到六个这样的小区，所有 A 小区的距离相等。设小区的辐射半径为 r，则从图 2－86 可以算出同频道小区中心之间的距离为

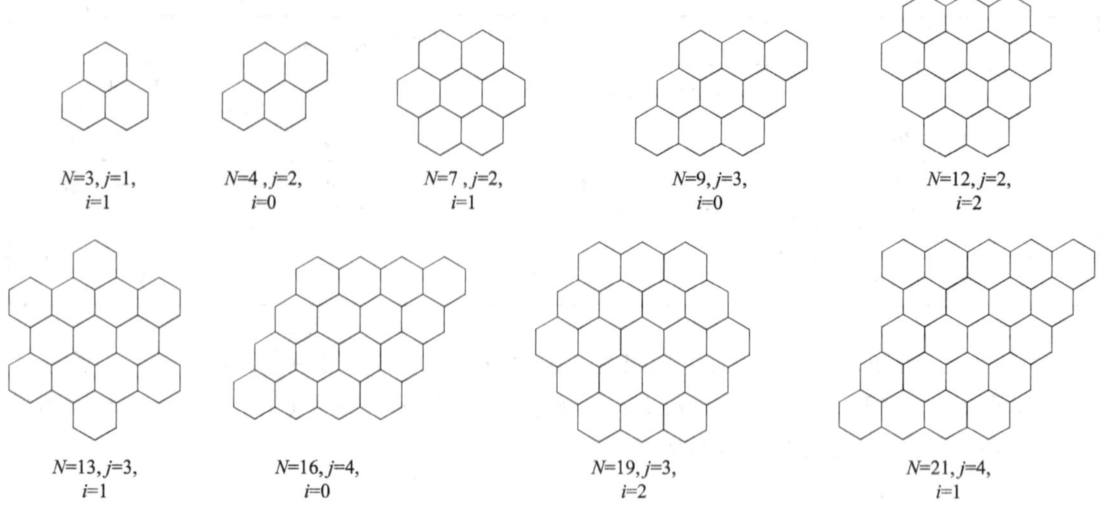

图 2－85 区群组成

$$
\begin{aligned}
D &= \sqrt{3}r\sqrt{\left(j+\frac{i}{2}\right)^2+\left(\frac{i\sqrt{3}}{2}\right)^2} \\
&= \sqrt{3\ (i^2+ij+j^2)}\cdot r \\
&= \sqrt{3N}\cdot r
\end{aligned}
\tag{2-95}
$$

可见，区群内 N 越大，同信道小区距离就越远，抗同频干扰性能也就越好。

（4）顶点激励与中心激励。

中心激励方式：基站设立在小区的中心位置，由全向天线形成圆形覆盖区，如图 2－87 所示。一旦小区内有大的障碍物，中心激励方式就难免会有辐射的阴影区。

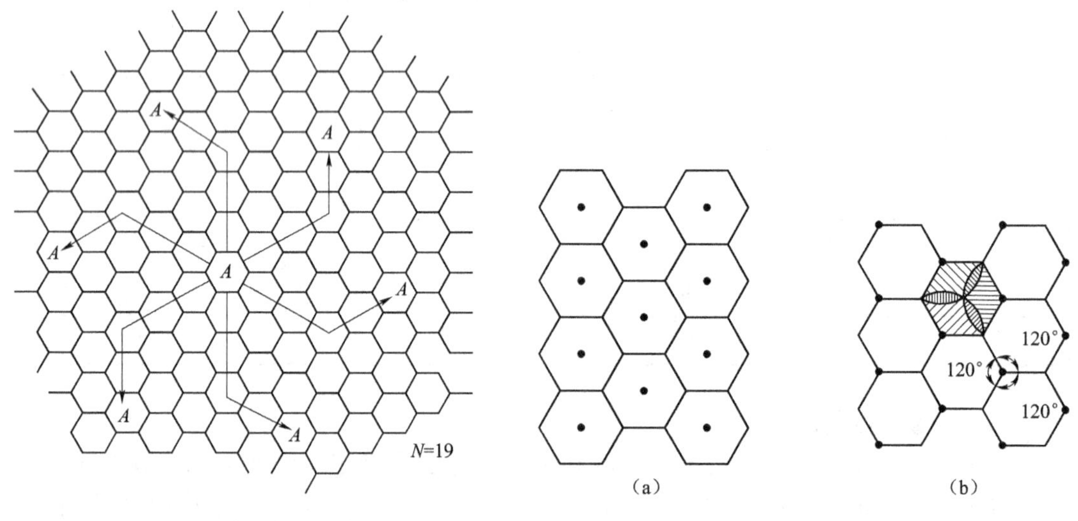

图 2－86 同频小区的确定

图 2－87 两种激励的方式
（a）中心激励；（b）顶点激励

顶点激励方式：在正六边形的三个顶点上用 120°的扇形覆盖的定向天线，分别覆盖三个相邻小区各区域的 1/3，每个小区由三副 120°扇形天线共同覆盖就可以解决这一问题，这就是所谓的顶点激励方式。它除了对消除障碍物的阴影有利外，对来自天线方向以外的干扰也有一定的隔离作用，接收的同频干扰功率仅为采用全向天线系统的 1/3，可减少系统的同频道干扰，因而允许减小同频小区之间的距离，进一步提高频率的利用率，对简化设备、降低成本都有好处。

（5）小区的分裂。

除频分复用外，小区分裂是提高蜂窝网容量及频谱效率的又一重要概念。

在用户密度高的时候应使小区的面积小一些，或将全向天线改进为定向天线，使小区所分配的信道数多一些，以满足话务量增长的要求，这种技术措施称为小区分裂。

其具体的实施方案有以下几类：

① 在原基站上分裂，这是常用的方法，它的优点是虽增加了小区数目但不用增加基站的数目，而且重叠区小，有利于越区切换，如图 2－88 所示。比如市中心容量密度高，小区划得很小，分配给一定区域面积的频道数也相应增加。

② 增加新的基站的分裂，即将业务信息增加后，将小区半径缩小，增加新的蜂窝小区，并在适当的地方增加新的基站的方法。它的优点是降低了基站天线的高度、减小了发射功率，如图 2－89 所示。

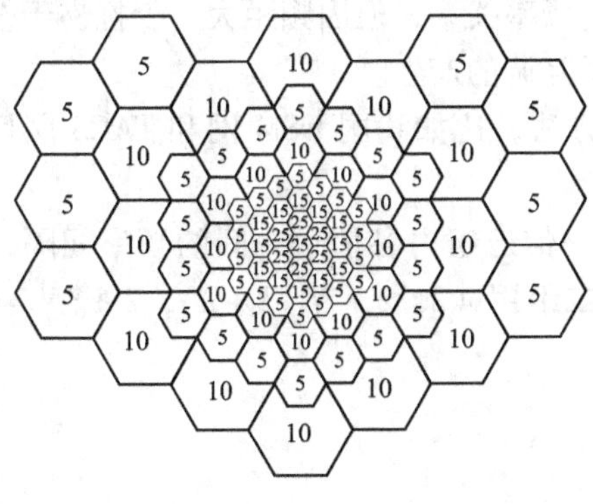

图 2－88　小区分裂

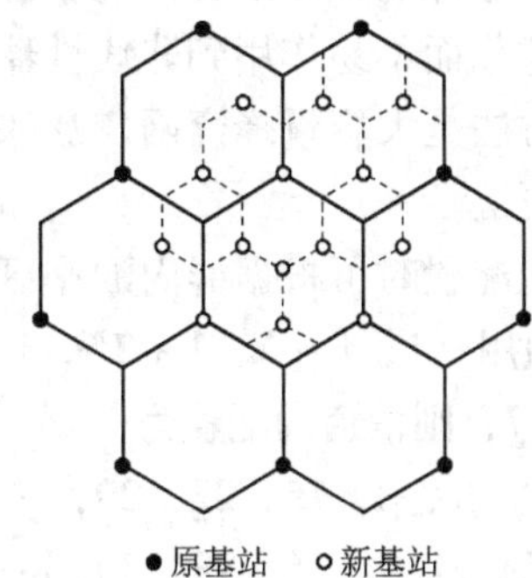

图 2－89　基站的分裂

2. 信道（频率）配置

信道（频率）配置主要用于解决将给定的信道（频率）如何分配给一个区群的各个小区，而在 CDMA 系统中，所有用户使用相同的工作频率，因而无须进行频率配置。频率配置主要针对 FDMA 和 TDMA 系统，按其分配（配置）方式不同可以分为固定信道分配方式和动态信道分配方式两种。

1）固定信道分配方式

固定信道分配指将某一组信道固定分配给某一基站，适用于移动台业务相对固定的情况，其频率利用率较低。

固定信道分配的方式主要有两种：一是分区分组配置法；二是等频距配置法。

（1）分区分组配置法。

分区分组配置法所遵循的原则是：尽量减小占用的总频段，以提高频段的利用率；同一区群内不能使用相同的信道，以避免同频干扰；小区内采用无三阶互调的相容信道组，以避免互调干扰。现举例说明如下。

设给定的频段以等间隔划分为信道，按顺序分别标明各信道的号码为1，2，3，…

若每个区群有7个小区，每个小区需6个信道，按上述原则进行分配，可得到：

第一组　1，5，14，20，34，36；

第二组　2，9，13，18，21，31；

第三组　3，8，19，25，33，40；

第四组　4，12，16，22，37，39；

第五组　6，10，27，30，32，41；

第六组　7，11，24，26，29，35；

第七组　15，17，23，28，38，42。

每一组信道分配给区群内的一个小区，这里使用42个信群只占用了42个信道的频段，是最佳的分配方案。

以上分配中的主要出发点是避免三阶互调，但未考虑同一信道组的频率间隔，可能会出现较大的邻道干扰，这是分区分组配置方法的一个缺陷。

（2）等频距配置法。

等频距配置法是按等频率间隔来配置信道的，只要频距选得足够大，就可以有效地避免邻道干扰。这样的频率配置可能正好满足产生互调的频率关系，但因频距大，干扰易于被接收机输入滤除而不易作用到非线性器件，这也避免了互调的产生。

这种方法是大容量蜂窝网广泛采用的频率分配方法，比如我国GSM网和TACS网均采用了这种方法。

等频距配置时可根据群内的小区数 N 来确定同一信道组内各信道之间的频率间隔，例如，第一组用（1，$1+N$，$1+2N$，$1+3N$，…），第二组用（2，$2+N$，$2+2N$，$2+3N$，…）等。若 $N=7$，则信道的配置为

第一组　1，8，15，22，29，…；

第二组　2，9，16，23，30，…；

第三组　3，10，17，24，31，…；

第四组　4，11，18，25，32，…；

第五组　5，12，19，26，33，…；

第六组　6，13，20，27，34，…；

第七组　7，14，21，28，35，…。

这样同一信道组内的信道最小频率间隔为7个信道间隔，若信道间隔为25 kHz，则其最小频率间隔可达175 kHz，这样，接收机的输入滤波器便可有效地避免邻道干扰和互调干扰。

如果是定向天线进行顶点激励的小区制，则每个基站应配置三组信道，向三个方向辐射，例如 $N=7$，每个区群就需有21个信道组。整个区群内各基站信道组的分布如图2－90所示。

以上介绍的信道配置方法都是将某一组信道固定配置给某一基站，这只能适应移动台业务分布相对固定的情况。事实上，移动台业务的地理分布是经常发生变化的。如早上从住宅向商业区移动，傍晚又反向移动，发生交通事故或集会时又向某处集中。此时，若某一小区

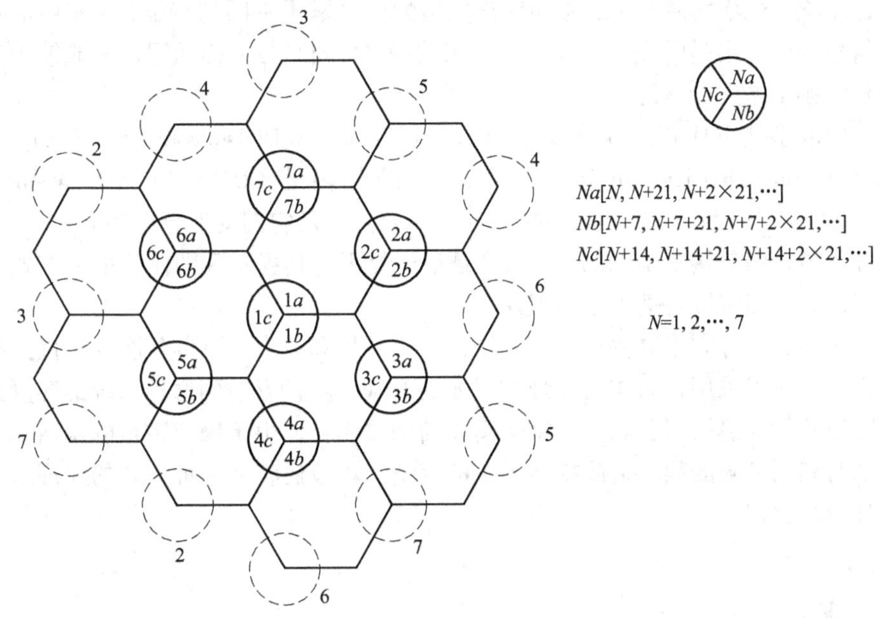

图 2－90　整个区群内各基站信道组的分布

业务量增大，原来配置的信道就可能不够用，而相邻小区业务量小，原来配置的信道就可能空闲。由于小区之间的信道无法相互调剂，因此频率的利用率不高，这就是固定配置信道的缺点。若采用动态信道分配方式就可以弥补上述不足。

2）动态信道分配方式

为了提高频率利用率，使信道的配置随移动通信业务量地理分布的变化而变化，可采用动态信道分配方法，根据其特点可分为两种方法：

（1）动态配置法。

随业务量的变化重新配置全部信道，即各个小区的信道全部都不固定，当业务量分布不均匀时，要根据新的业务量的分布情况不同，重新在各个小区间进行信道的再分配。动态信道分配与固定信道分配相比，信道利用率可提高 20% ~50% 。但在动态信通分配中要考虑同频复用距离及邻道干扰等因素，若要实现，则信道动态配置控制复杂，设备成本也较高。

（2）柔性配置法。

柔性配置法是指预留若干个信道，在需要时提供给某小区使用，其各基站都能使用预留的信道，这样可应付局部业务量的变化，是一种比较实用的方法。

2. 6. 2　多址技术

所谓多址技术就是使多个用户接入并共享同一个无线通信信道，以提高频谱利用率的技术。即把同一个无线信道按照时间、频率等进行分割，使不同的用户都能够在不同的分割段中使用这一信道，而又不会明显地感觉到他人的存在，就好像自己在专用这一信道一样。占用不同的分割段就像是拥有了不同的地址，使用同一信道的多个用户就拥有了多个不同的地址。这就是多址技术，亦称多址接入技术。比如在蜂窝移动通信系统中，基站是个多路的，有多个信道，而移动台只占用一个信道，多个移动用户要同时通过一个基站和其他移动用户进行通信，就必须对基站和不同的移动用户发出的信号赋予不同的特征，使基站能从众多移动用户的信号中区分出是哪一个移动用户发来的信号，同时各个移动用户又能够识别出基站发出的信号中哪个是发给自己的。

目前常用的多址方式有：频分多址 FDMA（Frequency Division Multiple Address）、时分多址 TDMA（Time Division Multiple Address）、码分多址 CDMA（Code Division Multiple Address）、空分多址（Space Division Multiple Adress）以及它们的混合应用方式。

多址方式与多路传输是不同的，尽管都是信道复用，其主要区别在于多址方式是射频上的信道复用，而多路传输是基带信道复用。

选择什么样的多址方式取决于通信系统的应用环境和要求。因为多址方式直接影响到通信系统的容量，所以采用什么样的多址方式才更有利，直接影响到通信系统的容量，这一直是人们研究和开发的热门课题。就数字蜂窝通信网络而言，由于用户数量的剧增，一个突出的问题是如何利用有限的频率资源提高系统的容量。本节还将从多址方式的原理入手对系统容量进行分析和比较。

1. 频分多址

1）基本原理

频分多址是应用最早的一种多址技术，AMPS、NAMPS、TACS、NTT 和 JTACS 等第一代移动通信系统所采用的多址技术就是 FDMA，此外在卫星通信中 FDMA 也得到了广泛的应用。频分多址是指将给定的频谱资源划分为若干个等间隔的频道（或称信道）供不同的用户使用。在模拟移动通信系统中，信道带宽通常等于传输一路模拟话音所需的带宽，如 25 kHz 或 30 kHz。

在单纯的 FDMA 系统中，通常采用频分双工的方式来实现双工通信，即接收频率 f 和发送频率 F 是不同的。为了使得同一部移动台的收发之间不产生干扰，收发频率间隔 $|f-F|$ 必须大于一定的数值。例如，在 800 MHz 频段，收发频率间隔通常为 45 MHz。一个典型的 FDMA 频道划分方法如图 2－91 所示。

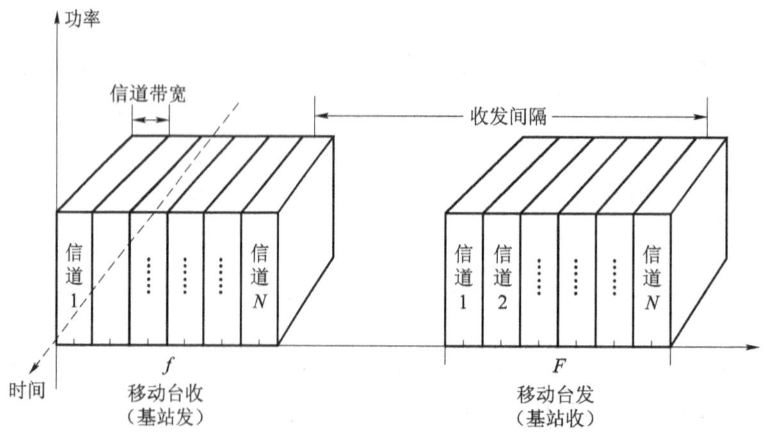

图 2－91　频分多址原理

在 FDMA 系统中，收发的频段是分开的，由于所有移动台均使用相同的接收和发送频段，因而移动台到移动台之间不能直接通信，所以基站必须同时发射和接收多个不同频率的信号，任意两个移动用户之间进行通信都必须经过基站进行中转，从图 2－90 中可以看出，两个移动用户如果要实现频分双工（FDD：Frequency devide duplex）通信，就必须同时占用 4 个频道。不过移动台在通信时所占用的频道并不是固定分配的，它通常是在通信建立阶段由系统控制中心临时分配的。通信结束后，移动台将退出它占用的频道，这些频道可以重新分配给别的用户使用。

2）FDMA 的特点

（1）单路单载波（SCPC）传输，即每个频道只传一路业务信息，载频间隔（这是与所传信号的带宽有关）必须满足业务信息传输的需求。

（2）采用频率分割，在传输时信号连续传输，各多址信道信号在时间和空间重叠。

（3）频率分配工作复杂，重复设置收、发信道设备。例如基站有 50 个频道，则需要 50 套结构几乎相同的发信道设备。

（4）多频道信号互调干扰严重。

（5）频率利用率低，容量小。

（6）若 FDMA 方式用于每小时频道传输一路业务数字信号，数字信号速率低，一般在 25 kbit/s 以下，由于数字信号多经传输时延扩展几十微秒，码间干扰引起的误码很小，无需设置自适应均衡，构成简单。

2. 时分多址（TDMA）

1）基本原理

时分多址把时间分割成周期性的时帧，每一时帧再分割成若干个时隙（无论时帧或时隙都是互不重叠的），然后根据一定的分配原则，使各个移动台在每帧内只能在指定的时隙向基站发送信号。在满足定时和同步的条件下，基站可分别在各时隙中接收到各移动台的信号而互不混扰。同时，基站发向多个移动台的信号都按顺序排序安排在预定的时隙中传输，各移动台只要在指定的时隙内接收，就能在合路的信号中把发给它的信号区分出来，如图 2－92 所示。时分多址（TDMA）在第二代移动通信系统中得到了广泛应用，如 GSM、NADC 和 PACS 等；此外在不少新建的卫星通信系统中也有所采用。

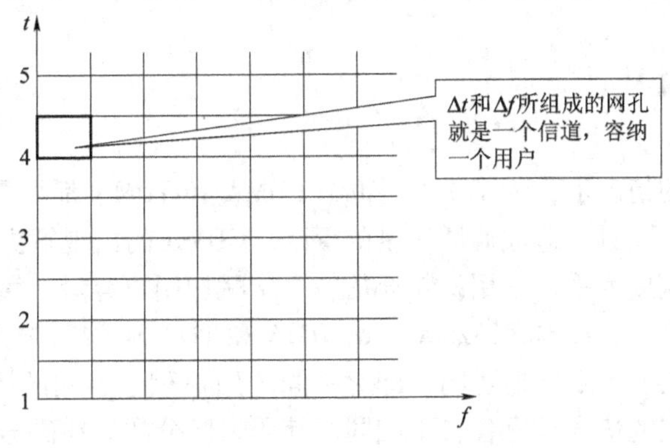

图 2－92　时分多址原理

2）TDMA 的特点

TDMA 通信系统和 FDMA 通信系统相比，具有以下主要特点：

（1）TDMA 系统的基站只用一部发射机，可以避免像 FDMA 系统那样因多部不同频率的发射机同时工作而产生互调干扰。

（2）TDMA 系统对时隙的管理和分配通常要比对频率的管理与分配简单。因此，TDMA 系统更容易进行时隙的动态分配。

（3）因为移动台只在指定的时隙接收基站发给它的信息，因而在一帧的其他时隙中，可以测量其他基站发送的信号强度或推测网络系统发送的广播信息和控制信息。这对于加强通信网络的控制功能和保证移动台的过区切换是有利的。

（4）TDMA 系统必须有精确的定时和同步，保证各移动台发送的信号不会在基站发生重叠或混淆，并且能准确地在指定的时隙中接收基站发给的信号。同步技术是 TDMA 系统正常工作的重要保证。

3）应用

数字移动通信系统 GSM 广泛采用的是时分多址 TDMA 和频分多址 FDMA 相结合的方式。GSM 标准规定：一个频点上可设置 8 个时隙，通信时一个手机占一个时隙，一个频点为 8 个用户共享。这样就大大提高了时间、频率的利用率，扩大了用户容量。因为 GSM 系统传输的是数字信号，数字信号最小的单位是码元，即 1 比特二进制数。GSM 规定每个码元长为 3.692 μs。比码元大的是时隙，一个时隙就是手机一次收发信息的时间，它由 156.25 个数据比特组成。因此时隙周期为

$$156.25 \times 3.692\ \mu s = 577\ \mu s \tag{2-96}$$

比时隙大的单位是帧，GSM 采用 TDMA 多址方式，一个频点有 8 个时隙，8 个时隙为一帧，每帧的周期为

$$577\ \mu s \times 8 = 4.615\ ms \tag{2-97}$$

每帧都有自己的编号，为了使帧不至于太大，帧号有一个周期，称为复帧。一个复帧由若干个帧构成。复帧有两种结构：一种是 26 帧的复帧，主要传送语音信号，也称业务帧，周期为 120 ms；另一种为 51 帧的复帧，传送控制信号，称为控制复帧，周期为 253 ms。

TDMA 系统必须有精确的定时和同步，以保证各移动台发送的信号不会在基站发生重叠或混淆，并且能准确地在指定的时隙中接收基站发送的信号。同步技术是 TDMA 系统正常工作的重要保证。

3. 码分多址（CDMA）

1）基本原理

在用户不断增多的情况下，为了扩大容量，FDMA 和 TDMA 都尽量地压缩信道的宽度，但这种压缩是有限的，而且会造成通话质量的下降。CDMA 的出现解决了这一矛盾，它独僻奚径，从增加信道的宽度入手，采用扩频通信技术来赋加用户容量。第三代移动通信系统所采用的就是这种多址方式，如 CDMA2000、WCDMA 和 TD－SCDMA 技术标准。

码分多址是基于码型来划分信道的，即对不同的用户赋予不同的码序来实现多址方式。不同用户传输信息所用的信号是靠各自不相同的编码来区分的。在码分多址蜂窝移动通信系统中，PN 码序列作为码分序列可实现以下功能：码分基站站址；码分信道识别；用户身份识别；业务类型识别。CDMA 的特征是代表各信源的发射信号结构上各不相同，并且其他地址码相互间具有正交性，以区别不同的地址，而在频率、时间和空间上都可以重叠。

CDMA 实现的几个条件：

（1）要有数量足够多、相关性足够好的地址码，使系统通过不同的地址码建立足够多的信道。所谓好的相关性，是指强的自相关性和弱的互相关性。

（2）必须用地址码对发射进行扩频调制，并使发送的已调波信号频谱极大地展宽，功率谱密度降低。前者是为了完成多址接入，后者是为了提高信号抗干扰能力。

（3）在码分多址系统的接收端，必须具有与发端完全一致的地址码，并用本地地址码对收到的信号进行相关检测，从中选出所需要的信号。

2）跳频码分多址 FH－CDMA

在 FH－CDMA 系统中，每个用户可根据各自的伪随机序列，动态改变其已调信号的中心频率。各用户的中心频率可在给定的系统带宽内随机改变，该系统带宽通常要比各用户已调信号（如 FM、FSK、BPSK 等）的带宽宽得多。FH－CDMA 类似于 FDMA，但使用的频道是动态变化的。FH－CDMA 中各用户使用的频率序列要求相互正交（或准正交），即在一个 PN 序列周期对应的时间区间内，各用户使用的频率在任一时刻都不相同（或相同的概率非常小），原理如图 2－93（a）所示。

3）扩频码分多址原理 DS－CDMA

在 DS－CDMA 系统中，所有用户工作在相同的中心频率上，输入数据序列与 PN 序列相乘得到宽带信号。不同用户（或信道）使用不同的 PN 序列，这些 PN 序列（或码字）互不相同，也就是说可以用不同的 PN 序列来区分不同的用户。这些 PN 序列（或码字）相互正交，从而可像 FDMA 和 TDMA 系统中利用频率和时隙区分不同用户一样，利用 PN 序列（或码字）来区分不同的用户，如图 2－93（b）所示。

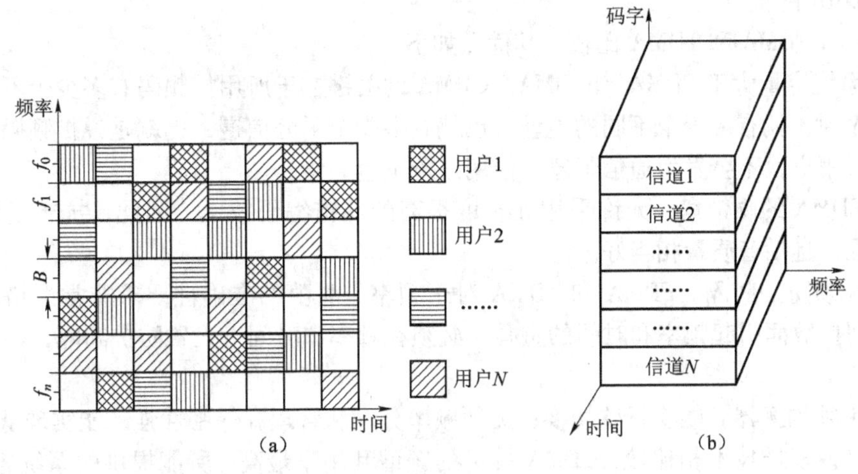

图 2－93　码分多址原理

(a) FH－CDMA；(b) DS－CDMA

DS－CDMA 系统有两大问题：一是自身存在多址干扰，主要是因为所有的用户都工作在同一频率上，进入接收机的信号除了所希望的有用信号外，还有其他用户的信号，这些信号就称为多址干扰。它的大小取决于在这一频率上工作用户的多少及各个用户工作的功率大小。二是必须采用功率控制方法来克服远近效应。所谓的远近效应是指所有的移动台都以相同的功率发射，但由于移动台距离基站的远近不同，在基站接收的各用户的信号电平相差很远，就会导致强信号抑制弱信号的接收，这一现象就是远近效应。为了克服远近效应，使系统的容量最大，常通过功率控制的方法，调整各个用户发射的功率以使各用户到达基站的信号电平相等（这一电平正好等于满足信号干扰比要求的电平即可）。同样的，基站到移动台也要有功率控制。

4）混合码分多址

混合码分多址的形式是多种多样的，如 FDMA 和 DS - CDMA 混合、TDMA 与 DS - CDMA 混合（TD/CDMA）、TDMA 与 DS - CDMA 混合、TDMA 与 FH - CDMA 混合（TDMA/FH）、FH - CDMA 与 DS - CDMA 混合（DS/FH - CDMA），等等。

FDMA 和 DS - CDMA 混合的系统中，常将一个宽带的 CDMA 信道划分为若干个窄带的 DS - CDMA 信道，其中窄带 DS - CDMA 的处理增益要低于宽带 DS - CDMA 的处理增益。在这一系统中，所分配的窄带 CDMA 信道不一定要连续。各个不同的用户使用不同的信道，一个用户也可以使用多个窄带 DS - CDMA 信道。

在 TD/CDMA 系统中，其常在 TDMA 的每个时隙内再引入 DS - CDMA，以使每个时隙同时可以传输多个用户信息，而每一个时隙的 DS - CDMA 用户数和扩频增益通常远远小于直接采用 DS - CDMA 的系统。

在 TDMA/FH 系统中，每个 TDMA 时隙的载频是随机跳变的，每一帧改变一次工作频率。这一技术已应用于 GSM 系统中，它可以有效克服同道干扰和多径衰落。

在 DS/FH - CDMA 系统中，DS - CDMA 的中心频率是按照一个 PN 序列随机跳变的，由于各个用户的中心频率不同，从而克服了 DS - CDMA 的远近效应。但基站的跳频同步相对比较难实现。

5）CDMA 的优点

CDMA 与 FDMA 和 TDMA 比较，其优点如下：

（1）系统容量大于 FDMA 和 TDMA。CDMA 的关键在于所用扩频码有多少个不同的互相正交的码序列，就有多少个不同的地址，也就有多少个码分信道，也就是说扩频码足够，则可临时增添用户，不会发生通信阻塞，使用户抢不上“线”。

（2）CDMA 的频带宽，允许采用冗长度很高的纠错编码技术，因此，抗干扰能力和纠错能力很强，且话音质量相当好。

（3）无须防护间隔。FDMA 和 TDMA 对于频率、时隙的准确性要求非常严格，为防止频率和时间扩散而引起频率和时间的重叠，必须在频率和时间上设置防护间隔，CDMA 则无须如此。

（4）无须均衡器，能实行软切换；无须频率分配和管理，保密性强，能实现低功耗等。

以上三种多址技术相比较，CDMA 技术的频谱利用率最高，所能提供的系统容量最大，它代表了多址技术的发展方向；其次是 TDMA 技术，目前其技术比较成熟，应用比较广泛；FDMA 技术由于频谱利用率低，故将逐渐被 TDMA 和 CDMA 所取代，或者与后两种方式结合使用，组成 TDMA/FDMA、CDMA/FDMA 方式。

4. 空分多址（SDMA）

1）基本原理

空分多址 SDMA 是一种新发展的多址技术，在由中国提出的第三代移动通信标准 TD - SCDMA 中就应用了 SDMA 技术。实际上，空分多址技术是卫星通信的基本技术。

空分多址可利用无线电波束在空间的不重叠分割构成不同的信道，并将这些空间信道分配给不同地址的用户使用，空间波束与用户具有一一对应关系，依波束的空间位置区分来自不同地址的用户信号，从而完成多址连接，原理如图2-94所示。理论上讲，空间中的一个信源可以向无限多个方向（角度）传输信号，从而构成无限多个信道。但是由于发射信号需要用天线，而天线又不可能是无穷多个，因而空分多址的信道数目是有限的。

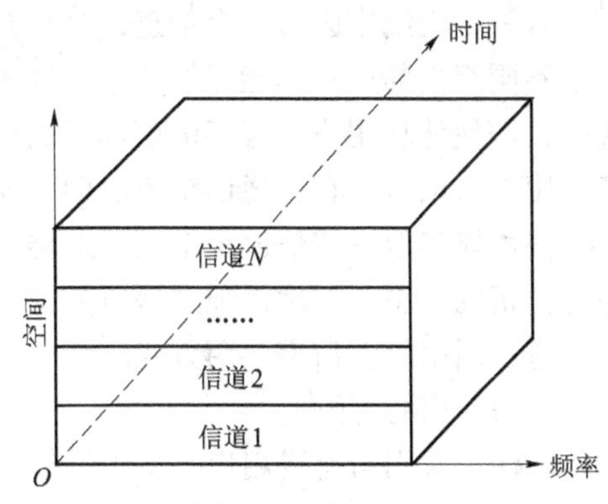

图2-94 空分多址原理

SDMA实现的核心技术是智能天线的应用，理想情况下它要求天线给每个用户分配一个点波束，这样根据用户的空间位置就可以区分每个用户的无线信号，各用户在频率和时间资源上是共享的，即处于不同位置的用户可以在同一时间使用同一频率和同一码型而不会相互干扰。实际上，SDMA通常都不是独立使用的，而是与其他多址方式如FDMA、TDMA和CDMA等结合使用，如空分—码分多址（SD-CDMA），即将处于同一波束内的不同用户用这些多址方式加以区分。

2）SDMA的优点

（1）系统容量大幅度提高。

（2）扩大覆盖范围。

（3）兼容性强。

（4）大幅度降低来自其他系统和其他用户的干扰。

（5）功率大大降低。

（6）定位功能强。

应用SDMA的优势是明显的，它可以提高天线增益，使得功率控制更加合理有效，显著地提升系统容量；此外其一方面可以削弱来自外界的干扰，另一方面还可以降低对其他电子系统的干扰。如前所述，SDMA实现的关键是智能天线技术，这也正是当前应用SDMA的难点。特别是对于移动用户，由于移动无线信道的复杂性，使得智能天线中关于多用户信号的动态捕获、识别与跟踪以及信道的辨识等算法极为复杂，从而对数字信号处理提出了极高的要求，对于当前的技术水平这还是个严峻的挑战。所以，虽然人们对于智能天线的研究已经取得了不少鼓舞人心的进展，但仍然存在一些难以克服的问题而未得到广泛应用。但可以预见，由于SDMA的诸多诱人之处，SDMA的推广是必然的。

2.6.3 多信道共用

移动通信的频率资源十分紧缺，不可能为每一个移动台预留一个信道，只可能为每个基站配置好一组信道，以供该基站所覆盖区域（称为小区）内的所有移动台共用。这就是多信道共用问题。

1. 多信道共用的概念

在一个无线小区内，通常使用若干个信道，用户工作时占用信道的方式可分为独立信道方式和多信道共用方式。

若一个无线小区有 n 个信道，将用户也分成 n 组，每组用户分别被指定在某一信道上工作，不同组内的用户不能互换信道，这种用户占用信道的方式称为独立信道方式。在这种方式中，即使移动用户具有多信道选择的能力，也只能在规定的那个信道上工作。当该信道被某一用户占网时，在其通话结束之前，属于该信道的其他用户都不能再占用该信道通话，而此时很可能其他一些信道正空闲。这样一来就造成有些信道在紧张“排队”，而另一些信道却呈空闲的状态。显然，独立信道方式对信道的利用是不充分的，通常我们采用可以大大提高信道利用率的多信道共用方式。

1）多信道共用

多信道共用与有线用户共享中继线的概念相似，目的也是提高信道利用率。为了把这个概念讲清楚，我们先看下面三种不同的方案组成的三个系统。

方案1：一个移动台配置一个无线信道。在这种情况下，这个移动台在任何时候均可利用这个无线信道进行通信联络。但是其浪费太大，无法实现。因为像800 MHz 的集群通信系统，一共只有600个信道，满打满算只能容纳600个移动台。

方案2：88个移动台，配8个信道，并将88个移动台分成8个组，每组配置一个无线信道，各组间的信道不能相互借用、调节余缺，即相当于11个移动台配置一个无线信道。在这种情况下，只要有一个移动台占用了这个信道，同组的其余10个用户均不能再占用了，不管此时其他组是否还有闲着未用的信道。

方案3：88个移动台，8个信道，但移动台不分组，即这8个信道同属于这88个移动台，或者说，这88个移动台共享8个信道。这种情况下，这88个移动台都有权选用这8个信道中的任意一个空闲信道来进行通话联络。换句话说，如果按这种方案组成的系统，那么只有在这8个信道同时被占用后再有用户申请信道时，系统才示忙，出现“呼而不应”，即呼损。但是其可以做到给某个用户一些权利，如优先甚至强拆等，以保证他需要时“通行无阻”。然而，对于用方案2组成的系统，虽然允许同时占用信道的最大值也是8个，但是，只要有一个用户占用信道后，同组另一个用户申请信道时，系统就示忙，出现呼损，即使这个系统实际上此时只有这二个用户要求通信联络也是如此。显然，用方案3组成的系统可明显地提高信道的利用率，而方案3正是多信道共用系统。参照此提法，则方案2可称为单信道共用系统，而方案1便是单信道单用系统。

对于工作在多信道共用系统里的移动台来说，其比工作在单信道里的移动台要复杂得多。首先，它必须适应工作频率不是单一的而是多个的这个特点，并且调谐是自动的；第二，必须“确知”哪个信道现在还处于空闲状态，当要占用它，但还没有实际占用时，就必须先设法发出某种“预告”信息，以防“白走一趟”，或相互“碰撞”；第三，必须具有自动转换到系统任意一个空闲信道上的能力。上述三条可以用“自动选用系统中任意一个空闲信道的能力”来概括。

因此，关于多信道共用可以这样来描述：为了提高无线信道的利用率和通信服务质量，配置在某一范围（如小区）内的若干个无线信道，都能提供该范围内所有移动用户选择和使用任意一个空闲信道的能力，叫作多信道共用，也称多信（波）道选址（Multichannel Access）。

多信道共用可以在同样多的无线用户状态下，降低通话的呼损率；在相同的呼损率状态下，增加线用户数。然而，呼损率究竟下降了多少？或者说无线用户数究竟增加了多少？以及在保持一定质量的前提下，采用多信道共用技术，每个无线信道究竟分配多少个用户才算合理？这将是下面要讨论的问题。

2）多信道共用的特点

上面已定性地分析了多信道共用技术在移动通信系统中可以明显地提高无线信道的利用率或改善通信质量。为了加深对多信道共用的理解，现再作一些定量的分析，以便正确回答前面所提出的问题。

（1）话务量与呼损率的定义。

在话音通信中，业务量的大小用话务量来量度。话务量是度量通信系统通话业务量繁忙程度的指标。其性质如同客流量，具有随机性，只能靠统计来获取。

话务量又分为流入话务量和完成话务量。流入话务量的大小取决于单位时间（1 h）内平均发生的呼叫次数 λ 和每次呼叫平均占用信道时间（含通话时间）S。显然 λ 和 S 的加大都会使业务量加大，因而可定义流入话务量 A 为

$$A = S \cdot \lambda \tag{2-98}$$

式中，λ 的单位是（次/h）；S 的单位是（h/次）；两者相乘而得到 A 应是一个量纲为 1 的量，专门命名它的单位为"爱尔兰"（Erl）。如果在一个小时之内连续地占用一个信道，则其流入话务量为 1 爱尔兰。

例如：设在 10 个信道上，平均每小时有 255 次呼叫，平均每次呼叫的时间为 2 min，那么这些信道上的总流入话务量为

$$A = (255 \times 2) \div 60 = 8.5\ (\text{Erl}) \tag{2-99}$$

在一个通信系统中，呼叫失败的概率称为呼叫损失概率，简称呼损率，记为 B。

在信道共用的情况下，当 M 个用户共用 n 个信道时，由于用户数远大于信道数，即 $M \geqslant n$。因此，会出现大于 n 个用户同时要求通话而信道数不能满足要求的情况。这时，只能保证 n 个用户通话，而另一部分用户虽然发出呼叫，但因无信道而不能通话，称此为呼叫失败。设单位时间内成功呼叫的次数为 λ_0（$\lambda_0 < \lambda$），即可算出完成话务量为

$$A_0 = \lambda_0 \cdot S \tag{2-100}$$

流入话务量 A 与完成话务量 A_0 之差，即损失话务量。损失话务量占流入话务量的比率为呼叫损失的比率，称为呼损率，用符号 B 表示，即：

$$B = \frac{A - A_0}{A} = \frac{\lambda - \lambda_0}{\lambda} \tag{2-101}$$

（2）完成话务量的性质与计算。

设在观察时间 T 小时内，全网共完成 C_1 次通话，则每小时完成的呼叫次数为

$$\lambda_0 = \frac{C_1}{T} \tag{2-102}$$

完成话务量为

$$A_0 = S \cdot \lambda_0 = \frac{1}{T} C_1 \cdot S \tag{2-103}$$

式中，$C_1 \cdot S$ 为观察时间 T 小时内的实际通话时间。这个时间可以从另外一个角度来进行统计。若总的信道数为 n，而在观察时间 T 内有 i（$i < n$）个信道同时被占用的时间为 t_i（$t_i < T$），那么可以算出实际通话时间为

$$\sum_{i=1}^{n} i \cdot t_i = 1 \cdot t_1 + 2 \cdot t_2 + 3 \cdot t_3 + \cdots + n = C_1 \cdot S \tag{2-104}$$

将式（2－104）代入式（2－103），可得完成话务量：

$$A_0 = \frac{1}{T} C_1 \cdot S = \frac{1}{T} \sum_{i=1}^{n} i \cdot t_i = \sum_{i=1}^{n} i \frac{t_i}{T} \tag{2-105}$$

当观察时间 T 足够长时，t_i/T 就表示在总的 n 个信道中，有 i 个信道同时被占用的概率，可用 P_i 表示，式（2－105）即可改写为

$$A_0 = \sum_{i=1}^{n} i \cdot P_i \tag{2-106}$$

由此可见，完成话务量是同时被占用信道数（是随机量）的数学期望。因此可以说，完成话务量就是通信网同时被占用信道数的统计平均值，表示了通信网的繁忙程度。

例如，某通信网共有8个信道，从上午8时至10时共两个小时的观察时间内，统计出 i 个信道同时被占用的时间（小时数）见表2－9。

表2－9　信道同时被占用的时间统计数据

i	0	1	2	3	4	5	6	7	8
t_i/h	0.1	0.2	0.3	0.5	0.4	0.2	0.1	0.1	0.1

（3）呼损率的计算。

呼损率的物理意义是损失话务量与流入话务量之比的百分数，因此，呼损率在数值上等于呼叫失败次数与总呼叫次数之比的百分数。显然，呼损率 B 越小，成功呼叫的概率越大，用户就越满意。因此，呼损率也称为系统的服务等级（或业务等级），记为GOS。不言而喻，GOS是系统的一个重要质量指标。例如，某系统的呼损率为10%，即说明该通信系统内的用户每呼叫100次，即有10次因信道均被占用而打不通电话，其余90次则能找到空闲信道而实现通话。但是，对于一个通信网来说，要想使呼损小，要么增加信道数（这要增加投资），要么让呼叫（流入）的话务量小一些，即容纳的用户数少些，但这是不理想的。可见呼损率与话务量是一对矛盾体，即服务等级与信道利用率是矛盾的。

对于多信道共用的移动通信网，如果呼叫具有下面的性质：

① 每次呼叫相互独立，互不相关，即呼叫具有随机性；

② 每次呼叫在时间上都有相同的概率；

③ 每个用户选用无线信道是任意的，且是等概率的。

则根据话务理论，呼损率 B、共用信道数 n 和流入话务量 A 的定量关系可用爱尔兰呼损公式表示，即：

$$B = \frac{A^n/n!}{\sum_{i=1}^{n} A^i/i!} \tag{2-107}$$

式（2－107）即电话工程中的第一爱尔兰公式，也称爱尔兰（B）、信道数（n）和总话务量（A）三者的关系。通过计算可得出目前话务工程计算中广泛使用的爱尔兰呼损，见表2－10。利用这个表，已知 B、n、A 中任意两个就可查出第三个。

表 2－10 爱尔兰呼损

B	1%	2%	3%	5%	7%	10%	20%
n	A	A	A	A	A	A	A
1	0. 010	0. 020	0. 031	0. 053	0. 075	0. 111	0. 250
2	0. 153	0. 223	0. 282	0. 381	0. 470	0. 595	1. 000
3	0. 455	0. 602	0. 715	0. 899	1. 057	1. 271	1. 930
4	0. 869	1. 092	1. 259	1. 525	1. 748	2. 045	2. 945
5	1. 361	1. 657	1. 875	2. 218	2. 504	2. 881	4. 010
6	1. 909	2. 276	2. 543	2. 960	3. 305	3. 758	5. 109
7	2. 501	2. 935	3. 250	2. 738	4. 139	4. 666	6. 230
8	3. 128	3. 627	3. 987	4. 543	4. 999	5. 597	7. 368
9	3. 783	4. 345	4. 748	5. 870	5. 879	6. 546	8. 522
10	4. 461	5. 084	5. 529	6. 216	6. 776	7. 511	9. 685
11	5. 160	5. 848	6. 328	7. 076	7. 687	8. 437	10. 857
12	5. 876	6. 615	7. 141	7. 950	8. 610	9. 474	12. 038
13	8. 607	7. 402	7. 967	8. 835	9. 543	10. 470	13. 222
14	7. 352	8. 200	8. 803	9. 730	10. 485	11. 473	14. 413
15	8. 108	9. 010	9. 650	10. 688	11. 434	12. 484	15. 608
16	8. 875	9. 828	10. 505	11. 544	12. 390	13. 500	16. 807
17	9. 652	10. 656	11. 368	12. 461	13. 353	14. 522	18. 010
18	10. 437	11. 491	12. 338	13. 335	14. 881	15. 548	19. 216
19	11. 230	12. 333	13. 116	14. 315	15. 294	16. 578	20. 424
20	12. 031	13. 188	18. 997	15. 249	16. 271	17. 613	21. 635
21	12. 838	14. 038	14. 364	16. 189	17. 253	18. 651	22. 848
22	13. 651	14. 896	15. 778	17. 132	18. 238	19. 692	24. 064
23	14. 470	15. 761	16. 675	18. 080	19. 227	20. 737	25. 281
24	16. 396	16. 491	17. 677	19. 030	30. 210	31. 784	36. 499
25	16. 125	17. 505	18. 483	19. 985	21. 215	22. 838	27. 730
26	16. 959	18. 383	19. 398	20. 943	22. 212	33. 885	28. 941
27	17. 797	19. 865	20. 305	21. 904	23. 213	24. 938	30. 164
28	18. 640	20. 130	21. 221	22. 887	24. 216	25. 995	31. 388
29	19. 487	31. 039	22. 140	23. 835	25. 221	27. 053	32. 614
30	20. 377	21. 932	23. 062	24. 802	26. 228	28. 113	33. 840

注：*A*——总呼叫话务量；*n*——信道数；*B*——呼损率。

以下为关于第一爱尔兰公式及其损失概率表的几点说明：

① 严格地说，移动通信系统并不完全满足推导此公式的三个前提条件，尤其是在小话务量时，其偏差较大。但是，作为一般的估算，这个公式及其损失概率表还是可用的。因此，它在移动通信工程中一直被广泛地使用。

② 表 2－10 中的 A 是损失制的总话务量，它由两部分组成：完成话务量和损失话务量。从表 2－10 所给出的数据可以清楚地看出，当呼损率一定的条件下，总话务量 A 随信道数 n 的增加而增加；而在信道数 n 一定的条件下，总话务量 A 随呼损率 B 的增加而增加。但是，当信道数 n、呼损率 B 分别增大到某一数值时，总话务量 A 之值将大于信道数 n，例如，当 $B=20\%$，$n=13$ 时，$A=13.222$ Erl，即 $A>n$。一个信道被连续占用一小时，所能完成的最大话务量为 1 Erl，则出现系统的总话务量在数值上大于系统所配置的信道数的原因如下：

① 在损失制下，总话务量 A 所包含的损失话务量将随呼损率 B 的增大而增加，或者说，呼损率越大，系统所允许的损失话务量就越大。

② 在多信道共用系统里，信道数 n 越多，信道的利用率就越高；空闲的时间越少，意味着完成话务量越大，越接近 1，即每个信道的实际贡献越大。

由于上述原因，当 B、n 分别增大到某一值时，将出现 $A>n$ 的情况。

呼损率不同的情况下，信道利用率也是不同的。信道利用率 η 可用每小时每信道的完成话务量来计算，即：

$$\eta=\frac{A_0}{n}=\frac{A(1-B)}{n} \tag{2-108}$$

以呼损率 B 为参变量，则 η 与 n 的关系曲线参如图 2－95 所示。

从图 2－95 可以看出，采用多信道共用，信道的利用率有明显的提高，但是，共用信道数超过 10 个时，信道利用率曲线趋向平缓。

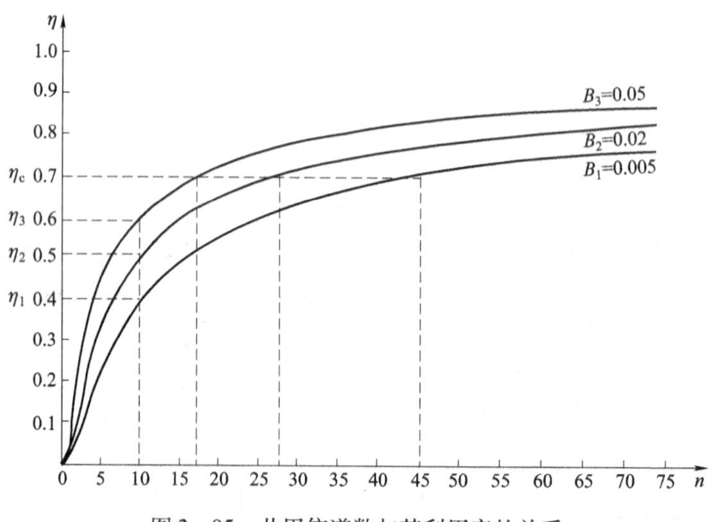

图 2－95　共用信道数与其利用率的关系

（4）用户忙时的话务量与用户数。

以上都是以全网的流入话务量 A 来计算的，那么这些流入话务量可以容纳多少用户的通信业务就要看每个用户的话务量多少才能决定。

实际上，一天 24 小时中，每一个小时的话务量是不可能相同的。我国历来上午 8:00—9:00 最忙，而发达国家一般晚上 7 点左右最忙。但是，随着改革开放，我国话务量日分布情况也发生了变化。了解蜂窝网日话务量统计数据对于通信系统的建设者、设计者和管理经营者来说是很重要的。因为若“忙时”信道够用，则“非忙时”就不成问题了。因此，我们在这里引入了一个很有用的名词——忙时话务量。

网络设计应按忙时话务量来进行计算，最忙 1 小时内的话务量与全天话务量之比称为集中系数，用 k 表示，一般 $k=10\%\sim15\%$。每个用户的忙时话务量需用统计的办法确定。

设通信网中每一用户每天平均呼叫次数为 C（次/天），每次呼叫的平均占用信道时间为 T（秒/次），集中系数为 k，则每用户的忙时话务量为

$$a=C\cdot T\cdot k\cdot\frac{1}{3\ 600} \tag{2-109}$$

例如，每天平均呼叫三次（$C=3$ 次/天），每次呼叫平均占用 2 min（$T=120$ s/次），集中系数为 10%（$K=0.1$），则每个用户忙时话务量为 0.01 Erl/用户。

一些移动电话通信网的统计数字表明，对于公用汽车移动电话网，每个用户忙时话务量可按 0.01 ~ 0.03 Erl 考虑；对于专用移动电话网，不同业务性质的每用户忙时话务量也不一样，一般可按 0.03 ~ 0.06 Erl 来考虑。当网内接有固定用户时，它的小时话务量 a 高达 0.12 Erl。一般而言，车载台的忙时话务量最低，手持机的居中，固定台的最高。

国外及我国广东省的忙时话务量统计值分别参见表 2 - 11 和表 2 - 12。

表 2 - 11　国外移动通信话务量统计值

汽车电话	日本的统计结果	每用户 0.01 Erl
	北欧的统计结果	0.01 ~ 0.03
	美国 AMPS 的设计值	0.026
	澳大利亚 NAMTS 的设计值	0.029
可移动的无线电话	日本抗灾通话设计值	0.06
	RTR102 农村无线电话	0.05
	1974 年美国典型调查	0.05

表 2 - 12　广东省移动通信话务量统计值　　Erl

项目	成功呼叫话务量		不成功呼叫占用话务量		平均忙时话务量	
	归属地	漫游	归属地	漫游	归属地	漫游
广州	0.021	0.038	0.006	0.01	0.027	0.048
深圳	0.018	0.025	0.005	0.007 5	0.023	0.033
珠海	0.016	0.044	0.004 7	0.008 7	0.021	0.053

在用户的忙时话务量 a 确定之后，每个信道所能容纳的用户数 m 就不难计算（见表 2 - 13）：

$$m = \frac{A/n}{a} = \frac{\frac{A}{n} \cdot 3\ 600}{C \cdot T \cdot k} \tag{2-110}$$

表 2－13　用户数的计算（$a=0.01$）

B \ m \ n	1	2	3	4	5	6	7	8	9	10	11	12
5%	5	19	30	38	44	49	53	57	60	62	64	66
10%	11	30	42	57	58	63	67	70	73	75	77	79
20%	25	50	64	74	80	85	89	92	95	97	99	100

5）举例

【例 2－3】设每个用户的忙时话务量 $a=0.01$ Erl，呼损率 $B=10\%$，现有 8 个无线信道，采用两种不同技术，即多信道共用和单信道共用组成两个系统，试分别计算它们的容量和利用率。

解：（1）对于多信道共用系统。

已知 $n=8$，$B=10\%$，求 m、M。

由表 2－9 得：

$$A = 5.597\ \text{Erl}$$

$$m = \frac{A}{A_B n} = \frac{5.597}{0.01 \times 8} = 70\ (\text{用户/信道})$$

$$M = m \cdot n = 560\ (\text{用户})$$

由式（2－108），得：

$$\eta = \frac{5.597(1-0.1)}{8} = 63\%$$

（2）对于单信道共用系统。

① 求 m，M。

因为是单信道共用，所以 $n=1$；

已知 $B=10\%$，$n=1$，由表 2－9 得：

$$A = 0.111\ \text{Erl}$$

$$m = \frac{0.111}{0.01 \times 1} = 11\ (\text{用户/信道})$$

$$M = 11 \times 8 = 88\ (\text{用户})$$

② 求 η。

$$\eta = \frac{0.111 \times (1-0.1) \times 8}{8} = 10\%$$

通过上述计算，可知在相同的信道数（8 个）、相同的呼损率（10%）的条件下，多信道共用与单信道共用相比较，前者平均每个信道容纳用户数是 70 个，而后者仅 11 个，前者是后者的 6.4 倍。整个系统的总用户，前者为 560 个，而后者仅为 88 个。最终使信道利用率从单信道共用的 10%，到多信道共用的 63%。因此，多信道共用技术是提高信道利用率，也就是频率利用率的一种重要手段。

2. 空闲信道的选取

在采用多信道共用技术时，如何确定所需的信道数 n 与按什么原则和模式来指配这 n 个信道的问题是应首要解决的问题。应选用空闲信道，且必须是自动的、高速的。显然，这是多信道共用技术中十分关键的一个问题。实现的方法五花八门：有的主要依赖控制器（或中心）；有的却把相当一部分处理能力分给了手持机；有的集中控制，有的分散控制……但它们都有一个共同点：自动选择并占用空闲信道进行通话。因此，有些地方也把自动选用空闲信道的技术，称为信道控制技术或信道选用技术。

实现多信道共用可采用人工方式，也可采用自动方式。人工方式是由“人工”操作来完成信道的分配。主呼和被呼用户需手工将移动台调谐到指定的空闲信道上通话。自动方式是由控制中心自动发出指定信道命令，MS 自动调谐到指定的空闲信道上通话。因此，每个 MS 必须具有自动选择空闲信道的能力。信道的自动选择方式有以下四种。

1）专用呼叫信道方式

这种方式是将系统中的一个或几个信道专门用来处理呼叫及为移动台指定通话用的信道，而它（或它们）本身则不再作通话用。因此，专用呼叫信道方式也叫专用呼叫信道方式，还可称其为专用建立信道方式或选呼信道方式。在这种方式下，移动台只要一开机，其均会守候在这个控制信道上。若某移动台发起一次呼叫（主呼），那么这个呼叫便通过控制信道发出去，传送到位于基站的控制中心进行处理。之后，控制中心将发出含有指定主叫和被叫占用空闲信道的指令，也是通过控制信道传给有关的双方，双方根据接收到的指令转入指定的空闲信道上进行通话。显然，采用这种方式的优点是由于设有处理呼叫的专用信道，所以处理呼叫的速度快，入网时间短。但是，当系统的信道不多时，控制信道就不能被充分利用。因此，专用呼叫信道方式适合于大容量移动通信系统。例如蜂窝系统，不管是 TACS 制，还是 AMPS 制都采用这种方式。还有一点需要说明，即大容量的移动通信系统中，若一个专用呼叫信道不够的话，则可以使用多个。

下面以小区制蜂窝系统为例，介绍有多个专用呼叫信道时的工作情况。

当移动台加上电以后，它就自行对所有专用呼叫信道进行扫描，找出其中场强最强的那个专用呼叫信道，并使移动台的接收部分与这个专用呼叫信道的数据传输同步。同步之后，移动台向基站发出自己当前信息，以供位置登记。然后就自动关掉自己的发射机部分，而接收机部分依然对准所选取的这个专用呼叫信道进一步调谐并不断同步，以便随时准备接收来自基站控制中心发出的信令。至此，移动台处于守候状态。

移动台处于守候状态后，将发生的事件可能有以下两种：

（1）要求回答“选呼”，即被呼，则移动台就发出自己的识别号码作为响应；

（2）发出“选呼”，即主呼，则移动台就发出自己的识别号码和所要的呼叫号码，直到移动台接收到基站发来的用于通话的信道指配信令后，才离开专门控制信道，转移到所指配的信道上，开始进行正常的话音通信。当移动台从一小区到另一小区时，原控制信道信号必然衰减，移动台会自动扫描到信号强度大的另一专用信道——新小区的专用呼叫信道，并在此信道上守候或发起主呼。

当小区采用全向天线时，基地站通常配备一个专用呼叫信道即可。三扇形小区是用 3 副天线覆盖 3 个六边形小区，因此，需配备 3 个专用信道。

因为移动台发起呼叫是随机的，所以有可能两个移动台同时占用一个呼叫信道，这种情况称为“碰撞”。为了避免碰撞的发生，或者说在一旦发生碰撞时不致扰乱系统，可以采用下列解决办法：

（1）在基地站发空闲比特时，移动台才发出选呼信号，只要基地站接受了某个移动台的合法占用，就把空闲比特改为“忙”，其他移动台遇到“忙”比特，就不占用这个信道。

（2）移动台送出它的占用信息（“预告”），表明它将要和那一个基地站通信。在移动台送出它的“预告”后，它在时间上开一个“窗”，从“窗”上即可看出是“忙”的状态。如果未出现“窗”，则意味着这次占用失败。

（3）如果移动台占用未成功，它可随机等一段时间，再一次发起呼叫。

在TACS中，前向控制信道发出信号报文时，在比特同步（1010101010）、字同步（11100010010）和每10个报文比特之后，均插入一位“忙－闲”比特，以表示反向控制信道此刻是否空闲，即是否允许移动台接入反向控制信道。按照“忙－闲”比特指示，就可防止大部分的碰撞。

专用呼叫信道方式对蜂窝系统来说是相当规范的，某些规模较大的数字移动通信系统也采用这种方式或与此相类似的方式，如GSM和CDMA系统中。

2）循环定位方式

在这种方式中，选择呼叫与通话可在同一信道上进行。BS在一空闲信道上发空闲指令，即指定这条信道作为临时呼叫信道。所有未通话的MS均自动对所有信道扫描搜索，一旦在哪个信道上收到空闲信号就在该信道上守候。MS的主呼和被呼都在这一信道上进行，一旦该信道被占用，BS就要另选一个空闲信道发空闲信号，而所有未通话的MS则自动转换到新的空闲信道上守候。如果BS的全部信道都被占用，BS发不出空闲信号，则所有未通话的移动台就不停地扫描各个信道，直到收到基地站发来的空闲信号为止。

这种方式不设专用呼叫信道，全部信道都可以用作通话，能充分利用信道，同时各移动台平时都守候在一个空闲信道上，不论主呼还是被呼均能立即进行，因此接续速度快。但是，由于全部未通话的移动台都守候在一个空闲信道上，同时发起呼叫的概率较大，容易出现“争抢”现象，而用户较少时同时会发生“争抢”概率较小。因此，这种方式适于信道数较少的小容量移动通信系统，如美国Uniden公司生产的集群通信系统就是采用此方式。

3）循环不定位方式

循环不定位方式是基于循环定位方式，为解决“争抢”现象而出现的一种改进方式。

在这种方式中，基站在所有空闲信道上发空闲指令，网内用户能自动扫描空闲信道，并随机地占据就近的空闲信道，就不用像循环定位方式那样定位在一个临时呼叫倍道上守候。

由于网内用户分散在不同的空闲信道上，从而大大减少了“争抢”的机会。移动用户主呼时，是在各自的空闲信道上分散进入的；移动用户被呼时，必须选择一个空闲信道发出足够长的指令信号，网内用户由各自所处的信道开始扫描，最后都停留在基站发空闲信号的信道上，并处于守候状态。此时，基站再发出选择呼叫信号，被呼用户做出应答，便完成了一次接续，该信道称为话音信道。若基站再在其余空闲信道上发出空闲信号，则移动台再次分散到各个随机选取的空闲信道上守候。循环不定位方式可概括为：移动用户不定位呼叫基站，基站发长信号定位移动台建立通信。

循环不定位方式中，移动台成功完成一次呼叫的时间很长，因此，此方式只适用于信道数较少的系统。另外其主要缺点还有：系统的全部信道都处于工作状态，即通话信道在发话，空闲信道在发空闲信号，这种多信道的常发射会引起严重的互调干扰。

4）循环分散定位方式

循环分散定位方式是对循环不定位方式的改进，其克服了接续时间长的缺点。

在循环分散定位方式中，基站对所有空闲信道均发空闲指令，其网内用户分散在各个空闲信道上。移动用户主呼时在各自的信道上进行；移动用户被呼时，呼叫信号在所有空闲信道上发出，并等待应答信号，避免了将分散用户集中在一个信道上所花费的时间，也不必发长指令信号，从而提高了接续的速度。

这种方式的优点是接续快、效率高、"争抢"少，但其基站的接续控制技术比较复杂，由多信号发射所引起的互调干扰也比较严重。

2.6.4　信令

在移动通信系统中，除了传输用户信息之外，为了使全网有秩序地工作，还必须在正常通话的前后和过程中传输很多的控制信号，这些和通信内容无关但在通信的过程中又必不可少的信号称为信令。它与用户信息不同，用户信息是直接在通信网络中由发信者传到收信者，而信令通常是在通信网中的不同环节（如基站，移动台和移动控制中心等）之间传输，各环节进行分析和处理并通过交互作用而形成一系列的操作和控制，其作用是保证用户信息有效且可靠的传输。因此，信令可以认为是整个通信网络的神经中枢，其性能在很大程度上决定了一个通信网为用户服务的能力和质量。

1. 接入信令（移动台到基站的信令）

随着移动通信网容量的增加以及微电子技术的发展，从需要和可能两方面都促进了数字信令的发展，其基本上已取代了模拟信令，特别是在大容量的移动通信网中目前已广泛地使用了数字信令。数字信令的传输速度快，组码量大，电路中便于集成，可以促进设备的小型化，且成本低。需要注意的是在移动信道中传输的数字信令，除了窄带调制的同步之外，还必须解决可靠传输的问题。因为在信道中遇到干扰之后，数字信号会发生错码，必须采取各种差错控制技术才能解决可靠传输。

1）数字信令的格式

数字信令是按照一定的格式编排的，其格式是多种多样的，不同通信系统的信令格式也各不相同。常用的格式如图 2－96 所示。它包括前置码（P）、字同步（SW）、地址或数据（A 或 D）及纠错码（SP）等四部分。

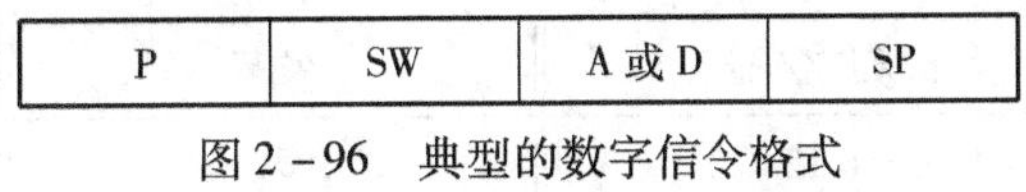

P	SW	A 或 D	SP

图 2－96　典型的数字信令格式

前置码（P）：提供位同步信息，以确定每一个码位的起始和终止时刻，以便接收端进行积分和判决，为了便于提取位同步信息，前置码一般采用 1010…的交替码接，收端用锁相环路即可提取位同步信息。

字同步码（SW）：用于确定信息（报文）的开始位，相当于时分多路中的帧同步，因此也称为帧同步。适合作字同步的特殊码组有很多，它们具有尖锐的自相关性，便于和随机的数字信息相区别。在接收时，可以在数字信号序列中识别出这些特殊码组的位置来实现位同步，最常用的是巴克码。

纠错码（SP）：有时又称为监督码。不同的纠错码有不同的检错和纠错能力。一般来说，监督位码元所占的比例越大，检错和纠错的能力就越强，但编码效率相对就越低。可见，纠错编码是以降低信息的传输速率为代价来提高传输的可靠性的。移动通信中常用的纠错码是奇偶校验码、汉明码、BCH码和卷积码等。

2）数字信令的传输

基带数字信令常以二进制的0和1来表示。在模拟移动通信中码元速率一般为102～104 b/s。为了在无线信道上传输这些信令，必须对载波进行调制。对于速率较低的数字信令，常用再次调制法，第一次采用FSK或MSK，经过一次调制的数字信令其频谱仍在音频范围内，因而可以和话音一样调制在载波上，在现有的模拟移动信道上传输，接收端检测也比较方便。

上述信令主要用于模拟移动通信系统。一个典型的TACS系统反向信道的信令格式如图2－97所示。图2－97中由若干个字组成一条消息，每个字采用BCH（48，36，5）进行纠错编码，然后重复5次，以提高消息传输的可靠性。

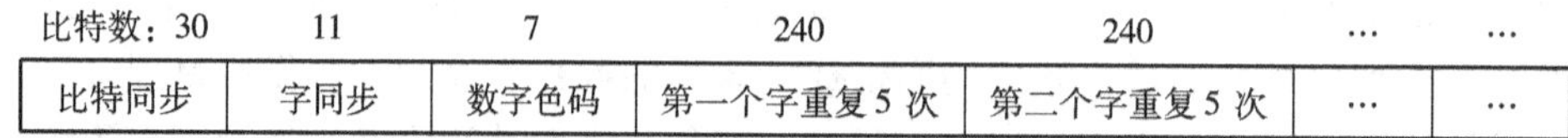

图2－97　数字信令举例

在数字蜂窝系统中，均有严格的帧结构，即有专门的时隙用来传输信令，在后面的GSM移动通信系统中将对此进行详细的讨论。

3）音频信令

音频信令是用不同的音频组成的。目前常用的音频信令有单音频信令、双音频信令和多音频信令等三种。

（1）带内单音频信令。

用0.3～3 kHz不同的单音作为信令的称为单音频信令。例如，单频码（SFD）由10个带内单音组成，如表2－14中所示F_1～F_8用于选呼。基站发出F_9表示信道忙，发出F_{10}表示信道闲，反过来移动台发出F_{10}表示信道忙，发出F_9表示信道空闲。拨号信号用F_9和F_{10}组成的FSK信号。

表2－14　单音频信令SFD

符号	频率/Hz	符号	频率/Hz
F_1	1 124	F_6	1 540
F_2	1 200	F_7	1 640
F_3	1 275	F_8	1 745
F_4	1 355	F_9	1 860
F_5	1 446	F_{10}	2 110

单音频信令系统要求有多个不同频率的振荡器，收端有相应的选择性极好的滤波器，通

常选用音叉振荡器和滤波器。这种信令的优点是抗衰落性能好，但每个单音必须持续200 ms左右，处理速度慢。

（2）带外亚音频信令。

采用低于300 Hz的单音作信令。例如，用67～250 Hz间的43个频率点的单音可对43个移动台进行选台呼叫，也可进行群呼，一次呼叫时间为4 s。通常要求频率准确度为±0.1%，稳定度为±0.01%，单音振幅为$U_{PP}=4$ V，允许电平误差为±1 dB。有一种用于选择呼叫招收机的音锁系统（CTCSS）用的就是亚音频信令。用户电台在接收期，若未收到有用信号，音锁系统起闭锁作用。只有当收到有用信号以及与本机相符的亚音频时，接收机的低频放大电路才被打开并进行正常接收。例如，在美国电子工业协会（EIA）制定的CTCSS标准中，规定的两组频率分别为：

A组：67.0 Hz、77.0 Hz、88.5 Hz、100.0 Hz、107.2 Hz、114.8 Hz、123.0 Hz、131.8 Hz、141.3 Hz、151.4 Hz、162.2 Hz、173.8 Hz、186.2 Hz、203.5 Hz、218.1 Hz、233.6 Hz、250.3 Hz。

B组：71.9 Hz、82.5 Hz、94.8 Hz、103.5 Hz、110.9 Hz、118.8 Hz、127.3 Hz、136.5 Hz、146.2 Hz、157.7 Hz、167.9 Hz、179.9 Hz、192.8 Hz、210.7 Hz、225.7 Hz、241.8 Hz。

（3）双音频拨号信令。

拨号信令是移动台主叫时发往基站的信号，它应考虑与市话机有兼容性且适宜于在无线信道中传输。常用的方式有单音频脉冲、双音频脉冲、10中取1、5中取2以及4×3方式。

单音频脉冲方式是用拨号盘使2.3 kHz的单音按脉冲形式发送，虽然简单，但受干扰时易发生误动。双音频脉冲方式应用广泛，已比较成熟。10中取1是用话带内的10个单音，每个音代表一个十进制数。5中取2是用话带内的5单音，每次同时选择发两个单音，共有$C_5^2=10$种组合，代表0～9共10个数。

4×3方式就是市话网用户环路中用的双音多频（DTMF）方式，也是CCITT与我国国家标准中都推荐的用户多频信令。这种信令在与地面自动电话网衔接时不需译码转换，故为自动拨号的移动通信网普遍采用。它使用话带内的7个单音，将它们分为高音群和低音群。每次发送用高音群的一个单音和低音群的一个单音来代表一个十进制数。7个单音的分群以及它们组合所对应的码见表2-15，表中频率组成的排列与电话机拨号盘的排列相一致，使用十分方便。这种方式的优点是，每次发送的两个单音中，一个取自低音群，一个取自高音群，两者频差大，易于检出；与市话兼容，不需转换，传送速度快；设备简单，有国际通用的集成电路可用，性能可靠，成本低。此外，尚留有两个功能键“＊”和“JHJ”，可根据需要赋以其他功能。

表2-15 4×3方式的频率组成

低音群 \ 字符 \ 高音群	1 209 Hz	1 336 Hz	1 477 Hz
697 Hz	1	2	3

续表

低音群＼字符＼高音群	1 209 Hz	1 336 Hz	1 477 Hz
770 Hz	4	5	6
852 Hz	7	8	9
941 Hz	*	0	JHJ

L3	连接管理（CM）
	移动管理（MM）
	无线资源管理（RRM）
L2	数据链路层
L1	物理层

图 2－98　Um 接口协议模型

2. 信令协议的分层结构

在数字蜂窝移动通信系统中，空中接口的信令分为三个层次，如图 2－98 所示。为了传输信令，物理层在物理信道上形成了许多逻辑信道，如广播信道（BCH）、随机接入信道（RACH）、接入允许信道（AGCH）和寻呼信道（PCH）等。这些逻辑信道按照一定的规则复接在物理层具体帧的具体突发中。

这些逻辑信道用于传输链路层的信息。链路层信息帧包括地址段、控制字段、长度指示段、信息段和填充段。不同的信令可对这些字段进行取舍。控制字段定义了帧的类型、命令或响应。

3. 7 号信令

常用的网络信令就是 7 号信令，主要用于交换机之间、交换机与数据库（如 HLR，VLR，AUC）之间交换信息。

1）7 号信令系统的基本功能结构

7 号信令系统采用的是模块化功能结构，协议结构如图 2－99 所示，主要划分为消息传递部分 MTP、信令连接控制部分和用户部分。

消息传递部分（MTP）提供一个无连接的消息传输系统。它可以使信令信息跨越网络到达其目的地。MTP 中的功能允许在网络中发生的系统故障不对信令信息传输产生不利影响。

MTP 分为三层：第一层信令是数据层，它定义了信号链路的物理和电气特性；第二层是信令链路层，它提供数据链路的控制，负责提供信令数据链路上的可靠数据传送；第三层是信令网络层，它提供公共的消息传送功能。

信令连接控制部分（SCCP）提供用于无连接和面向连接业务所需的对 MTP 的附加功能。SCCP 提供地址的扩展能力和四类业务。这四类业务是：0 类是基本的无连接型业务；1 类是有序的无连接型业务；2 类是基本的面向连接型业务；3 类是具有流量控制的面向连接型业务。

ISDN－UP 用户部分（ISDN－UP 或 ISUP）支持的业务包括基本的承载业务和许多 ISDN 补充业务。ISDN－UP 既可以使用 MTP 业务来进行交换机之间可靠地按顺序传输的信令消息，也使用 SCCP 业务作为点对点信令方式。ISDN－UP 支持的基本承载业务就是建立、监视和拆除发端交换机和收端交换机之间 64 kb/s 的电路连接。

事务处理能力应用部分（TCAP）可提供使用与电路无关的信令应用之间交换信息的能力，TCAP 提供操作，维护与管理部分（OMAP）和移动应用部分（MAP）应用等。

作为 TCAP 的应用，在 MAP 中实现的信令协议有 IS－41、GSM 应用等。

2）7 号信令的网络结构

7 号信令网络是与现在的 PSTN 平等的独立网络，它由三个部分组成：信令点（SP），信令链路和信令转移点（STP）。信令点（SP）是发出信令和接收信令的设备，它包括业务交换点（SSP）和业务控制点（SCP）。

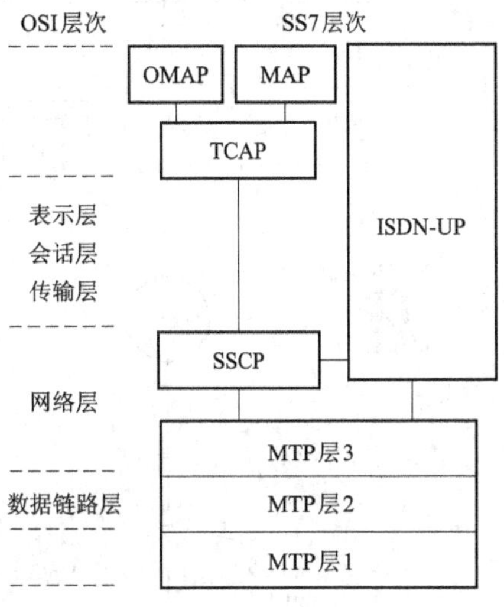

图 2－99　7 号信令系统的协议结构

SSP 是一个电话交换机，它们由 SS7 链路互连，完成在其交换机上发起、转移或到达的呼叫处理。移动网中的 SSP 称为移动交换中心（MSC）。

SCP 包括提供增强型业务的数据库，SCP 接收 SSP 的查询，并返回所需的信息给 SSP。在移动通信中 SCP 可包括一个 HLR 或一个 VLR。

STP 是在网络交换机和数据库之间中转 SS7 消息的交换机。STP 根据 SS7 消息的地址，将消息送到正确的输出链路上。为了满足苛刻的可靠性要求，STP 都是成对提供的。

在 SS7 信令网络中共有六种类型的信令链路，图 2－100 中仅给出了 A 链路（Access Link）和 D 链路（Diagonal Link）。

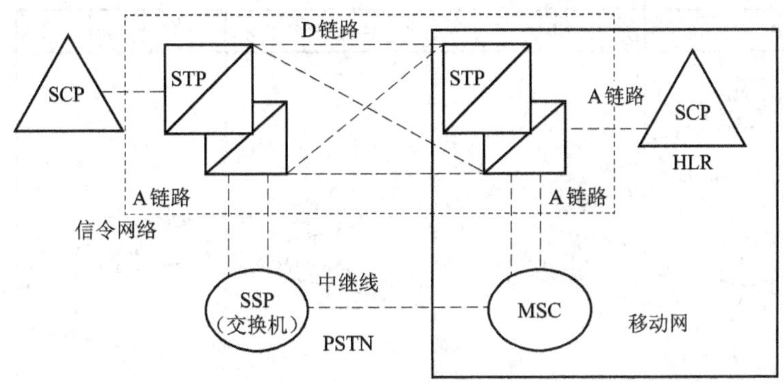

图 2－100　7 号信令网络结构

4. 信令应用

为了说明信令的作用和工作过程，下面以固定用户呼叫移动用户为例进行说明。呼叫过程如图 2－101 所示。

如图 2－101 所示，其由信令网络和电话交换网络组成。电话交换网络由三个交换机（端局交换机、汇接局交换机和移动交换机）、两个终端（电话终端、移动台）以及中继线（交换机之间的链路）、ISDN 线路（固定电话机与端局交换机之间的链路）和无线接入链路

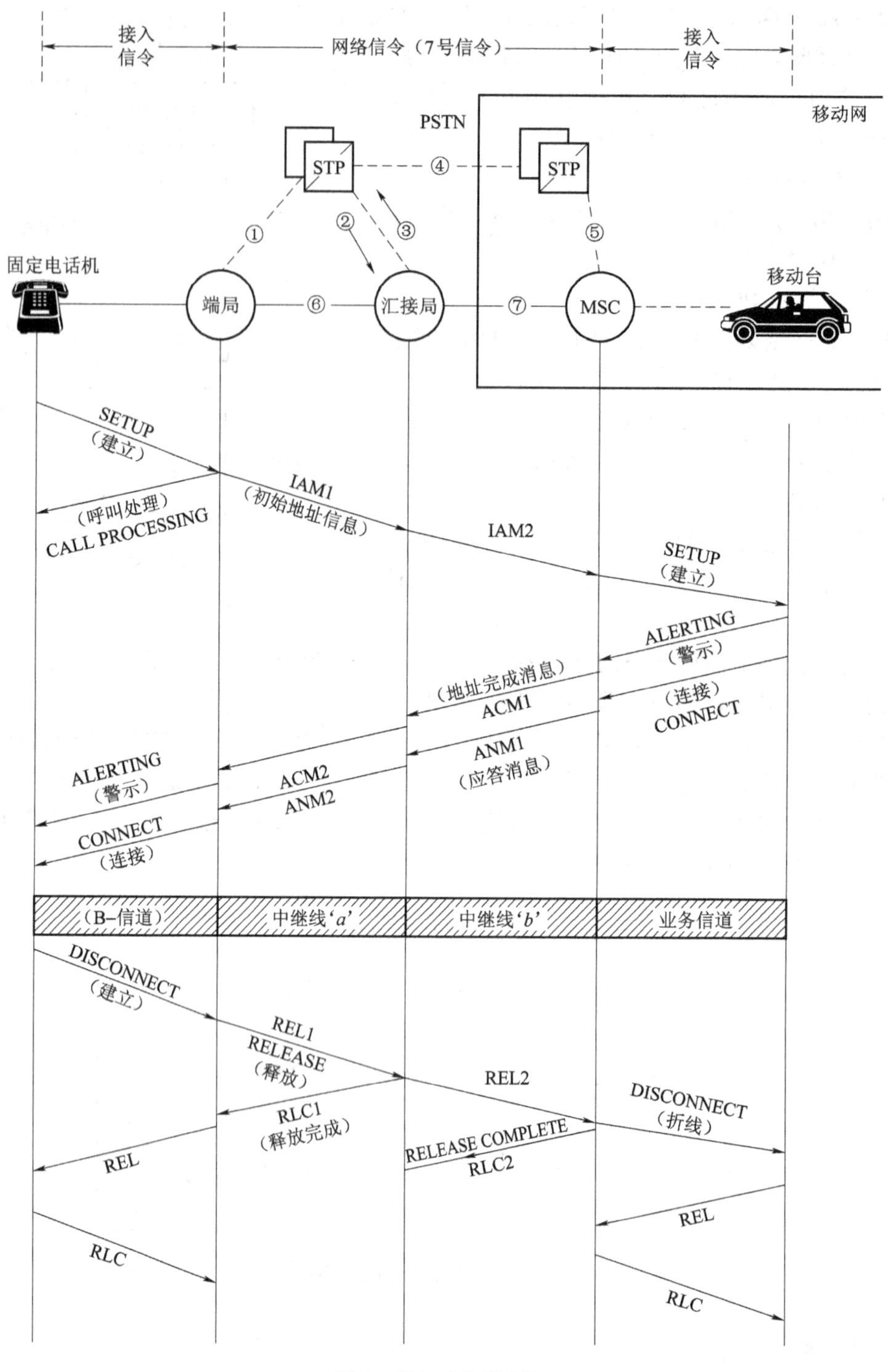

图2－101　呼叫过程

（MSC至移动台之间的等效链路）组成。固定电话机到端局交换机采用接入信令，移动链路也是采用接入信令，交换机之间采用网络信令（7号信令）。

假定固定电话用户呼叫移动用户，用户摘机拨号后，固定电话机发出建立（SETUP）

消息请求建立连接，端局交换机根据收到的移动台号码，确定出移动台的临时本地号码(TLDN)。

在得知移动用户的 TLDN 后，端局交换机通过信令链路（①→②→③→④→⑤）向 MSC 发送宿地址消息（IAM），进行中继链路的建立，并向固定电话机回送呼叫正在处理(CALL PROCESSING) 消息，指示呼叫正在处理。

当 IAM 到达 MSC 后，MSC 寻呼移动用户。寻呼成功后，向移动台发送 SETUP 消息，如果该移动用户是空闲的，则向 MSC 发送警示（ALERTING）消息，接着向移动台振铃，并通过信令链路（⑤→④→③→②→①）向端局交换机发送地址完成消息（ACM）。该消息表明 MSC 已收到完成该呼叫所需的路由信息，并把有关该移动用户的信息、收费指示、端协议要求通知端局交换机。ACM 到达端局交换机后，该交换机向固定电话端发送警示 ALERTING 消息，固定电话机向用户送回铃音。

当移动用户摘机应答这次呼叫时，移动台向 MSC 发送 CONNECT 消息，将无线业务信道接通，MSC 收到后，发给端局交换机一个应答消息（ANM），指示呼叫已经应答，并将中继线⑥和⑦接通。ANM 到达端局交换机后，该交换机向固定电话发送 CONNECT 消息，将选定的 B 信道接通。至此固定用户通过 B 信道、中继链路⑥和⑦以及无线业务信道进行通话。

通话结束后，假定固定电话用户先挂机，它向网络发 DISCONNET 消息，请求拆除链路，端局交换机通过信令链路发送释放消息（REL），指明使用的中继线将要从连接中释放出来。MSC 收到 REL 消息后，向移动用户发出 DISCONNECT 消息，移动台拆除业务信道后，向 MSC 发送 REL 消息，MSC 以 RLC（RELEASE COMPLETE）消息应答。

当汇接交换机和 MSC 收到 REL 后，通过释放完成消息（RLC）进行应答，以确信指定的中继线已在空闲状态，端局交换机和汇接交换机收到 RLC 后，将指定的中继线置为空闲状态。端局交换机拆除后向固定电话机发出 REL 消息，固定电话机以 RLC 消息应答。

在移动通信网络中，还有多种类型的信令交换过程，限于篇幅在此不一一列举。

2.6.5　越区切换

越区（过区）切换（Handover 或 Handoff）是指将当前正在进行的移动台与基站之间的通信链路从当前基站转移到另一个基站的过程。

越区切换通常发生在移动台从一个基站覆盖的小区进入到另一个基站覆盖的小区的情况下，为了保持通信的连续性，需将移动台与当前基站之间的链路转移到移动台与新基站之间的链路。

越区切换分为两大类：一类是硬切换，另一类是软切换。

硬切换是指在新的连接建立以前，先中断旧的连接，即先断后切。

软切换是指既维护旧的连接，又同时建立新的连接，并利用新旧链路的分集合并来改善通信质量，当与新基站建立可靠连接之后再中断旧链路，即先切后断。

越区切换包括三个方面的问题：

(1) 越区切换的准则，也就是何时需要进行越区切换。

在决定何时需要进行越区切换时，通常是根据移动台处接收的平均信号强度，也可以根据移动处的信噪比（信号干扰比）、误比特率等参数来确定。这里介绍四种触发准则，如

图2－102所示，图中A、B、C、D分别表示的是在不同的切换准则下的切换点。

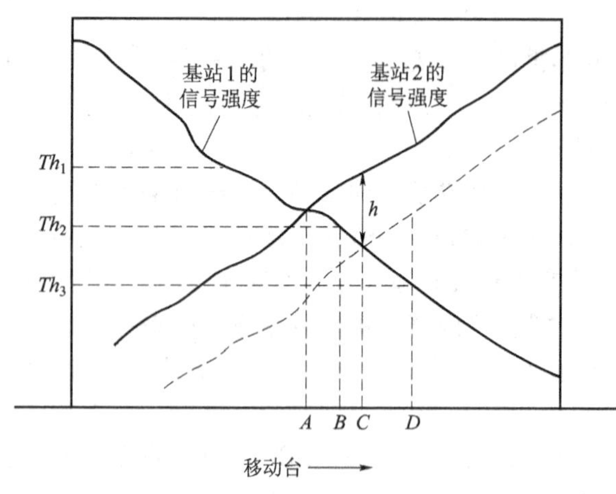

图2－102　越区切换示意图

① 相对信号强度准则（准则1）。

A点作为切换点，表示：在当前基站的信号电平低于某个规定的门限，并且新基站的接收信号电平高于当前服务基站。

② 具有门限规定的相对信号强度准则（准则2）。

B点作为切换点，表示：在当前基站的信号电平低于某个规定的门限，且新基站的接收信号电平高于当前服务基站，并保持一段时间。

③ 具有滞后余量的相对信号强度准则（准则3）。

C点作为切换点，表示：在当前基站的信号电平低于某个规定的门限，新基站的接收信号电平高于当前服务基站和一个滞后余量（Hysteresis Margin）之和。

④ 具有门限规定和滞后余量的相对信号强度准则（准则4）。

D点作为切换点，表示：在当前基站的信号电平低于某个规定的门限，新基站的接收信号电平高于当前服务基站和一个滞后余量（Hysteresis Margin）之和，并且保持一段时间。

（2）越区切换如何控制。

切换实现方案一般有以下三种：

① 移动台控制的越区切换：由移动台监测当前基站和候选基站的信号强度和质量，当满足条件后，由移动台选择最佳候选基站，并发送切换请求。应用于DECT和PACS系统。

② 网络控制的越区切换：当基站监测到某移动台信号不好时，由网络安排周围基站监测该移动台的信号，并把结果汇报给网络，由网络决定最佳的服务基站。应用于第一代模拟蜂窝系统。

③ 移动台辅助的越区切换（MAHO）：网络要求移动台测其周围基站的信号质量，并把结果报告给旧基站（同时，基站对移动台所占用的TCH也进行测量），基站将这些结果一起报告给BSC，由BSC决定是否要切换、何时切换及切换到哪个基站。当切换涉及不同BSC时，MSC也将参与进来。

（3）越区切换时信道分配。

越区切换时的信道分配是解决当呼叫要转换到新小区时，新小区如何分配信道，使得越区失败的概率尽量小的问题。常用的有下面几种做法：

① 系统处理切换请求的方式与处理初始呼叫一样，即切换失败率与来话的阻塞率一样。

② 在每个小区预留部分信道专门用于越区切换。这种做法的特点是：因新呼叫的可用信道数减少，要增加呼损率，但减少了通话被中断的概率，从而符合人们的使用习惯。

具体切换的实现过程可概括为三步骤：测量、判断、执行。

2.7　工程实践案例

2.7.1　网络优化天线问题工程案例

【案例 1】越区覆盖。

问题描述：通过测试及分析发现，恒兴宾馆 D25391 小区存在越区覆盖，如图 2－103 所示。

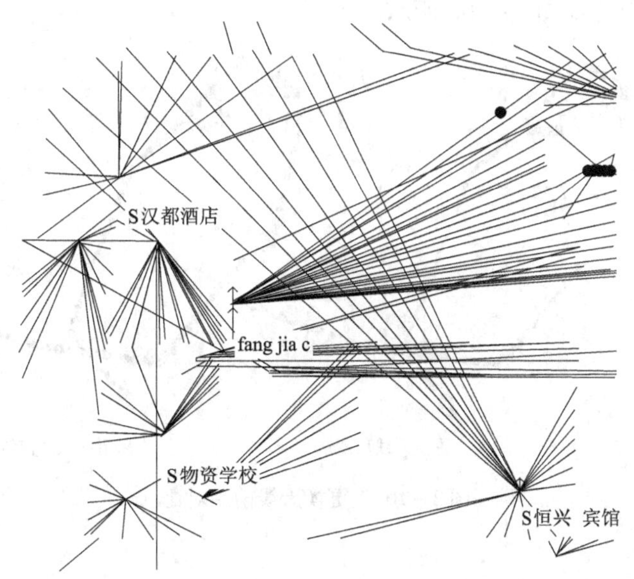

图 2－103　恒兴宾馆越区覆盖

解决方法：下倾角由 2°加大至 8°，复测，越区问题得到解决。

【案例 2】基站覆盖差案例：维护不当导致设备性能下降。

问题描述：太康县符草楼乡基站为站高 50 m 的 40 W 全向站，覆盖范围很小，在距离该基站 1 km 左右的地方，手机的接收电平值就迅速降低到 －85 dBm 以下，如图 2－104 所示。

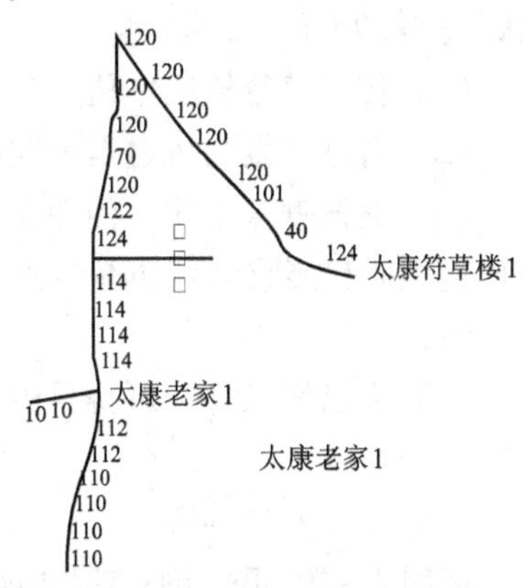

图 2－104　太康县符草楼乡基站覆盖差

原因分析：经了解该基站已经开通 2 年多的时间，但是机柜防尘网从开通到现在从来没有清理过，防尘网上面聚集了大量的细小灰尘，这势必会大大降低机柜风扇通风冷却的能力，从而使载频、功放以及合路器等模块不能得到更好的散热，影响其正常工作。

解决方法：清理防尘网。

【案例 3】基站覆盖差案例：天线老化。

问题描述：某市联通反映大量用户投诉肉食冷库附近

覆盖差，离站没多远就会没信号。

故障分析：

根据用户反馈的区域，确定是肉食冷库站点覆盖区域。查看后台无线参数表对该站点的参数设置进行检查，发现设置合理。统计性能报表，发现空闲干扰带以及上下行质量分布数据正常。查看后台告警，基站硬件运行正常。

硬件工程师上站对基站设备进行系统排查，测试功放功率、驻波比等指标均正常。检查硬件设备连线正确无误。查看天线的方位角、下倾角等均合理。网络工程师通过实地路测，发现该小区天线主瓣方向信号很弱，而在旁瓣方向信号却较强，初步判断为天线问题。

解决方法：更换天线后测试，覆盖明显改善，通话效果良好，问题得到解决。天线更换前后下行接收电平对比如图2-105所示。

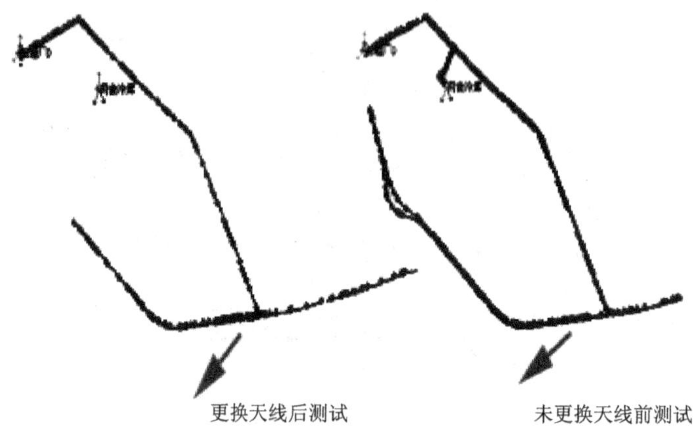

图2-105　更换天线前后对比

2.7.2　移动信道传播损耗计算工程案例

【案例4】 某一移动信道，工作频段为450 MHz，基站天线高度为50 m，天线增益为6 dB，移动台天线高度为3 m，天线增益为0 dB；在市区工作，传播路径为中等起伏地，通信距离为10 km。试求：

（1）传播路径损耗中值；

（2）若基站发射机送至天线的信号功率为20 W，求移动台天线得到的信号功率中值。

（3）假设郊区工作，传播路径是正斜坡，且 $\theta_m = 15$ mrad，其他条件不变，试求传播路径损耗中值和接收信号功率中值。

解：

（1）由已知条件，可得自由空间传播损耗：

$$[L_{fs}] = 32.44 + 20\lg f + 20\lg d$$
$$= 32.44 + 20\lg 450 + 20\lg 10 = 105.5\ (\text{dB})$$

由图2-29可查市区基本损耗中值：

$$A_m(f,d) = 27\ \text{dB}$$

由图2-30可查基站天线高度增益因子：

$$H_b(h_b, d) = -12\ \text{dB}$$

移动台天线高度增益因子：

$$H_m(h_m, f) = 0\ \text{dB}$$

由表达式（2-32），可得传播路径损耗中值：

$$L_A = L_T = 105.5 + 27 + 12 = 144.5\ (\text{dB})$$

（2）由于起伏地市区中接收信号的功率中值为

$$\begin{aligned}[P_P] &= \left[P_T\left(\frac{\lambda}{4\pi d}\right)^2 G_m G_b\right] - A_m(f,d) + H_b(h_b,d) + H_m(h_m,f)\\ &= [P_T] - [L_{fs}] + [G_m] + [G_b] - A_m(f,d) + H_b(h_b,d) + H_m(h_m,f)\\ &= [P_T] + [G_m] + [G_b] - [L_T]\\ &= 10\lg 10 + 6 + 0 - 144.5 = -128.5\ \text{dBW} = -98.5\ \text{dBm}\end{aligned}$$

（3）由表达式（2-33）可得：

$$K_T = K_{mr} + K_{sp}$$

由图2-33可得：

$$K_{mr} = 12.5\ \text{dB}$$

由图2-37可得：

$$K_{sp} = 3\ \text{dB}$$

传播路径损耗中值为

$$L_A = L_T - K_T = L_T - (K_{mr} + K_{sp}) = 144.5 - 15.5 = 129\ (\text{dB})$$

接收信号功率中值为

$$\begin{aligned}[P_{PC}] &= [P_T] + [G_m] + [G_b] - L_A\\ &= 10 + 6 - 129 = -113\ (\text{dBW})\\ &= -83\ (\text{dBm})\end{aligned}$$

2.7.3 GSM系统分集技术应用案例

【案例5】GSM系统中的跳频技术。

GSM的无线接口使用了慢速跳频，其要点是按固定间隔改变一个信道使用的频率，跳频技术也是频率分集技术。GSM系统使用慢速跳频（SFH），每秒跳频217次，传输频率在一个突发脉冲传输期间保持一定。系统引入跳频后能减少干扰、提高网络质量；通过跳频等相关无线链路控制技术的应用，可以极大地提高频率复用度，从而达到提高容量的目的；同时，由于使用了跳频，也大大降低了频率规划的工作量，因此，跳频技术在实际中的应用日益广泛。现以MOTOROLA公司的GSM 900设备为例，简述跳频技术在福建联通网络的实际应用。

1. 跳频使用情况

福建联通从五期工程开始，在福州、厦门、泉州、漳州、莆田等话务量较高的地方使用了跳频。由于MOTOROLA公司设备使用的是射频跳频（合成器跳频），因此，网络需重新作频率规划。联通使用的频点是909.201~914.801 MHz，其中96作为与中国移动的隔离频点。引入跳频后，MOTOROLA公司要求的最少跳频频点为6个，实际使用中联通使用了12个频点，即97~108，109作为保护频点，110~124作为广播信道（加控制信道与话务信道）。使用跳频后，广播信道所在的载频不跳频。MOTOROLA 网络规划中，BCCH 采用 4×3 复用，跳频采用 1×3 复用。

2. 使用跳频前的准备工作

引入跳频前，需对现有网络作相应准备工作，主要包括：提高网络覆盖、避免出现越区覆盖、控制网络干扰。相应解决办法：网络规划时设点应认真考虑，尽量减少盲区；适当选用天线类型，控制天线高度及方位角；每次网络扩展割接后，应适时调整天线俯仰角，做好网络优化。通过以上解决方法减少了小区间的相互干扰，避免了因为切换质量不佳而引起的掉话。

3. 跳频的实施及优化工作

在做好跳频各项准备工作的基础下，接下去便是做好相应的网络规划，准备实施跳频割接。频点的使用情况前面已介绍过，MOTOROLA 设备中 BCCH 不使用跳频。整个网络规划中，不同的基站使用不同的跳频序列号（HSN），数值可取 1 ~ 63（0 为循环序列），相邻基站使用的 HSN 不相邻。不同小区使用不同的移动分配指针偏移（MAIO），在 MOTOROLA 数据库中，MAIO 不作为一独立参数设置，而是在配置载频收发功能（RTF）时一起定义。在设置 HSN 与 MAIO 时，MOTOROLA 的基站数据库可避免同基站同频，而同一基站的不同小区之间可避免邻频。

经过实际测算及结合实践，MOTOROL 的工程师们得出了碰撞率大于 17% 时，服务区域内 C/I、FER 基本符合要求，即服务区域内至少 90% 的语音话务信道帧误码率小于 2%。由此可以得知，联通所采用 $MA=12$ 的方式基本符合要求。而在目前的实际应用中，3/3/3 的基站也只是在福州、厦门的一些繁华路段才较集中，且其中的一部分区域实际也以微蜂窝（或微蜂窝 + 功放）或室内分布系统的形式来吸收话务量。

根据全网频率规划并作好相关数据，在实施完跳频割接后，接下去便是优化工作。优化工作主要包括三个方面：切换；功率控制；数据库中其他一些相关参数的修改。在跳频系统中，帧误码率能正确反映话音质量，而手机接收质量是切换与功率控制的基础，当然，手机接收电平及干扰电平也必须予以考虑。实际使用中跳频通话的切换门限应高于不跳频的通话。另外，因上/下行干扰超限也会引起同一基站不同小区之间的切换。当手机接收电平高于 -70 dBm（数据库定义）时，切换至同一小区的不同载频；而当接收电平低于 -70 dBm（大于 -95 dBm）时，则切换至同一基站的不同小区。功率控制方面，跳频通话的功率控制门限亦高于不跳频的通话。另外，跳频中引入了快速功率下降控制，可使手机发射的功率在接通后迅速降低（比一般阶梯式下降快），但通话质量依旧保持良好。其他参数的修改，包括对 HSN、MAIO 等数据库参数进行的一系列修改，降低了射频损失率和掉话率，并降低了小区间干扰电平值，提高了系统呼叫建立成功率和接通率等，使系统达到较好的网络质量，具体不再一一叙述。当然，不同厂商、不同运营商因设备类型、应用条件不同也会有一些差别。

2.7.4 中国联通某地区频率规划工程案例

【案例6】 中国联通某地区频率规划。

1. 规划思路

中国联通 GSM900 可用的频点为 96 - 124。BCCH 频点采用常用的 5 ×3 复用：使用 108 ~124，共计 17 个频点。TCH 频点采用常用的 3 ×3 复用：使用 96 ~106，共计 11 个频点。107 为 BCCH 与 TCH 隔离频点。

目前联通使用的 BISC 范围为 0 ~7，某地区现网 NCC 取值延续使用。

2. GSM900 频率复用模式规划方案建议

BCCH 与 TCH 划分频带使用，划分原则如下：

（1）为便于与移动网络隔离，避免网络间影响，BCCH 频率规划使用 108 ~124 号频点。

（2）TCH 频率规划使用 96 ~106 号频点，不采用跳频方式。

（3）107 号频点作为 BCCH、TCH 备用频点或微蜂窝频点。

（4）采用该规划方式，GSM900 支持最大配置（S2/2/2）。

BCCH：108 ~124，采用 5 ×3 复用，113、119 为避免邻频对打，使用备用，见表 2 -16。

表 2 -16　中国联通某地区 GSM900、BCCH 频点规划

A1	B1	C1	D1	E1	备用
108	109	110	111	112	113
A2	B2	C2	D2	E2	
114	115	116	117	118	119
A3	B3	C3	D3	E3	
120	121	122	123	124	

TCH：96 ~106，采用 3 ×3 复用，99、103 为避免邻频对打，使用备用，见表 2 -17。

表 2 -17　中国联通某地区 GSM900、TCH 频点规划

A1	B1	C3	备用
96	97	98	99
A2	B2	C4	
100	101	102	103
A3	B3	C5	
104	105	106	

3. GSM1800 频率复用模式规划方案建议

中国联通 GSM1800 频段 10 M 带宽，频点范围在：687 ~ 736，总共 50 个频点，见表 2 -18。

BCCH 与 TCH 划分频带使用，划分原则如下：

（1）BCCH 频率规划使用 687 ~701 号频点，共 15 频点。

（2）TCH 频率规划使用 704 ~736 号频点；

（3）702、703 号频点作为 BCCH 备用频点或微蜂窝频点。

表 2－18　中国联通某地区 GSM1800 频点规划

频率组号	A1	B1	C1	D1	E1	A2	B2	C2	D2	E2	A3	B3	C3	D3	E3
各频率组的频点号	687	690	693	696	699	688	691	694	697	700	689	692	695	698	701
	704	707	710	713	716	705	708	711	714	717	706	709	712	715	718
	719	722	725	728	731	720	723	726	729	732	721	724	727	730	733
	734					735					736				

2.7.5　越区切换工程案例

在路测时，越区切换问题特征很明显，很容易看出来，主要有三种情况：切换失败，强信号不切换，切换频繁（乒乓切换）。造成这些切换问题的原因有很多，有时也可能是偶然情况，所以要解决的难度也相对较大，主要的解决方法有补订相邻关系、调整切换参数、改正天线装反、改善信号覆盖不好的地区，等等。

下面给出一个关于越区切换失败的工程案例。

【案例 7】漏定邻区关系导致切换失败。

问题描述：在这个例子中，由于 124 与 111 没有定相邻关系，在 124 的六个临区表里并没有 111 这个小区，124 无法正常切换到 111，只能选择切换到 118，由于 118 话音质量较差，BSIC 无法解，故导致了切换失败。如图 2－106 和图 2－107 所示。

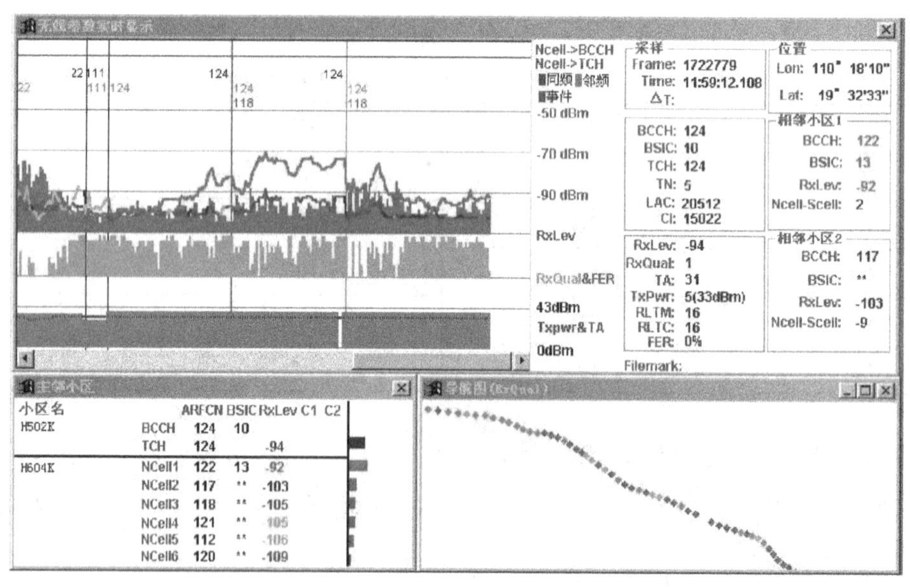

图 2－106　ANT PILOT 回放

解决方法：只需补订相邻关系就可以解决。

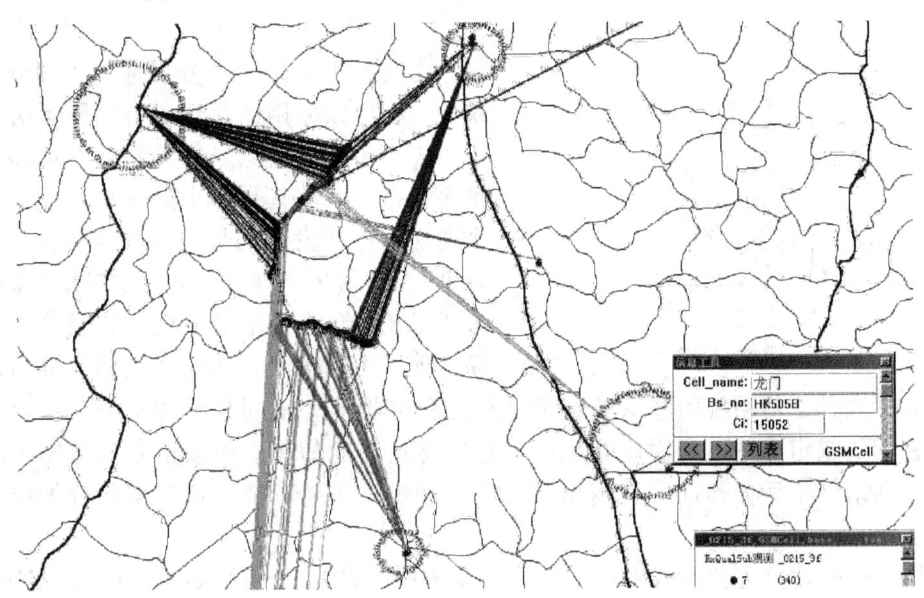

图 2－107　ANT 后台处理

2.8　技能训练

实验名称：多址技术。

1. 实验目的

通过对频分多址系统的观测，了解 FDMA（频分多址）移动通信的基本原理。

2. 实验内容

（1）用多个实验仪构建模拟二信道 FDMA 系统。

（2）观测二信道 FDMA 系统信道共用及分配过程，理解 FDMA 的含义。

3. 基本原理

在移动通信系统中，多个移动用户要同时通过一个基站和其他移动用户进行通信，因而必须对不同移动用户和基站发出的信号赋予不同的特征，使基站能从众多移动用户的信号中区分出是哪一个移动用户发来的信号，同时各个移动用户又能识别出基站发出的信号中哪个是发给自己的，解决上述问题的办法就称为多址技术。

数字通信系统中采用的多址方式有以下几种

（1）频分多址（FDMA）。

（2）时分多址（TDMA）。

（3）码分多址（CDMA）。

（4）空分多址（SDMA）。

（5）混合多址（时分多址/频分多址 TDMA/FDMA、码分多址/频分多址 CDMA/FDMA 等）。

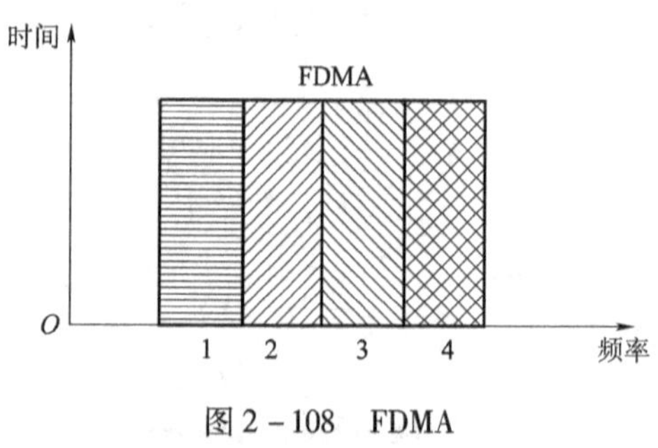

图 2－108　FDMA

本实验主要研究频分多址。在频分多址系统中，把可以使用的总频段等间隔划分为若干占用较小带宽的频道，这些频道在频域上互不重叠，每个频道就是一个通信信道，分配给一个通话用户（发射信号与接收信号占用不同的频带），如图 2－108 所示。在接收设备中使用带通滤波器允许指定频道里的能量通过，但滤除其他频率的信号，从而限制相邻信道之间的相互干扰。这种通信系统的基站必须同时发射和接收多个不同频率的信号，移动台在通信时所占用的频道也并不是固定指配的，它通常是在通信建立阶段由系统控制中心临时分配的，通信结束后，移动台将退出其占用的频道，这些频道又可以重新分配给别的用户使用。

这种方式的特点是技术成熟，主要应用于模拟系统中（如早期的 TACS、AMPS 模拟蜂窝移动通信系统、模拟集群系统及 CT1 无绳电话等），基站需要多部不同载波频率的收、发射机同时工作，设备多且容易产生信道间的互调干扰，在系统设计中需要周密的频率规划。

本实验模拟一个二信道的 FDMA 移动通信网，用两台工作于基站（BS）模式的实验仪提供两个基站信道，为若干台工作于移动台（MS）模式的实验仪（简称“移动台”）所共用，以循环不定位方式实现信道的分配与频分复用。

4. 实验器材

（1）每组移动通信实验系统 N 台（$N \geqslant 4$）。

（2）20 M 双踪示波器 1 台。

（3）每组小交换机 1 台、电话机 2 部。

5. 实验步骤

（1）按同组两台工作于基站（BS）模式的实验仪（简称基站）、若干台工作于移动台（MS）模式的实验仪（简称移动台）配置实验系统。基站的话柄插入 BS 侧的 J2，移动台的话柄插入 MS 侧的 J202。

（2）将小交换机的某一内线端口（假设为 601）与一台基站（称基站 1）有线接口单元的有线插座 LINE 用电话线相连，两部电话机与小交换机用两个内线端口（假设为 604、605）相连。示波器两个通道的探头分别接在移动台的 TP107 及 TP207 端。打开小交换机、实验系统电源，利用“前”或“后”键及“确认”键进入实验操作界面，如图 2－109 所示。

对于基站，此时光标停在“1:”的位置上闪烁，等待设置基站 1 或基站 2 的信道号。这时可利用“+”或“－”键选择“信道 1:”或“信道 2:”，然后用“前”或“后”键将光标移至“06”位置上，用“+”或“－”键改变信道号（应是其他组未用的空闲信道）。通过以上操作，假设将基站 1 设置成“信道 1：CH06”、基站 2 设置成“信道 2：CH07”

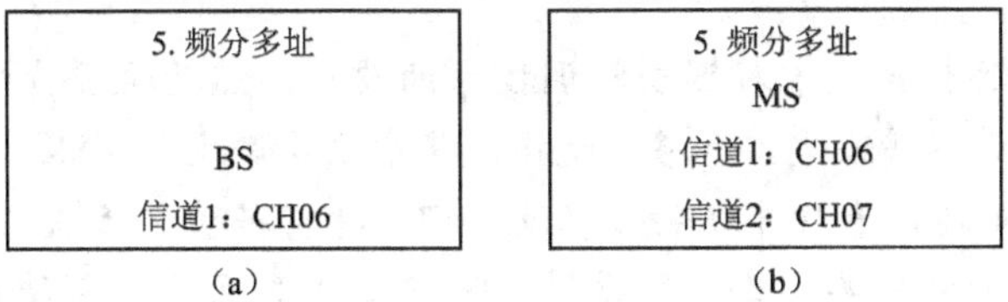

5. 频分多址
BS
信道1：CH06

（a）

5. 频分多址
MS
信道1：CH06
信道2：CH07

（b）

图 2－109　实验操作界面

（a）基站；（b）移动台

（当然也可以是其他的空闲信道），然后均按“确认”键。

对于移动台，此时光标停在信道 1“06”的位置上闪烁，等待设置与基站 1 和基站 2 一致的信道号。这时用“＋”或“－”键设置信道 1 的信道号（与基站 1 相同，假设为 CH06），用“前”或“后”键将光标移至信道 2 的“06”位置上，再用“＋”或“－”键设置信道 2 的信道号（与基站 2 相同，假设为 CH07），然后按“确认”键。本组所有的移动台通过以上设置后均在“信道 1”和“信道 2”间循环扫描，并在扫描过程中不断检测这两个信道的忙闲。

（3）按一下某一移动台（称为移动台 A）的“PTT”键（表示 MS 摘机），它将停止信道扫描并停在碰到的第一个空闲信道（信道 1 或信道 2）上发出摘机信令。对应此信道的基站收到此信令后在此信道上发出应答信令，随后该基站可与该移动台 A 在此信道上通话，这时可用示波器在 TP107 端、TP207 端观测到双方通话话音波形。

若没有空闲信道（信道 1、信道 2 均忙）或没有收到基站的应答，该移动台 A 将给出“哔、哔、哔”提示音，然后继续在信道 1 和信道 2 间循环扫描。

（4）通话完毕，按一下移动台 A 的“PTT”键挂机，移动台 A 返回循环扫描状态。

（5）用电话机 A 拨打基站 1 所连的内线号码（假设为 601），听到基站 1 的有线接口送来的二次拨号音（一声“嘟－－”）后再拨某移动台（称移动台 B）的号码（每台实验仪预先编程好的 ID，假设为 69）。基站 1 将在信道 1 上向所有移动台广播此号码。所有空闲的移动台将扫描停在信道 1 上，接收被呼号码并与自身 ID 进行比较，相同的移动台（移动台 B）将振铃，并向主呼有线用户送回铃音，移动用户 B 按“PTT”摘机即可在信道 1 上与有线用户进行通话，其他移动台则返回循环扫描状态。通话完毕，该移动台 B 通过按一下“PTT”键发出挂机指令，基站 1 收到挂机指令后将有线挂机，随后基站 1 和该移动台 B 也挂机，D3、D306、D203 熄灭，该移动台 B 返回循环扫描状态。

注意：电话机必须是双音频电话机。

6. 实验要求

根据实验步骤及观测，画出移动台 A 起呼、通话、挂机的信道分配及接续的简要流程。

本章小结

本章主要介绍了以下几项内容：

（1）天线的基本工作原理、天线的性能参数及分类等。

（2）移动信道中电波传播的特性及衰落特性，工程中传播损耗计算的奥村模型，噪声和干扰的分类等。

（3）在蜂窝移动通信系统中对调制解调技术的要求，然后主要介绍蜂窝移动通信系统中常见的两类调制方式：移频键控和移相键控，其中主要讲述了 MSK、GMSK 和各种 QPSK，分析了它们已调信号的特点和功率谱特性以及它们在蜂窝移动电话系统中的应用。

（4）从频率资源的利用率、基站的设置、用户之间的互连、移动用户的漫游和越区切换的角度介绍了移动通信网络在组网过程中所必需的基本理论比如：多址技术、区域覆盖、信道配置等；移动通信网络的网络结构以及网络接口和其发展方向；保证移动通信网络正常工作的信令及其应用；保证移动通信用户正常使用的越区切换等。

（5）给出了关于本章部分内容的工程实践案例，通过理论与实践相结合，可更加深入理解相关知识，并大大增强了灵活的运用这些知识的技能。

通过本章内容的学习，应掌握以下知识点：天线的基本工作原理、主要参数及天线的分类；电波在自由空间的传播损耗计算，快衰落与慢衰落概念，奥村模型查表；噪声和干扰的分类；蜂窝移动通信系统对调制解调技术的要求；频移键控信号的相位连续性对信号功率谱的影响；MSK 与 GMSK 信号的特点和功率谱特性；QPSK、OQPSK 及 π/4 – QPSK 信号特点和功率谱特性，传输系统的非线性对各种 QPSK 信号的影响，QAM 的基本知识；区域覆盖于信道分配技术、多址技术、信令应用技术、多信道复用技术和越区切换技术等。

本章习题

1. 什么是天线？什么是振子？
2. 无线电波的波长、频率和传播速度的关系是怎样的？
3. 什么是天线的增益？
4. 波束宽度和增益之间具有怎样的关系？
5. 天线极化方向是怎样定义的？在移动通信系统中怎样选取天线的极化方向？
6. 天线下倾的方式有哪些？不同的下倾方式各自具有什么样的特点？
7. 天线电气参数对小区覆盖有何影响？
8. 什么是“塔下黑”现象？“塔下黑”现象如何来处理？
9. 天线的主要工程参数有哪些？每个参数是如何定义的？
10. 天线调整的主要手段有哪些？通过怎样的方式控制覆盖范围？
11. 对工作于 VHF 和 UHF 频段的移动通信来说，电波传播方式主要有哪些？
12. 某一移动信道，频率为 960 MHz，试求距发射中心 20 km 处电波在自由空间的传播损耗。
13. 什么是多径衰落？引起快衰落和慢衰落的因素是什么？快衰落和慢衰落的幅度服从什么分布？
14. 在移动通信环境中，给出地形和地物的分类。
15. 干扰的类型有哪几种？说明并给出各自的解决方案。
16. 试检验信道序号为 1、2、12、20、24、26 的信道组是否为无三阶互调的相容信道组？
17. 移动通信系统中常用的数字调制方案有哪些？各自有什么优缺点？
18. 阐述 MSK 已调信号的特点。

19. 载频为 10.7 MHz，数据比特率为 16 kbit/s 的 MSK 信号，其传号频率 f_m 和空号频率 f_s 各为多少？在一个码元期间内，各包含多少个载频周期？

20. 与 MSK 相比，GMSK 的功率谱为什么可以得到改善？

21. 比较 MSK、GMSK、π/4 - QPSK、QAM 几种调制技术的性能。

22. 什么是 OFDM 技术？

23. 常见的抗干扰和衰落技术有哪些？

24. 什么是分集技术？它的两重含义分别是什么？常见的分集技术有哪些？

25. 试阐述空间分集、时间分集和频率分集的各自原理。

26. 为什么蜂窝小区的形状是正六边形？

27. 构成单元无线区群的基本条件是什么？一个区群里包含的小区数目满足什么公式？

28. 一区群由 12 个小区组成，小区半径为 10 km，试求同频小区的距离为多少？

29. 什么叫中心激励？什么叫顶点激励？采用顶点激励方式有什么好处？

30. 分区分组配置法的原则是什么？有什么缺点？

31. 设某小区制移动通信网，每个区群有 4 个小区，每个小区有 5 个信道。试用等频距配置法完成区群内各小区的信道配置。

32. 给出 FDMA、TDMA、CDMA、SDMA 和 OFDMA 多址技术的各自原理。

33. 什么是话务量？其单位是什么？

34. 设在 5 条信道上，平均每小时有 300 次呼叫，平均每次呼叫的时间为 2 min，请计算这些信道上的总流入话务量。

35. 什么是呼损率？它与话务量有什么关系？

36. 什么是信令？信令的功能是什么？可分为哪几种？

37. 试画出 7 号信令功能结构图，并阐述其各部分的功能。

38. 什么叫越区切换？给出它的分类，并说明各类的区别。

第 3 章 GSM 数字蜂窝移动通信系统

本章目的

- 掌握 GSM 系统的特点及主要参数
- 理解 GSM 系统的语音编码和信道编码技术，以及交织的实现方式
- 理解 GSM 物理信道、逻辑信道和突发脉冲串的概念
- 理解信道的分类和 GSM 逻辑信道到物理信道的映射
- 理解 GSM 系统的接续过程
- 掌握 GSM 和 GPRS 网络结构、功能及业务

知识点

- GSM 系统的特点及主要参数
- GSM 系统的语音编码和信道编码技术
- 信道的分类和 GSM 逻辑信道到物理信道的映射
- GSM 和 GPRS 网络结构、功能及业务

引导案例（见图 3-0）

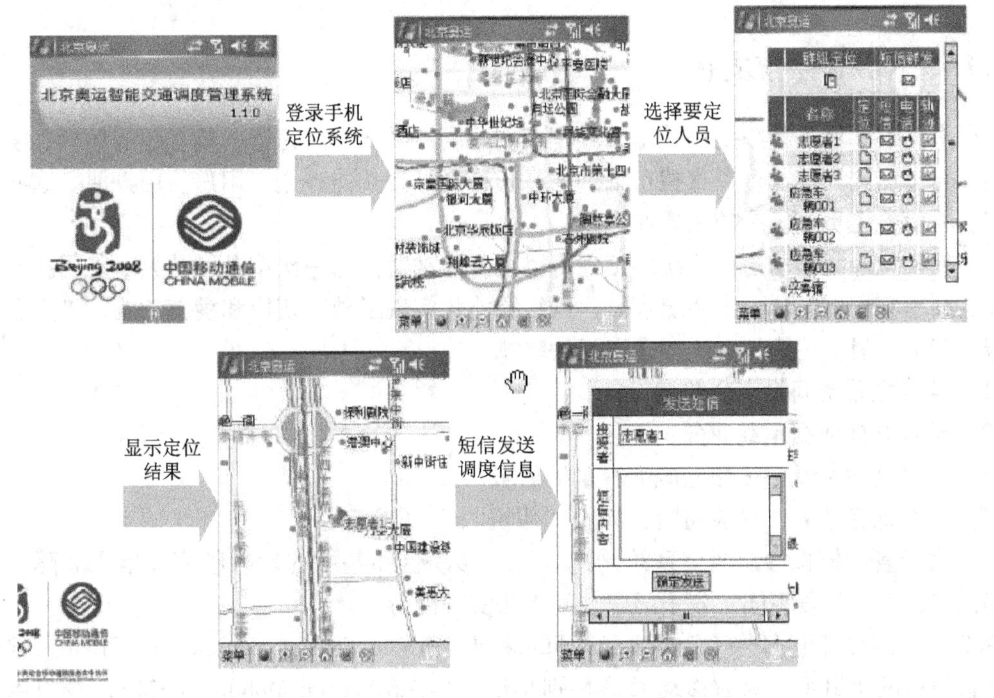

图 3-0　中国移动 LBS 定位业务应用案例——手机定位

案例分析

基于位置的业务（LBS—Location Based Service）是指通过 GSM 网络获取移动终端用户的位置信息（经纬度坐标），在电子地图平台的支持下，为用户提供相应服务的一种增值业务。随着移动电话逐渐成为我们的生活中不可或缺的一部分，移动定位服务的重要性越发凸显出来。开通基于位置的业务，终端用户就可以方便地获知自己或他人目前所处的位置，并用终端查询他附近各种场所的信息：我在哪里、离我最近的医院在哪儿、我周围有哪些银行、从这里到某地怎么走、我的好朋友现在的位置、紧急救助、老人跟踪、车队管理……基于位置业务的巨大魅力在于能在正确的时间、正确的地点、把正确的信息发送给正确的人。

问题引入

1. 手机还有哪些服务业务？
2. LBS 收费依据和标准是什么？

3.1 GSM系统概述

3.1.1 GSM系统发展

采用多信道共用和频率复用技术，频率利用率高；系统功能完善，具有越区切换、漫游等功能，与市话网互连，可以直拨市话、国际长途，计费功能齐全，用户使用方便。这些是蜂窝移动通信系统迅速发展的主要原因。

第一代模拟蜂窝移动通信系统的出现可以说是移动通信的一次革命。其频率复用技术大大提高了频率利用率，增大了系统容量；网络智能化实现了越区切换和漫游功能，扩大了客户的服务范围。但上述模拟系统存在以下缺陷：

（1）各分立系统间没有公共接口；

（2）很难开展数据承载业务；

（3）频谱利用率低，无法适应大容量的需求；

（4）安全保密性差，易被窃听，易做“假机”；

（5）由于各种模拟移动通信系统制式各异，移动台和基站的发射频率、信道间隔、最大频率偏移、工作频段不同，各个国家之间无法实现漫游。

1982年，欧洲邮电大会（Conference Europe of Post and Telecommunication，CEPT）组建了一个新的标准化组织，称为移动通信特别小组（Group Special Mobile，GSM），专门用于制定900 MHz频段的公共欧洲电信业务规范，以实现全欧洲移动漫游功能。这就是GSM数字蜂窝移动通信系统开始研究的背景情况。

1993年，欧洲第一个DCSI800系统投入运营，到1994年已有6个运营者采用了该系统，见表3－1。

表3－1　全球移动通信系统GSM的发展里程碑

年份	成　果
1982	“移动通信特别组”在欧洲邮政与电信大会（CEPT）内成立
1986	建立一永久核心
1987	在1986年圆形系统评价的基础上，选择了主要无线传输技术
1988	18个国家签署谅解备忘录，并决定将GSM正式命名为“全球移动通信系统”（Global System for Mobile Communications）
1989	GSM成立欧洲电信标准协会的一个技术委员会
1990	第一阶段GSM900规范（1987—1990年制定）被冻结，开始DCS1800的修改
1991	第一个系统在Telecom91展示会上运行，DCS1800规范被冻结
1992	欧洲各大GSM900营运者开始商业营运

此后，GSM 系统又经历了不断的改进与完善。尽管其他的一些Ⅱ代数字系统，如北美的 ADC（亦称 IS－54）和日本的 PDC 也陆续被开发出来并投入使用，但是由于 GSM 系统规范、标准的公开化等诸多优点，其很快就在全世界范围内得到了广泛的应用，实现了世界范围内移动用户的联网漫游。

行业组织 3G Americas 宣布，根据 INfprma Telecoms and Media 的研究和发布的数据，全球 GSM 手机用户已达 30 亿。目前，全球 35 亿移动无线用户中 86% 的用户为 GSM 手机用户。30 亿 GSM 手机用户的数量几乎是全球 11 亿互联网用户的 3 倍。全球固定电话用户的数量为 13 亿。目前，采用 GSM 系统的国家已不仅仅限于欧洲，它已遍布欧洲、亚洲、非洲、澳洲的数十个国家和地区。

3.1.2　GSM 系统主要参数

GSM 技术规范对其具体参数规定如下：

频段：基站发—移动台收频段 935 ~ 960 MHz，移动台发—基站收 890 ~ 915 MHz；

双工间隔：45 MHz；

射频间隔：200 kHz；

频带宽度：25 MHz；

射频双工频道总数：124；

小区半径：0.3 ~ 35 km（直至 120 km）；

多址方式：TDMA；

信道分配：TDMA 每载频 8 时隙，全速信道 8 个，半速信道 16 个；

调制类型：GMSK（Gaussian Filtered Minimum Shift Keying）高斯滤波最小频移键控方式，调制指数 $BT = 0.3$；

传输速率：270.833 Kb/s（在 200 kHz 频道间隔中）；

信道编码：带有交织和差错检测的 1/2 卷积码；

语音编码方式：RPE-LTP 规则脉冲激励－长期预测编码；

编码速率：13 Kb/s；

差错保护：9.8 Kb/s FEC + 语音处理；

数据速率：9.6 Kb/s；

时延均衡能力：20 μs。

3.1.3　GSM 关键技术

（1）工作频段的分配。如图 3－1 所示，我国陆地公用蜂窝数字移动通信网 GSM 通信系统采用 900 MHz 频段：

890 ~ 915 MHz（低频段，移动台发、基站收）；

935 ~ 960 MHz（高频段，基站发、移动台收）。

随着业务的发展，可视需要向下扩展，或向 1.8 GHz 频段的 DCSI800 过渡，即 1 800 MHz 频段：

1 710 ~ 1 785 MHz（移动台发、基站收）；

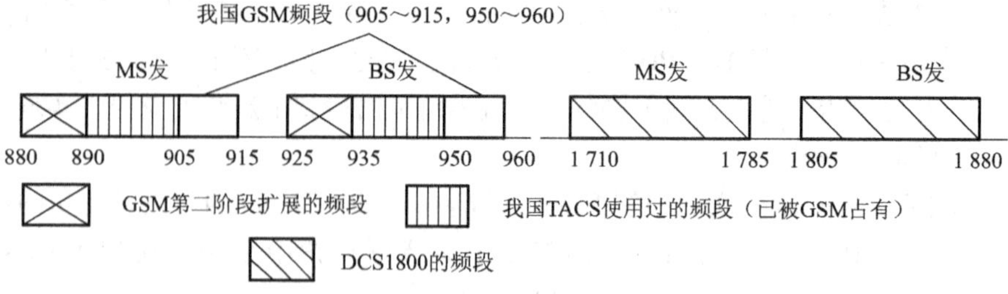

图 3－1　我国陆地蜂窝移动体系系统频段分配

1 805～1 880 MHz（基站发、移动台收）。

上下链路之间的频率间隔为 95 MHz，载频间隔为 200 kHz，系统双工载频数共为 374 个。

（2）频道间隔。相邻两频道间隔为 200 kHz，每个频道采用时分多址接入（TDMA）方式，分为 8 个时隙，即 8 个信道（全速率）。每信道占用带宽 200 kHz/8≈23 kHz，同模拟网 TACS 制式每个信道占用的频率带宽。从这点看二者具有同样的频谱利用率。

（3）频道配置。采用等间隔频道配置方法，频道序号为 76～124，系统双工载频数为 125 个（124 个可用），共 49 个频点（见图 3－2）。

频道组号	1	2	3	4	5	6	7	8	9	10	11	12
各频道组的频道号	76	77	78	79	80	81	82	83	84	85	86	87
	88	89	90	91	92	93	94	95	96	97	98	99
	100	101	102	103	104	105	106	107	108	109	110	111
	112	113	114	115	116	117	118	119	120	121	122	123
	124											

图 3－2　900 MHz 频段数字蜂窝移动通信网的频道配置

频道序号和频点标称中心频率的关系为

$$f_1(n)=890.200\ \text{MHz}+(n-1)\times 0.200\ \text{MHz}(\text{移动台发,基站收})$$

$$f_h(n)=f_1(\text{n})+45\ \text{MHz}=935.2\ \text{MHz}+(n-1)\times 0.200\ \text{MHz}(\text{基站发,移动台收})$$

$$n=76\sim 124\ \text{频道}$$

（4）双工收发间隔：45 MHz。与模拟 TACS 系统相同。

发射标识：业务信道发射标识为 271KF7W；控制信道发射标识为 271KF7W。

GSM 发射标识的具体含义见表 3－2。

表 3－2　GSM 发射标识的具体含义

271 K	F	7	W
必要带宽 271 kHz	主载波调制方式：调频	调制主载波的信号性质：包含量化或数字信息的双信道或多信道	被发送信息的类型：电报传真数据、遥测、遥控、电话和视频的组合

（5）干扰保护比。载波干扰保护比（C/I）就是指接收到的希望信号电平与非希望信号

电平的比值，此比值与 MS 的瞬时位置有关。这是由地形不规则性及本地散射体的形状、类型及数量不同，以及其他一些因素如天线类型、方向性及高度，站址的标高及位置，当地的干扰源数目等所造成的。

GSM 规范中规定：

同频道干扰保护比 $C/I \geqslant 9$ dB；

邻频道干扰保护比 $C/I \geqslant -9$ dB；

载波偏离 400 kHz 时的干扰保护比 $C/I \geqslant -41$ dB；

（6）频率复用方式。频率复用是指在不同的地理区域上用相同的载波频率进行覆盖。这些区域必须隔开足够的距离，以致所产生的同频道及邻频道干扰的影响可忽略不计。

频率复用方式就是指将可用频道分成若干组，若所有可用的频道 N（如 49）分成 F 组（如 9 组），则每组的频道数为 N/F（$49/9 \approx 3.4$，即有些组的频道数为 3 个，有些为 6 个）。因总的频道数 N 是固定的，所以分组数 F 越少则每组的频道数就越多。但是，频率分组数的减少也会使同频道复用距离减小，导致系统中平均 C/I 值降低。因此，在工程实际使用中是把同频干扰保护比 C/I 值加 3 dB 的冗余来保护，采用 12 分组方式，即 4 个基站、12 组频率（见图 3－3 和图 3－4）。

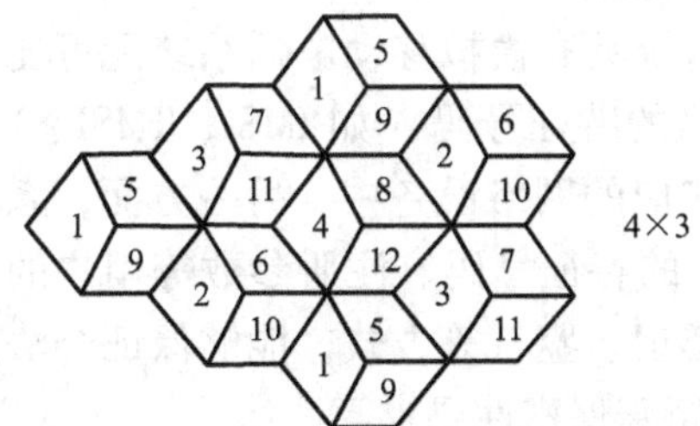

图 3－3　频率复用方式

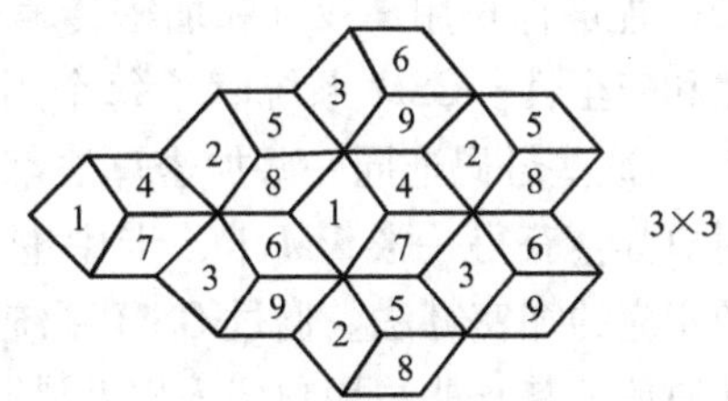

图 3－4　频率复用方式

对于有向天线而言，可采用 120°或 60°的定向天线，形成三叶草小区，即把基站分成 3 个扇形小区。如采用 4/12 复用方式，则每个小区最大可用到 3 个频道，一般的也可用到 4 个频道。如采用 3/9 复用方式，则每个小区可用到 6 个或 3 个频道。

对于无方向性天线，即全向天线建议采用 7 组频率复用方式，其 7 组频率可从 12 组中任选，但相邻频率组尽量不在相邻小区使用（见图 3－5）。业务量较大的小区可借用剩余的频率组，如使用第 9 组的小区可借用第 2 组频率等。

以上所谈每小区可用频道数都是在可用频段为 10 MHz 的情况下，目前 10 MHz 中 4 MHz 为原邮电部使用，另 6 MHz 为中国联通公司使用。从频道序号来看，76～95 为原邮电部使用，95～124 为中国联通公司使用。这样，原邮电部建立的 GSM 数字移动通信网如采用 4/12 频率复用方式时，每小区可用频道数最大仅有 2 个（16 个信道），有些只能用到 1 个（8 个信道）。为此，原邮电部下属大部分邮电管理局将 4 MHz 带宽向下端扩展 2 MHz，即占用模拟 B 网 2 MHz，使 GSM 数字移

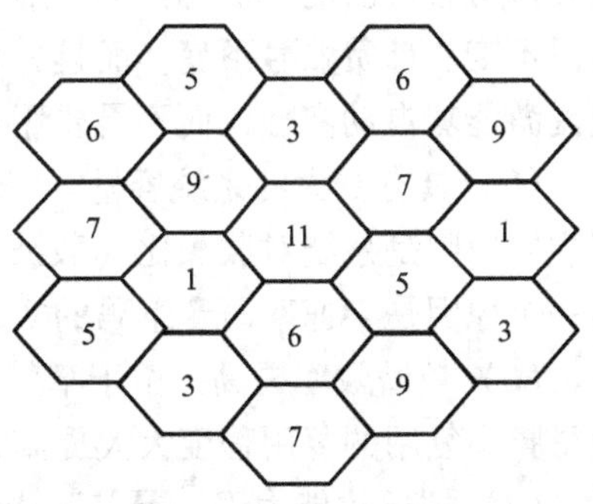

图 3－5　小区分组

动通信网从可用频道76～95（20个）扩展到66～95（30个），4/12方式每个小区一般可用3个频道（24信道），最小也能用到2个频道（16个信道）。

（7）保护带宽：400 kHz。当一个地区数字移动通信系统与模拟移动通信系统共存时，两系统之间（频道中心频率之间）应有约400 kHz的保护带宽，通常是由模拟B网预留。原邮电部的数字移动通信系统与中国联通公司的数字移动通信系统之间也应有400 kHz的保护带宽，即它们之间少用一个频道，或由原邮电部一方预留，或由中国联通公司一方预留。

3.1.4 GSM系统特点

1. GSM系统的优点

（1）具有开放的接口和通用的接口标准。在GSM体制的构建过程中，成立了专门的工作组-WP3。该工作组的主要任务之一就是构建开放的网络接口及建立通用的接口标准。因此，GSM是一个不仅空中接口，而且网络内部各个接口都高度标准化、接口优化的网络。这就使得它不仅能与目前的各种公用通信网（如PSTN、ISDN及B-ISDN）互连互通，而且能够适应未来数字化发展的需要，具有不断自我发展的能力。

（2）能够保护用户权利和加密传输信息。GSM系统具有模拟移动电话系统无可比拟的保密性和安全性。GSM系统赋予每个用户以各种用途的特征号码（如IMSI、TMSI、IMEI、LAI等），这些号码连同一些加密算法都存储在系统相应的网络设备中。另一方面，系统的合法用户都会获得一张SIM卡，卡中也存储着该用户的特征号码、注册参数等用户的全部信息和相应的加密算法。通过GSM系统特有的位置登记、鉴权等方式，能够保证合法用户的正常通信，禁止非法用户侵入以及满足个别用户的特殊保密性要求等。

（3）可以支持多种业务。GSM系统能够支持电信业务、承载业务和补充业务等多种业务形式。其中，电信业务是GSM的主要业务，包括电话、短信息、可视图文、G3类传真、紧急呼叫等；GSM的承接业务跟ISDN定义一样，不需要Modem就能提供数据业务，包括300～9 600 b/s的电路交换异步数据、1 200～9 600 b/s的电路交换同步数据和300～9 600 b/s分组交换异步数据等。GSM的补充业务更是名目繁多，不断推陈出新。

（4）能够实现跨国漫游。GSM系统设置国际移动用户识别码（IMSI）正是为了实现国际漫游功能的。在拥有GSM系统的所有国家范围内，无论用户是在哪个国家进行的注册，只要携带着自己的SIM卡进入任何一个国家，即使使用的不是自己的手机，也能保证用户号码不变、计费账号不变。而且，在所有这些GSM系统的网络达成某些协议后，用户的跨国漫游能够自动实现，而不需要用户自己操心。

（5）具有更大的系统容量。GSM系统比以往的模拟移动通信系统容量增大了3～5倍，其主要原因是系统对载噪比（载波功率与噪声功率的比值）的要求大大降低了（为9 dB），另一个原因是半速率语音编码的实现，使信息速率降低，从而占用带宽减小。

（6）频谱效率提高。由于窄带调制、信道编码、交织、均衡和语音编码等技术的采用，使得频率复用的复用程度大大提高，能更有效地利用无线频率资源。

（7）抗干扰能力强，覆盖区内通信质量好。GSM系统具有模拟移动通信系统无可比拟的抗干扰能力，因而通信质量高，语音效果好，状态稳定。

2. GSM 系统的缺陷

（1）系统容量仍然有限。GSM 系统的频谱效率约是模拟系统的 3 ~5 倍，但不能从根本上解决目前用户数量激增与频率资源有限之间的矛盾。

（2）编码质量不够高。GSM 系统的编码速度为 13 Kb/s（半速率为 6.5 Kb/s），这种质量很难达到有线电话的质量水平。

（3）终端接入速率有限。GSM 系统的业务综合能力较高，能进行数据和语音的综合，但终端接入速率有限（最高仅为 9.6 Kb/s）。

（4）切换功能较差。GSM 系统软切换功能较差，因而容易掉话，影响服务质量。

3.2　GSM 系统结构

3.2.1　GSM 系统组成

GSM 系统基本上可分为四部分：交换子系统（NSS）、基站子系统（BSS）、操作维护子系统（OSS）和移动台子系统（MS）。如图 3 -6 和图 3 -7 所示。

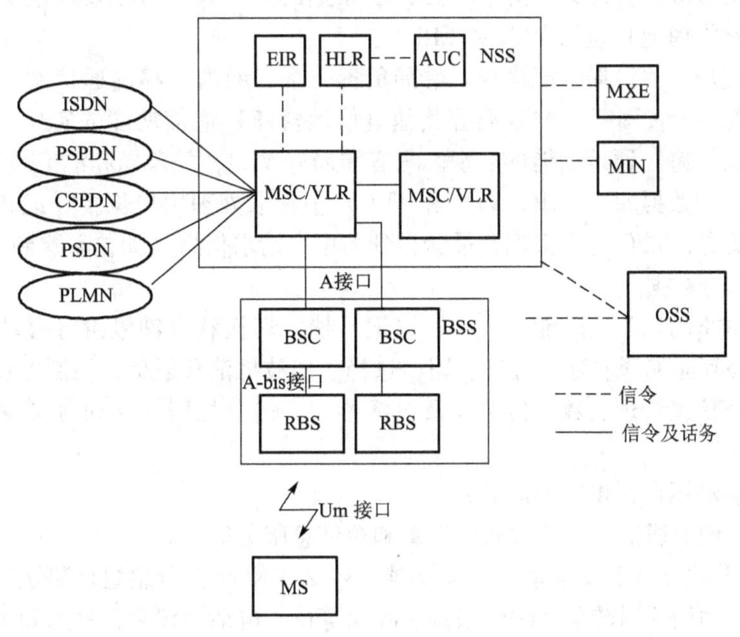

图 3 -6　GSM 系统

GSM 系统框图中，A 接口往上是 NSS 系统，它包括有 MSC（移动业务交换中心）、VLR（拜访位置寄存器）、HLR（归属位置寄存器）、AUC（鉴权中心）、EIR（设备识别寄存器）；A 接口往下是 BSS 系统，它包括有基站控制器（BSC）和基站收发信台（RBS/BTS）；Um 接口往下是移动台部分（MS），其中包括移动终端（MS）和客户识别卡（SIM）。

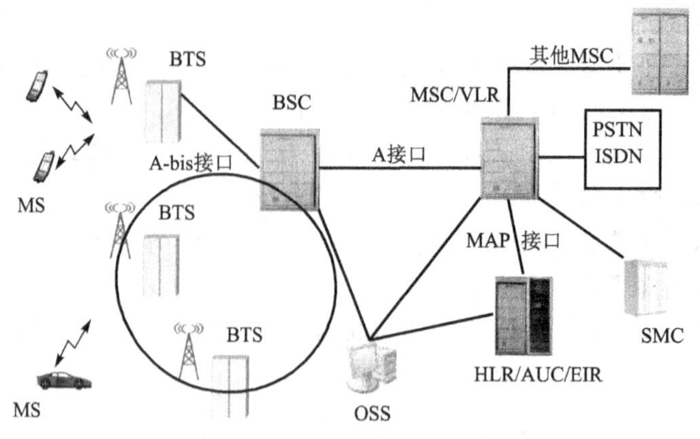

图 3-7　GSM 系统实例

1. 交换网络子系统（NSS）

交换网络系统（NSS）主要完成交换功能和客户数据与移动性管理、安全性管理所需的数据库功能。NSS 由一系列功能实体所构成，各功能实体介绍如下：

（1）移动业务中心 MSC。MSC 是 GSM 系统的核心，是对位于它所覆盖区域中的移动台进行控制和完成话路交换的功能实体，也是移动通信系统与其他公用通信网之间的接口。它逻辑上（也可能物理上）包括 VLR 和 EIR。

MSC 包括端局、关口局、汇接局。端局负责一个省网内（移动通信网）通信功能的实现；关口局负责一个省网间（与联通等其他电信运营商）通信功能的实现；汇接局负责一个省省间（就是长途）通信功能的实现。只有端局有 VLR，关口局和汇接局没有。

MSC 可从三种数据库（HLR、VLR 和 AUC）中获取处理用户位置登记和呼叫请求所需的全部数据。反之，MSC 也可根据其最新得到的用户请求信息（如位置更新、越区切换等）更新数据库的部分数据。

MSC 作为网络的核心，应能完成位置登记、越区切换和自动漫游等移动管理工作。同时具有电话号码存储编译、呼叫处理、路由选择、回波抵消和超负荷控制等功能。

MSC 还支持信道管理、数据传输以及包括鉴权、信息加密、移动台设备识别等安全保密功能。

MSC 可为移动用户提供以下服务：

电信业务，例如通话、紧急呼叫、传真和短信息服务等。

承载业务，例如 3.1 kHz 电话，同步数据 0.3～2.4 Kb/s 及分组组合和分解（PAD）等。

补充业务，例如呼叫转移、呼叫限制、呼叫等待、电话会议和计费通知等。

对于容量比较大的移动通信网，一个网络交换子系统 NSS 可包括若干个 MSC、VLR 和 HLR，为了建立固定网用户与 GSM 移动用户之间的呼叫，无须知道移动用户所处的位置。此呼叫首先被接入到入口移动业务交换中心，称为 GMSC，入口交换机负责获取位置信息，且把呼叫转接到可向该移动用户提供即时服务的 MSC，称为被访 MSC（VMSC）。因此，GMSC 具有与固定网和其他 NSS 实体互通的接口。目前，GMSC 功能就是在 MSC 中实现的。根据网络的需要，GMSC 功能也可以在固定网交换机中综合实现。

（2）归属用户位置寄存器 HLR。HLR 是 GSM 系统的中央数据库，主要存储着管理部门用于移动用户管理的相关数据，具体包括两类信息：一是有关用户的参数，即该用户的相关静态数据，包括移动用户识别号码、访问能力、用户类别和补充业务等；二是有关用户目前所处状态的信息，即用户的有关动态数据，如用户位置更新信息或漫游用户所在的 MSC/VLR 地址及分配给用户的补充业务等。每个移动用户都应在其 HLR 处注册登记。

HLR 既可以与 MSC/VLR 一一对应，也可以是一个 HLR 控制若干个 MSC/VLR 或整个区域的移动网。HLR 中存放用户国际移动用户识别号 IMSI 和移动用户 ISDN 号。

（3）访问用户位置寄存器 VLR。VLR 是一个数据库，是存储 MSC 为了处理所管辖区域中 MS（统称拜访客户）的来话、去话呼叫所需检索的信息，例如客户的号码，所处位置区域的识别，向客户提供的服务等参数。

① 用户数据的存储。VLR 必须存储其归属用户的有关数据。VLR 还必须存储由营运者选择的不同用户提供的业务数据，并能随着业务的发展，增改相应存储内容。

② 用户数据的检索。当呼叫建立时，根据 MSC 的请求，VLR 应能够依据 TMSI、MSRN 向 MSC 提供用户的信息。通常在移动台呼叫时，依据国际移动用户识别码 TMSI；移动台被叫时，依据移动用户漫游号 MSRN。

（4）鉴权中心 AUC。AUC 用于产生为确定移动客户的身份和对呼叫保密所需鉴权、加密的三参数（随机号码 RAND、符合响应 SRES、密钥 Kc）的功能实体。AUC 鉴权中心是认证移动用户的身份以及产生相应认证参数的功能实体。AUC 对任何试图入网的用户进行身份认证，只有合法用户才能接入网中并得到服务。它给每一个在相关 HLR 登记的移动用户安排了一个识别字，该识别字用来产生用于鉴别移动用户身份的数据及用来产生用于对移动台与网络之间无线信道加密的另一个密钥。AUC 存储鉴权（A3）和加密（A8）算法，且 AUC 只与 HLR 通信。

（5）移动设备识别寄存器 EIR。EIR 也是一个数据库，用于存储有关移动台设备参数，主要完成对移动设备的识别、监视、闭锁等功能，以防止非法移动台的使用。移动设备识别寄存器（EIR）存储着移动设备的国际移动设备识别码（IMEI），通过检查白色清单、黑色清单或灰色清单这三种表格，在表格中分别列出了准许使用的、出现故障需监视的、失窃不准使用的移动设备的 IMEI 识别码，使得运营部门对于不管是失窃，还是由于技术故障或误操作而危及网络正常运行的 MS 设备，都能采取及时的防范措施，以确保网络内所使用的移动设备的唯一性和安全性。

MSC 和 HLR 都是有一定覆盖区域的网元，HLR 管辖区域相对来说大一点，它们之间的联系就在于它们之间可能存在交叉覆盖区域，是管辖区域造成的。MSC 和 VLR 是所属关系，一个 MSC（端局）有一个 VLR。VLR 和 HLR 的关系，前面说过，VLR 的信息可能由 HLR 来更新，具体如何更新请看下面的例子：

一个北京的移动用户到南京长期出差，他首先到移动的营业厅办了一张南京的卡。在他首次使用这张卡的时候，其所在区域的 HLR 会收集该用户的各种信息（参看上面的解释），保存在数据库中，需要指出的是，这些信息永远保存在这个 HLR 中不会被删除（除非用户退网）。

同时，这个用户所在区域 MSC 中的 VLR（设为 VLR1）会发现，MSC 关联的 HLR 数据库里多了这个用户的信息，于是 VLR1 就用 HLR 中的该用户信息更新了自己的数据库，加入了一条记录。

某用户平时工作在和平区，他周末去苏州游玩，在他坐车去苏州的路上，可能会离开VLR1所辖的区域，比如进入VLR2所辖的区域，VLR2忽然发现自己管的区域多了一个用户，它就找到这个用户归属的HLR，告诉HLR修改一下关于这个用户的信息，并且通知VLR1“该删除这个用户的记录了，他现在归我管啦”，然后VLR1将这个用户的信息从自己的数据库中删除，VLR2则加入这个用户的记录。所以VLR相对于HLR来说是动态的存储用户信息的。

由于一个用户同一时刻只能存在于一个VLR中（忽略时延），所以这个用户回到北京时VLR间的转换也是同样的道理，只不过就是南京和北京的VLR之间的切换了。经常出差的用户，当你进入一个地级市（例如徐州、苏州等）时，你的手机会收到一条短消息，欢迎进入某某移动公司等信息。离开这个市时也会收到一条祝福信息。这些都体现了VLR的功能。

2. 基站子系统BSS

基站子系统BSS主要包括基站控制器（BSC）及基站收发信机（RBS）。基站子系统又称无线子系统，因为它是GSM系统中与无线蜂窝网络关系最直接的基本组成部分，主要负责系统的无线方面。它是一种在特定的蜂窝区域内建立无线电覆盖的设备，负责完成无线发送、接收和管理无线资源，如图3－8所示。

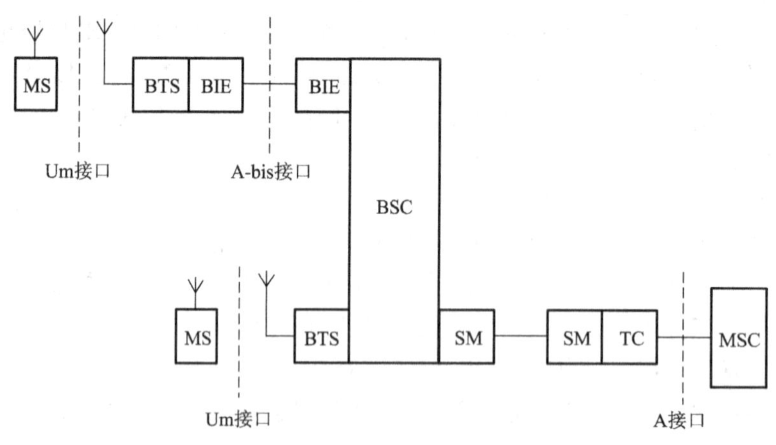

图3－8　一种典型的BSS组成方式

从整个GSM网络来看，基站子系统（简称基站）介于网络交换子系统和移动台之间，起中继作用。一方面，基站通过无线接口直接与移动台相接，负责空中无线信号的发送、接收和集中管理；另一方面，它与网络交换子系统中的移动业务交换中心（MSC）采用有线信道连接，以实现移动用户之间或移动用户与固定用户之间的通信，传送系统信号和用户信息等。以移动台用户与固定网络用户之间的通信为例：基站接收到移动台的无线信号，经过简单处理之后即传送给移动交换中心，经过交换中心的交换机等设备的处理，再通过固定网络（PLMN或ISDN等）传送给固定用户，即可实现正常的网络通信了。

3. 移动台 MS

移动台是公用 GSM 移动通信网中用户使用的设备。移动台的类型不仅包括手持台，还包括车载台和便携式台。如图 3－9（b）所示。

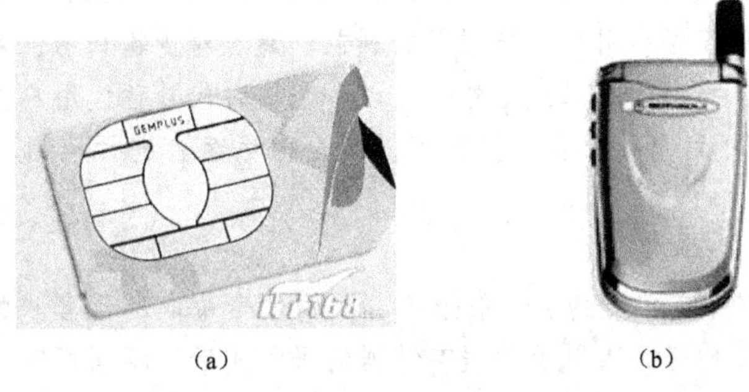

（a）　　（b）

图 3－9　手机

（a）小卡 SIM 卡；（b）裸机

除了通过无线接口接入 GSM 系统外，移动台必须提供与使用者之间的接口。比如完成通话呼叫所需要的话筒、扬声器、显示屏和按键，或者提供与其他一些终端设备之间的接口。比如与个人计算机或传真机之间的接口，或同时提供这两种接口。因此，根据应用与服务情况，移动台可以是单独的移动终端（MT）、手持机、车载机或者是由移动终端（MT）直接与终端设备（TE）传真机相连接而构成，或者是由移动终端（MT）通过相关终端适配器（TA）与终端设备（TE）相连接而构成，如图 3－10 所示，这些都归类为移动台的重要组成部分。

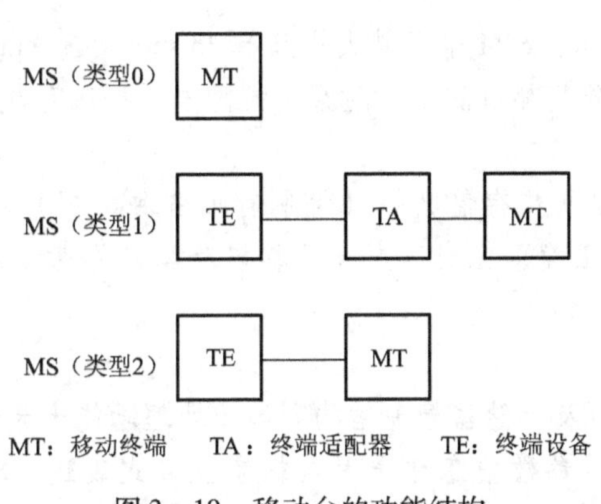

图 3－10　移动台的功能结构

移动台另外一个重要的组成部分是用户识别模块（SIM），它基本上是一张符合 ISO 标准的“智慧”卡，如图 3－9（a）所示，其包含所有与用户有关的和某些无线接口的信息，其中也包括鉴权和加密信息。使用 GSM 标准的移动台都需要插入 SIM 卡，只有当处理异常的紧急呼叫时，才可以在不用 SIM 卡的情况下操作移动台。GSM 系统是通过 SIM 卡来识别移动电话用户的，这为将来发展个人通信打下了基础。目前手机还具有双卡双待等功能。

【SIM】由于 GSM 通信系统是由欧洲的主要电信运营商和制造厂家组成的标准化委员会

设计出来的，因此它更贴近用户和运营商的利益，在安全性、方便性等方面下了较大的工夫。无线传输比固定传输更易被窃听，如果不提供特别的保护措施，很容易被窃听或被假冒一个注册用户。20世纪80年代的模拟系统深受其害，令用户利益受损，因此，GSM首先引入了SIM卡技术，从而使GSM在安全方面得到了极大改进。它通过鉴权来防止未授权的接入，这样保护了网络运营者和用户不被假冒的利益；通过对传输加密，可以防止在无线信道上被窃听，从而保护了用户的隐私；另外，它以一个临时代号替代用户标识，使第三方无法在无线信道上跟踪GSM用户，而且这些保密机制全由运营者进行控制，用户不必加入，更显安全。

1. SIM卡的寿命

SIM卡的使用是有一定年限的。一般来说，其物理寿命取决于客户的插拔次数，约为1万次；而集成电路芯片的寿命取决于数据存储器的写入次数，不同厂家其指标有所不同，就MOTOROLA经试验室试验约3万次。

2. SIM卡的结构和类型

SIM卡是一个装有微处理器的芯片卡，它的内部有5个模块，并且每个模块都对应一个功能：微处理器CPU（8位）、程序存储器ROM（3～8 Kbit）、工作存储器RAM（6～16 Kbit）、数据存储器EEPROM（128～256 Kbit）和串行通信单元。这5个模块被胶封在SIM卡铜制接口后，与普通IC卡封装方式相同，其必须集成在一块集成电路中，否则安全性会受到威胁，因为芯片间的连线可能成为非法存取和盗用SIM卡的重要线索。

在实际使用中一般有两种功能相同而形式不同的SIM卡：

（1）卡片式（俗称大卡）SIM卡，这种形式的SIM卡符合有关IC卡的ISO 7816标准，类似IC卡。

（2）嵌入式（俗称小卡）SIM卡，其大小只有23 mm×13 mm，是半永久性地装入到移动台设备中的卡。两种卡外装都有防水、耐磨、抗静电、接触可靠和精度高的特点。

3. 功能简介

SIM卡主要完成两种功能：存储数据（控制存取各种数据）和在安全条件下（个人身份证号码PIN、鉴权钥Ki正确）完成客户身份鉴权及客户信息加密算法的全过程（执行安全操作）。

4. SIM卡的软件特性

SIM卡采用新式单片机及存储器管理结构，因此处理功能大大增强。其智能特性的逻辑结构是树型结构。全部特性参数信息都是用数据字段方式表达，SIM卡中存有3类数据信息：与持卡者相关的信息以及SIM卡将来准备提供的所有业务信息，这种类型的数据存储在根目录下；GSM应用中特有的信息，这种类型的数据存储在GSM目录下；GSM应用所使用的信息，此信息可与其他电信应用或业务共享，位于电信目录下。

4. 操作支持子系统（OSS）

操作支持子系统（OSS）需完成许多任务，包括移动用户管理、移动设备管理以及网络操作和维护。

移动用户管理包括用户数据管理和呼叫计费。用户数据管理一般由归属用户位置寄存器（HLR）来完成这方面的任务。

3.2.2 GSM 系统接口

为了保证网络运营部门能在充满竞争的市场条件下灵活选择不同供应商提供的数字蜂窝移动通信设备，GSM 系统在制定技术规范时就对其子系统之间及各功能实体之间的接口和协议作了比较具体的定义，使不同供应商提供的 GSM 系统基础设备能够符合统一的 GSM 技术规范而达到互通、组网的目的。为使 GSM 系统实现国际漫游功能和在业务上迈入面向 ISDN 的数据通信业务，必须建立规范和统一的信令网络以传递与移动业务有关的数据和各种信令信息，因此，GSM 系统引入 7 号信令系统和信令网络，也就是说 GSM 系统的公用陆地移动通信网的信令系统是以 7 号信令网络为基础的。

1. 主要接口

GSM 系统的主要接口是指 A 接口、A-bis 接口和 Um 接口。如图 3－11 所示。

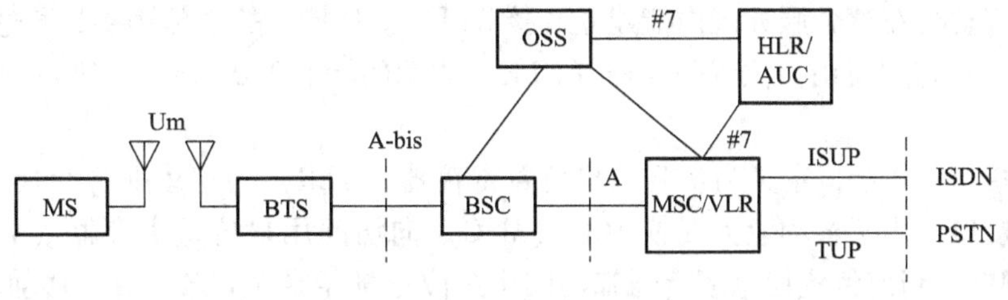

图 3－11　GSM 系统接口

（1）A 接口。A 接口定义为网络交换子系统（NSS）与基站子系统（BSS）之间的通信接口，从系统的功能实体来说，就是移动业务交换中心（MSC）与基站控制器（BSC）之间的互连接口，其物理链接通过采用标准的 2.048 Mb/s PCM 数字传输链路来实现。此接口传递的信息包括移动台管理、基站管理和接续管理等。

（2）A-bis 接口。A-bis 接口定义为基站子系统的两个功能实体基站控制器（BSC）和基站收发信台（BTS）之间的通信接口，用于 BTS（不与 BSC 并置）与 BSC 之间的远端互连方式，物理链接通过采用标准的 2.048 Mb/s 或 64 Kb/s PCM 数字传输链路来实现。图 3－12 所示的 BS 接口作为 A-bis 接口的一种特例，用于 BTS（与 BSC 并置）与 BSC 之间的直接互连方式，此时 BSC 与 BTS 之间的距离小于 10 m。此接口支持所有向用户提供的服务，并支持对 BTS 无线设备的控制和无线频率的分配。

（3）Um 接口（空中接口）。Um 接口（空中接口）定义为移动台与基站收发信台（BTS）之间的通信接口，用于移动台与 GSM 系统固定部分之间的互通，其物理链接通过无线链路实现。

2. 网络子系统内部接口

网络子系统由移动业务交换中心（MSC）、访问用户位置寄存器（VLR）、归属用户位置寄存器（HLR）等功能实体组成，因此，GSM 技术规范定义了不同的接口以保证各功能实体之间的接口标准化。其示意图如图 3－12 所示。

（1）D 接口。D 接口定义为归属用户位置寄存器（HLR）与访问用户位置寄存器（VLR）之间的接口。用于交换有关移动台位置和用户管理的信息，为移动用户提供的主要

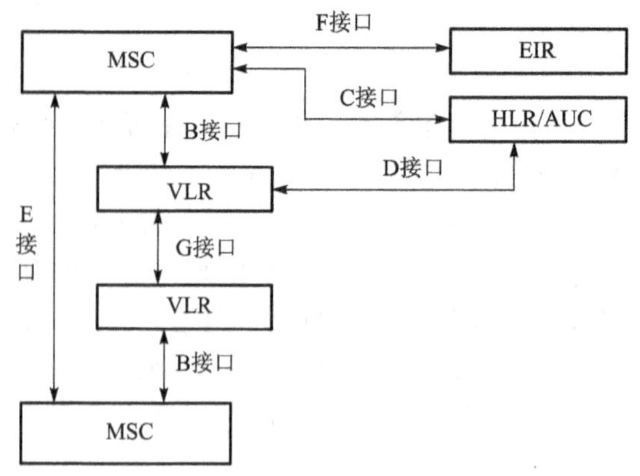

图3-12　网络子系统内部接口示意图

服务是保证移动台在整个服务区内能建立和接收呼叫。D接口的物理链接是通过移动业务交换中心（MSC）与归属用户位置寄存器（HLR）之间的标准2.048 Mb/s的PCM数字传输链路实现的。

（2）B接口。B接口定义为访问用户位置寄存器（VLR）与移动业务交换中心（MSC）之间的内部接口。用于移动业务交换中心（MSC）向访问用户位置寄存器（VLR）询问有关移动台（MS）当前位置信息或者通知访问用户位置寄存器（VLR）有关移动台（MS）的位置更新信息等。

（3）C接口。C接口定义为归属用户位置寄存器（HLR）与移动业务交换中心（MSC）之间的接口。用于传递路由选择和管理信息。

（4）E接口。E接口定义为控制相邻区域的不同移动业务交换中心（MSC）之间的接口。当移动台（MS）在一个呼叫进行过程中，从一个移动业务交换中心（MSC）控制的区域移动到相邻的另一个移动业务交换中心（MSC）控制的区域时，为不中断通信，需完成越区信道切换过程，此接口用于切换过程中交换有关切换信息以启动和完成切换。E接口的物理链接方式是通过移动业务交换中心（MSC）之间的标准2.048 Mb/s PCM数字传输链路实现的。

（5）F接口。F接口定义为移动业务交换中心（MSC）与移动设备识别寄存器（EIR）之间的接口。用于交换相关的国际移动设备识别码管理信息。F接口的物理链接方式是通过移动业务交换中心（MSC）与移动设备识别寄存器（EIR）之间的标准2.048 Mb/s的PCM数字传输链路实现的。

（6）G接口。G接口定义为访问用户位置寄存器（VLR）之间的接口。当采用临时移动用户识别码（TMSI）时，此接口用于向分配临时移动用户识别码（TMSI）的访问用户位置寄存器（VLR），询问此移动用户的国际移动用户识别码（IMSI）的信息。

3. GSM系统与其他公用电信网的接口

其他公用电信网主要是指公用电话网（PSTN）、综合业务数字网（ISDN）、分组交换公用数据网（PSPDN）和电路交换公用数据网（CSPDN）。GSM系统通过MSC与这些公用电信网互连，其接口必须满足CCITT的有关接口和信令标准及各个国家邮电运营部门制定的与这些电信网有关的接口和信令标准。

根据我国现有公用电话网（PSTN）的发展现状和综合业务数字网（ISDN）的发展前景，GSM 系统与 PSTN 和 ISDN 网的互连方式采用 7 号信令系统接口。其物理链接方式是通过 MSC 与 PSTN 或 ISDN 交换机之间标准 2.048 Mb/s 的 PCM 数字传输实现的。

如果具备 ISDN 交换机，HLR 与 ISDN 网之间可建立直接的信令接口，使 ISDN 交换机可以通过移动用户的 ISDN 号码直接向 HLR 询问移动台的位置信息，以建立至移动台当前所登记的 MSC 之间的呼叫路由。

3.3　GSM 系统网络及编号

3.3.1　GSM 的区域

在小区制移动通信网中，设置了很多基站，移动用户只要在服务区内，无论移动到何处，移动通信网必须具有交换、控制功能，以实现位置更新、越区切换和自动漫游等功能。

在由 GSM 系统组成的移动通信网络结构中，区域的定义如图 3－13 所示。

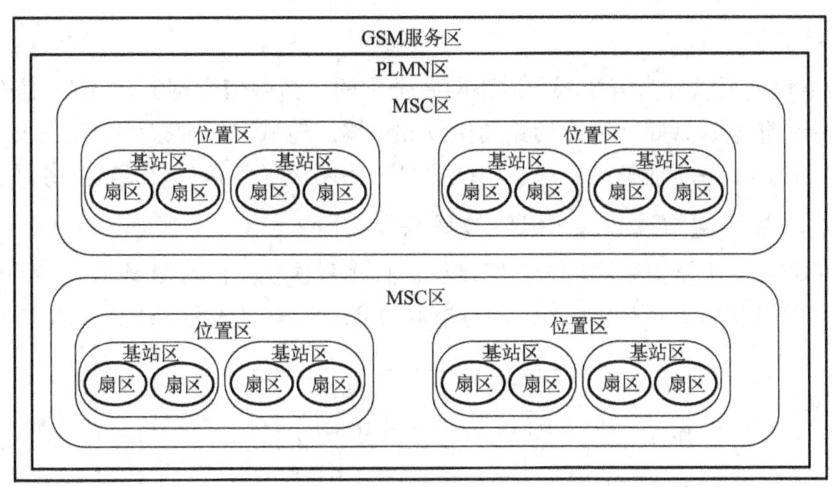

图 3－13　GSM 区域定义

1. GSM 服务区

服务区是指移动台可获得服务的区域，即不同通信网（如 PSTN 或 ISDN）用户无须知道移动台的实际位置而可与之通信的区域。一个服务区可由一个或若干个公用陆地移动通信网（PLMN）组成。从地域而言，可以是一个国家或是一个国家的一部分，也可以是若干个国家。

2. 公用陆地移动通信网（PLMN）

公用陆地移动通信网是指由一个公用陆地移动通信网（PLMN）提供通信业务的地理区域。一个 PLMN 区可由一个或若干个移动业务交换中心（MSC）组成。在该区域内具有共同的编号制度（比如相同的国内地区号）和共同的路由计划。MSC 构成固定网与 PLMN 之间的功能接口，用于呼叫接续等。

3. MSC 区

MSC 区是指一个移动交换中心所控制的区域，通常它连接一个或若干个基站控制器，每个基站控制器控制多个基站收、发信机。从地理位置来看，MSC 包含多个位置区。

4. 位置区

位置区一般由若干个小区（或基站区）组成，移动台在位置区内移动无须进行位置更新。通常呼叫移动台时，向一个位置区内的所有基站同时发寻呼信号。

5. 基站区

基站区是指基站收、发信机有效的无线覆盖区，简称小区。

6. 扇区

当基站采用定向天线时，基站区分为若干个扇区。如采用 120°定向天线时，一个小区分为 3 个扇区；若采用 60°定向天线时，一个小区分为 6 个扇区。

3.3.2 网络结构

1. 网络概述

GSM 网逻辑上可以分为信令网和话路网两个子网，其中信令网完成 MAP 信令、TUP 信令的路由选择和传输；话路网完成话路的接续和传输。地域大的国家可分为三级，即大区汇接局、省级汇接局、基本业务区；中、小国家可分为两级（汇接局、基本业务区）或无级。

2. GSM 网络的结构及其与 PSTN 的连接

PSTN 和 GSM 的 7 号信令网均为三级结构，且相互独立。移动端 MSC 信令点 SP 除与其归属的移动信令转接点 LSTP 相连外，还与当地的 PSTN 信令转接点相连。如图 3－14 所示。

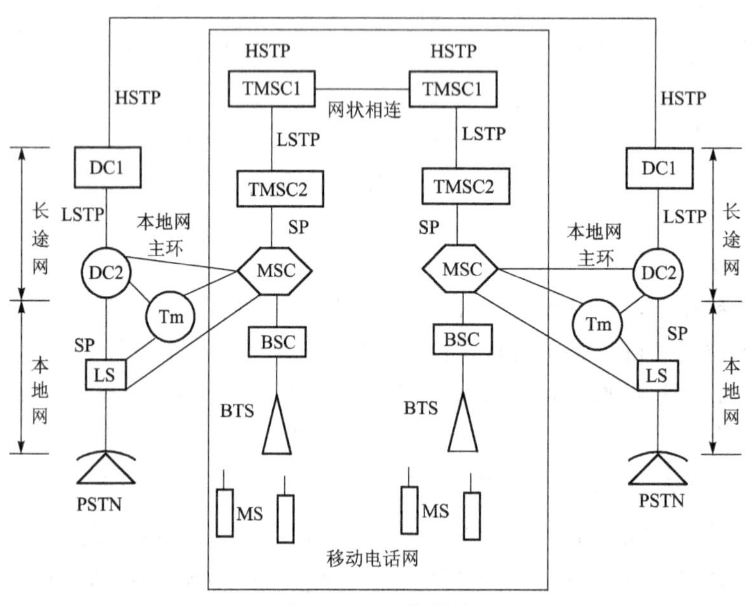

图 3－14　网络结构

移动电话网现阶段为三级网。13 大区设一级汇接中心 TMSC1：北京、上海、沈阳、南京、广州、武汉、成都、西安等地，彼此网状相连。各省设若干二级汇接中心 TMSC2，彼此网状相连，上连本大区 TMSC1，并在可能和必要时与邻大区的 TMSC1 相连。按长途区号设移动交换中心 MSC 作为移动端局。本地 MSC 间以高效直达路由相连，话务量足够大的任何 MSC 间可建低呼损直达路由。MSC 对其归属的 TMSC2 尽量按端局双归方式相连。MSC 与 PSTN 在本地网级相连，本地网中继传输主环应连接本地的 MSC、长途局 DC2、市话汇接局 Tm 和主要市话端局 LS。将来 TMSC1/2 趋于合并，全国设 70 多个移动长途局 MTS。

3. GSM 移动业务本地网

全国可划分为若干个移动业务本地网，原则上按长途区号为两位或 3 位的地区划分。每个移动本地网应设一个或多个 HLR 和若干个 MSC。每个 MSC 与局所在地的长途局相连，与局所在地的市话汇接局相连，也可与本地市话局相连。如图 3－15 所示。

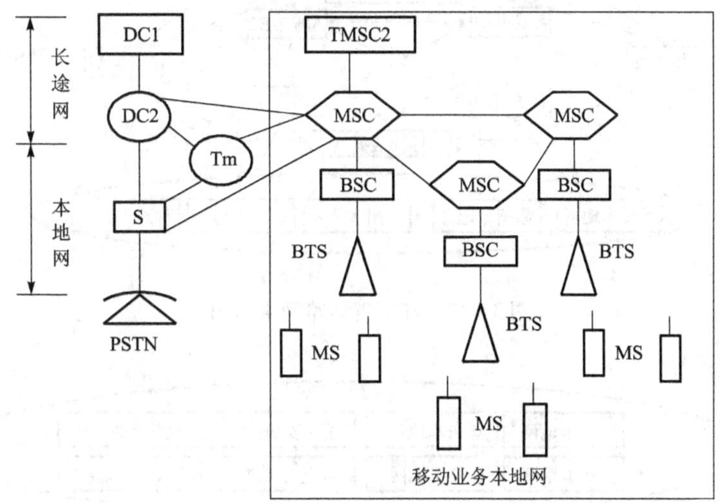

图 3－15　移动业务本地网示意图（设有 3 个 MSC）

4. GSM 省内移动通信网

省内 GSM 通信网由省内若干移动本地网组成，设若干移动业务汇接中心（即二级汇接中心 TMSC2）。TMSC2 之间为网状网结构，TMSC2 与 MSC 之间为星型网结构。TMSC2 可以只作汇接中心，也可以既作端局又作汇接中心。

GSM 数字移动信令网采用移动专用 No. 7 信令网三级结构（见图 3－16）：

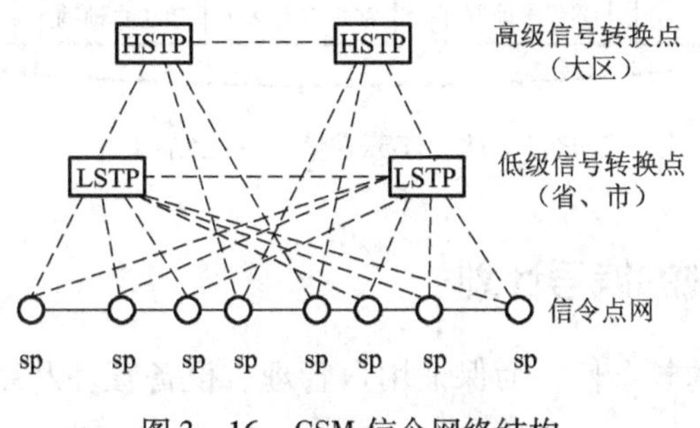

图 3－16　GSM 信令网络结构

第一级为高级信令转接点 HSTP，设在大区一级移动业务汇接中心。各大区可只建一个独立的 HSTP，也可建 A、B 两个平面，一对 HSTP。

第二级为低级信令转接点 LSTP，设在省内二级移动业务汇接中心。一般省内建 2 ~4 个 LSTP，仅与其归属的 HSTP 相连。

第三级为信令 SP，设在每个 MSC/VLR、EIR、HLR/AUC、SMC 和 BSC 等处，与相应的 LSTP 互通。HSTP 间、LSTP 间、LSTP 与 SP 间应设置双路由双链路，条件不具备时，可设置单路由双链路。如图 3－17 和图 3－18 所示省内话路、信令网络结构。

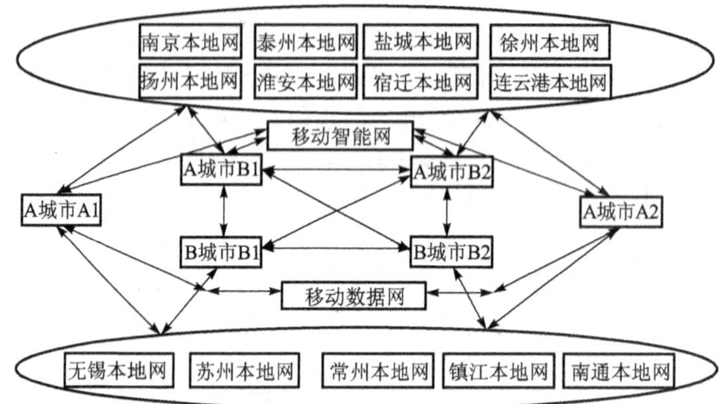

图 3－17　江苏省话路网络结构

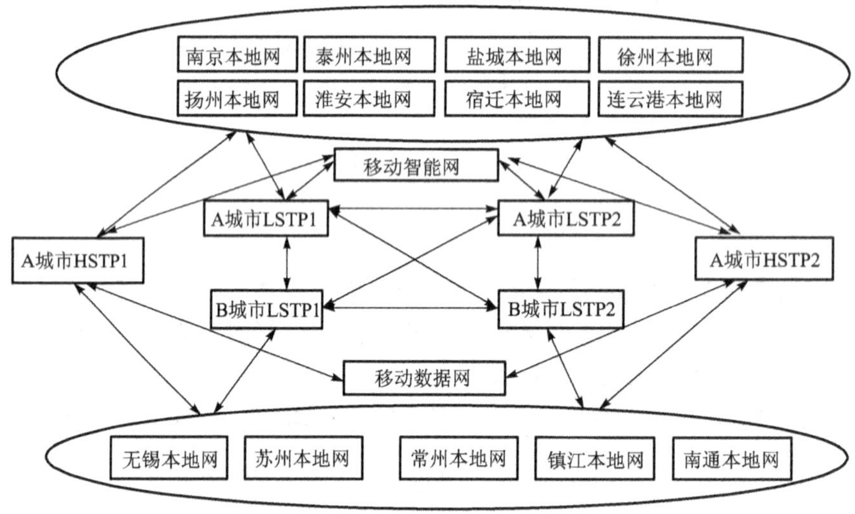

图 3－18　江苏省信令网络结构

3.3.3　GSM 系统的编号计划

由于 GSM 系统网络的复杂性，为保证用户管理、设备管理及系统的性能，必须进行编号。编号应遵循以下原则：

（1）全国移动电话应有统一的编号计划，划分移动电话编号区，并应相对稳定。

（2）每一个长途区号为两位，三位的长途编号区可设一个移动电话编号区。对于长途区号为四位的长途编号区，需经批准方可设置移动编号区。

（3）根据移动电话编号区的设置原则，一个移动编号区可以覆盖一个或几个长途编号区。

（4）多个移动编号区可以合用一个移动电话局。

1. 移动用户ISDN号码（MSISDN）

移动用户号码是指移动用户对外公开的电话号码，任何主叫用户呼叫GSM网中的用户就拨打该号码。MSISDN号码结构如图3－19所示。

图3－19　MSISDN号码结构

CC——国家码，如中国为86，美国为1，英国为44。

NDC——国内地区码，每个PLMN有一个NDC。

SN——移动用户号码。

国内有效移动用户的ISDN号为一个11位数字的等长号码：$N_1N_2N_3H_0H_1H_2H_3ABCD$，其中$N_1N_2N_3$是数字蜂窝移动业务接入号，例如中国移动GSM网的移动业务接入号为133～139、139、188，中国联通GSM网的移动业务接入号为130、131、133。$H_0H_1H_2H_3$是HLR识别号，其中$H_0H_1H_2$由主管部门统一规定，H_3可由各省主管部门确定。SN由各HLR自行分配。

2. 国际移动用户识别码（IMSI）

国际移动用户识别码（IMSI）是数字PLMN网中唯一地识别一个移动用户的号码，为一个16位数字的号码，其结构如图3－20所示。

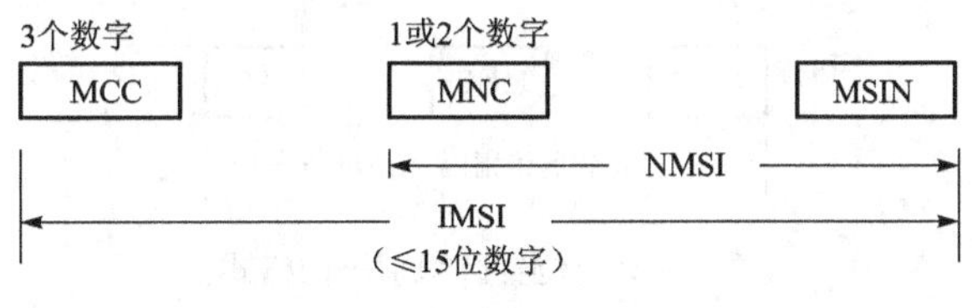

图3－20　IMSI号码结构

MCC——移动国家码，由3个数字组成，唯一地识别移动用户所属的国家。中国移动国家码为460。

MNC——移动网号，最多由2个数字组成，识别移动用户所归属的移动通信网（PLMN）。00为中国移动，01为中国联通。

MSIN——移动用户识别码，唯一地识别某一移动通信网（PLMN）中的移动用户。

例如：MCC＋MNC＋MSIN＝460＋00＋1 891 000 000（13位）。

3. 临时移动用户识别码（TMSI）

为了对IMSI码保密，VLR可给来访的移动用户分配一个临时移动用户识别码（TMSI），它只限于在该访问位置区使用，为一个4字节的BCD码。IMSI和TMSI可按一定算法转换，但它们之间没有长期固定的联系，仅在MS呼叫时临时指定。临时用户识别码（TMSI）的作用是保证用户除了起始在网络中登记时要使用的IMSI外，在后续的呼叫中，可以避免通过无线信道发送其IMSI，从而防止窃听者检测特定用户的通信内容，或者盗用合法用户的识别码。

例如：33 6f 70 4f。

4. 移动用户漫游号码（MSRN）

移动台漫游号码是当移动台由所属的MSC/VLR业务区漫游至另一个MSC/VLR业务区时，为了将对它的呼叫顺利发送给它而由其所属MSC/VLR分配的一个临时号码。

具体来讲，为了将呼叫接至处于漫游状态的移动台处，必须要给入口MSC（即GMSC，Gateway MSC）一个用于选择路由的临时号码。为此，移动台所属的HLR会请求该移动台所属的MSC/VLR给该移动台分配一个号码，并将此号码发送给HLR，而HLR收到后再把此号码转送给GMSC。这样，GMSC就可以根据此号码选择路由，将呼叫接至被叫用户目前正在访问的MSC/VLR交换局了。一旦移动台离开该业务区，此漫游号码即被收回，并可分配给其他来访用户使用。

MSRN只是临时性用户数据，但在HLR和VLR中都会有所保存。根据各国不同的要求，MSRN也具有可变的长度。MSRN的组成与MSISDN相同，最大为13位数字。MSRN为86-139-0477XXX，因MSISDN号码、MSC号码、VLR号码均已升位，MSRN也随之升位，典型升位后的MSRN号码为86-139-00477ABC。

5. 位置识别码

在GSM系统中，共有三个号码组成对移动台的位置识别。

（1）位置区识别（LAI）。LAI由MCC+MNC+LAC三部分组成，前两部分与IMSI中的前两部分相同；LAC为一个2字节BCD码，表示为$L_1L_2L_3L_4$，其范围为0001～FFFF。如图3-21所示。

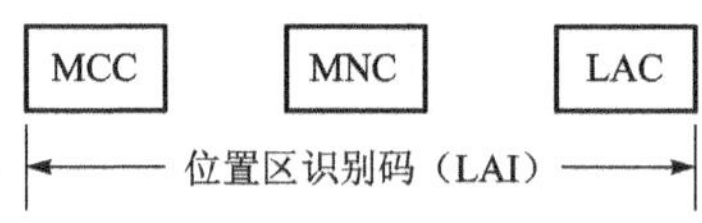

图3-21　位置区识别码的格式

（2）全球小区识别（CGI）。CGI是在所有GSM PLMN中用作小区的唯一标识，是在位置区识别LAI的基础上再加上小区识别CI构成的。其组成为：CGI = LAI + CI = MCC + MNC + LAC + CI，CI是一个2字节BCD码，由MSC自定。

（3）基站识别色码（BSIC）。BSIC为基站识别色码，如图3-22所示。用在移动台对于采用相同载频的相邻不同基站收发信台BTS的识别，特别用于区别在不同国家的边界地区采用相同载频的不同相邻BTS。BSIC为一个6 bit编码，其组成为：NCC(3 bit) + BCC(3 bit)。NCC：网络号码。BCC：基站色码，由运营部门设定。

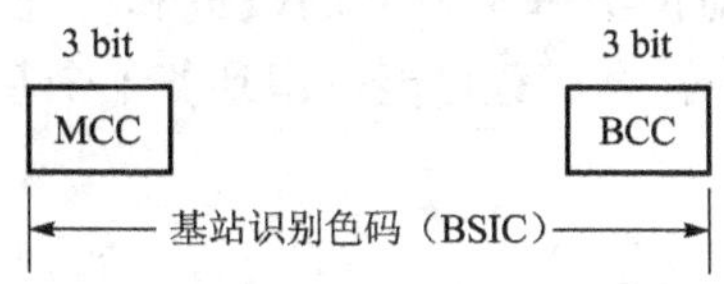

图 3-22　基站识别色码（BSIC）的格式

6. 国际移动设备识别码（IMEI）

IMEI 唯一地识别一个移动台设备，用于监控被窃或无效移动设备。它是一个 13 位的十进制数，其构成为：TAC（6 位）+FAC（2 位）+SNR（6 位）+SP（1 位）。如图 3-23 所示。

TAC——型号批准码，由欧洲型号认证中心分配。

FAC——最后装配码，表示生产厂或最后装配所在地，由厂家进行编码。

SNR——序号码，由厂家分配。

SP——备用，Spare 备用码，通常是 0。

手机输入 * #06#显示 IMEI。

例如：334446364104363（15 位）。

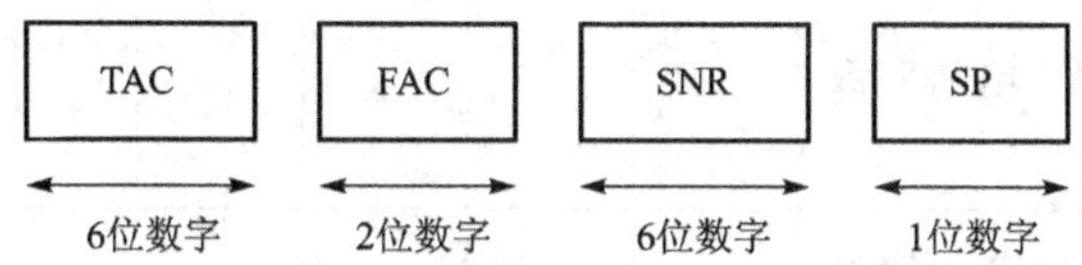

图 3-23　国际移动设备识别码的格式

3.4　GSM 系统业务

GSM 系统提供的业务可分为三大类：承载业务（Bear Services）、电信业务（Teleservices）和附加业务（Supplementary Services）。其中承载业务和电信业务也叫做基本电信业务（Basic Telecommunication Services）；附加业务可以分为 GSM 附加业务（Gsm Basic Telecommunication Services）和非 GSM 附加业务（NON-GSM Basic Telecommunication Services）。

电信业务提供包括终端设备功能在内的完整通信能力，是一种完整的端到端通信业务。而承载业务是提供接入点之间传输信号的能力，即在两个 MODEM 接口之间传递用户的数据。两者的主要差别是在用户的接入点不同。如图 3-24 所示。

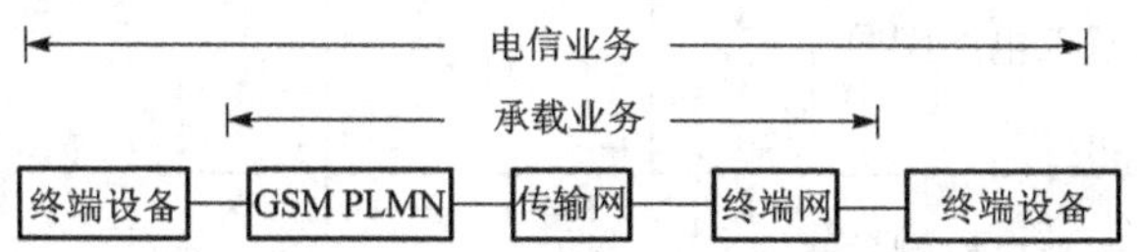

图 3-24　GSM 系统支持的基本业务

附加业务（补充业务）是对两类基本业务的改进和补充，它不能单独向用户提供，而必须与基本业务一起提供。同一补充业务可能应用到若干个基本业务中。下面着重讨论电信业务。

3.4.1 GSM 承载业务（Bear Services）

承载业务是为了提供数据传送的纯传输业务，它提供 GSM 网络和其他网络之间的低层交换功能。表 3-3 列举了 GSM 定义的承载业务。

表 3-3 GSM 定义的承载业务

号码	承载业务名称	终端网络						在 MS 的接入接口
		PLMN0	PSTN1	ISDN2	CSPDN3	PSPDN4	直接接入 5	
21	异步 300 b/s 双工电路型数据，透明； 异步 300 b/s 双工电路型数据，不透明	✓	✓	✓			✓	1
22	异步 1 200 b/s 双工电路型数据，透明； 异步 1 200 b/s 双工电路型数据，不透明	✓	✓	✓			✓	2
23	异步 1 200/75 b/s 双工电路型数据，透明； 异步 1 200/75 b/s 双工电路型数据，不透明	✓	✓	✓			✓	4
24	异步 2 400 b/s 双工电路型数据，透明； 异步 2 400 b/s 双工电路型数据，不透明	✓	✓	✓			✓	(0,2,5) A(1)6
25	异步 4 800 b/s 双工电路型数据，透明； 异步 4 800 b/s 双工电路型数据，不透明	✓	✓	✓			✓	(0,2,5) A(1)6
26	异步 9 600 b/s 双工电路型数据，透明； 异步 9 600 b/s 双工电路型数据，不透明	✓	✓	✓			✓	(0,2,5) A(1)6
31	同步 1 200 b/s 双工电路型数据，透明	✓	✓	✓			✓	2

续表

号码	承载业务名称	终端网络						在 MS 的接入接口
		PLMN0	PSTN1	ISDN2	CSPDN3	PSPDN4	直接接入 5	
32	同步 2 400 b/s 双工电路型数据，透明	✓	✓	✓	✓		✓	(0)3,5,7(1)6(2,3)7
33	同步 4 800 b/s 双工电路型数据，透明	✓	✓	✓	✓		✓	(0)6,7(1)6(2,3)7
34	同步 9 600 b/s 双工电路型数据，透明	✓	✓	✓	✓		✓	(0)6,7(1)6(2,3)7
41	异步 300 b/s PAD 接入电路型，不透明			✓		✓	✓	1
42	异步 1 200 b/s PAD 接入电路型，透明； 异步 1 200 b/s PAD 接入电路型，不透明			✓		✓	✓	2
43	异步 1 200/75 b/s PAD 接入电路型，透明； 异步 1 200/75 b/s PAD 接入电路型，不透明			✓		✓	✓	4
44	异步 2 400 b/s PAD 接入电路型，透明； 异步 2 400 b/s PAD 接入电路型，不透明			✓		✓	✓	A
45	异步 4 800 b/s PAD 接入电路型，透明； 异步 4 800 b/s PAD 接入电路型，不透明			✓		✓	✓	A
46	异步 9 600 b/s PAD 接入电路型，透明； 异步 9 600 b/s PAD 接入电路型，不透明			✓		✓	✓	A

续表

号码	承载业务名称	终端网络						在MS的接入接口
		PLMN0	PSTN1	ISDN2	CSPDN3	PSPDN4	直接接入5	
61	交替语音/非限制数字（非限制 对非限制数字部分提供21～34承载业务）数字透明交替语音/非限制数字（非限制对非限制数字部分提供21～26承载业务）数字，不透明	✓	✓	✓			✓	1，2，3，4，5，6，9
81	语音后接数据（非限制对非限制数字部分提供21～34承载业务）数字，透明 语音后接数据（非限制对非限制数字部分提供21～26承载业务）数字，不透明	✓	✓	✓			✓	1，2，3，4，5，6，9

3.4.2 电信业务

电信业务是指端到端的业务，它包括开放系统互连OSI的1～7层的协议。GSM系统可以提供的电信业务大致可分为两类：语音业务和非话业务。语音业务是GSM系统提供的基本业务，允许用户在世界范围内任何地点与固定电话用户、移动电话用户以及专用网用户进行双向通话联系。非话业务又称数据业务，是指语音业务之外的业务。它提供了固定用户和ISDN用户所能享用的业务中大部分的业务，包括文字、图像、传真、计算机文件、Internet访问等服务。GSM系统能提供6类10种电信业务，其编号、名称、业务种类和实现阶段见表3－4。

表3－4 电信业务分类

分类号	电信业务类型	编号	电信业务名称	实现阶段
1	语音传输	11 12 13	电话 紧急呼叫 语音信箱	E1 E1 A
2	短消息业务	21 22 23	点对点MS终止的短消息业务 点对点MS起始的短消息业务 小区广播短消息业务	E3 A FS
3	MHS接入	31	先进消息处理系统接入	A

续表

分类号	电信业务类型	编号	电信业务名称	实现阶段
4	可视图接入	41 42 43	可视图文接入子集 1 可视图文接入子集 2 可视图文接入子集 3	A A A
5	智能用户电报传递	51	智能用户电报	A
6	传真	61	交替的语音和三类传真 透明 非透明	 E2 A
		62	自动三类传真 透明 非透明	 FS FS

1. 电话业务

电话业务是 GSM 系统提供的最重要业务，经过 GSM 网与固定网，为移动用户与移动用户之间或移动用户与固定电话用户之间提供实时双向通话。这里的通信既可以是 GSM 网络内部的移动用户之间的通信，也可以是 GSM 用户与其他网络（如模拟移动网、固定电话网（PSTN）、综合业务数字网（ISDN）等）中用户的通信。该业务的内容主要为通话，另外还包括各种特服呼叫、各类查询业务和申告业务，以及提供人工、自动无线电寻呼业务。

GSM 系统为移动用户电话配置了两项功能，分别是移动呼出功能（MOC）和移动呼入功能（MTC）。只要移动用户所在的 GSM 网与其他网之间有中继连接，移动用户就可以在世界范围内与另一处的固定用户或移动用户通话。

2. 紧急呼叫业务

紧急呼叫业务是由电话业务派生出来的，其优先级别高于其他业务。其允许数字移动用户在紧急情况下，进行紧急呼叫操作，即在 GSM 网络覆盖范围内，无论移动用户身处何方，只要他拨打了 119、110 或 120 等特定号码时，网络就会依据用户所处的位置，就近接入一个紧急服务处，如火警中心（119）、匪警中心（110）或急救中心（120）等。如果用户不清楚具体的号码，还可以按移动台上的紧急呼叫键（SOS 键），靠系统的提示来拨打相应的紧急呼叫服务中心。

3. 短消息业务

短消息业务包括移动台起始和移动台终止的点对点短消息业务，以及小区广播式短消息业务。

点对点短消息业务是由短消息业务中心完成储存和前转功能的。短消息中心是与 GSM 系统相分离的独立实体，不仅可服务于 GSM 用户，也可服务于具备接收短消息业务功能的固定用户。点对点消息的发送或接收应该在处于呼叫或空闲状态下进行。由控制信道传送短消息业务的消息，其信息量限制为160个字符。

小区广播式短消息业务是由GSM移动通信网以有规则的间隔向移动台重复广播具有通用意义的短消息，比如道路交通信息等。移动台连续不断地监视广播消息，并在移动台上向用户显示广播消息。此短消息也是在控制信道上传送，移动台只有在空闲状态下才可以接收广播消息，其信息量限制为93个字符。

4. 可视图文接入

可视图文接入是一种通过网络完成文本、图形信息检索和电子邮件功能的业务。

5. 智能用户电报传送

智能用户电报传送能够提供智能用户电报终端间的文本通信业务。此类终端具有文本信息的编辑、存储处理等能力。

6. 传真

交替的语音和3类传真是指语音与三类传真交替传送的业务。自动3类传真是指能使用户经PLMN网以传真编码信息文件的形式自动交换各种函件的业务。

3.4.3 补充业务

补充业务又称附加业务，是对基本业务的扩展。GSM系统不断推出了许多补充业务，它们大多数是用于语音通信的，有的也可以用于数据通信。GSM所能提供的补充业务与ISDN网业务分类极其相似，在第一阶段，GSM仅能提供呼叫前转类和呼叫闭锁类补充业务。见表3－5。

表3－5 GSM系统的补充业务

补充业务名称	提供	取消	登记	删除	激活	去活	请求	询问	种类及实现阶段
号码识别类补充业务：									
主叫号码识别显示	p/g	s	—	—	p	w	n	—	A
主叫号码识别限制	p/g	s	—	—	p/s	w/c	n	s	A
被叫号码识别显示	p	s	—	—	p	w	n	—	A
被叫号码识别限制	p	s	—	—	p/s	w/c	n	s	A
恶意呼叫识别	p	s	—	—	a	a	u/n	s	A
呼叫提供类补充业务：									
无条件呼叫前转	p	s	a/s	w/r/s	r	e	n	dr	E1
遇移动用户忙呼叫前转	p	s	a/s	w/r/s	r	e	n	dr	E1
遇无应答呼叫前转	p	s	a/s	w/r/s	r	e	n	dr	E1
遇移动用户不可及呼叫前转	p	s	a/s	w/r/s	r	e	n	dr	E1
呼叫转移	p	s	—	—	p	w	n	—	A
移动接入搜索	p	s	—	—	p	w	n	—	A

续表

补充业务名称	提供	取消	登记	删除	激活	去活	请求	询问	种类及实现阶段
呼叫完成类补充业务：									
呼叫等待	p/g	s	—	—	s	s	n	s	E3
呼叫保持	p	s	—	—	p	w	u	—	E2
至忙用户的呼叫完成	p	s	—	—	s	s	n	s/dr	A
多方通话类补充业务：									
三方业务	p	s	—	—	p	w	u	—	E2
会议电话	p	s	—	—	p	w	u	—	E3
集团类补充业务：									
闭合用户群	p	s	—	—	p	w	u	—	A
计费类补充业务：									
计费通知	p	s	—	—	p	w	n	—	E2
免费电话业务	p	s	p/s	w/s	s	s	n	dr	A
对方付费：									
MS 被叫	p	s	—	—	p	w	—	s	A
MS 主叫	g	—	—	—		—	u	—	A
附加信息传递类补充业务：									
用户至用户信令	p	s	—	—	s	c	u	—	A
呼叫限制类补充业务：									
闭锁所有出局呼叫	p	s	a/s	w/r	a/s	s/a	n	dr	E1
闭锁所有国际出局呼叫	p	s	a/s	w/r	a/s	s/a	n	dr	E1
闭锁除归属 PLMN 国家外	p	s	a/s	w/r	a/s	s/a	n	dr	A
所有国际出局呼叫：									
闭锁所有入局呼叫	p	s	a/s	w/r	a/s	s/a	n	dr	E1
当漫游出归属 PLMN 国家后，闭锁入局呼叫	p	s	a/s	w/r	a/s	s/a	n	dr	A

3.5 GSM 系统的数字无线接口

GSM 系统的无线接口就是移动台和基站子系统之间的接口，即 Um 接口，通常也称空中接口，是系统最重要的接口。本节着重讨论 GSM 系统的无线传输方式及其特征。

3.5.1 GSM 系统无线传输特征

1. TDMA/FDMA 接入方式

GSM 系统中，有若干个小区（3 个、4 个或 7 个）构成一个区群，区群内不能使用相同频道，同频道距离保持相等，每个小区含有多个载频，每个载频上含有 8 个时隙，即每个载频有 8 个物理信道，因此，GSM 系统是时分多址/频分多址的接入方式，如图 3-25 所示。

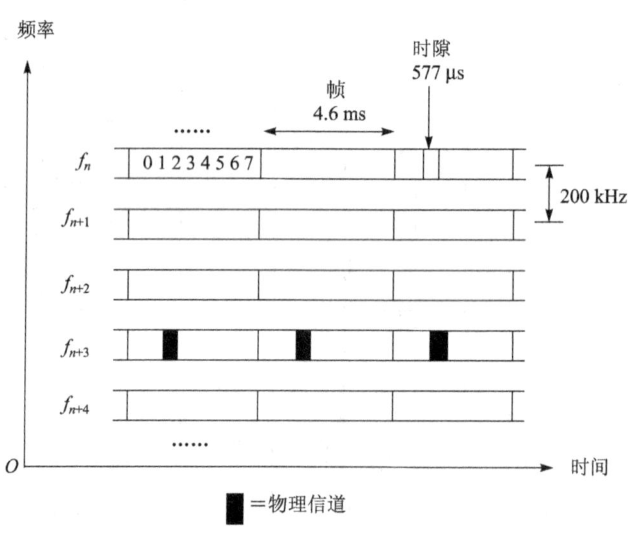

图 3-25　TDMA/FDMA 接入方式

2. 频率与频道序号

GSM 系统工作在以下射频频段：

上行（移动台发、基站收）890 ~ 915 MHz；

下行（基站发、移动台收）935 ~ 960 MHz。

收、发频率间隔为 45 MHz。

移动台采用较低频段发射，传播损耗较低，有利于补偿上、下行功率不平衡的问题。由于载频间隔是 0.2 MHz，因此，GSM 系统整个工作频段分为 124 对载频，其频道序号用 n 表示。则上、下两频段中序号为 n 的载频可用下式计算：

$$\text{上频段}\quad f_l(n) = (890 + 0.2n)\,\text{MHz} \tag{3-1}$$

$$\text{下频段}\quad f_h(n) = (935 + 0.2n)\,\text{MHz} \tag{3-2}$$

式中，$n = 1 \sim 124$。例如 $n = 1$，$f_l(1) = 890.2$ MHz，$f_h(1) = 935.2$ MHz，其他序号的载频依此类推。

前已指出，每个载频有 8 个时隙，因此，GSM 系统总共有 $124 \times 8 = 992$ 个物理信道。

在我国 900 MHz 频段中，890 ~ 905 MHz（上行）、935 ~ 950 MHz（下行）各 15 MHz 的频带用于模拟蜂窝移动通信网；剩下的 905 ~ 915 MHz（上行）、950 ~ 960 MHz（下行）各 10 MHz 的频带用于数字蜂窝移动通信网。国家无线电管理委员会给“中国移动”GSM 网分配了 4 MHz，即 905 ~ 909 MHz 和 950 ~ 954 MHz 频段，给“中国联通”GSM 网分配了

6 MHz，即 909 ~ 915 MHz 和 954 ~ 960 MHz 频段。可根据业务发展的需要向下扩展，或向 1.8 GHz 频段的 DCS1800 过渡，即可使用 1 800 MHz 频段：

上行（移动台发、基站收）1 710 ~ 1 785 MHz；

下行（基站发、移动台收）1 805 ~ 1 880 MHz。

所谓双频手机是指既可以在 GSM900MHz 频段工作，又可以在 DCS1800MHz 频段工作的 GSM 手机。

3. 调制方式

GSM 的调制方式是高斯滤波最小移频键控（GMSK）方式。这一调制方案由于改善了频谱特性，从而能满足 CCIR 提出的邻信道功率电平小于 -60 dBW 的要求，高斯滤波器的归一化带宽 $BT = 0.3$，基于 200 kHz 的载频间隔及 270.833 Kb/s 的信道传输速率。

4. 载频复用与区群结构

GSM 系统中，基站发射功率为每载波 300 W，每时隙平均为 300/8 = 37.5 W。移动台发射功率分为 0.8 W、2 W、3 W、8 W 和 20 W 五种，可供用户选择。小区覆盖半径最大为 35 km，最小为 300 m，前者适用于农村，后者适用于市区。

由于系统采取了多种抗干扰措施（如自适应均衡、跳频和纠错编码等），同频道射频防护比可降到 $C/I = 9$ dB，因此，在业务密集区，可采用 3 小区 9 扇区的区群结构。

3.5.2　信道类型及其组合

1. 信道定义

1）物理信道

在 GSM 系统中，一个载频上 TDMA 帧的一个时隙（TS）称为一个物理信道，它相当于 FDMA 系统中的一个频道，每个用户通过一个信道接入系统，因此，GSM 中每个载频有 8 个物理信道（TS0 - TS7）。每个用户占用一个时隙用于传递信息，在一个 TS 中发送的信息称为突发脉冲序列。

如图 3 - 26 所示，图中显示了 GSM 中 TDMA 的真正含义，就是在每个载频上按时间分为 8 个时间段，每个时间段分配给一个用户，于是 GSM 的一个载频上可提供 8 个物理信道。

2）逻辑信道

大量信息传递于基站与移动台之间，根据传递信息的种类，可定义不同的逻辑信道，逻辑信道在传输过程中要被放在某个物理信道上，这些逻辑信道有的用于呼叫接续阶段，有的用于通信进行中，也有的用于系统运行的全部时间内，其在传输过程中要被映射到某个物理信道上才能实现信息的传输。

如果我们把“TDMA 帧”中的每个时隙看作为物理信道，那么在物理信道所传输的内容又是什么呢？其内容就是逻辑信道。逻辑信道是指依据移动网通信的需要为所传送的各种控制信令和语音或数据业务在 TDMA 的 8 个时隙分配的控制逻辑信道或语音、数据逻辑信道。

这好比用只有 8 个座位的汽车运送一批军官和士兵，如图 3 - 27 所示，可看出在每部汽车中 8 个座位上坐了不同类型的人。一种类型的人为军官，人数少但起着指挥作用；另一类人是士兵，人数多，是战场上的主力军。

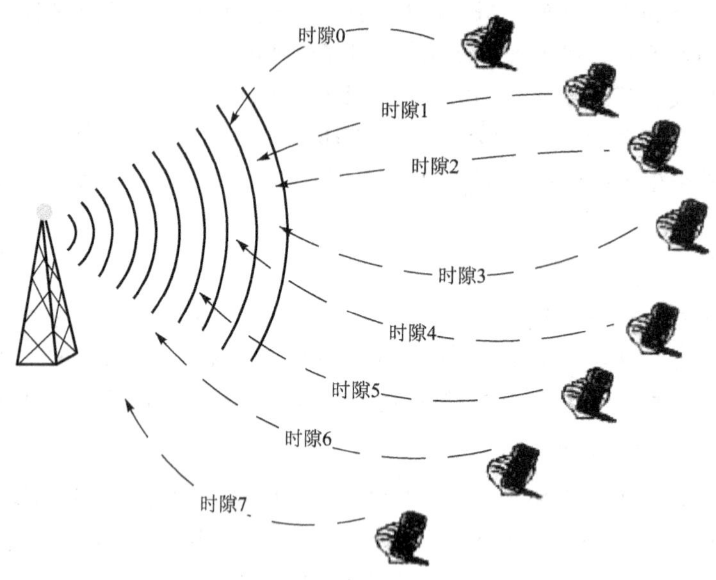

图3-26　蜂窝移动通信系统的物理通道

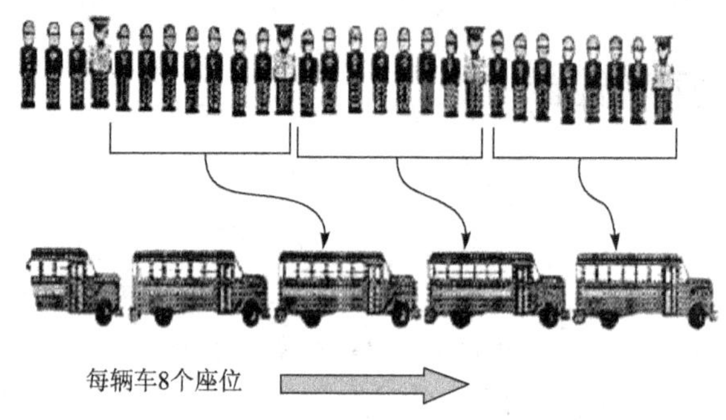

图3-27　蜂窝移动通信系统的物理通道

这个例子可类比物理信道和逻辑信道的关系，即物理信道可类比为车的8个座位——8个时隙，逻辑信道可类比为坐在座位上的人。逻辑信道的不同类型可类比为军官和士兵，起控制作用的逻辑控制信道可类比成军官，传输语音或数据逻辑业务的信道可类比成士兵。

2. 逻辑信道的分类（见图3-28）

1）业务信道（TCH）

业务信道是用于传递用户语音或用户数据业务的信道，语音业务信道按速率不同可分为全速率语音业务信道（TCH/FS）和半速率语音业务信道（TCH/HS）。同样数据业务信道按速率不同也分为全速率数据业务信道（如TCH/F9.6、TCH/F4.8、TCH/F2.4）和半速率数据业务信道（如TCH/H4.8、TCH/H2.4）。这里符号F代表全速率，H代表半速率，数字9.6、4.8、2.4表示数据速率，单位是Kb/s。

2）控制信道（CCH）

控制信道是用于传输信令信息或同步数据的信道。控制信道分为以下三类。

（1）广播控制信道（BCH）。广播信道是一种“一点对多点”的单方向控制信道，用于

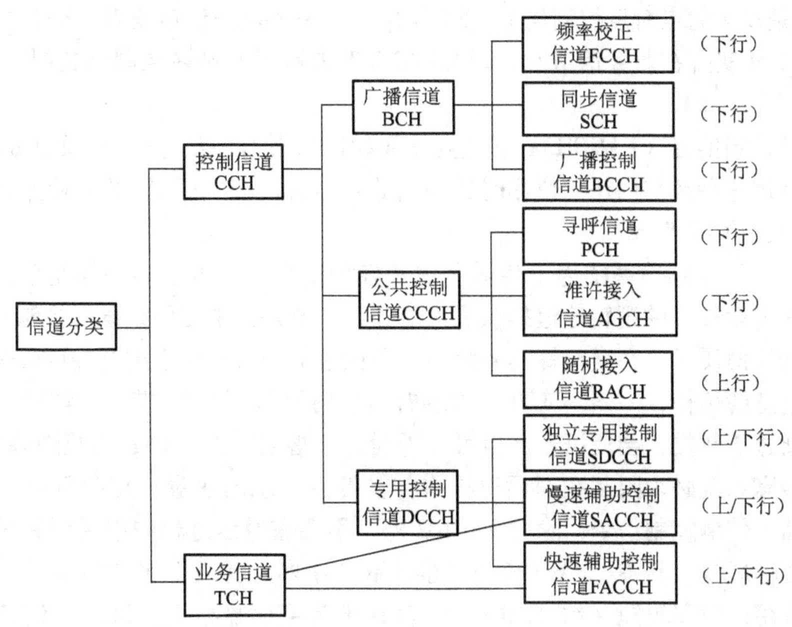

图 3-28　GSM 系统的逻辑信道分类

基站向移动台广播公用的信息。传输的内容主要是移动台入网和呼叫建立所需要的有关信息。其又分为：

① 频率校正信道（FCCH）：传输供移动台校正其工作频率的信息。

② 同步信道（SCH）：传输供移动台进行同步和对基站进行识别的信息。因为基站识别码是在同步信道上传输的。

③ 广播控制信道（BCCH）：传输系统公用控制信息，例如公共控制信道（CCCH）号码以及是否与独立专用控制信道（SDCCH）相组合等信息。

（2）公用控制信道（CCCH）。CCCH 是一种双向控制信道，用于呼叫接续阶段传输链路连接所需要的控制信令。其中又分为：

① 寻呼信道（PCH）：传输基站寻呼移动台的信息。

② 随机接入信道（RACH）：这是一个上行信道，用于移动台随机提出的入网申请，即请求分配一个独立专用控制信道（SDCCH）。

③ 准许接入信道（AGCH）：这是一个下行信道，用于基站对移动台的入网申请做出应答，即分配一个独立专用控制信道。

（3）专用控制信道（DCCH）。DCCH 是一种“点对点”的双向控制信道。其用途是在呼叫接续阶段以及在通信进行当中，在移动台和基站之间传输必需的控制信息。其中又分为：

① 独立专用控制信道（SDCCH）：用于在分配业务信道之前传送有关信令。例如，登记、鉴权等信令均在此信道上传输，经鉴权确认后，再分配业务信道（TCH）。

② 慢速辅助控制信道（SACCH）：在移动台和基站之间，需要周期性地传输一些信息。

例如，移动台要不断地报告正在服务的基站和邻近基站的信号强度，以实现“移动台辅助切换功能”。此外，基站对移动台的功率调整、时间调整命令也在此信道上传输，因此，SACCH是双向的点对点控制信道，SACCH可与一个业务信道或者一个独立专用控制信道联用。SACCH安排在业务信道时，以SACCH/T表示；安排在控制信道时，以SACCH/C表示。

快速辅助控制信道（FACCH）：传送与SDCCH相同的信息，只有在没有分配SDCCH的情况下，才使用这种控制信道。使用时要中断业务信息，把FACCH插入业务信道，每次占用的时间很短，约18.5 ms。

由上可见，GSM通信系统为了传输所需的各种信令，设置了多种控制信道。这样，除了因数字传输为设置多种逻辑信道提供了可能外，主要是为了增强系统的控制功能，同时也为了保证语音通信质量。在模拟蜂窝系统中，要在通信进行过程中进行控制信令的传输，必须中断语音信息的传输，一般为100 ms左右，这就是所谓的“中断－猝发”的控制方式。如果这种中断过于频繁，会使语音产生可以听到的“喀喇”声，势必明显地降低语音质量。因此，模拟蜂窝系统必须限制在通话过程中传输控制信息的容量。与此不同，GSM系统采用专用控制信道传输控制信令，除去FACCH外，不会在通信过程中中断语音信号，因而能保证语音的传输质量。其中，FACCH虽然也采取“中断－猝发”的控制方式，但使用机会较少，而且占用的时间较短（约18.5 ms），其影响程度明显减小。GSM系统还采用信息处理技术，以估计并补偿这种因为插入FACCH而被删除的语音。

3. 帧结构

蜂窝通信系统要传输不同类型的信息，按逻辑功能而言，可分为业务信息和控制信息。因而在时分、频分复用的物理信道上要安排相应的逻辑信道。在时分多址的物理信道中，帧的结构或组成是基础。

GSM的时隙帧结构有五个层次，即时隙、TDMA帧、复帧（Multiframe）、超帧（Superframe）和超高帧。图3－29所示给出了系统各种帧和时隙的格式。

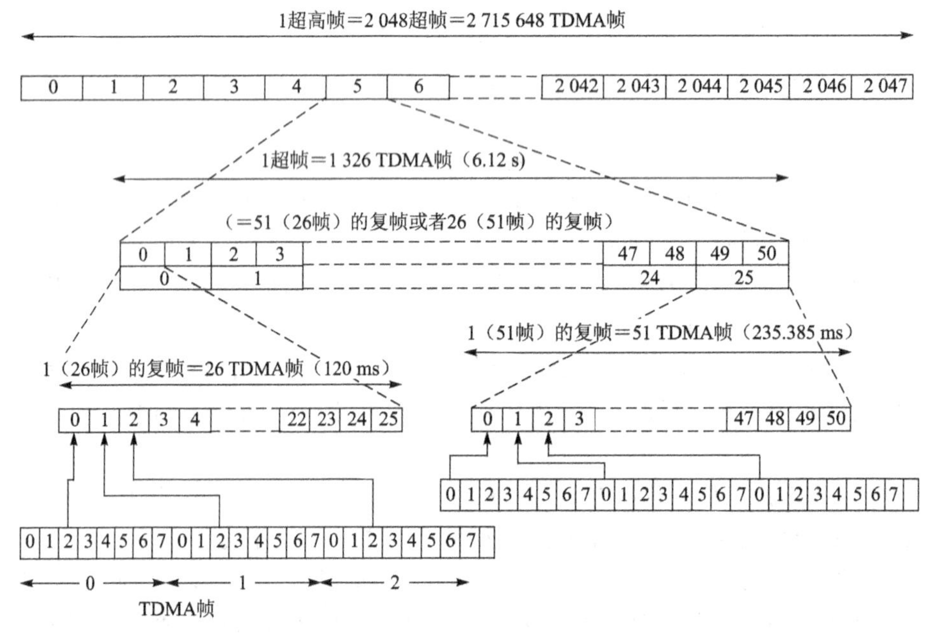

图3－29　GSM系统各种帧和时隙的格式

时隙是物理信道的基本单元。1 个时隙 = 156.25 b，时隙长为 0.577 ms，相当 1 b 的持续时间约为 3.69 μs。相应的比特率为 156.25 b/0.577 ms = 270.833 Kb/s。

TDMA 帧由 8 个时隙组成，是占据载频带宽的基本单元，即每个载频有 8 个时隙，每一个 TDMA 帧分 0 ~ 7 共 8 个时隙，帧长度为 120/26 ≈ 4.615 ms。

复帧有以下两种类型：

——由 26 个 TDMA 帧组成的复帧，时长为 120 ms。这种复帧用于 TCH、SACCH 和 FACCH。

——由 51 个 TDMA 帧组成的复帧，时长为 235.385 ms。26 个这样的复帧组成一个超帧。这种复帧用于 BCCH 和 CCCH。

51 个 26 帧的复帧（或 26 个 51 帧的复帧）组成一个超帧。超帧的周期为 1 326 个 TDMA 帧，超帧长 $51 \times 26 \times 4.615 \times 10^{-3} \approx 6.12$ s。

超高帧等于 2 048 个超帧。超高帧的周期为 2 048 × 1 326 = 2 715 648 个 TDMA 帧，即 12 533.76 秒，即 3 小时 28 分 53 秒 760 毫秒。帧的编号（FN）以超高帧为周期，从 0 ~ 2 715 647。

另外，GSM 系统规定上行传输所用的帧号和下行传输所用的帧号相同，但上行帧相对于下行帧来说，在时间上推后 3 个时隙，如图 3－30 所示。这样安排，允许移动台在这 3 个时隙的时间内，进行帧调整以及对收、发信机的调谐和转换。

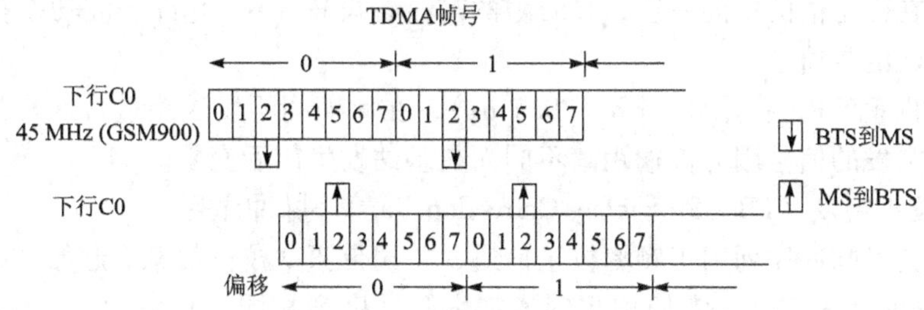

图 3－30 上行帧号和下行帧号所对应的时间关系

4. 时隙的格式

TDMA 信道上一个时隙中的信息格式称为突发脉冲序列，为了传输业务信息和控制信息，共有五种类型的突发脉冲序列，如图 3－31 所示。

1）常规突发（NB，Normal Burst）脉冲序列

常规突发脉冲序列用于携带业务信道及除随机接入信道、同步信道和频率校正信道以外的所有信道上的信息。其中包括：

（1）加密数据或语音 2 × 57 b = 114 b。

（2）标志符 2 × 1 b，用于区分业务类型，是表示这个突发脉冲序列是否被快速随路控制信道信令借用。

（3）训练序列 26 b，是一串已知比特，供信道均衡之用，以消除多径效应产生的码间干扰。

（4）尾比特 TB（000），置于起始时间和结束时间，也称功率上升时间和拖尾时间，各占 3 b。因为在无线信道上进行突发传输时，起始时载波电平必须从最低值迅速上升到额定

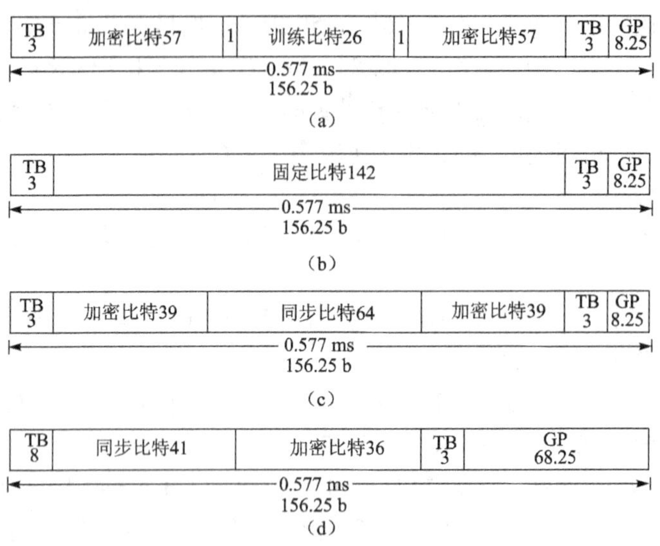

图 3－31　突发脉冲序列

（a）常规突发脉冲序列 NB；（b）频率校正突发脉冲序列 FB；
（c）同步突发脉冲序列 SB；（d）接入突发脉冲序列 AB

值；突发脉冲序列结束时，载波电平又必须从额定值迅速下降到最低值。有效的传输时间是载波电平维持在额定值的中间一段，在时隙的前后各设置 3 b，允许载波功率在此时间内上升和下降到规定的数值。

（5）保护时间 GP，占用 8.25 b（30.5 μs），在此期间不发送能量，这是为了防止不同移动台按时隙突发的信号因为传输距离不同而在基站发生前后交叠。

2）频率校正突发（FB，Frequency Correction Burst）脉冲序列

频率校正突发脉冲序列用于频率校正信道，并携带频率校正信息。起始和结束的尾比特各占 3 b，保护时间 8.25 b，它们均与普通突发脉冲序列相同，其余的 142 b 均置成“0”，相应发送的射频是一个与载频有固定偏移（频编）的纯正弦波，以便于调整移动台的载频。

3）同步突发（SB，Synchronsation Burst）脉冲序列

同步突发脉冲序列用于移动台的时间同步。主要组成包括 64 b 的位同步信号，以及两段加密信息各 39 b 数据，用于传输 TDMA 帧号和基站识别码（BSIC）。其中加密信息中含有 TDMA 帧号和基站识别码信息，尾比特 TB、保护时间 GP 与常规突发脉冲序列中相同。

4）接入突发（AB，Access Burst）脉冲序列

接入突发脉冲序列用于上行传输方向，在随机接入信道（RACH）上传送，用于移动用户向基站提出入网申请。由同步序列（41 b）、加密信息（36 b）、尾比特（8 b＋3 b）和保护时间构成。其中，保护时间比上述突发脉冲序列的都长，占 68.25 b，即长达 232 μs。加密信息和训练序列较短而保护时间较长的目的，是使移动台在不知道定时提前量的情况下能容易地接入移动通信网。

在使用 AB 序列时，由于移动台和基站之间的传播时间是不知道的，尤其是当移动台远离基站时，导致传播时延较大。为了弥补这一不利影响，保证基站接收机准确接收信息，AB 序列中防护段选得较长，即使移动台距离基站 35 km 时，也不会发生使有用信息落入下一个时隙的情况。

5）空闲突发脉冲序列（DB）

空闲突发脉冲序列的格式与常规突发脉冲序列相同，仅是将常规突发脉冲序列的加密信息换成固定比特。它的功能是在无用户加密信息传送时，就用空闲突发脉冲序列来代替常规突发脉冲序列。因为在广播控制信道载波的“0”时隙（TS0）中，永远含有控制信道信息。其余的 7 个时隙是提供控制信道和业务信道之用，当这 7 个时隙是空闲时，则必须以空闲突发脉冲序列来填充。因此，空闲突发脉冲序列中不含有用信息，它是由固定比特和训练序列组成。

5. 逻辑信道到物理信道的映射

一个基站有 N 个载频，每个载频有 8 个时隙，将载波定义为 f_0，f_1，f_2，…。对于下行链路，从 f_0 的第 0 时隙（TS0）起始。TS0 只用于映射控制信道，f_0 也称为广播控制信道（BCCH）。图 3－32 所示为 BCCH 和 CCCH 在 TS0 的复用关系。

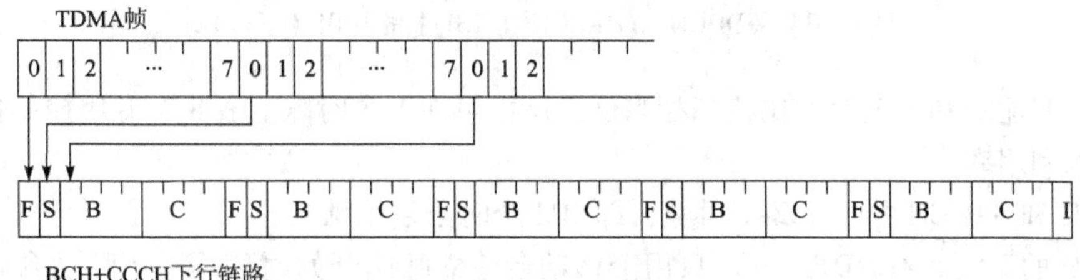

图 3－32 BCCH 和 CCCH 在 TS0 的复用

BCCH 和 CCCH 共占用 31 个 TS0 时隙，尽管只占用了每一帧的 TS0 时隙，但从时间上讲，长度为 31 个 TDMA 帧。作为一种复帧，以每出现一个空闲帧作为此复帧的结束，在空闲帧之后，复帧再从 F、S 开始进行新的复帧。以此方法进行重复，即构成 TDMA 的复帧结构。

在没有寻呼或呼叫接入时，基站也总在 f_0 上发射。这为移动台能够测试基站的信号强度以决定使用哪个小区更为合适。

对上行链路，f 上的 TS0 不包括上述信道，它只用于移动台的接入，即用于上行链路作为 RACH 信道。图 3－33 所示为 31 个连续的 TDMA 帧的 TS0。

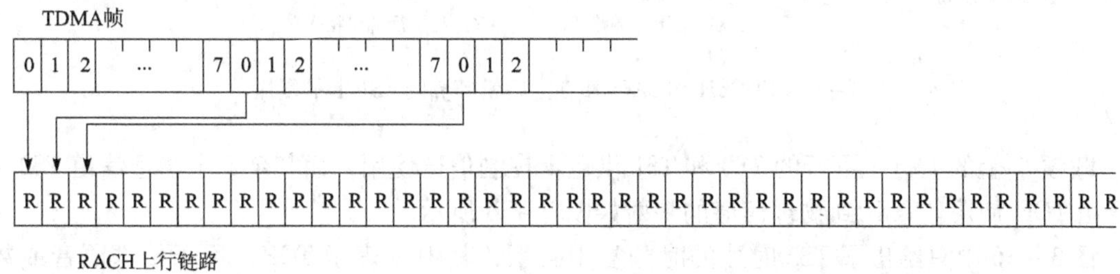

图 3－33 TS0 在 RACH 复用

BCCH、FCCH、SCH、PCH、AGCH 和 RACH 均映射到 TS0。RACH 映射到上行链路，其余映射到下行链路。

下行链路 f_0 上的 TS1 时隙用来将专用控制信道映射到物理信道上。其映射关系如图 3－34 所示。

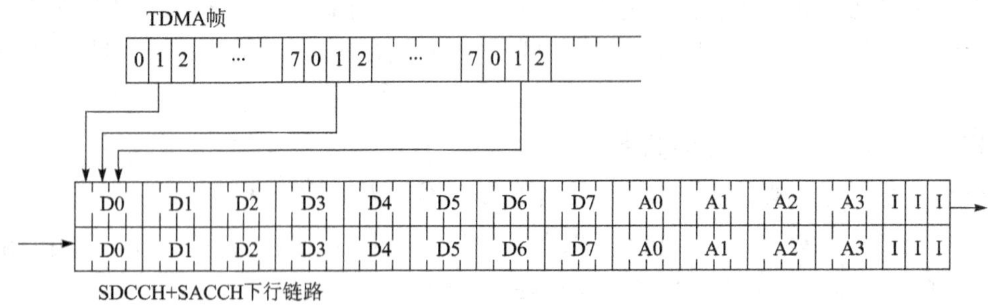

图 3－34　SDDCH 和 RACCH 在 TS1 上的复用（下行）

由于呼叫建立和登记时的比特率相当低，所以可在 1 个时隙上放 8 个专用控制信道，以提高时隙的利用率。

SDCCH 和 SACCH 共有 102 个时隙，即 102 个时分复用帧。

SDCCH 的 DX（D0，D1，…）只用于移动台建立呼叫开始时使用；当移动台转移到业务信道 TCH 上，用户开始通话或登记完释放后，DX 就用于其他的移动台。

SACCH 的 AX（A0，A1，…）主要用于传送那些不重要的控制信息，如传送无线测量数据等。

上行链路 f_0 上的 TS1 与下行链路 f_0 上的 TS1 有相同的结构，只是它们在时间上有一个偏移，即意味着对于一个移动台同时可双向接续。图 3－35 给出了 SDCCH 和 SACCH 在上行链路 f_0 的 TS1 上的复用。

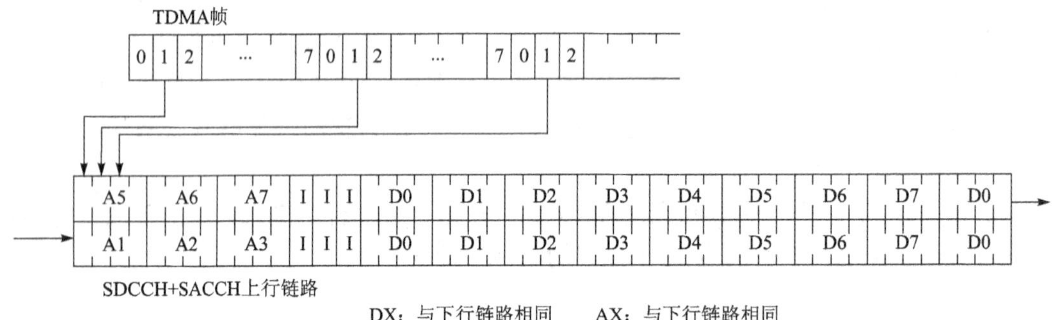

图 3－35　SDCCH 和 SACCH 在上行链路 f_0 的 TS1 上的复用

载频 f_0 上的上行、下行的 TS0 和 TS1 供逻辑控制信道使用，而其余 6 个物理信道 TS2～TS7 由 TCH 使用。TCH 到物理信道的映射如图 3－36 所示。

图 3－36 中只给出了 TS2 时隙的时分复用关系，其中 T 表示 TCH，用于传送语音或数据；A 表示 SACCH，用于传送控制命令，如命令改变输出功率等；I 为 IDEL 空闲，它不含任何信息，主要用于配合测量。时隙 TS2 是以 26 个时隙为周期进行时分复用的，以空闲时

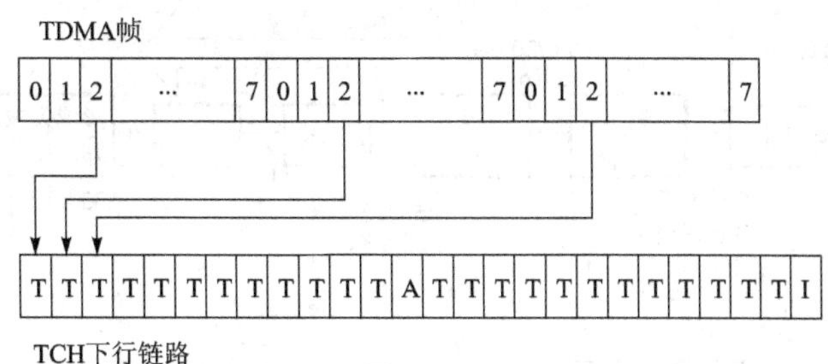

图 3－36　TCH 的复用

隙 I 作为重复序列的开头或结尾。

上行链路的 TCH 与下行链路的 TCH 结构完全一样，只是有一个时间的偏移。时间偏移为 3 个 TS，也就是说上行的 TS2 与下行的 TS2 不同时出现，表明移动台的收发不必同时进行。图 3－37 给出了 TCH 上行与下行偏移的情况。

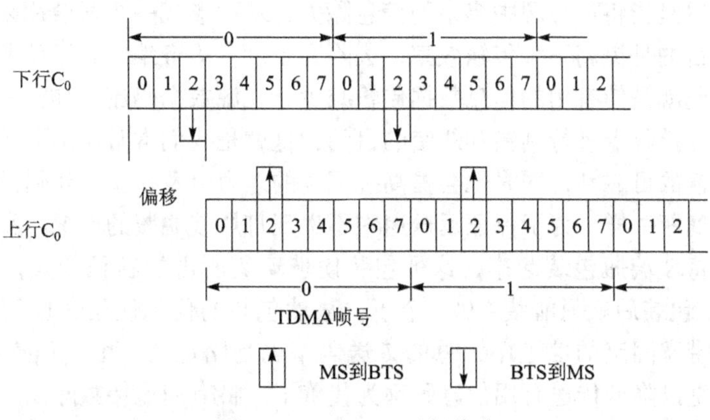

图 3－37　TCH 上下行偏移

通过以上论述可以得出在载频 f_0 上：

（1）TS0：逻辑控制信道，重复周期为 31 个 TS。

（2）TS1：逻辑控制信通，重复周期为 102 个 TS。

（3）TS2：逻辑业务信道，重复周期为 26 个 TS。

（4）TS3－TS7：逻辑业务信道，重复周期为 26 个 TS。

其他 $f_1 \sim f_n$ 个载频的 TS0～TS7 时隙全部是业务信道。

3.5.3　GSM 信号的形成

1. GSM 信号流程

如图 3－38 表示在语音信号传输过程中所涉及的移动台的不同硬件部分。首先对语音信号进行数字化处理（A/D 转换），根据抽样定理转换成速率为 8 kHz 的 13 b 的均匀量化数字信号，每段 20 ms 分段，接着进行语音编码，再进行信道、交织编码，按 1∶1 方式的加密，形成 8 个 1/2 突发脉冲序列，最后在适当的时隙中将它们以大约 270 Kb/s 的速率发射出去。接收完成相反过程。

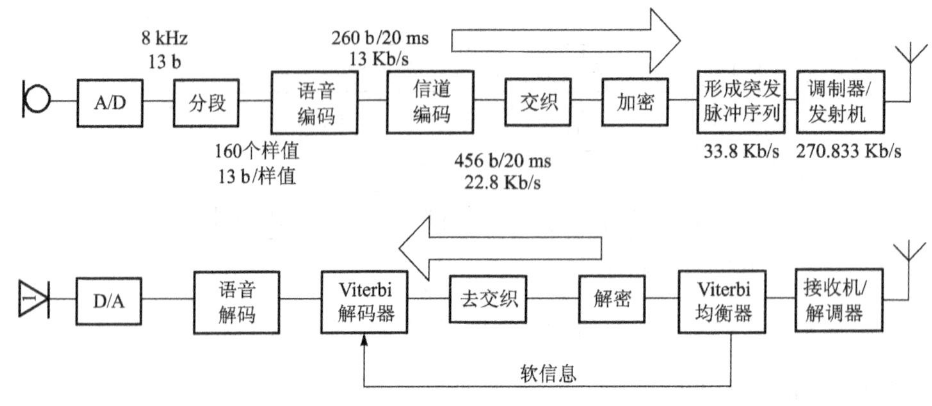

图 3－38　GSM 移动台的方框图

2. 编码

所谓信源编码是指将信号源中多余的信息除去，从而形成一个适合用来传输的信号的过程。信源编码的目的是提高系统传输效率，去除冗余度，语音编码属于信源编码。

所谓信道编码就是使有用的信息数据传输减少，在源数据码流中加插一些码元，但信道编码会从而达到在接收端进行判错和纠错的目的，这就是我们常常说的开销。信道编码的本质是提高数据传输的可靠性，同时也会提高抗干扰的能力以及检错和纠错的能力。这就好像我们运送一批玻璃瓶一样，为了保证运送途中不出现打烂玻璃瓶的情况，我们通常都用一些泡沫或海绵等物将玻璃瓶包装起来，这种包装使玻璃瓶所占的容积变大，原来一部车能装 5 000 个玻璃瓶，包装后就只能装 4 000 个了，显然包装的代价使运送玻璃瓶的有效个数减少了。同样，在带宽固定的信道中，总的传送码率也是固定的，由于信道编码增加了数据量，其结果只能是以降低传送有用信息码率为代价了。将有用比特数除以总比特数就等于编码效率，不同的编码方式，其编码效率有所不同。

1）语音编码

由于 GSM 系统是一种全数字系统，语音或其他信号都要进行数字化处理。语音编码器主要有波形、声源（参量）和混合码三种编码类型。

PCM 编码就是波形编码，要把语音模拟信号采用 A 律波形编码转换成数字信号，即经过抽样、量化和编码 3 步。这种编码方式，数字链路上的数字信号比特速率为 64 Kb/s，如果 GSM 系统也采用此种方式进行语音编码，那么每个语音信道是 64 Kb/s，8 个语音信道就是 512 Kb/s。考虑实际可使用的带宽，GSM 规范中规定载频间隔是 200 kHz。因此要把它们保持在规定的频带内，必须大大地降低每个语音信道编码的比特率，这与 GSM 的带宽控制是矛盾的。故需通过改变语音编码的方式来实现。

声源（参量）编码的原理是模仿人类发音器官喉、嘴、舌的组合，将该组合看作一个滤波器，人发出的声音使声带振动成为激励脉冲。当然“滤波器”脉冲的频率是在不断地变换，但在很短的时间内（10～30 ms）观察它，则发音器官是没有变换的，因此，声码器要做的事是将语音信号分成 20 ms 的段，然后分析这一时间段内相应的滤波器的参数，并提取此时脉冲串频率，输出其激励脉冲序列。相继的语音段是十分相似的，LTP 将当前段与前一段进行比较，相应的差值被低通滤波后进行一种波形编码。

声码器编码可以是很低的速率（可以低于 5 Kb/s），虽然不影响语音的可懂性，但语音的失真性很大，很难分辨是谁在讲话。波形编码器语音质量较高，但要求的比特速率相应较高。因此，GSM 系统语音编码器是采用声码器和波形编码器的混合物——混合编码器，全称为线性预测编码 - 长期预测编码 - 规则脉冲激励编码器（LPC-LTP-RPE 编码器），如图 3 – 39 所示。

LPC + LTP 为声码器，RPE 为波形编码器，再通过复用器混合完成模拟语音信号的数字编码。语音信号被分成 20 ms 的帧，每帧有 160 个取样值，经过 RPE 编码形成 47 b/5 ms，经过 LPC + LTP 编码形成 72 b/20 ms，经过复用器形成 13 Kb/s（260 b/20 ms），然后将信号送入信道编码。

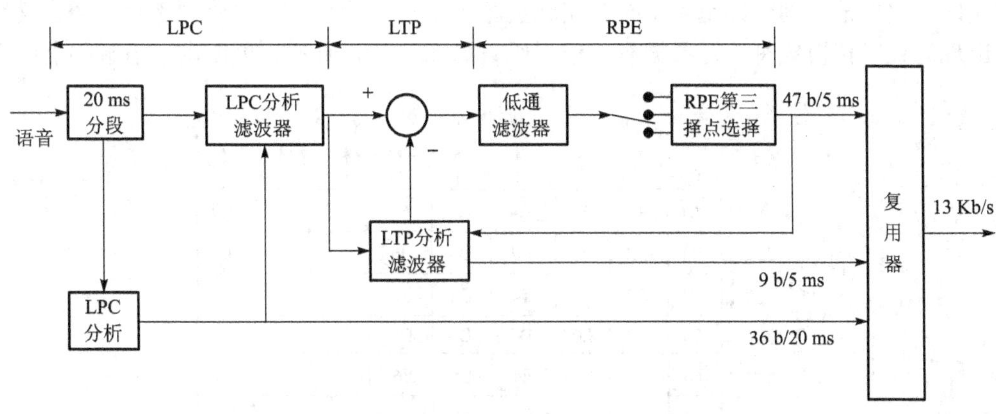

图 3 – 39　LPC-LTP-RPE 语音编码器框图

2）信道编码

信道编码又称纠错编码，在 20 ms 的语音编码帧中，把语音比特分为两类：第一类是对差错敏感的（这类比特发生误码将明显影响语音质量），占 182 b；第二类是对差错不敏感的，占 78 b。第一类比特加上 3 个奇偶校验比特和 4 个尾比特后共 189 b，进行信道编码，亦称作前向纠错编码。GSM 系统中采用码率为 1/2 和约束长度为 3 的卷积编码，即输入一个比特，输出两个比特，前后 3 个码元均有约束关系，共输出 378 b，它和不加差错保护的 78 b 合在一起共计 456 b。通过卷积编码后速率为 456 b/20 ms = 22. 8 Kb/s，其中包括原始语音速率 13 Kb/s，纠错编码速率 9. 8 Kb/s。如图 3 – 40 所示。

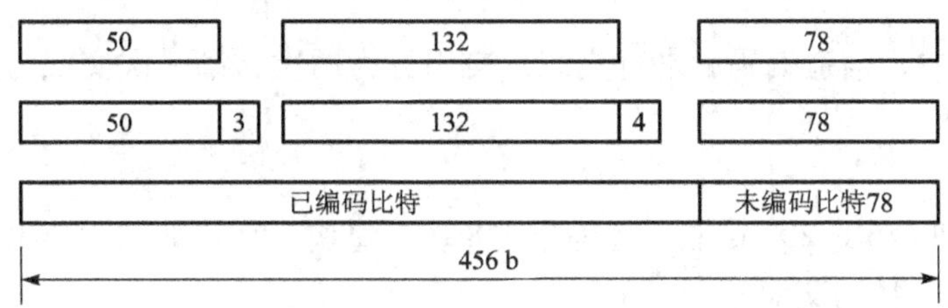

图 3 – 40　GSM 数字语音的信道编码

3. 交织编码

在陆地移动通信系统中，由于变参信道的影响，信号的深衰落谷点会影响到相继一串的比特，常造成成串的比特差错，而仅仅利用信道编码只能检测和校正单个差错或不太长的差错串，对突发差错编码很难完成其纠错，为了解决这一问题，希望能找到把一条消息中的相继比特分散开的方法，即一条消息中的相继比特以非相继方式被发送。这样，在传输过程中即使发生了成串差错，恢复成一条相继比特串的消息时，差错也就变成单个（或长度很短），这时再用信道编码纠错功能纠正差错，恢复原消息。这种方法就是交织技术。下面再谈交织编码的原理。

图 3－41 所示为一种分块交织器的工作原理图。分块交织器实际上是一个特殊的存储器，它将数据逐行输入排成 m 列 n 行的矩形阵列，再逐列输出（水平写入，垂直读出）。去交织是交织的逆过程，去交织器将接收的数据逐列输入逐行输出。在传输过程中如果发生突发性误码，比如某一列全部受到干扰，实际上相当于每一行有一位码受到干扰，经去交织后集中出现的误码转换成每一行数据有一位误码，如图 3－42 所示，可以由信道解码器纠正。

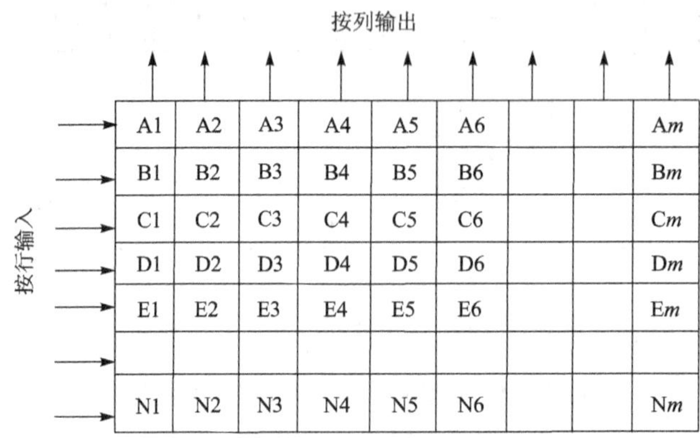

图 3－41　分块结构交织原理

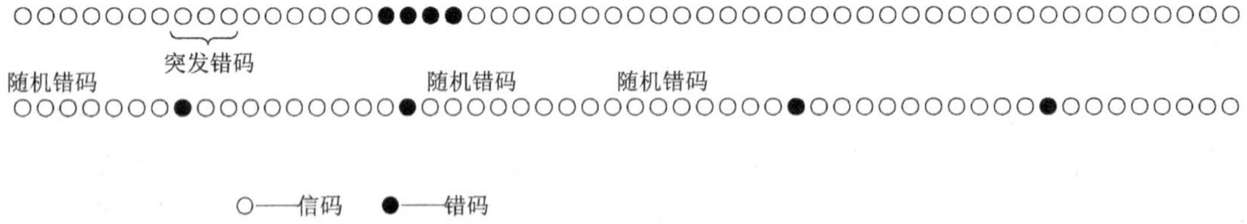

突发错码

随机错码　随机错码　随机错码

○——信码　●——错码

图 3－42　突发错码经交织编解码之后成为统计独立的随机错码

在 GSM 系统中，信道编码后进行交织，交织分为两次，第一次交织为内部交织；第二次交织为块间交织。

1）一次交织

第一次交织把 456 b/20 ms 的语音码分成 8 块，每块 57 b。如图 3－43 所示。

2）二次交织（块间交织）

把每 20 ms 语音 456 b 分成的 8 帧为一个块，假设有 A、B、C、D 四块，如图 3－44 所示，在第一个普通突发脉冲串中，两个 57 比特组分别插入 A 块和 D 块的各 1 帧（插入方式见图 3－44），这样一个 20 ms 的语音 8 帧分别插入 8 个不同普通突发脉冲序列中，然后一个一个突发脉冲序列发送，发送的突发脉冲序列首尾相接处不是同一语音块，这样

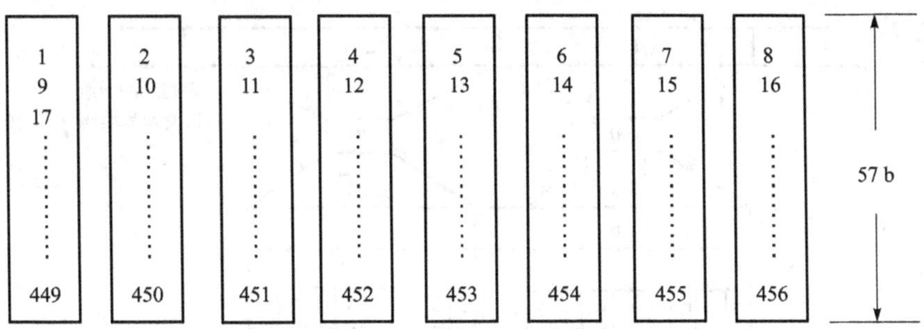

图 3 – 43　GSM 语音交织

即使在传输中丢失一个脉冲串，只影响每一语音比特数的 12.5%，而这能通过信道编码加以校正。

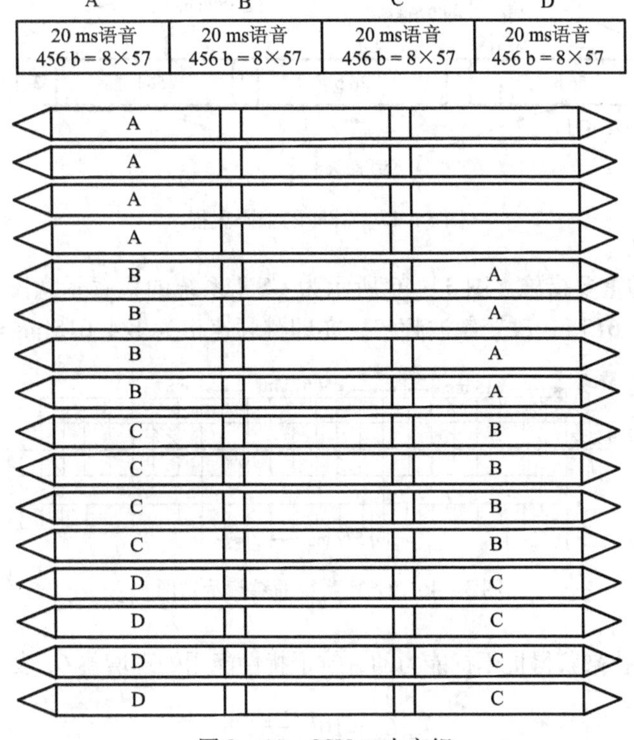

图 3 – 44　GSM 二次交织

卷积编码后数据再进行交织编码，以对抗突发干扰。交织的实质是将突发错误分散开来，显然，交织深度越深，抗突发错误的能力越强。本系统采用的交织深度为 8，参见图 3 – 45 所示的 GSM 编码流程。即把 40 ms 中的语音比特（$2\times456=912$ b）组成 8×114 矩阵，按水平写入、垂直读出的顺序进行交织（见图 3 – 41），获得 8 个 114 b 的信息段，每个信息段要占用一个时隙且逐帧进行传输。可见每 40 ms 的语音需要用 8 帧才能传送完毕。

4. 跳频和间断传输技术

1）跳频

跳频是指载波频率在很宽频率范围内按某种图案（序列）进行跳变。它是抗多径衰落

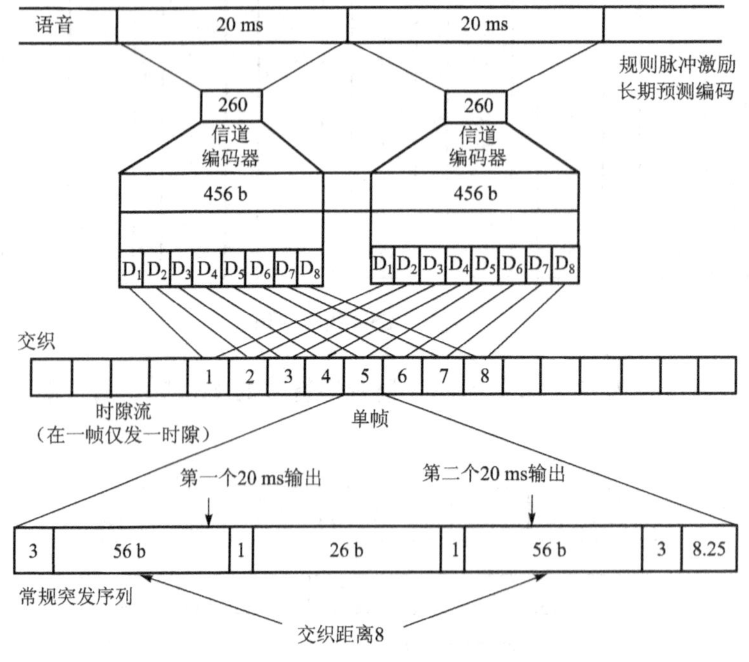

图 3－45　GSM 的编码流程

和同频或邻频干扰的重要措施。图 3－46 所示为 GSM 系统的跳频示意图。采用每帧改变频率的方法，即每隔 4.615 ms 改变载波频率，亦即跳频速率为 1/4.615 ms＝217 跳/s。

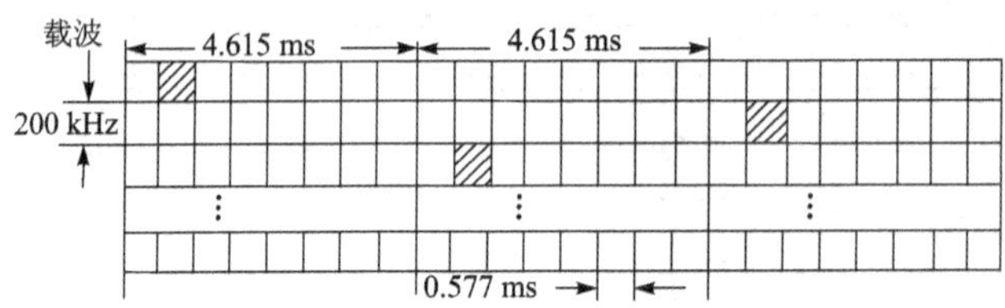

图 3－46　GSM 系统的跳频示意图

跳频是靠躲避干扰来获得抗干扰能力的，抗干扰性能用处理增益 G_p 表征，G_p 的表达式为

$$G_p = 10\lg \frac{B_w}{B_c}$$

式中，B_w 为跳频系统的跳变频率范围；B_c 为跳频系统的最小跳变的频率间隔（GSM 系统的 $B_c = 200$ kHz）。

跳频技术改善了无线信号的传输质量，可以明显地降低同频道干扰和频率选择性衰落。为了避免同一小区或邻近小区中，在同一个突发脉冲序列期间，产生频率击中现象（即跳变到相同频率），必须注意两个问题：一是同一个小区或邻近小区不同的载频采用相互正交的伪随机序列；二是跳频的设置需根据统一的超帧序列号以提供频率跳变顺序和起始时间。

顺便指出，跳频虽是可选项，但随着时间推移，跳频使用定将增加。需要说明的是，BCCH 和 CCCH 信道没有采用跳频。

2）间断传输

为了提高频谱利用率，GSM系统还采用了语音激活技术。这个被称为间断传输（DTx）技术的基本原则是只在有语音时才打开发射机，这样可以减小干扰，提高系统容量。采用DTx技术，对移动台来说更有意义，因为在无信息传输时立即关闭发射机，可以减少电源消耗。

3.6 GSM的接续和移动性管理

3.6.1 位置登记

1. 区域定义

在GSM这样的小区制蜂窝移动通信网中，为了便于管理，划分了若干不同等级的区域，但无论移动台处于何处，只要是在系统区域内，就应该能够实现所有的功能，包括越区切换、自动漫游等。为此，网络必须时刻跟踪并掌握移动台所处的位置，及时更新移动台的相关信息。这就是要进行位置登记和删除的原因。

移动台位置登记和删除是网络移动管理功能的一个重要方面，其进程涉及MS、BS、MSC和位置寄存器HLR、VLR，以及相应的接口。

2. 位置登记

位置登记是指为了保证网络能够跟踪移动台的运动（位置变化），掌握移动台所处的位置，以便在需要时能够迅速连接上移动台，实现正常通信，则必须将其位置信息保存起来，并及时地进行信息更新。通常，移动台的位置信息存储在归属位置寄存器（HLR）和访问位置寄存器（VLR）这两个功能实体中。由于数字蜂窝网的用户密度大于模拟蜂窝网，因而位置登记过程必须更快、更精确。

1）首次登记

当一个移动用户首次入网时，由于在其SIM卡中找不到原来的位置区识别码（LAI），故它会立即申请接入网络，向移动交换中心（MSC）发送“位置更新请求”信息，通知GSM系统这是一个该位置区内的新用户。MSC根据该移动台发送的IMSI中的H0H1H2H3信息，向某个特定的位置寄存器发送“位置更新请求”信息，则该位置寄存器就是该移动台的归属位置寄存器（HLR）。HLR把发送请求的MSC的号码（即M1M2M3）记录下来，并向该MSC回送“位置更新接受”信息。至此，MSC认为此移动台已被激活，便要求访问位置寄存器（VLR）对该移动台作“附着”标记，并向移动台发送“位置更新证实”信息，移动台会在其SIM卡中把信息中的位置区识别码存储起来，以备后用。如图3-47所示。

2）位置更新

位置更新指的是移动台向网络登记其新的位置区，以保证在有此移动台的呼叫时网络能够正常接续到该移动台处。移动台的位置更新主要由另一种位置寄存器——访问位置寄存器（VLR）进行管理。

移动台每次一开机，就会收到来自于其所在位置区中广播控制信道（BCCH）发出的位

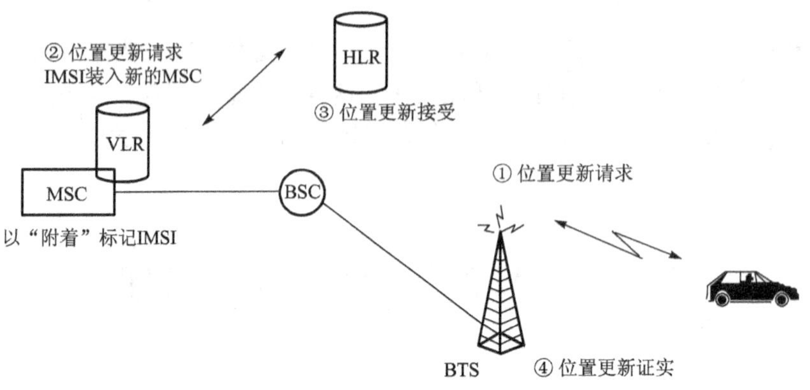

图3－47　移动台首次登记示意图

置区识别码（LAI），它自动将该识别码与自身存储器中的位置区识别码（上次开机所处位置区的编码）相比较，若相同，则说明该移动台的位置未发生改变，无须位置更新；否则认为移动台已由原来位置区移动到了一个新的位置区中，必须进行位置更新。

上述这种情况属于移动台在关机状态下，移动到一个新的位置区，进行初始位置登记的情况。另外还有移动台始终处于开机状态，在同一个MSC/VLR服务区的不同位置区进行过位置区登记，或者在不同的MSC/VLR服务区中进行过位置区登记的情况。不同情况下进行位置登记的具体过程会有所不同，但基本方法都是一样的。

（1）同MSC/VLR中不同位置区的位置更新。

如图3－48所示，移动台由cell3移动到cell4中的情况，就属于同MSC/VLR（MSC/VLR_A）中不同位置区的位置更新。该位置更新的实质是：cell4中的BTS_4通过BSC_A把位置信息传到MSC/VLR_A中。

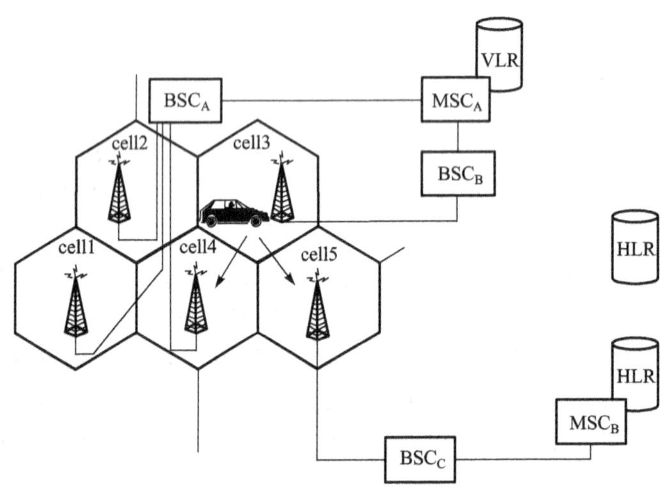

图3－48　位置更新示意图

如图3－49所示，其基本流程包括：

移动台从cell3移动到cell4中；

通过检测由 BTS_4（cell4 的 BTS）持续发送的广播信息，移动台发现新收到的 LAI 与目前存储并使用的 LAI 不同；

移动台通过 BTS_4 和 BSC_B 向 MSC_A 发送“我在这里”的位置更新请求信息；

MSC_A 分析出新的位置区也属本业务区内的位置区，即通知 VLR_A 修改移动台位置信息；

VLR_A 向 MSC_A 发出反馈信息，通知位置信息已修改成功；

MSC_A 通过 BTS_4 把有关位置更新响应的信息传送给移动台，位置更新过程结束。

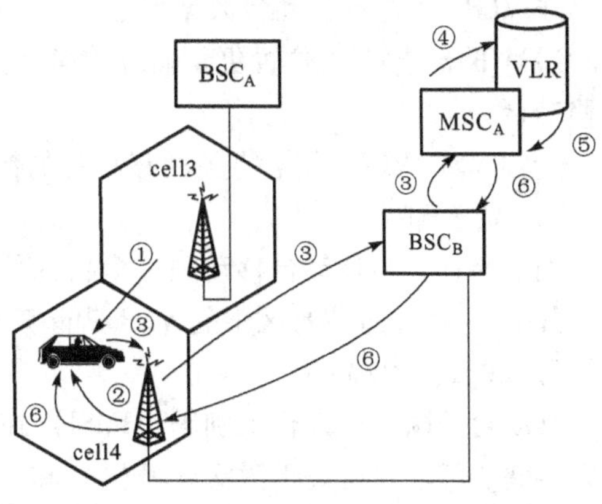

图 3－49　同 MSC/VLR 中不同位置区的位置更新流程示意图

（2）不同 MSC/VLR 之间不同位置区的位置更新。

如图 3－50 所示，移动台由 cell3 移动到 cell5 中的情况，就属于不同 MSC/VLR（MSC/VLR_A 和 MSC/VLR_B）之间不同位置区的位置更新。该位置更新的实质是：cell3 中的 BTS 通过 BSC_C 把位置信息传到 MSC/VLR_B 中。

其基本流程包括：

移动台从 cell3（属于 MSC_A 的覆盖区）移动到 cell5（属于 MSC_B 的覆盖区）中；

通过检测由 BTS_5 持续发送的广播信息，移动台发现新收到的 LAI 与目前存储并使用的 LAI 不同；

移动台通过 BTS_5 和 BSC_C 向 MSC_B 发送“我在这里”的位置更新请求信息；

MSC_B 把含有 MSC_B 标识和移动台识别码的位置更新信息传送给 HLR（鉴权或加密计算过程从此时开始）；

HLR 返回响应信息，其中包含全部相关的移动台数据；

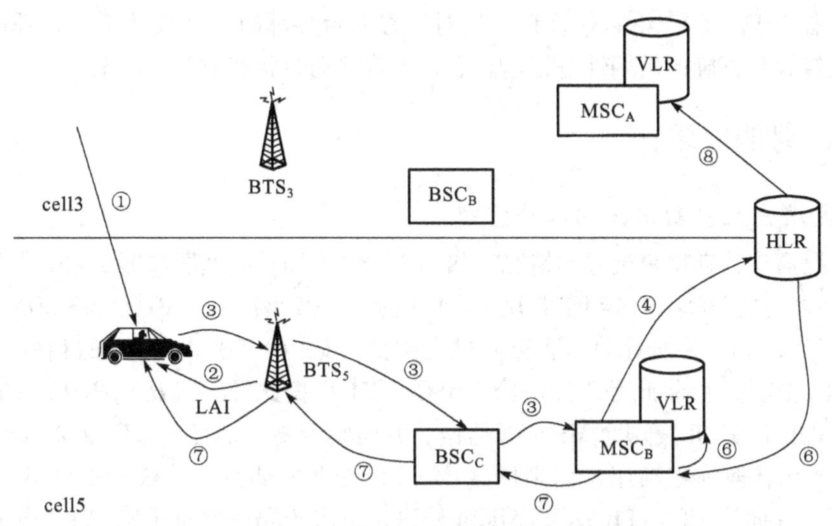

图 3－50　不同 MSC/VLR 间不同位置区的位置更新流程示意图

在 VLR_B 中进行移动台数据登记；

通过 BTS_5 把有关位置更新响应的信息传送给移动台（如果重新分配 TMSI，此时一起送给移动台）；

通知 MSC/VLR_A 删除有关此移动台的数据。

3）位置删除

如前所述，当移动台移动到一个新的位置区并且在该位置区的 VLR 中进行登记后，还要由其 HLR 通知原位置区中的 VLR 删除该移动台的相关信息，这叫作位置删除。

4）IMSI 分离/附着

移动台的国际移动台识别码（IMSI）在系统的某个 HLR 和 VLR 及该移动台的 SIM 卡中都有存储。移动台可处于激活（开机）和非激活（关机）两种状态。当移动台由激活转换为非激活状态时，应启动 IMSI 分离进程，在相关的 HLR 和 VLR 中设置标志。这就使得网络拒绝对该移动台的呼叫，不再浪费无线信道发送呼叫信息。当移动台由非激活转换为激活状态时，应启动 IMSI 附着进程，以取消相应 HLR 和 VLR 中的标志，恢复正常。

5）周期性位置登记

周期性位置登记指的是为了防止某些意外情况的发生，进一步保证网络对移动台所处位置及状态的确知性，而强制移动台以固定的时间间隔周期性地向网络进行的位置登记。

可能发生的意外情况，如：当移动台向网络发送“IMSI 分离”信息时，由于无线信道中的信号衰落或受噪声干扰等原因，可能导致 GSM 系统不能正确译码，这就意味着系统仍认为该移动台处于附着状态。再如，当移动台开着机移动到系统覆盖区以外的地方，即盲区之内时，GSM 系统会认为该移动台仍处于附着状态。

如果系统没有采用周期性位置登记，在发生以上两种情况之后，若该移动台被寻呼，由于系统认为它仍处于附着状态，因而会不断地发出呼叫信息，无效地占用无线资源。

针对以上问题，GSM 系统要求移动台必须进行周期性的登记，登记时间是通过 BCCH 来通知所有移动台的。若系统没有接收到某移动台的周期性登记信息，就会在移动台所处的 VLR 处以“隐分离”状态给它作标记，且对该移动台寻呼时，系统就不会再呼叫它。只有当系统再次接收到正确的周期性登记信息后，才将移动台状态改为“附着”。

3.6.2 呼叫处理

1. 固定用户至移动用户的入局呼叫

这种情况属于移动用户被呼的情况，如图 3 - 51 入局呼叫框图和图 3 - 52 入局呼叫流程所示。其基本过程为：固定网络用户 A 拨打 GSM 网用户 B 的 MSISDN 号码（如 $139H_0H_1H_2H_3ABCD$），A 所处的本地交换机根据此号码（139）与 GSM 的相应入口交换局（GMSC）建立链路，并将此号码传送给 GMSC。GMSC 据此号码（$H_0H_1H_2H_3ABCD$）分析出 B 的 HLR，即向该 HLR 发送此 MSISDN 号码，并向其索要 B 的漫游号码（MSRN）。HLR 将此 MSISDN 号码转换为移动用户识别码（IMSI），查询内部数据，获知用户 B 目前所处的 MSC 业务区，并向该区的 VLR 发送此 IMSI 号码，请求分配一个 MSRN。VLR 分配并发送一个 MSRN 给 HLR，再由 HLR 传送给 GMSC。GMSC 有了 MSRN，就可以把入局呼叫接到 B 用户所在的 MSC 处。GMSC 与 MSC 的连接可以是直达链路，也可以是由汇接局转接的间接链路。MSC 根据从 VLR 处查到的该用户的位置区识别码（LAI），将向该位置区内的所有 BTS 发送寻呼信息（称为一起呼叫），而这些 BTS 再通过无线寻呼信道（PCH）向该位置区内的所有 MS 发送寻呼信息（也是一起呼叫）。B 用户的 MS 收到此信息并识别出其 IMSI 码后（认为是在呼叫自己），即发送应答响应。至此，即完成了固定用户呼叫 MS 的进程。

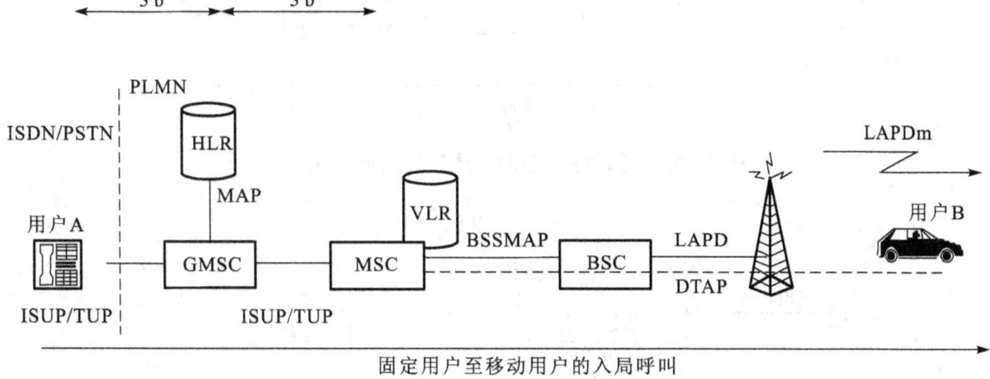

图 3-51　固定用户至移动用户的入局呼叫框图

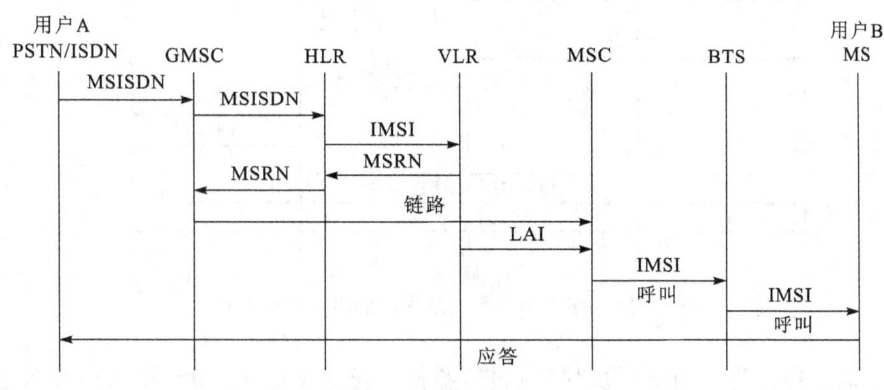

图 3-52　固定用户至移动用户的入局呼叫流程

2. 移动用户至固定用户的出局呼叫

这种情况属于固定网用户被呼的情况。如图 3-53 出局呼叫框图和图 3-54 出局呼叫流程所示，其基本过程为：GSM 网用户 A 拨打固定网用户 B 的号码，A 的 MS 在随机接入信道（RACH）上向 BTS 发送“信道请求”信息。BTS 收到此信息后通知 BSC，并附上 BTS 对该 MS 到 BTS 传输时延的估算及本次接入的原因。BSC 根据接入原因及当前资料情况，选择一条空闲的独立专用控制信道（SDCCH），并通知 BTS 激活它。BTS 完成指定信道的激活后，BSC 在允许接入信道（AGCH）上发送“立即分配”信息（Immediate Assignment），其中包含 BSC 分配给 MS 的 SDCCH 描述，初始化时间提前量、初始化最大传输功率以及有关参考值。每个在 AGCH 信道上等待分配的 MS 都可以通过比较参考值来判断这个分配信息的归属，以避免发生争抢而引起混乱。

当 A 的 MS 正确地收到自己的分配信息后，根据信道的描述，把自己调整到该 DCCH 上，从而和 BS 之间建立起一条信令传输链路。通过 BS，MS 向 MSC 发送“业务请求”信

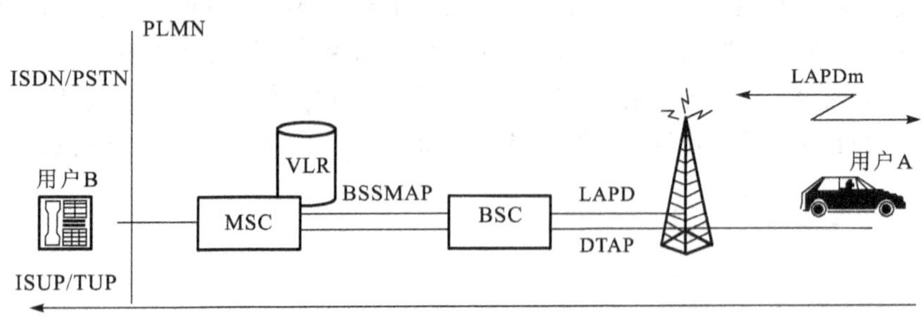

图3－53　移动用户至固定用户的出局呼叫框图

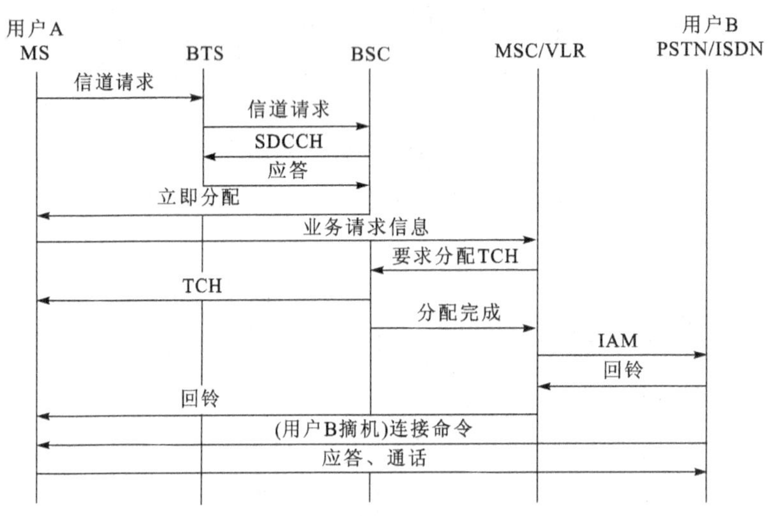

图3－54　移动用户至固定用户的出局呼叫流程

息。MSC启动鉴权过程，网络开始对MS进行鉴权。若鉴权通过，MS向MSC传送业务数据（若需要进行数据加密，此操作之前，还需经历加密过程），进入呼叫建立的起始阶段。MSC要求BS给MS分配一个无线业务信道（TCH）。若BS中没有无线资源可用，则此次呼叫将进入排队状态。若BS找到一个空闲TCH，则向MS发指配命令，以建立业务信道链接。连接完成后，向MSC返回分配完成信息。MSC收到此信息后，向固定网络发送IAM信息，将呼叫接续到固定网络。在用户B端的设备接通后，固定网络通知MSC，MSC给MS发回铃信息。此时，MS进入呼叫成功状态并产生回铃音。在用户B摘机后，固定网通过MSC发给MS连接命令。MS做出应答并转入通话。至此，就完成了MS主呼固定用户的进程。

3. 释放

GSM系统使用的呼叫释放方法与其他通信网使用的呼叫释放方法基本相同，通信的双方都可以随时终止通信。

在GSM实施第一阶段的规范中，释放过程可以简化成两条信息：当释放由移动台发起时，用户按“结束（END）”键，发送“拆除”信息，MSC收到后就发送“释放”信息；当释放由网络端（如PSTN）发起时，MSC收到“释放”信息就向移动台发出“拆线”信息。在这一阶段，用户从拆线到释放这段时间内不再交换信令数据。在 GSM Ⅱ 阶段，释放过程要用三条信息：如释放由网络端（如 PSTN）发起时，MSC 在 ISUP 上送出“释放”信息，通知 PSTN 用户通信终止，端到端的连接到此结束。但至此呼叫并未完全释放，因为 MSC 到移动台的本地链路仍然保持，还需执行一些辅助任务，如向移动台发送收费指示等。当 MSC 认为没有必要再保持与移动台之间的链路时，才向移动台送“拆除”信息，移动台返回“释放完成”消息，这时所有底层链路才释放，移动台回到空闲状态。由 MS 发起的呼叫释放和由网络端发起的呼叫释放的基本流程分别如图 3－55 和图 3－56 所示。

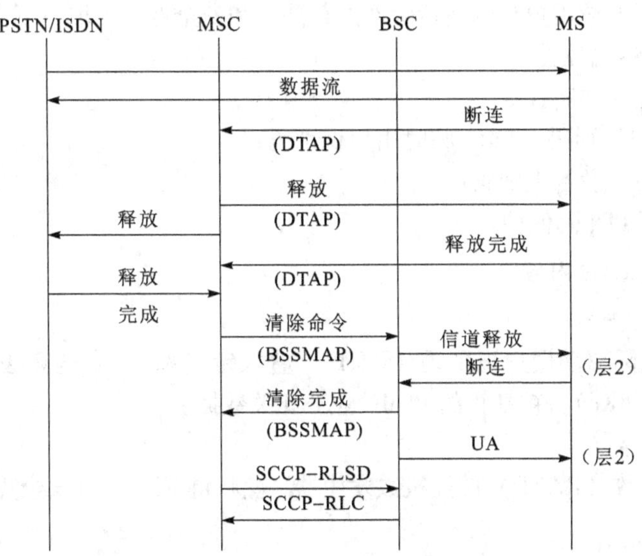

图 3－55　由 MS 发起的释放

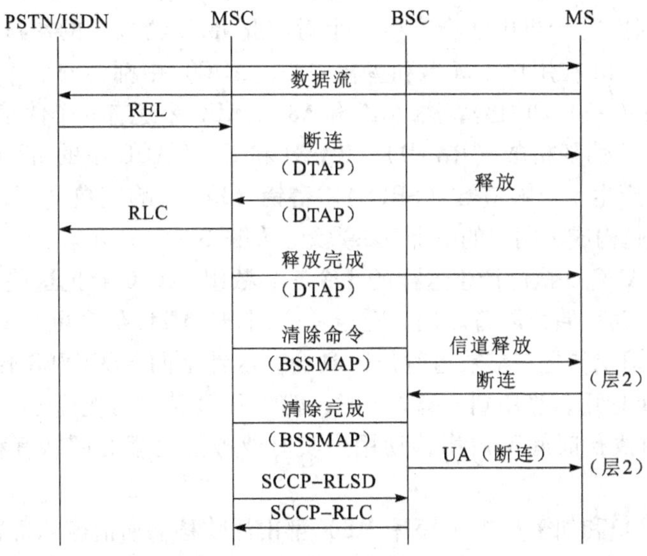

图 3－56　由网络端发起的释放

3.7 GSM的安全性管理

3.7.1 概述

1. 安全措施

GSM系统为了保护用户与网络运营性的合法性和安全性，采取以下安全措施：

（1）接入网络－鉴权；

（2）无线路径－加密；

（3）IMSI用户识别码－TMSI临时用户识别码；

（4）移动设备－设备识别码；

（5）SIM卡用PIN码保护。

2. SIM与AUC的内容

1）SIM卡中的内容

固化数据，国际移动用户识别码（IMSI），鉴权键（Ki），安全算法，临时的网络数据TMSI，LAI，密钥（Kc），被禁止的PLMN业务相关数据。

2）AUC的内容

用于生成随机数（RAND）的随机数发生器、鉴权键Ki、各种安全算法。

3. 三参数组

用户三参数组的产生过程如下：每个用户在购买MS（或只是SIM卡）并进行初始注册时，都会获得一个用户电话号码和国际移动用户识别码（IMSI）。这两个号码往往具有可选性，但一旦选定，便不能修改，因为IMSI会被SIM卡写卡机一次写入到用户的SIM卡中。在IMSI写入的同时，写卡机中还会产生一个对应此IMSI的唯一的用户鉴权键（128比特Ki）。IMSI和相应的Ki在用户SIM卡和鉴权中心（AUC）中都会分别存储，而且它们还分别存储着鉴权算法（A3）和加密算法（A5和A8）。AUC中还有一个伪随机码发生器，用于产生一个不可预测的伪随机数（RAND）。RAND和Ki经AUC中的A8算法产生一个密钥（Kc），经A3算法产生一个响应数（SRES）。密钥（Kc）、响应数（SRES）和相应的伪随机数（RAND）一起构成了用户的一个三参数组。如图3－57所示。

一般情况下，AUC一次能产生这样的3个三参数组，AUC会把这些三参数组传送给用户的HLR，HLR自动存储，以备后用。对于一个用户，HLR最多可存储10组三参数。当MSC/VLR向HLR请求传送三参数组时，HLR会一次性地向MSC/VLR传送3组三参数组。MSC/VLR一组一组地用，当用到只剩2组时，就向HLR请求再次传送。这样做的一大好处是鉴权算法程序的执行时间不占用移动用户实时业务的处理时间，有利于提高呼叫接续速度。

鉴权算法（A3）和加密算法（A5和A8）都由泛欧移动通信谅解备忘录组织（即GSM的MOU组织）进行统一管理，GSM运营部门需与MOU签署相应的保密协定后方可获得具体算法，用户识别卡（SIM卡）的制作商也需签订协议后才能将算法写到SIM卡中。

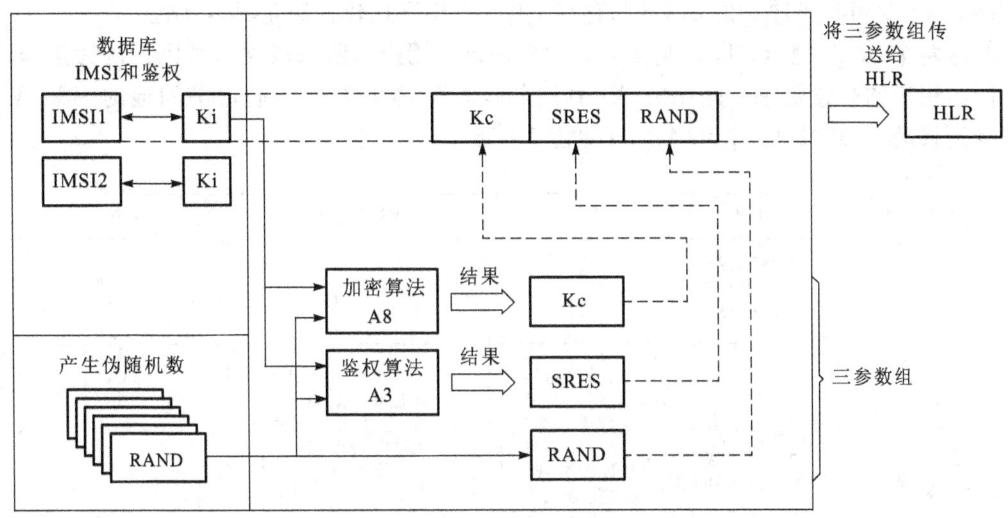

图 3-57　三参数组的产生

3.7.2　安全管理措施

1. 鉴权

1）鉴权的作用

为检测和防止移动通信中的盗用等非法使用移动通信资源和业务的现象，保证网络安全和保障电信运营者及用户的正当权益，移动用户鉴权是一种行之有效的方法，它的引入和使用也是 GSM 系统优越于模拟移动通信的一个重要方面。

2）鉴权场合

鉴权是一个需要全网配合、共同支持的处理过程，几乎涉及移动通信网络中所有实体，包括移动交换中心（MSC）、访问者位置寄存器（VLR）、归属位置寄存器（HLR）、鉴权中心（AUC）以及基站子系统（BSS）和移动台。在哪些场合需要进行鉴权，不仅关系到技术实现的复杂性和技术应用的覆盖范围，并进而影响到鉴权的作用效果，同时也关系到整个移动通信网络的信令负荷和业务处理能力等诸多方面。

GSM 系统常用的鉴权场合包括：

（1）移动用户发起呼叫（不含紧急呼叫）；

（2）移动用户接收呼叫；

（3）移动台位置登记；

（4）移动用户进行补充业务操作；

（5）切换（包括在 MSCA 内从一个 BS 切换到另一个 BS、从 MSCA 切换到 MSCB 以及在 MSCB 中又发生了内部 BS 之间的切换等情形）。

3）鉴权原理

（1）MSC/VLR 传送鉴权命令信息（包括 RAND）至 MS；

（2）MS 用 RAND 和 Ki 经 A3 算法算出 SRES 并通过鉴权响应信息返至 MSC/VLR；

（3）MSC/VLR 由三参数组得出存储的 SRES；

（4）MSC/VLR把收到的SRES与存储其中的SRES比较，决定其真实性。

若这两个SRES完全相同，则认为该用户是合法用户，鉴权成功；否则，认为是非法用户，拒绝用户的业务要求。网络方A3算法的运行实体可以是移动台访问地的MSC/VLR，也可以是移动台归属地的HLR/AUC（见图3-58）。

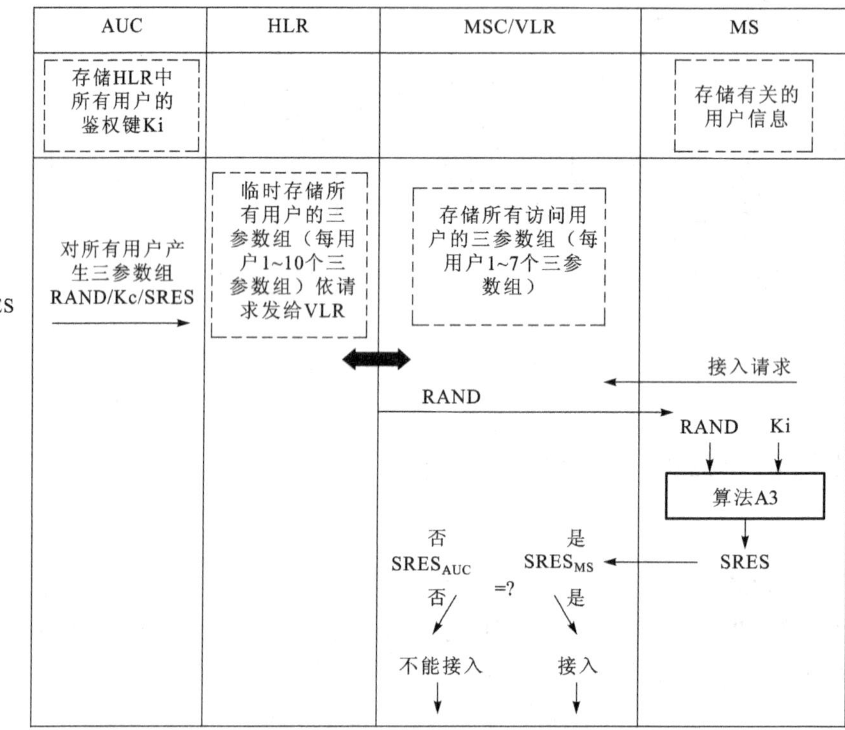

图3-58　鉴权过程

2. 加密

GSM系统中的加密是指为了在BTS和MS之间交换用户信息和用户参数时不被非法用户截获或监听而采取的措施。因此，所有的语音和数据均需加密，并且所有有关用户参数也需要加密。显然，这里的加密只是针对无线信道进行加密。

GSM系统加密过程简述如下（见图3-59）：

（1）MSC/VLR把“加密模式命令M”和Kc一起发送给BTS；

（2）BTS再将“加密模式命令M”传至MS；

（3）加密模式命令M、TDAM帧号和Kc用A3算法加密，合成Mc，加密模式完成；

（4）对用户信息数据流进行加密（也叫扰码），MS在无线信道上将Mc送至BTS；

（5）Mc（数据流）、TDMA帧号和Kc用A3算法解密；

（6）若Mc能被解密成M并送至MSC/VLR。此时，如果无误，加密模式完成，则所有信息从此时开始加密。

3. 移动设备识别

EIR中存有三种名单：

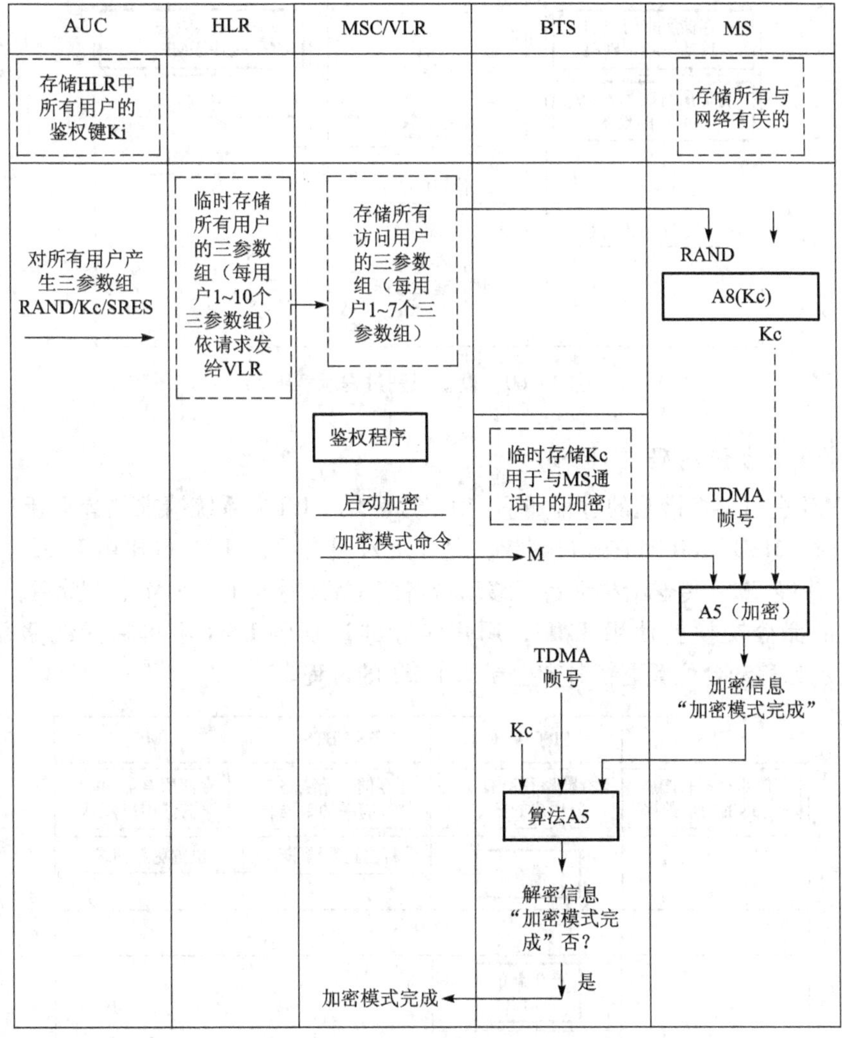

图 3－59　加密过程示意图

白名单——包括已分配给可参与运营的 GSM 各国的所有设备识别序列号码。

黑名单——包括所有应被禁用的设备识别码。

灰名单——包括有故障的及未经型号认证的移动台设备。

何时需要设备识别取决于网络运营者。目前我国大部分省市的 GSM 网络均未配置此设备（EIR，或配置未使用），所以此保护措施也未起作用。

设备识别过程如图 3－60 所示。

（1）MS 向 MSC/VLR 请求呼叫服务，MSC/VLR 要求 MS 发送 IMEI（13/17 位），并将其发送 EIR。

（2）MS 发送 IMEI，MSC/VLR 转发 IMEI。

（3）EIR 在三个名单中核查 IMEI，返回信息至 MSC/VLR。

（4）MSC/VLR 根据此结果，决定是否接受该移动设备的服务请求。

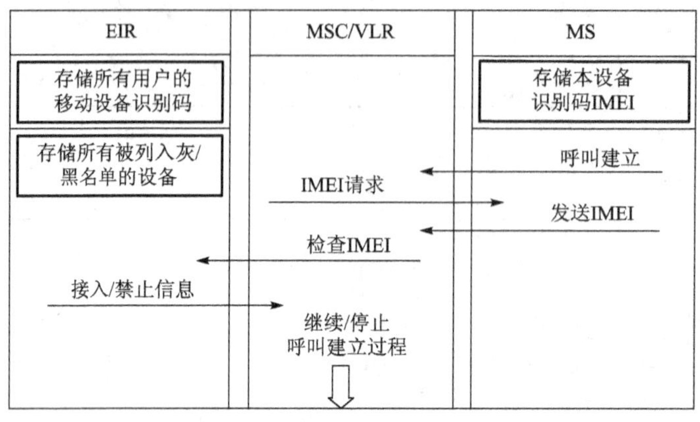

图3-60　设备识别过程示意图

4. 临时移动台识别码（TMSI）

利用TMSI进行鉴权措施的过程如下：每当MS用IMSI向系统请求位置更新、呼叫尝试或业务激活时，MSC/VLR对它进行鉴权。允许接入网络后，MSC/VLR由IMSI产生出一个新的TMSI，并将TMSI传送给移动台。移动台将该TMSI写入用户SIM卡。此后，MSC/VLR和MS之间的命令交换就使用TMIS，用户实际的识别码IMSI不再在无线路径上传输。图3-61所示为移动台位置更新时产生新的TMSI的过程。

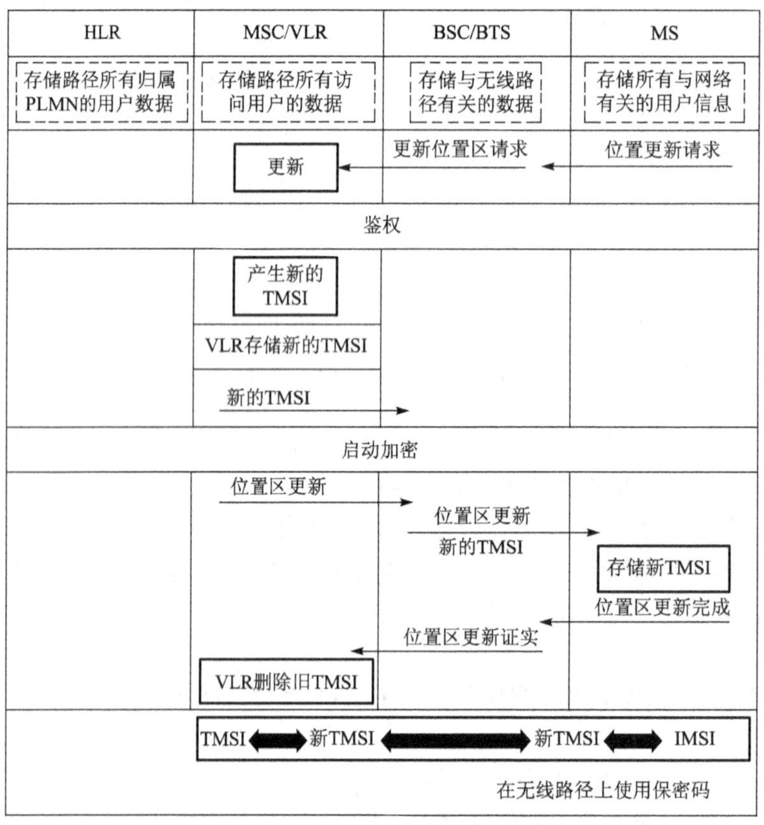

图3-61　移动台位置更新时产生TMSI的过程

5. SIM 卡用 PIN 码保护

SIM 卡的安全用 PIN 和 PUK 码保证。用户的入网信息全部存在 SIM 卡中，而 SIM 卡很难仿造，可确保用户的安全。

PIN 码存储在用户 SIM 卡中，其目的是防止用户账单上产生讹误计费，保证入局呼叫被正确传送。PIN 为用户密码，可以随意修改，在查询话费或是更改设置时使用，也可以设为开机密码。PIN 码操作就像是在计算机上输入密码（Password）一样，其由 4 ~ 8 位数字构成，具体位数由用户自己决定。只有用户输入了正确的 PIN 码，才能正常使用相应的移动台。如果用户输入了错误的 PIN 码，移动台会给用户发出错误提示，要求重新输入。如果用户连续 3 次输入错误，SIM 卡就会被闭锁，即使将 SIM 卡拔出后再装上或关掉手机电源后再开机也不能使其解锁。

PUK 用于解开因 PIN 输入错误而被锁定的 SIM 卡，一般在服务商处保存，它是由 8 位数字组成的。但对于神州行等储值卡，PUK 由用户自行保存。若是 PUK 连续 10 次输入错误，则 SIM 卡会被毁掉，但可以重新购卡，使用以前的号码。

（1）PIN 码的初始值一般为 1 234，用户可自行更改，更改步骤如下：

① 在保安功能目录内，选定 SIM 卡锁；

② 选定新 PIN；

③ 输入原 PIN，按“YES”；

④ 输入新 PIN，按“YES”；

⑤ 再输入新 PIN，按“YES”。

（2）如果连续三次输错 PIN，则屏幕显示：

“PUK”：

① 输入 PUK，按“YES”；

② 输入新 PIN，按“YES”；

③ 再输入新 PIN，按“YES”。

但是最好不要修改。

3.8　通用分组无线业务 GPRS

3.8.1　GPRS 概述

1. GPRS 产生的背景

电路交换、报文交换和分组交换为通信网上的三大交换。

电路交换：网上的交换设备根据用户的拨号建立一条确定的路径，并且在通信期间这条线路一直为该用户所占用。

报文交换：报文沿一条路径从一个节点发送到下一个节点，整条报文在每一个节点被接收、存储，然后发向下一个节点。

分组交换：将报文信息分成一系列有限长的数据包，并且每个数据包都有地址且序号相连。这些组成报文的数据包各自独立地经过不同的路径到达它们的目的地，然后按照序号重新排列，恢复报文。

目前GSM系统远不能满足日益增长的移动数据业务的需求，因为数据通信和语音通信有着完全不同的特性和要求。首先数据通信具有很强的突发性，即在短时间内会集中产生大量的信息，而很长一段时间内，又根本没有信息需要传送。目前GSM系统中无线数据业务是基于电路交换方式进行的，只有在用户需要时，系统才分配一条业务信道，而不是按需分配信道，这样必然造成数据传输速率低，不能满足突发性大量数据的传输要求。其次，数据终端的形式多种多样，各种终端对传输速率的要求相差很大，电路交换只能定义有限的几种标准带宽的电路，很难用有限类型的电路将不同类型和速率的数据终端有效连接起来。再则，GSM目前的计费方式是以通信时间来计算的，这很不适应数据业务的开展。

当然要从根本上解决GSM系统在数据通信中存在的问题，最好的办法是发展第三代移动通信系统。但是第三代移动通信系统进入商用，并被大多数移动用户使用，还需要时间。此外，运营商、设备制造商和各国政府更关心如何从第二代移动通信网络演进到第三代。因为第二代网络已在全球完成了巨额投资并继续保持高速膨胀的趋势，人们不得不考虑两代网络之间平滑过渡的问题。权衡再三的结论是：通过技术的平滑过渡来提供业务的平滑过渡，而不是重新建一个第三代移动通信系统来取代第二代。此时基于GSM系统提出的GPRS方案，是迎合平滑过渡策略的主要方案。

2. GPRS简述

GPRS是General Packet Radio Service（通用分组无线业务）的缩写，是一种能把分组交换技术引进现有GSM系统以提高数据传输速率的技术，使现有的移动通信网与数据网结合起来。作为第二代移动通信技术GSM向第三代移动通信（3G）的过渡技术，是由英国BT Cellnet公司早在1993年提出的，是GSM Phase2+（1997年）规范实现的内容之一。它充分利用了现有移动通信网的设备，在GSM网络上增加了一些硬件设备和软件升级，形成了一个新的网络逻辑实体，它以分组交换技术为基础，采用IP数据网络协议，使现有GSM网的数据业务突破了最高速率为9.6 Kb/s的限制，最高数据速率可达170 Kb/s。用户通过GPRS，可以在移动状态下使用各种高速数据业务，包括收发E-mail、进行Internet浏览等。每个用户可同时占用多个无线信道，同一无线信道又可以由多个用户共享，资源被有效地利用。

1）GPRS的特点

（1）网络升级。GPRS的目的是提供较高速率的分组数据业务，它是对目前GSM网络的补充，它不会取代GSM网络。GPRS是GSM向3G系统演进的重要一环，故又把它称为“2.5代技术”。

（2）高速传输。GPRS采用分组交换方式，实际传送或接收数据时才占用无线资源。对突发性数据传输可按需分配业务信道，实现多时隙捆绑，从而明显提高信道利用率和传输速率。GPRS的理论速率可达170 Kb/s，实际速率典型值在14.4～43.2 Kb/s（上下行非对称速率）之间。

（3）实时在线。GPRS还有“永远在线”的特点，即用户随时与网络保持联系。没有数据传送时，手机进入一种“准休眠”状态，释放所用的无线信道给其他的用户使用，这时网络与用户之间保持一种逻辑上的连接。用户访问互联网时，手机就在无线信道上发送和接收数据，就算没有数据传送，手机还一直与网络保持连接，不但可以由用户侧发起数据传输，还可以从网络侧随时启动 push 类业务，不像普通拨号上网那样断线后还得重新拨号才能上网冲浪。

（4）按量计费。GPRS 的计费是根据用户传输的数据量而不是上网时间来计算的，只要不传输数据，哪怕你一直“在线”也不需另外付费，就算遇上网络塞车，也不会白白花钱，对消费者来说更为合算。目前移动业务：普通套餐资料量 3 分/KB；如果交月租费（20/30/100/200 元），资料量超过 1 MB/10 MB/20 MB/不限制，1 分/KB，如果资料量小于 1 MB/10 MB/20 MB，不收钱。

（5）自如切换。GPRS 手机分成 A、B、C 三个等级，市场上最常见的是 B 类手机：

A 类手机在进行语音通话的同时仍然可以上网浏览、收发 E-mail 等。

B 类手机可以在上网和语音电话之间进行自动切换，在打电话时暂时停止上网，通话结束后可继续切换到上网状态。

C 类手机需要人工切换通话状态和上网状态。

为了使用 GPRS 业务，用户移动台必须是 GPRS 移动台或 GPRS/GSM 双模移动台。

2）GPRS 承载业务

在原有 GPRS 承载业务支持的标准化网络协议的基础上，GPRS 可提供以下一系列交互式业务：

点对点无连接型网络业务（PTP-CLNS）；

点对点面向连接的数据业务（PTP-CONS）；

点对多点业务（PTM）。

总之，GPRS 可提供 Internet、多媒体、电子商务等业务；可应用于运输业、金融、证券、商业和公共安全业；PTM 业务支持股市动态、天气预报、交通信息等实时发布；另外，其还能提供种类繁多、功能强大的以 GPRS 承载业务为基础的网络应用业务和基于 WAP 的各种应用。

3.8.2　GPRS 网络结构

GPRS 网络结构如图 3-62 所示，它是在 GSM 网络的基础之上引入三个关键组件 SGSN、GGSN 和 PCU 而构成的。

SGSN（Serving GPRS Support Node）称为 GPRS 业务支持节点，SGSN 主要是负责传输 GPRS 网络内的数据分组，它扮演的角色类似通信网络内的路由器（Router），将 BSC 送出的数据分组路由（Route）到其他的 SGSN，或是由 GGSN 将分组传递到外部的互联网。除此之外，SGSN 还包括所有管理数据传输有关的功能。

GGSN（Gateway GPRS Support Node）称为 GPRS 网关支持节点，是 GPRS 网络连接外部因特网的一个网关，负责 GPRS 网络与外部互联网的数据交换。在 GPRS 标准的定义内，GGSN 可以与外部网络的路由器、ISP 的 RADIUS 服务器或是企业公司的 Intranet 等 IP 网络相连接，也可以与 X.23 网络相连接，不过全世界大部分的电信营运商都倾向于只将 GPRS 网络与 IP 网络连接。GGSN 可接收移动终端发送来的数据，转发至相应的外部网络，或接收来自外部数据网络的数据，通过隧道（Tunnel）技术，传送给相应的 SGSN。另外还可具有地址分配、计费、防火墙功能。

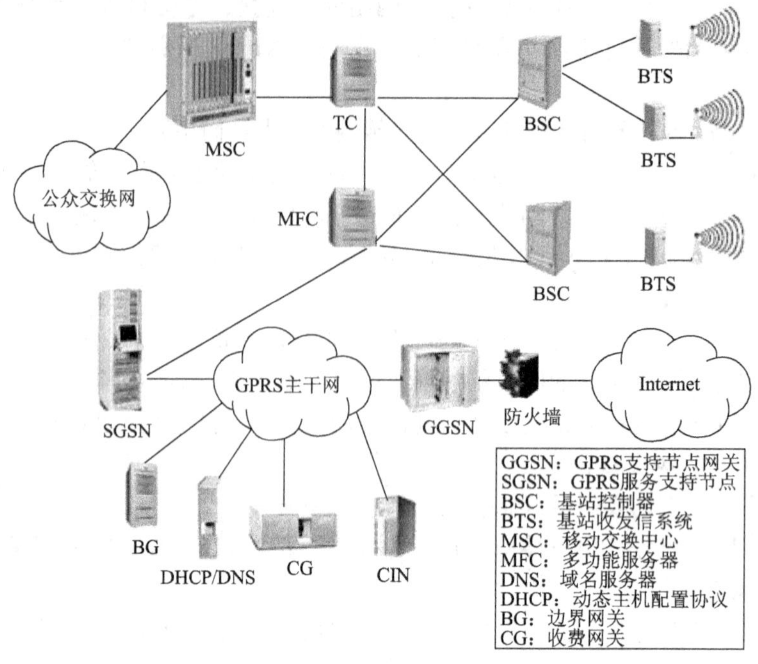

图3－62　GPRS网络结构

PCU（Packet Control Unit）称为分组控制单元，加于基站子系统的BSC处。因为BSS与SGSN连接的接口Gb采用帧中继，原有BSC的电路交换设备无法使用，所以需增加PCU，用于分组数据的信道管理和信道接入控制。

另外，为了支持GPRS，原GSM系统的相应部件需要进行软件升级，这些部件包括：BTS、BSC、HLR和MSC/VLR。OMC需要增加对新的网络单元进行网络管理的功能。由于GPRS采用了与电路交换业务完全不同的计费信息，采用按数据流量而不是按时长计费，因此需要升级计费系统。再则GPRS和GSM采用不同的数据类型，所以需要采用支持GPRS的移动终端。

3.8.3　GPRS移动性管理

GPRS系统中的移动性管理和GSM系统中的移动性管理很相似，都是用于跟踪移动台在PLMN网内的当前位置。在GPRS系统中引入了一个新的与位置有关的概念——路由区（RA）。路由区由一个或多个小区（cell）组成，路由区包含在位置区（LA）内，最大可以和其所在的位置区一样大。路由区可以被认为是一个IP子网，由RAI（路由区标识）来唯一标识。一个SGSN可以为多个路由区提供服务，但一个路由区内只能有一个SGSN。

1. 移动管理状态

GPRS定义了三种移动管理状态，即IDLE状态、STANDBY状态和READY状态。移动台未开机或者没有进行GPRS连接时，处于IDLE状态；当移动台正在进行数据传输时，处于READY状态；移动台完成GPRS连接，但没有传输数据时，处于STANDBY状态。移动台在这三种状态之间的相互转换过程如图3－63所示。

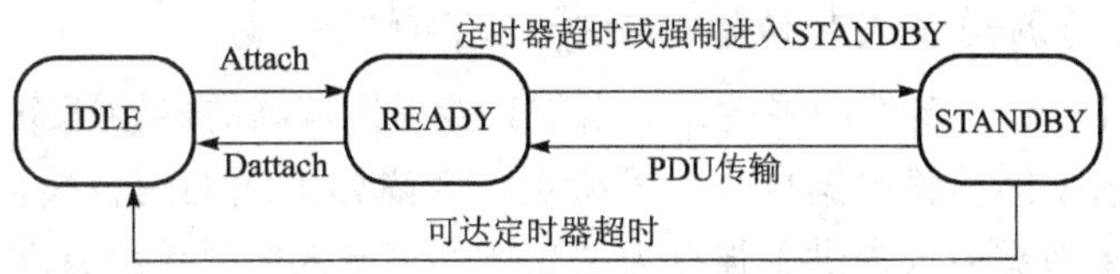

图 3-63　移动管理状态转换模型

2. 位置管理

位置管理就是当用户从一个小区进入另一个小区，或者从一个路由区进入另一个路由区时执行的一系列移动管理过程。此外，位置管理还包括周期性的路由区域更新，检查在一段时间内未发起路由区域更新请求的用户是否处于 READY 或 STANDBY 状态。

当移动台处于 READY 状态时，如果它从一个小区进入同一路由区内的另一个小区，则会触发一个“小区更新”的过程，类似于 GSM 中的小区切换。如果此时移动台处在 STANDBY 状态，则只有通过 SGSN 发寻呼消息使移动台进入 READY 状态，才能进行小区更新。当移动台进行小区更新时，会通知 SGSN。总之要进行小区级的移动性管理，移动台应处于 READY 状态。

3.8.4　GPRS 的局限性

与其他非语音移动数据业务相比，GPRS 可以在频谱效率、容量和功能等方面提供较大的改善。但是必须指出，GPRS 还有不少局限性。这也是 GPRS 系统有待进一步研究和改善的地方。

1. GPRS 并不能增加网络现存小区的总容量

这表明 GPRS 不能创造资源，它只能更有效地使用现有资源。语音和 GPRS 都使用相同类型的网络资源，GPRS 对容量的影响程度取决于预留给 GPRS 使用的时隙的个数。

2. 实际传输速率和理论值之间存在较大差距

要获得 GPRS 理论上 170 Kb/s 的传输速率，必须要求单一用户同时占用所有 8 个时隙，而且不能采取任何纠错措施。显然网络运营商不可能允许一个 GPRS 用户占用所有的时隙，而且现有网络条件下不采用纠错措施是不能满足传输质量的。此外，最初的 GPRS 终端只能支持 1 ~3 个时隙，不可能支持全部 8 个时隙的捆绑使用。因此，GPRS 用户的实际可用带宽是非常有限的。可以考虑引入 EDGE 和 UMTS 技术，否则对于单个移动用户来说，其数据速率是不可能太高的。

3. 终端不支持无线终止功能

目前还没有任何一家主要手机制造厂家宣称其 GPRS 终端支持无线终止接收来电的功能，这将是对 GPRS 市场是否可以成功地从其他非语音服务市场抢夺用户的核心问题。启用 GPRS 服务时，用户将根据服务内容的流量支付费用，GPRS 终端会装载 WAP 浏览器。但是，未经授权的内容也会发送给终端用户，更糟糕的是用户要为这些垃圾内容付费，用户显然不愿意看到这种情况发生。GPRS 终端是否支持无线终止功能，直接威胁 GPRS 的应用和市场的开拓。

4. GPRS 系统的调制方式和传输时延等还有待改进

尽管GPRS系统还有一定的局限性，但由于其能提供较高的传输速率，而且具有接通时间短、永远在线、按实际传输数据量收费等特点，为诸如无线上网、移动办公、移动金融、车辆动态导航等移动数据通信提供了强有力的支持。随着人们对无线移动数据业务需求的急剧增加，移动数据通信的应用和发展将具有更广阔的空间，GPRS必将在其中扮演重要的角色。

5. GPRS 会发生包丢失现象

GPRS还有自己的不足之处，由于分组交换连接比电路交换连接的“健壮性”要差一些，因此，使用GPRS会发生一些包丢失现象。而且，由于语音和GPRS业务无法同时使用相同的网络资源，因此，用于专门提供GPRS使用的时隙数量越多，能够提供给语音通信的网络资源就越少。GPRS技术是一种面向非连接的技术，用户只有在真正收发数据时才需要保持与网络的连接，因此大大提高了无线资源的利用率，但是由于GPRS采用基于GMSK的调制技术，因此每个时隙能够得到的速率是有限的。

3.8.5 GPRS怎样过渡到第三代移动通信

GPRS是GSM移动电话系统向第三代移动通信迈进的一个重要步骤，根据欧洲电信标准化协会对GPRS发展的建议，GPRS从试验到投入商用后，分为两个发展阶段，第一阶段可以向用户提供电子邮件、互联网浏览等数据业务；第二阶段是EDGE的GPRS，简称E-GPRS，EDGE是GSM增强数据速率改进的技术，它通过改变GSM调制方法，应用8个信道，使每一个无线信道的速率达到48 Kb/s，既可以分别使用，也可以合起来使用。例如，用一个信道可以通IP电话，用两个信道可以上网浏览，用4～8个信道可以开电视会议等。8个信道合起来可使一个收发机支持384 Kb/s。

它是向第三代移动通信——通用移动通信系统（UMTS）过渡的台阶。UMTS是在GSM系统的基础上开发的，是欧洲开发的第三代移动通信，虽然现在还没有确定最后统一的标准，但是世界上许多著名的厂商，如诺基亚、爱立信、摩托罗拉、西门子、NTT等都在致力于这方面的研究和开发。UMTS是基于IP协议的通信结构体系，集成了语音、数据及多媒体网络，可以在世界上任何地方为任何人提供通用的个人通信业务，包括电视会议、互联网接入和其他的宽带业务。这种由现有的GSM系统通过增设GPRS，再由GPRS平滑地过渡到UMTS第三代移动通信系统的解决方案，可以充分地利用现有的移动通信设备。

3.9 GSM 基站

3.9.1 RBS200基站

1. RBS200 结构与原理

ERICSSON公司的基站产品有200型基站，其中有RBS200、RBS203等，用于支持

GSM900，RBS205、RBS206 等用于支持 DCS1800。而目前使用的 2000 型基站主要有 RBS2101、2102、2103、2202 等型号。前三种用于室外，后一种用于室内，都可支持 GSM600 和 DCS1800 两种规范。

1）RBS200 系统构成

BSS（CME20 系统中的基站部分）包含 BSC（基站控制器）和 BTS（基站收发信部分）。RBS 是指 TRI 与 TG 构成的系统，而从逻辑上讲，TRI 属于 BSC 的一个远程模块，通过一条控制链直接受 BSC 的控制。而所有 TG（服务于一个小区的全部设备——收发信机组）构成的系统称为 BTS。

为节省传输，DXU 总是与 BTS 一同安装。一般所指的 RBS200 便是一个这样的整体。BSC（基站控制器）也是由 AXE 技术实现的产品。其总线结构与 AXE－10 交换机相同（总线结构的特点是扩容方便，但维护困难）。

2）RBS200 各单元功能

RBS 进一步划分为收发无线接口（TRI）和收发信机组（TG）两部分。

TRI 提供 TG 和 BSC 之间的接口功能，可看成远端数字交叉连接器，来自于 BSC 通过的所有连接都被建立为半永久连接，使网络更有效和更灵活利用 RBS200 基站提供的 PCM 传输路线。TRI 完成 A-bis 接口上的 PCM 时隙的分配，也就是 A-bis 接口的 PCM 时隙分配至三个 TG 的各个载波设备，这种功能称为半永久连接，同时完成 PCM 时钟的提取的功能。

TG 代表的是 GSM 规范所定义的基站（BTS）部分。一个 BTS 是为一个小区提供服务的所有设备，一个 TG 被定义为和几个天线系统相连的所有收发信机（TRX）的总和。如图 3－64 所示。TG 为收发信设备，主要完成至 MS 信号的处理和调制、解调、发射、接收等功能。

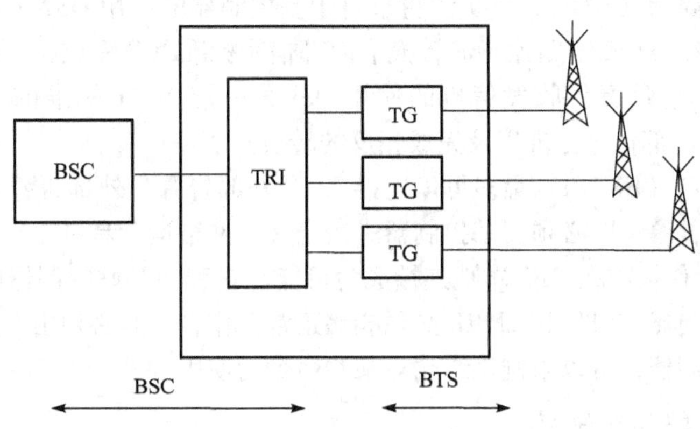

图 3－64　RBS200 系统基本构成

TRI 称收发信机远端接口，内含 7 个功能块，它们分别是时分交换模块 TSW、扩展模块区域处理器 EMRP、交换终端板 ETB、无线收发信机终端 RTT、外部告警接口 EXALI、V.24 接口和时隙模块 STR。如图 3－65 所示。

TRI 具有交换的功能，即具有半永久连接功能，这使 BSC 与 TG 之间的连接非常灵活，TRI 中的 ETB 板是无线基站的接口，它主要处理 A-bis 接中的 PCM 信号，一方面是下行方向的 TS16 的提取并送至 STR，同时也将其他 31 个时隙分接至 DEV-BUS 上，另一方面是上行

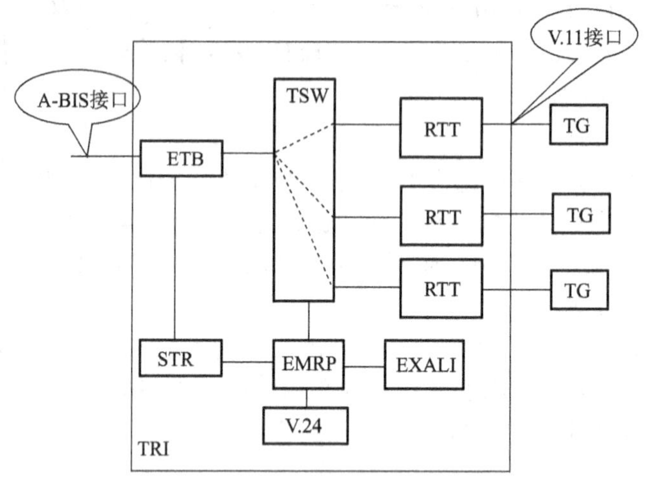

图3-65 TRI单元

方向的合成。TS16 信令送至 EMRP 执行对 TRI 各单元的控制，语音及 LAPD 信令经 TSW 的半永久连接后由 RTT 送入 TG。

可以将时分交换模块（TSW）比喻为 TRI 的心脏部分。它起到数字交叉连接器的作用，所有通过它的连接都被建立为半永久性连接的含义：一旦建立了一个连接，那么该连接便一直存在，直到用命令拆除时为止。

EMRP 则是 TRI 的指挥部，它由基站控制器通过 PCM 链路的 16 时隙（TS16）来控制。该时隙由 ETB 板摘取出来，然后交由远程信令终端（STR）进行处理。在进/出线路上需要两种不同的接口板：

交换机终端电路板（ETB），它负责将来自于基控制器的使用 OST（开发系统互连）第一层 G703 标准的 2M PCM 链路比特流转换成内部信号标准以及完成相反的转换。无线收发信机终端（RTT），它负责将收发信机的使用 OSI 第一层 V. 11 标准的 2M 线路接口总线（LIB）比特流换成内部信号标准以及完成相反的转换。

通过处部告警口（EXALI）最多可以连接 32 个外部告警。外部告警的例子如火警或防窃告警等。告警及告警说明必须由基控制器进行定义，网络运营者具有定义的灵活性。

V. 24 接口使操作终端在 RBS 本地连接成为可能。它和在基站控制器中连接的操作终端的使用方式相同。当然，STR 和 EMRP 必须能够正常工作，同时必须由在基控制器的操作员解闭才行。在基控制器，可以限制该终端对某些命令的使用。

2. RBS200 基站工作原理

1）逻辑结构

图3-66 所示为爱立信 GSM 基站 RBS200 的逻辑结构。它包含两个主要部分：收发信机无线接口 TRI 和收发信机子系统 TRS。TRS 具备了用于处理基站和移动台之间的话务所需的所有无线功能，可以说它是 RBS200 中真正对应 GSM 规范所指明的 BTS 部分；另一方面，TRI 是爱立信公司设计的一个系统部件，它为 RBS200 提供了附加的功能和灵活性。这两个部分各自提供了终端，可以对 BTS 进行操作；另一类终端是本地维护终端（LMT），它被设计成为可以访问 BTS 的无线部件，主要用于读取配置信息并可以对其进行监视。

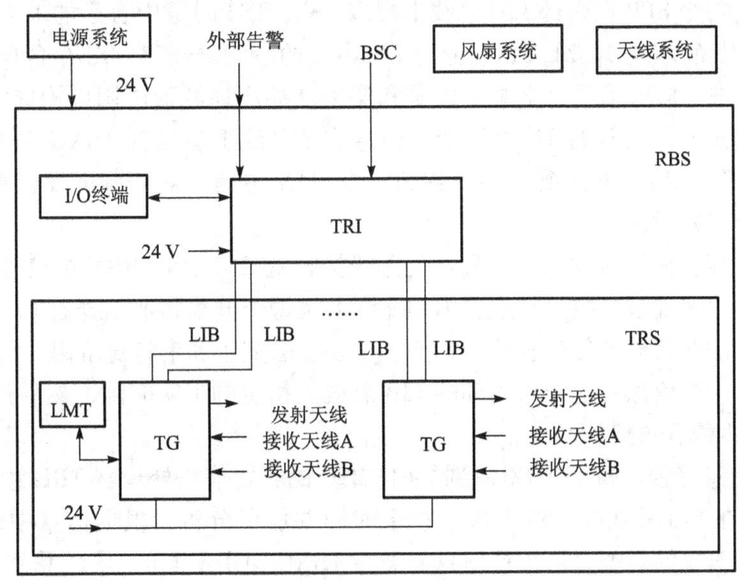

图 3－66　RBS200 的逻辑结构

2）TRI 收发信机工作原理

如图 3－67 所示，一个载波的 TG 结构示意图，可以分成设备和总线两部分，图标中的 TRXC、RRX、SPP、RTX 为一个载波的 4 个基本的组成部分，TM 为定时单元，为整个 TG 提供定时信号，这些模块通过各种总线连接在一起，TRXC、RRX、SPP 通过背板连接在一起，并统称为 TRXD，上述三者间的总线：RX O&M Bus、Internal LIB、C-Bus、RX-Bus、Internal TX-Bus 称为内部总线，而 TX-Bus、O&M Bus、TIB Bus、LIB Bus 等称为外部总线。

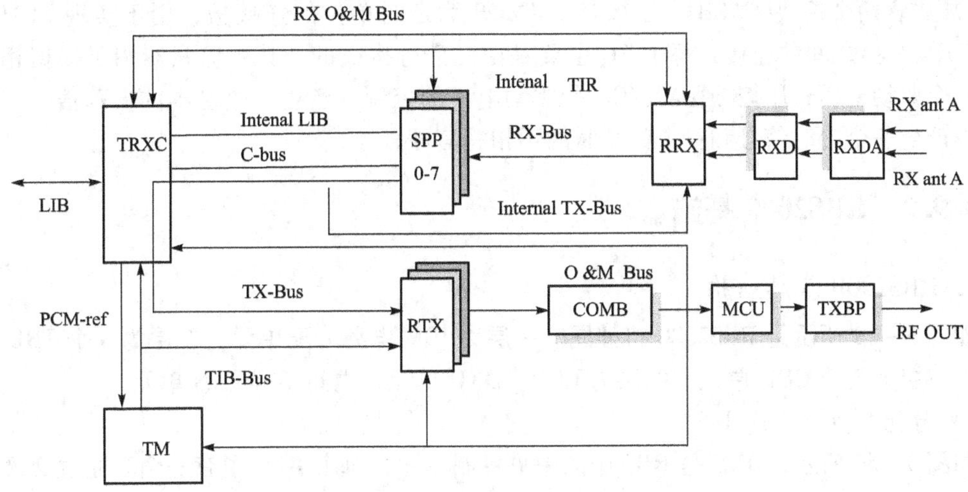

图 3－67　RBS200 基站 TG 原理

（1）语音信号流程。下行方向：语音信息来自 TRI 中的 RTT，经过线路接口总线 LIB 到达 TRXC 中。语音信息在 BSC 中的 TRAU 单元已经过语音编码，且语音信息被放在 LIB 总线的 TS1 和 TS2 两个时隙中，所以在 TRXC 中，信息透明地交换到 8 个不同的 SPP 单元的内部LIB总线上，每个SPP在内部LIB总线上提取TS1、TS2时隙中自己的1/4时隙的语音信息，该子时隙的比特率是16 Kb/s，它分为13 Kb/s的编码语音和3 Kb/s的同步信息。每个SPP对语音信息进行信道编码、交织、加密和突发脉冲序列的形成用以构成空中接口时隙，并把已处理的信息放到内部的TX总线上，信息在该总线上被送到TRXC中，TRXC把内部TX总线转换成TX总线，并送到无线发射机，在RTX中信号被调制成发射频率且被放大，最后通过发射天线发射出去。

上行方向：接收天线接收到的信号送至无线接收机RRX，在RRX中信号被抽样和解调以进行进一步的数字处理，数字信息在RX总线上从每个分集接收机送往SPP，SPP在各自的空中接口时隙的两路分集信号上执行均衡、解密、去交织和韦特比解码。译码后的信号与BSC中TRAU的同步信息一起插入内部的LIB总线上指定的1/4时隙，然后送到TRXC，经LIB再送到TRI，最后送到BSC中。

（2）控制信息流程。每个TRXC接收来自BSC的收发信机处理器TRH中带有控制信息的时隙，TRXC在LIB总线的TS0上提取这个时隙并加以分析，根据信息中的TEI和SPAI两个地址来区分信息的类型，再根据信息的类型TRXC使用不同的O&M总线执行BSC的不同类型的命令。

TRXC利用C总线传送复位或配置一个时隙无线链路RSL的信息和执行SPU单元的操作和维护功能；利用O&M总线执行TGC的功能（通过O&M总线告诉RTX跳频到不同的频率上，通过总线命令TM在复位后进行重新同步）；利用RX O&M总线执行对收信机的话务TC的功能。

（3）定时信号流程。定时模块TM负责TG中定时信号的产生和分配，它根据TRXC单元经PCM-ref总线送来的定时参考产生出本TG所需要的各种时钟，并在定时总线TIB上向TG中后有的RTX和TRXC发送各种定时信号，TRXC在内部的TIB上把定时信号依次分配到8个SPP和RRX中。TM本身与经过TRI的到本基站的PCM链路的时钟同步。

TM中含两个模块TMCB、三个TU，TMCB为定时单位的连接板，用于实现TU-TU之间、TU与个界之间的连接，每个TU主要是由三部分构成的，其中监相器用于根据相位差产生一个驱动电压；压控振荡器VCO受驱动电压的控制，产生一个基本的振荡信号，再由计数链产生三个定时信号和一个失步时的不相关信号。

3.9.2 RBS2000基站

1. RBS2000基站结构

如图3-68所示是RBS2000机架图。一层为IDM电源分配单元，二层为6个TRU载频单元，三层为3个CDU单元，四层为ECU、DXU单元，中间还有FAN单元。

1）分配交换单元DXU

如图3-69所示，DXU是RBS中的中央控制单元，每个RBS中有一个。通过交叉连接2 Mb/s或1.5 Mb/s传输网络和分配时隙至关联的收发信机，它提供一个系统的接口。其具有以下几个功能：

（1）分配交换，（SWITCH的功能）；

（2）面向BSC的界面；

（3）定时单元，与外部时钟同步或与内部参考信号同步；

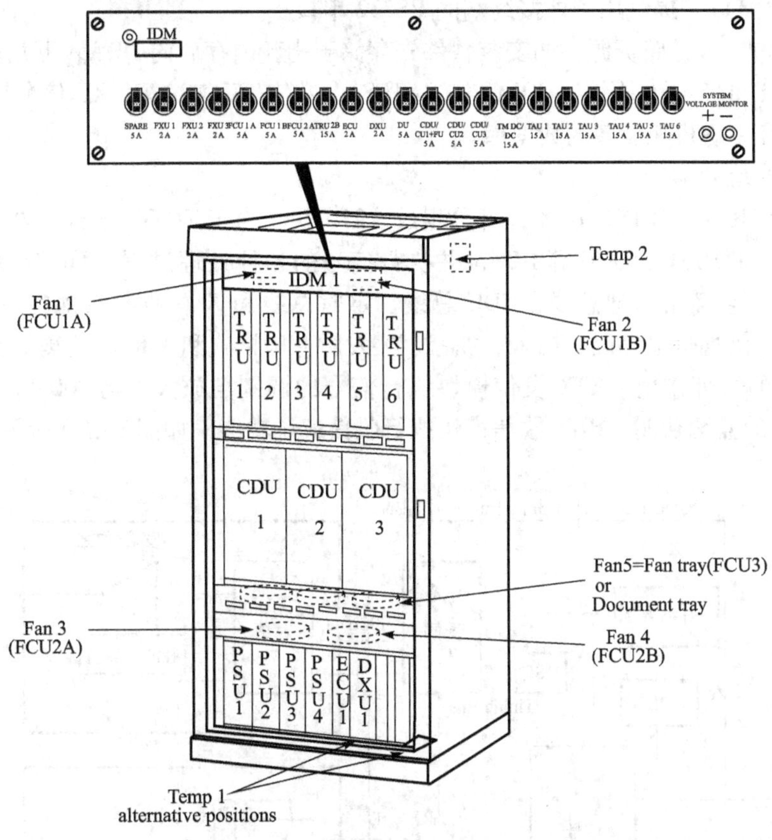

图 3－68　RBS2000 BTS 机框图

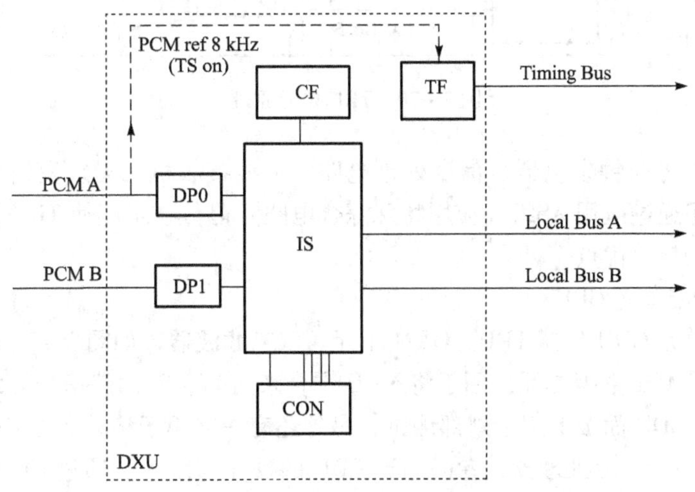

图 3－69　DXU 内部结构

（4）外部告警的连接，所有机架外的告警信号接口；

（5）本地总线控制；

（6）物理界面 G. 703，处理物理层与链路层；

（7）OMT 接口，提供用于外接终端的 RS232 串口；

（8）处理 A-bis 链路资源，如安装软件先存储于刷新内存后向 DRAM 下载；

（9）信令链的解压与压缩（CONCENTRATES），及依 TEI 来分配 DXU 信令与 TRU 信令；

（10）保存一份机架设备的数据库。

2）载频单元 TRU

TRU 包括 TRUD、RRX、RTX 三部分组成。TRUD 相当于 TRXC 与 SPP 的合成，连接的有 LOCAL、X、TIMING、CDU 等 BUS，并执行信号的各种处理过程，TRUD 功能可看作是 TRU 的控制器，它经由本地总线、CDU 总线、定时总线和 X 总线与其他的 RBS 单元相连接，TRUD 执行例如信道编码、插入、加密、突发脉冲串格式和 Viterbi 均衡等上行和下行链路的数字信令的处理作用。RTX 发信模块执行信号的调制与放大，与 200 基站相比，增加了一个 VSWR 的监测功能，RRX 收信模块执行收信解调功能，如图 3－70 所示。

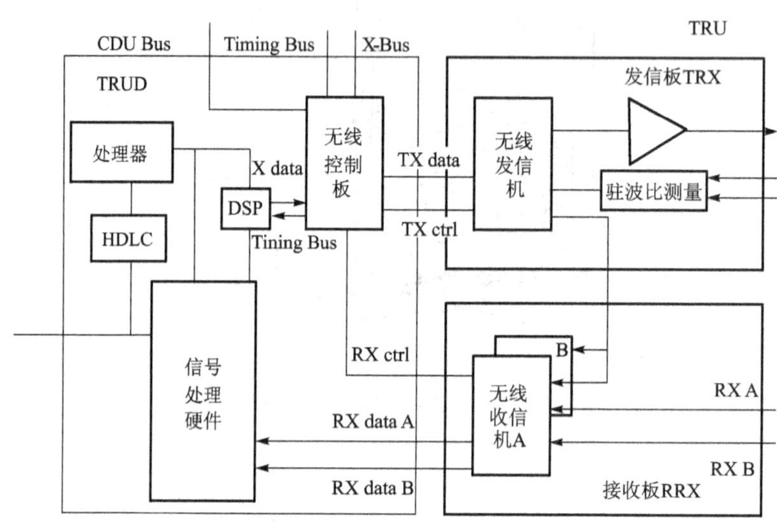

图 3－70　TRU 单元原理

TRU 还包括参考时钟发生器、信令处理电路、无线接收机、无线发信机和功率放大电路等很多电路，但通过应用 ASIC（应用特殊综合电路）晶体技术能使 TRU 做到高效、小体积、重量轻和低功耗等优点。

3）合成和分配单元 CDU

合成和分配单元 CDU 包括 TDU、O&M 单元、双工滤波器，如图 3－71 所示。

TDU 单元也叫测试数据单元，用于将 MCU 耦合来的 Pf、Pr 两路信号分别送 TRU（计算电压驻波比），送 CDU 面板上用于外部测试，另外还有一路用于移动台的 CALL TEST。

O&M 单元相当于一台处理器，专门用于 CDU 的操作与维护。通过 CDU 总线与 TRU 通信，内有告警信息、CDU 的数据库（DATABASE），数据内有 CDU 型号、系列号等。RXDA 的故障信息由此单元收集，RXA/B 的接收信号电平也由此单元收集，从而可监视接收天线的状态（间接的），此信息可以在 OMT2 中读取。另外当使用 ALNA 时，其故障信息也由此单元收集。

一个双工滤波器包含两个带通滤波器，一个是上行频带而另一个为下行频带。因为从发

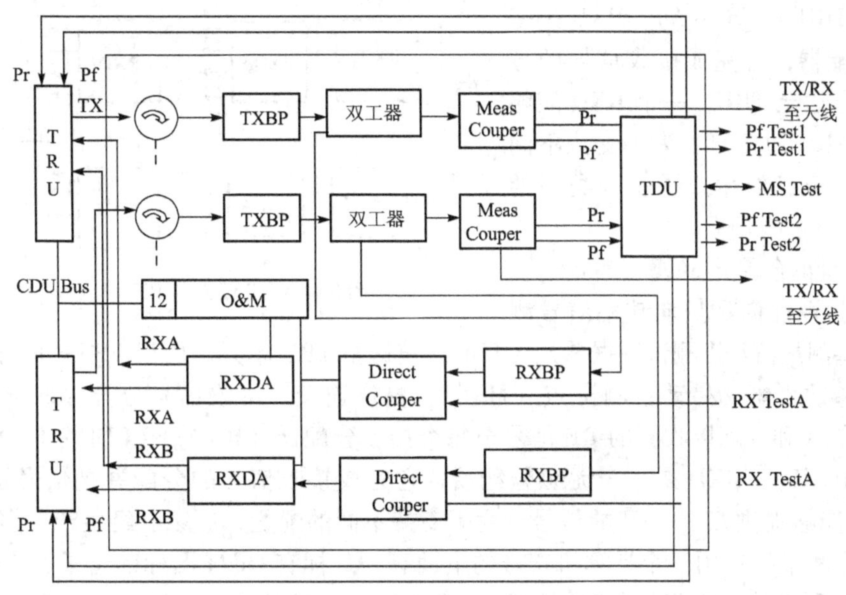

图 3－71　CDU 机构框图

信机来的信号不能通过收信带通滤波器，而天线来的接收信号不能通过发信带通滤波器，所以允许收发信共享一条天线。收发共享一条天线的优点是可以减少天线的数目，改善天线的管理。通过 VSWR 的监视也容易对一条发信天线进行管理。然而，如果收信天线的故障难于发现。如果采用双工器，收发信路径是一样的，那么，监视发信天线也能同时监视收信天线，收发信路径能同时进行管理。同时 RBS2000 还附加有这样的功能，TRU 上执行多种多样的监视，这些监视功能监视各种信道之间的信号强度的差异。

CDU 是 TRU 和天线系统的接口，它允许几个 TRU 连接到同一天线。它合成几部发信机来的发射信号和分配接收信号到所有的收信机，在发射前和接收后所有的信号都必须经过滤波器的滤波，它还包括一对测量单元，为了电压驻波比（VSWR）的计算，它必须保证能对前向和反向的功率进行测量。

4）合成和分配单元

合成和分配单元主要由合成器和分配器组成，下面介绍其简单原理。

(1) 合成器。

① 滤波型窄带功率合成器（F-COMB）。滤波型功率合成器是一种窄带设备，它只允许选择在发射带宽内一个频率信号通过，这种合成器不管系统有多少部发信机，它都有 4 dB 的插入损耗，多用于多发信机的系统中。这种合成器中有一个步进马达用于它的调谐，调谐时间大约需要 5 ~ 7 s。

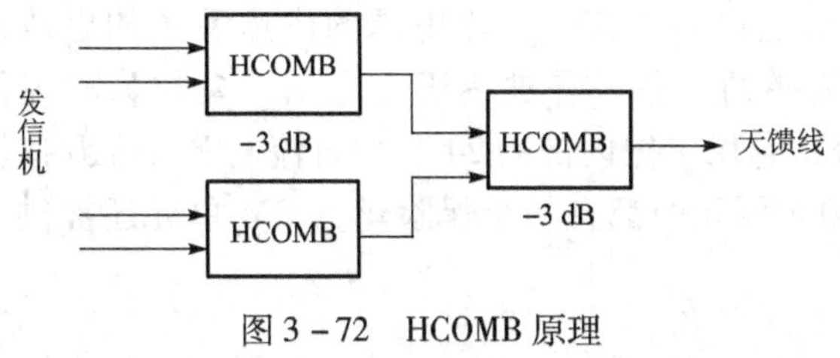

图 3－72　HCOMB 原理

② 功率合成器 HCOMB。信号每经过一个功率合成器功率衰减 3 dB，如图 3－72 所示。

(2) 分配器。接收信号分配接收分配放大器（RXDA）放大和分配接收到的 RF 信号至每个接收分配器（RXD）（CDU－C）

或直接至TRU（CDU－A）。RXD是一个无源分配器，它完成接收信号的分配并把信号送至TRU，一个RXD能够提供四个TRU的信号。为了支持不同的配置，厂家已经生产了多种类型的CDU。如图3－73所示。

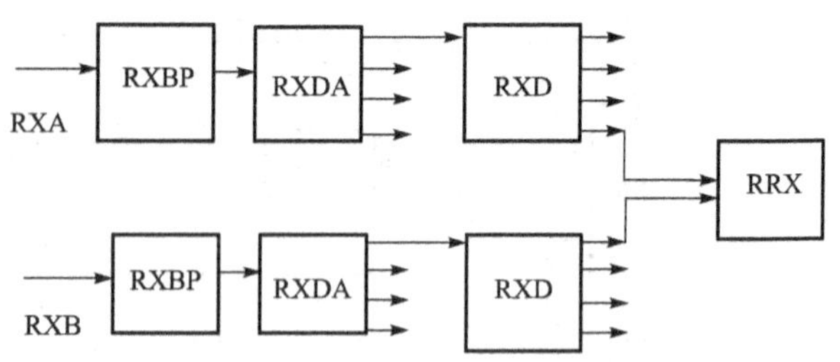

图3－73　RXDA与RXD接收原理

5）测量耦合单元MCU

MCU提取前向和反向功率信号测量值。这些测量值经由测试数据单元（TDU）被送至TRU单元，用于VSWR的计算，同时TDU也为移动测试、移动台测试点（MSTP）提供连接。接收信号分配接收分配放大器（RXDA）放大和分配接收到的RF信号至每个接收分配器（RXD）（CDU－C）或直接至TRU（CDU－A）。RXD是一个无源分配器，它完成接收信号的分配并把信号送至TRU，一个RXD能够提供四个TRU的信号。为了支持不同的配置，厂家已经生产了多种类型的CDU。操作和维护在用一个计算机符号的下面有一个标有O&M图标的盒子，它用于CDU单元的操作和维护，它经由CDU总线和TRU单元进行通信。通信内容包含告警和来自CDU数据库的信息，CDU数据库包含CDU的类型、服务号码等。天线低噪声放大器（ALNA），ALNA是一个安装在天线杆上的外部单元，在1 800 MHz或1 600 MHz系统中它用于放大接收信号，以补偿天馈线系统的损耗，并使接收信号能够提高至全系统灵敏度的要求。它的电源由CDU单元供给（15 V DC），并由RBS对它进行管理。ALNA也把发信机和接收机经由一个双工滤波器连接到相同的天线。

电源的控制单元ECU控制和管理电源和与之相关的设备（PSU单元、电池、交流连接单元、风扇、加热器、冷气机和热交换设备），并调节机箱内的气候情况以保证设备的工作系统能够正常运作。

热交换机完成机箱内外的热气流的交换。ECU能够在电源故障和突然变冷时对设备进行保护，它通过传送机箱内部、外部的温度和湿度并调节机箱内部的温度和湿度来控制热交换机、加热器、风扇和电源等设备，这样保证这些设备能够安全工作。ECU单元通过温度传感器来管理机箱的温度，只有在正常的温度范围内设备的电源才能够接通。如果电源设备发生故障，并且由蓄电池供电，ECU将监视线电压值。如果电池的电压低于危险电平，ECU将关闭电池以防止损坏电池。当电源设备恢复正常时，为避免电池的再充电电流太大，ECU将调低线电压值。然后在保持PSU的电流在规定的范围内时再逐渐地调高线电压值至最大。BFU单元为每一个电池提供一个电池电路断路器，并把电池输出连接至内部的+24 V直流电源接线板。同时BFU单元还为ECU单元提供+24 V的直流电源。BFU单元是在ECU单元的管理下控制作为基站上直流电源的后备设备的电池的工作，当输出的直流电压变得非常低时BFU单元将会断开与电池的连接。直流电源的供给系统的电池也是按这样的规律被调节的。电池是一个可选择的设备。它被用于主电源设备故障时提供后备电源。IDM模块作为机箱内的一个部分，它用于把内部的24 V的直流电源分配到机箱内的各个单元，机箱内的每个分配电路在IDM单元中都有一个保险丝。IDM单元还提供一个可插入防静电手镯的插口。

2. RBS2000 系统

1）系统框图

RBS2000 系统框图如图 3－74 所示，RBS2000 与 RBS200 功能模块的区别如表 3－6 所示。

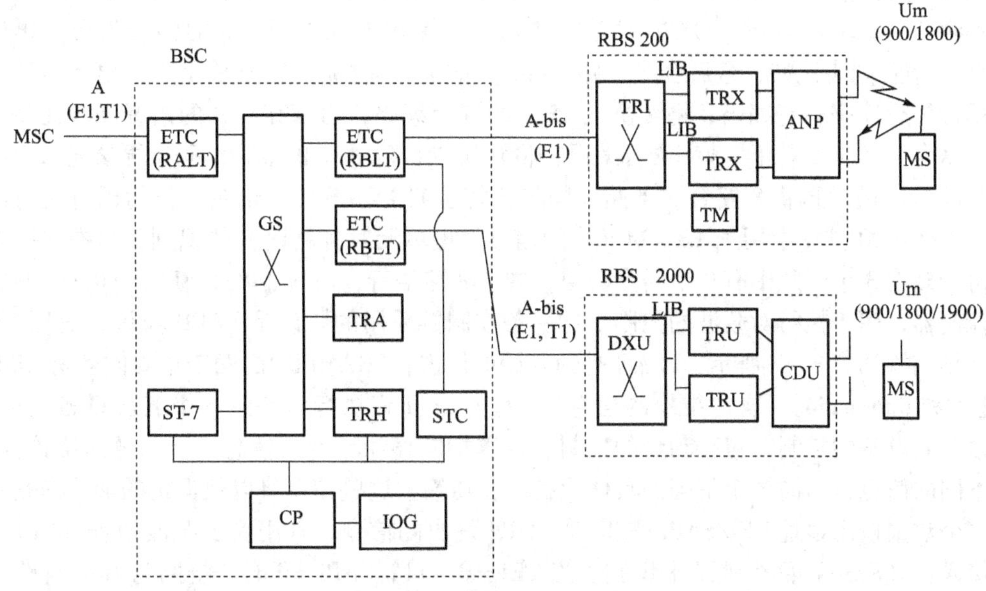

图 3－74　RBS 2000 系统框图

表 3－6　RBS2000 和 RBS200 功能模块的区别

RBS2000 中的单元	功　　能	RBS 200 中的单元
DXU	• 提供 2/1.5 Mb/s 链路接口 • 把 TS 连接至适当的 TRX • 时钟的提取和产生	TRI 单元和 TM
DXU	• 数据库包含 RBS 中的所有硬件信息 • OMT 提供基站上的操作与维护（把 BSC 部分功能摊到基站）	TRI 单元和 TM
TRU	包含处理 8 个时隙的所有功能： • 信号处理　• VSWR 监视 • 无线接收　• 无线环路测试 • 无线发射　• 功率放大	13 个单元： 8 SPP、TRXC、RRX、RTX、功率滤波器
ECU	控制和管理电源和环境气候	PCU
CDU	• 合成发信信号　• 分配接收信号 CDU 种类多，可使基站配置灵活	COMB RXDA，RXD

2）功能

BSC同样采用AXE－10的技术来实现，基本结构也是AXE－10的总线结构，左侧ETC为面向MSC的PCM接口，称A接口，右侧ETC为面向RBS的PCM接口，称A-bis接口；RBS2000中DXU的控制信令是插入LAPD信令中进行传输，不需要TS16信令链路，它由DXU根据地址提取。TRAU码型变换与速率匹配原理图和工作原理同RBS200基站的TRAU，这里不再细讲。4路A接口PCM时隙在TRAU中被转换成13 Kb/s的混合编码，再填充3 Kb/s的语音同步比特，最后合成1路A-bis口的PCM时隙，这便是全速率语音编码；如果采用加强全速率语音编码，将转换成15.1的混合编码，再填充0.9的语音同步比特，最后将4路合1；如果采用半速率语音编码，将转换成6.5 Kb/s的混合编码，再填充1.5 Kb/s的同步比特，最后再将8路合成1路。同步比特也叫IN－BAND信令，作为语音比特的引导，在RBS2000基站中用于TRU单元中的信号处理单元对各路语音的识别，与操作维护无关。每个载波3个时隙中有2个语音时隙，内含8路语音，对应于8个SPP。TRH也叫收发信机控制器，用于执行对载波的控制，这一条控制链采用的协议是LAPD协议，简称LAPD链。其帧结构如表3－7所示，FLAG是帧开始的标志，FRAME中的两个重要内容是Address（地址）和Information（操作维护的信息）。由于TRH将执行对基站各个载波设备的控制、对基站公共设备的控制、对移动台的控制、传送指向移动台的短信息、层二链路维护信息，这些不同的信息将指向各个不同的具体设备。在传输上这些信息将以数据包的形式向基站传送，这个数据包用地址TEI/SAPI来识别。TRH发出的信令，其用途由载波地址（TEI）和业务接入点（SAPI）两个地址来识别。当TEI＝0～11，SAPI＝0时，链路为RSL链路，该信令是执行对移动台的控制；当TEI＝0～11，SAPI＝62时，链路为OML链路，该信令是执行对单个载波设备的控制；当TEI＝0～11，SAPI＝3时，链路为SC链路，该信令用于传输移动台的短信息；当TEI＝58，SAPI＝62时，链路为OML链路，该信令是执行对基站公共设备的控制。

表3－7 帧 结 构

FLAG	FRAME	FLAG	FRAME

FLAG为LAPD正的起始，在每一帧中都含有ADDRESS（地址）、INFORMATION（信息）两部分，地址用于识别控制信息的操作对象，如表3－8所示。

表3－8 地 址 信 息

TEI	SAPI	LINK	FUNCTION
0～11	0	RSL	TC APPLICATION
0～11	62	OML	TC APPLICATION
62	62	DXU	DXU SIGNALING
0～11	3	CBCH	短信息

注意： 每个信道都有移动台的控制信息，即使是用于映像语音通道（TCH）的载波时隙，有时也要传送时间提前量、功率调整等信息，即随路控制通道（SACCH），所以每个载

波都有可能收到 RSL 数据包。另一种情况是，移动台切换时也是借用 TCH 来传送小区广播信息（FACCH）。TEI 为载波地址，一般由基站工程人员设定，并在 BSC 的 MO 定义的指令中确认，之后由 TRH（收发信机处理器）产生的控制信令中便含有这个地址。SAPI（业务接收点）无需人工设定。TEI = 58 为公共地址，同样由 BSC 指令确认。

3.9.3　RBS2000 软件

软件在工厂中已经加载进设备中的单元，如刷新存储器中，如果要改变软件版本，RBS 能够立即修改，否则必须从 BSC 中下载过来。当 RBS 承载业务时，BSC 能够向 RBS 中的刷新存储器单元下载软件。当软件加载进入 RBS 后，RBS 从 BSC 处获得一个用于改变软件的命令。大约 20 秒后，根据新加载的软件，RBS 的各单元将会重新被启动。

软件被储存在刷新存储器中，即使断电，也不会丢失。这样在发生一个电源故障后，RBS 能够快速地恢复工作。

1. MO 定义

RBS2000 的软件操作，分前台与后台两种工作模式，DRAM 中的软件操作，属于前台工作模式，而 FLASHMEMORY 的软件操作属于一种后台工作模式。

所有的 RBS 的应用软件程序都以压缩的格式储存在 DXU 模块中的刷新存储器中。因此，如果要更换一个 TRU 或 ECU 单元，而这个单元包含旧的软件版本，这对 RBS 来说是没有关系的，因为 DXU 单元会将新的 TRU 单元中的新软件和寄存在刷新存储器中的 TRU 单元的软件进行比较，如果它们不相同，DXU 单元将会向 TRU 单元的 FLASH 进行刷新，之后是 TRU、ECU 单元中的刷新存储器进一步对 DRAM 进行操作，而这个过程不会影响到 TRU 的正常工作。这样，在一个电源故障后，它们能够快速恢复工作而不需要从 BSC 中重新加载软件。如图 3－75 所示 RBS2000 中的 MO 定义。

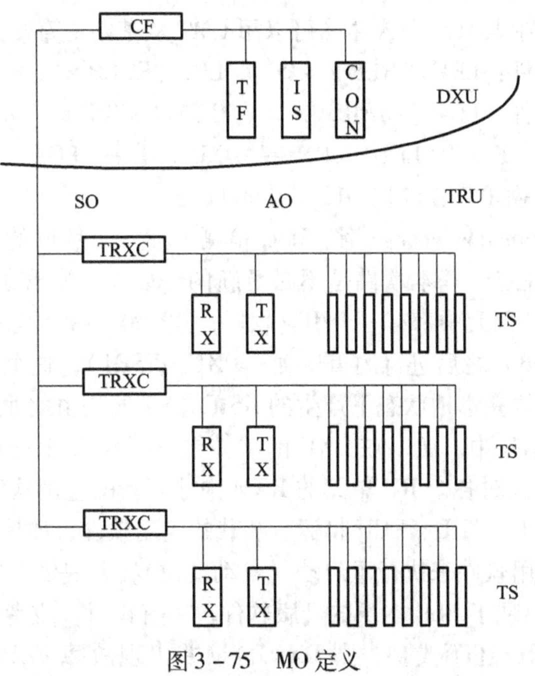

图 3－75　MO 定义

MO 的各种状态如表3-9 所示。

表3-9 MO 状 态

TRXC			LU		
STATE	STATE	BTS	TGC	BTS	TGC
Reset	Reset	RES	—	RES	—
Started	Disabled	DIS	—	STA	S
TGC Active	Enabled	ENA	—	STA	A

所有的 MO 都有下列的各种通用状态：

UNDEF：MO 没有定义；

DEF：MO 被定义在预服务状态中；

COM：MO 被人工闭塞；

PREOPER：MO 正在进入操作状态；

OPER：MO 正处于操作状态中；

NOOPER：MO 暂时不处于操作状态；

FAIL：MO 永久不处于操作状态。

2. 软件下载和升级

1）软件升级

升级分两种：第一种是 BSC 对 DXU 的升版，当做完本地操作并把 DXU 置于 REMOTE 之后，BSC 将检查 DXU FLASH 中的软件，若版本不对将自动升版，不必进行任何 BSC 操作。基站方面要注意传输正常。此时会发现 DXU 上红绿灯交替闪、红黄灯交替闪、只有绿灯闪。20~30 分钟升级完成。

RBS2000 的软件包中共有 6 个软件（可以用 OMT 从基站中直接读出），分别是：

三个装载的应用软件：LF1（TRLR×××），LF2（ECLR×××），LF3（DXLR×××）

三个基本的应用软件：LF4（TRBR×××），LF5（ECBR×××），LF6（DXBR×××）

注：TR——TRU、EC——ECU、DX——DXU、L——LOAD、B——BASE、R——REVISION、×××——如 082、112、012 等版本号。

当 BTS start-up 或 function change 时，BSC 检测上述六个软件的版本且有必要时进行升级，（大多数情况下上述三个基本软件是不必更新的，如在正常升版连续 4 次失败后自锁，才更新）在每一个 MRU 单元中都有一个引导软件，这个软件是不能由 BSC 进行升级的。当每次进行本地配置（IDB）之后进行的重启动（DXU RESET），这个引导程序将执行各个硬件单元的测试，也即是说在本地状态下产生的 BS FAULT 便是由此而来的。之后再将应用软件下载至各个单元的 RAM 中。所以在 DXU 的软件更新（DXU 上的绿灯闪）约 20 分钟后，将有一次自动 RESET，此时各个 RU 单元的 RAM 中才有新的应用软件。

在正常情况下，DXU、TRU、ECU 将运行装载的应用软件，如果这些装载的应用软件出现乱码，则用基本的应用软件来执行重启动（自动复位），并提供下次下载 BSC 软件所必要的功能。（这种情况多出现于 BSC 本身的升版软件包中有错时，或者传输质量太差、中断等情况）但连续三次之后，还不成功，则 DXU 自锁并出现故障 FAULT，此时所有的 TRU、

ECU 也将因失去控制而出现 FAULT 灯闪。

这 6 个应用软件都以压缩的形式存于 DXU 上的闪存（FLASH）中，之后 COPY 至 TRU/ECU 的软件也同样存于 TRU/ECU 的闪存中。如果 TRU/ECU 中的软件版本与 DXU 闪存中的软件不同，则 DXU 将自动对 TRU/ECU 进行更新。所以每次升级版本时，DXU、TRU、ECU 三者是同时进行的。每次 RU（DXU、TRU、ECU）启动后，这些软件将被解除压并存于 RAM 中的程序区，而由 IDB 配置的参数存于 RAM 中的数据区中。DXU、TRU 的 RAM 为 8 MB，ECU 的 RAM 为 4 MB。下载软件过程如图 3－76 所示。

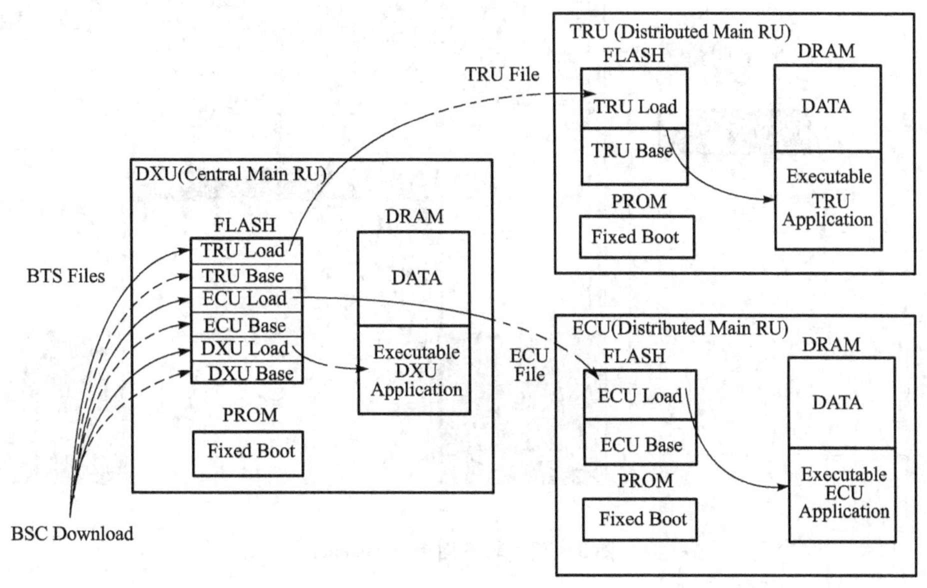

图 3－76　软件下载流程

注意： DXU 的升版本过程是红绿灯交替闪，或者只是绿灯闪，绿灯闪 30 分钟后自动复位，之后若再重复上述过程，则说明升版有问题（可能是 BSC 的升版软件有问题）。三次（或四次）之后 DXU 上出现 FAULT、BS FAULT 两灯亮，此时的 DXU 已坏。所以若发现有上述问题时，在第一轮结束后立即断开传输。用 SATT 或其他 BSC 去进行。

2）软件的下载过程

三个装载软件以压缩的形式（压缩后约 3 MB）通过 OML（操作维护链）中的 CF 链下载至 DXU 的闪存中，一般情况下 CF 链与 TRU 链的净数据传输速率为 24 Kb/s，如果采用 LAPD——Concentration 时可能会更慢些。这就意味着下载过程大约要 15～25 分钟。而这个过程中业务是不受影响的，因为这是一种后台工作方式。前台工作区为 RAM 中的程序区，如果不做 RESET，则下载的软件暂时不起作用。

当这三个软件成功下载后，CF 通过 OML 链向 BSC 反馈“请求重启动”的信息，BSC 收到后将向 CF 发“重启动命令”，之后是 CF 的重启动过程，业务将中断约 2 分钟。

3. OMT 软件

RBS2000 基站需要使用 OMT 软件进行维护，主要完成开站、基站设置、故障定位、软件下载及更新等操作。软件面板如图 3－77 所示。

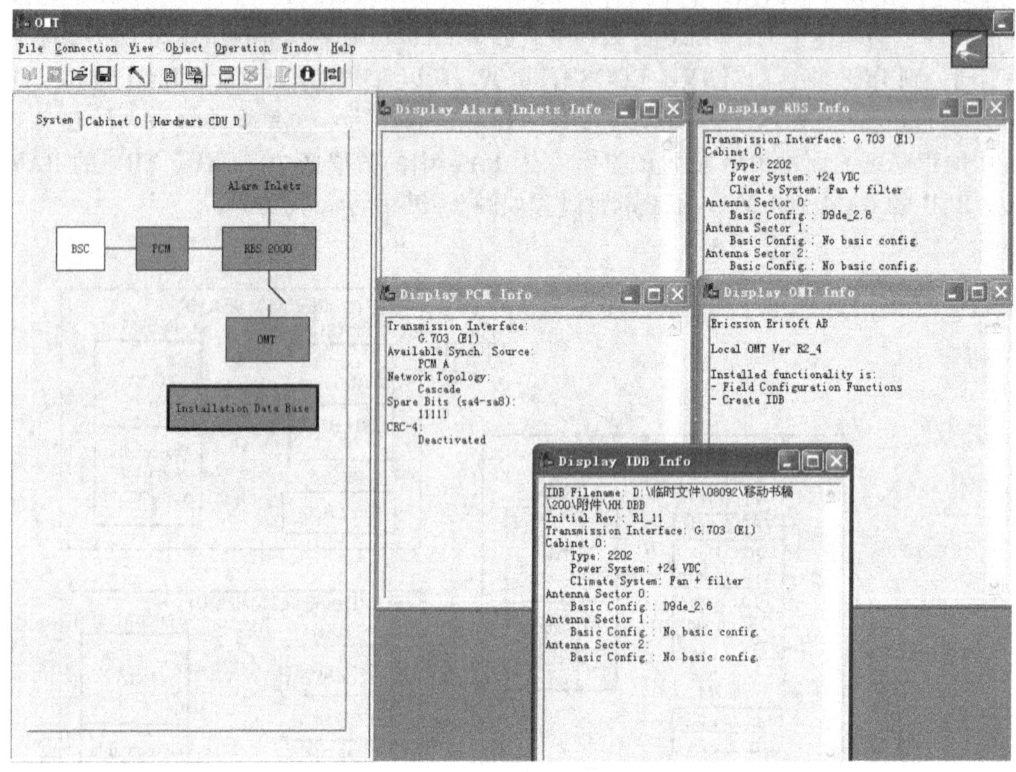

图 3－77　软件面板（System）

1）软件操作

在电脑中安装软件，打开“OMT_L. EXE”程序，一种方式在“file”中打开“xx. DBB”文件，可以将相应的模块进行处理。第二种方式可以通过电脑使用 OMT 连接线接入 DXU，然后通过 connection 连接基站，最后通过光标（“object”选择变色的模块，“BSC”不能选择）选择模块查看基站信息，如图 3－77 所示右边各模块状态信息。

2）软件界面

System 结构如图 3－77 所示，主要由 BSC、PCM、RBS2000、OMT、Alarm Inlets 和 Installation Date Base 组成，各模块信息如图 3－77 所示的右边信息框；Cabinet 0 和 Hardware CDU D 如图 3－78 所示。图 3－78（a）由 IDM、6 个 TRU、3 个 CDU、1 个 DXU、1 个 EDU 组成基站机架；图 3－78（b）主要由 2 路接收信号和 1 路发射信号组成，2 个 TRU 发射信号（TX）经 CU600 和 FU600 放大送（ANT）给天线发射。2 路接收信号 RXA、RXB 经天线接收送 ANT 到 FU，由 DU 分配给 TRU 处理接收信号。

打开“File-Create IDB”对话框，设置基站参数。“Transmission”设置“E1/T1”“Cabinet Setup”和“Antenna Sector Setup”，如图 3－79（a）～图 3－79（d）所示。基站通过 modify IDB 对 TRU 进行配置，选择 TRU 物理连接，如图 3－80 所示。

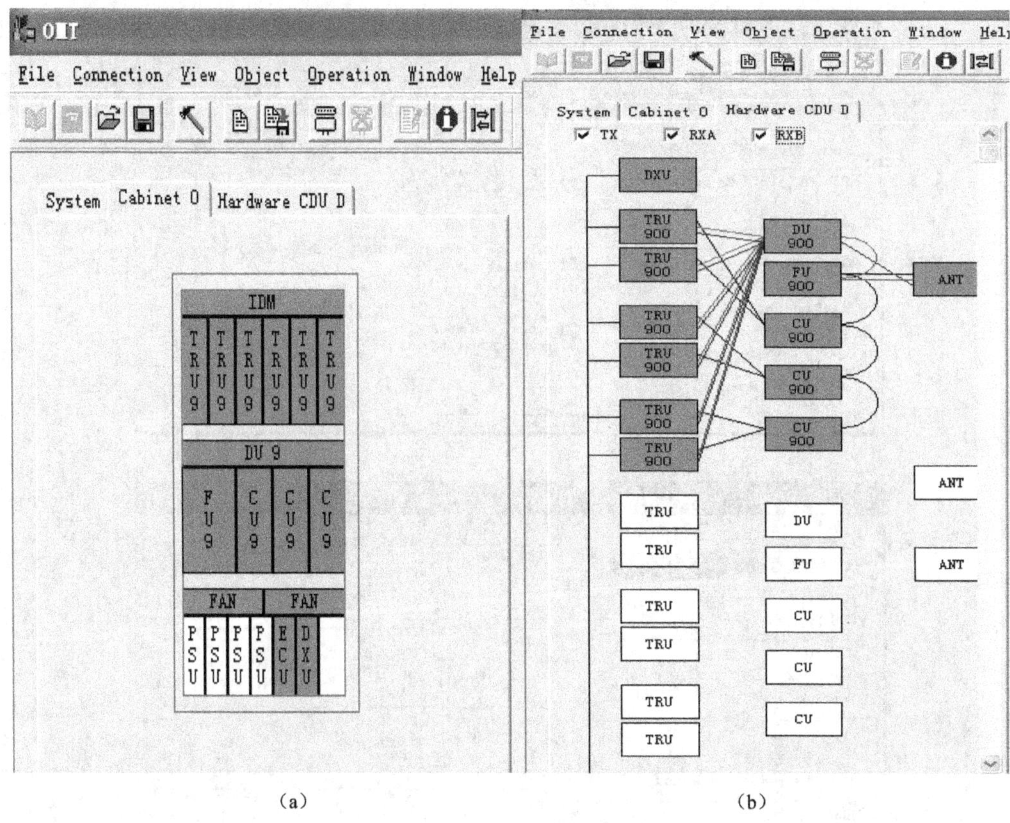

(a)　　　　　　　　　　　　(b)

图 3－78　Cabinet 0 和 Hardware CDU D

Create IDB

Configuration Setup

Transmission　　G.703 (E1)　DS1 (T1)　　Clear All

Cabinet Setup

No	Type	Power System	Climate System	Cable
0	2101	230 VAC, outdoor b...	Heat exchanger	--

New　Modify　Delete

Antenna Sector Setup

No	Frequency	CDU Type	Duplexer	TMA
0	GSM 900	CDU A	Yes	No

New　Modify　Delete

OK　Cancel

(a)

图 3－79　基站参数设置

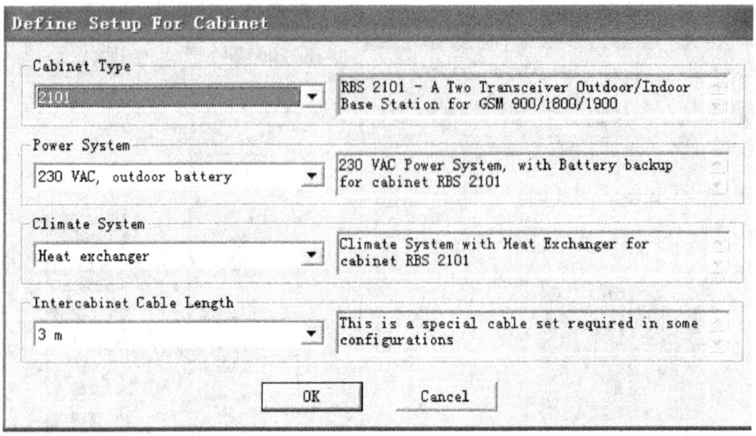

Define Setup For Cabinet

Cabinet Type

2101

RBS 2101 - A Two Transceiver Outdoor/Indoor Base Station for GSM 900/1800/1900

Power System

230 VAC, outdoor battery

230 VAC Power System, with Battery backup for cabinet RBS 2101

Climate System

Heat exchanger

Climate System with Heat Exchanger for cabinet RBS 2101

Intercabinet Cable Length

3 m

This is a special cable set required in some configurations

OK　Cancel

（b）

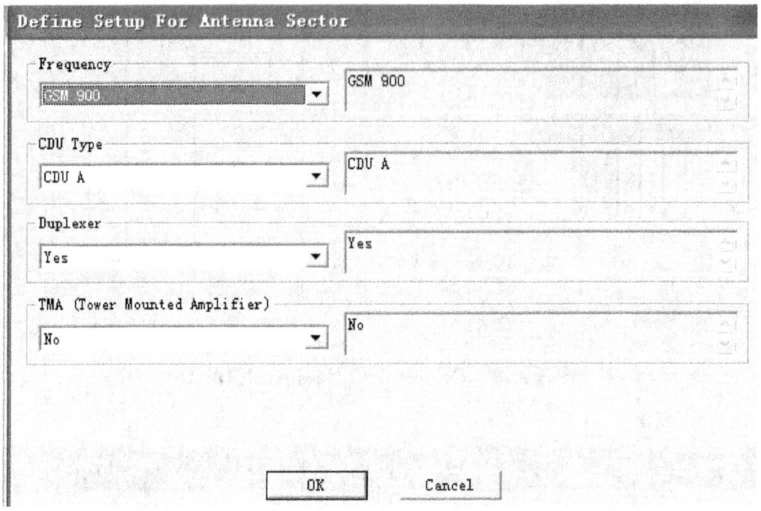

Define Setup For Antenna Sector

Frequency

GSM 900

GSM 900

CDU Type

CDU A

CDU A

Duplexer

Yes

Yes

TMA (Tower Mounted Amplifier)

No

No

OK　Cancel

（c）

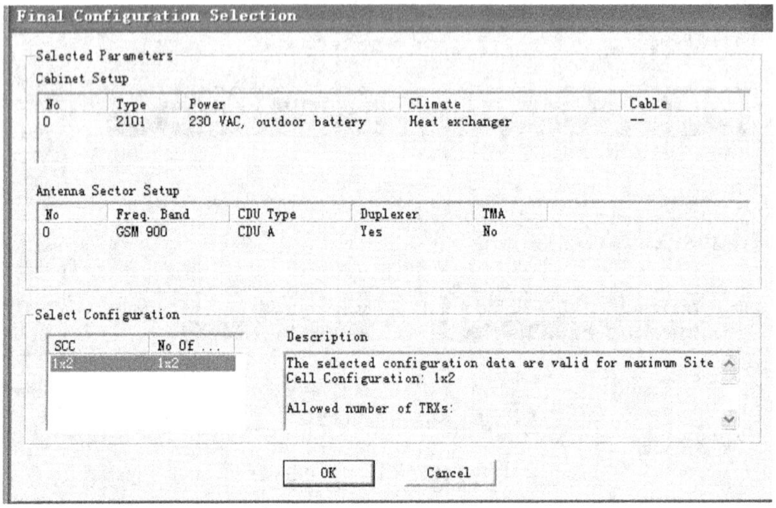

Final Configuration Selection

Selected Parameters

Cabinet Setup

No	Type	Power	Climate	Cable
0	2101	230 VAC, outdoor battery	Heat exchanger	--

Antenna Sector Setup

No	Freq. Band	CDU Type	Duplexer	TMA
0	GSM 900	CDU A	Yes	No

Select Configuration

SCC	No Of ...
1x2	1x2

Description

The selected configuration data are valid for maximum Site Cell Configuration: 1x2

Allowed number of TRXs:

OK　Cancel

（d）

图3－79　基站参数设置（续）

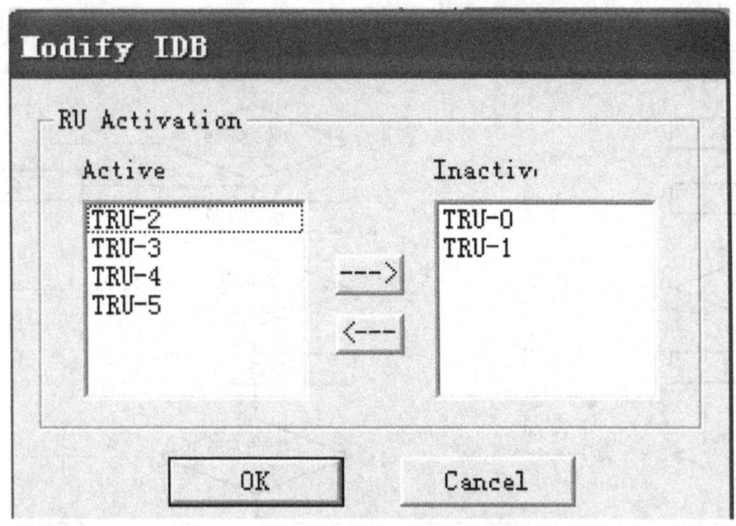

图 3 - 80　“modify IDB”配置

3.9.4　基站维护

1. 基站维护

基站故障的维护过程：基站维护人员到达后，对于 RBS200 基站应通知 BSC 的操作人员并要求解闭 TRI 基框的 V.24 端口，使用 MML 命令对 BTS 进行操作或使用本地维护终端 LMT（维护人员一般没有软件，因为 RBS200 比较简单维护，人工即可处理）；对于 RBS2000 基站当出现故障时，我们首先应该按照正常的步骤进行操作维护，使用 OMT 观察告警信息、复位、拔插硬件板、检查软件设置及硬件故障等。

处理故障的步骤：首先，收集告警信息，打印故障记录表和告警输出；其次，故障定位，由故障表解码并查出具体故障或用 RXEFP 打印出故障码；然后，BSC 与基站配合进行故障处理。

2. 典型故障处理流程

DXU 中设置有一个 BS FAULT INDICATOR，不论是基站中任一部分出现故障，指示灯都能处于 ON 的状态。第一步定位故障机架，参考 WORK ORDER INFORMATION 有关内容；第二步显示故障信息，参考 OMT2 中的故障状态监视部门。

故障处理流程如图 3 - 81 所示：

DXU 上的故障显示灯亮为有故障发生，灯灭为没有故障发生。通过上述处理过程可以了解到，各个故障处理过程大部分相同，多数要借助 OMT2 的故障状态显示来进行，另外还要观察 DXU 上的故障状态指示灯。最后是处理成功时的测试或处理不成功时的会诊。TRU 面板如图 3 - 82 所示。

3. 基站故障分析

引起基站故障的原因：传输问题引起的故障；基站软件问题引起的故障；基站硬件引起的故障；各种干扰引起的故障；人为引起的基站故障等。

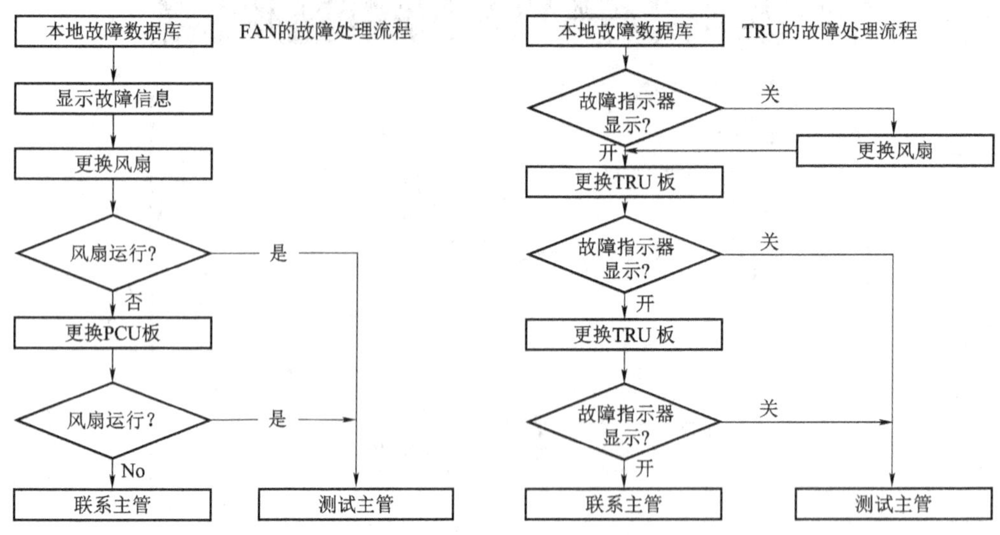

图 3－81　FAN、TRU 故障处理流程

1）安装故障

TRU 不能装上机架的处理方法：（原文件 CET/ITAC/ABOUT-FAULT/TRU-N--）

（1）造成上述情况的原因是：TRU 后面板上的 COAX PINS（同轴接口）位置不正中，因而无法装上背板。

（2）建议解决方法：

确信 TRU 上的同轴针没有坏；用图 3－83 所示方法纠正，多次后一般可以装上，但不可太用力，否则会造成永久损坏。

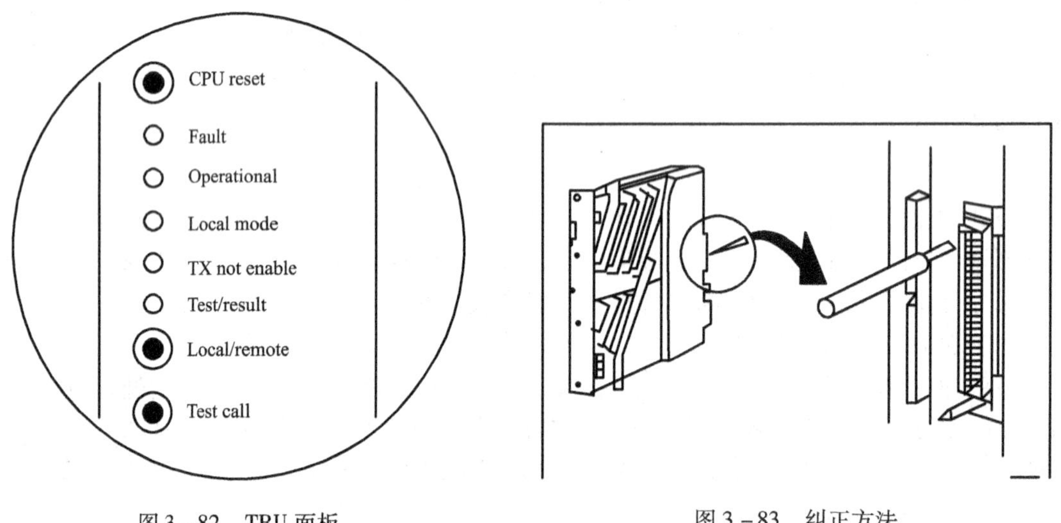

图 3－82　TRU 面板

图 3－83　纠正方法

注意常见安装故障：

TRU 加电后出现 3 个指示灯 LED（第一个是绿灯）亮时正常；TRU 加电后出现 4 个指

示灯LED（第一个是绿灯）亮时不正常；TRU加电后出现2个指示灯LED（第一个是绿灯）亮时不正常；有E架时，配置完IDB后，E架上的RU单元不接受RESET时，则架间BUS有问题。或者是E架的SWITCH DIP没有做；RF CABLE、Pr、Pf没有接好时，有BS FAULT，此时可以在MONITOR中查出具体位置；TRU的TX CABLE没有接好时，开发信机后约2分钟出现TX NOT ENABLE（当然也有可能是干扰所引起）；Pr、Pf接反时，MONITOR出现CDU VSWR超限；小区馈线出现交叉错时，基站没有任何告警，但BSC业务情况时可能会有CO-SITE间小区切换频繁且掉话严重；如果将室内地接至室外铁塔上时，可能会引入雷电。雷电的损坏现象一般有如下情况：所有的TRU、CDU、DXU、ECU都有可能被击坏；TRU出现FAULT灯。有时候内部组件被击坏短路，当安上机架后，即使未加电也会引起DXU出现FAULT与BS FAULT闪烁；CDU无法加电，或者本地操作OK，但开发信机后出现FAULT。

2）硬件故障

以爱立信RBS200站为例，其配置为3/3/3，现故障状态为A小区第三载波无法占用TCH信道（不能工作），小区其他两个载频工作正常。经分析导致故障产生的原因可能有两个方面：频率干扰；设备硬件故障。经中心机房更换频点及现场拨打测试排除是因干扰引起的，怀疑为某个语音处理模块损坏造成的。因为无法建立呼叫，该小区其他两个载频工作正常，排除公共硬件部分或O&M总线、TIB、TX总线损坏的可能性，又因RTX工作正常且下行链路工作正常，与相邻的一套载频更换RRX，第三载频工作正常，判断是RRX损坏造成的，对该模块进行了更换，经过拨打测试后该套载频恢复正常，故障得以解决。

3）人为故障

如某基站为RBS2000站，原配为4/2/3，实际使用为3/2/3，现扩为3/3/3，交换侧发现再对DXU灌入数据后，工作正常，但对新增加的载频却无法通信，经向机房询问情况后，发现DXU有告警，用OMT测试结果有两个情况，分别是：CU到新扩TRU的连线有问题；L/R通信链路丢失。检查发现TRU的RXA、RXB连线都有松动，处理后告警消失，但该TRU仍无法工作，再用OMT测试告警为L/R通信链路丢失，查其故障代码信息资料得知该告警只是一个信息。因其他TRU工作正常，检查IDB数据无误，说明不是软件部分问题造成的。问题出在硬件部分，更换邻近好的载频，故障依旧。本站系统构成采用一个主架加一个扩展架，一个扇区采用两个交叉连接的CDU实现分集接收，两个机架6个CDU配置满为12个载频（4/4/4），新增的B扇区TRU应接到主架的第三CDU或扩展架的第四CDU上，对TRU到CU的连接进行检查，发现其接到第二个CDU上，也就是接到A小区上，所以当对其解闭时由于接法上的错误导致BSC对其无法正常操作，找到问题原因后迅速对其处理，恢复正常工作，但此时DXU又出现Fault告警，该告警是因TRU更换位置后产生的，读IDB数据对TRU重新配置安装后告警消（或复位DXU）。

3.10 技能训练

3.10.1 GSM基站（室内）

1. 实验目的

（1）理解基站各系统的结构和原理。

（2）认识基站BTS、传输系统、供电系统和监控系统。

2. 实验工具与器材

Visio软件、基站（与移动公司联系）、纸、笔、照相机等

3. 实验基本原理

基站是移动公司在服务区设备的总称，在服务区租赁房间作为基站的工作区间，主要包括供电系统（畜电池系统）、监控系统、传输系统、BTS、RF馈线、天线、铁塔、微波传输系统、接地系统等。

（1）通过视频（PPT）了解基站内部工作过程，需要教师去完成视频的拍摄或联系学生进行现场参观。了解重点基站系统结构（BTS）、室内馈线、供电系统、监控系统、传输系统（光缆）。

（2）基站安装中机架后部与墙间距 >0.6 m；机架侧面与墙间距 >0.6 m；机架各排间距 >1 m；机架与走线架位置安排，为使下线顺畅，走线架应高于机架顶300 mm以上。

（3）BTS（RBS2000）。RBS2000系统中BTS面板如下：机柜上部，为BTS的RF馈线接入口和电源入口，如图3-84所示。一层为IDM电源分配单元，二层为6个TRU载频单元，三层为3个CDU单元，四层为ECU、DXU单元。中间还有FAN单元。

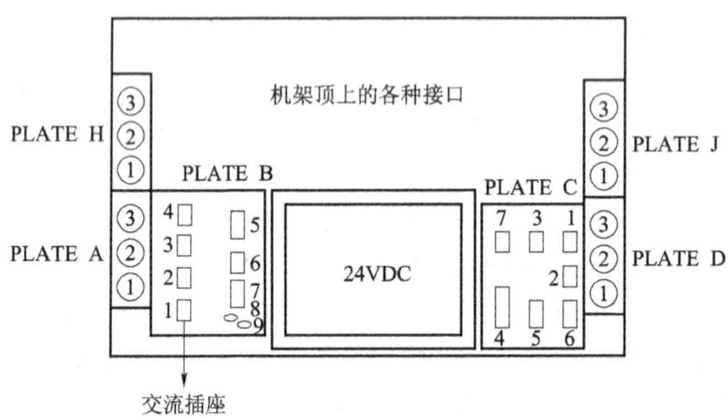

图3-84　BTS机架顶平面

4. 实验步骤

（1）参观移动通信基站，使用Visio画出基站供电系统（畜电池系统）、监控系统、传输系统和BTS机架图（见图3-85和图3-86）。

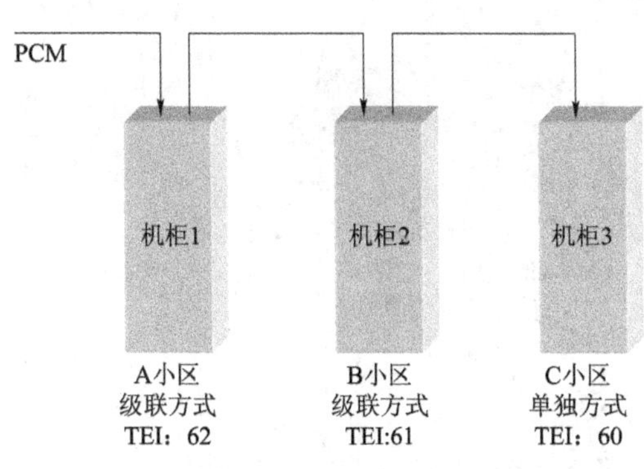

图 3 – 85　1 条 PCM 级联示意图

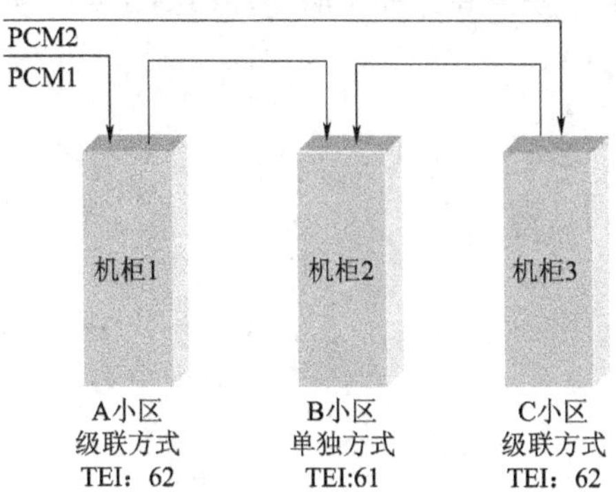

图 3 – 86　2 条 PCM 级联示意图

(2) 分析 BTS 机架顶的连接并分别指出 A、B、C 三小区的馈线接收和馈线发射，画图说明。

(3) 列出基站中 BTS 的配置和基站机柜的分区（见表 3 – 10）。

(4) 结合图 3 – 85 和图 3 – 86，查看基站 BTS 分配情况和 PCM 级联情况，并作图说明。

表 3 – 10　系 统 列 表

________________系统					
序号	名称	数量	位置	功能	备注
1					
2					
3					
4					
5					
6					
7					
8					

3.10.2　GSM 基站（室外天线及馈线）

1. 实验目的

(1) 掌握天馈线的三点接地。

(2) 掌握基站天线分类及分区。

2. 实验工具与器材

Visio 软件、基站天馈系统（与移动公司联系）、纸、笔、照相机、望远镜等。

3. 实验基本原理

(1) 天馈线（同轴电缆）结构如图 3 – 87 基站天馈系统所示。接地卡、扎带系列、馈线窗、胶带等部分天馈配件如图3－88所示。

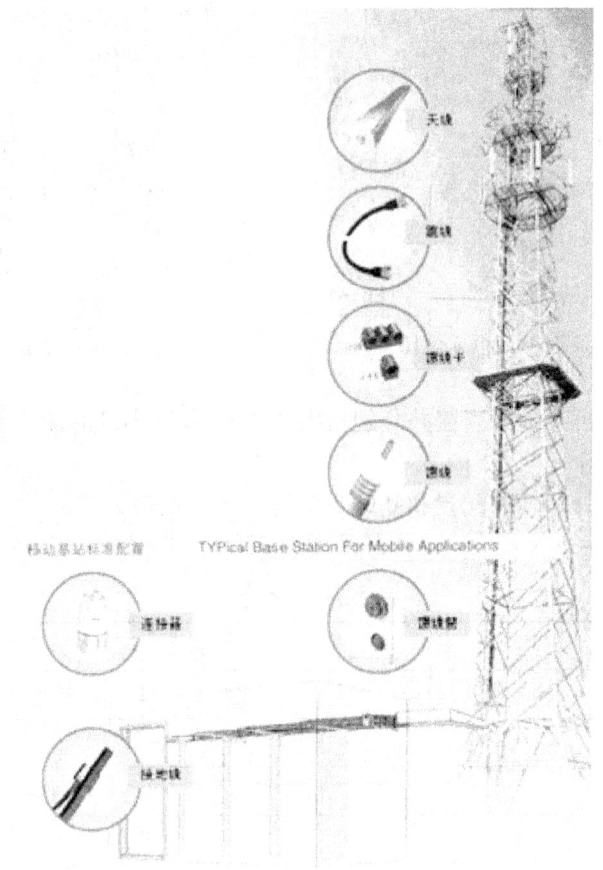

图3－87　基站天馈系统

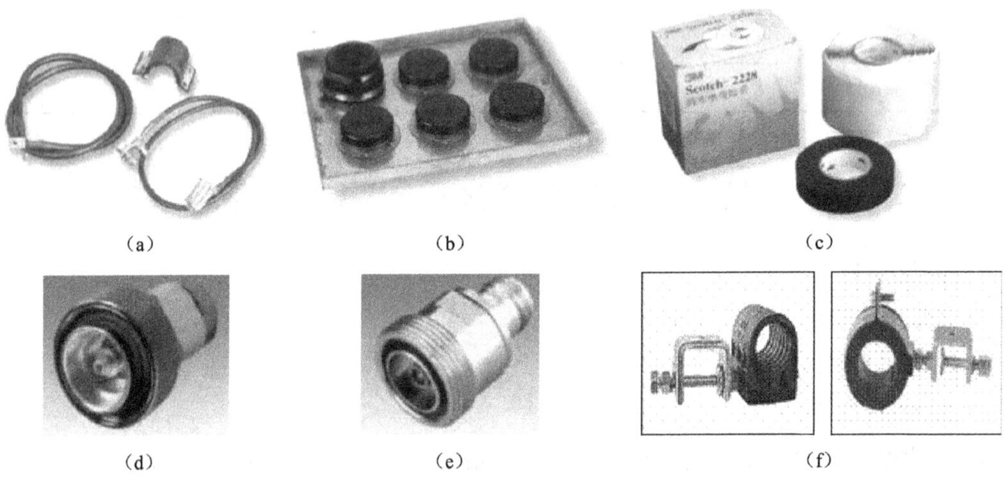

（a）　（b）　（c）

（d）　（e）　（f）

图3－88　基站馈线配件

（a）接地卡与扎带；（b）馈线窗；（c）胶带、胶泥；（d）7/16－J接1/2；（e）7/16/N－KK；（f）馈线卡

（2）天馈线的安装包括天线、馈线、室内外软跳线和避雷器等。硬馈线弯角不应小于 90°；软馈线可以盘起，但半径应大于 20 cm。

（3）馈线要三点接地（第一点在天线处，馈线防护层接地；第二点在铁塔与天桥连接处，馈线防护层接地；第三点在孔板前，馈线防护层接地。这三点“地”通常都连在铁塔地上。由接地排连接）。馈线每隔 1 m 要用馈线锲子固定在铁塔上。一般不能用扎带固定。馈线头不能进水，馈线头在锯时头应向下，谨防馈线上的橡胶皮屑和铜屑掉进馈线深处，要注意清洗。

在铁塔顶部架设避雷针以保护天线不受直接雷击，避雷针应通过独立的引下线直接接入地网，基站铁塔的天线支撑杆和室外走线梯等室外设施都要求接地，并且要求接地电阻小于 5 Ω；在机房顶部构筑避雷带，用不少于两根的引下线接至地网，引下线间距应小于 25 m。当天线安装在铁塔上时，要求馈线在下塔拐弯前 1.5 m 处接地，如果由此接地点到馈线入机房的长度大于 20 m 时，在馈线进机房前应再接一次地。当机房上没有铁塔，天线固定在支撑杆上时，要求馈线在由楼面拐弯下机房前接地。馈线的接地线要求顺着馈线下行的方向进行接地，不允许向上走线。为了减少馈线的接地线的电感，要求接地线的弯曲角度大于 90°，曲率半径大于 130 mm。各小区馈线的接地点要分开，不能多个小区馈线在同一点接地。接地点要求接触良好，不得有松动现象，并作防氧化处理；避雷针要求电气性能良好，接地良好；避雷针要有足够的高度，能保护铁塔上或杆上的所有天线。

4. 实验操作步骤

（1）使用望远镜，通过观察天线和馈线，分析天线的分区情况并记录。

（2）找出馈线的固定点和三点接地处并记录。

（3）检查机房接地情况，画出接地结构图并分析其工作原理。

（4）观察天馈线，画出其结构并说明其功能

5. 实验报告

根据参观基站（室外）情况，结合实训步骤内容，撰写实训报告。

3.10.3　GSM 基站维护

1. 实验目的

（1）了解基站代维的流程。

（2）理解代维的一般方法。

2. 实验工具与器材

OMT 软件、机房人员（协调）、代维工具一套（螺丝刀、测温计、吸尘器、记录单等）。

3. 实训基本原理

基站维护是移动公司中最重要的任务，是实现正常通信的保障和基础。基站的维护有时间紧、任务重、技术含量较高和时间没有规律等特点。一般的移动公司将基站维护向外承包，由代维公司进行维护，移动公司代维部进行相应的指导和监督。

基站综合代维项目包括基站基础代维、基站无线设备维护、基站传输设备维护和覆盖延

伸系统代维。通过视频（PPT）了解基站维护工作内容，现场参观附近基站代维工作过程，并进行现场的维护。

代维处理流程：

（1）故障出现，移动公司通知代维公司。

（2）代维公司员工开门（刷卡）。

（3）故障处理（查找原因、更换硬件、更新软件）；OMT、故障表及机房协调并记录。

（4）日常检查（维护），并记录。

（5）锁门（照明、门窗等关闭，维护结束）。

4. 实验操作步骤

（1）可以通过OMT软件进行系统配置（开站设置），记录配置数据并填写表3－11；通过OMT软件进行故障分析，并对比故障表进行故障处理。最好能给学生进行演示。

（2）用万用表检查外电是否正常（缺项或停电）；检查交流配电箱是否正常（跳闸、短路、好霹雷器3个绿灯应该亮）；检查设备有无电源告警；用万用表测量接地排是否有滞留输出；检查开关电源柜一次下电（10101）和二次下电（01100）控制情况（设置拨码开关），G网TRU、CDU、DXU指示灯是否正常（正常绿灯亮），C网CRC、TFC、CBR和PCU指示灯是否正常（正常绿灯亮）；检查传输系统ODF、DDF传输端口，将传输状态由直通改为自环状态，查看电话机房传输状态。将上述数据记录并填表3－12。

（3）保洁（空调滤网、地面、机柜等）。

表3－11 配置数据

序号	名称	位置	数量	功能	配置数据	备注
1						
2						
3						
4						
5						
6						

表3－12 维护表格

序号	维护项目	数据	使用工具	作用	备注
1					
2					
3					
4					
5					
6					

5. 实验报告

整理测试数据填表，并撰写实训报告。

本章小结

1. GSM 系统 900 MHz 频段中，基站发移动台收频段为 935 ~ 960 MHz，移动台发基站收为 890 ~ 915 MHz，双工间隔为 45 MHz，射频间隔为 200 kHz，频带宽度为 25 MHz，射频双工频道总数为 124。

2. GSM 系统可分为交换子系统（NSS）、基站子系统（BSS）、操作维护子系统（OSS）和移动台子系统（MS）四部分。

3. GSM 系统的主要接口是指 A 接口、A-bis 接口和 Um 接口。

4. GSM 系统的编号应遵循以下原则：全国移动电话应有统一的编号计划，划分移动电话编号区，并应相对稳定；每一个长途区号为两位，三位的长途编号区可设一个移动电话编号区。对于长途区号为四位的长途编号区，需经批准方可设置移动编号区；根据移动电话编号区的设置原则，一个移动编号区可以覆盖一个或几个长途编号区；多个移动编号区可以合用一个移动电话局。

5. GSM 系统提供的业务可分为三大类承载业务（Bear Services）、电信业务（Teleservices）和附加业务（Supplementary Services）。

6. GSM 系统中，一个载频上的 TDMA 帧的一个时隙（TS）称为一个物理信道，它相当于 FDMA 系统中的一个频道，每个用户通过一个信道接入系统，因此 GSM 中每个载频有 8 个物理信道（$TS_0 \sim TS_7$）。每个用户占用一个时隙用于传递信息，在一个 TS 中发送的信息称为突发脉冲序列。

7. 语音编码主要有三种编码类型：波形编码、参量编码和混合编码。GSM 采用 RPE-LTP 语音编码。

8. GPRS 网络结构是在 GSM 网络的基础之上引入了三个关键组件 SGSN、GGSN 和 PCU 而构成的。

本章习题

1. GSM 系统中有哪些主要的功能实体？
2. 请查阅相关资料，具体解释操作维护中心（OMC）与其他功能实体的关系。
3. 简述 A 接口、A-bis 接口和 Um 接口的作用。
4. 简述下列英文缩写的含义：

HLR、VLR、BS、MS、MSC、TCH、CCH、DCCH、IMSI、MSISDN、MSRN、TMSI、TDMA。

5. 解释 TDMA 帧的帧结构。
6. 解释帧、时隙和突发的含义以及三者的关系。
7. 与同学讨论日常生活中所用到的 GSM 系统的业务种类和特点。
8. 列表比较 GSM 系统中的各种编号。
9. 组织同学演习本书中介绍的两种典型的呼叫情况，进一步加深对 GSM 系统呼叫管理的理解。

10. 何谓位置登记？为什么要进行位置登记？

11. 与模拟移动通信系统相比，GSM 系统的切换有何改进？原因何在？

12. 什么是通信的盲区？

13. 漫游功能有什么好处？目前，不同体制的网络（如 GSM 和 CDMA）还不能实现漫游，找出其中的原因。

14. GSM 系统用户的三参数组是什么？结合本书所介绍的三参数组的产生过程，回忆一下你所经历的手机或 SIM 卡的购买过程。

15. 简述鉴权的过程，并说明鉴权的重要性。

16. GSM 系统为什么要对用户数据进行加密？如果不加密，会产生什么问题？

17. 你的手机的 SIM 卡是否具有 PIN 码操作功能？如果有，请尝试一下。

18. GSM 体制有哪些缺陷？

19. 简述 GPRS 系统的特点。

20. GPRS 在 GSM 网络的基础之上引入了哪三个关键组件，并叙述各自功能。

21. 计算第 100 号频道的上、下行工作频率。

22. 什么是物理信道？什么是逻辑信道，并举例说明。

23. 什么是调频？GSM 系统的调频速率是多少？

24. GSM 系统采用了哪些安全措施？

第 4 章

CDMA 数字蜂窝移动通信系统

本章目的

- 了解 CDMA 系统特点
- 了解 CDMA 系统网络结构
- 掌握扩频通信基本原理
- 理解 CDMA 中使用的地址码
- 理解 CDMA 的信道分类及电路框图
- 理解 CDMA 系统的功率控制
- 理解 CDMA 系统的控制管理

知识点

- CDMA 系统的特点
- 扩频通信技术定义
- CDMA 中使用的地址码
- CDMA 的信道分类及电路框图
- CDMA 系统的功率控制

引导案例（见图4-0）

图4-0　绿色手机

案例分析

信息时代的信息技术呼唤“绿色”，信息时代的信息生活呼唤“绿色”。对于手机来说，“绿色”被赋予了很多含义，如手机能耗低、电池待机时间长等；但是从电磁辐射的角度来说，所有符合电磁辐射安全限值的手机都是“绿色”手机。总之，与其说老百姓呼唤“绿色”手机，不如说信息时代呼唤“绿色”好心情。

中国联通正式开通CDMA手机，其卖点“绿色”手机引出各方专家的不同看法。

手机辐射对人体的影响尚在不断的观察与研究之中，国外有大量相互矛盾的研究报告，目前尚未有全面的科学的结论。目前国际上（包括美国的FCC、NCRP，欧洲的CENEIEC）普遍采用的标准是SAR值（Specific Absorption Rate），即比吸收率，通俗来讲，就是在单位时间内单位质量的物质吸收的能量，单位是w/kg。目前市场上所流行的是美国的标准：SAR值不超过2 w/kg。而GSM和CDMA手机的SAR值基本在0.2~1.5，差别并不大，都在标准规定的限值以内，也就是说两种手机对人体的辐射都符合环保要求。

CDMA“绿色”与否，争论还在继续，如何选择还在消费者。

问题引入

GSM手机辐射高而CDMA手机辐射低的说法正确吗?

4.1 CDMA技术概况

CDMA在蜂窝系统中的应用很早以前就被提出来了，但一直没有得到人们的重视，主要原因是基于CDMA的蜂窝系统必须有高速、精确的功率控制，否则整个系统将不能很好地工作甚至崩溃。而人们普遍认为根据当时的技术条件很难实现这种功率控制，直到美国Qualcomm公司提出一个令大家都很满意的方案并付诸现实。1989年11月，Qualcomm公司在美国的现场试验证明CDMA用于蜂窝移动通信的容量大，并经理论推导为AMPS容量的20倍。这一振奋人心的结果很快使CDMA成为全球的热门课题。1995年，中国香港和美国的CDMA公用网开始投入商用。1998年，全球CDMA用户已达500多万，CDMA的研究和商用进入高潮。中国CDMA的发展并不迟，也有长期军用研究的技术积累，1993年，国家863计划已开展CDMA蜂窝技术研究。1994年，Qualcomm公司首先在天津建立技术试验网。1998年，具有14万容量的长城CDMA商用试验网在北京、广州、上海、西安建成，并开始小部分商用。

CDMA是近年来用于数字蜂窝移动通信的一种先进的无线扩频通信技术。它能满足运营商对高容量、廉价、高效的移动通信的需要。在陆地蜂窝移动通信系统中引进码分多址技术的目的是缓解有限频带与无限用户需求之间的矛盾。

4.1.1 CDMA系统的特点

1. 大容量

根据理论计算及现场试验表明，CDMA系统的信道容量是模拟系统的10～20倍，是TDMA系统的4倍。CDMA系统的高容量很大一部分因素是因为它的频率复用系数远远超过其他制式的蜂窝系统，同时CDMA使用了语音激活和扇区化、功率控制等。

2. 高质量服务

目前CDMA系统普遍采用8 Kb/s的可变速率声码器，其一个重要的特点是使用适当的门限值来决定所需速率。门限值随背景噪声电平的变化而变化，这样就抑制了背景噪声，使得即使在喧闹的环境下也能得到良好的语音质量，即其提供的语音服务非常接近于有线电话。

3. 发射功率低

由于CDMA（IS－95）系统中采用快速的反向功率控制、软切换和语音激活等技术，以及IS－95规范对手机最大发射功率的限制，使CDMA手机在通信过程中辐射功率很小而享有“绿色手机”的美誉，这是与GSM相比，CDMA的重要优点之一。

4. 抗干扰和抗多径衰落的能力强

CDMA系统采用了扩频技术。

5. 保密性高

各种码的应用使监听困难，提高了保密性。

6. 软容量和小区呼吸功能

在FDMA和TDMA系统中，当小区服务的用户数达到最大信道数，已满载的系统再也无法增添信号时，若有新的呼叫，则该用户只能听到忙音。而在CDMA系统中，用户数目和服务质量之间可以相互折中，灵活确定。例如系统运营者可以在话务量高峰期将某些参数进行调整，例如可以将目标误帧率稍稍提高，从而增加可用信道数。同时，在相邻小区的负荷较轻时，本小区受到的干扰较小，容量就可以适当增加。

体现软容量的另外一种形式是小区呼吸功能。所谓小区呼吸功能就是指各个小区的覆盖大小是动态的。

7. 软切换

软切换就是移动台在切换过程中与原小区和新小区同时保持通话，以保证电话的畅通，即移动台与多个基站保持通信，实现无缝切换。软切换只能在同一频率的信道间进行，因此，模拟系统、TDMA系统不具有这种功能。软切换可以有效地提高切换的可靠性，大大减少了切换造成的掉话。

4.1.2 CDMA技术标准发展史

CDMA技术标准的发展经历了两个阶段：第一阶段是融合IS-95CDMA标准的CDMA One系统。第二阶段是从窄带CDMA系统向第三代CDMA2000系统过渡的标准。

国际通用的CDMA标准主要是由美国国家标准委员会ANSI TIA开发颁布的。ANSI（American National Standard Institute）作为美国国家标准制订单位，负责授权其他美国标准制订实体，其中包括电信工业解决方案联盟ATIS、电子工业委员会EIA以及电信工业委员会TIA。TIA主要开发IS（Interim Standards，暂定标准）系列标准，如CDMA系列标准IS-95、IS-634、IS-41等。IS系列标准之所以被列为暂定标准是因为它的时限性，最初定义的标准有效期限是5年，现在是3年。

1993年，第一个CDMA标准IS-95发布；

1996年，CDMA标准IS-95A发布；

1998年，进一步推出IS-95B标准；

2000年，CDMA2000-1X标准IS-2000 Release 0、Release A出台；

2000年，CDMA2000-1X-EV/DO、CDMA2000-1X-EV/DV等技术纷纷出台，部分提案已经被3GPP2采纳。

4.1.3 CDMA系统频率配置

CDMA系统是以扩频通信为技术基础的，有很强的抗干扰能力，可采用1/1频率复用方式，频率利用率和系统容量很高。但由于功率控制的限制和多址干扰的存在，系统容量总是有限的，当容量较大时就需要新增频点。对于CDMA系统的频率分配必须考虑到IS-95规范要求和该频段频率使用情况。

另外，IS-95标准的提出当时是考虑了与模拟AMPS系统的兼容，因此占用的是AMPS的800 MHz频段，编号方式也与AMPS一致。

IS-95工作频段：825～835 MHz（基站收）；

870 ~ 880 MHz（基站发）。

其中，设置一个基本频道和一个或几个辅助频道。

4.1.4　CDMA 网络结构

CDMA 数字蜂窝移动通信系统的网络结构与欧洲 GSM 制式类似，其典型结构如图 4 - 1 所示。由图 4 - 1 可见，CDMA 系统是由若干个子系统或功能实体组成的，其中基站子系统（BSS）在移动台（MS）与网络交换子系统（NSS）之间提供和管理传输通路，特别是包括了 MS 与 CDMA 系统的功能实体之间的无线接口管理。NSS 必须管理通信业务，保证 MS 与相关的公用通信网或与其他 MS 之间建立通信，也就是说 NSS 不直接与 MS 互通，BSS 也不直接与公用通信网互通。MS、BSS 和 NSS 组成 CDMA 系统的实体部分，而操作系统（OSS）则提供运营部门一种手段来控制和维护这些实际运行部分。

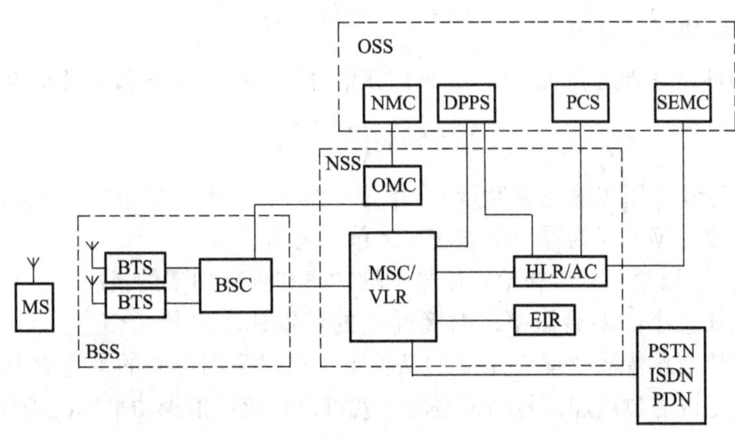

OSS：操作子系统　BSS：基站子系统　NSS：网络子系统
NMC：网络管理中心　DPPS：数据后处理系统　SEMC：安全性管理中心
PCS：用户识别卡个人化中心　OMC：操作维护中心　MSC：移动交换中心
VLR：拜访位置寄存器　HLR：归属位置寄存器　AC：鉴权中心
EIR：移动设备识别寄存器　BSC：基站控制器　BTS：基站收发信台
PDN：公用数据网　PSTN：公用电话网　ISDN：综合业务数字网
MS：移动台

图 4 - 1　CDMA 网络参考模型

4.2　基 础 知 识

4.2.1　扩频通信基本原理

1. 扩频通信的基本概念

扩展频谱通信简称扩频通信。可简单表述如下：“扩频通信技术是一种信息传输方式，其信号所占有的频带宽度远大于所传信息必需的最小带宽；频带的扩展是通过一个独立的码序列来完成，用编码及调制的方法来实现的，与所传信息数据无关；在接收端则用同样的码进行相关同步接收、解扩及恢复所传信息数据”。这个定义包含了三方面的含义：

（1）信号的频谱被展宽。传输任何信息都需要一定的频带宽度，这一频率宽度称为信息带宽。比如语音信号的宽度为 300 ~ 3 400 Hz，全电视信号的宽度为 6.5 MHz。在以往的通信系统中用来传输信息的频带宽度与信息的宽度相当，但在 CDMA 系统中用来传输信息的频带宽度与信息的宽度之比要达到 100 ~ 1 000 倍，属于宽带通信。

（2）信号的宽带传输是依赖于扩频码序列调制方式来实现的。由信息理论可以知道，在时间上有限的信号，其频谱是无限的，即脉冲信号的宽度越窄，其频谱就越宽。作为工程估算，信号的频带宽度与脉冲宽度近似成反比，例如 1 μs 脉冲宽度的信号频带宽度为 1 MHz，很窄的脉冲序列被信息所调制就会产生很宽的频谱宽度。CDMA 系统就采用这种方式获得扩频信号，其中所用的很窄的脉冲序列（其码速率很高）称为扩频码序列。

（3）在接收端采用相关解调来进行解扩。其作用相当于窄带通信中的解调。

2. 扩频通信的理论基础

扩频通信的理论基础是香农（Shannon）在信息论中关于带宽和信噪比的关系式：

$$C = B\log_2\left(1 + \frac{S}{N}\right) \tag{4-1}$$

式中，C 为信道容量（用传输速率度量），单位为 b/s；B 为信号带宽，单位为 Hz；S 为信号平均功率，单位为 W；N 为噪声平均功率，单位为 W。

由式（4.1）可以直接看出在给定信号平均功率和噪声功率的情况下，只要采用某种编码系统，就能以任意小的差错概率，以接近 C 的传输速率来传送信息。同时进一步分析，还可以看出在保持信息传输速率 C 不变的条件下，可以采用不同的带宽 B 和信噪功率比来传输信息，也就是说通过增加信号频带宽度，就可以在较低信噪功率比的条件下以任意小的差错概率来传送信息。这表明采用扩频信号的优越性在于用扩展频谱的方法可以换取信噪比上的好处。

所以将信息带宽扩展 100 倍，甚至 1 000 倍以上的宽带信号来传输信息，可以提高信号的抗干扰能力，即在强干扰条件下也可以保证安全地通信，这就是扩频通信的基本思想和理论依据。

扩频通信由于在发端采用扩频码调制，在接收端解扩后恢复了所传的信息数据，这一处理过程带来了信噪比上的好处，使接收机的输出信噪比相对于输入信噪比大有改善，从而提高了系统的抗干扰能力。因此，可以用系统输出信噪比与输入信噪比二者之比来表征扩频系统的抗干扰能力。理论分析表明，各种扩频系统的抗干扰能力大体上都与扩频信号带宽 B 与信息带宽 B_m 之比成正比，工程上常用分贝（dB）来表示，即：

$$G_p = 10\lg\frac{B}{B_m} \tag{4-2}$$

式中，G_p 为扩频系统的处理增益，它表示了扩频系统信噪比的改善程度，是扩频通信系统的一个重要指标。

除了扩频系统的处理增益，扩频通信系统还需要在输出端有一定的信噪比，而且还要扣除系统内部信噪比的损耗，因此引入抗干扰容限 M_j，其定义如下：

$$M_j = G_p - [(S/N)_o + L_s]\ (\text{dB}) \tag{4-3}$$

式中，$(S/N)_o$ 为系统输出端的信噪比，单位为 dB；L_s 为系统损耗，单位为 dB。

例如，一个扩频系统的处理增益为 35 dB，要求误码率小于 10^{-5} 的信息数据解调的最小输出信噪比 $(S/N)_o < 10$ dB，系统损耗 $L_s = 3$ dB，则干扰容限为

$$M_j = 35 - (10 + 3) = 22\ (\text{dB})$$

这说明，该系统能在干扰输入功率电平比扩频信号功率电平高 22 dB 的范围内正常工作，也就是该系统能够在接收输入信噪比大于或等于 -22 dB 的环境下正常工作。

3. 扩频通信的主要特性

扩频通信在 1980 年前后已经广泛地应用于各种军事通信系统中，成为电子战通信反对抗中一种必不可少的重要手段，同时扩频通信也广泛应用于跟踪、导航、测距、雷达、遥控等各个领域。近年来扩频通信的应用更为广泛，扩频通信之所以得到应用和发展，成为现代通信发展的方向，就是因为它具有许多独特的性能，其主要特点如下：

(1) 抗干扰能力强。扩频通信系统扩展的频谱越宽，处理增益越高，抗干扰能力越强，这是扩频通信最突出的优点。

(2) 隐蔽性好。由于扩频信号在很宽的频带上被扩展了，单位频带内的功率下降了，即信号的功率谱密度很低，所以应用扩频序列扩展频谱的直接序列扩频系统，可在信道噪声和热噪声的背景下，用很低的功率进行通信，这样敌方就不容易发现信号的存在了。

(3) 可以实现码分多址。扩频通信具有较强的抗干扰能力，但是付出了占用带宽的代价。如果让多用户共用这一频带，则可大大提高频率的利用率，而在扩频通信过程中采用扩频码序列的扩频调制，充分利用正交或准正交的扩频序列之间的相关性，在接收端利用相关检测技术进行解扩，则在分配给不同用户以不同的码型的情况下可以区分不同的用户，提取有用信号，即用不同的码型进行用户区分或分割，这样就可以实现码分多址。

(4) 抗衰落，抗多径干扰。众所周知，移动通信信道是随参信道，信道条件最为恶劣，信号传输中伴随着各种衰落，特别是在频域上的选择性衰落对信号的传输质量上有很大的影响。而扩频通信所传输的信号频谱已被扩展的很宽，频谱密度很低，如在传输中有小部分频谱被衰落时，也不会使信号造成严重的畸变。

4. 扩频调制通信系统的类型

扩频通信的一般原理方框图如图 4-2 所示。

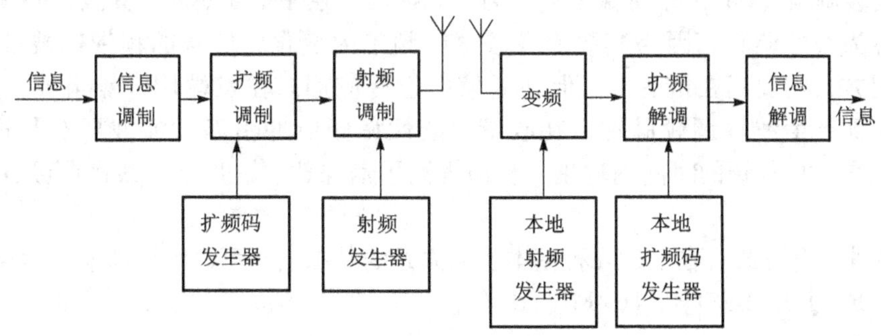

图 4-2　扩频通信原理方框图

在输入端的信息经信息调制形成数字信号，然后由扩频码发生器产生的扩频码序列去调

制数字信号以扩展频带，展宽后的信号再进一步进行载频调制，通过射频功放送到天线发射出去。在接收端，从接收天线上收到的宽带射频信号，经过输入电路、高频放大器后进入变频器，变频至中频，然后由本地产生的与发端完全一样的扩频码序列去解扩，最后经过信息解调，恢复成原始信息输出。由以上分析可以看出扩频通信系统与普通的数字通信系统比较，就是增加了扩频调制和解调部分。

按照扩展频谱的方式不同，扩频通信系统可分为：直接序列（DS）扩频、跳频（FH）、跳时（TH）、线性调频（Chirp），或者由以上几种的组合。

（1）直接序列（Direct Sequency，DS）扩频。直接序列扩频就是直接用具有高码率的扩频码序列在发端去扩展信号的频谱，在接收端，用相同的扩频码序列进行解扩，把展宽的扩频信号还原成原始信息，这种扩频方式在CDMA移动通信中采用。

（2）跳频（Frequency Hopping，FH）。跳频就是用一定的码序列进行频移键控调制，使载波频率不断地跳变，所以称为跳频。跳频系统中有几十、甚至几千个频点，由扩频码的组合进行选择控制，不断地跳变。发端信息码序列与扩频序列组合以后按照不同的码字去控制频率合成器。其输出频率根据码字的改变而改变，形成了频率的跳变，故称跳频。在收端，为了解调跳变信号，需要有与发端完全相同的本地扩频率码发生器去控制本地频率生成器。从上述原理可以看出，跳频系统也占用了比信息带宽要宽得多的频带。

（3）跳时（Time Hopping，TH）。与跳频相似，跳时是使发射信号在时间轴上跳变。把时间轴分成许多时片，在一帧内哪个时片发射信息由扩频码序列去进行控制。因此，可以把跳时理解为：用一定码序列进行选择的多时片的时移键控。由于采用了窄得很多的时片去发送信号，相对说来，信号的频谱也就展宽了。

在发端，输入的数据先存储起来，由扩频码发生器产生的扩频码序列去控制通-断开关，经二相或四相调制后再经射频调制后发射。在接收端，由射频接收机输出的中频信号经本地产生的与发端相同的扩频码序列控制通-断开关，再经二相或四相解调器，送到数据存储器，再定时后输出数据。只要收、发两端在时间上严格同步进行，就能恢复原始数据。跳时也可以看成是一种时分系统，所不同的地方在于它不是在一帧中固定分配一定位置的时片，而是由扩频码序列控制的按一定跳变位置的时片。跳时系统的处理增益等于在一帧中所分的时片数。由于简单的跳时抗干扰性不强，很少单独使用。跳时通常都与其他方式结合使用，组成各种混合方式。

（4）线性调频（Chirp）。如果发射的射频脉冲信号在一个周期内，其载频的频率作线性变化，则称为线性调频。因为其频率在较宽的频带内变化，信号的频带也被展宽了。这种扩频调制方式主要用在雷达中，但在通信中也有应用。在发端用一锯齿波去调制压控振荡器，从而产生线性调频脉冲。在收端，线性调频脉冲由匹配滤波器对其进行压缩，把能量集中在一个很短的时间内输出，从而提高了信噪比。一般地，线性调频在通信中很少应用。

（5）各种混合方式。在上述几种基本扩频方式的基础上，可以组合起来，构成各种混合方式。例如FH/DS、DS/TH、DS/FH/TH等。

4.2.2 CDMA技术中的地址码

地址码的选择直接影响到CDMA系统的容量、抗干扰能力、接入和切换速度等性能。

下面对地址码进行详细介绍。

1. CDMA 地址码类型

利用地址码可以实现用户、基站站址、信道类型和业务类型的识别，据此可以把 CDMA 中的地址码分为以下四种不同的类型：

(1) 用户地址，用于区分不同的移动用户。随着移动用户的日益增多，用户地址码数量是主要矛盾，但是必须满足各用户地址码的正交性能，以减少用户之间的相互干扰。

(2) 多速率业务地址，用于多媒体业务区分不同类型速率的业务。对于多速率业务的地址，质量是主要矛盾，即要求满足不同业务地址码之间的正交性能，以防止多速率业务间的干扰。

(3) 信道地址，用来区分每个小区内的不同信道，质量是主要矛盾，它是多用户干扰的主要来源，要求各信道地址码之间正交、互不干扰。

(4) 基站地址，用来区分不同基站与扇区。数量上有一定的要求，而没有用户地址数量大，要求各基站地址码之间相互正交，以减少基站间的干扰。

可见，以上四种地址码要求不完全一致，采用同一类正交码或伪随机码很难同时满足数量与质量上的要求。对不同的地址码，根据不同的要求，分别设计不同类型的码组，以解决不同的矛盾，是当今地址码设计的主导思想。

(1) 为解决数量上的矛盾而采取的主要措施有：采用超长的 m 序列。

(2) 为解决质量上的矛盾采取的主要措施有：采用完全正交的 Wash 码作为正向信道地址编码，区分正向不同类型的逻辑信道。

(3) 为解决多速率业务的矛盾，采用低速率重复至最高速率并行的发送方式。

理想的地址码主要应具有以下特性：

(1) 有足够多的地址码码组；

(2) 有尖锐的自相关特性；

(3) 有处处为零的互相关性；

(4) 不同码元数平衡相等；

(5) 尽可能大的复杂度；

(6) 具有近似噪声的频谱，即近似连续谱且均匀分布。

理论上只有纯随机序列才是最理想的，但是要同时满足这些特征是任何一种编码序列都很难达到的。我们只能产生一种周期性的序列来近似随机序列，称为伪随机码或伪噪声 PN (Pseudorandom Noise) 序列。目前主要使用的有 m 序列、Gold 序列和复合码等。

2. 伪随机 (PN) 码序列

在通信理论中，白噪声是一种随机性事件，它的瞬时值是服从正态分布的，其功率谱在很宽的频谱上是均匀的。如果扩频后的信号是白噪声，则是最理想的，但是产生和复制完全相同的白噪声是不现实的。在实际工作过程发现采用由“1”和“0”组成的二进制序列，可以组成伪随机码序列，模拟伪噪声波形。通常用一定宽度（持续时间）、一定振幅的正电压，即一个正脉冲，来模拟“1”，用一个负脉冲，来模拟“0”，并且产生一种周期性的脉冲信号来逼近白噪声的性能，故这种序列称为伪随机码序列。

(1) m 序列。m 序列是一种最简单、最容易实现的周期性伪随机序列，其在扩展频谱及码分多址中有广泛的应用，并且还可以生成其他序列，因此 m 序列非常重要。

① m 序列的产生。m 序列是最长线性移位寄存器序列的简称，是由多级移位寄存器或其延迟元件通过反馈产生的最长的码序列。在二进制移位寄存器中，若 n 为移位寄存器的级数，则会产生除全“0”以外的 2^n-1 个状态，因此它能产生的最大长度为 2^n-1 位。产生 m 序列的电路是移位寄存器，在电路图中反馈线是不能随意连接的，m 序列的周期长度也不是任意取的，必须满足 $P=2^n-1$。

m 序列产生的原理模型如图 4－3 所示。

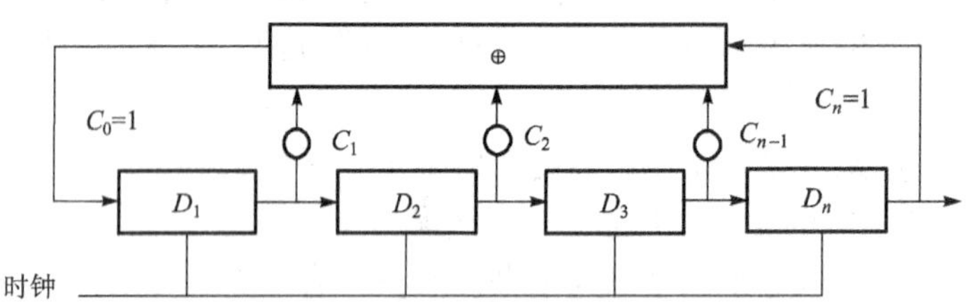

图 4－3　m 序列产生的原理模型

图 4－3 中 C_0，C_1，C_2，…，C_n 均为反馈线，其中 $C_0=C_n=1$，表示反馈连接。其他反馈系数若为 1 则参与反馈，若为 0 则表示无反馈线连接。能否产生 m 序列取决于反馈系数 C_i（C_0，C_1，C_2，…，C_n 的总称）。

② m 序列的特性。

均衡性。m 序列一个周期内，码元数目为“1”的个数比码元为“0”的个数多 1 个。

游程性。序列中取值相同的那些相继的码元合称为一个“游程”。m 序列中，长度为 1 的游程占总游程数的一半；长度为 2 的游程占总游程的 1/4，长度为 k 的游程占总游程数的 $1/2^k$。

移位相加性。m 序列与其循环移位后的序列逐位模 2 相加，所得的序列仍为 m 序列，只是起始位不同。

m 序列的相关性。m 序列的相关性包括自相关性和互相关性。自相关性是指序列与其自身逐位移位后序列相似性的一种度量。而互相关性是指两个相同周期的不同 m 序列之间的相似程度。m 序列的自相关性具有尖锐性，而互相关性具有多值性。

（2）Gold 序列。

① m 序列的优选对。如果两个 m 序列的互相关函数满足下式条件：

$$|R(\tau)|=2^{\frac{n+1}{2}}+1,\quad n\text{ 为奇数}$$

$$|R(\tau)|=2^{\frac{n+2}{2}}+1,\quad n\text{ 为偶数}$$

则这两个 m 序列可构成优选对。

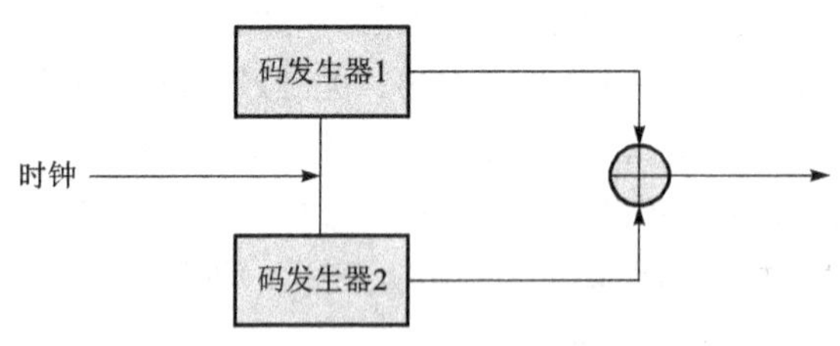

图 4－4　Gold 码序列构成示意图

② Gold 序列的产生及特性。Gold 码是 m 序列的复合码，是由 R. Gold 在 1967 年提出的，它是由两个码长相等、码时钟速率相同的 m 序列优选对模 2 加组成，如图 4－4 所示。图 4－4 中，码 1 和码 2 为 m 序列优选对。每改变两个 m 序列相对位移就可得到一个新的 Gold 序列。因为总

共有 2^n-1 个不同的相对位移，加上原来的两个 m 序列本身，两个 n 级移位寄存器可以产生 2^n+1 个 Gold 序列。因此，Gold 序列数比 m 序列数多得多。例如 $n=5$，m 序列数只有 6 个，而 Gold 序列数为 $2^5+1=33$ 个。这样采用 Gold 码族作地址码，其地址数大大超过了用 m 序列作地址码的数量。所以 Gold 序列在多址技术中，特别是码序列长度较短情况下，得到了广泛应用。

3. Walsh（沃尔什）函数与 Walsh 正交码

（1）Walsh 函数含义。Walsh 函数因 1923 年数学家沃尔什（J. L. Walsh）证明其为正交函数而得名。在沃尔什函数族中，两两之间的互相关函数为"0"，亦即它们之间是正交的，因而在码分多址通信中，Walsh 函数可以作为地址码使用。

（2）Walsh 函数产生。Walsh 函数可用哈达玛（Hadamard）矩阵 $\boldsymbol{H}$ 表示，利用递推关系很容易构成 Walsh 函数序列族。为此先简单介绍有关哈达玛矩阵的概念。

哈达玛矩阵 $\boldsymbol{H}$ 是由 +1 和 −1 元素构成的正交方阵，是指它的任意两行（或两列）都是互相正交的。这时把行（或列）看作一个函数，任意两行或两列都是互相正交的。更具体地说，任意两行（或两列）的对应位相乘之和等于零，或者说，它们的相同位和不同位是相等的，即互相关函数为零。

例如，2 阶哈达玛矩阵 $\boldsymbol{H}_2$ 为

$$\boldsymbol{H}_2=\begin{bmatrix}1 & 1\\ 1 & -1\end{bmatrix} \text{或} \boldsymbol{H}_2=\begin{bmatrix}0 & 0\\ 0 & 1\end{bmatrix}$$

不难发现，两行（或两列）对应位相乘之和为 $1\times1+1\times(-1)=0$。

4 阶哈达玛矩阵为

$$\boldsymbol{H}_4=\begin{bmatrix}\boldsymbol{H}_2 & \boldsymbol{H}_2\\ \boldsymbol{H}_2 & \overline{\boldsymbol{H}_2}\end{bmatrix}=\begin{bmatrix}0 & 0 & 0 & 0\\ 0 & 1 & 0 & 1\\ 0 & 0 & 1 & 1\\ 0 & 1 & 1 & 0\end{bmatrix}$$

式中，$\overline{\boldsymbol{H}_2}$ 为 $\boldsymbol{H}_2$ 取反。

8 阶哈达玛矩阵为

$$\boldsymbol{H}_8=\begin{bmatrix}\boldsymbol{H}_4 & \boldsymbol{H}_4\\ \boldsymbol{H}_4 & \overline{\boldsymbol{H}_4}\end{bmatrix}=\begin{bmatrix}0&0&0&0&0&0&0&0\\ 0&1&0&1&0&1&0&1\\ 0&0&1&1&0&0&1&1\\ 0&1&1&0&0&1&1&0\\ 0&0&0&0&1&1&1&1\\ 0&1&0&1&1&0&1&0\\ 0&0&1&1&1&1&0&0\\ 0&1&1&0&1&0&0&1\end{bmatrix}$$

一般关系式为

$$\boldsymbol{H}_{2N}=\begin{bmatrix}\boldsymbol{H}_N & \boldsymbol{H}_N\\ \boldsymbol{H}_N & \overline{\boldsymbol{H}_N}\end{bmatrix} \tag{4.4}$$

4.2.3 CDMA中使用的地址码

地址码的选择直接影响到CDMA系统的容量、抗干扰能力、接入和切换锁定等性能。所选择的地址码应能够提高足够数量的相关函数特性尖锐的码系列，保证信号经过地址码解扩之后具有较高的信噪比。地址码提供的码序列应接近白噪声特性，同时编码方案简单，保证具有较快的同步建立速度。

1. PN短码

PN短码是由15位移位寄存器加反馈形成的，周期为$2^{15}-1$，产生码片的速率为1.228 8 Mchip/s，每26.67 ms重复一次。

PN短码在IS－95空中逻辑信道中的作用是：

（1）在反向信道上用于四相扩频。

（2）以64个码片为一个偏置单位，在前向信道上区分基站或扇区。

2. PN长码

PN长码是由42位移位寄存器加反馈及掩码形成的，周期为$2^{42}-1$，产生码片的速率为1.228 8 Mchip/s，每41天重复一次。

长码的掩码有42位，根据掩码的不同来产生长码不同的相位。

PN长码在IS－95空中逻辑信道中的作用是：

（1）前向信道上用于扰码。

（2）反向信道上用于区分各个用户。

3. Walsh码

在CDMA系统中，空中信道采用64阶Walsh码，即以64维Walsh矩阵的每一行作为一个Walsh码，故而每个Walsh码有64个码元，分别为w（0）～w（63）。

Walsh码在IS－95空中逻辑信道中的作用是：

（1）用于区分前向逻辑信道。

（2）反向上以6个码元对应一个Walsh序列作64阶正交调制。

4.3 CDMA的信道

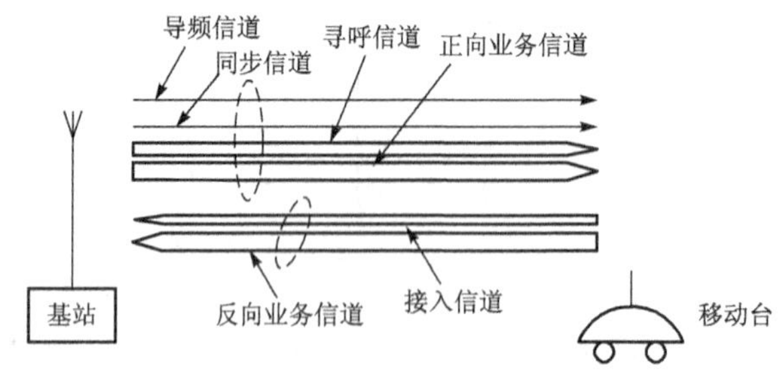

图4－5 CDMA系统逻辑信道分类

在CDMA系统中空中接口的逻辑信道可分为正向信道（Forward Channel）和反向信道（Reverse Channel）两大类。正向信道指基站发而移动台收的信道，反向信道指从移动台到基站的信道，各个信道又有不同的信息承载。具体分类如图4－5所示。

4.3.1　反向 CDMA 信道

反向 CDMA 信道由接入信道和反向业务信道组成。这些信道采用直接序列扩频的 CDMA 技术共用于同一 CDMA 频率。在这一反向 CDMA 信道上，基站和用户使用不同的长码掩码区分每一个接入信道和反向业务信道。当长码掩码输入长码发生器时，会产生唯一的用户长码序列，其长度为 $2^{42}-1$。对于接入信道，不同基站或同一基站的不同接入信道使用不同的长码掩码，而同一基站的同一接入信道用户使用的长码掩码则是一致的。进入业务信道以后，不同的用户使用不同的长码掩码，也就是不同的用户使用不同的相位偏置。

反向 CDMA 信道的数据传输以 20 ms 为一帧，所有的数据在发送之前均要经过卷积编码、块交织、64 阶正交调制、直接序列扩频以及基带滤波。

接入信道和业务信道调制的区别在于：接入信道调制不经过最初的“增加帧指示比特”和“数据突发随机化”这两个步骤，也就是说，反向接入信道调制中没有加 CRC 校验比特，而且接入信道的发送速率是固定的 4 800 b/s，而反向业务信道选择不同的速率发送。

反向业务信道支持 9 600 b/s、4 800 b/s、2 400 b/s、1 200 b/s 的可变数据速率。但是反向业务信道只对 9 600 b/s 和 4 800 b/s 两种速率使用 CRC 校验。

图 4 -6 所示为反向 CDMA 信道的电路框图。

1. 接入信道

接入信道传输的是一个经过编码、交织以及调制的扩频信号。接入信道由其共用长码掩码唯一识别。

移动台在接入信道上发送信息的速率固定为 4 800 b/s。接入信道帧长度为 20 ms。仅当系统时间是 20 ms 的整数倍时，接入信道帧才可能开始。一个寻呼信道最多可对应 32 个反向 CDMA 接入信道，标号从 0 至 31。对于每一个寻呼信道，至少应有一个反向接入信道与之对应，每个接入信道都应与一个寻呼信道相关联。

在发射前经过如下步骤：

增加尾比特——8 个比特；

卷积——编码率为 1/3，约束长度为 9，对输入的数据比特产生 3 个码符号；

码符号重复——每个码符号连续出现两次；

交织——符号速率为 28.8 Ks/s，32 × 18 的交织矩阵；

64 阶正交调制——对每 6 个码符号传输 64 个可能的调制符号中的一个，调制符号为 Walsh 函数产生的 64 个相互正交波形中的一个；

直序扩频——由 PN 长码进行扩频，正交调制输出和长码的模 2 和；

正交扩频——用正向信道上 0 偏置同相和正交 PN 序列信号；

基带滤波。

反向接入信道的特点：

接入信道最多为 32 个，最少为 0 个。目前只用一个。

移动台占用接入信道时，首先发送接入信道前缀，是由 96 个全 0 组成的帧，帮助基站捕获移动台接入信息。

反向接入信道的作用：

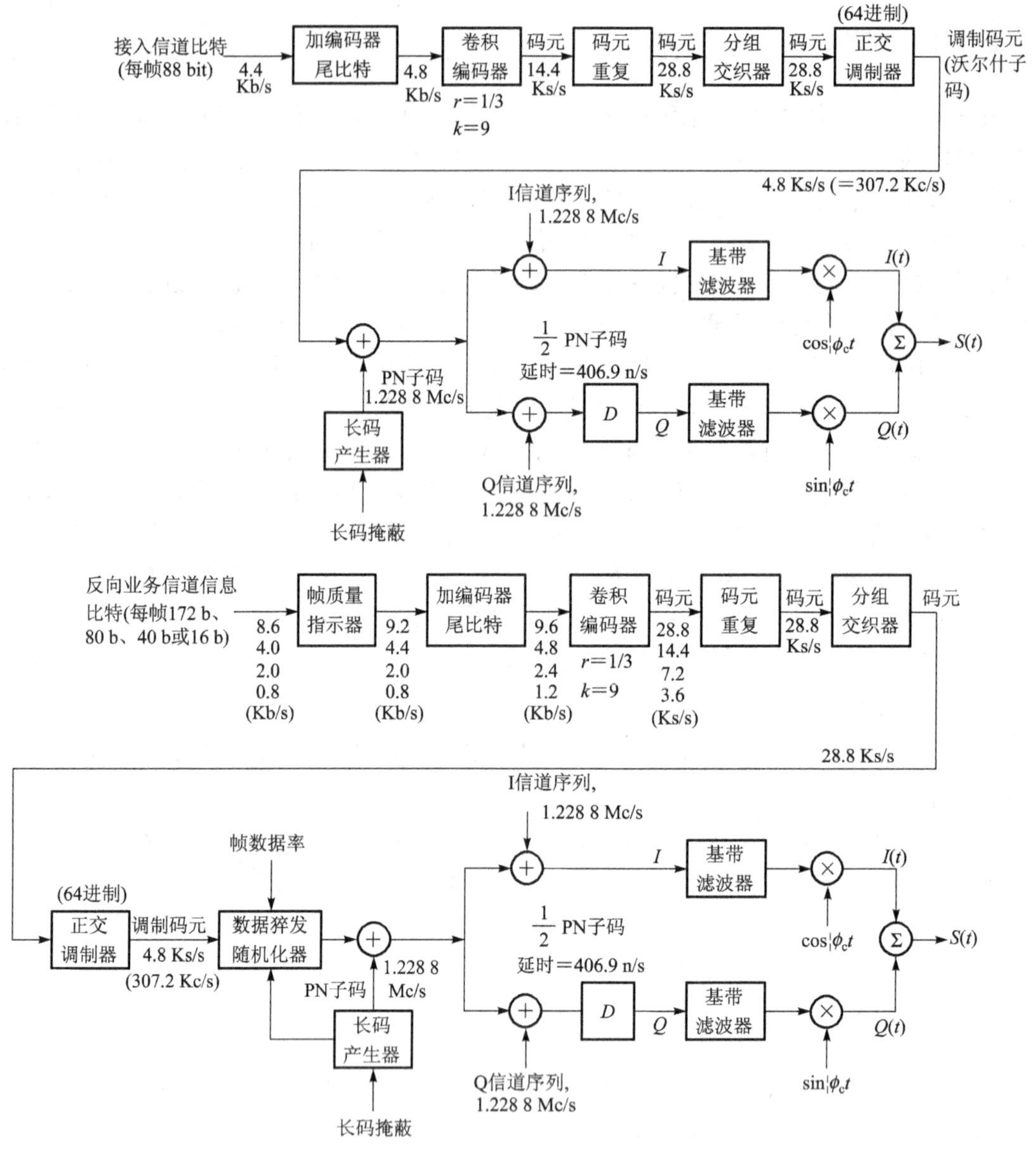

图4－6　反向CDMA信道的电路框图

向系统发起呼叫；

向系统进行登记；

响应系统寻呼；

在未转入业务信道之前，向系统传送控制信令。

2. 反向业务信道

反向业务信道是用来在建立呼叫期间传输用户信息和信令信息。

移动台在反向业务信道上以可变速率9 600 b/s、4 800 b/s、2 400 b/s、1 200 b/s的数据速率发送信息。反向业务信道帧的长度为20 ms。速率的选择以一帧（即20 ms）为单位，即上一帧是9 600 b/s，下一帧就可能是4 800 b/s。

在发射前经过如下步骤：

帧质量指示——两种高速率帧包含帧质量指示比特，是一个 CRC；

编码尾比特——每帧后加 8 个比特，均为 0；

卷积编码——1/3 比率，约束长度为 9，对每个数据比特产生 3 个编码符号；

码符号重复——根据速率不同重复也不同，最终输出为 28.8 Ks/s；

交织——符号速率为 19.2 Ks/s，16×24 的交织矩阵；

64 阶正交调制——对每 6 个码符号传输 64 个可能的调制符号中的一个，调制符号为 Walsh 函数产生的 64 个相互正交波形中的一个；

数据突发随机化——码输出经时间滤波器选通，允许输出某些码符号而删除其他符号，这根据数据率的变化而变化。当数率为 9 600 b/s 时，允许所有发射，当为 4 800 b/s 时允许一半发射，依此类推。这就保证每一个重复的码符号只被传送一次；

直序扩频——由 PN 长码进行扩频，正交调制输出和长码的模 2 和；

正交扩频——用正向信道上 0 偏置同相和正交 PN 序列信号；

基带滤波。

反向业务信道的特点：

可变数据速率，进行数据突发随机化；

为帮助基站初始捕获反向业务信道，可传送业务信道前缀，由 192 个 0 的帧组成，不包括帧质量指示比特；

无业务信道数据可用于“信道保持”操作，以便基站维持与移动台的连接；

发送业务数据和信令，包括导频强度测量消息、功率控制消息、切换消息等；

支持多路复用选择。

4.3.2　正向 CDMA 信道

正向 CDMA 信道由以下码分信道组成：导频信道、同步信道、寻呼信道（最多可以有 7 个）和若干个业务信道。每一个码分信道都要经过一个 Walsh 函数进行正交扩频，然后又由 1.228 8 Mc/s 速率的伪噪声序列扩频。在基站可按照频分多路方式使用多个正向 CDMA 信道（1.23 MHz）。

正向码分信道最多为 64 个，但正向码分信道的配置并不是固定的，其中导频信道一定要有，其余的码分信道可根据情况配置。例如可以用业务信道一对一地取代寻呼信道和同步信道，这样最多可以达到有一个导频信道、0 个寻呼信道、0 个同步信道和 63 个业务信道，这种情况只可能发生在基站拥有两个以上的 CDMA 信道（即带宽大于 2.5 MHz），其中一个为基站 CDMA 信道（1.23 MHz），所有的移动台都先集中在基本信道上工作，此时，若基本 CDMA 业务信道忙，则可由基站在基本 CDMA 信道的寻呼信道上产生信道支配消息或其他相应的消息将某个移动台指配到另一个 CDMA 信道（辅助 CDMA 信道）上进行业务通信，这时这个辅助 CDMA 信道只需要一个导频信道，而不再需要同步信道和寻呼信道。图 4－7 所示为正向信道的电路图。

1. 导频信道

导频信道在 CDMA 正向信道上是不停发射的。它发送的是一个不含任何数据信息的全 0 扩频信号。

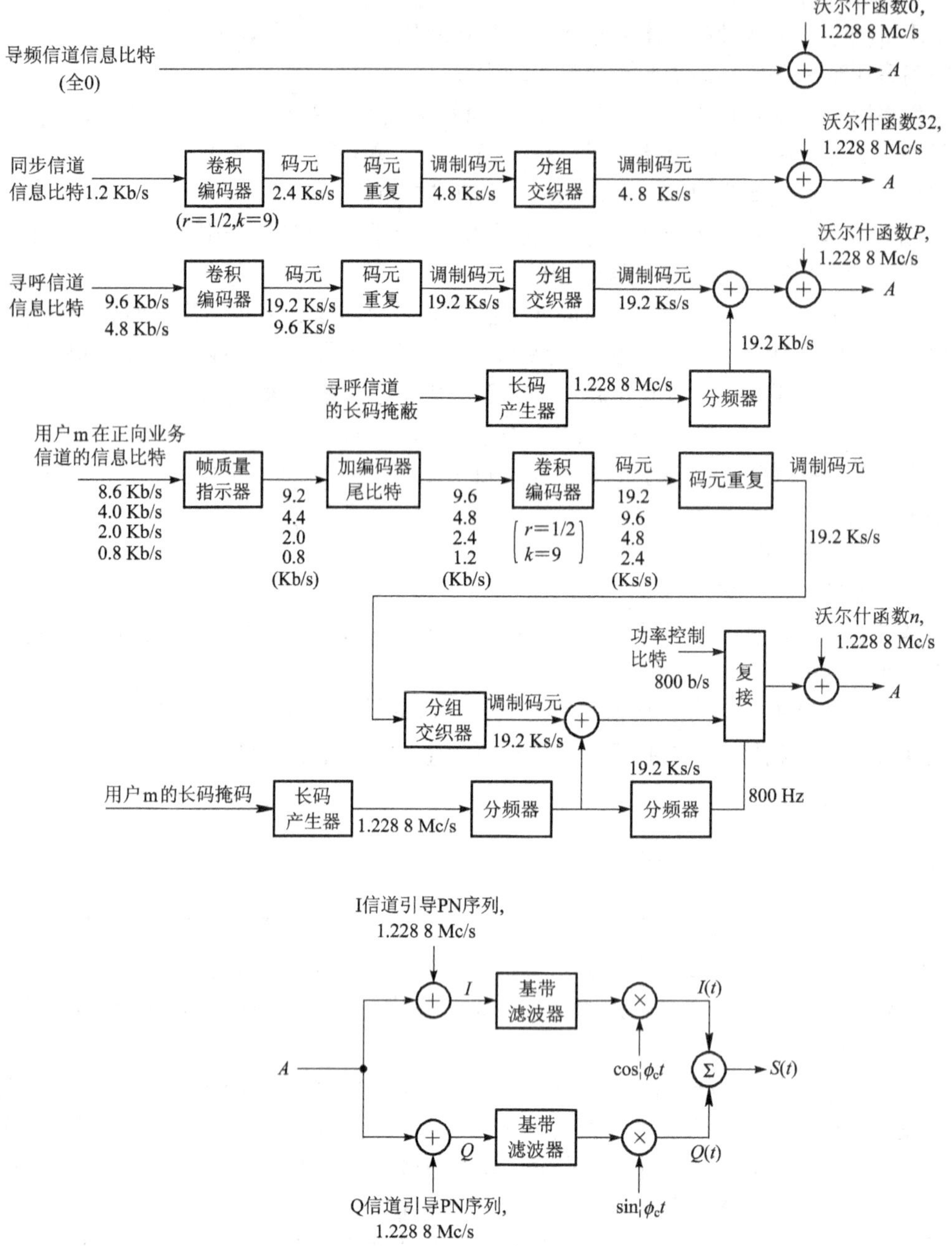

图 4-7　正向 CDMA 信道的电路框图

（1）导频信道的特点是：

基带信号为全 0；

持续发射，信号电平高于其他信号；

包含 PN 序列偏置值和频率基准信息。

（2）导频信道的作用是：

给移动台提供基站（或扇区）的标识；

用于移动台的同步和切换；

用于移动台估算开环功率控制的基准功率。

2. 同步信道

同步信道的比特率是 1 200 b/s，帧长为 26.67 ms，其在发射前需经过以下步骤：

卷积编码——1/2 比率，约束长度为 9，对每个数据比特产生两个编码符号；

码符号重复——每个符号连续发两次；

交织——符号速率为 4 800 b/s，16 ×8 的交织矩阵；

正交扩频——用 1.228 8 Mc/s 固定码片率的 Walsh 码进行扩频，同步信道是用 w（32）；

四相扩频——用与导频信道相同偏置的 PN 序列进行 QPSK 四相调制；

基带滤波。

3. 寻呼信道

每个基站有一个或几个寻呼信道，当呼叫时，在移动台没有转入业务信道之前，基站通过寻呼信道传送控制信息给移动台。另外，基站也通过寻呼信道定时发送系统信息，使移动台能接收到入网参数，为入网作准备。

寻呼信道所发送的信号是经过卷积编码、码符号重复、交织、扰码、扩频和调制的扩频信号。基站使用寻呼信道发送系统信息和对移动台的寻呼消息。

寻呼信道的比特率是 9 600 b/s 或 4 800 b/s，帧长为 20 ms，其在发射前需经过以下步骤：

卷积编码——1/2 比率，约束长度为 9，对每个数据比特产生两个编码符号；

码符号重复——根据速率不同重复也不同，最终输出为 19.2 Ks/s；

交织——符号速率为 19.2 Ks/s，16 ×24 的交织矩阵；

数据扰码——将交织器的输出符号和长码 PN 码片的二进制值经抽取器后进行模 2 加；

正交扩频——用 1.228 8 Mc/s 固定码片率的 Walsh 码进行扩频，寻呼信道是用 w（1）；

四相扩频——用与导频信道相同偏置的 PN 序列进行 QPSK 四相调制；

基带滤波。

正向寻呼信道特点是：

连续发射，同一系统的数据速率固定为 9 600 b/s 或 4 800 b/s；

与导频信道使用同一偏置的 PN 短码；

一个站可以有多个寻呼信道，编号与 Walsh 码的序号相同。一般用 w（1），最多为 w（7）；

分为若干寻呼信道时隙，每个 80 ms 长，移动台可工作在非分时隙模式和分时隙模式下接收寻呼和控制消息。

4. 正向业务信道

正向业务信道是用于呼叫中，基站向移动台发送用户信息和信令信息的。一个正向 CDMA 信道所能支持的最大正向业务信道数等于 63 减去寻呼信道和同步信道数。

业务信道的比特率是 8 600 b/s、4 000 b/s、2 000 b/s 或 800 b/s，帧长为 20 ms，其在

发射前需经过以下步骤：

帧质量指示——两种高速率帧包含帧质量指示比特，是一个 CRC；

编码尾比特——每帧后加 8 个比特，均为 0；

卷积编码——1/2 比率，约束长度为 9，对每个数据比特产生两个编码符号；

码符号重复——根据速率不同重复也不同，最终输出为 19.2 Ks/s；

交织——符号速率为 19.2 Ks/s，16 × 24 的交织矩阵；

数据扰码——将交织器的输出符号和长码 PN 码片的二进制值经抽取器后进行模 2 加。

正向业务信道特点是：

不同速率的选取是根据用户讲话激活程度的不同而设的。用户不讲话时，速率最低。速率调整目的是减少相互干扰，增大系统容量；

无业务的信道数据为 16 个 1 后 8 个 0，以 1 200 b/s 发送，用于保持基站与移动台的联系；

发送业务和信令信息；

支持多路复用选择信息。

4.4 功率控制

在 CDMA 系统中，功率控制被认为是所有关键技术的核心。在 CDMA 系统中，信号的接收主要受两方面影响：其一是任一信道受到不同地址码信道的干扰，即多址干扰；其二，如果小区中的所有用户均以相同功率发射，则靠近基站的移动台到达基站的信号强，远离基站的移动台到达基站的信号弱，导致强信号掩盖弱信号，即“远近效应”问题。因为 CDMA 是一个自干扰系统，所有用户共同使用同一频率，所以“远近效应”问题更加突出。这些都将减损系统的容量和质量。CDMA 系统的功率控制的目的就是既能维持高质量通信，又不对同频道的其他码分信道产生干扰。移动台的发射功率必须进行控制使其在尽量降低对其他用户干扰的前提下到达基站时有足够的能量，以保证系统预定的通话质量。在 CDMA 中，所有的基站共用同一个宽带信道，因此由同一小区中的其他用户和周围小区中的其他用户所造成的自干扰成为限制系统容量的主要因素。一般来说，当每一个用户到达基站时的信噪比（SNR）是达到系统性能要求可以接受的最小值时，系统容量达到最大。由于绝大部分噪声是由其他用户造成的，故各个用户到达基站接收机时应该具有相同的能量。在移动传播环境中这需要移动台和基站共同协调进行动态的功率控制才能够实现。

CDMA 系统的功率控制技术分为正向功率控制和反向功率控制，而反向功率控制又分为仅由移动台参与的开环功率控制和移动台、基站同时参与的闭环功率控制两种。

正向功率控制指调整基站的发信功率，而反向功率控制指调整移动台的发信功率。

开环功率控制指被调整一方并未得到明确值而是通过估算调整功率；闭环功率控制是指由系统根据数据测算得出明确值后通知被调整方。

4.4.1 正向功率控制

正向功率控制是基站根据移动台提供的测量结果，调整对每个移动台的发射功率。其目的是对路径衰落小的移动台分配较小的正向功率，而对远离基站和误码率高的移动台分配较大的发射功率。

一般基站根据移动台对正向误帧率的报告来决定是增加还是减少发射功率。移动台的报告分为定期报告和门限报告。定期报告就是隔一段时间汇报一次，门限报告就是误帧率达到一定门限时才报告。这个门限是由运营者根据对语音质量的不同要求设置的。这两种报告方式可同时存在，也可只用一种，或两种都不用，这可根据运营者的具体要求来设定。

基站一般将正向信道的总功率分配给导频信道、同步信道、寻呼信道和各个业务信道。基站需要调整分配给每一个业务信道的功率，使处于不同传播环境下的各个移动台都得到足够的信号能量。

4.4.2　反向功率控制

1. 反向开环功率控制

反向开环功率控制是指移动台根据在小区中所接收功率的变化，估计由基站到移动台的传输损耗，迅速调节移动台发射功率。目的是试图使所有移动台发出的信号在到达基站时都有相同的功率。这完全是一种移动台自己进行的功率控制。

由于开环功率控制主要补偿对象为路径衰落、阴影及拐弯效应等，所以有一个很大的动态范围，根据 CDMA 空中接口的标准，它至少应该达到 ±32 dB 的范围。

开环功率控制只是移动台对发送电平的粗略估计，移动台通过测量接收功率来估计发射功率，而不需要进行任何正向链路的解调。

2. 反向闭环功率控制

由于开环功率控制的估计较粗略，故必须采用闭环控制，并根据基站接收的信噪比来决定移动台发射功率。反向闭环功率控制的目的是由基站接收信噪比迅速调整移动台发射功率，以保证基站接收到的信号足够强，而且对其他信道干扰最小。

反向闭环功率控制的原理为：基站接收机收到移动台的反向业务信道，先测量 Eb/No，根据所得值与临界值的比较设定功率控制比特（PCB）是 1 或 0，如果大于临界值，则设为 1，反之设为 0。另外基站接收机还进行信道解调并测量 FER（误帧率），根据 FER 可以调整 Eb/No 的临界值。所以可以说是内环调整临界值而外环调整发射功率。移动台接收到正向业务信道后，经解调得出 PCB 值，可以判决是增加或降低。

4.5　控制管理

4.5.1　登记

移动台通过登记过程使基站更新它的位置信息。蜂窝通信系统通过登记来平衡接入信道和寻呼信道的负载。如果不采用任何形式的登记，那么就需要在整个系统内寻呼移动台，也就是说，在一个有 C 个基站的系统中，对一个移动台发起的呼叫需要发送 C 个寻呼消息。

如果要求移动台每次进入一个新的基站的覆盖范围之后就进行一次登记，将会减少每次呼叫所发送的寻呼消息，但是要频繁地发送登记消息和确认消息会对接入信道和寻呼信道增加很大的负载。

系统设计者选用登记方式时要考虑很多的因素，例如蜂窝系统的大小、预计的用户在系统内的活动规律、发起呼叫的统计特征等。由于各个系统在这些方面有很大的不同，故IS－95 标准提供了很多种不同的登记方式，且各种登记方式是独立的，系统设计者可以根据自己网络的特点选择适当的登记方式。

CDMA 总共有 9 种登记方式，以下前五种称为自主性登记，所有的这些自主性登记方式和基于参数的登记都可以单独激活或禁止。

（1）开机登记。开机登记是当移动台开机时所进行的登记。为了防止移动台频繁地开机和关机所造成的登记，在这种登记方式中采用了一个计时器（一般的期满值是 20 s），在移动台进入空闲状态时，该计时器被激活。如果允许移动台进行开机登记，那么在该计时器溢出时移动台进行开机登记。在计时器还没有溢出之前，没有什么可以触发移动台的登记。

（2）关机登记。关机登记是当用户要求进行关机时所要进行的登记。如果在通话过程中用户要关机，那么移动台将发送带有关机指示的释放消息，在逻辑上等同于进行关机登记。但是如果移动台在接入的过程中用户要求关机，则移动台不发送登记消息，因为接入信道协议要求在任何给定的时间只允许发一条消息。

移动台在它没有登记过的系统中不会进行关机登记，因为这时的登记对该网络来说没有什么实际意义。

当向移动台发起呼叫的时候，系统可以清楚地知道移动台是否开机。这样，对于没有开机的移动台，系统不必再向其发送寻呼消息。另外，系统跟踪移动台什么时候进行了开机登记，在对移动台进行寻呼时，可以限制发送寻呼消息的基站的数目（即所需要寻呼的区域的半径）。

值得注意的是，在有些情况下，例如用户在驾车进入车库时关机，关机登记的成功率很低；很有可能用户已经关机，而基站仍然向移动台发送寻呼消息。下面所提到的基于时间的登记可以一定程度地解决这个问题，同时，基于时间的登记可以更好地估计移动台的位置，从而减小所需要的寻呼半径。

（3）基于时间的登记（基于定时器的登记）。基于时间的登记是移动台周期性地进行登记的一种方式。使用该种登记方式可以使系统注销未能成功进行关机登记的移动台。

（4）基于距离的登记。基于距离的登记是指当移动台移动了一定的距离之后所进行的登记。这种登记方式对于大部分用户基本上是固定的而只有少部分的用户是移动的情况非常有效。它不像基于时间的登记要求所有的用户都要登记，而只是要求那些走出预定寻呼半径的移动台进行登记。

基站发送的系统参数消息中包含它的经纬度。移动台记录下它最后一次登记的基站的经纬度及寻呼半径，当移动台进入一个新基站的覆盖区域，它与原基站的距离差超过了寻呼半径，移动台将重新登记。

根据移动台当时所在基站和最后一次登记所在的基站之间的经度和纬度的差异，移动台可以计算出一定的距离，来确定自己移动的距离。

（5）基于区域的登记。为了与其他蜂窝系统（AMPS，IS－54）的登记模式保持兼容，IS－95 也支持基于区域的登记。采用这种登记方式时，蜂窝系统内的基站被分割成一个个的登记区域。当穿越属于不同登记区域基站的覆盖区域时，移动台会进行登记。

（6）基于参数变化的登记。移动台的某些参数直接影响基站向移动台传递呼叫的过程，因此，当这些参数变化时系统也需要随之更新。这些参数包括：移动台的 SCM、移动台首选的时隙周期指数和移动台的限制呼叫标志。

移动台的 SCM 有可能会发生变化，比如从车载台变为便携电话。在不同的形式下，移动台会有不同的发射功率和接收能力，基站应该知道这些变化，在它的发起呼叫算法中会用到这些参数。同时，车载台和便携电话的移动性有很大的不同。

（7）受令登记。当基站发现它并不拥有向它的覆盖区域内的某一个移动台传递呼叫所需要的全部信息（例如，当接收到某个移动台的呼叫请求消息）时，基站会向移动台发送登记命令来命令移动台进行登记，移动台会在接入信道发送登记消息来响应基站，同时调整其他登记的数据结构。

（8）隐含登记。当移动台和基站进行不与登记直接相关的消息交互，但有足够的信息使基站识别出移动台，并且知道移动台的位置（在哪一个基站的覆盖范围内），相当于移动台进行了隐含登记。为了与 AMPS 和 IS－54 中的登记模式兼容，只有在移动台发送了呼叫请求消息或者寻呼响应消息的时候，才认为发生了隐含登记。

（9）业务信道登记。业务信道登记是指移动台在业务信道上接收到与登记相关的消息。从对别的用户造成干扰的角度来说，在业务信道上的信息交换要比在接入信道和寻呼信道上面的信息交互造成的干扰要小。IS－95 支持在业务信道上发送登记信息，避免了很多情况下呼叫之后的自动登记，例如在包含系统间切换的呼叫之后的切换。在接收到移动台的释放请求之后和向移动台发送释放命令之前这段时间二者的消息交互对语音质量没有任何影响，因此，可以在这段时间进行登记消息的交互。

4.5.2　漫游

在 IS－95 中用系统识别码 SID 来区分系统。除了系统之外，IS－95 还定义了另外一种结构：网络，以 NID 网络识别码来区分。一个网络是完全包含在某一个系统中的，是系统的一个子集。之所以要定义网络这种结构是为了运营商可以在一个给定的区域分配频段为某个组织专用，为其提供专用网。

下面有三种漫游状态，分别为：本地（不漫游）、NID 漫游和 SID 漫游。移动台可以处于这三种状态的任何一种中。在移动台中保存了一个本地区域的（SID，NID）列表。如果从系统参数消息中接收到的（SID，NID）不与移动台存储的本地识别码（SID，NID）相匹配，则认为该移动台处于漫游状态。

如果移动台正在漫游并且为其服务的基站的 SID、NID 中的 SID 与移动台本地识别码表中的 SID 相等，则这个移动台被认为是 NID 漫游；如果移动台本地识别码表中的 SID 都不等于服务系统的 SID，这个就被认为是 SID 漫游；如果移动台使用特定的 NID（65535），则表明移动台认为在一个 SID 里的全部 NID 中都是非漫游的（即在系统的所有基站的小区里，移动台都不算是漫游）。

4.5.3 切换

当呼叫中的移动台从一个小区转移到另一个小区，或由于无线传输、业务负荷量调整、设备故障等原因，为了使通信不中断，通信系统必须启动切换过程。这是移动通信系统特有的进程。在 CDMA 系统里，切换有两种，即硬切换和软切换。

硬切换（Hard Handoff）是指移动台在不同载频或不同系统之间的切换。它的特点是：先断后连（Break before Make），即移动台先切断与原基站的通信，再建立与新基站的连接。其掉话率较高，影响用户通话。

软切换（Soft Handoff）是指移动台在同一 CDMA 频率的信道间进行的切换。它的特点是：先连后断（Make before Break），即移动台可先建立与新基站的通信后在切断与原基站的通信。所以移动台可同时与多个基站保持连接。其掉话率大大降低，保证了通信的可靠性。

更软切换（Softer Handoff）指同一基站不同扇区之间的切换。

下面对软切换技术进行详细介绍。

CDMA 软切换技术是 CDMA 系统的主要优点之一。软切换是移动台根据各个基站的导频信号强度来参与决定是否要进行切换的。所以软切换是移动台参与的切换，即 MAHO（Mobile Assistant Handoff）。实现软切换的前提是移动台能不断测量原基站与相邻基站导频信道的信号强度，并把测量结果通知原基站。

1. 导频集

为了根据导频信号强度对各个基站进行有效的管理，在移动台引入了导频集的概念。导频集有以下四类：

有效集（Active Set）——与正在联系的基站相对应的导频集合。

候选集（Candidate Set）——当前不在有效集里，但已有足够的强度表明与该导频对应的基站的正向信道能被移动台成功解调的集合。

相邻集（Neighbor Set）——当前不在以上两种集合里，但根据某种算法被认为可很快进入候选集的导频集合。

剩余集（Remaining Set）——剩余的所有导频集合。

对于每种导频集合，基站都定义了各自的搜索窗口，可由移动台搜索相应的多径分量。

2. 搜索窗口

移动台使用以下三种搜索窗口跟踪导频信号：

SRCH_WIN_A：有效和候选集导频的搜索窗口尺寸；

SRCH_WIN_N：相邻集的搜索窗口的尺寸；

SRCH_WIN_R：剩余集的搜索窗口尺寸。

SRCH_WIN_A 应该根据预测的传播环境对窗口进行设定，该窗口要足够大，大到能够捕获一个基站的所有有用信号部分，同时又应该足够小，从而使搜索器的性能最佳化。

SRCH_WIN_N 尺寸通常设得比 SRCH_WIN_A 尺寸大，因为还要能够捕获可能的领域多径信号。其大小可参照当前基站和相邻基站的物理距离来设定。由于这是 SRCH_WIN_N 的最大范围，所以实际尺寸可以没有这么大。

SRCH_WIN_R 窗口尺寸至少应该设得和 SRCH_WIN_N 一样大。

3. 软切换的过程

下面说明软切换的过程及相关切换消息：

切换消息包括导频强度测量消息（PSMM）、切换指示消息（HDM）、切换完成消息和领域列表消息（NLUM）。

移动台检测到导频强度（Ec/It）并给基站发送 PSMM，基站分配正向业务信道并给移动台发送 HDM，移动台接收到 HDM 后，开始对新业务信道进行解调并给基站发送 HCM（切换完成消息）。

整个切换过程如图 4－8 所示。

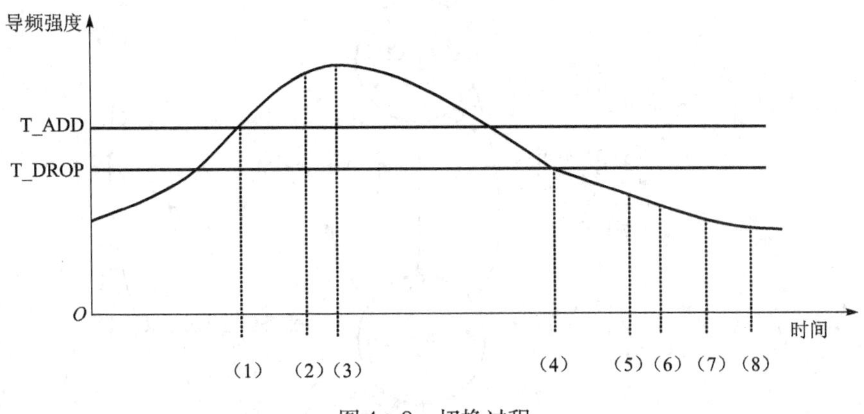

图 4－8　切换过程

（1）移动台测到某新小区导频信号强度增大并超过 T_ADD 时，移动台发送一个 PSMM，并将该导频转入候选集。

（2）基站给移动台发送 HDM，并且移动台将该导频转入有效集。

（3）移动台收到 HDM 并得到一个新的业务信道。导频进入有效集且移动台发送 HCM。

（4）可能某小区导频强度下降到 T_DROP 以下了，这时移动台启动一计时器 T_TDROP。

（5）计时器到期，移动台发送导频强度测量消息 PSMM 到基站。

（6）基站给移动台发送一个不具有相关导频的 HDM。

（7）移动台接收 HDM，导频进入相邻集且移动台给基站发送 HCM。

（8）移动台接收一个不包含导频的 NLUM。导频进入剩余集。

4.5.4　呼叫处理

CDMA 的呼叫处理包括移动台的呼叫处理和基站的呼叫处理两方面。移动台呼叫处理由以下四个状态组成。如图 4－9 所示。

图 4－9 中虚线表示当移动台进入初始化状态时，可选择进入模拟系统（即双模手机）。

移动台初始化状态：在该状态，移动台主要进行系统的选择，在 15 s 内捕获导频信道，实现与 CDMA 的系统时间的同步以得到系统配置。

移动台空闲状态：在该状态中，移动台将进入寻呼信道监视程序。移动台有两种工作方式，即划分时隙模式和非划分时隙模式。如果设定为非划分时隙模式，移动台则一直监听基

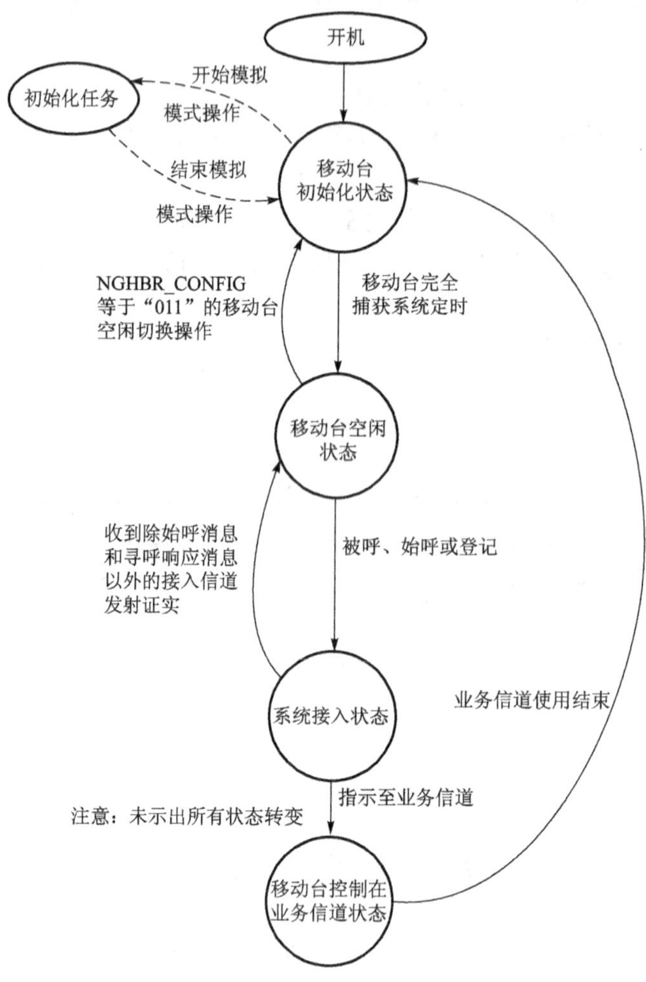

图4－9　移动台呼叫处理

站发给它的寻呼信道消息。如果设定为划分时隙模式（出于省电的考虑），则移动台只在属于自己的时隙来监听是否有发给自己的寻呼信道信息，若有，且在一个时隙内未完，则要监听下一时隙，否则关掉接收机，直至下一个属于它的时隙到来。当移动台收到发送给它的信息时，要发送响应进行证实。

系统接入状态：在该状态时，移动台在接入信道上发送信息，即接入尝试。只有当移动台收到基站证实后，接入尝试才结束。

移动台控制在业务信道状态：在该状态时，移动台确认收到正向业务信道信息并开始在反向业务信道上发送消息，等待基站的指令和信息提示，等待用户应答，同基站交换基本业务数据包，并进行长码的转换、业务选择协商以及呼叫释放（由于通话结束或其他原因造成）。

这是移动台的呼叫处理，基站一侧的处理与移动台相对应，也包含了四个过程：

导频和同步信道处理：在此处理中，基站发射导频和同步信道，以便移动台在其初始化状态时捕获，与CDMA系统同步。

寻呼信道处理：在此处理中，基站发射寻呼信道，以便移动台在空闲状态或系统接入状态监听寻呼信道消息。

接入信道处理：在此处理中，基站监听移动台在系统接入状态时发往基站的接入信道消息。

业务信道处理：在此处理中，基站使用正向业务信道和反向业务信道同处于控制在业务信道状态的移动台进行通信。

4.6　工程实践案例

【案例1】 关于邻小区列表设置的问题。

【现象描述】

手机在通话过程中可以成功的从 A 小区切换到 B 小区，但无法从 B 小区切换到 A 小区；手机距离某小区 C 很近，但在手机的导频激活集中却看不到 C 小区的 PN 码。这样随着手机向目标小区移近，手机导频激活集中的 EC/IO 将逐渐降低、FER 逐渐增大，继而引起掉话。

【原因分析】

一般情况下，CDMA 手机有四个寄存器，分别存放 6 个激活导频集、5 个候选导频集和 20 个相邻导频集。虽然在目前的系统中，部分厂家的数据库最多可提供多达 45 个相邻小区，但系统通过 Neighbor List Updat 消息经空中接口向手机传送的只有 20 个，而这 20 个邻区是系统按一定的算法从当前服务小区的多个邻小区数据库列表中选出来的，在选择过程中系统一般不依赖于这些小区的信号强度和质量，而仅仅根据数据库的静态定义按照预先设定的算法进行选择。这样如果某个目标小区在系统邻小区中未定义或定义了但由于优先级低而未能通过空中接口消息告之手机，手机的邻小区寄存器中未存放该目标小区的信息，就会导致上述问题的发生。

【解决方案】

通过路测设备或其他呼叫跟踪设备采集空中接口消息，采集掉话前后的信息，确定掉话后同步的 PN 码，然后查找该同步消息上面最近的 Neighbor List Updat 消息，看是否为该 PN 码，并结合邻小区列表数据库判断是否为未定义或虽然定义了但优先级太低。

【案例2】 关于导频检测参数设置的问题。

【现象描述】

手机在通话过程中由于无线环境变化，导致信号急剧变化，此时会出现手机虽然已搜索到目标小区信号，但由于未达到切换门限而无法切换或切换区域不足，导致误帧率上升而引起掉话。图 4-10 所示为一组现场测试数据，可以看出由于无线环境的变化，PN75 的信号急剧减弱，但 PN396 由于切换门限 T-ADD 为 -12 dB，未能进入有效集，导致 PN27 虽然已达到门限值，但由于高误帧而无法完成切换，导致掉话。

【原因分析】

分析该问题，我们需要了解导频检测参数的定义和设置意义。目前，基站导频检测参数主要有 T_ADD、T_DROP、T_TDROP 和 T_COMP 等，这里我们主要了解一下 T_ADD 和 T_DROP 两个参数。T_ADD 是移动台用来检测接收到的导频强度的门限值。如果 T_ADD 设

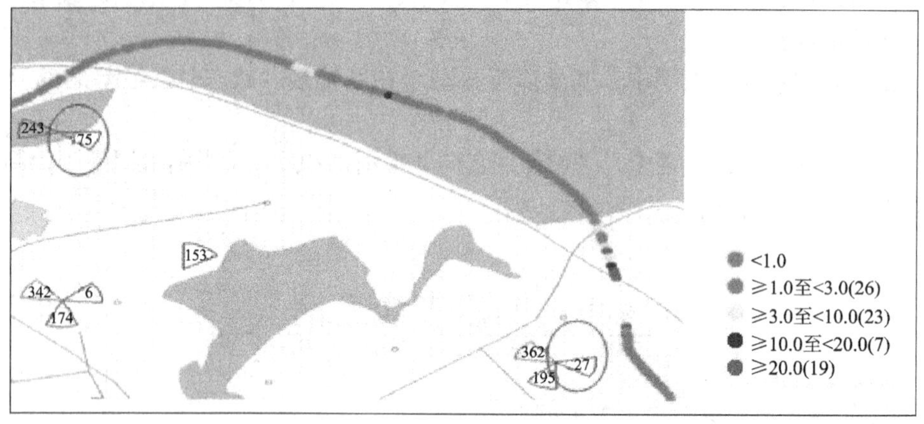

Time	PN_for_Best_Eclo_A...	Best...	PN...	Best...	PN...	Best...	PN_for_Best_Eclo_C...	Best_Ecl...	ForwardFER
17:35:52									4.3
17:35:53	075	-8.5	006	-16.0	294	-21.5	396	-12.5	
17:35:54									
17:35:55									
17:35:56	075	-15.0					396	-11.5	12.7
17:35:57									
17:35:58									70.1
17:35:59	075	-21.0	294	-26.0					
17:36:00	075	-27.0	294	-31.5			027	-9.5	98.8
17:36:01									99.4
17:36:02	294	-31.5	075	-31.5					
17:36:03	000	-25.0					027	-7.5	
17:36:04	000	-6.5							
17:36:05									
17:36:06									
17:36:07	027	-6.5							

图 4－10　无线环境变化对信号的影响

置太小，则会导致过多的掉话和覆盖空洞，也有可能导致切换区域不足；如果 T_ADD 设置过大，则会导致切换区域过大，从而使前向容量损失和由于需要增加信道卡而使成本增加。另外由于切换区域的增加还会使呼叫和切换阻塞增加，且后者还有可能导致掉话。T_DROP 是导频去掉门限，当激活集和候选集中的导频强度低于该门限值时移动台会启动该导频对应的切换去掉计时器。如果 T_DROP 设置过小，则会导致过早地去掉可用导频，从而产生掉话，因为去掉的导频只会是以干扰的形式出现；如果 T_DROP 设置过大，则会导致切换区域过大，从而使前向容量损失及由于需要增加信道卡而使成本增加。另外由于切换区域的增加还会使呼叫和切换阻塞增加，且后者还有可能导致掉话。因此，上面的问题主要是由于切换门限 T_ADD 设置太小而引起切换区域不足，有效信号无法进入而引起掉话。

【解决方案】

通过对测试后台数据的分析，可以发现该问题主要由于信号突变，导致强信号无法及时进入有效集，需要降低其切换门限，以便有足够的切换区域。因此可通过调整 PN75 的 T－ADD 的值为－13 dB 来解决。

图 4－11 所示为调整后的测试数据：

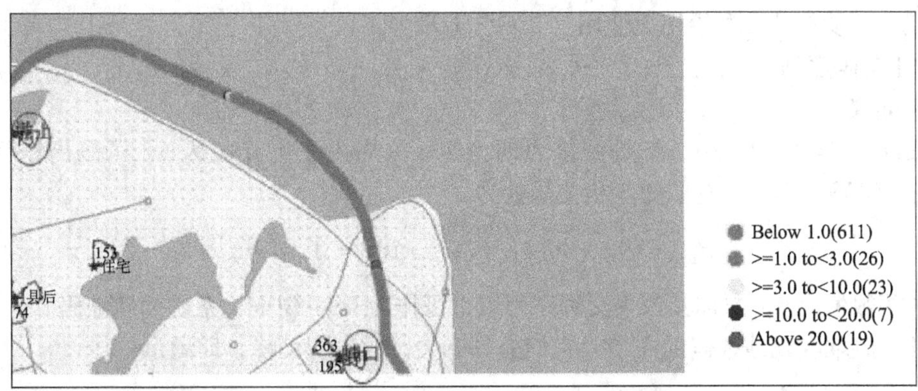

Time	PN_for_Best_Eclo_A...	Best...	PN_f...	Best_...	PN_f...	Best_...	PN_for_Best_Eclo_C...	Best_Ec...	ForwardFER
15:59:19									0.0
15:59:20	075	-10.0	294	-15.0	153	-20.0			
15:59:21									2.9
15:59:22	294	-9.0	075	-17.5	153	-31.5			
15:59:23									20.0
15:59:24	294	-15.5	075	-18.5					
15:59:25	027	-12.5	075	-18.0	294	-31.5			32.6
15:59:26									
15:59:27	027	-10.0							25.9
15:59:28									
15:59:29	027	-6.5	366	-15.0					1.1
15:59:30	027	-6.0	366	-14.5			363	-11.5	0.0
15:59:31									
15:59:32	027	-5.0	366	-14.0	363	-14.5			0.0
15:59:33									0.0

图 4－11　调整后的测试数据

4.7　技能训练

实验名称：直扩码分多址。

1. 实验目的

（1）了解 DS－CDMA（直扩码分多址）移动通信的简要原理。

（2）了解常用的正交扩频序列：Walsh 码序列。

2. 实验器材

（1）移动通信实验系统 1 台。

（2）20M 双踪示波器 1 台。

3. 实验基本原理

在直扩码分多址 DS－CDMA（Direct Sequence-Code Division Multiple Access）通信系统中，利用正交码序列（互相关函数值为 0 或很小，而自相关性能良好的码序列）作为地址码，与用户信息数据相乘（或模 2 加）得到信息数据的直接序列扩频信号，经过相应的信道传输后，在接收端与本地产生的地址码进行相关运算，从中将地址码与本地地址码一致的用户数据选出，把不一致的用户数据除掉。码分多址通信系统可完成时域、频域及空间上重叠的多个用户直扩数据的同时传输，或者说，利用正交地址码序列在同一载频上形成了多路逻辑信道，可动态地分配给用户使用。其工作原理如下：

1）正交码序列

（1）定义。

设 $c_i(t)$，$i=1, 2, \cdots, N$ 是重复周期为 T（一周内子码元数为 p，子码周期为 $T_P = T/P$）的一组码序列。若它们的互相关函数为

$$R_{i,j}(\tau) = \int_0^T c_i(t).\, c_j(t-\tau)\mathrm{d}t = 0 \text{ , } i \neq j \tag{4-4}$$

即互相关函数值为0，则称其为正交码序列组，可作为DS－CDMA系统的地址码。

为便于收端实现地址码的同步，它们应具有尖锐的自相关峰，即满足：

$$|R_i(\tau)| = \left|\int_0^T C_i(t)C_i(t-\tau)\mathrm{d}t\right| = \begin{cases} p, & \tau = 0 \\ \ll p, & |\tau| \neq 0 \end{cases} \tag{4-5}$$

实际地址码互相关函数及自相关函数不一定严格满足以上关系。迄今为止，实际用于DS－CDMA的地址码，按互相关性能可分成以下两类：

① 互相关函数值在任意 τ 值下，与自相关函数峰值相比都很小，但不一定为0，称为准正交。

② 互相关函数值在指定时刻（$\tau=0$）为0，称为严格正交。

（2）常用正交码序列。

常用正交码序列有以下3种：

① Walsh（沃尔什）序列：在指定时刻（$\tau=0$）严格正交，自相关性不好。

② m序列：准正交，自相关性很好。

③ Gold序列：由一对m序列模2加得到，准正交，自相关性很好。

Walsh码和m序列在IS－95 CDMA、CDMA2000蜂窝移动通信网（即目前中国联通运营的CDMA网）中分别作为地址码和扩频码使用。下面我们主要讨论Walsh码。

表4－1给出8阶Walsh序列［1］。W_0^8 表示0号8阶Walsh序列，其他依此类推。

表4－1　8阶沃尔什序列

	(0, 1) 域	(−1, +1) 域
W_0^8	0000，0000	−1 −1 −1 −1，−1 −1 −1 −1
W_1^8	0101，0101	−1 1 −1 1，−1 1 −1 1
W_2^8	0011，0011	−1 −1 1 1，−1 −1 1 1
W_3^8	0110，0110	−1 1 1 −1，−1 1 1 −1
W_4^8	0000，1111	−1 −1 −1 −1，1 1 1 1
W_5^8	0101，1010	−1 1 −1 1，1 −1 1 −1
W_6^8	0011，1100	−1 −1 1 1，1 1 −1 −1
W_7^8	0110，1001	−1 1 1 −1，1 −1 −1 1

下面按式（4-1）以表 4-1 中的 W_1^8、W_7^8 为例来研究沃尔什函数的正交性。

$$R_{1,7} = \int_0^T W_1^8 \cdot W_7^8 \cdot \mathrm{d}t = \sum_{i=1}^{8} (a_i \cdot a_{7i}) T_p = [1 + 1 + (-1) + (-1) + (-1) + 1] T_p = 0$$

同样的方法可求出其他任意两个序列之间的互相关函数值都为 0。

2）实验系统原理

本 DS-CDMA 实验系统框图如图 4-12 所示。系统采用二个正交地址码 C_1 及 C_2，Tx-BS 为系统 BS 的发射机，其中的扩频调制器采用异或门。已扩频调制基带信号 DEX 对载波进行 FSK 调制，再发射出去。收端 Rx-MS 载波 FSK 解调输出扩频基带信号 DEX。通过切换本地地址码 C_i 为 C_1/C_2，再经相关检测得到信码 DA_1/DA_2，模拟两个移动台 MS_1/MS_2 的接收机。两路信码 $DA_1 = 10101100\cdots$（周期循环），$DA_2 = 01010011\cdots$（周期循环），码速率为 $f_b = 150$ b/s。地址码 $C_1 = W_1^8 = 01010101$，$C_2 = W_7^8 = 01101001$，子码速率为 $f_p = 8f_b = 1.2$ kc/s。接收端地址码同步及时钟同步电路都认为是理想的、已同步，不作为本实验的研究内容（收端地址码 C_i 及时钟 CLK 实际上与发端 DA_1、DA_2、C_1、C_2 一起由同一单片机产生）。

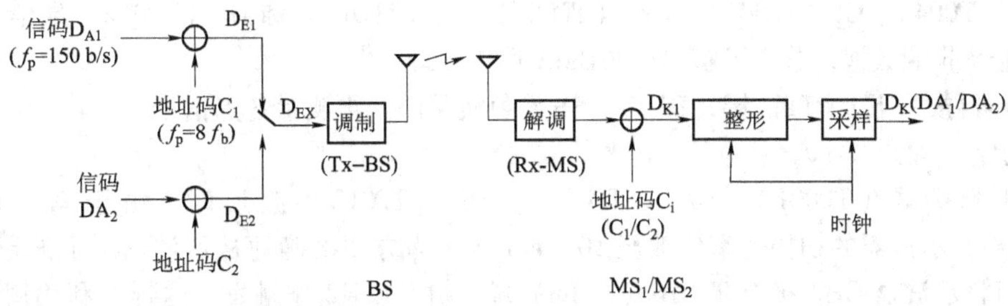

图 4-12 DS-CDMA 移动通信实验系统

本实验系统可观测分析以下几种情况下的码流波形：

（1）发端发 DA_1（C_1），收端收 DA_1（C_1）；

（2）发端发 DA_2（C_2），收端收 DA_2（C_2）；

（3）发端发 DA_2（C_2），收端收 DA_1（C_1）。

DS-CDMA 实验系统各点波形的一个例子如图 4-13。通过本实验可观察地址码 C_1、C_2 各自的自相关检测及互相关检测波形，从而初步了解 DS-CDMA 通信原理。

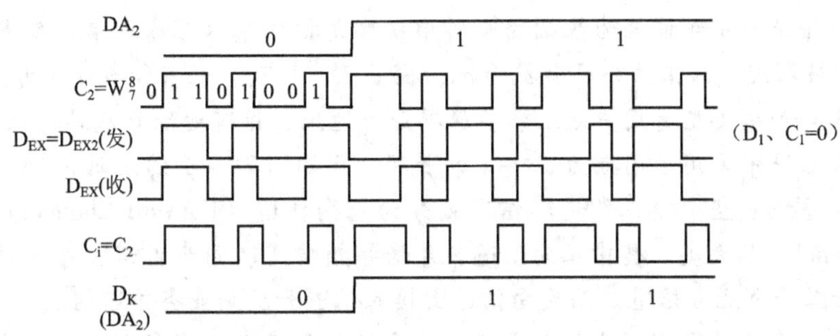

图 4-13 DS-CDMA 实验系统各点波形

4. 实训操作步骤

（1）按单台实验仪配置实验系统。双踪示波器两个通道都设置为DC、2 V/DIV；扫描速率5 ms/DIV；外触发方式，外触发输入接至实验仪MS侧的TP016（TRIm）端。示波器两个通道的探头分别接在TP007（DEX）及TP012（D_K）端。打开实验系统电源，利用“前”或“后”键及“确认”键进入操作界面，如图4－14所示。

7. 直扩码分多址
发C_1收C_1
发C_2收C_2 CH06
发C_2收C_1

图4－14 实验操作界面

（2）利用“前”或“后”键选择三种工作方式之一，按一下“PTT”键，BS发射。在前两种工作方式中，收端地址码与发端地址码相同，则接收到发端发送的低速数据；在第3种工作方式，收端地址码与发端不同，则接收不到发端发送的低速数据（仍为高速扩频码流）。

（3）测量并记录第一种工作方式下系统DA_1（TP001）、C_1（TP002）、DE_1（TP003）、C_i（TP010）和D_K（TP012）端信号波形；第二种工作方式下系统DA_2（TP004）、C_2（TP005）、DE_2（TP006）、C_i（TP010）和D_K（TP012）端信号波形；第三种工作方式下系统DA_2（TP004）、C_2（TP005）、DE_2（TP006）、C_i（TP010）和D_K（TP012）端信号波形。比较发端及收端数据，分析了解DS－CDMA通信原理。

（4）再按一下“PTT”键，D_3灭，BS发射机关闭，再测量各点信号。

提示：

在观测DA_1（TP001）、DA_2（TP004）、DK（TP012）波形时，由于其速率较低（150 b/s），示波器的扫描速率应改至10 ms/DIV。为方便准确地从示波器屏上波形判读出数据，可将示波器CH2接至TP016（TRIm）端，并用CH2作触发，这样，利用周期为64个码片（8×8）的触发脉冲，即可稳定地在示波器上观察波形，又可以以它为时间基准判读数据。

5. 实验要求

（1）以同一时间基准，画出第二种工作方式下系统DA_2（TP004）、C_2（TP005）、DE_2（TP006）、C_i（TP010）和D_K（TP012）端的信号波形。

（2）关闭BS发射机后，D_K（TP012）端的信号波形有何变化？

本章小结

1. 码分多址是以扩频技术为基础的。所谓扩频是把信息的频谱扩展到宽带中进行传输的技术。扩频技术用于通信系统具有抗干扰、抗多径、隐蔽、保密和多址能力。

2. CDMA地址码类型有用户地址、多速率业务地址、信道地址和基站地址。

3. CDMA系统中采用了周期为$2^{42}-1$的长码、周期为$2^{15}-1$的短码和64位Walsh码。

4. CDMA系统中空中接口的逻辑信道可分为正向信道（Forward Channel）和反向信道（Reverse Channel）两大类。其中正向信道又包括导频信道、同步信道、寻呼信道（最多可以有7个）和若干个业务信道。而反向信道由接入信道和反向业务信道组成。

5. CDMA系统的功率控制技术分为正向功率控制和反向功率控制，而反向功率控制又分为仅由移动台参与的开环功率控制和移动台、基站同时参与的闭环功率控制两种。

本章习题

1. 简述 CDMA 系统的特点。
2. 试画出 CDMA 数字蜂窝移动通信系统的网络结构，并简述各组成部分功能。
3. 什么叫扩频通信？它包含了哪三方面的含义？
4. 扩频通信的理论基础是什么？它具有哪些特点？
5. 试画出扩频通信原理方框图，并简述其过程。
6. 按照扩展频谱的方式不同，扩频通信系统可分为哪几种？并简述各自原理？
7. CDMA 地址码的类型有哪些？
8. m 序列具有哪些特性？
9. 周期为 7 的一个 m 序列 1100101，试求其自相关函数 R_a（2） =？
10. IS－95 移动通信系统中采用了哪些地址码？分别起到怎样的作用？
11. 试简述 CDMA 系统中的逻辑信道分类。
12. 试简述反向业务信道在发射前经过的步骤。
13. 正向功率控制和后向功率控制的原理和目的分别是什么？
14. CDMA 系统中的登记方式有哪些？请简述各自原理。
15. 试叙述软切换的过程。
16. 简述移动台呼叫处理的四个状态。

第三代移动通信系统

本章目的

- 掌握3G的主要特点
- 理解2G向3G的演进
- 了解WCDMA移动通信系统
- 掌握TD-SCDMA移动通信系统
- 了解CDMA2000移动通信系统

知识点

- 3G的标准化
- 2G向3G的演进
- WCDMA、TD-SCDMA、CDMA2000系统的特点及比较
- 未来发展趋势

引导案例（见图5－0）

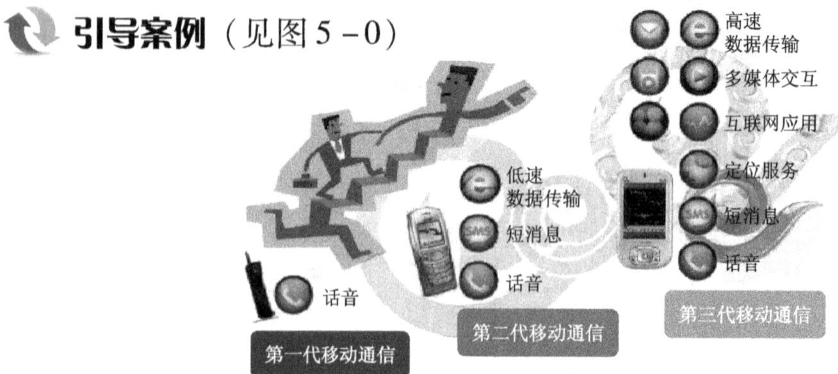

图5－0　通信时代滤进

案例分析

当今社会是信息化时代，随着互联网的迅猛发展，越来越多的用户期望在手机终端能享受到丰富的服务，不仅可以打电话、发短消息，还可以实现收发电子邮件、浏览网页等多种功能。而现有的第二代移动通信系统已无法进一步满足人们的需求，3G因此应运而生。3G将高速移动接入和基于互联网协议的服务结合起来，在提高无线频率利用效率的同时，为用户提供更经济、内容更丰富的无线通信服务。

问题引入

3G是什么？为什么会出现3G？它给我们生活带来了怎样的改变？

5.1　概　　述

第三代移动通信系统最早由国际电信联盟（ITU）于1985年提出，当时称为未来公众陆地移动通信系统（FPLMTS，Future Public Land Mobile Telecommunication System），1996年更名为IMT－2000（International Mobile Telecommunication－2000，国际移动通信－2000）。在欧洲，基于GSM演进的第三代移动通信系统被称为通用移动电信系统（UMTS，Universal Mobile Telecommunication System）。

与第一代和第二代移动通信系统相比，第三代移动通信的主要特点可概括为以下几点：

（1）全球普及和全球无缝漫游的系统。第二代移动通信系统一般为区域或国家标准，而第三代移动通信系统将是一个在全球范围内覆盖和使用的系统。它将使用共同的频段（尽管WRC分配给IMT－2000使用的频段是1 885～2 025 MHz和2 110～2 200 MHz，但在美国部分频段已用于PCS。目前的230 MHz频段只是IMT－2000计划频谱的一部分，ITU即将完成扩展频谱的规划），全球统一标准。

（2）具有支持多媒体业务的能力，特别是支持Internet业务。现有的移动通信系统主要以提供语音业务为主，随着发展一般也仅能提供100～200 Kb/s的数据业务，GSM演进到最高阶段的速率能力为384 Kb/s。而第三代移动通信的业务能力将比第二代有明显的改进。它应能支持从语音到分组数据再到多媒体业务；应能根据需要，提供带宽。ITU规定的第三代移动通信无线传输技术的最低要求中，必须满足在以下三个环境的三种要求，即：

① 快速移动环境，最高速率达144 Kb/s；

② 室外到室内或步行环境，最高速率达384 Kb/s；

③ 室内环境，最高速率达2 Mb/s。

（3）便于过渡、演进。由于第三代移动通信引入时，第二代网络已具有相当规模，所以第三代的网络一定要能在第二代网络的基础上逐渐灵活演进而成，并应与固定网兼容。

（4）高频谱利用率。

（5）高服务质量。

（6）低成本。

（7）高保密性。

国际电联对第三代移动通信系统 IMT－2000 划分了 230 MHz 频率，即上行 1 885～2 025 MHz、下行 2 110～2 200 MHz，共 230 MHz。其中，1 980～2 010 MHz（地对空）和 2 170～2 200 MHz（空对地）用于移动卫星业务。其上、下行频带不对称，主要考虑可使用双频 FDD 方式和单频 TDD 方式。此规划在 WRC92 上得到通过，并以此为基础，在 2000 年的 WRC2000 大会上又批准了新的附加频段：806～960 MHz、1 710～1 885 MHz、2 500～2 690 MHz。如图 5－1 所示。

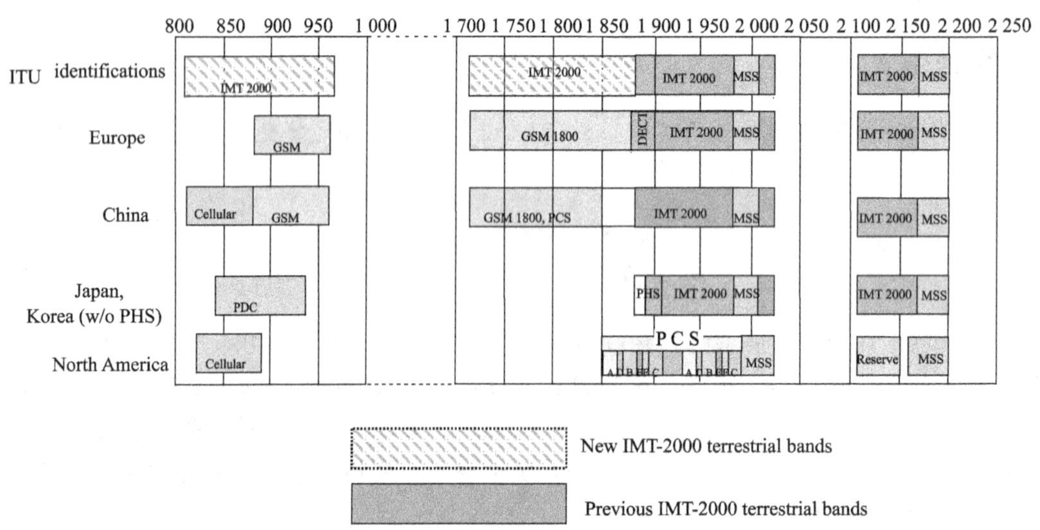

图 5－1　WRC2000 的频谱分配情况

5.1.1　3G 标准化

1. 标准化组织

3G 的标准化工作实际上是由 3GPP（3th Generation Partner Project，第三代伙伴关系计划）和 3GPP2 两个标准化组织来推动和实施的。3G 标准化组织架构如图 5－2 所示。

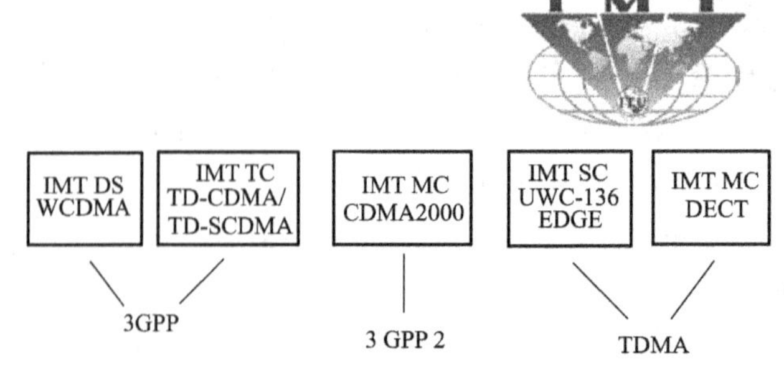

图 5－2　3G 标准化组织构架

3GPP 成立于 1998 年 12 月，由欧洲的 ETSI、日本的 ARIB、韩国的 TTA 和美国的 T1 等组成。采用欧洲和日本的 WCDMA 技术，构筑新的无线接入网络，在核心交换侧则在现有的

GSM移动交换网络基础上平滑演进，提供更加多样化的业务。UTRA（Universal Terrestrial Radio Access）为无线接口的标准。

1999年1月，3GPP2也正式成立，由美国的TIA、日本的ARIB和韩国的TTA等组成。无线接入技术采用CDMA2000和UWC－136为标准，CDMA2000这一技术在很大程度上采用了高通公司的专利，其核心网采用ANSI/IS－41。

我国的无线通信标准研究组（CWTS）是这两个标准化组织的正式组织成员，华为公司、大唐集团等也都是3GPP的独立成员。

图5－2中：IMT－DS（直扩），IMT－TC（时码），IMT－MC（多载波），IMT－SC（单载波）。

2. 3G体制的产生历程

ITU的最初目标是建立ITM－2000系统家族，求同存异，实现不同3G系统上的全球漫游。但是，由于各种利益纠纷，实际上没有实现不同系统互通的理想。

1）家族的概念

（1）网络部分。在1997年3月ITU-T SG11的一次中间会议上，通过了欧洲提出的“ITM－2000家族概念”。此概念基于现有的网络已经有至少两种主要标准，即GSM MAP和IS－41。

（2）无线接口。在1997年9月ITU-R TG8/1会议上，开始讨论无线接口的家族概念。在1998年1月TG8/1特别会议上，提出并开始采用“套”的概念，不再使用“家族概念”。其含义是无线接口标准可能多于一个，但并没有承认可以多于一个，而是希望最终能统一成一个标准。

2）造成技术不同的原因

（1）与第二代关系。网络部分一定要与第二代兼容，即第三代的网络是基于第二代的网络逐步发展演进的。第二代网络有两大核心网：GSM MAP和IS－41。

无线接口：美国的IS－95 CDMA和IS－136 TDMA运营者强调后向兼容（演进型）；欧洲的GSM和日本的PDC运营者强调无线接口不后向兼容（革命型）。

移动核心网与无线接口的对应关系如图5－3所示。

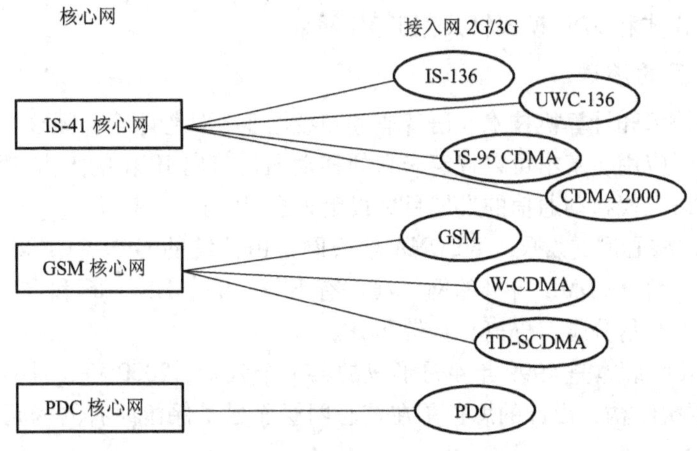

图5－3 移动核心网与无线接口技术的对应关系

（2）频谱对技术的选用起着重要的作用。在频谱方面，其中关键的问题是ITU分配的ITM－2000频率在美国已用于PCS业务；由于美国要与第二代共用频谱，所以特别强调无线接口的后向兼容，技术上强调逐步演进。而其他大多数国家有新的IMT－2000频段，新频段有很大的灵活性。

另外知识产权也对技术不同起着非常重要的作用，Qualcomm公司有自己的专利声明；同时竞争也是一个造成技术不同的主要因素。

3. 3G提案

ITU-R第8研究组的TG8/1任务组负责推进IMT－2000无线电传输技术（RTT）的评估、融合工作。至1998年9月，RTT提案包括MSS（移动卫星业务）在内多达16个。

就16个RTT候选方案来看，地面移动通信融合的最终结果对于FDD模式，欧洲ETSI的WCDMA（DS）与美国TIA的CDMA2000最具竞争力；而对于TDD模式，欧洲的ETSI UTRA提出的TD-CDMA与中国的CATT提出的TD-SCDMA是进一步融合的主要对象。

1999年11月，在芬兰赫尔辛基召开的第18次会议上，通过了"IMT－2000无线接口技术规范"建议，该建议的通过表明，TG8/1在制定第三代移动通信系统无线接口技术规范方面的工作已基本完成，第三代移动通信系统的开发和应用进入实质阶段。TD-SCDMA和WCDMA、CDMA2000确定为最终的三种技术体制。

5.1.2 3G协议的演进

1. IMT－2000标准的构成

作为一个完整的移动通信标准，IMT－2000的标准由两个主要部分构成：核心网络（CN）和无线接入网（RAN）。

第三代移动通信的核心网主要有基于GSM MAP演进的核心网和基于IS－41演进的核心网两种。

基于CDMA技术的三种RTT技术规范是第三代移动通信的主流技术，CDMA DS（直扩CDMA）和CDMA MC（多载波CDMA）是频分双工模式（FDD），CDMA TC（时码CDMA）是时分双工模式（TDD），ITU-R为3G的FDD模式和TDD模式划分了独立的频段，在将来的组网上，TDD模式和FDD模式将共存于3G网络。

2. 3G核心网的演进

目前，通信技术和计算机技术、语音业务和数据业务日趋融合，无线互联网、移动多媒体已开始得到广泛应用，基本可以肯定未来的移动通信将向IP化的大方向演进。为此，3G标准化组织都将第三代移动通信的发展目标设定为全IP网。

（1）WCDMA核心网的发展。WCDMA核心网是由传统的GSM、GPRS和EDGE等网络逐渐发展而来的，而WCDMA自身的网络演进有R99、R4、R5、R6和R7等发展阶段。总的来说，演进的思路是分层、分离、宽带和IP。

WCDMA的R99版本是1999年4月形成的第一个版本，2000年3月冻结。R99版本采用ATM的网络层次结构，设计的思路是在核心网层面尽量保留原有的网元结构，以保证和第二代网络的平滑过渡。

R4版本在2001年3月冻结，在核心网层面与R99相比变化很大，其网络结构抛弃了传统交换网络的概念，引入了NGN网络层次结构，更符合未来网络发展的趋势。

R5版本在2002年6月冻结，是第一个全IP的版本，提出了IMS（IP多媒体子系统）构架。IMS主要采用SIP协议，可以提供综合的语音、数据和多媒体业务。R5版本主要定义了IMS构架、网元功能、接口和流程、SIP协议要求、编址、QoS、安全、计费和CAMEL4等内容。

R6版本功能于2004年12月确定，该版本在网络构架上没有大的变化，只是增强了多媒体业务，引入IMS第二阶段，定义了IMS与IP网络互通、IMS与CS域互通、IMS组管理、IMS业务支持、基于流量计费、Gq接口及WLAN的接入等。

R7版本主要继续R6版本未完成的标准和业务的制定，如CS域联合IMS承载、通过PS/IMS域提供紧急服务和提供对固定宽带接入的支持，加强了对移动、固定融合的标准化制定。

另外，TD-SCDMA的核心网标准沿用了WCDMA的核心网标准，网元、接口、信令和协议等均无改动，因此演进的方向也和WCDMA一样。

（2）CDMA2000核心网体系的发展。CDMA2000核心网的发展相较于WCDMA比较缓慢，也显得不够严谨。总的来说是按照ANSI-41D/E/F、Phase0、Phase1、Phase2 LMSD STAGE1/2/3、Phase3 ALL IP等阶段来演进，但是这个路线不是唯一的，可以跳过某些阶段。

Phase0阶段是向全IP网络演进的起点，核心网标准为ANSI-41D，提供数据域服务，采用SIP（简单IP）或MIP（移动IP），支持AAA认证，电路域基于电路交换。

Phase1阶段核心网标准为ANSI-41D，接入网与分组网信令和承载开始分离，信令用IP传输。该阶段的数据域支持快速PDSN切换、SESSION切换、AAA认证和IMS定位业务等。

Phase2阶段是向全IP网络演进的第一步，信令和承载开始独立演变并采用IP进行传输，核心网和接入网也开始分离，引入了传统MS域和LMSD（Legacy MS Domain），在IP核心网中支持传统的终端以及多媒体域IMS的一些实体。

Phase3阶段规范还在制定中，该阶段实现全IP网络，支持多媒体业务，可能和WCDMA及NGN融合。

3. 3G无线接入网的演进

在移动通信系统中，相对核心网技术而言，无线接入技术的发展显得更为迅速和丰富多彩。由于技术的飞速发展，3G无线接入技术也经历了较大的发展变化，当前看来是遵循3G→3G+→E3G→B3G→4G的技术发展路线。在该发展路线中的各阶段，不断有新技术引入，提高了系统性能。

图5-4所示为目前形成的移动通信无线接入技术从2G到4G的一个大致演进情况，其过程还有可能发生变化，另有一些其他的候选技术也未被提及。

5.1.3 2G向3G的演进

第三代移动通信系统相比第二代移动通信系统有很多根本性的变化，这就涉及如何从现有网络向新的网络过渡的问题。

总体上看，移动通信网络的演进策略都是渐进式的，因为必须保证现有投资和运营商利益且有利于现有技术的平滑过渡。

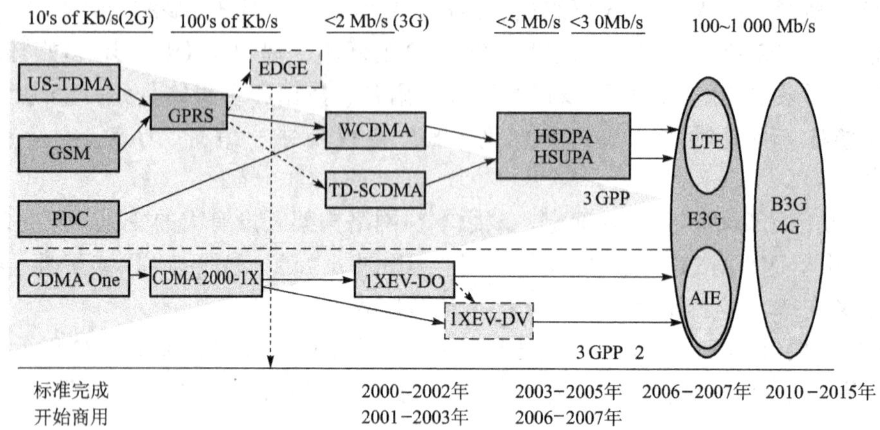

图5-4　移动通信无线接入技术的演进

1. GSM向WCDMA的演进策略

GSM向WCDMA的演进策略基本路线是：GSM→HSCSD（高速电路交换数据，速率14.4～115 Kb/s）→GPRS（通用分组无线业务，速率171 Kb/s）→EDGE（增强型数据速率GSM演进技术，速率553 Kb/s）→WCDMA。如图5-5所示。

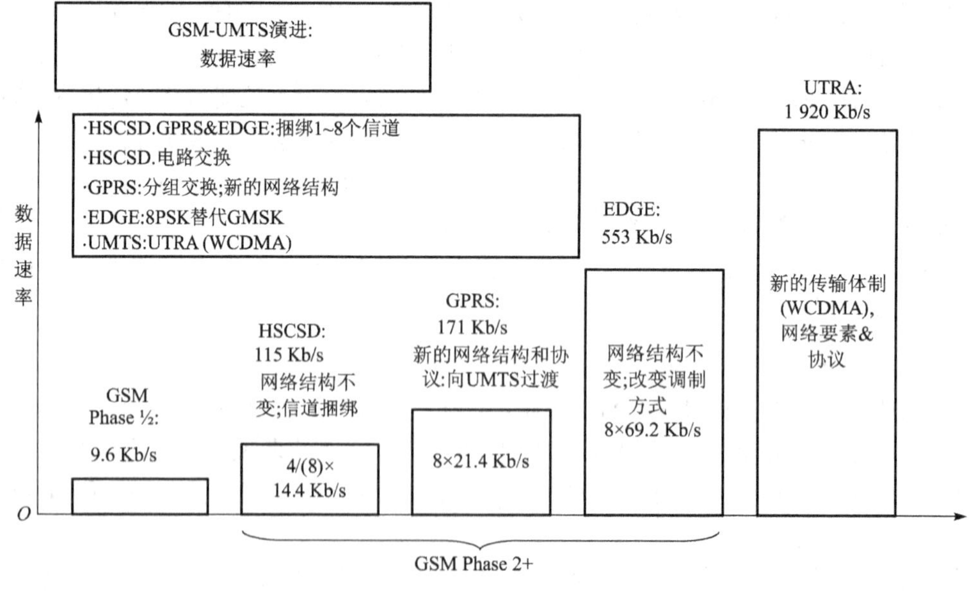

图5-5　GSM向WCDMA的演进过程

（1）HSCSD技术。HSCSD（High Speed Circuit Switched Data）和GPRS一样属于2.5G的一种技术。HSCSD业务是将多个全速业务信道复用在一起，以提高无线接口数据传输速率的一种方式。由于目前MSC的交换矩阵为64 Kb/s，为了避免对MSC进行大的改动，限定入交换速率小于64 Kb/s。这样，GSM网络在引入HSCSD之后，可支持的用户数据速率将达到38.4 Kb/s（4时隙）、57.6 Kb/s（4时隙，14.4 Kb/s信道编码）或57.6 Kb/s（6时隙-透明数据业务），另外也有支持115 Kb/s等速率的应用。HSCSD适合提供实时性强的业务（如电视会议），而GPRS则适合于突发性的业务，业务应用范围较广。

（2）EDGE技术。虽然HSCSD和GPRS采用了多时隙的操作模式，已在一定程度上提高了数据传输速率，然而它们仍然是采用GMSK的调制方式，数据速率不高。

EDGE（Enhanced Data Rate for GSM Evolution）通常被称为2.75G，该技术是基于GSM网络的增强技术。EDGE其实包含了两部分内容，一部分是ECSD（Enhanced Circuit Switched Data），另一部分是EGPRS（Enhanced GPRS）。其中，ECSD可以提高电路交换业务的速率，EGPRS可以提高分组交换业务的速率。目前ECSD使用很少，而EGPRS得到了广泛应用。

EGPRS对GPRS的主要改进在于：在GPRS的GMSK调制技术的基础上，新增加了8PSK调制方式，极大地提高了单信道速率；对链路层RLC/MAC做了修改，并且定义了更完善的链路控制算法；补充了GPRS的PDTCH的定义，支持MCS－1到MCS－9的编码方式。

EGPRS较好地保证了和GPRS网络的平滑演进：在空口，EDGE没有改变GSM的信道结构、复帧结构和编码结构；对核心网的SGSN/GGSN几乎没有影响。

（3）WCDMA技术。WCDMA是以UMTS/IMT－2000为目标的，能够提供非常有效的高速数据，具有高质量的语音和图像业务的新技术。在GSM向WCDMA的演进过程中，由于空中接口的革命性变化，无线接入网部分的演进也将是革命性的，而核心网部分的演进是平滑的。

2. IS－95向CDMA2000的演进策略

IS－95向CDMA2000的演进策略基本路线是：从IS－95A（速率9.6/14.4 Kb/s）→IS－95B（速率115.2 Kb/s）→CDMA2000 1X（307.2 Kb/s）→CDMA2000 1X EV。如图5－6所示。

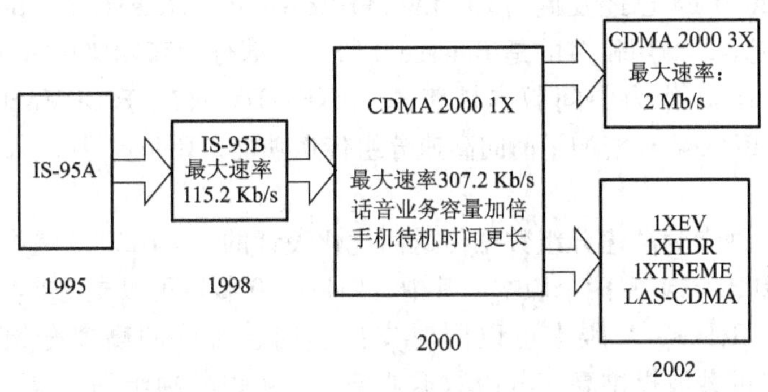

图5－6 IS－95向CDMA2000演进的阶段

（1）CDMA2000 1X。CDMA2000 1X升级了IS－95的无线接口，性能上得到了很大增强。如CDMA2000 1X可支持高速补充业务信道，单个信道的峰值速率可达307.2 Kb/s；采用了前向快速功控，提高了前向信道的容量；可采用发射分集方式OTD或STS，提高了信道的抗衰落能力；新的接入方式减少了移动台接入过程中干扰的影响，提高了接入成功率等。CDMA2000 1X系统对IS－95有良好的后向兼容性，所以IS－95A/B/1X可以同时存在于同一载波中。

CDMA 系统从 2G 向 3G 的升级过程中，可以采用逐步替换的方式，即压缩 2G 系统的 1 个载波，转换为 3G 载波，开始向用户提供中高速速率的业务。随着 3G 系统中用户量增加，可以逐步减少 2G 系统使用的载波，增加 3G 系统的载波。网络运营商通过这种平滑升级，不仅可以向用户提供各种最新的业务，而且很好地保护了已有设备的投资。

CDMA2000 技术实际上是第三代移动通信系统 - IMT - 2000 系统的一种模式，由 CDMAOne（IS - 95）演进而来。CDMA2000 的正式标准是在 2000 年 3 月通过的，它原先的构想是把 CDMA2000 分阶段来实施，第一阶段称为 CDMA2000 1X，第二阶段称为 CDMA2000 3X。1X 的意思是使用与 IS - 95 相同的一个 1.25 MHz 频宽的载波，3X 则意味着捆绑三个载波。第一阶段的 CDMA2000 1X 数据速率达不到 2 Mb/s 的标准，所以是 2.5G 的技术（又有称 2.75G 的），而在第二阶段的 CDMA2000 3X 真正实现了 3G 的 2Mb/s 标准。但是随着 CDMA2000 技术的演变，原先构思的 3X 方式已经被抛弃，转而采用 CDMA2000 1X→CDMA2000 1X EV 的演进路线。

CDMA2000 1X 系统空中接口标准依照 EIA/TIA/IS - 2000 协议，采用码分和频分结合的多址技术。CDMA2000 1X 的空中信道支持的调制功能在兼容 IS - 95 的基础上得到了极大的增强，包括采用了前向快速功控、增加了前向信道的容量；提供反向导频信道，使反向相干解调成为可能；业务信道可采用比卷积码更高效的 Turbo 码，使容量进一步增加；引入了快速寻呼信道，减少了移动台功耗；可采用发射分集方式 OTD 或 STS，提高了信道的抗衰落能力等。通过仿真与现场测试结果表明，CDMA2000 1X 系统的语音业务容量是 IS - 95 系统的 2 倍，数据业务容量是 IS - 95 的 10 倍。

（2）CDMA2000 1XEV。CDMA2000 1X EV（CDMA2000 1X Evolution）的演进方向目前包括两个分支：CDMA2000 1X EV-DO（Data Only）和 CDMA2000 1X EV-DV（Data and Voice）。

目前，CDMA2000 1X 已经发展出 CDMA2000 Release 0、Release A、Release B、Release C 和 Release D 等版本，商用较多的是 Release 0 版本。部分运营网络引入了 Release A 的一些功能特性。Release B 作为中间版本被跨越，1XEV-DV 对应于 CDMA2000 Release C 和 Release D。其中，Release C 增加了前向高速分组传送功能，Release D 增加了反向高速分组传送功能。

1XEV-DO 是一种专为高速分组数据传送而优化设计的 CDMA2000 空中接口技术，已经发展出 Release 0 和 Release A 两个版本。其中，Release 0 版本可以支持非实时、非对称的高速分组数据业务；Release A 版本可以同时支持实时、对称的高速分组数据业务传送。1XEV-DO 利用独立的载波提供高速分组数据业务，它可以单独组网，也可以与 CDMA2000 1X 混合组网以弥补后者在高速分组数据业务提供能力上的不足。

5.2 WCDMA 移动通信系统

WCDMA 的技术特点主要有以下几方面：

（1）核心网基于 GSM/GPRS 网络的演进，保持与 GSM/GPRS 网络的兼容性。

（2）核心网络可以基于 TDM、ATM 和 IP 技术，并向全 IP 的网络结构演进。

（3）核心网络逻辑上分为电路域和分组域两部分，分别完成电路型业务和分组型业务。

（4）UTRAN 基于 ATM 技术，统一处理语音和分组业务，并向 IP 方向发展。

（5）MAP 技术和 GPRS 隧道技术是 WCDMA 体制移动性管理机制的核心。

（6）空中接口采用 UTRA：信号带宽 5 MHz，码片速率 3.84 Mc/s，AMR 语音编码，支持同步/异步基站运营模式，上、下行闭环加外环功率控制方式，开环（STTD、TSTD）和闭环（FBTD）发射分集方式，导频辅助的相干解调方式，卷积码和 Turbo 码的编码方式，上行和下行采用 QPSK 调制方式。

WCDMA 主要由欧洲的 ETSI 和日本的 ARIB 提出，WCDMA 系统的核心网是基于 GSM-MAP 的，同时可通过网络扩展方式提供在基于 ANSI－41 的核心网上运行的能力。

WCDMA 系统支持宽带业务，可有效支持电路交换业务（如 PSTN、ISDN 网）和分组交换业务（如 IP 网）。灵活的无线协议可在一个载波内对同一用户同时支持语音、数据和多媒体业务，并通过透明或非透明传输块来支持实时、非实时业务。

WCDMA 采用 DS-CDMA 多址方式，码片速率是 3.84 Mc/s，载波带宽为 5 MHz。系统不采用 GPS 精确定时，不同基站可选择同步和不同步两种方式，可以不受 GPS 系统的限制。在反向信道上，采用导频符号相干 RAKE 接收的方式，解决了 CDMA 中反向信道容量受限的问题。

WCDMA 采用精确的功率控制，包括基于 SIR 的快速闭环、开环和外环三种方式。功率控制速率为 1 500 次/秒，控制步长 0.25～4 dB 可变，可有效满足抵抗衰落的要求。

WCDMA 还可采用一些先进的技术，如自适应天线（Adaptive Antennas）、多用户检测（Multi-user Detection）、分集接收（正交分集、时间分集）和分层式小区结构等，来提高整个系统的性能。

5.2.1 WCDMA 网络结构

UMTS（Universal Mobile Telecommunications System，通用移动通信系统）是采用 WCDMA 空中接口技术的第三代移动通信系统，通常也把 UMTS 系统称为 WCDMA 通信系统。UMTS 系统采用了与第二代移动通信系统类似的结构，包括无线接入网络（Radio Access Network，RAN）和核心网络（Core Network，CN）。其中无线接入网络用于处理所有与无线有关的功能，而 CN 处理 UMTS 系统内所有的语音呼叫和数据连接，并实现与外部网络的交换和路由功能。CN 从逻辑上分为电路交换域（Circuit Switched Domain，CS）和分组交换域（Packet Switched Domain，PS）。UTRAN、CN 与用户设备（User Equipment，UE）一起构成了整个 UMTS 系统。

UMTS 网络单元构成如图 5－7 所示。

从图 5－7 的 UMTS 系统网络构成示意图中可以看出，UMTS 系统的网络单元包括以下部分：

（1）UE（User Equipment）。UE 是用户终端设备，它通过 Uu 接口与网络设备进行数据交互，为用户提供电路域和分组域内的各种业务功能，包括普通语音、数据通信、移动多媒体和 Internet 应用（如 E-mail、FTP 等）。UE 包括以下两部分：

① ME（The Mobile Equipment），提供应用和服务；

② USIM（The UMTS Subscriber Module），提供用户身份识别。

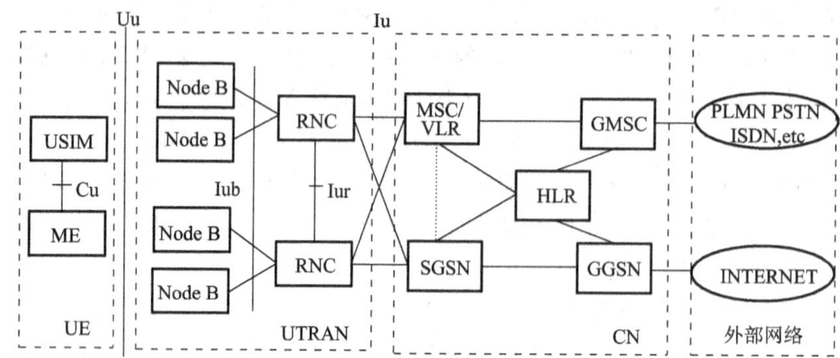

图5-7　UMTS网络单元构成示意图

（2）UTRAN（UMTS Terrestrial Radio Access Network，UMTS）。UTRAN即陆地无线接入网，分为基站（Node B）和无线网络控制器（RNC）两部分。

Node B：Node B是WCDMA系统的基站（即无线收发信机），通过标准的Iub接口和RNC互连，主要完成Uu接口物理层协议的处理。它的主要功能是扩频、调制、信道编码及解扩、解调、信道解码，还包括基带信号和射频信号的相互转换等功能。

RNC（Radio Network Controller）：RNC是无线网络控制器，主要完成连接建立和断开、切换、宏分集合并、无线资源管理控制等功能。具体如下：

① 执行系统信息广播与系统接入控制功能；

② 切换和RNC迁移等移动性管理功能；

③ 宏分集合并、功率控制、无线承载分配等无线资源管理和控制功能。

（3）CN（Core Network）。CN，即核心网络，负责与其他网络的连接和对UE的通信及管理。在WCMDA系统中，不同协议版本的核心网设备有所区别。从总体上来说，R99版本的核心网分为电路域和分组域两大块，R4版本的核心网也一样，只是把R99电路域中MSC的功能改由两个独立的实体：MSC Server和MGW来实现。R5版本的核心网相对R4来说增加了一个IP多媒体域，其他的与R4基本一样。

1. UTRAN的基本结构和功能

UTRAN的结构如图5-8所示。UTRAN包含一个或几个无线网络子系统（RNS）。一个RNS由一个无线网络控制器（RNC）和一个或多个基站（Node B）组成。RNC与CN之间的接口是Iu接口，Node B和RNC通过Iub接口连接。在UTRAN内部，无线网络控制器（RNC）之间通过Iur互连，Iur可以通过RNC之间的直接物理连接或通过传输网连接。RNC用来分配和控制与之相连或相关的Node B的无线资源。Node B则完成Iub接口和Uu接口之间的数据流的转换，同时也参与一部分无线资源管理。

1）UTRAN系统接口

UTRAN主要有以下接口：

（1）Cu接口。Cu接口是USIM卡和ME之间的电气接口，Cu接口采用标准接口。

（2）Uu接口。Uu接口是WCDMA的无线接口。UE通过Uu接口接入到UMTS系统的固定网络部分，可以说Uu接口是UMTS系统中最重要的开放接口。

（3）Iur接口。Iur接口是连接RNC之间的接口，是UMTS系统特有的接口，用于对

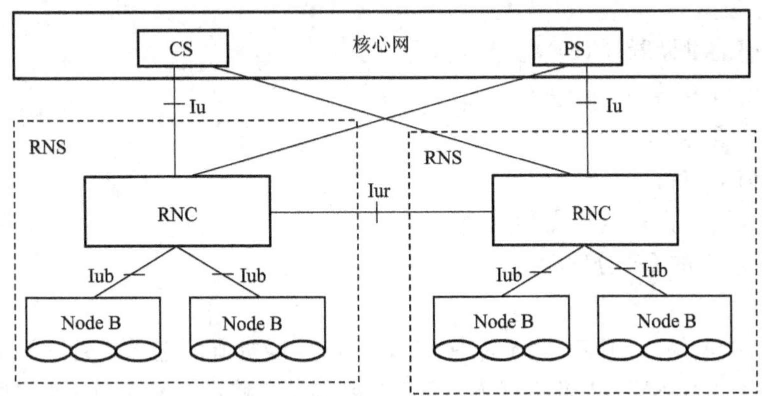

图5-8 UTRAN的结构

RAN中移动台的移动管理。比如在不同的RNC之间进行软切换时，移动台所有数据都是通过Iur接口从正在工作的RNC传到候选RNC的。Iur是开放的标准接口。

（4）Iub接口。Iub接口是连接Node B与RNC的接口，也是一个开放的标准接口。这也使通过Iub接口相连接的RNC与Node B可以分别由不同的设备制造商提供。

（5）Iu接口。Iu接口是连接UTRAN和CN的接口。类似于GSM系统的A接口和Gb接口。Iu接口是一个开放的标准接口，这也使通过Iu接口相连接的UTRAN与CN可以分别由不同的设备制造商提供。Iu接口可以分为电路域的Iu-CS接口和分组域的Iu-PS接口。

2）UTRAN完成的功能

（1）和总体系统接入控制有关的功能：

① 准入控制；

② 拥塞控制；

③ 系统信息广播。

（2）和安全与私有性有关的功能：

① 无线信道加密/解密；

② 消息完整性保护。

（3）和移动性有关的功能：

① 切换；

② SRNS迁移。

（4）和无线资源管理和控制有关的功能：

① 无线资源配置和操作；

② 无线环境勘测；

③ 宏分集控制（FDD）；

④ 无线承载连接建立和释放（RB控制）；

⑤ 无线承载的分配和回收；

⑥ 动态信道分配DCA（TDD）；

⑦ 无线协议功能；

⑧ RF功率控制；

⑨ RF 功率设置。

（5）时间提前量设置（TDD）。

（6）无线信道编码。

（7）无线信道解码。

（8）信道编码控制。

（9）初始（随机）接入检测和处理。

（10）NAS 消息的 CN 分发功能。

3）RNC

RNC，即无线网络控制器，用于控制 UTRAN 的无线资源。它通常通过 Iu 接口与电路域（MSC）和分组域（SGSN）以及广播域（BC）相连，在移动台和 UTRAN 之间的无线资源控制（RRC）协议在此终止。它在逻辑上对应 GSM 网络中的基站控制器（BSC）。

控制 Node B 的 RNC 称为该 Node B 的控制 RNC（CRNC），CRNC 负责对其控制的小区的无线资源进行管理。

如果在一个移动台与 UTRAN 的连接中用到了超过一个 RNS 的无线资源，那么这些涉及的 RNS 可以分为以下几种：

（1）服务 RNS（SRNS）：管理 UE 和 UTRAN 之间的无线连接。它是对应于该 UE 的 Iu 接口（Uu 接口）的终止点。无线接入承载的参数映射到传输信道的参数、是否进行越区切换、开环功率控制等基本的无线资源管理都是由 SRNS 中的 SRNC（服务 RNC）来完成的。一个与 UTRAN 相连的 UE 有且只能有一个 SRNC。

（2）漂移 RNS（DRNS）：除了 SRNS 以外，UE 所用到的 RNS 称为 DRNS。其对应的 RNC 则是 DRNC。一个用户可以没有，也可以有一个或多个 DRNS。

通常在实际的 RNC 中包含了所有 CRNC、SRNC 和 DRNC 的功能。

4）Node B

Node B 是 WCDMA 系统的基站（即无线收发信机），通过标准的 Iub 接口和 RNC 互连，主要完成 Uu 接口物理层协议的处理。它的主要功能是扩频、调制、信道编码及解扩、解调、信道解码，还包括基带信号和射频信号的相互转换等功能。同时它还能完成一些如内环功率控制等无线资源管理功能。它在逻辑上对应于 GSM 网络中的基站（BTS）。

2. 核心网络基本结构

核心网（CN）从逻辑上可划分为电路域（CS 域）、分组域（PS 域）和广播域（BC 域）。CS 域设备是指为用户提供“电路型业务”，或提供相关信令连接的实体。CS 域特有的实体包括 MSC、GMSC、VLR 和 IWF。PS 域为用户提供“分组型数据业务”，PS 域特有的实体包括 SGSN 和 GGSN。其他设备如 HLR（或 HSS）、AuC、EIR 等为 CS 域与 PS 域共用。

对于 R99、R4 和 R5 这三个版本，PS 域特有设备主体没有变化，只进行协议的升级和优化，其中 R99 版本的电路域与 GSM 网络没有根本性改变。但在 R4 网络中，核心网络电路域 MSC 被拆分为 MSC Server 和 MGW，新增了一个 R-SGW，HLR 也可被替换为 HSS（规范中没有给出明确说明）。在 R5 网络中，支持端到端的 VOIP，核心网络引入了大量新的功能实体，改变了原有的呼叫流程。如果有 IMS（IP 多媒体子系统），则网络使用 HSS 以替代 HLR。

5.2.2　WCDMA 物理层

在 WCDMA 系统中，移动用户终端 UE 通过无线接口上的无线信道与系统固定网络相连，该无线接口称为 Uu 接口，是 WCDMA 系统中是最重要的接口之一。无线接口技术是 WCDMA 系统中的核心技术，各种 3G 移动通信体制的核心技术与主要区别也主要存在于无线接口上。

无线接口由层 1、层 2 和层 3 组成。层 1 基于 WCDMA 技术。

图 5－9 显示了 UTRA 无线接口与物理层有关的协议结构。物理层与层 2 的 MAC 子层和层 3 的 RRC 子层相连。图 5－9 中不同层/子层间的圆圈部分为业务接入点（SAPs）。物理层为 MAC 层提供不同的传送信道。传送信道定义了信息是如何在无线接口上进行传送的。MAC 层为层 2 的无线链路控制（RLC）子层提供了不同的逻辑信道。逻辑信道定义了所传送信息的类型。物理信道在物理层进行定义。

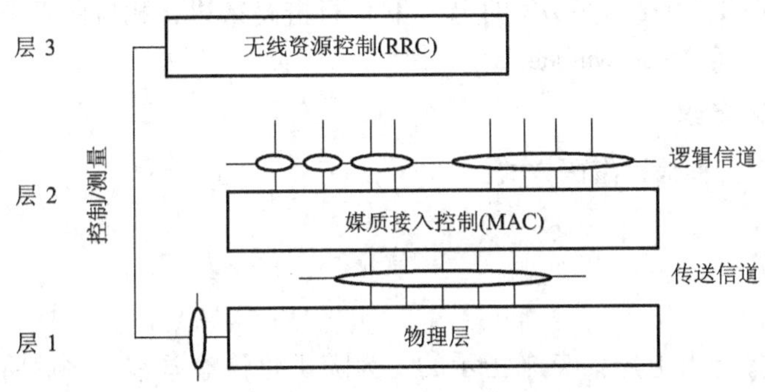

图 5－9　无线接口协议结构

有两种双工模式：频分双工（FDD）和时分双工（TDD）。在 FDD 模式，物理信道由码、频率和上行链路的相关相位（I/Q）来确定；物理层由 RRC 控制。

物理层提供了高层所需的数据传送业务。对这些业务的存取是通过使用经由 MAC 子层的传送信道来进行的。为提供这些数据传送业务，物理层将执行以下功能：

宏分集的分解/合成和软切换；

传输信道上的错误检测和到高层的指示；

传输信道的 FEC 编码/解码；

传输信道的复用和码组合传输信道（CCTrCH）的解复用；

编码传输信道到物理信道上的速率匹配；

码组合传输信道到物理信道的映射；

功率的加权和物理信道的组合；

物理信道的调制与扩频/解调和解扩；

频率和时间同步（码片、比特、时隙、帧）；

无线特性的测量，包括 FER、SIR、干扰功率和到高层的指示；

内环功率控制；

RF 的处理。

1. 多址接入

接入方案为直接序列码分多址技术（DS-CDMA），信息将在约 5 MHz 的带宽上进行扩频，故称 WCDMA。

UTRA 有两种模式，FDD 和 TDD，分别运行在对称的频带和非对称的频带上。采用 FDD 或 TDD 模式中的一种，可以保证在不同的地区更有效地利用可用的频段。FDD 模式的定义如下：

FDD：上行链路和下行链路采用两个独立频率工作的双工方式。在 FDD 模式，每个上行链路和下行链路使用不同的频段。使用此系统，应该分配一对有一定间隔的频带。

对 WCDMA 来讲，一个 10 ms 的无线帧被分成 15 个时隙（在码片速率 3.84 Mc/s 时为 2 560 chip/slot），因此一个物理信道定义为一个码（或多个码）。

信道的信息速率将根据符号率变化，符号率将根据 3.84 Mc/s 码片速率和不同的扩频因子而得到。FDD 上行链路扩频因子为 256 ~ 4，下行链路扩频因子为 512 ~ 4，TDD 的上/下行的扩频因子为 16 ~ 1。因此对 FDD 的上（下）行链路来讲，相应的调制符号率其变化为 960 ~ 15 K symbols/s（7.5 K symbols/s）。

2. 信道编码和交织

UTRA 支持以下三种信道编码方式：

（1）卷积编码；

（2）Turbo 编码；

（3）不编码。

信道编码的选择是由上层信息来指示的。为随机化传输差错，之后将进一步采用交织技术。

3. 调制和扩频

UTRA 的调制方案为 QPSK。

对来自同一信源的不同信道，使用来自码树结构的信道化码来进行区分。

对于不同的小区，使用下面的方法来区分：周期为 10 ms 的 Gold 码（38 400 chips，速率为 3.84 Mc/s），实际码长为 $2^{18}-1$ 码片（每 10 ms 进行一次截断）。

对于不同的 UEs，采用下面的码族进行区分：周期为 10 ms 的 Gold 码，或者采用 256 码片周期的 S（2）码。

4. 物理层过程

1）小区搜索

在小区搜索过程中，UE 搜索到一个小区并确定该小区的下行扰码和其公共信道的帧同步。小区搜索一般分为以下三步：

步骤一：时隙同步。

在第一步，UE 使用 SCH（同步信道）的基本同步码去获得该小区的时隙同步。典型的是使用一个匹配滤波器来匹配对所有小区都为公共的基本同步码。小区的时隙定时可由检测匹配滤波器输出的波峰值得到。

步骤二：帧同步和码组识别。

在第二步，UE 使用 SCH 的辅助同步码去找到帧同步，并对第一步中找到的小区的码组进行识别。这是通过对收到的信号与所有可能的辅助同步码序列进行相关得到的，并标识出最大相关值。由于序列的周期移位是唯一的，因此码组与帧同步一样，可以被确定下来。

步骤三：扰码识别。

在第三步，UE 确定找到的小区所使用的确切的基本扰码。基本扰码是通过在 CPICH 上对识别的码组内的所有的码按符号相关而得到的。在基本扰码被识别后，则可检测到基本 CCPCH 了，而系统和小区特定的 BCH（广播信道）信息也就可以读取出来了。

如果 UE 已经收到了有关扰码的信息，那么步骤二和步骤三可以简化。

（2）寻呼过程。终端注册到网络之后，就会分配到一个寻呼组中，如果有寻呼信息要发送任何属于该寻呼组的终端时，寻呼指示（PI）就会周期性地在寻呼指示信道（PICH）中出现。

终端检测到 PI 后，会对在 S－CCPCH 中发送的下一个 PCH 帧进行译码以查看是否有发送给它的寻呼信息。当 PI 接收指示判决可靠性较低时，终端也需要对 PCH 进行译码。

PI 出现得越少，将终端从冬眠模式中唤醒的次数越少，电池的寿命就越长，显然，折中方案在于对网络产生的呼叫的响应时间。但是寻呼指示的间隔增长，并不会使电池的寿命无限增长，因为终端在空闲模式时还有其他的任务需要处理。

（3）随机接入过程。随机接入过程必须要克服远近效应的问题，因为在初始化传输时并不知道发送所需要的功率值。利用开环功率控制的原理，根据接收功率测量得到的绝对功率来设定发射功率的值会有很大的不确定性。UTRA 的 RACH（随机接入信道）具有以下的操作过程：

终端对 BCH 进行解码，找出可用的 RACH 子信道及扰码和特征符号；

终端从可用的接入组随机选择一个 RACH 子信道，终端还要从可用的特征符号中随机地选择一个特征符号；

终端测量下行链路的功率电平，根据开环功率控制算法，设定上行的 RACH 初始功率电平；

在接入前导（Preamble）中发送选择的特征码；

终端对 AICH 进行解码，查看基站给的 1 dB 的倍数步长增加前导的发射功率，前导将在下一个可用的接入时隙中重新发送；

当检测到基站的 AICH 时，终端开始发送 RACH 传输的 10 ms 或 20 ms 的消息部分。

5. 物理层测量

对无线特性参数，包括 FER、SIR 和干扰功率等，进行测量后，上报至高层和网络。这些测量包括：

（1）在 UTRA 内用于切换的切换测量。除了小区的相对强度外，还要确定一些特定的参数，对 FDD 模式，包括小区间的定时关系，以用于异步软切换。

（2）准备切换至 GSM900/GSM1800 系统的测量过程。

（3）在随机接入程序前的测量过程。

5.2.3 WCDMA 关键技术

1. RAKE 接收

由于在多径信号中含有可以利用的信息，所以 CDMA 接收机可以通过合并多径信号来改善接收信号的信噪比。RAKE 接收机可以通过多个相关检测器接收多径信号中的各路信号，并把它们合并在一起。

RAKE 接收机包含多个相关器，每个相关器接收一路信号。一般在相关器中进行扩展，并对信号进行合成。

在扩频和调制后，信号被发送，每个信道具有不同的时延和衰落因子，对应不同的传播环境。经过多径信道传输，RAKE 接收机利用相关器检测出多径信号中最强的 M 个支路信号，然后对每个 RAKE 支路的输出进行加权、合并，以提供优于单路信号的接收信噪比，然后再在此基础上进行判决。

2. 多用户检测

多用户检测技术（MUD）通过取消小区间干扰来改进性能，增加系统容量。实际容量的增加取决于算法的有效性、无线环境和系统负载。除了系统的改进，还可以有效地缓解远近效应。

由于信道的非正交性和不同用户扩频码字的非正交性，导致用户间存在相互干扰，多用户检测的作用就是去除多用户之间的相互干扰，也就是根据多用户检测算法，再经过非正交信道和非正交的扩频码字，重新定义用户判决的分界线，在这种新的分界线上，可以达到更好的判决效果，从而去除用户之间的相互干扰。

多用户检测的主要优点是可以有效地减弱和消除多径干扰、多址干扰和远近效应；简化功率控制；减少正交扩频码互相关性不理想所带来的消极影响；改善系统性能，提高系统容量，增加小区覆盖范围。

多用户检测的主要缺点是大大增加了设备的复杂度；增加系统时延；通过不停的信道估计来获取用户扩频码的主要特征参量，信道估计的精度直接影响多用户检测的性能。

3. 智能天线

智能天线技术是雷达系统自适应天线阵在通信系统的新应用。智能天线原名自适应天线阵列（AAA：Adaptive Antenna Array），应用于移动通信则称为 Smart antenna 或 Intelligent antenna。

智能天线是基于自适应天线阵原理，利用天线阵的波束赋形产生多个独立的波束，并自适应地调整波束方向来跟踪每一个用户，达到提高信号干扰噪声比（SINR）、增加系统容量的目的。采用智能天线技术，实际上是通过数字信号处理，使天线阵为每个用户自适应地进行波束赋形，相当于为每个用户形成了一个可跟踪的高增益天线。

由于其体积及计算复杂性的限制，目前仅适用于在基站系统中的应用。智能天线包括两个重要组成部分，一是对来自移动台发射的多径电波方向进行到达角（DOA）估计，并进行空间滤波，抑制其他移动台的干扰。二是对基站发送信号进行波束成型，使基站发送信号能够沿着移动台电波的到达方向发送回移动台，也就是说信号在有限的方向区域发送和接收，充分利用了信号的发射功率，从而降低发射功率，减少对其他移动台的干扰。

4. 功率控制技术

在 WCDMA 系统中，作为无线资源管理的功率管理是非常重要的环节。这是因为在 WCDMA 系统中，功率是最终的无线资源，一方面提高针对用户的发射功率能够改善用户的服务质量；另一方面 WCDMA 采用宽带扩频技术，所有信号共享相同的频谱，每个移动台的信号能量被分配在整个频带范围内，这样对其他移动台来说就成为宽带噪声，使其他用户接收质量降低，且各用户的扩频码之间存在着非理想的相关特性，用户发射功率的大小将直接影响系统的总容量，所以功率的使用在 CDMA 系统是矛盾的，从而使得功率控制技术成为 CDMA 系统中的关键技术之一。

5.3　TD-SCDMA 移动通信系统

TD-SCDMA 标准由中国无线通信标准组织 CWTS 提出，目前已经融合到了 3GPP 关于 WCDMA-TDD 的相关规范中。

TD-SCDMA 的技术特点主要有：

核心网基于 GSM/GPRS 网络的演进，保持与 GSM/GPRS 网络的兼容性；

核心网络可以基于 TDM、ATM 和 IP 技术，并向全 IP 的网络结构进行演进；

核心网络逻辑上分为电路域和分组域两部分，分别完成电路型业务和分组型业务；

UTRAN 基于 ATM 技术，统一处理语音和分组业务，并向 IP 方向发展；

MAP 技术和 GPRS 隧道技术是 WCDMA 体制移动性管理机制的核心；

空中接口采用 TD-SCDMA，这点和 WCDMA 的差异较多；

TD-SCDMA 具有“3S”特点：即智能天线（Smart Antenna）、同步 CDMA（Synchronous CDMA）和软件无线电（Software Radio）；

TD-SCDMA 采用的关键技术有：智能天线 + 联合检测、多时隙 CDMA + DS-CDMA、同步 CDMA、信道编译码和交织（与 3GPP 相同）、接力切换等。

5.3.1　TD-SCDMA 网络结构

TD-SCDMA 系统作为 ITU 第三代移动通信标准之一，其网络结构遵循 ITU 统一要求，通过 3GPP 组织内融和后，TD-SCDMA 与 WCDMA 的网络结构基本相同，即其网络结构与 3GPP 制定的 UMTS 网络结构是一样的，所以 TD-SCDMA 网络结构模型完全等同于 UMTS 网络结构模型，具体见 5.2.1 节 WCDMA 网络结构。

5.3.2　TD-SCDMA 物理层

1. 多址接入方案

TD-SCDMA 的多址接入方案是采用直接序列扩频码分多址（DS-CDMA），扩频带宽约为 1.6 MHz，采用不需配对频率的 TDD（时分双工）工作方式。

在 TD-SCDMA 系统中，一个 10 ms 的无线帧可以分成 2 个 5 ms 的子帧，每个子帧中有 7 个常规时隙和 3 个特殊时隙［下行导引时隙（DwPTS）、上行导引时隙（UpPTS）、保护时隙（GP）］。因此，一个基本物理信道的特性由频率、码和时隙决定。图 5 - 10 给出了 TD-SCDMA 系统物理信道的层次结构。

其中，每个常规时隙时长为 675 μs，共 864chip；DwPTS 的时长为 75 μs，共 96chip；UpPTS 的时长为 125 μs，共 160chip；GP 的时长为 75 μs，共 96chip。在 7 个常规时隙中，

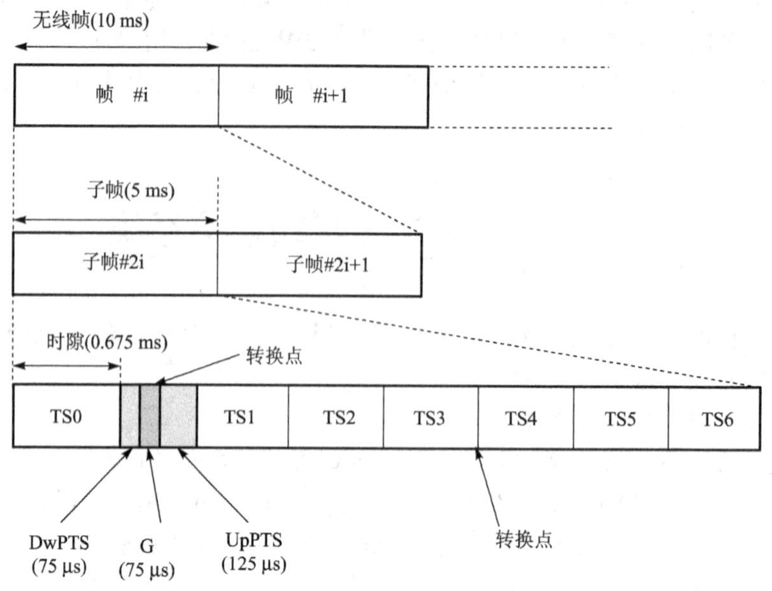

图 5－10　TD-SCDMA 系统物理信道的层次结构

TS0 总是分配给下行链路，而 TS1 总是分配给上行链路。上行时隙和下行时隙之间由切换点分开，在 TD-SCDMA 系统中，每个 5 ms 的子帧有两个切换点：第 1 个切换点用于下行时隙到上行时隙的转换，第 2 个切换点用于上行时隙到下行时隙的转换。可以通过灵活的配置上下行时隙的个数，使 TD-SCDMA 适用于上下行对称及非对称的业务模式。

根据第 2 个切换点的位置不同，TD-SCDMA 系统具有以下两种不同的时隙分配方式：

支持对称上下行业务，即对于时隙 TS1～TS6，上行业务和下行业务各分配 3 个时隙；

支持不对称上下行业务，即对于时隙 TS1～TS6，分配给上行业务的时隙数和分配给下行业务的时隙数不相等。

图 5－11 分别给出了对称分配和不对称分配的例子。

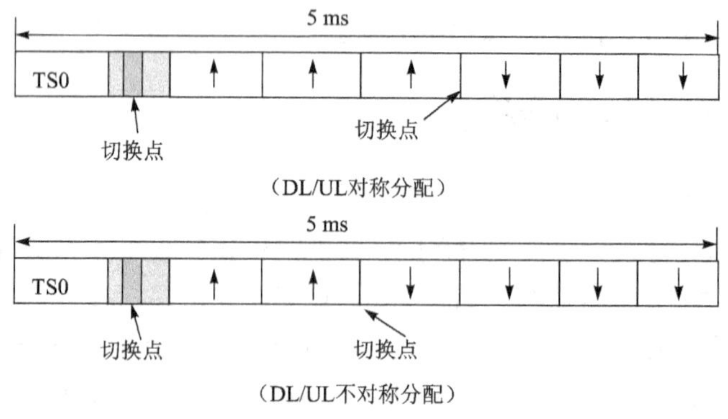

图 5－11　TD-SCDMA 子帧结构示意图

TD-SCDMA 系统的 TD-SCDMA 使用的帧号（0～4095）与 UTRA 建议相同。信道的信息速率与符号速率有关，符号速率可根据 1.28 Mc/s 的码速率和扩频因子（SF：Spreading

Factor）得到。扩频因子（SF）可以取1、2、4、8、16，因此，各自调制符号速率的变化范围为80.0 Ks/s～1.28 Ms/s。

2. 信道编码方案

TD-SCDMA 支持以下三种信道编码方式：

(1) 在物理信道上可以采用前向纠错编码，即卷积编码，编码速率为1/2～1/3，用来传输误码率要求不高于10^{-3}的业务和分组数据业务；

(2) Turbo 编码，用于传输速率高于32 Kb/s，并且要求误码率优于10^{-3}的业务；

(3) 无信道编码。

信道编码的具体方式由高层选择，为了使传输错误随机化，需要进一步进行比特交织。

3. 调制和扩频方案

TD-SCDMA 采用 QPSK 方式进行调制（室内环境下的 2M 业务采用 8PSK 调制，在 HSDPA 中采用16QAM 调制），成形滤波器采用滚降系数为0.22的升余弦滤波器。

TD-SCDMA 采用了多种不同的扩频码：

采用信道码（OVSF）区分相同资源的不同信道；

采用下行导频中的 PN 码、长度为16的扰码来区分不同的基站；

采用上行导频中的 PN 码、周期为16码片码和长度为144码片的 Midamble 序列来区分不同的移动终端。

4. 物理层过程

在 TD-SCDMA 系统中，与物理层有关的主要过程有：

1）功率控制过程

我们知道，CDMA 系统是干扰受限系统，必要的功率控制可以有效地限制系统内部的干扰电平，从而降低小区内和小区间的干扰。另外，功率控制可以克服蜂窝系统的远近效应，并降低 UE 的功耗。在 TD-SCDMA 系统中，功率控制的主要特点可归纳如表5－1所示。

表5－1　功率控制特性

项　　目	上行链路	下行链路
功率控制速率	可变 闭环：0～200 次/秒 开环：200～3 575 μs 延迟	可变 闭环：0～200 次/秒
步长/dB	1，2，3（闭环）	1，2，3（闭环）
备注	所有数值不包括处理和测量时间	

2）小区初搜

初始小区搜索利用 DwPTS 和 BCH 进行。在初始小区搜索中，UE 搜索到一个小区，并检测其所发射的 DwPTS，建立下行同步，获得小区扰码和基本 Midamble 码，控制复帧同步，然后读取 BCH 信息。

初始小区搜索按以下步骤进行：

第一步，搜索下行导频时隙（DwPTS）。

UE 利用 DwPTS 中的 SYNC_DL 序列获得某一小区的 DwPTS，建立下行同步。这一步通常通过一个或多个匹配滤波器（或类似的装置）与接收到的从 PN 序列中选出来的 SYNC_DL 序列进行匹配来实现。在这里，UE 必须要识别出在该小区可能要使用的 32 个 SYNC_DL 中的哪一个 SYNC_DL 被使用。

第二步，识别扰码和基本 Midamble 码。

UE 接收到 P-CCPCH 上的 Midamble 码，DwPTS 紧随在 P-CCPCH 之后。在 TD-SCDMA 系统中，共有 128 个基本 Midamble 码，且互不重叠，每个 SYNC_DL 序列对应一组 4 个不同的基本 Midamble 码。也就是说，基本 Midamble 码的序号除以 4 就是 SYNC_DL 码的序号。因此，32 个 SYNC_DL 和 32 个基本 Midamble 码组一一对应（即一旦 SYNC_DL 确定之后，UE 也就知道了该小区所采用的 4 个 Midamble 码）。这时 UE 可以采用试探法和错误排除法确定该小区到底采用了哪个基本 Midamble 码。在一帧中使用相同的基本 Midamble 码。由于每个基本 Midamble 码与扰码是一一对应的，确定了基本 Midamble 码之后也就知道了扰码。根据确认的结果，UE 可以进行下一步或返回到第一步。

第三步，控制复帧同步。

UE 搜索在 P-CCPCH 里 BCH 复帧主信息块（Master Information Block，MIB）的位置。首先确定 P-CCPCH 的位置，经过 QPSK 调制的 DwPTS 的相位序列（相对于在 P-CCPCH 上的 Midamble 码）来标识。n 个连续的 DwPTS 足以检测出 P-CCPCH 的位置。确定了P-CCPCH 后，根据解调出的 SFN 值，可以确定 MIB 的位置。于是，UE 可决定是否执行下一步或回到第二步。

第四步，读 BCH 信息。

UE 利用前几步已经识别出的扰码、基本 Midamble 码和复帧头读取被搜索到小区的 BCH 上的广播信息，根据读取的结果，UE 可以得到小区的配置等公用信息。

3）上行同步

对于 TD-SCDMA 系统来说，UE 支持上行同步是必需的，即要求来自不同距离的不同用户终端的上行信号能同步到达基站。特别是对 TDD 的系统，上行同步能够给系统带来很大的好处。由于移动通信系统是工作在具有严重干扰、多径传播和多普勒效应的实际环境中，要实现理想的同步几乎是不可能的。但是让每个上行信号的主径达到同步，对改善系统性能、简化基站接收机的设计都有明显的好处。另外，需要指出的是，这里讨论的同步指的是空中接口的同步，并不包括网络之间的同步。

5. 物理层测量

为保证许多功能的实现，需要对 UE 或者 UTRAN 的物理层进行相关的测量。按照 UE 的工作模式可以分为空闲模式下测量和连接模式下测量。空闲模式下测量主要指小区选择和小区重选测量，而连接模式下测量主要包括切换准备测量、DCA 测量和时间提前测量等。

5.3.3 TD-SCDMA 关键技术

1. 联合检测技术

传统的检测技术完全按照经典直接序列扩频理论对每个用户的信号分别进行扩频码匹配处理，其接收端用一个和发送地址码（波形）相匹配的匹配滤波器（相关器）来实现信号分离，在相关器后直接解调判决。如果匹配滤波采用的是结合了信道响应的相关波形，则相当于 RAKE 接收机，实现了利用多径效应的作用。这种方法只有在理想正交的情况下才能完全消除 MAI（多址干扰）的影响，对于非理想正交的情况，必然会产生多址干扰，从而引起误码率的提高。TD-SCDMA 系统中采用的联合检测技术是在传统检测技术的基础上，充分利用造成 MAI 的所有用户信号及其多径的先验信息，把用户信号的分离当作一个统一的相互关联的联合检测过程来完成，从而具有优良的抗干扰性能，降低了系统对功率控制精度的要求，因此可以更加有效地利用上行链路频谱资源，显著地提高系统容量。

2. 智能天线

见 WCDMA。

3. 上行同步

上行同步是 TD-SCDMA 系统必选的关键技术之一，在 CDMA 移动通信系统中，下行链路总是同步的，所以一般说同步 CDMA 都是指上行同步。所谓上行同步是指在同一小区中，同一时隙的不同位置的用户发送的上行信号同时到达基站接收天线，即同一时隙不同用户的信号到达基站接收天线时保持同步。在 TD-SCDMA 系统中，同一时隙的不同用户用码道来区分，不同用户的扩频码是正交的，如果不同用户的信号同步到达 Node B，并且不考虑多径的影响，则不同用户之间将没有干扰。

4. 接力切换

由于 TD-SCDMA 系统采用了智能天线技术，可以定位用户的具体方位和距离，所以系统可采用接力切换方式。接力切换使用上行预同步技术，在切换过程中，移动台从源小区接收下行数据，向目标小区发送上行数据，即上、下行通信链路先后转移到目标小区。

在切换之前，目标基站已经获得移动台比较精确的位置信息。首先，Node B（基站）利用天线阵估计移动台的到达角，然后通过信号的往返时延。确定移动台到 Node B 的距离，这样，通过移动台的方向 DOA 与基站和移动台间的距离信息，基站可以确知移动台的位置信息，如果来自一个基站的信息不够，则可以让几个基站同时监测移动台并进行定位。因此，在切换过程中移动台先断开与原基站连接之后，能迅速切换到目标基站。

5. 动态信道分配

信道分配有固定信道分配（FCA）、动态信道分配（DCA）和混合信道分配（HCA）三种。

在 FCA 方案中，根据预先估计覆盖区域的业务负荷，把信道固定地分配给某些小区，相同的信道集合在一定的距离之外可以被其他小区重用，这种配置方式要求满足一定的信号质量。

在 DCA 方案中，所有的信道资源放置在中心存储区中，表示信道的完全共享。一旦有新的呼叫要求，则在满足 CIRmin（最小载干比）门限的信道中按一定的算法选择合适的信道进行分配。DCA 的信道分配策略为全局性策略，而信道重分配也是 DCA 的一大特点。DCA 有很好的业务自适应性和高度灵活性，弥补了 FCA 的不足，但它有一定的实现复杂度和系统开销。

TD-SCDMA 系统采用 RNC（无线网络控制器）集中控制的 DCA 技术，即在一定区域内，将几个小区的可用信道资源集中起来，由 RNC 统一管理，按小区呼叫阻塞率、候选信道使用频率、信道再用距离等诸多因素，将信道动态分配给呼叫用户。

6. 功率控制

见WCDMA。

7. 软件无线电

软件无线电技术是当今计算机技术、超大规模集成电路和数字信号处理技术在无线电通信中应用的产物。它的基本原理是将宽带A/D和D/A转换器尽可能地靠近天线处，从而以软件方式来代替硬件实施信号处理。采用软件无线电的优势在于，基于同样的硬件环境，采用不同的软件就可以实现不同的功能，这除了有助于系统升级外，更有助于系统的多模运行。近年来，随着高速DSP（数字信号处理器）和FPGA（可编程门阵列）技术方面的迅速发展，使软件无线电在高频通信中的实际应用成为可能。

由于TD-SCDMA系统的TDD模式和低码片速率的特点，使得数字信号处理量大大降低，适合采用软件无线电技术。

5.4 CDMA2000移动通信系统

美国TIA TR45.5向ITU提出的RTT方案称为CDMA2000，其核心是由Lucent、Motorola、Nortel和Qualcomm联合提出的Wideband CDMAOne技术。CDMA2000的一个主要特点是与现有的TIA/EIA－95－B标准向后兼容，并可与IS－95B系统的频段共享或重叠，这样就使CDMA2000系统可从IS－95B系统的基础上平滑地过渡、发展，以保护已有的投资。另外，CDMA2000也能有效地支持现存的IS－634A标准。CDMA2000的核心网是基于ANSI－41，同时通过网络扩展方式提供其在基于GSM-MAP的核心网上运行的能力。

CDMA2000采用MC-CDMA（多载波CDMA）多址方式，可支持语音、分组数据等业务，并且可实现QoS的协商。CDMA2000包括1X和3X两部分，也可扩展到6X、9X和12X。对于射频带宽为$N\times1.25$ MHz的CDMA2000系统，可采用多个载波来利用整个频带，图5－12给出了$N=3$时的情况。支持一个载波的CDMA2000标准ISO2000已在1999年6月通过。

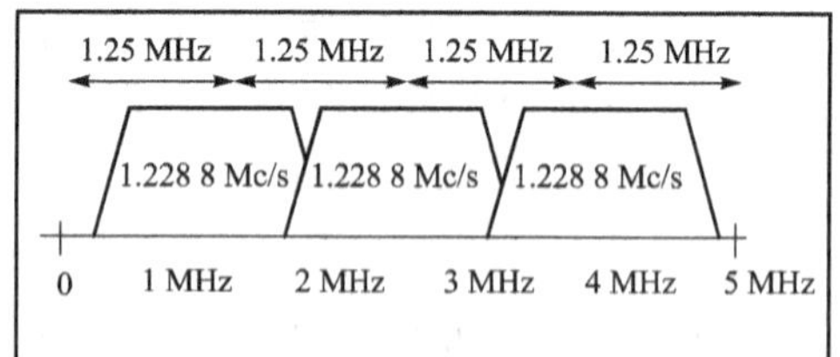

图5－12 多载波与直扩方式举例（$N=3$）

CDMA2000采用的功率控制有开环、闭环和外环三种方式，速率为800次/秒或50次/秒。CDMA2000还可采用辅助导频、正交分集和多载波分集等技术来提高系统的性能。

CDMA2000的技术特点主要有：

电路域继承2G IS－95 CDMA网络，引入以WIN为基本架构的业务平台。

分组域基于Mobile IP技术的分组网络。

无线接入网以ATM交换机为平台，提供丰富的适配层接口。

空中接口采用CDMA2000兼容IS－95：信号带宽$N\times1.2$ 5MHz（$N=1, 3, 6, 9, 12$）；码片速率$N\times1.228\ 8$ Mc/s；8K/13K QCELP或8K EVRC语音编码；基站需要GPS/GLONESS同步方式运行；上、下行闭环加外环功率控制方式；前向可以采用OTD和STS发

射分集方式，提高信道的抗衰落能力，改善了前向信道的信号质量；反向采用导频辅助的相干解调方式，提高了解调性能；采用卷积码和 Turbo 码的编码方式；上行 BPSK 和下行 QPSK 调制方式。

5.4.1　CDMA2000 网络结构

CDMA2000 1X 网络主要由 BTS、BSC 和 PCF、PDSN 等节点组成。基于 ANSI－41 核心网的系统结构如图 5－13 所示。

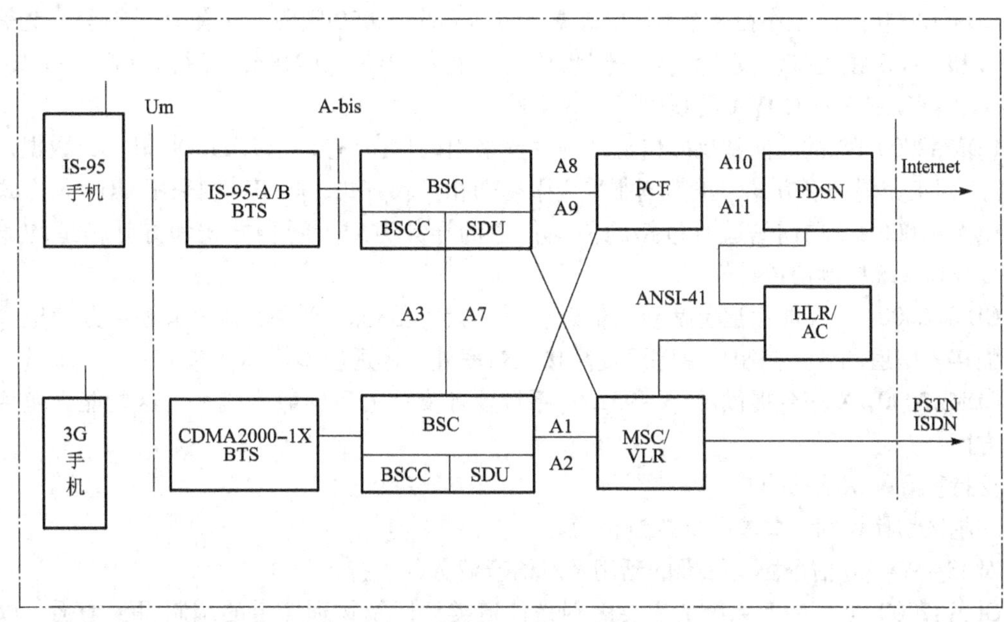

图 5－13　CDMA2000 1X 系统结构

其中：

PCF——分组控制功能；

PDSN——分组数据服务器；

SDU——业务数据单元；

BSCC——基站控制器连接。

CDMA2000 系统由移动终端 MT（Mobile Terminal）、基站收发信机 BTS（Base Transceiver）、基站控制器 BSC（Base Station Control）和移动交换中心 MSC（Mobile Switching Center）、分组控制功能 PCF（Packet Control Function）模块及分组数据服务节点 PDSN（Packet Data Server Node）等部分组成。

一个集中的 BSC 和若干个 BTS 组成基站子系统（BSS），简称基站 BS（Base Station）。BTS 完成无线信号的接收和发送，BSC 的功能是对 BTS 进行控制，使基站和移动台能相互可靠地传输语音数据与信令，实现对空中信道的分配管理，完成呼叫控制、移动性管理和功率控制等功能。

一个 BSC 可控制一个或多个 BTS。BTS 和 BSC 间的接口（A-bis）、BSC 和 MSC 间的接口均是基于 ATM 网络的，BSC/PCF 和 PDSN、Internet 间则是通过 IP 相连的。不管是语音分组数据还是普通语音都要通过 ATM 网络，从 BTS 到 BSC，再从 BSC 到 MSC 或 PCF。

由图 5－13 可见，与 IS－95 相比，核心网中的 PCF 和 PDSN 是两个新增模块，通过支持移动 IP 协议的 A10、A11 接口互连，可以支持分组数据业务传输。而以 MSC/VLR 为核心的网络部分，支持语音和增强的电路交换型数据业务，与 IS－95 一样，MSC/VLR 与 HLR/AC 之间的接口基于 ANSI－41 协议。

5.4.2 CDMA2000 无线信道

CDMA2000 可以工作在 8 个 RF 频道类，包括 IMT－2000 频段、北美 PCS 频段、北美蜂窝频段和 TACS 频段等，其中北美蜂窝频段（上行：824～49 MHz，下行：869～94 MHz）提供了 AMPS/IS－95 CDMA 同频段运营的条件。

CDMA2000 1X 的前向和反向信道结构主要采用码片速率为 1×1.228 8 Mb/s，数据调制用 64 阵列正交码调制方式，扩频调制采用平衡四相扩频方式，频率调制采用 OQPSK 方式。

CDMA2000 1X 前向信道所包括的前向信道的导频方式、同步方式和寻呼信道均兼容 IS－95A/B 系统控制信道特性。

CDMA2000 1X 反向信道包括接入信道、增强接入信道、公共控制信道和业务信道，其中增强接入信道和公共控制信道除可提高接入效率外，还适应多媒体业务。

CDMA2000 1X 信令提供对 IS－95A/B 系统业务支持的后向兼容能力，这些能力包括以下几方面：

支持重叠蜂窝网结构；

在越区切换期间，共享公共控制信道；

对 IS－95A/B 信令协议标准的延用及对语音业务的支持。

CDMA2000 与 IS－95 系统的主要区别是信道类型以及物理信道的调制得到增强，以适应更多、更复杂的第三代业务。下面主要介绍 CDMA2000 1X 的信道类型。

1. 反向信道

1）反向导引信道

反向导引信道是一个移动台发射的未调制扩谱信号，主要功能是用于辅助基站进行相关检测。反向导引信道在增强接入信道、反向公用控制信道和反向业务信道的无线配置为 3～6 时发射。反向导引信道在增强接入信道前缀、反向公用控制信道前缀和反向业务信道前缀时也发射。

2）接入信道

接入信道传输的是一个经过编码、交织以及调制的扩频信号。其主要功能是移动台用来发起同基站的通信或响应基站发来的寻呼信道消息。接入信道通过其公用长码掩码唯一识别。接入信道由接入试探组成，一个接入试探由接入前缀和一系列接入信道帧组成。

3）增强接入信道

增强接入信道用于移动台初始接入基站或响应移动台指令消息，可能用于以下三种接入模式：基本接入模式、功率控制接入模式和备用接入模式。功率控制接入模式和备用接入模式可以工作在相同的增强接入信道，而基本接入模式需要工作在单独的接入信道。增强接入信道与接入信道相比，在接入前缀后的数据部分增加了并行的反向导引信道，可以进行相关解调，使反向的接入信道数据解调更容易。

当工作在基本接入模式时，移动台在增强接入信道上不发射增强接入头，增强接入试探将由接入信道前缀和增强接入数据组成；当工作在功率控制接入模式时，移动台发射的增强接入试探由接入信道前缀、增强接入头和增强接入数据组成；当工作在备用接入模式时，移动台发射的增强接入试探由接入信道前缀和增强接入头组成。一旦接收到基站的允许，在反向公用控制信道上发送增强接入数据。

4）反向公用控制信道

此信道是在不使用反向业务信道时，移动台在基站指定的时间段向基站发射用户控制信息和信令信息。反向公用控制信道可用于两种接入模式：备用接入模式和指配接入模式。反向公用控制信道传输的是一个经过编码、交织以及调制的扩频信号。该信道通过长码唯一识别。

5）反向专用控制信道

此信道用于某一移动台在呼叫过程中向基站传送该用户的特定用户信息和信令信息。反向业务信道中可以包含一个反向专用控制信道。

6）反向基本信道

反向基本信道用于移动台在呼叫过程中，向基站发射用户信息和信令信息，反向业务信道可以包含一个基本信道。

7）反向辅助码分信道

反向辅助码分信道用于移动台在呼叫过程中向基站发射用户信息和信令信息，仅在无线配置 RC 为 1 和 2 时可能提供。该信道仅在反向分组数据量突发性增大时建立，并在基站指定的时间段内存在。反向业务信道最多可以包含 7 个反向辅助码分信道。

8）反向辅助信道

反向辅助信道用于移动台在呼叫过程中向基站发射用户和信令信息，仅在无线配置 RC 为 3 ~6 时可能提供。该信道仅在反向分组数据量突发性增大时建立，并在基站指定的时间段内存在。反向业务信道可以包含两个辅助信道。

2. 前向信道

1）导频信道

前向导频信道与 IS－95 系统中导频信道一样，在 CDMA 前向信道上是不停发射的。

导频信道包括前向导频信道、发射分集导频信道、辅助导频信道和辅助发射分集导频信道，都是未经调制的扩谱信号，用于所有在基站覆盖区中工作的移动台进行捕获、同步和检测。前向导频信道使用的 Walsh 码是 W_0^{64}，在导频信道需要分集接收的情况下，基站可以增加一个发射分集导频信道，增强导频的接收效果。发射分集导频信道（不一定存在）使用的 Walsh 码是 W_{16}^{128}。

在发射分集导频信道发射时，基站应使前向导频信道有连续的、足够的功率，以确保移动台在不使用来自发射分集的导频信道能量情况下，也能捕获和估计前向 CDMA 信道特性。

2）同步信道

同步信道在基站覆盖区中，使开机状态的移动台获得初始的时间同步。同步信道在发射前要经过卷积编码、码符号重复、交织、扩谱和调制等步骤。

3）寻呼信道

寻呼信道用来发送基站的系统信息和移动台的寻呼消息，是经过卷积编码、码符号重复、交织、扰码、扩频和调制的扩频信号。

4）广播控制信道

广播控制信道用来发送基站的系统广播控制信息，是经过卷积编码、码符号重复、交织、扰码、扩频和调制的扩频信号。基站利用此信道和覆盖区内的移动台进行通信。

5）快速寻呼信道

快速寻呼信道包含寻呼信道指示，用于基站和覆盖区内的移动台进行通信，基站使用快速寻呼信道通知在空闲模式下，工作在分时隙方式的移动台，它们是否应在下一个前向公用控制信道或寻呼信道时隙的开始时，接收前向公用控制信道或寻呼信道。快速寻呼信道是一个未编码的开关控制调制扩谱信号。

6）公用功率控制信道

公用功率控制信道用于基站进行多个反向公用控制信道和增强接入信道的功率控制。基站支持在一个或更多公用功率控制信道上的工作。

7）公用指配信道

公用指配信道提供对反向链路信道指配的快速响应，以支持反向链路的随机接入包传输。该信道在备用接入模式下，控制反向公用控制信道和相关联的功率控制子信道，并且在功率控制接入模式下提供快速证实。基站可以选择不支持公用指配信道，并在广播控制信道通知移动台这种选择。

8）前向公用控制信道

在未建立呼叫连接时，基站使用前向公用控制信道发射移动台特定消息。基站利用此信道和覆盖区内的移动台进行通信。前向公用控制信道是经过卷积编码、码符号重复、交织、扰码、扩频和调制的扩频信号。

9）前向专用控制信道

此信道用于在呼叫过程中给某一特定移动台发送用户和信令消息。每个前向业务信道可以包括一个前向专用控制信道。

10）前向基本信道

此信道用于在通话过程中给特定移动台发送用户和信令消息。每个前向业务信道可以包括一个前向基本信道。

11）前向辅助码分信道

此信道用于在通话过程中给特定移动台发送用户和信令消息，在无线配置（RC）为 1 和 2 时可能提供。该信道仅在前向分组数据量突发性增大时建立，并在指定的时间段内存在。每个前向业务信道最多可包括 7 个前向辅助码分信道。

12）前向辅助信道

此信道用于在通话过程中给特定移动台发送用户和信令消息，在无线配置（RC）为 3 ~9 时可能提供。该信道仅在前向分组数据量突发性增大时建立，并在指定的时间段内存在。每个前向业务信道最多可包括两个前向辅助信道。

3. CDMA2000 1X 针对 IS－95 的主要改进

CDMA2000 系统是在 IS－95B 系统的基础上发展而来的，因而在系统的许多方面，如同步方式、帧结构、扩频方式和码片速率等都与 IS－95B 系统有许多类似之处。但为灵活支持多种业务，提供可靠的服务质量和更高的系统容量，CDMA2000 系统也采用了许多新技术和性能更优异的信号处理方式，这些新技术和信号处理方式可以概括为以下几点：

1）多载波工作

CDMA2000 系统的前向链路支持 $N \times 1.2288$ Mc/s（这里 $N = 1, 3, 6, 9, 12$）的码片速率。

2）反向链路连续发送

CDMA2000 系统的反向链路对所有的数据速率提供连续波形，包括连续导频和连续数据信道波形。

3）反向链路独立的导频和数据信道

CDMA2000 系统反向链路使用独立的正交信道区分导频和数据信道，因此导频和物理数据信道的相对功率电平可以灵活调节，而不会影响其帧结构或在一帧中符号的功率电平。

4）独立的数据信道

CDMA2000 系统在反向链路和前向链路中均提供称作基本信道和补充信道的两种物理数据信道，每种信道均可以独立地编码、交织，设置不同的发射功率电平和误帧率要求，以适应特殊的业务要求。

5）前向链路的辅助导频

在前向链路中采用波束成型天线和自适应天线可以改善链路质量，扩大系统覆盖范围或增加支持的数据速率，以增强系统性能。

6）前向链路的发射分集

发射分集可以改进系统性能，降低对每信道发射功率的要求，因而可以增加容量。在 CDMA2000 系统中采用正交发射分集（OTD）。

5.4.3 CDMA2000 关键技术

1. 前向快速功率控制技术

CDMA2000 采用快速功率控制方法，即移动台测量收到业务信道的 Eb/Nt，并与门限值比较，根据比较结果，向基站发出调整基站发射功率的指令，功率控制速率可以达到 800 b/s。

使用快速功率控制可以减少基站发射功率、减少总干扰电平，从而降低移动台信噪比要求，最终可以增大系统容量。

2. 前向快速寻呼信道技术

此技术有两个用途：

(1) 寻呼或睡眠状态的选择。因基站使用快速寻呼信道向移动台发出指令，决定移动台是处于监听寻呼信道还是处于低功耗状态的睡眠状态，这样移动台便不必长时间连续监听前向寻呼信道，可减少移动台激活时间并节省移动台功耗。

(2) 配置改变。通过前向快速寻呼信道，基地台向移动台发出最近几分钟内的系统参数消息，使移动台根据此新消息作相应设置处理。

3. 前向链路发射分集技术

CDMA2000 1X 采用直接扩频发射分集技术，它有以下两种方式：

(1) 正交发射分集方式。方法是先分离数据流，再用不同的正交 Walsh 码对两个数据流进行扩频，并通过两个发射天线发射。

(2) 空时扩展分集方式。使用空间两根分离天线发射已交织的数据，使用相同的原始 Walsh 码信道。

使用前向链路发射分集技术可以减少发射功率，抗瑞利衰落，增大系统容量。

4. 反向相干解调

基站利用反向导频信道发出扩频信号捕获移动台的发射，再用梳状（Rake）接收机实现相干解调，与 IS－95 采用非相干解调相比，提高了反向链路性能，降低了移动台发射功率，提高了系统容量。

5. 连续的反向空中接口波形

在反向链路中，数据采用连续导频，使信道上数据波形连续，此措施可减少外界电磁干扰，改善搜索性能，支持前向功率快速控制以及反向功率控制连续监控。

6. Turbo 码使用

Turbo 码具有优异的纠错性能，适用于高速率对译码时延要求不高的数据传输业务，并可降低对发射功率的要求，增加系统容量，在 CDMA2000 1X 中，Turbo 码仅用于前向补充信道和反向补充信道中。

7. 灵活的帧长

与 IS－95 不同，CDMA2000 1X 支持 5 ms、10 ms、20 ms、40 ms、80 ms 和 160 ms 多种帧长，不同类型信道分别支持不同帧长。前向基本信道、前向专用控制信道、反向基本信道和反向专用控制信道采用 5 ms 或 20 ms 帧，前向补充信道、反向补充信道采用 20 ms、40 ms或 80 ms 帧，语音信道采用 20 ms 帧。

较短帧可以减少时延，但解调性能较低；较长帧可降低对发射功率的要求。

8. 增强的媒体接入控制功能

媒体接入控制子层可控制多种业务接入物理层，保证多媒体的实现。它可实现语音、分组数据和电路数据业务、同时处理、提供发送、复用和 QoS 控制、提供接入程序。与 IS－95 相比，可以满足更宽带和更多业务的要求。

5.5 比　　较

3G 主要技术体制空中接口的比较见表 5－2。

表 5－2　3G 主要技术体制的空中接口比较

制式	WCDMA	CDMA2000 1X	TD－SCDMA
采用国家	欧洲、日本	美国、韩国	中国
继承基础	GSM	窄带 CDMA	GSM
双工方式	FDD	FDD	TDD

续表

制式	WCDMA	CDMA2000 1X	TD-SCDMA
多址方式	CDMA + FDMA	CDMA + FDMA	CDMA + TDMA + FDMA
调制方式	BPSK（上行） QPSK（下行）	BPSK（上行） QPSK（下行）	QPSK 和 8PSK
同步方式	异步/同步	GPS 同步	同步
码片速率	3.84 Mc/s	$N\times1.2288$ Mc/s	1.28 Mc/s
载波间隔	5 MHz	$N\times1.25$ MHz	1.6 MHz
功率控制频率	上、下行：1 500 Hz	上、下行：800 Hz	上、下行：200 Hz
多径分集	采用 RAKE 接收机，由于码片速率高，分集效果更好	采用 RAKE 接收机	采用联合检测方式，消除多址干扰和符号间干扰
空间分集	采用分集接收和发射，可选智能天线但不如 TDD 方式容易实现	采用分集接收和发射，可选智能天线但不如 TDD 方式容易实现	采用智能天线及时空联合检测方式，支持发射分集及分集接收
切换方式	软切换	软切换	接力切换

5.6　未来趋势

5.6.1　未来移动通信的市场定位

从服务的角度看，虽然移动通信最初是为了在移动环境中打电话而发明的，但21世纪的移动通信绝不是单单为了打电话，其还应具有新的服务增长点。因此，3G一开始就定位于多媒体业务。除了多媒体业务，未来移动通信还要实现两个重要方面，即提供无所不在的服务和全球性的服务。

5.6.2　移动通信发展趋势解析

移动通信从2G到3G的过程中还历经了GPRS、EDGE等数据服务的强化、提升。同样的，从3G到4G也不是一蹴可及，一样要经过多次的改善、演进，才能正式进入4G时代。图5-14所示为无线和移动技术发展的路线图，现在该路线图中不确定因素主要在B3G到4G阶段，该阶段究竟会以什么样的无线新技术为主导，核心网又将朝什么方向发展，这些问题都还在讨论之中。

从图5-14无线移动技术演进图中可以看到，移动通信的演进路线是1G→2G→3G→4G，同时无线接入技术也经历了一个演进过程，即WLAN→WMAN→4G。可以发现移动通

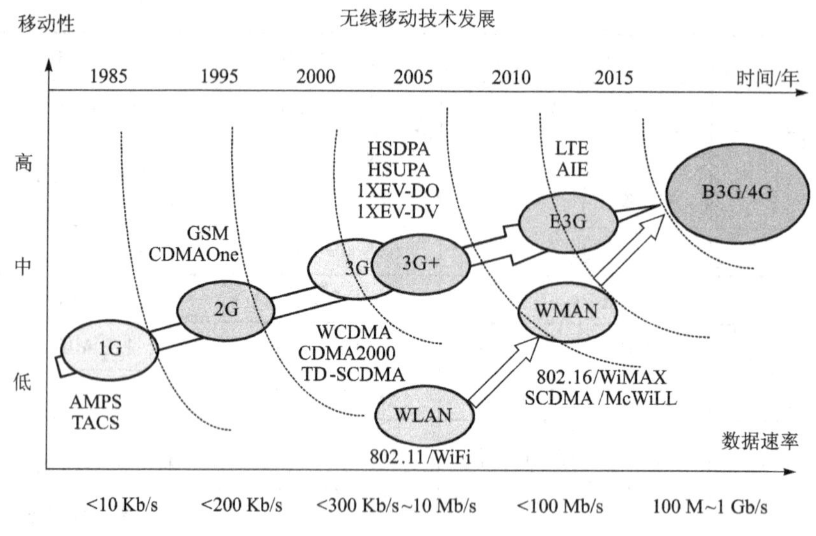

图5-14 移动、无线技术演进趋势

信和无线接入技术这两种技术及市场本不相同的无线技术最终在4G阶段融合在了一起，这正体现了技术“融合”是未来的发展趋势。

1）移动通信技术的发展路线

移动通信的发展总体路线为1G→2G→3G→4G。实际上由于通信技术的飞速发展，这个发展路线中的细节经历了不少曲折，伴随了许多技术的兴衰沉浮。以目前形成的移动通信发展路线来看，对较远的未来发展都存在一定的不确定性，下面以WCDMA技术为例说明移动技术未来可能的发展方向。

3G技术发展的进程图中，HSDPA是继WCDMA（R99版）之后的一次重大技术提升。许多人都知道WCDMA是3G，HSDPA是3.5G，也知道4G，但是在3.5G到4G之间，依然有诸多的技术提升规划，除了伴随HSDPA所经常听到的HSUPA外，还有HSPA+、HSOPA和LTE等，这些更先进的技术提案将如何实现呢？

WCDMA的版本中R99/R4可认为是从GSM向WCDMA演进的过渡版本；R5引入了HSDPA和基于IP的UTRAN；R6完善了IMS第二阶段功能，并引入了增强型技术HSUPA；R7目前正在制订当中。值得注意的是，3GPP R5标准并非完全只在订立HSDPA的技术规范，其中也开始引入了IP多媒体子系统（IP Multimedia Subsystem，IMS），只是在市场营销推广上HSDPA是更显要的重点。

同样的，3GPP R6标准中也不光是只有HSUPA，虽然HSUPA是R6中的关键提升，但除此之外还有其他相关提升，包括：整合WLAN网络的运作，将原有IMS进行强化，例如增加了PoC（Push to Talk over Cellular）、GAN（Generic Access Network）等新功效机制。

在HSDPA、HSUPA之后的是HSPA+，或写成HSPA Plus，同时也有人称为HSPA Evolved，所谓HSPA+即原有HSPA的加强版，而HSPA同时指HSDPA与HSUPA，预估HSPA+将列入官方正式标准的3GPP R7中。同样的，3GPP的官方标准不可能只纳入HSPA+一项新技术，与HSPA+一同纳入3GPP R7的技术推测将有：天线阵列（Antenna Array）、波束形成（Beamforming）、多进多出（Multiple-input multiple-output communications，MIMO）等。

在 HSPA + 之后的将是 HSOPA，全称为 High-Speed OFDM Packet Access，顾名思义这将是 3G 系统首次采用正交频分复用（Orthogonal frequency-division multiplexing，OFDM）调制技术，此外 HSOPA 也被人称为 Super 3G，HSOPA 将是升级至 3GPP LTE 过程中的一个部分。也因为使用 OFDM 调变，等于将空中接口完全翻新，原有的空中接口系统将无法再兼容延续，实行 HSOPA 预计需大幅更替、换新原有的 3G 系统设备。

在 HSOPA 之后的就是 3GPP LTE，LTE 的全称为 Long Term Evolution（长时间演化、长期改进），是进入 4G 前的最后一个阶段，也等于是 3G 的最末尾一次的技术提升。要提醒的是，3GPP LTE 只是一个俗称，并非正式的称呼，3GPP LTE 的技术提案预计会列入 3GPP R8 正式标准中。除这些外，3GPP LTE 将是一个完全以 IP 方式运作的无线移动网络，称为 AIPN（All IP Network），不像现有的 3G 系统是在交换式线路运作外再部分加搭 IP 式网络来提供数据、多媒体服务。

2）移动与无线技术在演进中走向融合

当前，移动、无线技术领域正处在一个高速发展的时期，各种创新移动、无线技术不断涌现并快速步入商用，移动、无线应用市场异常活跃，移动、无线技术自身也在快速演进中不断革新。在网络融合的大趋势下，3G、WiMAX 和 WLAN 等各种移动、无线技术将在演进中相互融合。

在多元融合的大趋势下，3G、WiMAX 和 WLAN 等各种无线技术在竞争中互相借鉴和学习，涌现出了同时被上述无线技术采用的新型射频技术，如 MIMO 和 OFDM 技术等。与此同时，在以 ITU 和 3GPP/3GPP2 为引领的蜂窝移动通信从 3G 到 E3G，再走向 B3G/4G 的演进道路上，以及 IEEE 引领的无线宽带接入从无线个人域网到无线局域网、无线城域网，再到无线广域网的演进道路上，都开始增加对方的内容，例如：移动通信不断强化宽带传输性能，无线宽带接入不断增强漫游性能以及安全性能。

借鉴 WiMAX 的高速数据传输特性，蜂窝移动通信启动了 LTE，即“3G 长期演进”项目，用以增强宽带传输性能。LTE 的确立，令蜂窝移动通信系统的技术线路与定位为“低移动性宽带接入”的 WiMAX 有了很多的相似之处。

当蜂窝移动通信在向 WiMAX、WLAN 学习的时候，WiMAX、WLAN 也在添加电信级的安全等内容。在安全方面，WiMAX、WLAN 将基于多层次的安全策略（WEP、WPA、WPA2、AES、VPN 等）提供不同等级的安全方案，使企业、个人用户可以根据不同的性价比来选择满足自己需要的安全策略；在漫游能力方面，WiMAX、WLAN 也朝着覆盖范围更大、从热点到热区再到整个城市的方向迈进；在技术方面，WiMAX、WLAN 将致力于打造基于 IP 的交换技术和开放的业务平台，使网络更智能、更易于管理。

在“无线 + 宽带”的大趋势下，无论是蜂窝移动通信技术还是 WiMAX、WLAN 等无线宽带技术，都面临着同样的考验：信道多径衰落和频谱效率。在这样的情况下，OFDM 和 MIMO 就成为各种无线技术的共同选择。OFDM 在解决多径衰落问题的同时，增加了载波的数量，造成了系统复杂度的提升和带宽的增大；MIMO 则能够有效提高系统的传输速率，在不增加系统带宽的情况下提高频谱效率。因此，OFDM 和 MIMO 的结合，成为推动“无线 + 宽带”发展的重要力量。

5.7 工程实践案例

以 TD - SCDMA 网络优化工程实践为例。

【案例 1】外部干扰排查。

TD - SCDMA 系统的干扰主要分两个大的方面：系统内干扰和系统外干扰。在系统内由于同频，由扰码分配及相邻小区交叉时隙等带来的干扰。由于 TD 是一个 TDD 系统，所以会带来下行对 UpPCH 的干扰，严重的时候会使得上行无法接入。系统外的干扰主要是异系统，特别是 PHS 系统会对 TD 系统带来比较严重的干扰，同时还有雷达及军用警用设备带来的干扰。以上各种干扰都会对 TD 系统网络性能造成很严重的影响。进行干扰原因分析时通常考虑以下几个方面：

（1）同频干扰。

（2）相邻小区扰码相关性较强。

（3）交叉时隙干扰。

（4）与本系统频段相近的其他无线通信系统产生的干扰，如 PHS、W、GSM 及微波，等等。其他一些用于军用的无线电波发射装置产生的干扰，如雷达、屏蔽器等。

【现象描述】

秦皇岛路测过程中发现在北戴河区域的职业技术学院 2 扇和乔庄 3 扇不能起呼，从 UU 口信令看只有 UE 上发 RRC 连接请求而没有任何回应，后台跟踪的信令以及打印在该小区没有任何信息，通过 LMT 发现职业技术学院 2 扇的 f_4、f_5、f_6 频点的 TS1 时隙底噪偏高，f_4 频点最为严重，而 TS_2、TS_3 完全正常，陆续发现北戴河所有已开通站点都存在此类现象，只是底噪高低有所不同。

【现象分析】

根据现场情况分析原因可能为自身设备问题、系统外干扰和系统间干扰。但是很难一下分析出问题所在，所以只能通过排除法对可能的原因进行一一排查。

【解决方法及验证】

1. 设备自身问题排查

针对 TS_1 时隙底噪较高现象，关闭 1、4 时隙重新进行 CS12.2K 业务复测，发现与之前测试效果一样。然后将职业技术学院 2 小区主频点 f_4 改为 f_1，观察 TS_1 的底噪为 -110 属于正常，此时的拨打测试也能够正常进行。分析认为可能是由于外界在 TS_4 频点存在较大干扰或是设备本身的问题。

验证不同站点之间是否存在干扰。闭塞北戴河的所有告警站点，观察其他小区的底噪没有变化；然后又关闭北戴河西北区域的站点，观察东南区域站点的底噪也没有变化；最后关闭北戴河的所有小区只留一个底噪较高小区，观察其底噪同样没有变化。则排除系统不同站点之间的干扰。

同样闭塞北戴河所有小区，只留三个小区底噪差异较大的站点的一个小区，通过调整该小区天线的方位角来观察底噪的变化情况，同样的方法验证了不同区域的几个小区，底噪都随方位角有不同程度的变化。

从上述分析基本确定北戴河区域存在外界干扰，并非设备本身问题。

2. 系统外干扰排查

通过排查发现干扰带有方向性，西南区域干扰较为严重。北戴河西部区域为另一厂家站点覆盖区域，初步分析可能是由于该厂家站点的影响导致系统间的干扰。

与该厂家工程师协商，请他们暂时关闭几个边界站点，之后不久再进行测试时，这两个小区的起呼都很正常。初步验证了此干扰问题与该厂家有关。

挑选距离该厂家覆盖最近的乔庄 3 扇进行调整方位角和更改频点等方式的测试，并与正常小区 1 扇和 2 扇进行对比测试，确定了在 3 扇方位的 f_4 频点存在不能起呼现象，转到 1 扇和 2 扇方位都正常，再次验证外界存在干扰导致不能起呼现象，而且 3 扇方位正对该厂家覆盖区域。

通过与该厂家沟通得知，工厂部分站点的 GPS 存在问题，GPS 的不同步导致我方站点的上行导频时隙受干扰所致。由该厂家解决 GPS 同步问题。

【案例 2】导频污染优化。

弱覆盖的原因不仅与系统许多技术指标如系统的频率、灵敏度、功率等有直接的关系，而且与工程质量、地理因素和电磁环境等也有直接的关系。一般系统的指标相对比较稳定，但如果系统所处的环境比较恶劣、维护不当、工程质量不过关，则可能会造成基站的覆盖范围减小。若在网络规划阶段考虑不周全或不完善，则可能会导致在基站开通后存在弱覆盖或者覆盖空洞；发射机输出功率减小或接收机的灵敏度降低；天线的方位角及天线的俯仰角发生变化、天线进水和馈线损耗等对覆盖造成的影响。综上所述，引起弱场覆盖的原因主要有以下几个方面：

（1）网络规划考虑不周全或不完善的无线网络结构引起的。

（2）由设备导致的。

（3）由工程质量造成的。

（4）发射功率配置低，无法满足网络覆盖要求。

（5）建筑物等引起的阻挡。

【现象描述】

测试发现，某大道南麻雀岭站点处由于覆盖较弱，容易导致掉话。由于该站点目前还未开通，因此覆盖较差。

如图 5－15 所示，目前该处主要是由高科站点 1 扇区（扰码 96）和科技海关 2 扇区（扰码 22）覆盖，但是由于两个站点距离此处较远，而且有较大的阻挡，因此导致了覆盖弱场。

【现象分析】

解决该问题最直接的办法是调整高科站点 1 扇区的方位角。由于 TD 天线旁边还有 GSM1800M 的天线，而且目前两个天线方向角相同，天线间的间隔比较近。因此，调整 TD 天线方位角的余地不是很大，而且目前导频信道的发射功率已经达到 33 dB，如果调整该参数将会加大该区域的干扰。

【解决方法及验证】

从上面的分析可以看出，通过调整高科 1 扇区的方式解决弱覆盖是不可行的，因此可尝

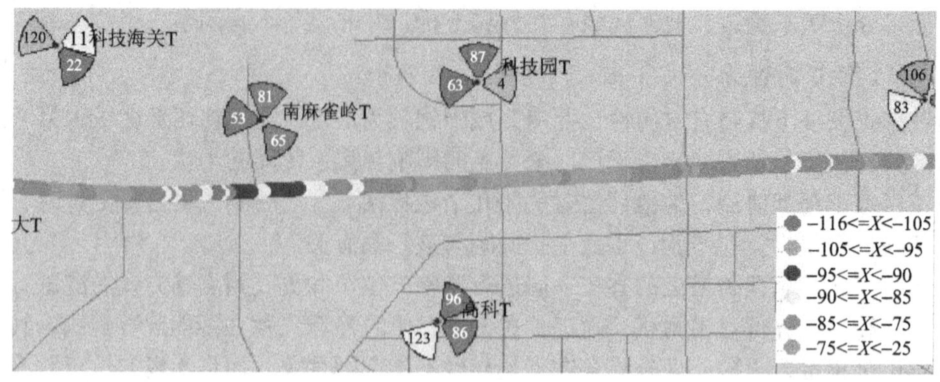

图5－15　测试结果

试调整海关科技2扇区的参数，将海关2扇区的广播波束宽度由65°调整为30°。

调整后的测试结果如图5－16所示。

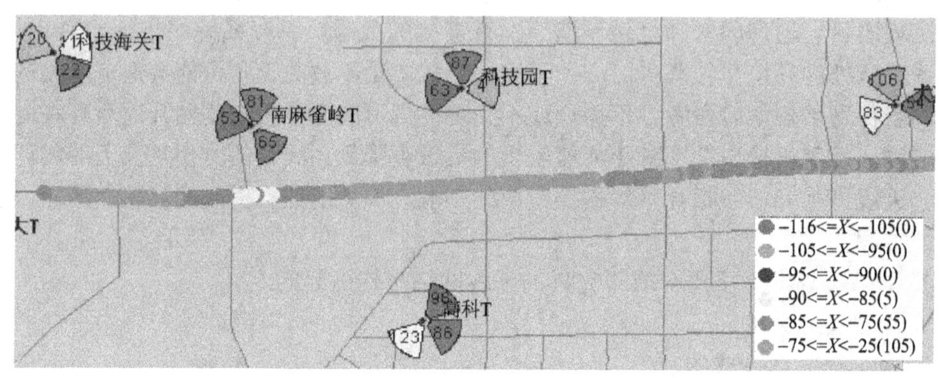

图5－16　调整海关科技2扇区参数

对比分析，可以看出：调整后该区域有较为明显的改善，后来进行业务测试，该处掉话率明显降低。

5.8　技能训练

实验名称：RNC系统设备的认识。

1. 实验目的

（1）了解RNC系统的硬件结构。

（2）了解RNC系统的各种背板、单板的功能。

2. 实验工具与器材

RNC设备。

3. 实验基本原理和实训操作步骤

ZXTR RNC（V3.0）是中兴通信根据3GPP R4版本协议研发的TD－SCDMA无线网络控制器，该设备提供协议所规定的各种功能及一系列标准的接口，支持与不同厂家的CN、RNC或者NodeB互连。

图5－17所示为ZXTR RNC设备外观。

ZXTR RNC硬件系统总体框图如图5－18所示。

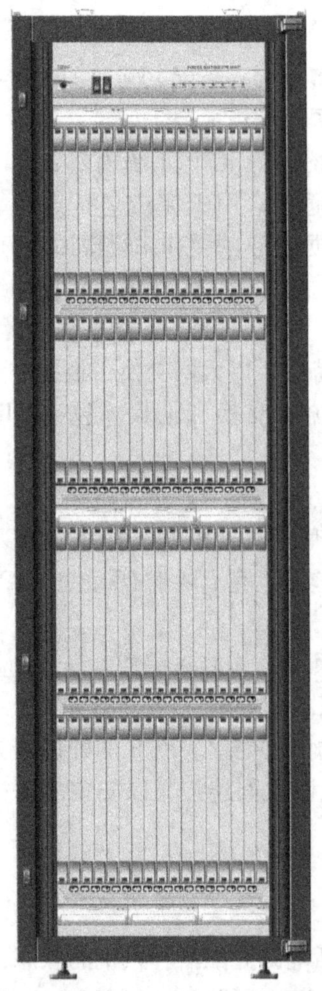

图5－17　ZXTR RNC设备外观

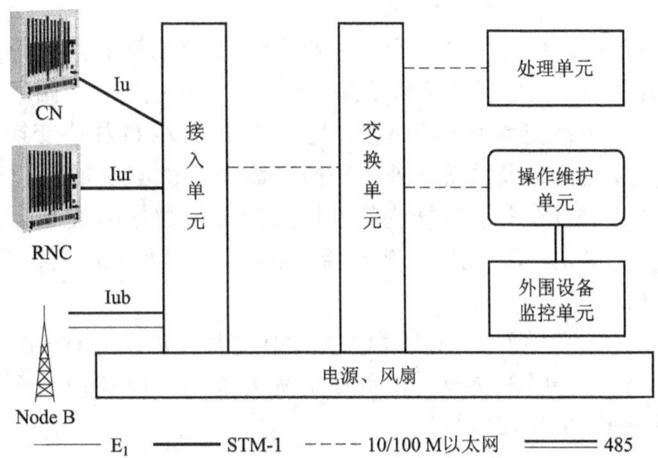

图5－18　ZXTR RNC硬件系统总体框图

ZXTR RNC主要由以下单元组成：

（1）操作维护单元ROMU；

（2）接入单元RAU；

（3）交换单元RSU；

（4）处理单元RPU；

（5）外围设备监控单元RPMU。

1）操作维护单元（ROMU）

操作维护单元ROMU包括ROMB单板和CLKG单板。

CLKG单板负责系统的时钟供给和外部同步功能。通过Iu口提取时钟基准，经过板内同步后，驱动多路定时基准信号给各个接口框使用。

ROMB单板负责处理全局过程并实现整个系统操作维护相关的控制（包括操作维护代理），并通过100 M以太网与OMC－R实现连接，并实现内外网段的隔离。ROMB单板还作为ZXTR RNC操作维护处理的核心，它直接或间接监控和管理系统中的单板，ROMB单板提供以太网口和RS－485两种链路，以对系统单板进行配置管理。

2）接入单元（RAU）

接入单元为ZXTR RNC系统提供Iu、Iub和Iur接口的STM－1和E_1接入功能。接入单元包括APBE、IMAB和DTB单板，背板为BUSN。其中，APBE单板提供STM－1接入（根据后期需要，可以提供STM-4接入），IMAB与DTB一起提供支持IMA的E_1接入，DTB单板提供E_1线路接口。

每个APBE单板提供4个STM-1接口，支持622 M交换容量，负责完成RNC系统STM-1物理接口AAL2和AAL5的终结。IMAB单板与APBE的区别是不提供STM-1接口，而是和DTB一起提供E_1接口。每个DTB单板提供32路E_1接口，负责为RNC系统提供E_1线路接口。一个IMAB单板和两个DTB单板组成一组，提供完整的E_1接入和ATM终结功能。

3）交换单元（RSU）

交换单元主要为系统控制管理、业务处理板间通信以及多个接入单元之间业务流连接等提供一个大容量、无阻塞的交换单元。交换单元由两级交换子系统组成。

一级交换子系统是接口容量为40Gb/s的核心交换子系统，为RNC系统内部各个功能实体之间以及系统之外的功能实体间提供必要的消息传递通道，用于完成包括定时、信令、语音业务和数据业务等在内的多种数据的交互以及根据业务的要求和不同的用户提供相应的QOS功能。其包括PSN4V和GLIQV单板，分别完成管理、核心交换网板和线卡功能。

二级交换子系统由以太网交换芯片提供，一般情况下支持层2以太网交换，根据需要也可以支持层3交换。其负责系统内部用户面和控制面数据流的交换和汇聚，包括UIMC、UIMU和CHUB单板。

4）处理单元（RPU）

处理单元实现ZXTR RNC的控制面和用户面上层协议处理，包括RCB、RUB和RGUB。每块RGUB板提供以太网端口和交换单元的二级交换子系统的连接，完成对于PS业务GTP-U协议的处理。

每块RUB板提供以太网端口和交换单元的二级交换子系统的连接，完成对于CS业务FP/MAC/RLC/UP协议栈的处理和PS业务FP/MAC/RLC/PDCP的处理。

RCB连接在交换单元上，负责完成Iu、Iub口上控制面的协议处理。RCB的处理器为嵌入式平台下的高性能RISC实现。主备两块单板之间采用百兆以太网连接，以实现故障检测和动态数据备份。硬件提供主备竞争的机制。

5）外围设备监控单元（RPMU）

外围设备监控单元包括PWRD单板和告警箱ALB。

PWRD完成机柜里一些外围和环境单板信息的收集，包括电源分配器和风机的状态，以及温湿度、烟雾、水浸和红外等环境告警。PWRD通过RS-485总线接收ROMB的监控和管理。每个机柜有一块PWRD板。

告警箱ALB根据系统出现的故障情况进行不同级别的系统报警，以便设备管理人员及时干预和处理。

4. 实验要求

（1）根据老师要求写出实验报告。

（2）画出RNC系统的硬件结构图。

本章小结

1. 第三代移动通信系统最早由国际电信联盟（ITU）于1985年提出，当时称为未来公众陆地移动通信系统（FPLMTS，Future Public Land Mobile Telecommunication System），1996年更名为IMT-2000（International Mobile Telecommunication-2000，国际移动通信-2000）。

2. ITU规定的第三代移动通信无线传输技术的最低要求中，必须满足在以下三个环境的三种要求：快速移动环境，最高速率达144 Kb/s；室外到室内或步行环境，最高速率达384 Kb/s；室内环境，最高速率达2 Mb/s。

3. 作为一个完整的移动通信标准，IMT-2000的标准由两个主要部分构成：核心网络（CN）和无线接入网（RAN）。第三代移动通信的核心网主要有基于GSM MAP演进的核心网和基于IS-41演进的核心网两种。

4. UMTS系统的网络结构单元包括UE、UTRAN和CN。

5. WCDMA标准主要由欧洲ETSI提出，系统的核心网基于GSM-MAP。

6. TD-SCDMA为第三代无线通信业务的中国标准，它与UMTS和IMT-2000的建议完全一致。

7. CDMA2000采用MC-CDMA（多载波CDMA）多址方式，其核心网基于ANSI-41。

本章习题

1. 简述第三代移动通信的主要特点。

2. WCDMA核心网各版本具有哪些特点？

3. CDMA2000核心网各阶段具有哪些特点？

4. WCDMA系统的技术特点有哪些？

5. 试画出UTRAN的网络结构，并简述各部分功能。

6. UTRAN接口的通用协议模型从垂直平面来看可分为哪几部分？从水平平面来看可分为哪几部分？

7. 试说明SRNS、DRNS的区别。

8. WCDMA系统的物理层有哪些功能？

9. 智能天线的原理是什么？

10. TD-SCDMA系统的技术特点有哪些？

11. 试画出TD-SCDMA系统物理信道的层次结构。

12. 在TD-SCMDA系统中采用了哪些码资源？各自起到什么作用？

13. 试简述联合检测技术的原理。

14. CDMA2000系统的技术特点有哪些？

15. CDMA2000 1X的主要信道类型有哪些？

16. CDMA2000 1X针对IS-95系统有哪些主要改进？

第6章 LTE 技术

本章目的

1. 掌握 LTE 网络架构以及各组或部分的作用
2. 理解并掌握 LTE 的帧结构
3. 理解 LTE 中各关键技术的原理

知识点

1. LTE 网络架构
2. FDD – LTE 帧结构
3. TDD – LTE 帧结构
4. LTE 各种关键技术的原理

引导案例（见图 6 – 0）

图 6 – 0　LTE 技术

案例分析

4G是第四代移动通信及其技术的简称，其支持100 Mb/s的速度下载，比拨号上网快2 000倍，上传速度高达20 Mb/s，能够满足几乎所有用户对于无线服务的要求。

问题引入

4G采取了什么技术？为什么能够支持如此高的速率？

基于CDMA技术的3G标准尽管目前已实现商用化，并在通过HSDPA以及Enhanced Uplink等技术增强之后，可以保证未来几年内的竞争力，但3G系统仍存在很多不足，例如无法满足日益增长的用户高带宽、高速率的要求，多种标准难以统一，难以实现全球漫游等，正是3G的局限性推动了人们对下一代移动通信系统的研究。

LTE（Long Term Evolution，长期演进）是近几年来3GPP启动的最大的新技术研发项目，通俗的称为3.9G技术，被视作从3G向4G演进的主流技术。图6－1给出了2G技术到4G技术的演进过程。

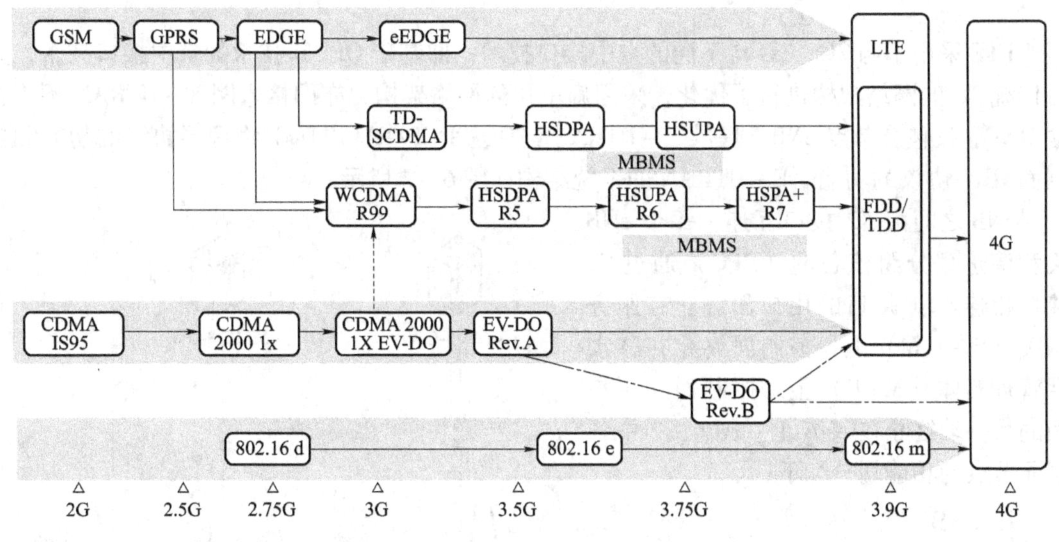

图6－1 无线通信技术发展和演进过程

3GPP组织于2004年12月开始LTE相关标准的研究工作。2008年12月，R8 LTE RAN1冻结；2008年12月，R8 LTE RAN2、RAN3、RAN4完成功能冻结；2009年3月，R8 LTE标准完成，此协议的完成能够实现LTE系统首次商用的基本功能。

3GPP要求LTE支持的主要指标和需求如下：

（1）峰值数据速率大大提升：下行链路的瞬时峰值数据速率在20 MHz下行链路频谱分配的条件下，可以达到100 Mb/s（5 bps/Hz）（网络侧2发射天线，UE侧2接收天线条件下）；上行链路的瞬时峰值数据速率在20 MHz上行链路频谱分配的条件下，可以达到50 Mb/s（2.5 bps/Hz）（UE侧1发射天线情况下）。

（2）降低时延：从驻留状态到激活状态，控制面的传输延迟时间小于100 ms；用户面延迟定义为一个数据包从UE/RAN边界节点的IP层传输到RAN边界节点/UE的IP层的单向传输时间，期望的用户面延迟不超过5 ms。

（3）灵活支持不同的带宽：支持不同大小的频谱分配，譬如E－UTRA可以在不同大小的频谱中部署，包括1.4 MHz、3 MHz 、5 MHz、10 MHz、15 MHz以及20 MHz，支持成对和非成对频谱。

（4）频谱效率更高：对于下行链路，在一个有效负荷的网络中，LTE频谱效率（用每站址、每Hz、每秒的比特数衡量）的目标是R6 HSDPA的3～4倍；对于上行链路，在一个有效负荷的网络中，LTE频谱效率（用每站址、每Hz、每秒的比特数衡量）的目标是R6 HSUPA的2～3倍。

（5）具有更低的CAPEX和OPEX：体系结构的扁平化和中间节点的减少使得设备成本和维护成本得以显著降低。

（6）与现有的3GPP系统共存和互操作能力，等等。

6.1 LTE网络架构

LTE采用了与2G、3G均不同的空中接口技术，即基于OFDM技术的空中接口技术，并对传统3G的网络架构进行了优化，采用扁平化的网络架构，亦即接入网E－UTRAN不再包含RNC，仅包含节点eNB，提供E－UTRA用户面PDCP/RLC/MAC/物理层协议的功能和控制面RRC协议的功能。E－UTRAN的系统结构如图6－2所示。

eNB之间由X2接口互连，每个eNB又和演进型分组核心网（EPC）通过S1接口相连。S1接口的用户面终止在服务网关（S－GW）上，控制面终止在移动性管理实体（MME）上。控制面和用户面的另一端终止在eNB上。图6－2中各网元节点的功能划分如下：

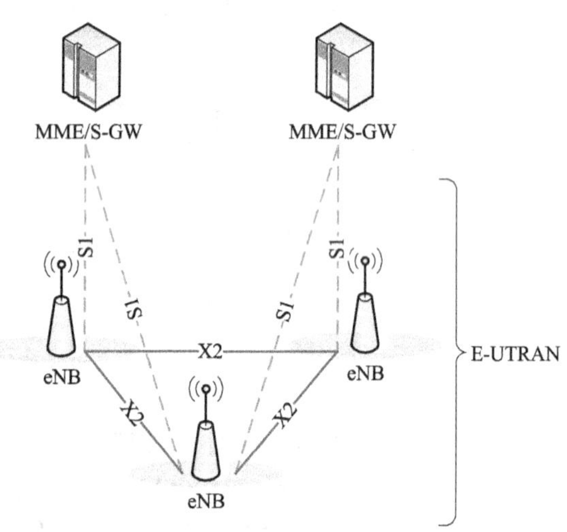

图6－2　E－UTRAN结构

1. eNB

LTE的eNB除了具有原来Node B的功能之外，还承担了原来RNC的大部分功能，包括有物理层功能、MAC层功能（包括HARQ）、RLC层（包括ARQ功能）、PDCP功能、RRC功能（包括无线资源控制功能）、调度、无线接入许可控制、接入移动性管理以及小区间的无线资源管理功能等。

2. MME（移动性管理）

MME是SAE的控制核心，主要负责用户接入控制、业务承载控制、寻呼、切换控制等控制信令的处理。

MME功能与网关功能分离，这种控制平面/用户平面分离的架构，有助于网络部署、单个技术的演进以及全面灵活的扩容。

3. S－GW（服务网关）

S－GW作为本地基站切换时的锚定点，主要负责以下功能：

（1）在基站和公共数据网关之间传输数据信息；

（2）为下行数据包提供缓存；

（3）基于用户的计费等。

4. P－GW（PDN网关）

公共数据网关P－GW作为数据承载的锚定点，提供以下功能：包转发、包解析、合法监听、基于业务的计费、业务的QoS控制以及负责和非3GPP网络间的互联等。

5. S1和X2接口

与2G、3G都不同，S1和X2均是LTE新增的接口。从图6－2中可见，在LTE网络架构中，没有了原有的Iu、Iub以及Iur接口，取而代之的是新接口S1和X2。

S1接口定义为E－UTRAN和EPC之间的接口，其包括两部分：控制面S1－MME接口和用户面S1－U接口。S1－MME接口定义为eNB和MME之间的接口；S1－U接口定义为eNB和S－GW之间的接口。

X2接口定义为各个eNB之间的接口，其包含X2－CP和X2－U两部分。X2－CP是各个eNB之间的控制面接口，X2－U是各个eNB之间的用户面接口。

S1接口和X2接口类似的地方是：S1－U和X2－U使用同样的用户面协议，以便于eNB在数据反传（Data Forward）时，减少协议处理。

E－UTRAN和EPC之间的功能划分可以从LTE在S1接口的协议栈结构图来描述，如图6－3所示，其中eNB、MME、S－GW和P－GW表示逻辑节点，阴影框内为无线协议层，其他为控制面板功能实体。

6.2　LTE物理层

LTE无线接口协议结构如图6－4所示。物理层与层2的MAC子层和层3的无线资源控制RRC子层具有接口，其中的圆圈表示不同层/子层间的服务接入点SAP。物理层向MAC层提供传输信道。MAC层提供不同的逻辑信道给层2的无线链路控制RLC子层。

LTE系统中空中接口的物理层主要负责向上层提供底层的数据传输服务。为了提供数据传输服务，物理层将包含以下功能。

（1）传输信道的错误检测并向高层提供指示。

（2）传输信道的前向纠错编码（FEC）与译码。

（3）混合自动重传请求（HARQ）软合并。

（4）传输信道与物理信道之间的速率匹配及映射。

（5）物理信道的功率加权。

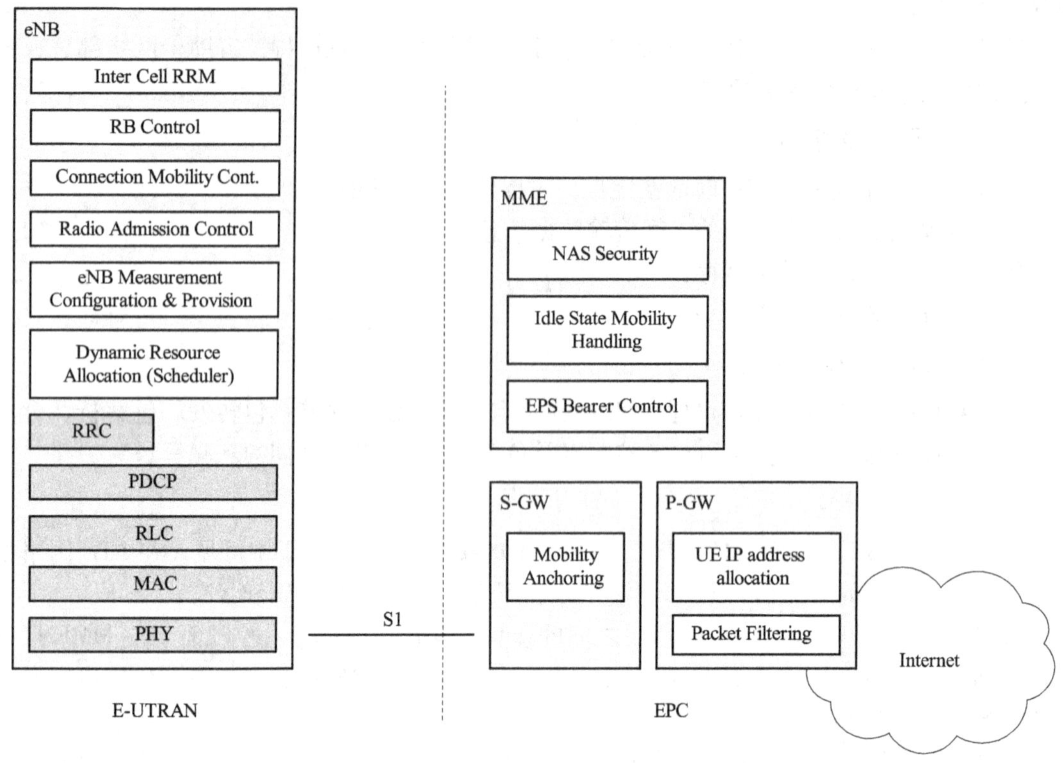

图6－3　E－UTRAN 和 EPC 的功能划分

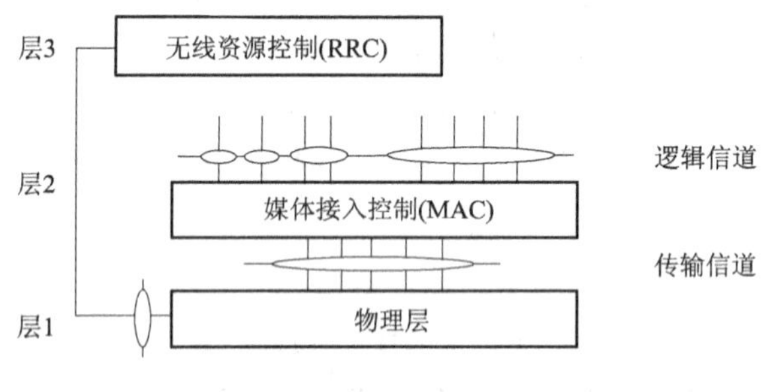

图6－4　无线接口协议结构

（6）物理信道的调制与解调。

（7）时间及频率同步。

（8）射频特性测量并向高层提供指示。

（9）MIMO 天线处理。

（10）传输分集。

（11）波束赋形。

（12）射频处理。

下面简要介绍一下 TD－LTE 系统的物理层无线技术方案。

（1）系统带宽：LTE 系统载波间隔采用 15 kHz，上下行的最小资源块均为 180 kHz，也就是 12 个子载波宽度，数据到资源块的映射可采用集中式或分布式两种方式。通过合理配置子载波数量，系统可以实现1.4～20 MHz的灵活带宽配置。

（2）OFDMA与SC－FDMA：LTE系统的下行基本传输方式采用正交频分多址OFDMA方式，OFDM传输方式中的CP（循环前缀）主要用于有效的消除符号间干扰，其长度决定了OFDM系统的抗多径能力和覆盖能力。为了达到小区半径100 km的覆盖要求，LTE系统采用长短两套循环前缀方案，根据具体场景进行选择：短CP方案为基本选项，长CP方案用于支持大范围小区覆盖和多小区广播业务。上行方向，LTE系统采用基于带有循环前缀的单载波频分多址（SC－FDMA）技术。选择SC－FDMA作为LTE系统上行信号接入方式的一个主要原因是为了降低发射终端的峰值平均功率比，进而减小终端的体积和成本。

（3）双工方式：LTE系统支持两种基本的工作模式，即频分双工（FDD）和时分双工（TDD）；支持两种不同的无线帧结构，帧长度均为10 ms。

（4）调制方式：LTE系统上下行均支持QPSK、16 QAM及64 QAM调制方式。

（5）信道编码：LTE系统中对传输块使用的信道编码方案为Turbo编码，编码速率为$R=1/3$，它由两个8状态子编码器和一个Turbo码内部交织器构成。其中，在Turbo编码中使用栅格终止方案。

（6）多天线技术：LTE系统引入了MIMO技术，通过在发射端和接收端同时配置多个天线，大幅度地提高了系统的整体容量。LTE系统的基本MIMO配置是下行2×2、上行1×2个天线，但同时也可考虑更多的天线配置（最多4×4）。LTE系统对下行链路采用的MIMO技术包括发射分集、空间复用、空分多址和预编码等，对于上行链路，LTE系统采用了虚拟MIMO技术以增大容量。

（7）物理层过程：LTE系统中涉及多个物理层过程，包括小区搜索、功率控制、上行同步、下行定时控制、随机接入相关过程和HARQ等。通过在时域、频域和功率域进行物理资源控制，LTE系统还隐含支持干扰协调功能。

（8）物理层测量：LTE系统支持UE与eNB之间的物理层测量，并将相应的测量结果向高层报告。具体测量指标包括：同频和异频切换的测量、不同无线接入技术之间的切换测量、定时测量以及无线资源管理的相关测量。

6.2.1　无线帧结构

LTE支持两种类型的无线帧结构：

（1）类型1：适用于FDD模式。

（2）类型2：适用于TDD模式。

1. 类型1

帧结构类型1如图6－5所示，每一个无线帧长度为10 ms，分为10个等长度的子帧，每个子帧又由2个时隙构成，每个时隙长度均为0.5 ms。

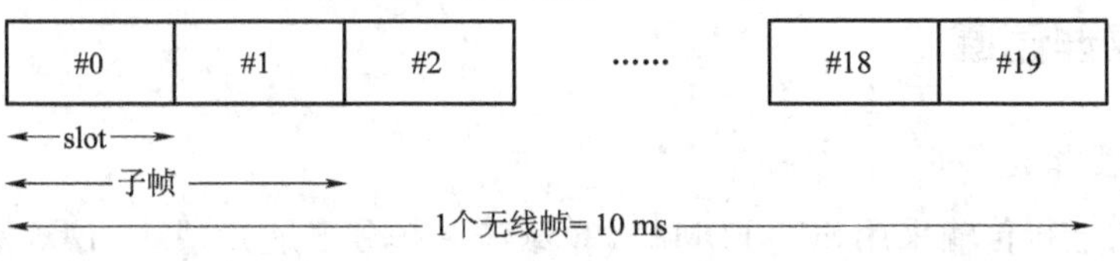

图6－5　帧结构类型1

对于FDD，在每一个10 ms中，有10个子帧可以用于下行传输，并且有10个子帧可以用于上行传输。上、下行传输在频域上分开进行。

2. 类型2

帧结构类型2适用于TDD模式。每一个无线帧由两个半帧构成，每一个半帧长度为5 ms。每一个半帧包括8个slot（每一个的长度为0.5 ms）以及三个特殊时隙（DwPTS、GP和UpPTS，DwPTS和UpPTS的长度是可配置的，并且要求DwPTS、GP以及UpPTS的总长度等于1 ms）。子帧1和子帧6包含DwPTS、GP以及UpPTS，所有其他子帧包含两个相邻的时隙。如图6－6所示。

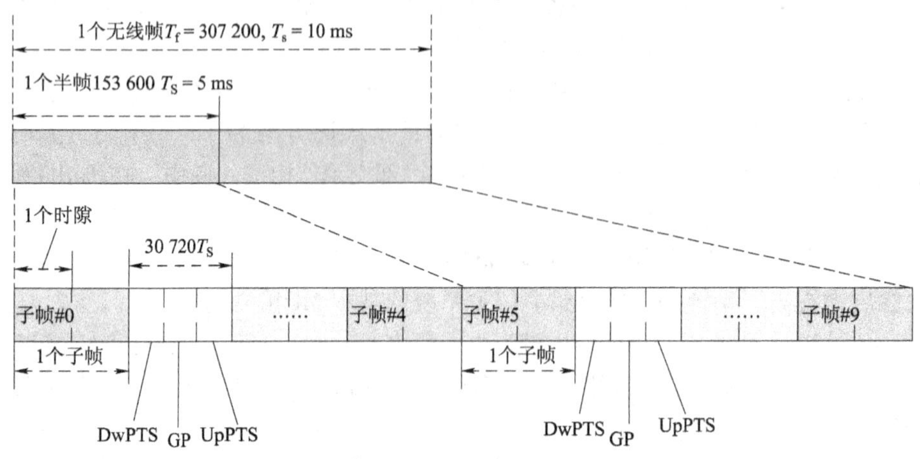

图6－6　帧结构类型2

其中，子帧0和子帧5以及DwPTS永远预留为下行传输，并支持5 ms和10 ms的切换点周期。在5 ms切换周期情况下，UpPTS、子帧2和子帧7预留为上行传输。

在10 ms切换周期情况下，DwPTS在两个半帧中都存在，但是GP和UpPTS只在第一个半帧中存在，在第二个半帧中的DwPTS长度为1 ms。UpPTS和子帧2预留为上行传输，子帧7到子帧9预留为下行传输。

LTE上下行传输使用的最小资源单位为资源粒子（Resource Element，RE）。

LTE在进行数据传输时，将上下行时频域物理资源组成资源块（Resource Block，RB），作为物理资源单位进行调度与分配。

一个RB由若干个RE组成，在频域上包含12个连续的子载波、在时域上包含7个连续的OFDM符号（在Extended CP情况下为6个），即频域宽度为180 kHz，时间长度为0.5 ms。

下面主要介绍TD－LTE的相关内容。

6.2.2　物理信道

1. 上行物理信道

TD－LTE的上行传输采用SC－FDMA（单载波－频分多址），TD－LTE定义了3种上行物理信道，即：

(1) PUCCH (物理上行控制信道)。

承载下行传输对应的 HARQ ACK/NACK 信息;

承载调度请求信息;

承载 CQI 报告信息。

(2) PUSCH (物理上行共享信道)。

承载 UL-SCH 信息。

(3) PRACH (物理随机接入信道)。

承载随机接入前导。

上行物理信道基本处理流程如图 6-7 所示。

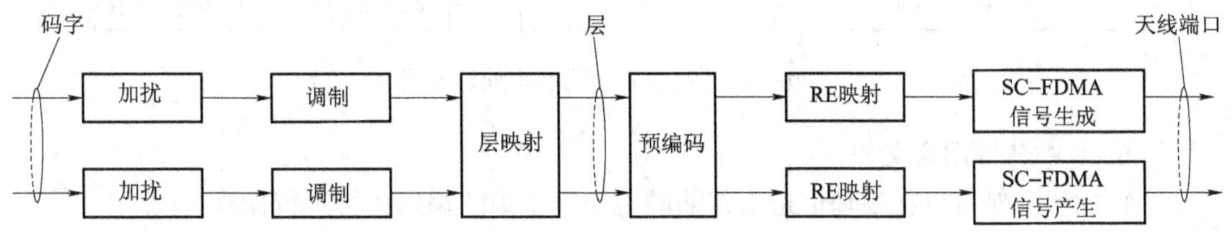

图 6-7 上行物理信道基本处理流程

图 6-7 中各框图含义如下:

(1) 加扰:对将要在物理信道上传输的码字中的编码比特进行加扰。

(2) 调制:对加扰后的比特进行调制,产生复值调制符号。

(3) 层映射:将复值调制符号映射到一个或者多个传输层。

(4) 预编码:对将要在各个天线端口上发送的每个传输层上的复数值调制符号进行预编码。

(5) 映射到资源元素:把每个天线端口的复值调制符号映射到资源元素上。

(6) 生成 SC-FDMA 信号:为每个天线端口生成复值时域的 SC-FDMA 符号。

2. 下行物理信道

TD-LTE 的下行传输是基于 FDMA 的, TD-LTE 定义了 6 种下行物理信道,即:

(1) PBCH (物理广播信道)。

已编码的 BCH 传输块在 40 ms 的间隔内映射到 4 个子帧;

40 ms 定时通过盲检测得到,即没有明确的信令指示 40 ms 的定时;

在信道条件足够好时, PBCH 所在的每个子帧都可以独立解码。

(2) PCFICH (物理控制格式指示信道)。

将 PDCCH 占用的 OFDM 符号数目通知给 UE;

在每个子帧中都有发射。

(3) PDCCH (物理下行控制信道)。

将 PCH 和 DL-SCH 的资源分配,并将与 DL-SCH 相关的 HARQ 信息通知给 UE;

承载上行调度赋予信息。

(4) PHICH (物理 HARQ 指示信道)。

承载上行传输对应的 HARQ ACK/NACK 信息。

（5）PDSCH（物理下行共享信道）。

承载 DL－SCH 和 PCH 信息。

（6）PMCH（物理多播信道）。

承载 MCH 信息。

下行物理信道基本处理流程如图 6－8 所示。

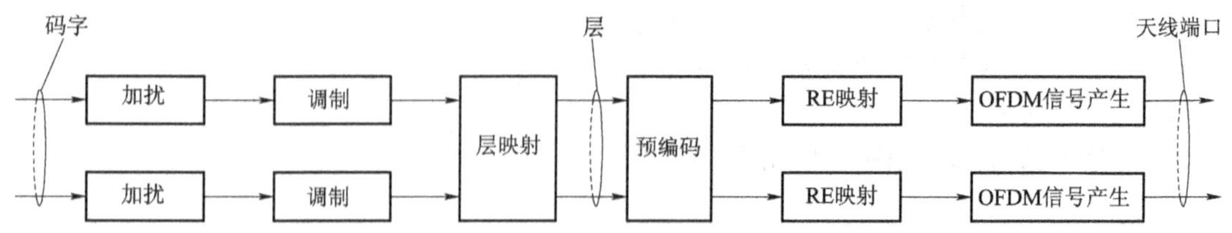

图 6－8　下行物理信道基本处理流程

图 6－8 中各框图含义如下：

（1）加扰：对将要在物理信道上传输的每个码字中的编码比特进行加扰。

（2）调制：对加扰后的比特进行调制，产生复值调制符号。

（3）层映射：将复值调制符号映射到一个或者多个传输层。

（4）预编码：对将要在各个天线端口上发送的每个传输层上的复制调制符号进行预编码。

（5）映射到资源元素：把每个天线端口的复值调制符号映射到资源元素上。

（6）生成 OFDM 信号：为每个天线端口生成复值的时域 OFDM 符号。

6.2.3　传输信道

传输信道主要负责通过什么样的特征数据和方式实现物理层的数据传输服务。

下行传输信道类型有：

（1）BCH（广播信道）。

固定的预定义的传输格式；

要求广播到小区的整个覆盖区域。

（2）DL－SCH（下行共享信道）。

支持 HARQ；

支持通过改变调制、编码模式和发射功率来实现动态链路自适应；

能够发送到整个小区；

能够使用波束赋形；

支持动态或半静态资源分配；

支持 UE 非连续接收（DRX）以节省 UE 电源；

支持 MBMS 传输。

（3）PCH（寻呼信道）。

支持 UE DRX 以节省 UE 电源（DRX 周期由网络通知 UE）；

要求发送到小区的整个覆盖区域；

映射到业务或其他控制信道也动态使用的物理资源上。

（4）MCH（多播信道）。

要求发送到小区的整个覆盖区域；

对于单频点网络MBSFN支持多小区的MBMS传输的合并；

支持半静态资源分配。

上行传输信道类型有：

（1）UL－SCH（上行共享信道）。

能够使用波束赋形；

支持通过改变发射功率和潜在的调制、编码模式来实现动态链路自适应；

支持HARQ；

支持动态或半静态资源分配。

（2）RACH（随机接入信道）。

承载有限的控制信息；

有碰撞风险。

6.2.4　传输信道到物理信道的映射

下行和上行传输信道与物理信道之间的映射关系如图6－9所示。

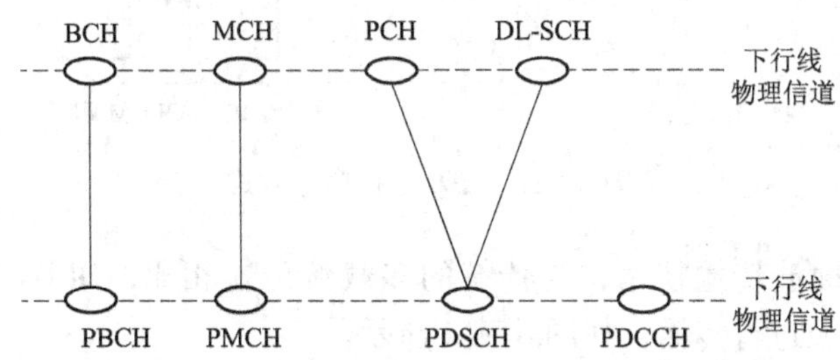

图6－9　下行传输信道与物理信道的映射关系

6.3　LTE关键技术

6.3.1　OFDM技术

LTE采用OFDMA（正交频分多址：Orthogonal Frequency Division Multiple Access）作为下行多址方式。

图6－10所示为TD－LTE下行多址方式OFDMA的示意图，发送端信号首先进行信号编码与交织，然后进行QAM调制，将调制后的频域信号进行串/并变换，以及子载波映射，并对所有子载波上的符号进行逆傅立叶变换（IFFT）后生成时域信号，然后在每个OFDM符号前插入一个循环前缀（Cyclic Prefix，CP），使得在多径衰落环境下保持子载波之间的正交性。

LTE采用DFT－SOFDM（离散傅立叶变换扩展，Discrete Fourier Transform Spread OFDM，OFDM），或者称为SC－FDMA（Single Carrier FDMA）作为上行多址方式。

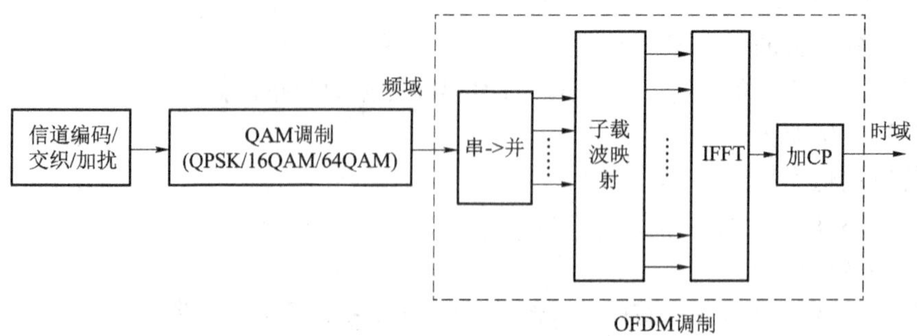

图6－10　LTE下行多址方式

图6－11所示为TD－LTE上行多址方式的示意图。

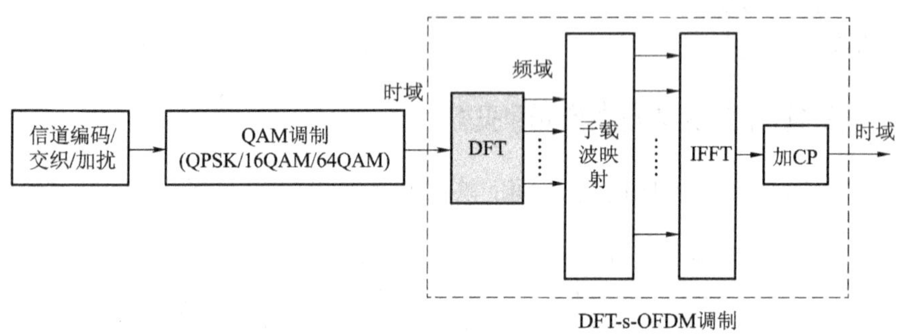

图6－11　LTE上行多址方式

OFDM是一种多载波传输技术，与传统的多载波传输相比，OFDM可以使用更多、更窄、彼此正交的子载波进行传输，如图6－12所示。

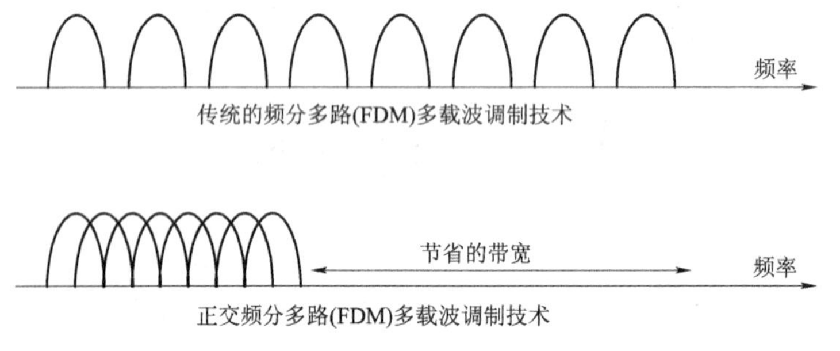

图6－12　OFDM示意图

OFDM的基本思想是把高速数据流分散到多个正交的子载波上传输，从而使单个子载波上的符号速率大大降低，即符号持续时间大大加长，对因多径效应产生的时延扩展有较强的抵抗力，减少了ISI的影响。通常在OFDM符号前加入保护间隔，即循环前缀（CP），只要保护间隔大于信道的时延扩展则可以完全消除ISI。CP的长度决定了OFDM系统的抗多径能力和覆盖能力。长CP利于克服多径干扰，支持大范围覆盖，但系统开销也会相应增加，导致数据传输能力下降。

6.3.2　MIMO技术

多天线输出多天线输入（Multiple Input Multiple Output，MIMO）技术是指利用多根发射天线、多根接收天线进行空间分集的技术。该技术能够有效地将通信链路分解为多个并行的子信道，从而大大提高信道容量。在下行链路，多天线发送方式主要包括发送分集、波束赋形和空时预编码等；在上行链路，多用户组成的虚拟MIMO可提高系统的上行容量。

1. 下行链路多天线传输

多天线传输支持2根或4根天线，码字最大数目为2，与天线数目没有必然关系，但是码字和层之间有着固定的映射关系。码字、层和天线端口的大致关系如图6－13所示。

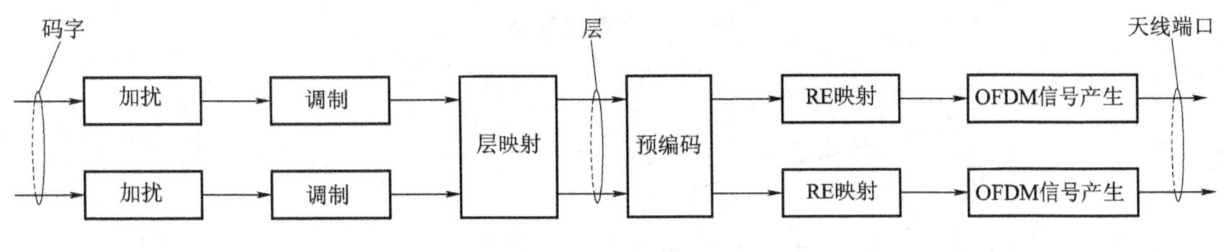

图6－13　物理信道处理

当一个MIMO信道都分配给一个UE时，称为SU－MIMO（单用户MIMO）；当MIMO数据流空分复用给不同的UE时，称为MU－MIMO（多用户MIMO）。

2. 上行链路多天线传输

上行链路一般采用单发双收的1×2天线配置，但是也可以支持MU－MIMO，亦即每个UE使用一根天线发射，但是多个UE组合起来使用相同的时频资源以实现MU－MIMO。

6.3.3　链路自适应技术

移动无线通信信道的一个典型特征就是其瞬时信道变化较快，并且幅度较大，信道调度（Channel-dependent Scheduling）以及链路自适应可以充分利用信道这种变化的特征，提高无线链路传输质量。

链路自适应技术包含两种：功率控制以及速率控制，其中速率控制即自适应编码调制技术（Adaptive Modulation and Coding，AMC）。

功率控制的一个目的是通过动态调整发射功率，维持接收端一定的信噪比，从而保证链路的传输质量。这样，当信道条件较差时需要增加发射功率，当信道条件较好时需要降低发射功率，从而保证了恒定的传输速率，如图6－14所示。而链路自适应技术是在保证发射功率恒定的情况下，通过调整无线链路传输的调制方式与编码速率，确保链路的传输质量。这样当信道条件较差时选择较小的调制方式与编码速率，当信道条件较好时选择较大的调制方式，从而最大化了传输速率，如图6－15所示。显然速率控制的效率要高于使用功率控制的效率，这是因为使用速率控制时总是可以使用满功率发送，而使用功率控制则没有充分利用所有的功率。

在TD－LTE中，下行链路采用AMC技术，通过各种不同的调制方式（QPSK、16QAM

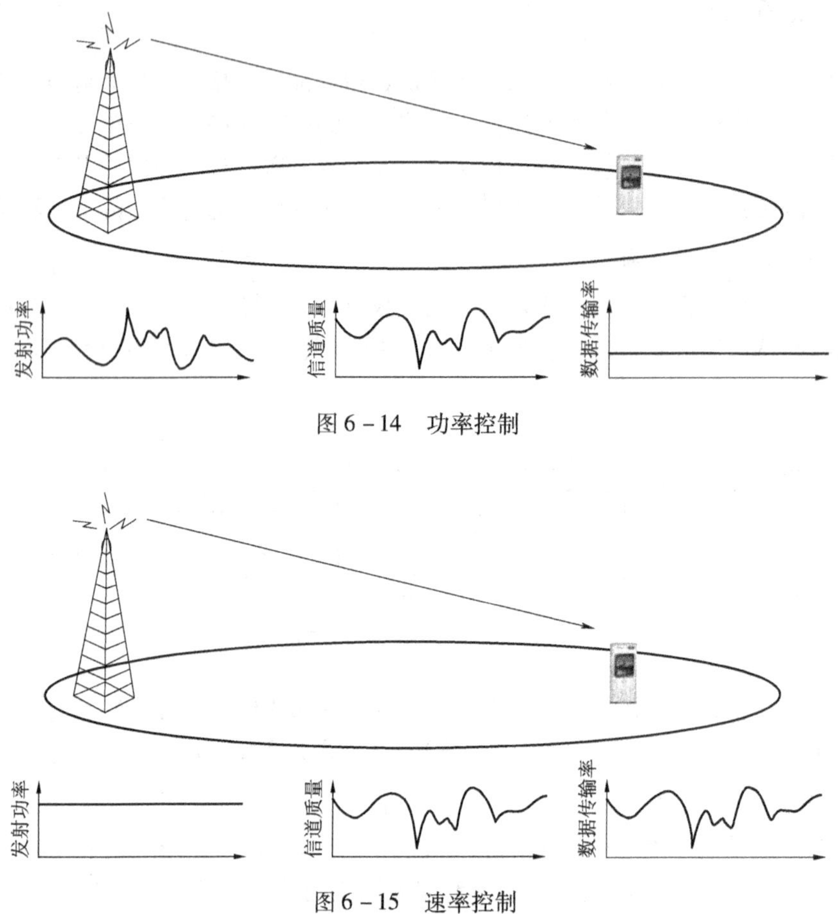

图6-14　功率控制

图6-15　速率控制

和64QAM）和不同的信道编码率来实现。上行链路支持AMC技术、功率控制技术以及自适应传输带宽技术。

自适应调制和编码（Adaptive Modulation and Coding，AMC）技术的基本原理是在发送功率恒定的情况下，动态地选择适当的调制和编码方式（Modulation and Coding Scheme，MCS），确保链路的传输质量。当信道条件较差时，降低调制等级以及信道编码速率；当信道条件较好时，提高调制等级以及编码速率。AMC技术实质上是一种变速率传输控制方法，能适应无线信道衰落的变化，具有抗多径传播能力强、频率利用率高等优点，但其对测量误差和测量时延敏感。

TD-LTE在进行AMC的控制过程中，对于上、下行有着不同的实现方法：

（1）下行AMC过程：通过反馈的方式获得信道状态信息，终端检测下行公共参考信号，进行下行信道质量测量并将测量的信息通过反馈信道反馈到基站侧，基站侧根据反馈的信息进行相应的下行传输MCS格式的调整。

（2）上行AMC过程：与下行AMC过程不同，上行过程不再采用反馈方式获得信道质量信息。基站侧通过对终端发送的上行参考信号的测量，进行上行信道质量测量；基站根据所测得信息进行上行传输格式的调整并通过控制信令通知UE。

6.3.4　快速分组调度技术

对于同一块资源，由于移动通信系统用户所处的位置不同，其对应的信号传输信道也是不同的。信道调度的基本思想是，对于某一块资源，选择信道传输条件最好的用户进行调度，从而最大化基站的吞吐量。这种调度通常被称为最大 C/I（Max－C/I）调度，如图 6－16 所示。假设资源块是时分的，每一个时刻只有一个用户被调度，那么采用最大 C/I 调度时，尽管每一个用户所经历的信道在不同时刻有好有坏，但是从基站角度来看，任何一个时刻总是能够找到一个用户的信道质量接近峰值。这种通过选择最好信道质量的用户进行信号传输的方法称为多用户分集（Multi-user Diversity），信道的选择性越大，小区中的用户越多，多用户分集越大。

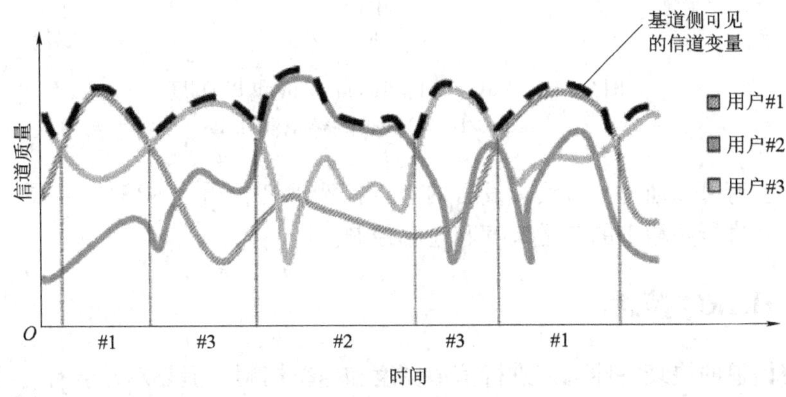

图 6－16　Max－C/I 调度

从系统容量的角度来看，Max－C/I 调度是有益的，但是从用户的角度来看，那些长时间处于深衰落或者位于小区边缘的用户将永远不会被调度，从而影响用户之间的公平性。如图 6－17（a）所示。

Round-robin 调度则充分考虑了用户之间的公平性，如图 6－17（b）所示，其调度策略是让用户依次使用共享资源，在调度时并不考虑用户所经历的瞬时信道条件。Round-robin 调度虽然给每一个用户相同的调度机会，但是从 QoS 来说并不是这样的，这是因为信道条件差的用户显然需要更多的调度机会才能完成基本相同的 QoS。

一种 Max－C/I 调度与 Round-robin 调度的折中是正比公平（Proportional-fair，PF）调度，如图 6－17（c）所示。PF 调度可以用下述公式描述：

$$k = \text{argmax}\,\frac{R_i}{\overline{R_i}}$$

式中，R_i 为用户 i 的瞬时数据速率；$\overline{R_i}$为用户 i 的平均数据速率，该平均值是通过一定的平均周期计算出来的。

平均周期的选取，应该保证既能有效地利用信道的快衰落特性，又能限制长期服务质量的差别小到一定的程度。

相对于单载波 CDMA 系统，LTE 系统的一个典型特征是可以在频域进行信道调度和速率控制，这就要求基站侧知道频域上不同频带的信道状态信息。对于下行可以通过测量全带宽的公共参考信号，获得不同频带的信道状态信息，量化为信道质量指示（CQI），并反馈

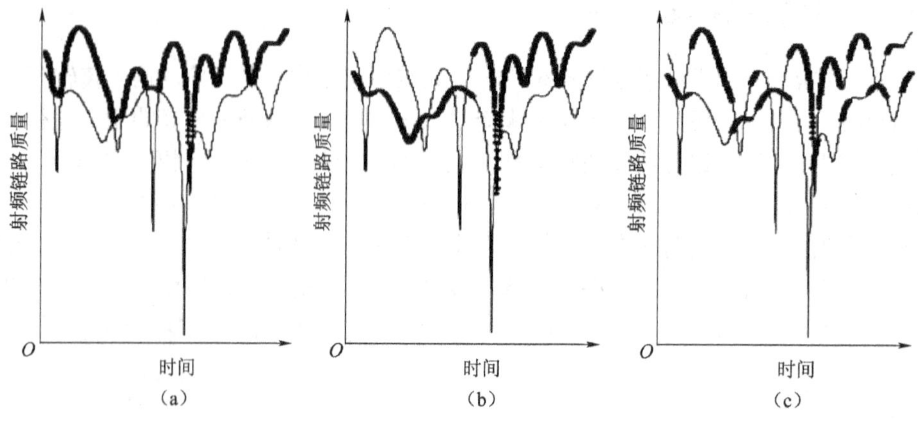

图6-17　Max-C/I、Round-robin和PF调度
（a）Max-C/I；（b）Round-robin；（c）PF

给基站；对于上行可以通过测量终端发送的上行探测参考信号（SRS），获得不同频带的信道状态信息，并进行频域上的信道调度和速率控制。

6.3.5　HARQ技术

利用无线信道的快衰特性可以进行信道调度和速率控制，但是总是会有一些不可预测的干扰而导致信号传输失败。因此，需要使用前向纠错编码（FEC）技术。FEC基本原理是在传输信号中增加冗余，即信号传输之前在信息比特中加入校验比特。校验比特通常使用由编码结构确定的方法对信息比特进行运算而得到。这样信道中传输的比特数目将大于原始信息比特数目，从而在传输信号中引入冗余。

另外一种解决传输错误的方法是使用自动重传请求（ARQ）技术。在ARQ方案中，接收端通过错误检测（通常为CRC校验）判断接收到的数据包的正确性。如果数据包被判断为正确的，那么说明接收到的数据是没有错误的，并且通过发送ACK应答信息告知发射机；如果数据包被判断为错误的，那么通过发送NACK应答信息告知发射机，发射机将重新发送相同的信息。

大部分通信系统都将FEC与ARQ结合起来使用，称为混合自动重传请求，即Hybird ARQ，或者HARQ。HARQ使用FEC纠正所有错误的一部分，并通过错误检测判断不可纠正的错误。错误接收的数据包被丢掉，接收机请求重新发送相同的数据包。

HARQ又可以分为自适应HARQ（Adaptive）与非自适应HARQ（Non-adaptive）。自适应HARQ是指重传时可以改变初传的一部分或者全部属性，比如调制方式、资源分配等，这些属性的改变需要信令额外通知。非自适应的HARQ是指重传时改变的属性是发射机与接收机实现协商好的，不需要额外的信令通知。

LTE的下行采用自适应的HARQ，上行同时支持自适应和非自适应的HARQ：非自适应的HARQ仅仅由PHICH信道中承载的NACK应答信息来触发；自适应的HARQ通过PDCCH调度来实现，即基站发现接收输出错误之后，不反馈NACK，而是通过调度器调度其重传所使用的参数。

6.4 工程实践案例

TD－LTE 中主要是通过对 RSRP 的研究来定义其导频污染的。TD－LTE 的导频污染中引入强导频和足够强主导频的定义。在某一点存在过多的强导频却没有一个足够强的主导频的时候，即定义为导频污染。

TD－LTE 网络中导频污染产生的原因有很多，其影响因素主要有基站选址、天线挂高、天线方位角、天线下倾角、小区布局、RS 的发射功率及周围环境影响等。有些导频污染是由某一因素引起的，而有些则是由好几个因素引起的。

下面根据实际的网络建设情况，给出相关的图示说明。

1. 基站位置因素影响

周围基站围成一个环形，在环形的中心位置就会有周围的小区均对该地段有所覆盖，造成导频污染。如图6－18所示。

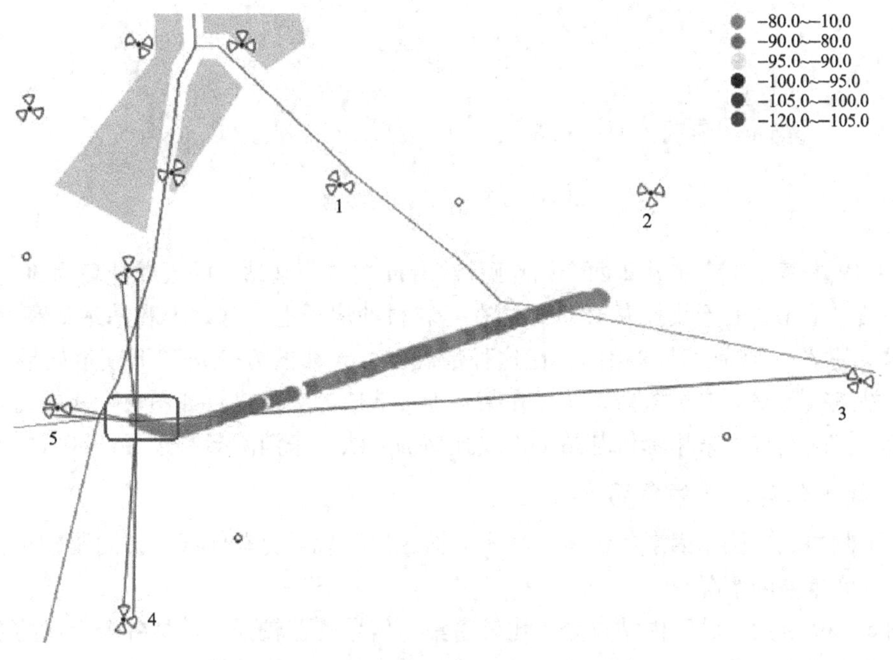

图6－18 基站分布

如图6－18所示5个基站均对图中的方框所示区域有所覆盖，且其场强较强，故该地区的导频污染比较严重。

由图6－18可以看出，方框所表示地方为5个站点所构成的环形的中间地段，测试轨迹是国道。这是一个典型基站位置因素影响的案例，同时周围的环境中阻挡较少也是造成导频污染的一个原因。

2. 天线挂高因素

在我们的实际网络建设过程中，有可能相邻基站之间天线高度相差非常大，会出现由于越区覆盖而导致导频污染的情况。如图6－19所示。

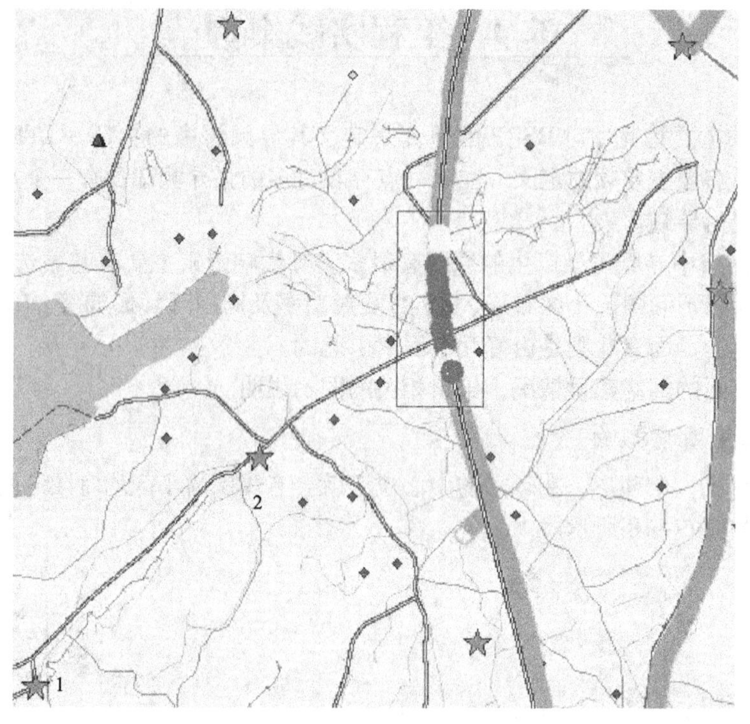

图6－19　天线挂高影响

图6－19中基站1和基站2两个站点距离2 km左右。基站1的天线挂高为50多米，是一个铁塔站。基站2的天线挂高18 m，建在一农村的房子上。基站1和基站2高度差35 m左右，两个基站海拔高度基本相同。在这种情况下，天线的方位角和下倾角如果设置不合理，井头站点很容易形成过覆盖，从而在某一地方造成导频污染。如图6－19中的方框所标示的区域。该问题可以采用降低基站1天线挂高的方法，来消除导频过覆盖区域。

3. 天线方位角、下倾角因素

天线下倾角、方位角因素的影响，在密集城区里表现得比较明显。站间距较小，很容易发生多个小区重叠的情况。

如图6－20所示，城区内站点分布比较密集，信号覆盖较强，基站各个天线的方位角和下倾角设置不合理，造成多小区重叠覆盖，最终导致导频污染的情况出现。

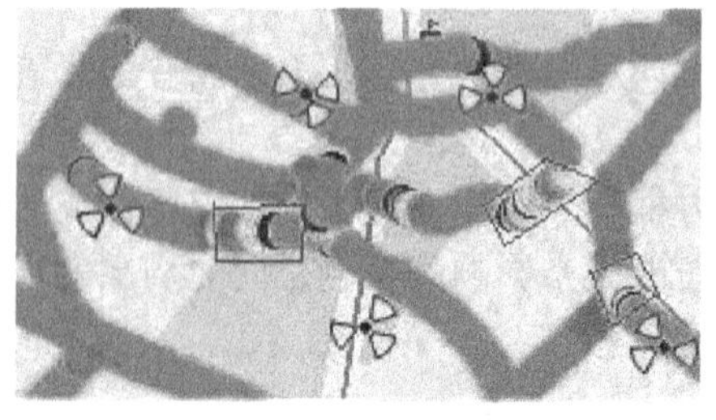

图6－20　某城区基站分布

4. 覆盖区域周边环境影响

覆盖区域的环境，包括地形、建筑物阻挡，等等。

如图 6－21 中所示区域里，地域类型属于农村环境，建筑物不高，大部分地区是农田，且地形比较平坦。图 6－21 中 1、2 站点较高，天线挂高也较高，分别为 53 m 和 60 m，图中方框所示区域里有导频污染的情况出现。

图 6－21　环境因素

6.5　技能训练

实验名称：TD－LTE eNB 设备的认识。

6.5.1　实验目的

（1）了解 TD－LTE eNB 设备的硬件结构。
（2）了解 TD－LTE eNB 设备单板的功能。

6.5.2　实验工具与器材

TD－LTE eNB 设备。

6.5.3　实验基本原理和实验操作步骤

ZTE 采用 eBBU（基带单元）＋eRRU（远端射频单元）分布式基站解决方案，两者配合共同完成 LTE 基站业务功能。

ZTE 分布式基站解决方案如图 6－22 所示。

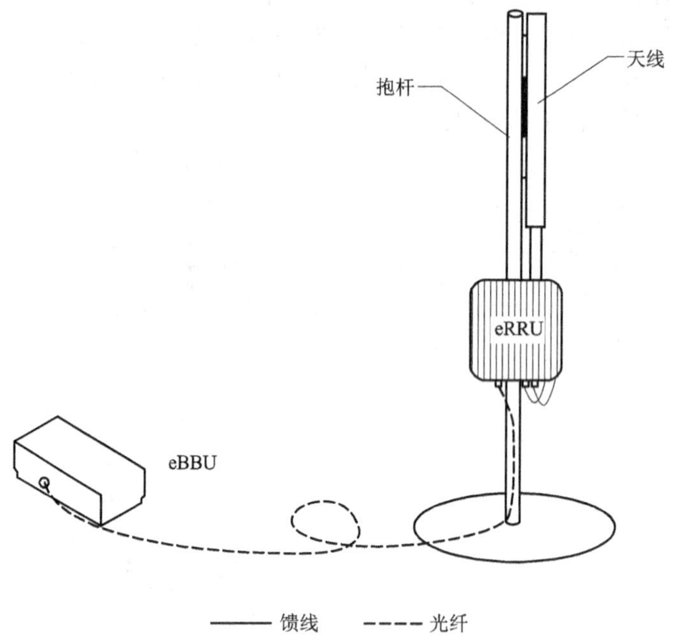

图 6－22　ZTE 分布式基站解决方案

ZXSDR B8300 TL200 实现 eNB 的基带单元功能，与射频单元 eRRU 通过基带—射频光纤接口连接，构成完整的 eNB。

ZXSDR B8300 TL200（eBBU）在网络中的位置如图 6－23 所示。

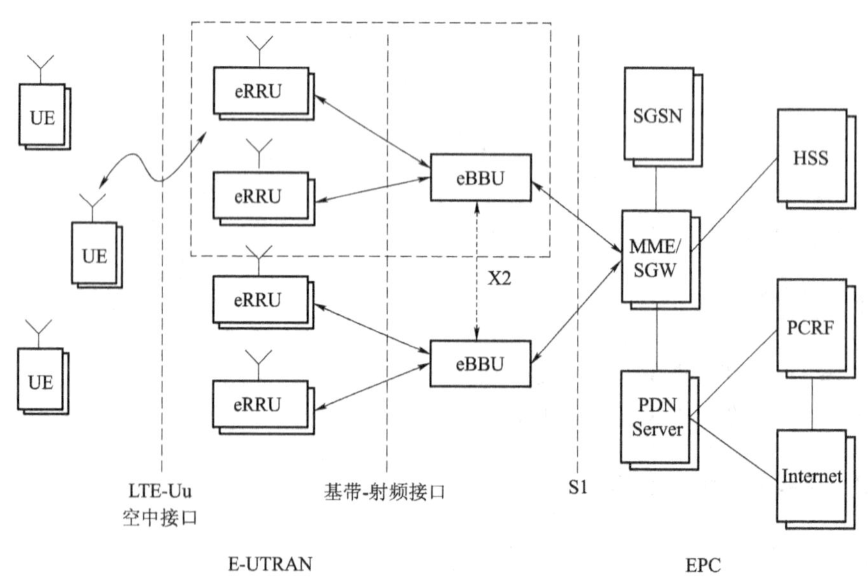

图 6－23　ZXSDR B8300 TL200 在网络中的位置

ZXSDR B8300 TL200 采用 19 英寸标准机箱，产品外观如图 6－24 所示。

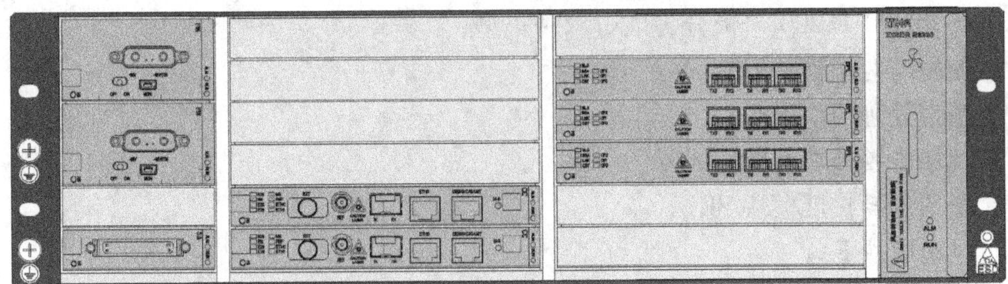

图6-24 产品外观

ZXSDR B8300 TL200 机箱从外形上看，主要由机箱体、后背板和后盖板组成，机箱外部结构如图6-25所示。

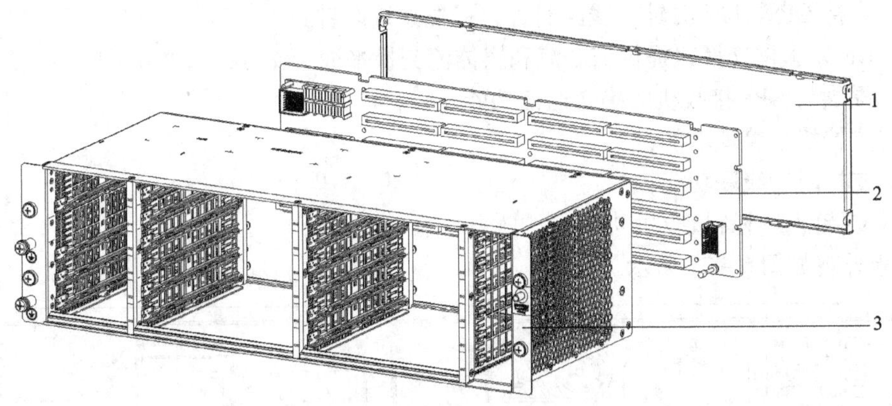

图6-25 机箱外部结构1

1—后盖板；2—背板；3—机箱体

ZXSDR B8300 TL200 机箱由电源模块 PM、机框、风扇插箱 FA、基带处理模块 BPL、控制和时钟模块 CC 和现场监控模块 SA 等组成。模块及其典型位置如图6-26所示。

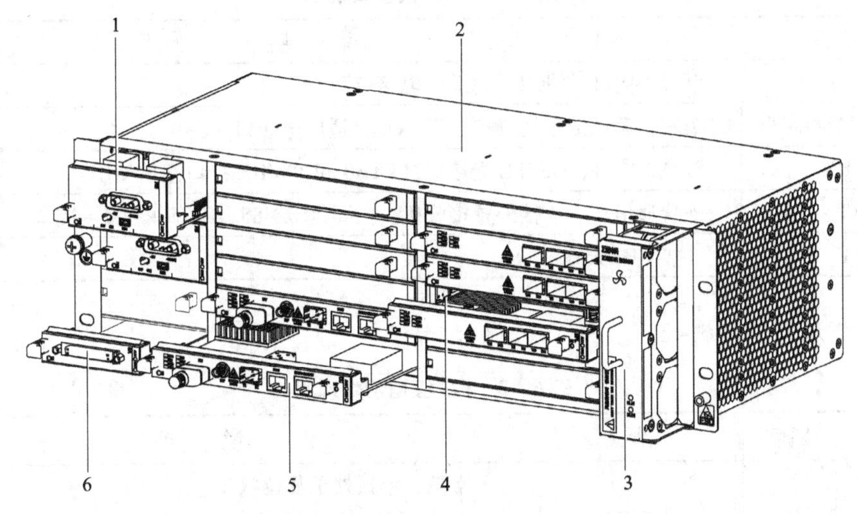

图6-26 机箱外部结构2

1—PM 模块；2—机框；3—FA 模块；4—BPL 模块；5—CC 模块；6—SA 模块

ZXSDR B8300 TL200 单板分为以下六种类型：

（1）控制与时钟模块 CC。

（2）基带处理模块 BPL。

（3）现场告警模块 SA。

（4）现场告警扩展模块 SE。

（5）风扇模块 FA。

（6）电源模块 PM。

1. 控制与时钟单板 CC

CC 模块提供以下功能：

（1）主备倒换功能；

（2）支持 GPS、bits 时钟、线路时钟，提供系统时钟；

（3）GE 以太网交换，提供信令流和媒体流交换平面；

（4）提供与 GPS 接收机的串口通信功能；

（5）支持机框管理功能；

（6）支持时钟级联功能；

（7）支持配置外置接收机功能。

CC 板外观如图 6-27 所示。

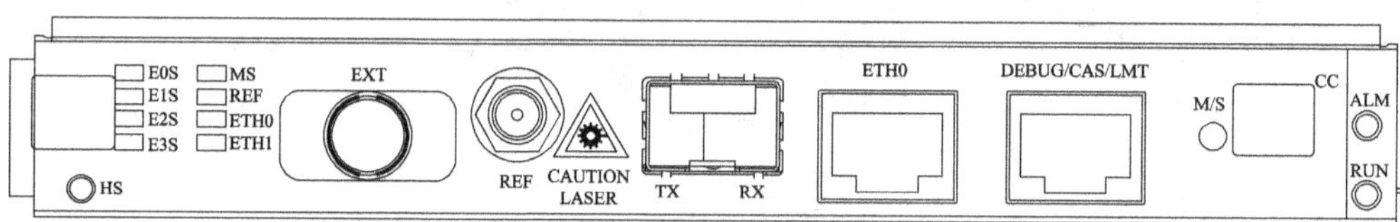

图 6-27　CC 单板外观

CC 板接口说明见表 6-1。

表 6-1　CC 板接口说明

接口名称	说　　明
ETH0	S1/X2 接口，GE/FE 自适应电接口
DEBUG/CAS/LMT	级联，调试或本地维护，GE/FE 自适应电接口
TX/RX	S1/X2 接口，GE/FE 光接口（ETH0 和 TX/RX 接口互斥使用）
EXT	外置通信口，连接外置接收机，主要是 RS485、PP1S+/2M+接口
REF	外接 GPS 天线

CC 板指示灯见表 6-2。

表 6-2　CC 板指示灯说明

指示灯	颜色	含义	说　　明
RUN	绿	运行指示灯	常亮：单板处于复位状态 1 Hz 闪烁：单板运行，状态正常 灭：表示自检失败

续表

指示灯	颜色	含义	说　明
ALM	红	告警指示灯	亮：单板有告警 灭：单板无告警
MS	绿	主备状态指示灯	亮：单板处于主用状态 灭：单板处于备用状态
REF	绿	GPS天线状态	常亮：天馈正常 常灭：天馈正常，GPS模块正在初始化 1 Hz慢闪：天馈断路 2 Hz快闪：天馈正常但收不到卫星信号 0.5 Hz极慢闪：天馈断路 5 Hz极快闪：初始未收到电文
ETH0	绿	Iub口链路状态	亮：S1/X2/OMC的网口、电口或光口物理链路正常 灭：S1/X2/OMC的网口的物理链路断
ETH1	绿	Debug接口链路状态	亮：网口物理链路正常 灭：网口物理链路断
E0S～E3S	关	—	保留
HS	关	—	保留

CC板上的按键说明见表6－3。

表6－3　CC板按键说明

按键	说明
M/S	主备倒换开关
RST	复位开关

2. 基带处理板BPL

BPL模块提供以下功能：

（1）提供与eRRU的接口；

（2）用户面协议处理，物理层协议处理，包括PDCP、RLC、MAC、PHY；

（3）提供IPMI管理接口。

BPL板外观如图6－28所示。

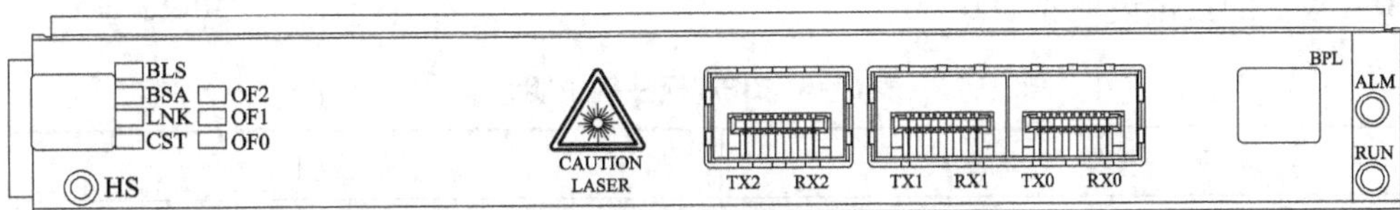

图6－28　BPL单板外观

BPL 板接口说明见表 6－4。

表 6－4　BPL 板接口说明

接口名称	说　　明
TX0/RX0～TX2/RX2	2.457 6 G/4.915 2 G OBRI/Ir 光接口，用以连接 eRRU

BPL 板指示灯见表 6－5。

表 6－5　BPL 板指示灯说明

指示灯	颜色	含义	说　　明
HS	关	—	保留
BLS	绿	背板链路状态指示	亮：背板 IQ 链路没有配置，或者所有链路状态正常 灭：存在至少一条背板 IQ 链路异常
BSA	绿	单板告警指示	亮：单板告警 灭：单板无告警
CST	绿	CPU 状态指示	亮：CPU 和 MMC 之间的通信正常 灭：CPU 和 MMC 之间的通信中断
RUN	绿	运行指示	常亮：单板处于复位态 1 Hz 闪烁：单板运行，状态正常 灭：表示自检失败
ALM	红	告警指示	亮：告警 灭：正常
LNK	绿	与 CC 的网口状态指示	亮：物理链路正常 灭：物理链路断
OF2	绿	光口 2 链路指示	亮：光信号正常 灭：光信号丢失
OF1	绿	光口 1 链路指示	亮：光信号正常 灭：光信号丢失
OF0	绿	光口 0 链路指示	亮：光信号正常 灭：光信号丢失

BPL 板上的按键说明见表 6－6。

表 6－6　BPL 板按键说明

按键	说明
RST	复位开关

3. 场告警板 SA

SA 支持以下功能：

(1) 风扇告警监控和转速控制；

(2) 通过 UART 和 CC 板通信；

(3) 分别提供一个 RS485 和一个 RS232 全双工接口，用于外部设备监控；

(4) 提供 6 个输入干接点接口和 2 个输入/输出的干接点接口。

SA 板外观如图 6－29 所示。

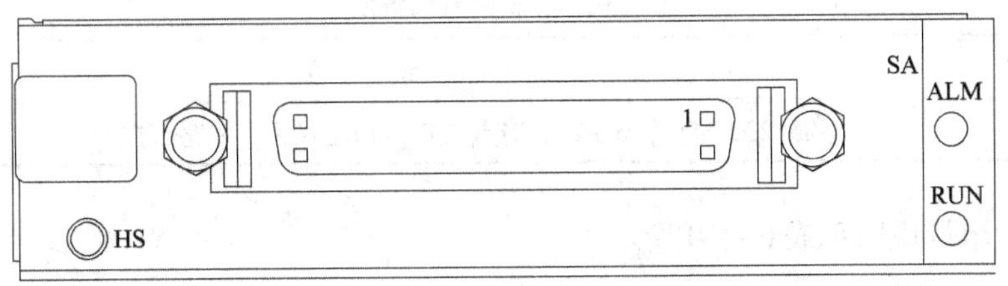

图 6－29 SA 单板外观

SA 板接口说明见表 6－7。

表 6－7 SA 板接口说明

接口名称	说　明
—	RS485/232 接口，6＋2 干接点接口（6 路输入，2 路双向）

SA 面板指示灯见表 6－8。

表 6－8 SA 面板指示灯说明

指示灯	颜色	含义	说　明
HS	关	—	保留
RUN	绿	运行指示灯	常亮：单板处于复位状态 1 Hz 闪烁：单板运行正常 灭：自检失败
ALM	红	告警指示灯	亮：单板有告警 灭：单板无告警

4. 现场告警扩展板 SE

SE 支持以下功能：

6 个输入干接点接口和 2 个输入/输出的干接点接口。

SE 板外观如图 6－30 所示。

SE 板接口说明见表 6－9。

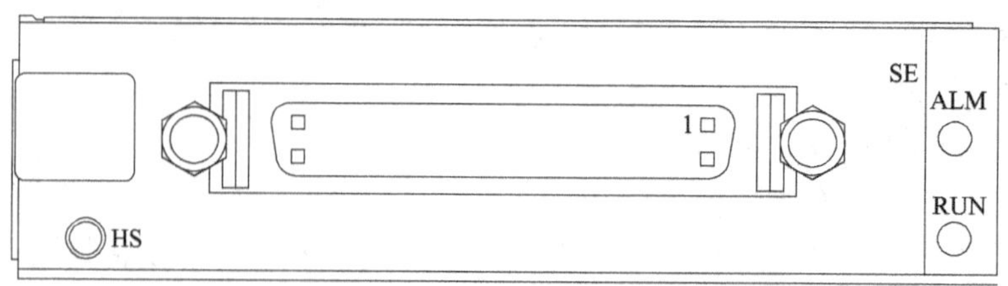

图6－30　SE单板外观

表6－9　SE板接口说明

接口名称	说　　明
—	RS485/232接口，6+2干接点接口（6路输入，2路双向）

SE面板指示灯说明见表6－10所示。

表6－10　SE面板指示灯说明

指示灯	颜色	含义	说　　明
HS	关	—	保留
RUN	绿	运行指示灯	常亮：单板处于复位状态 1 Hz闪烁：单板运行正常 灭：自检失败
ALM	红	告警指示灯	亮：单板有告警 灭：单板无告警

5. 风扇模块FA

FA有以下功能：

（1）风扇控制功能和接口；

（2）空气温度检测；

（3）风扇插箱的LED显示。

FA板外观如图6－31所示。

FA板指示灯说明见表6－11。

表6－11　FA面板指示灯说明

指示灯	颜色	含义	说　　明
RUN	绿	运行指示灯	常亮：单板处于复位状态 1 Hz闪烁：单板运行正常 灭：自检失败
ALM	红	告警指示灯	亮：单板有告警 灭：单板无告警

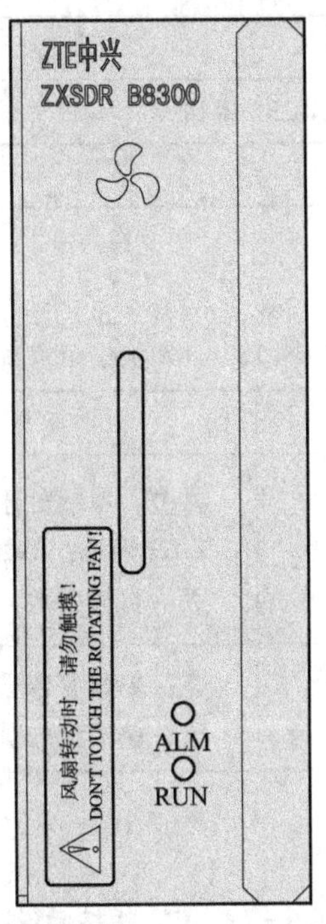

图6-31 FA单板外观

6. 电源模块PM

PM主要有以下功能：

(1) 输入过压、欠压测量和保护功能；

(2) 输出过流保护和负载电源管理功能。

PM板外观如图6-32所示。

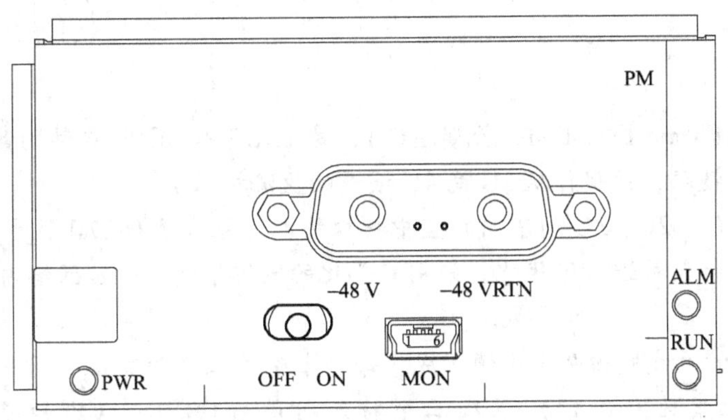

图6-32 PM单板外观

PM板接口说明见表6-12。

表6－12　PM板接口说明

接口名称	说　明
MON	调试用接口，RS232串口
－48 V/－48VRTN	－48 V输入接口

PM板指示灯说明见表6－13。

表6－13　PM板指示灯说明

指示灯	颜色	含义	说　明
RUN	绿	运行指示灯	常亮：单板处于复位状态 1 Hz闪烁：单板运行正常 灭：自检失败
ALM	红	告警指示灯	亮：单板有告警 灭：单板无告警

PM板按键说明见表6－14。

表6－14　PM板按键说明

按键	说明
OFF/ON	PM开关

6.5.4　实验要求

（1）根据老师要求写出实训报告。

（2）画出TD－LTE eNB设备的硬件结构图。

本章小结

1. LTE（Long Term Evolution，长期演进），是近几年来3GPP启动的最大的新技术研发项目，俗称3.9G技术，被视作从3G向4G演进的主流技术。

2. LTE采用了与2G、3G均不同的空中接口技术，即基于OFDM技术的空中接口技术，并对传统3G的网络架构进行了优化，采用扁平化的网络架构，LTE网络由UE、E－UTRAN和EPC构成。

3. TD－LTE的无线帧由两个半帧构成，每一个半帧长度为5 ms。每一个半帧包括8个slot（每一个的长度为0.5 ms）以及三个特殊时隙（DwPTS、GP和UpPTS，DwPTS和UpPTS的长度是可配置的，并且要求DwPTS、GP以及UpPTS的总长度等于1 ms）。子帧1和子帧6包含DwPTS、GP以及UpPTS，所有其他子帧包含两个相邻的时隙。

4. TD－LTE技术相比3GPP之前制定的技术标准，其在物理层传输技术方面有较大的改进，采取了各种关键技术，有OFDMA技术、MIMO技术和AMC技术等。

本章习题

1. 试画出LTE网络架构，并简述各部分功能。
2. 试画出TD-LTE的物理层帧结构。
3. 对TD-LTE系统中的物理信道进行分类，并简述各信道的作用。
4. 对TD-LTE系统中的传输信道进行分类，并简述各信道的作用。
5. 给出TD-LTE系统中传输信道到物理信道的对应关系。
6. 简述OFDM技术的原理。
7. 简述MIMO技术的原理。
8. TD-LTE在进行AMC的控制过程中，对于上下行有着不同的实现方法，请阐述。

第7章 移动通信网络规划与优化

本章目的

- 了解网络规划
- 了解网络优化

知识点

- 网络规划的一般步骤
- 网络规划各步骤的意义及作用
- 网络优化的作用及意义
- 网络规划与网络优化的区别

引导案例（见图7-0）

图7-0　手机信号弱、网络不畅

案例分析

好久没有和远方的朋友联系了，现在想用手机打个电话，说说近况，唠唠家常，结果手机没信号；好不容易找到有信号的地方，刚拨出对方号码，马上听到忙音；再好不容易和对方联系上了，说得起兴时，电话突然断了，于是血压急剧上升——破网络啊破网络……

问题引入

如何保证建设和维护一个好的网络，提高客户对网络的感知度呢？

7.1　网络规划

网络规划就是在满足运营商提出的覆盖范围、容量要求、服务质量的情况下，给出网络规模估算结果，使投资最小化，并用仿真工具软件验证。

网络规划要对网络发展趋势做出预测，并为未来的建设做好准备。其在网络建设中的地位如图7－1所示。

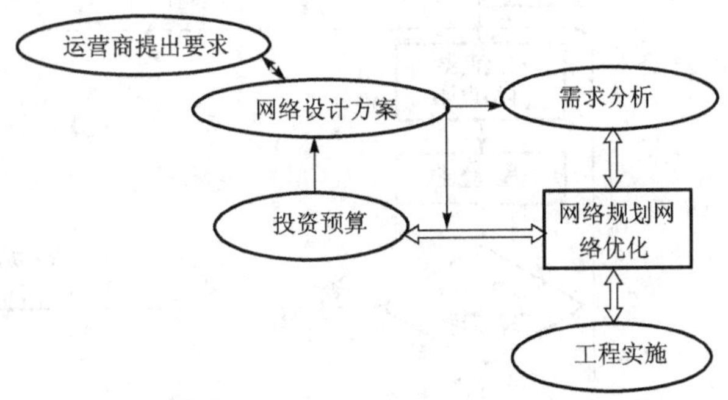

图7－1　网络规划在网络建设中的地位

在没有现网的情况下，采用如图7－2所示流程进行网络规划。

7.1.1　需求分析

项目预研的过程中，需要了解客户对将要组建网络的要求。了解现有网络运行状况及发展计划，调查当地电波传播环境和服务区内话务需求分布情况，对服务区内近期和远期的话务需求做出合理的预测。

1. 区域划分

在进行业务分析时，首先需要按照一定的规则对有效覆盖区进行划分和归类，不同区域类型的覆盖区采用不同的设计原则和服务等级，以达到通信质量和建设成本的平衡，获得最优的资源配置。考虑无线传播环境因素，通常按表7－1的方法进行划分。

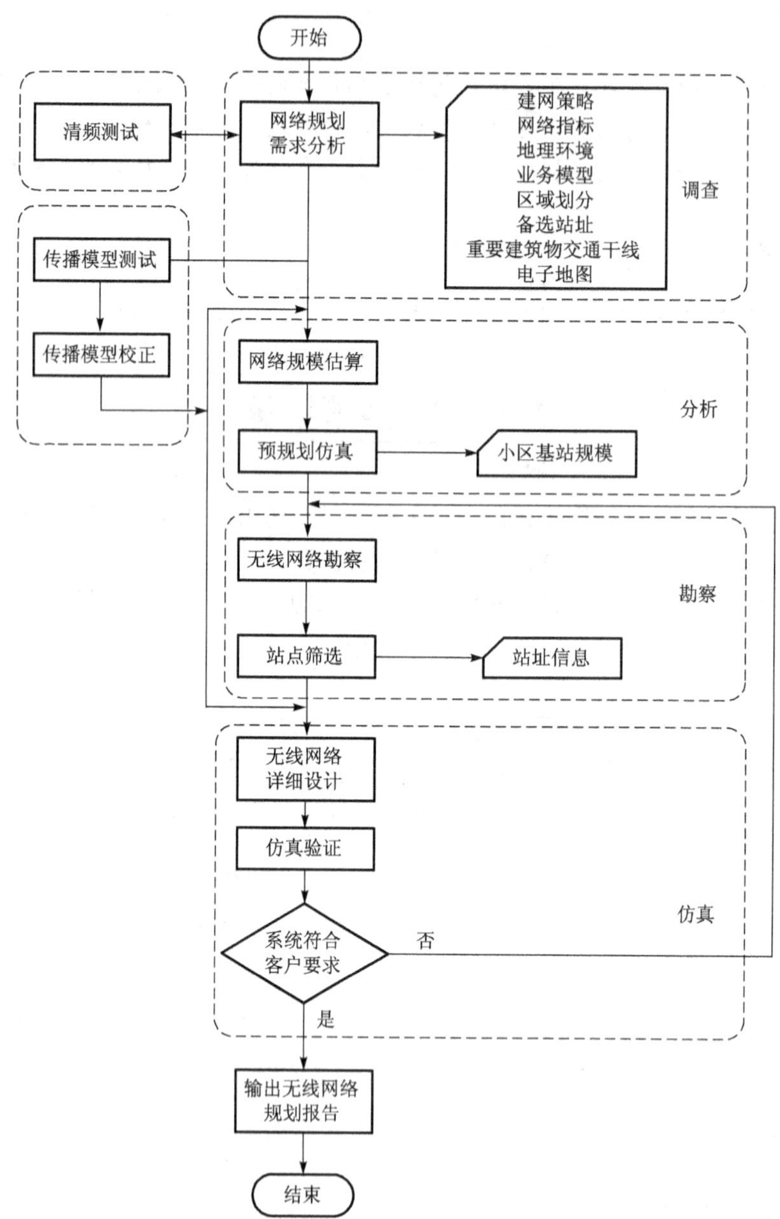

图7－2　网络规划的一般步骤

表7－1　无线传播环境分类表

区域分类	地形地貌特征描述
密集市区	周围建筑物平均高度＞30 m（10层以上），周围建筑物平均楼距10～20 m；一般在基站附近的建筑物较为密集，周围既有较多10层以上的建筑物，也有部分20层左右的建筑物，周边道路不算太宽

续表

区域分类	地形地貌特征描述
市区	周围建筑物平均高度 15 ~ 30 m（5 ~ 9 层），周围建筑物平均楼距 10 ~ 20 m；一般基站附近的建筑物分布比较均匀，周围主要以 9 层以下建筑物为主，也可能有零星的 9 层以上建筑物，周边道路不算太宽
郊区	城市边缘地区或乡镇中心区，周围建筑物平均高度 10 ~ 15 m（3 ~ 5 层），周围建筑物平均楼距 30 ~ 50 m；一般基站附近的建筑物分布比较均匀，周围主要以 3 ~ 4 层建筑物为主，也可能有零星的 4 层以上建筑物，建筑物之间有较宽的空间
农村	一般的农村地区，周围建筑物平均高度 10 m 以下（以 1 ~ 2 层房子为主），周围建筑物散落分布，建筑物之间或周围有较大面积的开阔地

2. 用户密度

需求分析阶段要根据客户要求的业务区，确定规划区的覆盖区域划分以及与之相对应的用户（数）密度分布。

了解规划区的地物、地貌，研究话务量的分布，了解规划区的人口分布和人均收入，了解规划区的现网信息。提出满足客户所提出的覆盖、容量和 QoS 等要求的规划策略。对客户要求覆盖的重点区域实地勘察。利用 GPS 了解覆盖区的位置及覆盖区的面积。通过现网话务量分布的数据，指导待建网络的规划。根据提供的现网基站信息，做好仿真前的准备工作。

7.1.2　规模估算

在做网络规划前，可以预先估计网络的规模，如整个网络需要多少基站及多少小区等。网络规模估算就是通过链路预算容量之后，大致确定基站数量和基站密度。再根据覆盖确定需要的 Node B 数量时，计算反向覆盖可以得到小区覆盖半径。根据各个业务区的面积可以粗略计算需要的 Node B 数量。然后根据用户容量确定需要的 Node B 数量。二者之间取大即所需要的 Node B 数量。

网络规模直接由两个方面决定：一是由于覆盖受限而必须要的小区数目；二是由于小区容量受限而必须要的小区数目。网络规模估算包括两部分：一部分是基于覆盖的规模估算；另一部分是基于容量的规模估算。

规模估算流程如图 7 - 3 所示。

1. 基于覆盖的估算

覆盖估算要做到如下几步：

（1）确定无线传播模型；

（2）使用链路预算工具，在校正后传播模型基础上，分别计算满足上下行覆盖要求条件下各个区域的小区半径；

（3）根据站型计算小区面积；

（4）用区域面积除以小区面积就得到所需的基站个数。

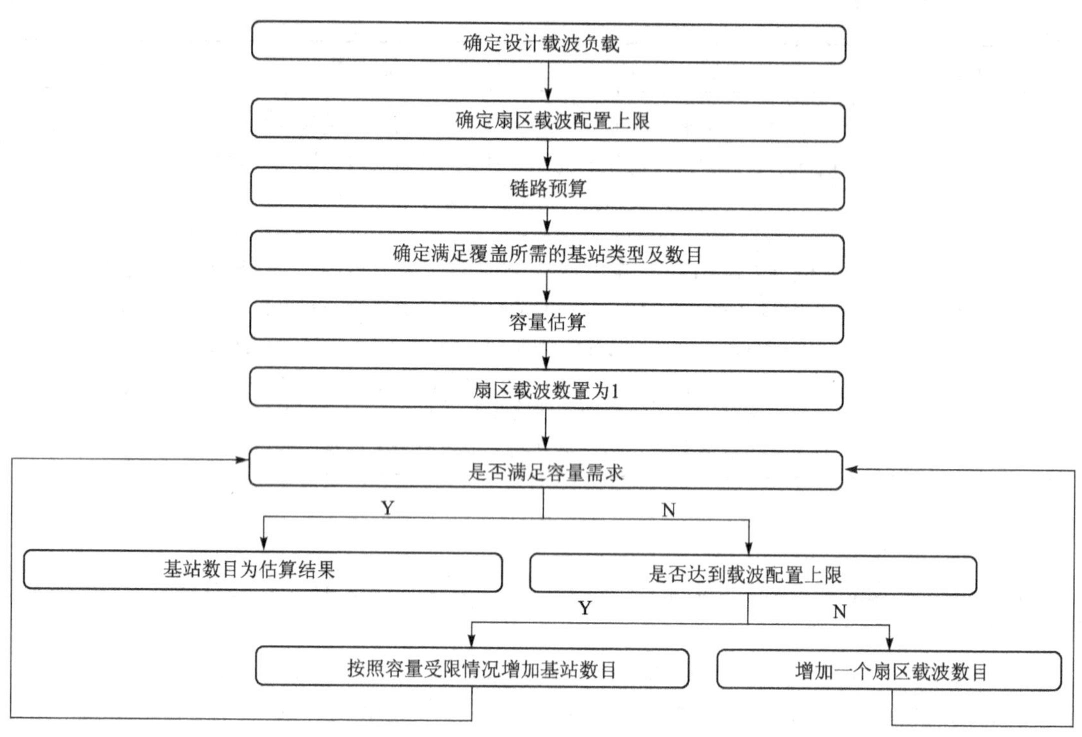

图7-3　规模估算流程

2. 基于容量估算

TD-SCDMA系统是一个承载语音和数据混合业务的系统。混合业务的引入，导致TD-SCDMA网络的规划不能再简单地沿用传统方法。系统中各种业务的特性以及利用其特性进行网络规划，成为一个新的研究课题。简单地讲，如何确定承载混合业务系统中的用户数与系统应提供信道数的关系，成为网络设计的一个根本问题。

目前，在混合业务容量估算上业界还没有形成统一的方法。现有的混合业务容量计算方法主要有：等效爱尔兰法、Post Erlang法和坎贝尔法等。对于等效爱尔兰法的计算结果，以低速业务为基准爱尔兰时结果较可信；而以高速业务为基准爱尔兰则不宜采用。Post Erlang分开考虑不同业务的容量计算，结果不宜采用。坎贝尔方法是将各种业务等效到一种基本业务上，一般以语音业务作为基本业务。各种业务相对基本业务来计算业务资源占用强度，将系统中一定比例的各种实时业务等效为一种坎贝尔业务。坎贝尔业务与坎贝尔信道之间满足Erlang B公式，前提是假设各种业务要求的QoS一致。坎贝尔模型法缺乏严格的理论基础，无法真实反映各种业务要求的QoS，但其算法简单，不失为一种工程方法。很多公司和运营商在做WCDMA混合业务容量估算时采用的就是坎贝尔法。

7.1.3　预规划仿真

预规划属于售前市场支持工作，根据市场需求，预规划可以分成两种类型：

（1）简单预规划；

（2）详细预规划。

具体需要哪一类预规划由网络规划工程师提供参考建议，由市场营销工程师决定，并提前以工作联络单形式提出需求。

简单预规划就是根据运营商的标书要求，计算出满足覆盖要求和容量要求的基站数量和载频数量，供运营商做投资决策。简单预规划通常不需要选定站址，基站按理想网孔布局。在确定网络最大站型时仅考虑频率资源是否足够，计划采用哪一种频率规划技术。一个中等规模网络（100 个基站）的简单预规划方案需要 3 个工作人日（海外一周）。简单预规划不需要电子地图。

详细预规划包括简单预规划的所有工作，除此之外还包括现网测试分析、站址选择、链路预算、覆盖预测、组网结构、频率规划和关键小区参数规划等工作。如果需要还应进行模型校正工作。一个中等规模网络的详细预规划方案需要 14 个工作人日（假设电子地图已采购好并且不考虑现网测试和站址勘测工作）。

需要着重提醒的是，不管是简单预规划还是详细预规划，与运营商的沟通十分重要。规划之前需要就覆盖范围、覆盖电平、话务模型和频率资源等问题与运营商的技术负责人进行详细的沟通。对海外市场更要重视沟通，以确保双方对标书的内容理解一致。

无线网络预规划工作需要包含的主要内容有以下几个方面：

（1）与运营商的技术讨论；

（2）预规划准备；

（3）简单预规划；

（4）利用规划软件仿真（覆盖预测、容量规划、频率规划）；

（5）现网测试（包括客户竞争对手的网络测试）；

（6）模型校正；

（7）高级功能建议；

（8）关键小区参数规划。

7.1.4　无线网络勘察

1. 站点勘察

进行无线网络勘察的目的是确认预规划所选站址是否满足建站要求。具体准则包括：

（1）宏基站的天线挂高大于平均覆盖目标高度而低于最高高度；

（2）主瓣方向场景开阔，周围 40 ~ 50 m 不能有明显反射物，不能有其他天线；

（3）天线的安装位置尽量靠近天面的边缘（避免“灯下黑”）；

（4）注意与其他系统天线的隔离度；

（5）保证扇区天线安装位置具有左右 30°范围的调整余地；

（6）考虑利用现有机房、铁塔和线路；

（7）天线安装位置能否牢靠地架设抱杆。

基站勘察工具包括：

激光测距仪（或皮尺）、指南针、GPS、数码相机。

最后输出规范的无线网络勘察报告。

2. 基站调整

根据预仿真及勘察信息进行基站调整。基站调整包括以下几种：

（1）调整发射功率。调整发射功率以使基站的覆盖半径发生变化，增大或减小覆盖范围。

（2）改变下倾角。基站天线下倾角度的调整也是基站调整的一个重要手段，加大基站天线的下倾角可以缩小小区的覆盖范围，减少小区间的干扰和导频污染。

（3）改变扇区方向角。有些基站天线的波束主瓣朝向前方有高楼或障碍遮挡，从而导致信号无法接收，这时候可以在考虑不干扰相邻小区的情况下，进行方位角的调整。

（4）降低天线高度。在城市环境中，要避免过高的站点。站点位置过高，会使相距很远的小区用户接收到比所在小区还要强的基站信号，引起严重的导频污染。

（5）更换天线类型。不同的天线类型有不同的应用场景，根据实际的应用环境应该选取不同的天线型号，以增加覆盖的效果。

（6）增加基站、微蜂窝或直放站。对热点地区的覆盖盲点可以采用增加微蜂窝、直放站和射频拉远等方式。

（7）改变站址。当某个基站周边的地貌地形发生变化而导致无线传播环境恶化，不再适于架设站点或者由于物业、网络调整等方面影响时，需要进行基站地理位置的调整。

根据无线网络勘察的结果，给出勘察报告，包括各站点信息及网络建议。

7.1.5 详细仿真

详细规划的主要内容主要包括两方面：网络仿真和无线参数规划。

7.1.6 规划报告

网络规划输出无线网络规划报告。无线网络规划报告是无线网络规划成果的直接表现，是规划水平的反映。主要包括：规划区域类型划分、规划区域用户预测、规划区域业务分布、网络规划目标、网络规划规模估算、无线网络规划方案、无线网络仿真分析和无线网络建议等。

从客户的角度来看，规划报告的质量高低直接反映了规划水平的高低。因此作为规划输出要完全体现在规划报告中。无线网络规划报告的内容要详尽、客观、真实，如实地反映该区的各种需求及面临的问题和解决方案。要展现产品的最优性能，满足客户的最大期望。

规划输出的对象主要有两部分：局方和用服人员。

7.2 网络优化

一个完善的网络往往需要经历从最初的网络规划、工程建设、投入使用，到网络优化的历程，并形成良性循环。移动通信网络的运营效率和运营收益最终归结于网络质量与网络容量问题，这些问题直接体现在用户与运营商之间的接口上，这正是网络规划和优化所关注的领域。由于无线传播环境的复杂多变以及网络本身的特性，移动通信网络优化工作将成为网络运营所极为关注的日常核心工作之一。

网络优化与网络规划具有各自的特点。网络规划的特点在于通过一系列科学、严谨的流程来获得具体的网络建设规模和网络建设参数等。这些输出将用于直接指导网络建设。网络规划的结果将直接影响未来的网络优化工作。网络规划的质量也可以通过后期网络优化的工作量来反映。网络优化的优势在于更好地提高网络性能的同时，也会弥补网络规划带来的不足，同时根据当地网络优化经验的积累，也会为下一阶段该地区的网络规划工作提供非常重要的依据。

移动网络规划和优化的基本原则是在一定的成本且满足网络服务质量的前提下，建设一个容量和覆盖范围都尽可能大的无线网络，并适应未来网络发展和扩容的要求。

无线网络优化的目的是对投入运行的网络进行参数采集和数据分析，找出影响网络运行质量的原因，并通过技术手段或参数调整，使网络达到最佳运行状态，并使现有网络资源获得最佳效益，同时也为了解网络发展、网络维护及规划提供依据。

移动通信网络优化主要包括交换网络优化和无线网络优化。由于无线部分具有很多不确定的因素，对网络的影响很大，其性能优劣往往成为移动通信网好坏的决定因素，所以这里主要对 GSM 无线网络优化进行简单介绍。

7.2.1　参数优化

GSM 移动通信系统是一个包含多个领域技术的综合性系统，包括各种实体和接口，所有这些实体和接口中都有大量的配置参数和性能参数。这些参数的设置和调整对整个 GSM 网络的运行具有相当大的影响，因此 GSM 网络的优化在某种意义上是网络中各种参数的优化设置和调整的过程。其中无线参数的合理调整是 GSM 网络优化的重要组成部分。

根据无线参数在网络中的服务对象，GSM 无线参数一般可以分为两类：一类为工程参数；另一类为资源参数。工程参数是指与工程设计、安装和开通有关的参数，如天线增益、电缆损耗等，这些参数一般在网络设计中必须确定，且在网络的运行过程中不易更改。资源参数是指与无线资源的配置及利用有关的参数，这类参数通常会在无线接口（Um）上传送，以保持基站与移动台之间的一致。资源参数的一个重要特点是：大多数资源参数在网络运行过程中可以通过一定的人机界面进行动态调整。本书所涉及的无线参数主要是无线资源参数。

无线参数优化调整是指对正在运行的系统，根据实际无线信道特性、话务量特性和信令流量承载情况，通过调整网络中局部或全局的无线参数，提高通信质量，改善网络平均的服务性能和提高设备的利用率。实际上，无线参数调整的基本原则是充分利用已有的无线资源，通过业务量分担的方式，使全网的业务量和信令流量尽可能均匀，以达到提高网络平均服务水平的目标。

7.2.2　日常网络优化流程

日常网络优化流程如图 7－4 所示。

日常网络优化主要包括以下几个环节：

（1）收集数据与评估网络质量；

（2）分析数据与定位网络问题；

（3）制订、实施优化方案与总结归档。

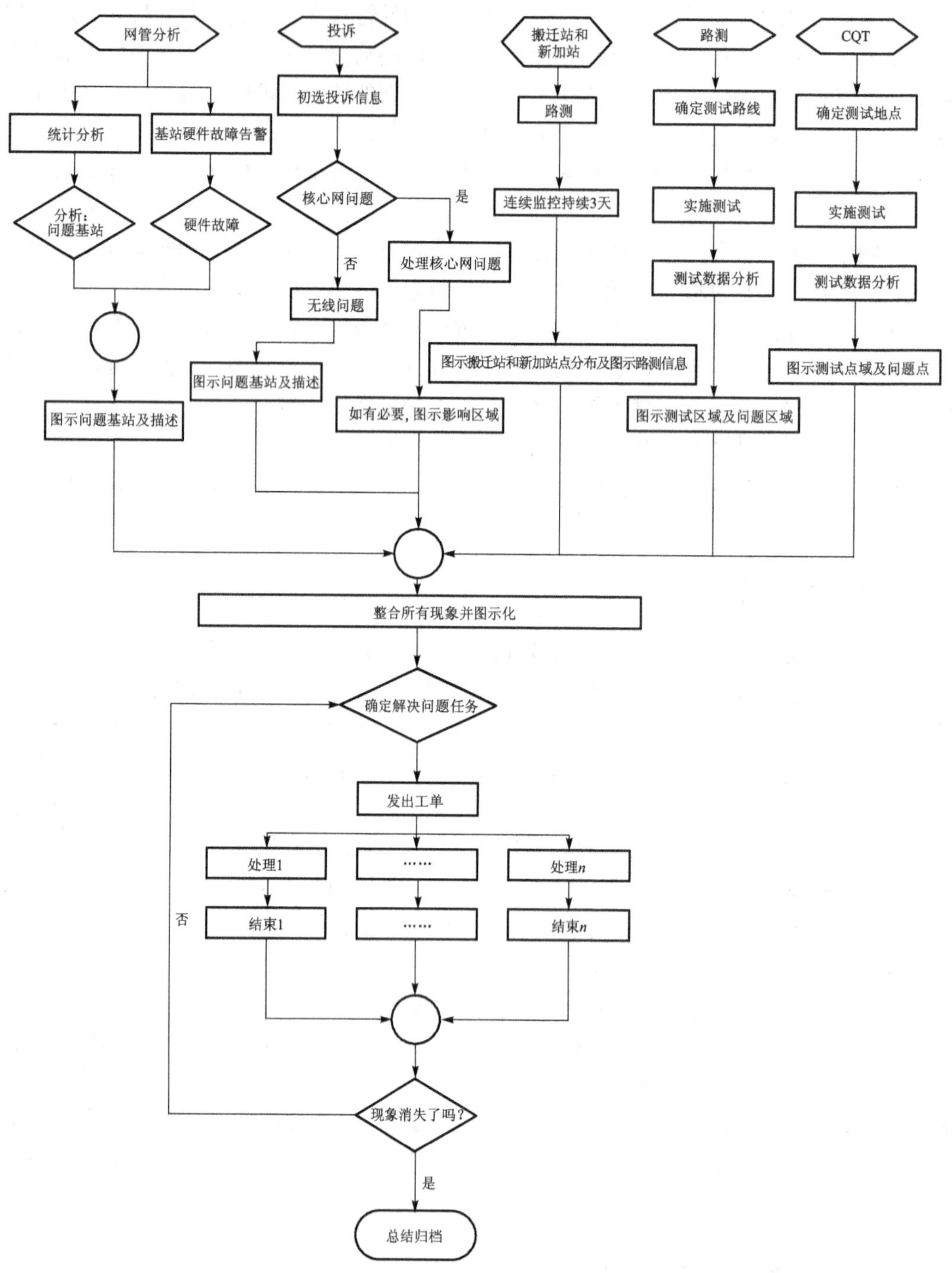

图7－4　日常优化流程

7.2.3　现场测试分析方法

现场测试分析的主要测试方法有DT和CQT。

在网络运行中，经常会出现这样或那样不可预料的问题。有些问题，如基站硬件故障、传输问题等，可以通过网络操作维护设备（OMC）来发现，找到解决方法。但是某些上下行干扰（尚没有导致严重的掉话）、覆盖不合理等无线网络中的问题，在统计中难以被发现，而这些问题又是与用户联系最紧密、最直接的问题，对此，应根据所采集到的数据，通过实地 DT 测试和 CQT 拨打测试，进一步进行分析，然后对网络问题做出准确的判断，再依据分析结果，对问题的改进或优化提出调整方案。

1. DT 测试

DT 测试是 GSM 无线网络优化中最常用的方法，常通过地理化分析无线网络中无线信道上的基础参数，来发现网络存在的问题，并结合小区参数库和地理环境解决网络问题。

DT 测试是利用测试车辆上的测试仪表进行的，通过对测试数据的显示可以发现目前网络通话中的问题，包括场强、通话质量、切换、掉话等，并进行不受网络控制的无线环境测试，分析整个无线环境状况。测试得到的结果经过后续评估和分析，就能够找到产生问题的原因。

2. CQT 测试

在现场测试分析中，主观的拨打测试也是衡量移动网络服务质量实际终端表现的重要指标。由于 DT 测试不能体现实际语音质量及发现回音、串音等网络问题，因此 CQT 拨打测试是 DT 测试很好的补充，也是目前室内测试的主要方法。

拨打测试是在城市中选择多个测试点，在每一个测试点进行一定数量的呼叫或被叫，并通过记录接通情况和测试者主观评估的通话质量，来分析网络的运行质量和存在的问题。

CQT 测试时使用普通商用手机，但需要能打开测试模式，对 GSM 网络测试时必须使用双频手机测试其双频网络质量，测试时将 GSM 手机设为自动双频。

如进行 CQT 对比测试，则应保证在相同无线环境下进行，即在同一地点、相同时间段使用相同方法做 CQT 测试。

CQT 测试时应记录下列数据：是否接通、是否单通、是否串音、是否掉话、语音是否断续、背景噪声次数和噪声大小。

CQT 测试结束后，根据 CQT 测试时拨打的原始记录，将 CQT 测试结果以表格形式进行记录。

7.2.4　TD 网络优化

作为一种全新的 3G 技术，TD-SCDMA 网络优化工作内容与其他标准体系网络的优化工作既有相同点又有不同点。相同的是，网络优化的工作目的相同，步骤也相似；不同的是具体的优化方法、优化对象和优化参数。在这里对其进行简单的介绍。

TD-SCDMA 网的无线网络初规划阶段为以后的优化服务提出了更多需求。网络规划的结果将会引导网络建设的规模，TD-SCDMA 建设初期，由于网络规划的一些输入，比如话务模型还有需要完善的地方，因此相对 2G 而言，TD-SCDMA 的网络规划会对日后的网络优化产生较大的影响。

TD-SCDMA 支持多速率业务，包括 PS 和 CS，所以相对 2G 而言，对不同业务的优化工作也是一种挑战。

CDMA系统是个自干扰系统，TD也不例外，只是TD系统呼吸效应并不明显，但是如何衡量覆盖与容量的平衡也是需要重点考虑的问题。网络优化就是对受干扰影响的覆盖和容量进行不断分析研究及调整的过程。

2G与TD-SCDMA共存阶段的优化是个需要考虑的问题。在共存的过程中需要分阶段解决的问题也是不一样的，初期重点解决覆盖的问题，要避免影响2G网的稳定性，保持2G业务的连续性，还要突出TD-SCDMA业务的高质量；在业务扩张的成熟时期，则要考虑TD-SCDMA、2G负载均衡，提出网络的资源利用率。

7.3 工程实战案例

以下列举了GSM网络常见用户投诉问题的分析和处理方法以供参考。

问题一　用户反映手机在某一地点无信号

处理方法：

首先到用户反映的地点进行实地测试，根据测试的结果再做出相应处理。一般情况下，会出现以下情况：

1. 实地测试信号良好

这种情况出现，通常是因为曾经发生的网络故障。应立即检查网管故障记录，看看覆盖该地区的基站是否在用户投诉时间内出现过异常中断、硬件调整、割接等。如果有这些情况发生，可与用户联系解释相应情况，请用户谅解。

如果不是网络故障，则须与用户联系了解具体情况，然后尝试从以下几点判断问题：

（1）用户手机终端方面是否有问题，如接收灵敏度低等。如发现问题，可建议用户就近对其手机终端进行检修或更换。

（2）用户手机SIM卡方面是否有问题，如老化等。如发现问题，可建议用户就近去营业厅更换SIM卡。

（3）用户手机是否有设置问题，如手机频段设置不正确等。如发现问题，可帮助用户将手机设置正确，并向用户介绍相关的正确使用方法。

（4）用户号码交换数据方面是否有问题，如漏做数据等。如发现问题，应立即按照相应的流程修正用户数据。

（5）覆盖该地区的基站小区数据方面是否有问题，如禁止某一级别手机接入等。如发现问题，应立即按照相应的流程修正基站小区数据。

（6）其他情况，如用户有别的要求等。对于用户正当要求应积极配合解决，对于用户的不正当要求，应该委婉拒绝。

2. 实地测试信号确实属于盲区

这种情况下，要结合以前的优化经验和实地情况判断。除了设备故障以外，其他故障通常是很难通过优化调整来解决的。

如果确认是设备故障，应及时排除并与用户做好解释工作。

如果不是设备故障，则应该勘察该地区的无线环境，按照区域的大小、用户数的多少、话务潜力的高低和解决难易的不同等因素，通过增加宏蜂窝、增加微蜂窝、直放站、机放、塔放、基站搬迁、铁塔改造、更换天线、增加扇区、增加室内分布系统、增加小区分布系统、更换设备或模块等手段，制定合适的解决方案并纳入相应的下一阶段工程计划加以解决。同时，对用户做好解释工作。

问题二　用户反映手机在某一地点信号弱，不稳定

处理方法：

首先到用户反映的地点进行实地测试，根据测试的结果再做出相应处理。一般情况下，会出现以下这些情况：

1. 实地测试信号良好

这种情况和无信号问题一样，要先检查曾经在附近出现过的网络故障。应立即检查网管故障记录，看看覆盖该地区的基站是否在用户投诉时间内出现过异常中断、硬件调整、割接等会影响用户正常使用的情况发生。如果有这些情况发生，可与用户联系解释相应情况，请用户谅解。

另一个比较大的可能是用户投诉的地点不明确或者有误，这需要与用户进行联系，了解具体情况和明确的投诉地点，然后再进行实地测试处理。

用户手机终端问题也经常导致此类问题。可以通过与用户互换手机测试的方式，现场进行确认和处理。

2. 实地测试信号确实不好，不稳定

这一类问题通常是由于该地区无主导覆盖小区造成的。通过一般的天线调整或调整基站小区参数等优化手段，可以解决这一类投诉的绝大部分。如果依靠普通的优化手段无法解决，则可以参考无信号的情况进行处理。

问题三　用户反映手机在某一地点信号时有时无

处理方法：

这一问题的处理基本上和问题二相同，特别是手机在待机情况下发生这种情况。需要注意的是，如果在现场测试时发现这种情况出现，需要立即检查覆盖该区域的基站设备，因为这种情况通常是出现故障的先兆。如果发生这种情况的基站较多，则需要立即请网管人员对问题基站，特别是所属 BSC 和 MSC 进行跟踪、分析，以避免发生重大故障。

在通话状况下发生这种情况，应该立即通知检查基站小区数据库，查看相关参数设置是否正确。特别是有关双频网的参数和切换参数，设置错误容易导致这种情况发生。

如果是在直放站或室内分布系统的覆盖区域发生此类情况，则可以判断是主机或干放设备故障，可以按照公司相应的流程进行处理解决。

问题四　用户反映手机在某一地点信号很好，但通话质量很差

处理方法：

遇到此类问题，一般应该先在 OMC_R 对该区域基站进行统计分析，查看基站是否有上行干扰。如果有较强的干扰，则应立即进行处理。一般是先查找自身的干扰，如无线直放站、共站的 C 网基站等。如果自身没有干扰，则需要利用专门的仪表设备或者联系无线电管理委员会去现场查找干扰源，并查处非法的直放站设备。如果是部队或政府部门的专业干扰设备所产生的干扰，则要立即通知公司相应领导出面协调处理，并做好用户的解释工作。

如果没有发现上行干扰，则应到现场进行测试。一般情况下，会出现以下两种情况：

1. 测试通话良好

这种情况应该这样分析。首先确认投诉地点是否正确，然后确认用户手机终端是否正常。如果与用户沟通确认投诉地点无误，用户手机终端正常的话，一般可直接对用户进行解释。因为无线环境的信号突发性很强，如闪电、发动机点火、电锯启动等很多情况，都会造成突发性的干扰从而影响通话质量，请用户谅解。

2. 测试通话质量有问题

下行质量有问题一般是由同邻频干扰造成的。出现这种情况，首先应检查频率规划。如果发现有明显的频率问题，应该立即改正。如果是地形地貌问题等造成的一些在规划中无法预见的频率干扰问题，则可以通过调整基站天线角度、修改基站频点等方法进行处理。

另外，基站的硬件故障，特别是载频的硬件问题，也容易造成下行质量有问题。这种情况在路测上通常表现为一个很稳定的较差质量信号，且随载频或奇偶时隙的变化而变化。

如果是在直放站或室内分布系统的覆盖区域发生此类情况，则可以判断是主机或干放设备故障，可以按照公司相应的流程进行处理解决。

在很多情况下，这一类投诉通常伴随信号弱、信号不稳定的情况一起产生。处理好了信号的覆盖问题，也能处理很大一部分的此类问题。

问题五　用户反映手机信号很好，但是无法主、被叫

处理方法：

这类投诉问题的原因大多出在数据错误上，当然也有其他可能的原因。可以从以下几个方面进行分析处理：

1. 覆盖该区域的基站小区号没有做进交换数据

这种情况多发生在新站开通、基站跨局搬迁、基站增加新的小区及网络而进行割接或调整后。现象是手机在该小区无法主、被叫，但是通常可以正常切换通话。从 OMC_R 的统计来看，通常可以看到该小区有话务量，但是没有 total call，呼叫建立成功率为 0。

2. 用户的 HLR 或 VLR 数据有误

一般很少出现这种情况。可以请交换工程师帮助查询、核对用户数据以及用户手机登录信息。如果是这种情况，一般修改用户数据或强制进行位置更新即可解决。中间可以让用户进行关、开机配合。

3. 用户手机欠费停机

这种情况下通常应该可以听到相应的录音通知。投诉的用户一般是首次出现这种情况，而又不太清楚其中关系。对用户应该做好相关的解释工作。

4. 漫游问题

这一类问题大致分两种：一是省内漫游用户出省漫游时或是在边界地区收到漫游信号时，无法正常进行主、被叫；二是外省或国际漫游用户在本地进行漫游时，由于用户权限问题，而无法进行主、被叫。另外，如果用户开通国际漫游功能而没有开通国际长途功能，则在协议国进行漫游时，将只能做被叫而不能主叫。

5. 基站小区数据有误

有部分基站小区参数设置错误，主要是数据设置与基站实际硬件的连接不符合，可能会造成用户无法主、被叫。

6. 用户手机终端问题

通过和用户互换手机测试，很容易发现这类问题。

7. 出现很强的干扰

一般这种情况出现在强外部干扰、同频同 BSIC 的小区覆盖同一区域、直放站引入了强干扰信源的信号等情况下，用户将无法主、被叫。

8. 上下行链路不平衡

这种问题多见于室内分布系统和直放站，当然基站也有可能出现这种情况。解决这类问题需要对市内分布系统的干放或直放站主机的上下行进行平衡调整。如果是基站，则需要对基站进行调测以解决这类问题。

9. 基站与机房的通信中断

这类问题一般都可以在网管上及时发现、处理。其原因是在传输中断后，基站的载频仍然在正常发射，但实际上已经无法提供正常的陆地电路而造成的。抢通基站即可以解决。

10. 网络拥塞

通常网络拥塞是在某一段时间内，在一个小范围地域内的突发情况。这类问题在网管上可以很快发现。如果是由于硬件故障引起的应立即处理解决，如果不是则可以考虑调整配置以降低拥塞，然后做好与用户的解释工作。

问题六　用户反映手机可以正常被叫，但是无法主叫

处理方法：

这类问题的处理可以参考以下几个方面进行分析：

1. 用户手机呼出限制

这种情况一般都是由非正常原因造成的。如：由于业务变更时的误操作；用户欠费重新激活时，呼出限制没有打开等。通常通过核对用户交换信息，这一类问题都很容易排除。需要做好用户的解释工作。

2. 用户手机终端问题

通过和用户互换手机测试，很容易发现这类问题。

3. 基站小区数据错误

有些基站小区参数（如小区禁止接入等）设置错误时，会造成呼叫用户手机无法主叫的情况。通过修改正确的小区数据可以解决这类问题。

4. 被叫号码异常

有些情况下，用户拨打某些电话号码，由于被叫方处于异常状态（如空号、暂时无法接通等），从而造成主叫直接返回、无法呼出。这种情况一般被叫是某些个别的号码，通过交换机房进行查询，可以发现这类问题并及时与用户做好沟通、解释工作。

问题七　用户反映手机可以正常主叫，但是无法被叫

处理方法：

这类问题的处理可以参考以下几个方面进行分析：

1. 用户手机呼入限制

这种情况一般都是由非正常原因造成的。如：由于业务变更时的误操作；用户欠费重新激活时，呼入限制没有打开等。通常通过核对用户交换信息，这一类问题都很容易排除。需要做好用户的解释工作。

2. 用户手机作了呼叫转移

这种情况一般是用户本人在不知情的情况下，将手机作了呼叫转移。而转移的号码如果恰好处在异常状态，如关机、欠费、暂时无法接通等，则很容易造成用户投诉。这一类投诉问题经常还会演变为：用户投诉手机接不通，一打就说关机、暂时无法接通或者提示是空号等，但可以正常打；用户手机没有欠费，但是一打就说手机欠费等投诉。在取消呼叫转移后，问题可以得到解决。

3. 基站小区数据错误

有些基站小区参数（如BCCH帧结构）设置错误时，会造成呼叫用户手机被叫困难的情况，一般被叫的成功率小于10%。这很容易让用户以无法被叫的现象进行投诉。一般通过修改正确的小区数据即可解决这类问题。

4. 用户手机终端问题

通过和用户互换手机测试，很容易发现这类问题。

5. 系统负荷问题

这一类问题遇到的概率很低，主要是由于系统负荷过高导致丢失部分paging信息造成的。投诉的用户一般都是偶然发现。

另外，这一类问题如果拓展开来就会有：单一局向电路阻塞；特殊号段屏蔽；小总机或分机接不通。通过统计分析处理器或某一电路的负荷与阻塞情况，可以发现并解释此类问题。这需要与用户进行沟通，了解详细的信息和现象。得到具体的原因后，就可以采用相应的方法进行解决。

问题八　用户反映手机掉话

处理方法：

掉话问题的处理本身就是网络优化工作的重点。通常从影响掉话的因素来说，可以简单分为：射频部件及天馈线系统对掉话的影响，覆盖对掉话的影响，切换对掉话的影响，干扰对掉话的影响，有线部分对掉话的影响，系统控制和系统容量引起的掉话，DATABASE参数对掉话的影响等。如果实地测试确实遇到有掉话现象，可以从以上七个方面考虑进行处理。

考虑到具体的处理方法比较多，这里简单介绍一些处理方法：

1. 射频部件及天馈线系统对掉话的影响

（1）射频部件故障。如发现某小区掉话率突然大幅度升高，很可能是射频部件故障。射频部件包括合路器、双工器、载频等。对于有问题的器件应该立即进行更换。

（2）天馈线系统故障。天线驻波比升高（如天线进水等情况）会引起掉话。此问题往往不易被发现，发现后应及时处理。

（3）功率不平衡引起的掉话。同一扇区可能有多个载频，载频发射功率如果不一样，易造成由于功率不平衡引起的掉话。解决这个问题就是对载频功率进行调测，使同一扇区的载频发射功率保持一致。

（4）天线角度。在这里主要指的是由于单极化天线方向的角度不同，会导致覆盖地区不同，产生掉话。同时，还要特别注意天线的隔离度问题。隔离度问题很简单，但也很容易被忽视。建议天线的水平隔离度最少在 3 m 以上，垂直隔离度最少在 1 m 以上。否则也可能引起掉话。

2. 覆盖对掉话的影响

（1）信号盲区或覆盖弱。弱覆盖容易导致信号的频率干扰等问题，从而引起通话质量下降甚至掉话。其处理方法可以参考无信号和弱信号的处理方法进行解决。

（2）覆盖不合理。理想化的模式是每个地区都有一个主导小区，但是往往由于地形地貌等问题，信号会产生反射、越区等情况，从而引起频率干扰，导致掉话发生。

处理方法简单来说就是在物理上可通过调整扇区天线方位角、俯仰角、挂高。参数上可通过调整小区选择测试、功率参数、切换参数等来进行优化处理。

（3）直放站产生的掉话。

3. 切换对掉话的影响

（1）选择适合的邻小区。应该避免漏做和错做邻小区。分析此问题时要对整个网络有足够的了解，然后在进行 DT 测试的过程中发现并解决。特别是要注意直放站和地区边界的邻小区问题。

（2）切换类型、切换参数的选择。这里特别需要注意的是双频网之间、宏蜂窝与微蜂窝之间的切换及 ho_margin（切换容限）的选择，应该根据不同的情况进行合理的设置。

（3）邻小区拥塞引起的掉话。这类掉话发生的很少，只要合理调整资源，就可以避免此类掉话。

4. 干扰对掉话的影响

干扰会造成误码率升高，通话质量下降，造成掉话。干扰一般有以下两大类：

（1）外部干扰。

① 军队、政府设置的干扰源等；

② 非法的宽频带、大功率无线直放站等；

③ 其他干扰源，如一些雷达、电子仪器等。这类干扰源比较隐蔽，不易发现，要仔细查找。

（2）内部干扰。

① 频率规划不合理引起的同、邻频干扰；

② 基站的功率设置不合理，引起上下行链路干扰；

③ 频率复用不合理；

④ 直放站干扰。

5. 有线部分对掉话的影响

这一类问题一般出现的情况很少，通常是通过检查设备告警来发现和处理，主要分为以下三类：

（1）传输误码高。一般通过重新制作 2M 接头、更换 2M 传输线、更换传输时隙或电路、检查设备的接地情况等，就可以处理。

（2）基站时钟失锁。一般对基站时钟进行调测就可以解决，必要时可以对 BSC 级网元进行时钟校准。

（3）Transcoder 损坏。如果是此问题，则更换新板后就可以解决。

6. 系统控制和系统容量引起的掉话

这一类问题出现的概率极低，也不容易被发现。一般是通过统计分析结合告警事件分析来发现和处理：

（1）系统容量不足（主要指交换方面）。如果是此问题，应该立即补足容量或进行资源调配，以保证相应的容量。

（2）BSC 处理板故障。如果是此问题，应该立即按照相应预案进行更换处理。

（3）软件问题。此问题一般可能发生在软件版本变更之后，如果影响面太大，则应该启动应急方案，倒回原来的版本；如果只是个别现象，则在做好用户解释工作的同时，应该记录问题现象与相应 log 文件，并向相应的技术支持部门报告，以寻求解决方法。

7. 参数对掉话的影响

这一类问题的内容很多，多发生在集中网络优化、工程割接时，由于一些参数（如 BSIC，rr_t3109 等）的设置错误而导致的掉话。一般通过路测，结合网管分析后，做出相应的修改就可以解决这一类问题。

另外，如果用户手机终端有问题，则也可能发生掉话的情况。这类问题通过和用户互换手机测试可以发现。

问题九　用户反映在某一区域，信号很好但手机无法正常使用，在其他区域手机使用正常

处理方法：

这类问题一般可以先排除用户欠费以及用户手机终端问题。其他处理方法和问题四处理方法基本一致。

问题十　用户反映手机在通话时，有时会出现一方听到声音，另一方听不到声音的情况

处理方法：

这其实就是常说的单通问题现象。遇到这类问题，应该首先到现场进行测试。如果测试到的单通情况很明显，而且发生的频率很高，那么应该立即检查基站的硬件设备，主要是载频的问题。如果是在直放站或者室内分布系统的覆盖下，则应该检查直放站的主机或是分布系统的干放设备。

一般情况下，测试到单通情况的概率会很低或者根本测不到单通的情况。这时应该首先去确认用户的手机终端是否有问题。如果用户的手机终端没有问题，则应该对该投诉区域所属 BSC 进行 CIC 测试，找出是否是接线或者某块板卡有问题，然后做出相应处理。

如果仍然没有发现问题，则很有可能是在局间电路、互连互通电路或者是长途电路上出现了类似问题，这一类问题一般是很难查找和解决的，但其发生的概率也很低。需要给用户做好相应的解释工作。

问题十一　用户反映手机通话时，会出现串话现象

处理方法：

这一类问题一般属于交换专业处理的范畴。但是，如果串话都发生在某一特定区域内，则可以进行现场测试观察是否有同频同 BSIC 的小区覆盖同一区域，如果有则应该立即进行处理。

本章小结

1. 网络规划就是在满足运营商提出的覆盖范围、容量要求、服务质量的情况下，给出网络规模估算结果，使投资最小化，并用仿真工具软件验证。

2. 一个完善的网络往往需要经历从最初的网络规划、工程建设投入使用，到网络优化的历程，并形成良性循环。移动通信网络的运营效率和运营收益最终归结于网络质量与网络容量问题，这些问题直接体现在用户与运营商之间的接口上，这正是网络规划和优化所关注的领域。由于无线传播环境的复杂和多变以及网络本身的特性，移动通信网络优化工作将成为网络运营极为关注的日常核心工作之一。

本章习题

1. 试阐述网络规划在网络建设中的地位。
2. 网络规划的一般步骤有哪些？简述各步骤过程。
3. 基站勘察工具有哪些？
4. 基站调整手段有哪些？
5. 简述网络优化和网络规划的区别。
6. 简述网络优化的意义。

第8章 移动通信设备安装

本章目的

- 移动通信工程前期准备
- 移动通信工程（电源系统、机架、天馈系统、传输设备）安装
- 移动通信工程安全

知识点

- 移动通信工程安装流程图
- 移动通信工程安装步骤
- 典型移动通信工程安装

引导案例（见图8-0）

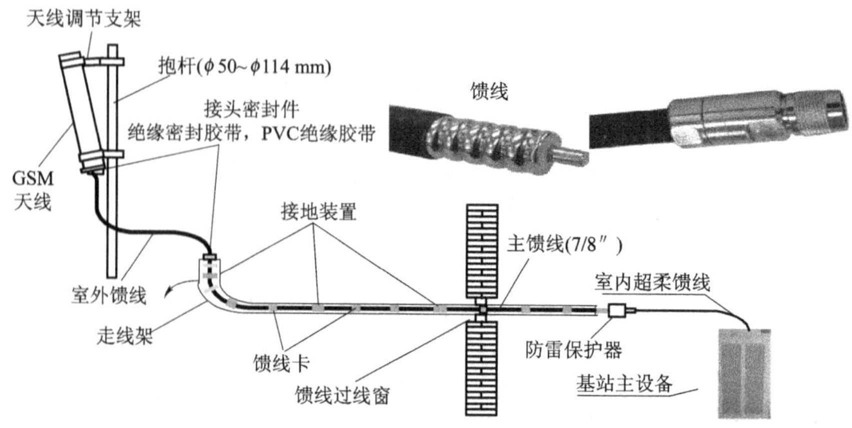

图8-0　移动通信工程

案例分析

移动基站发射部分由室外部铁塔（杆塔）、天线、馈线、接地装置、馈线窗、防雷器和 BTS 设备组成，如图 8－0 所示。BTS 发射的无线网络信号经过馈线传输给天线，再由天线发射给所覆盖的区域，用户手机发射的无线电信号通过天线接收经馈线传输给 BTS 供用户通信。

问题引领

1. 移动通信天线如何防雷?
2. 基站工程中有哪些防雷措施?
3. 移动通信设备安装有哪些内容?

8.1　安装流程

移动通信设备安装工程已系统化、标准化和规范化，并经进一步提高移动通信设备运行质量及设备在网上运行的可靠性及工作效率，来解决设备安装和维护困难。

移动通信工程安装流程如图 8－1 所示。

8.2　工程前期准备

移动通信基站由天馈线系统、无线收发信设备、电源系统、传输系统与防护和告警系统等组成。移动通信工程包括天馈线安装与布放（含馈线制作）、防雷接地、基站设备安装和线缆标签制作。

8.2.1　工程准备

为保证整个移动通信工程的顺利进行，对工程需要进行合理的施工组织、安排、计划，根据工程量的大小，合理安排工程进度、工程人员、工具、车辆并准备相关资料。

1. 准备事项

准备事项主要包括人员的要求、文件准备、工具仪表准备和施工准备。

根据工程需要，合理安排专业技术人员和督导，技术人员需要经过严格培训和考核，并掌握所需的安装、施工与调试能力。

安装前，客户和公司需按要求提供涉及安装的工程文件。例如工程类文档和技术指导类文档。

2. 安装环境检查

工程准备阶段，客户代表和勘测工程师根据工程督导提供的“安装环境检查表”进

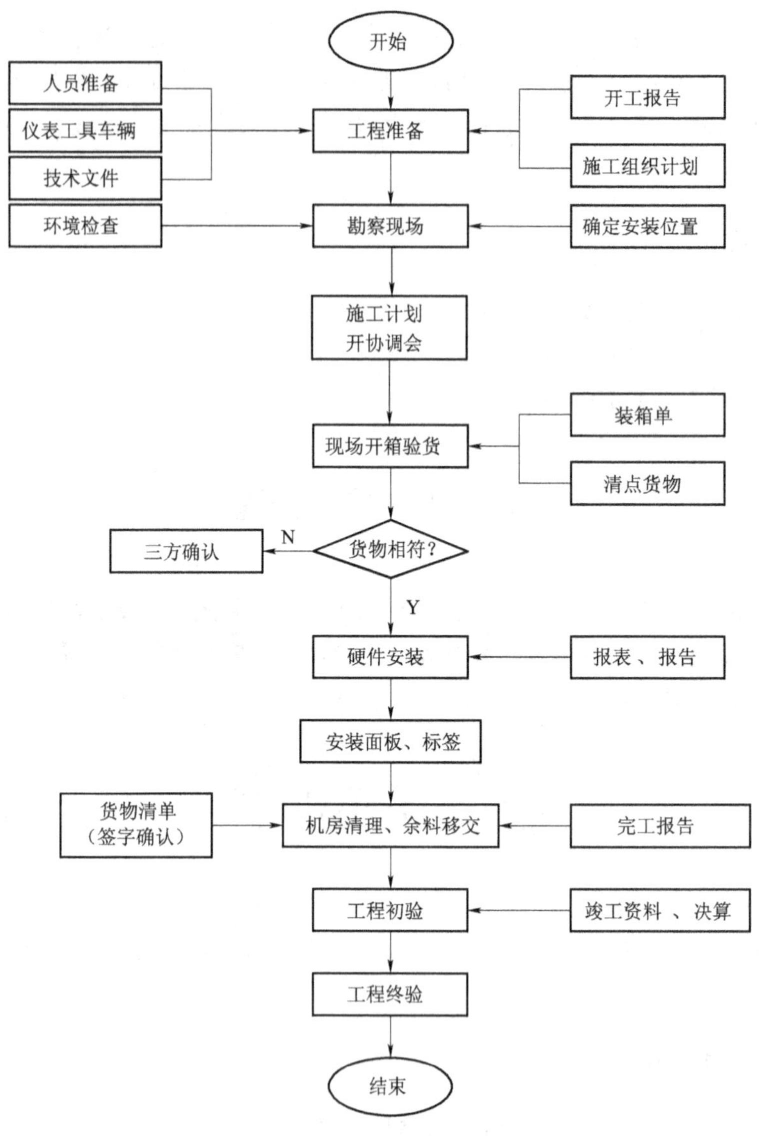

图8-1　工程安装流程

行“前期一次检查”，了解工程信息和客户信息；了解货物信息及是否到货；与用户联系了解光缆、地线、机房土建和电源等必需的二次安装环境的准备情况；检查完成后再由客户代表和工程督导进行“工前二次检查”。所有检查项目都应如实填写，以确认是否具备开局条件。查阅勘测报告，根据实际情况，工程督导制定具体的“施工方案”和“工程策划”。

根据客户准备情况判断工程能否开工，机房是否符合安装要求；市电电源及直流电源、配线架、地线等是否准备好；光路资源准备情况；具体参考与客户确认的相应产品“安装环境检查表”内容；若客户的工程准备不具备开工条件，工程督导要主动协调客户做准备工作。特殊情况需请示区域经理或项目经理，在得到许可后方可与客户协商开工。

3. 内部开工协调会

在开工前，项目经理或工程督导组织内部参加项目人员一起召开开工协调会，明确工程中相关事宜，确定客户需求内部确认；项目或工程目标分析；确定项目技术方案；确定项目进度计划（内部）；人力资源计划，明确工作的要求、责任人及完成日期；项目版本计划；确定内部沟通制度。

4. 外部开工协调会

开工前，工程督导或项目经理组织和客户相关部门一起召开开工协调会，确定工程安装周期；进度计划、配合事宜及施工界面确认；确定验货方式；通报公司工程实施组织结构；确定用户各层面负责人，明确文档签章客户责任人；工程督导检查确认客户安装环境准备情况；若客户未准备好，要让客户承诺预计完成时间并签字；提出需要客户准备的工具、测试仪器和仪表；工程设计方案有无更改或客户有无特殊安装需求；确认测试指标，避免后期用户不认可而进行重复测试；竣工资料要求；确定初验方式（是市局集中验收还是委托县市验收）和时间；报告输出有开工协调会议纪要、开工协议书、工程进度计划表和开工协调会内容确认报告。

5. 工具及仪表清单

工具及仪表清单见表 8－1。

表 8－1　工具及仪表清单

名称	型号及规格	名称	型号及规格	名称	型号及规格
长卷尺	2 ~ 10 m	直尺	1 m	水平尺	通用
墨斗	通用	镊子	通用	一字螺丝刀	M3 ~ M6
十字螺丝刀	M3 ~ M6	裁纸刀	通用	活动扳手	M6/8/12/14/17/19
斜口钳	通用	斜口钳	通用	套筒扳手	M6/8/12/14/17/19
锉刀	通用	电烙铁	30 W	压线钳	10 ~ 120 mm^2
热吹风	800 W	撬杠	通用	冲击钻	两用
梯子	绝缘性	手压钳	通用	切割机	通用
万用表	数字通用	吸尘器	通用	配套钻头	$\phi4 \sim \phi15$ mm
打线工具	通用	剖线钳	通用 2 套	电缆测试仪	通用
专用手压线钳	2 把	专用螺丝刀	2 把（花六角）	放线车	1 台

6. 开箱验货

移动通信工程开工前，与建设单位人员及设备督导共同点验货物。组织用户人员一起开箱验货，现场确认装货单和实物是否相符，运达地点是否与安装地点相符，包装箱外观是否完好，根据检查情况，填写“反馈表”和“货物更换（问题）申请表”；开箱验货完毕后，由客户和工程督导根据验货情况在“装箱单”上签字，货物正式移交给客户，货物的保管责任人为客户；工程完工后，工程督导要将客户签字后的“装箱单”汇总和工程文档一起提交给文员审核。

8.2.2 安全生产

设备安装和维护过程中安全生产是最重要的。施工人员必须参加安全培训，掌握正确的操作方法和安全注意事项，牢记“安全生产，预防为主”和“以人为本，安全第一”的要求。

1. 高压电源

高压电源为设备提供主要动力，直接或通过潮湿物体间接接触高压、市电都可能给施工人员带来致命危险。交流电施工人员必须有作业资质，操作时严谨戴手表、手链、戒指等导电物体，并防止水或潮气进入设备。

2. 静电

人体活动与一些东西摩擦是产生静电荷积累的根源。在干燥气候环境，人体所带的静电量最高可达30 kV，并较长时间地在人体上保存，带静电的操作者与器件接触并通过器件放电，损坏器件。

在接触设备，如手拿插板、电路板、IC芯片等之前，为防止人体静电损坏敏感元器件，必须佩戴防静电手腕，并将防静电手腕的另一端良好接地。如图8－2所示。

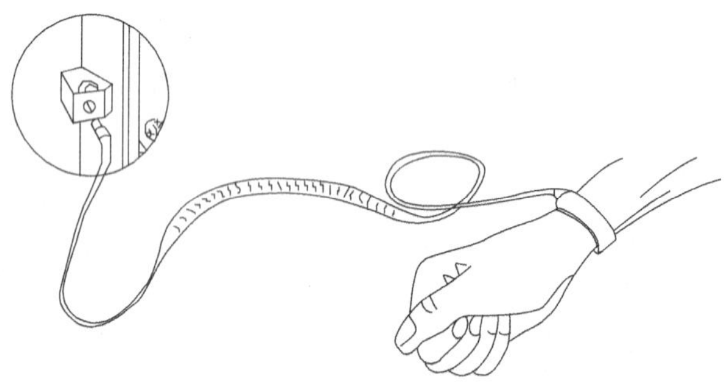

图8－2 静电手腕连接

当操作人员触摸单板或模块之前，应释放掉人体的静电荷，即操作人员触摸单板或模块之前，必须戴防静电接地手腕。手腕与接地点之间的连线上必须串接大于1 MΩ的电阻，以保护人员免受意外电击的危害。大于1 MΩ阻值对静电电压的放电是足够低的。使用的防静电手腕应进行定期检查，严禁采用其他电缆替换防静电手腕上的电缆。

静电敏感的单板或模块不应与带静电的或易产生静电的物体接触。例如用绝缘材料制作的包装袋、传递盒和传送带等摩擦，会使器件本身带静电，带静电元器件与人体或地接触时发生静电放电而损坏器件。静电敏感的单板或模块只能与优质放电材料接触，例如防静电包装袋。板件在库存和运输过程中需使用防静电袋。测量设备连接单板或模块之前，应释放掉本身的静电，即测量设备应先接地。单板或模块不能放置在强直流磁场附近，例如显示器阴极射线管附近，安全距离至少在 10 cm 以外。

静电损伤引起的破坏性带有积累性，当损伤较轻时器件并不会失效，但随着损伤次数的增加，器件就会突然发生失效。所以静电放电对器件造成的损伤有显性和隐性两种。隐性损伤在当时看不出来，但器件变得更脆弱，在过压、高温等条件下极易损坏。

3. 高空作业

安装移动通信室外设备是高空作业的难点，高空作业人员必须经过相关培训，拿到相应的作业资质，携带好工具及仪表，防止设备、仪表等坠落，做好安全防护工作，佩戴安全帽和安全带，寒冷天气，高空作业前应穿戴防寒服，并检查滑轮和绳索等起重设备的可靠性。

8.3 电源系统

通信电源通常称为通信设备的“心脏”，重要地位不言而喻。随着通信事业的飞速发展和通信设备的不断更新，现代通信对通信电源的要求也越来越高。通信电源追求安全、可靠、环保和技能。

8.3.1 电源系统原理

1. 通信电源系统的结构

通信电源系统包括五个基本组成部分，分别是交流配电单元、高频开关整流器、直流配电单元、监控系统和蓄电池组。组合电源系统的原理如图 8－3 所示。

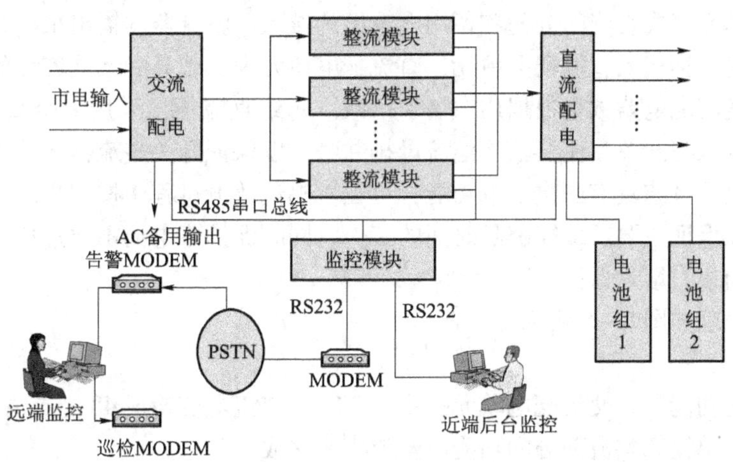

图 8－3　电源系统的原理

2. 各组成部分的工作原理

1）交流配电单元

交流配电功能原理图如图 8－4 所示，交流配电单元将市电接入，经过切换送入系统，交流电经分配单元分配后，一部分提供给开关整流器，一部分作为备用输出，供用户使用。系统可以由两路市电（或一路市电一路油机）供电，两路市电主备工作方式，平时由市电 1 供电，当市电 1 发生故障时，切换到市电 2（或者油机），在切换过程中，通信设备的供电由蓄电池来供给。两路交流输入通过交流接触器选通一路后供给交流主输出和交流辅助输出。空气开关的后边接有交流变送器和交流避雷器。交流辅助输出分别接有空气开关。

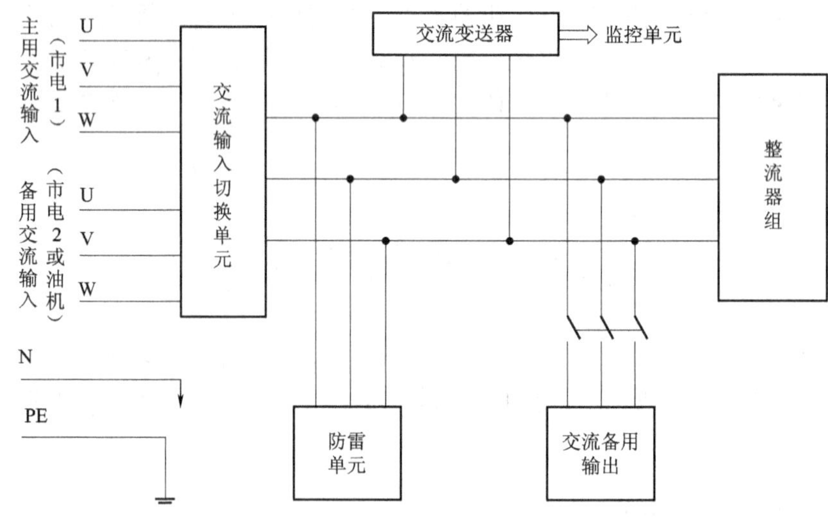

图 8－4　交流配电原理图

三相交流电源线黄色为 A 相，绿色为 B 相，红色为 C 相，标准线序应为黄色、绿色、红色，与之对应的为 A、B、C 三相电。

2）直流配电单元

直流配电单元完成直流的分配和备用电池组的接入。整流器的输出采用并联方式，整流器的输出经汇流母排接入直流配电单元，直流配电单元为负载分配不同容量的输出，可满足不同的需要，直流配电路数可根据用户需求增减。每组直流输出采用一个直流断路器控制。后备电池组的输入与开关整流器输出汇流母排并联，以保证开关整流器无输出时，后备电池组能向负载供电。系统具有二次下电功能，可在蓄电池放电过程中按用户的设置电压分两次将负载断掉，以保证主要负载能够长时间的工作，同时保护蓄电池不致过放而损坏。负载和蓄电池输出端均接有熔丝保护。

直流配电原理如图 8－5 所示。

3）整流部分

整流部分的功能是将交流配电单元提供的 220 V 交流电变换成 48 V 或者 24 V 的直流电输出到直流配电单元。整流部分的功能由整流模块完成。

高频开关整流器的原理如图 8－6 所示。

开关整流器的基本电路包括两部分：一是主电路，主要是指从交流电网输入到直流输出

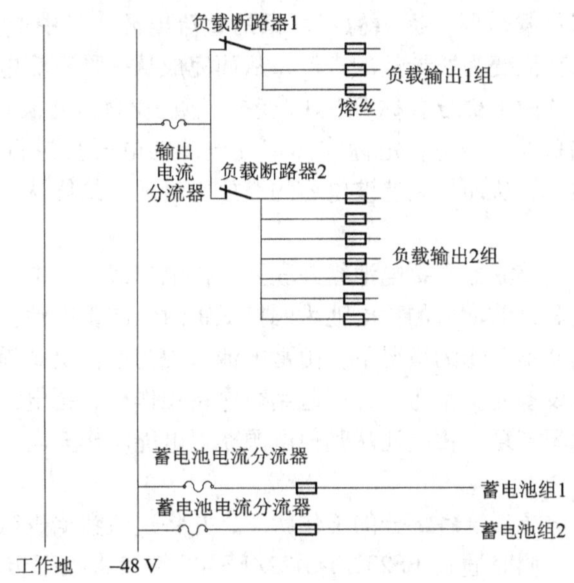

图 8-5　直流配电原理

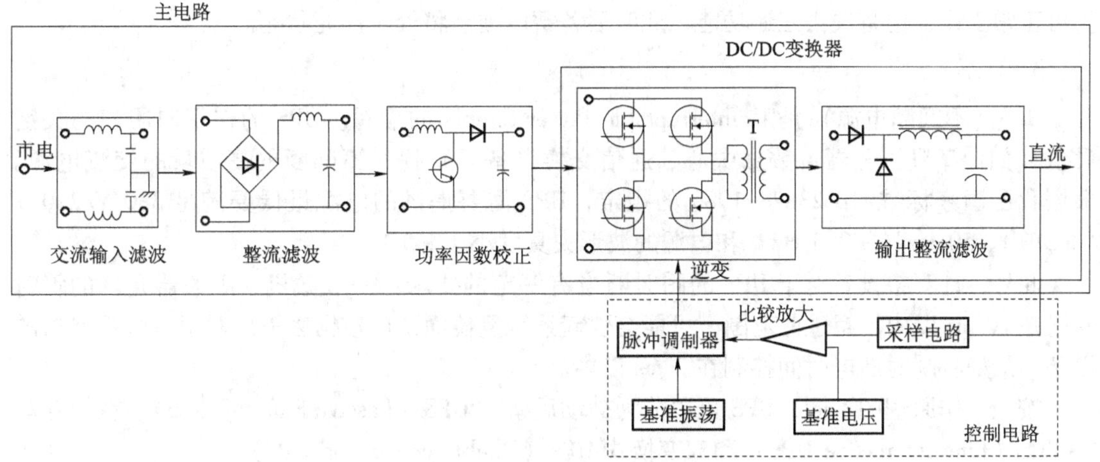

图 8-6　高频开关整流器电路原理

的全过程，它完成功率转换任务；二是控制电路，主要给主电路变换器提供激励信号控制主电路工作，同时实现稳压。

交流输入滤波器的作用是将电网中的尖峰等杂波过滤，给本机提供良好的交流电；另一方面，也可防止本机产生的尖峰等杂音回馈到公共电网中。

整流滤波将电网交流电直接整流为较平滑的直流电，以供下一级变换。

功率因数校正电路为 Boost 升压电路，它将整流滤波后的直流电升压为 410 V 左右的直流电，以供下一级逆变。

逆变将升压后的直流电变换为高频交流电，尽量提高频率，以便于用较小的电容、电感滤波（减小体积、提高稳压精度），同时也有利于提高动态响应速度。频率最终受到元器件、干扰、功耗以及成本的限制。

输出整流滤波根据负载需要，提供稳定可靠的直流电源。其中逆变将直流变成高频交流，输出整流滤波再将交流变为所希望的直流，从而完成从一种直流电压到另一种直流电压的转换，因此也可以将这两个部分合称 DC/DC 变换（直流/直流变换）。

控制电路从输出端采样，经与设定标准（基准电源的电压）进行比较，然后去控制逆变器，改变其脉宽或频率，从而控制滤波电容的充放电时间，最终达到稳定输出的目的。

4）蓄电池组

通信电源系统中采用整流器和蓄电池组并联冗余供电方式。蓄电池组既为备用电源，又可以吸收高频纹波电流。目前常用的蓄电池为阀控式密封铅酸蓄电池。

在市电异常或整流器不工作的情况下，由蓄电池单独为通信负载提供安全、稳定、可靠的电力保障，确保通信设备的正常运行，即起到荷电备用作用，蓄电池对外电路输出电能时叫作放电。当市电短时间恢复，蓄电池从其他电源获得电能叫作充电。

5）监控系统

监控系统检测组合电源系统各部分的工作状态，并将这些数据进行分析和处理，自动控制整个电源系统的运行。同时通过 RS232/RS422/RS485 接口将数据传送到近端监控计算机或远端监控中心，完成三遥功能，实现无人值守。

当系统发生故障时，告警指示灯及蜂鸣器会发出声光告警信号，电源系统脱离监控单元仍可正常工作，但将失去三遥功能，此时后备蓄电池组将处于浮充状态。

3. UPS

UPS（不间断电源）是 Uninterruptable Power Supply 的缩写。UPS 的作用向用户的关键设备（如计算机服务器、数据中心、通信交换设备等）提供不间断的高质量的交流电源。根据我国国家标准 GB 2387—1989 的规定，UPS 需要提供的电源最低要满足 380 V/220 V（±5%）、50 Hz（±0.5 Hz）和电源的波形失真度小于±5%。

此外，计算机设备对于 UPS 的瞬时断电有一定的要求：一般微机、服务器允许的瞬时断电在 10 ms 以内，超过此范围，可能会引起系统复位而造成数据丢失。对于一些更严格的设备，最好将瞬时断电时间控制在 2 ms 以内。

按照工作原理的不同，UPS 可以分为被动后备式 UPS（Passive Standby UPS）、在线互动式 UPS（Line-interactive UPS）和双变换式 UPS（Double conversion UPS）。

1）被动后备式 UPS（后备式）

市电正常时，它向负载提供的是对市电稍做稳压处理的“低质量”的正弦波电源，逆变器不工作，蓄电池由独立的充电器充电。当市电不正常时，负载由继电器切换为电池逆变供电，如图 8-7 所示。

2）在线互动式 UPS（互动式）

市电正常时，它向负载提供的是对市电经过处理的（一般经过变压处理）正弦波电源同时通过逆变器对电池充电。当市电不正常时，负载由继电器切换为电池逆变供电，如图 8-8 所示。

3）双变换式 UPS（在线式）

在市电正常时，市电经过 AC/DC、DC/AC 两次变换对负载供电，当市电不正常时，由电池经过 DC/DC、DC/AC 变换对负载供电，即在两种情况下逆变器都处于工作状态，如图 8-9 所示。

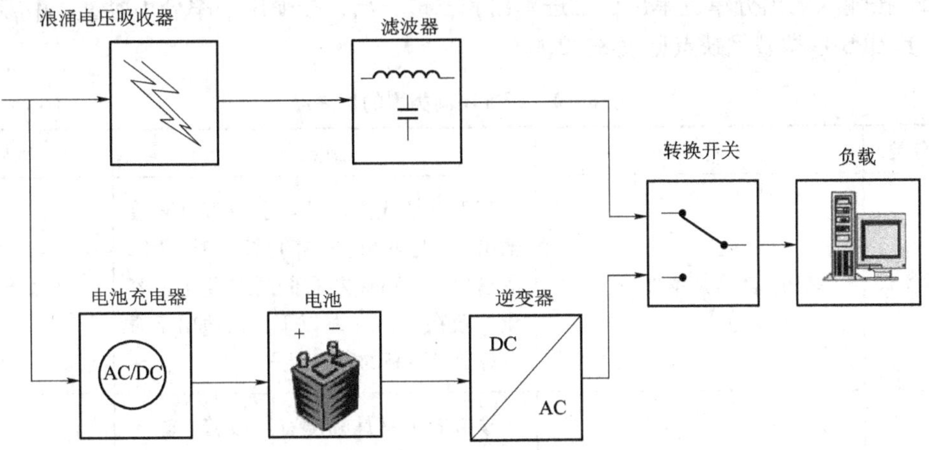

图 8 - 7　被动后备式 UPS 结构

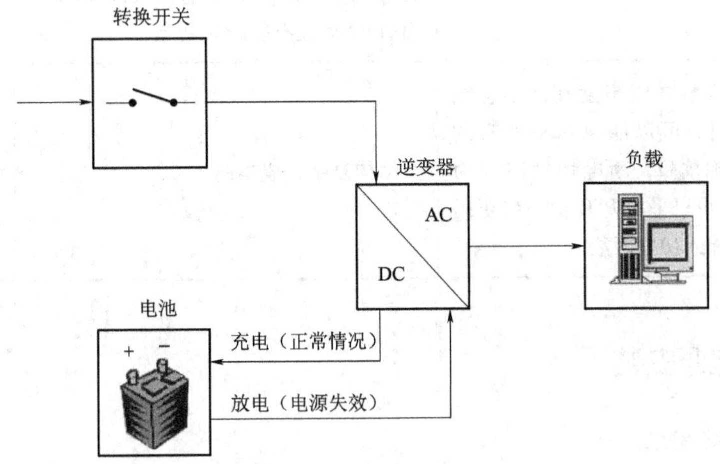

图 8 - 8　在线互动式 UPS 结构

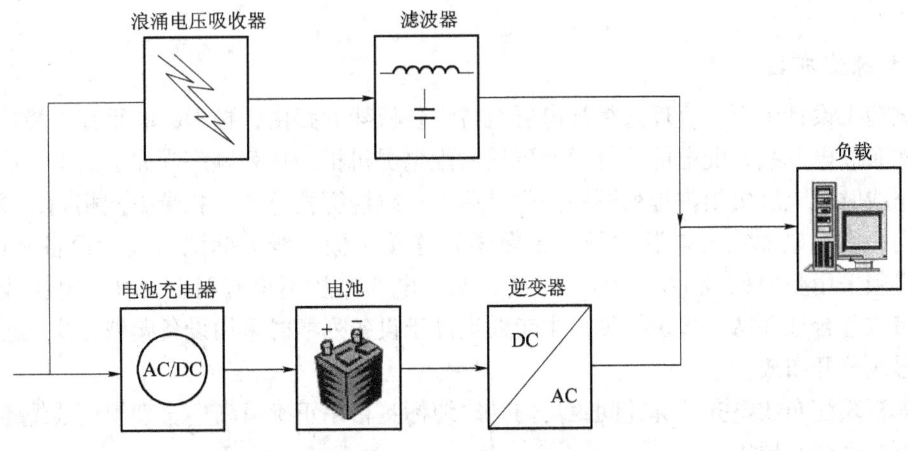

图 8 - 9　双变换式 UPS 结构

UPS按输入输出分单进单出、三进单出和三进三出，按输出功率分小容量、中容量和大容量。其UPS各类型优缺点见表8-2。

表8-2　UPS不同类型的优缺点

UPS分类	优点	缺点	型号
被动后备式	结构简单，成本低廉	在市电模式下，基本上由市电直接输出，供电质量差。市电断电时，UPS的输出有10 ms左右的瞬时断电。容量一般在2 kV·A以下，只适用于对电源要求不高的家庭用户	APC Smart
在线互动式	效率高，可达95%以上；市电模式下过载能力强	输出电压只是幅度有所改善，输入的干扰会直接到输出；动态性能不好，输出电压精度不高；对电池充电缺乏有效的控制；市电断电切换时UPS输出有6 ms左右的瞬时断电	山特 Interactive
双变换式	输出电压精度高，动态响应好，可以滤掉几乎所有的电源故障，断电切换时间为0，可以采用PFC功率校正提高输入功率因数	结构复杂，成本高	ZXUPS S、M、T

8.3.2　电源安装

1. 电源系统安装

机房供电系统，交流屏、直流配电屏、整流屏的设备按施工图纸设计要求合理摆放。由于电源设备都集中放在电力室，电池组都放在电池室，与机房通信主设备隔离，故不影响主通信设备。

2. 电源线布线

根据施工设计图纸，合理选择配电屏至各设备机架的路由，按DU单元有选择地至设备机架依次布放电源线，配电屏机柜后面下线时配电屏机柜内排列顺序为先下后上，配电屏机柜前面下线时配电屏机柜内排列顺序为先上后下；线缆绑扎整齐，扎带举例相同，线扣结的位置方向一致；电源线与电源端子（铜鼻子）连接牢固，线缆标识与实际设备标识一致。电源线必须采用整段的线料，不得有中间接头；电缆布放不得有明显交叉，电源线绑扎均匀，扎带位置合理并剪掉多余扎带。主走线道高于设备列槽时采用设备爬坡方式处理，电源线和信号线分开布放。

配电柜线缆布放整齐，绑扎间距均匀，线缆标签粘贴正确清晰，合理规划线缆走向，以免布缆下线有交叉现象。

电力线引入严禁采用架空方式引入机房，线缆的敷设以地埋方式为主，电力电缆进线路由独立，不能与馈线窗的馈线孔共用。

3. 蓄电池

蓄电池有架式和柜式两种安装方式，安装时应注意防震和承重。根据图纸标明的电池型号、规格、数量进行安装，合理布线，线缆顺直、弯曲适中。正负极要用红、黑颜色绝缘带区分，电池正、负极序号及蓄电池编号和蓄电池组编号要标识清晰。蓄电池使用螺栓、螺母连接牢固，电池架接地牢固且可靠。线缆走线横平竖直，线缆绑扎均匀、合理、牢固，如图 8－10 所示。

图 8－10　蓄电池示意图

8.4　移动通信硬件设备安装

8.4.1　走线架安装

走线架用以承托各种电缆。机柜下走线时，需要在防静电地板下面安装保护线槽，同时机架上安装走线槽来承托电源线；上走线时，机架需要安装走线架。

移动通信机房或基站走线架的安装分为固定式和活动式两大类。固定式采用吊挂式安装，互动式采用下支撑和设备上支撑混合的方法，两种方法在安装过程中可灵活使用。根据施工平面图和施工环境，走线架的安装要合理、美观。

1. 走线架型号

根据施工图纸选择走线架型号，根据机柜的功能设置不同走线架安装型号见表 8－3。

表 8－3　走线架（走线槽道）型号及应用

序号	宽度/mm	应用	备注
1	100	交换设备电源及空调电源线的布放	—
2	200	交换局设备信号线的电缆布放	—
3	400	设备列间、主副走线槽道	—
4	600	主槽道及电源侧等电缆的布放	—
5	800	主走线槽道的安装	上下两层

2. 走线架安装

1）安装原则

电缆走线架的安装应符合施工图纸设计的规定，左右偏差不得超过 50 mm；水平走线架与列架保持平行或直角相交，水平度偏差不得超过 2 mm/m；走线架吊挂的安装应整齐牢固，保持垂直，无歪斜现象；安装沿墙走线架，在墙上的支撑物应牢固可靠，沿水平方向的间隔均匀；安装后走线架应整齐一致，不得有起伏不平或歪斜现象，走线架安装如图8－11所示。电缆走线架（走线槽道）穿过楼板孔或墙洞的地方，应按消防要求进行封堵。

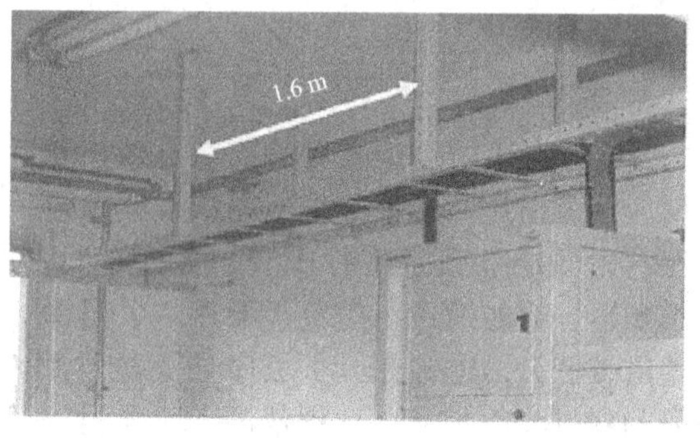

图8－11　机房走线架示意图

2）安装要求

吊挂走线架垂直误差不大于3 mm；相邻吊挂间距为1.6 m；走线架末端与墙体（地）用三角支撑体连接，三角支撑件与棚顶或地连接牢固；吊棒或吊杆与走线架直连，吊挂方向必须一致。

活动机房走线架中间位置可以用作支撑或设备上方支撑的加固。可将走线架固定在U棒上。走线架之间采用铜带连接。

3）安装步骤

（1）根据施工图纸设计确定走线架两端的水平高度，利用装有水的塑料管确定水平基准点。

（2）确定两边线槽水平高度，借助水平仪，调整水平尺，用铅笔画一条水平直线，即走线架（槽）的水平高度。

（3）确定固定点，将三角支撑件紧贴墙面，用卷尺根据施工图纸设计测量其与侧面的距离，用铅笔标出固定点。

（4）打孔，使用ϕ14 mm的砖头在划线点打孔（注意灰尘处理）。

（5）固定及调整，将走线架固定在三角支撑件上，固定U棒调整走线架水平。

（6）垂直高度测量，根据施工图纸，用钢尺测量走线架吊杆的长度。

（7）安装吊杆，明确吊杆安装位置，每隔1.6 m一处吊杆，吊线方向要一致（最后一根需要反装），用铅笔画出吊挂位置，打孔及吸尘。吊杆的一端固定在走线架上，另一端安装三角支撑，利用水平仪调整吊杆的垂直度。

8.4.2　机柜安装流程图

设备机架需要和底座或地面进行加固连接，因此需要根据机架的实际需要用螺丝将其固定在底座上。机架加固底座的安装应在设备到货后由施工人员具体精确确定安装位置，同时根据设备安装设计图纸进行安装，机架加固底座采用膨胀螺栓直接加固在水泥地面上。

1. 安装流程图

机柜的安装流程如图8－12所示。

2. 安装原则

机房机架设备位置安装正确，同时机柜后面与墙壁的距离不少于0.6 m；机柜侧面可以靠墙壁安装；机柜正面应留有不小于0.8 m宽的通道；机柜离天馈窗应尽可能近，以减少馈线长度。机架必须按施工图要求进行抗震加固。

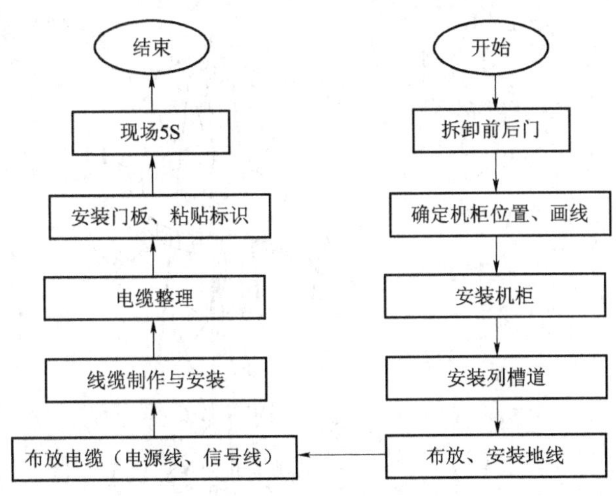

图 8－12　移动机房设备安装流程

用吊垂测量机架安装，其垂直度偏差不大于 3 mm，列主走线道成直线，误差不大于 5 mm。

设备摆放要平稳，压板、支架要牢固，同型号、同高度的设备机架要尽量相邻排列，用连接件将机柜连接牢固；整列机面应在同一平面上，无凹凸现象；螺栓拧紧且露出长度应尽量一致。

机架标志齐全，颜色统一，无锈斑、变形；设备标识高度和水平位置一致；告警显示单元安装位置端正合理，告警标示清晰且完整。

8.4.3　天馈系统

1. 天馈系统简介

天馈系统由天线、馈线、跳线和馈线接地夹等部分组成，如图 8－13 所示。

RAU 射频天馈系统的安装包括天线安装、跳线连接、馈线布放以及天馈避雷系统安装等。天线安装分全向天线、定向天线在铁塔和屋顶上的安装。全向天线与定向天线的外形如图 8－14 所示。为保证施工质量和施工人员安全，安装应尽可能在晴朗无强风的白天进行。安装过程中，特别是安装天线时，安装人员应高度重视安全问题，并落实相关安全措施。

2. 射频天馈系统安装

射频天馈系统安装过程如图 8－15 所示。

3. 天线支架安装

天线支架安装平面应与水平面垂直；应单独安装铁塔避雷针桅杆，高度满足所有天线避雷保护要求；天线支架伸出铁塔平台时，应确保天线在避雷针顶点下倾 30°保护区域内，如图 8－16 所示。

天线支架的安装方向应确保不影响定向天线的收发性能和方向调整；如有必要，应对天线支架做一些吊挂措施，以避免因时间太长而使天线支架变形；转动杆需用加强杆来加固，伸缩杆和转动杆的长度应根据现场实际情况进行截断，截断的断口要焊盖板以防漏水；所有

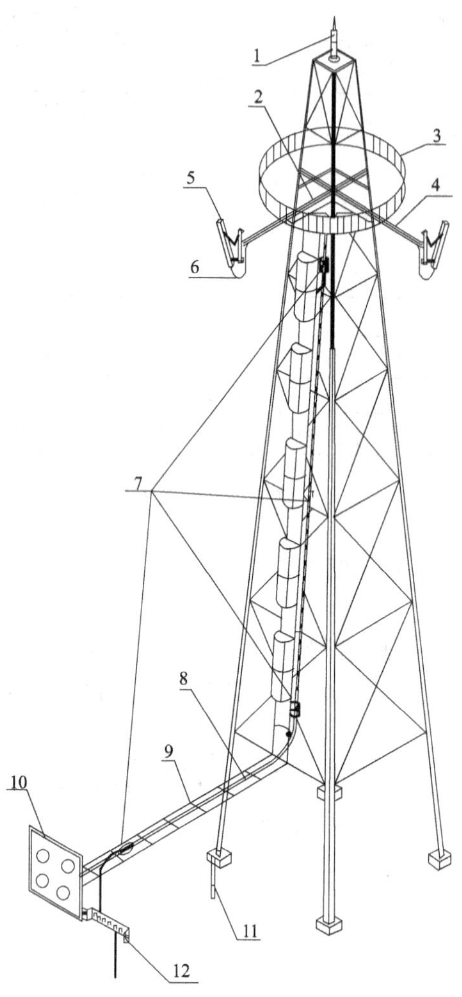

图 8-13　天馈系统典型结构示意图

1—避雷针；2—天线支架；3—铁塔平台护栏；4—线扣；5—定向天线；
6—跳线避水弯；7—馈线避雷接地夹；8—馈线；9—室外走线架；
10—馈线密封窗；11—铁塔接地体；12—室外接地排

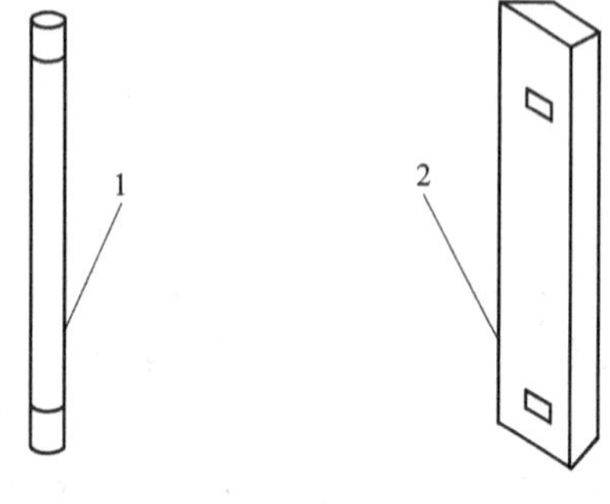

图 8-14　天线示意图

1—全向天线；2—定向天线

焊接部位要牢固，无虚焊、漏焊等缺陷，支架最好采用镀锌钢材，支架表面应喷涂防锈银粉漆。

铁塔天线支架的安装过程如下：

（1）在塔顶安装一个定滑轮。

（2）吊绳穿过定滑轮。

（3）将支架绑缚在吊绳一侧。

（4）在另一侧拉动吊绳，绑缚支架侧的吊绳控制支架上升方向，将支架吊升至铁塔上。

（5）根据工程设计图纸中的天馈安装图来确定铁塔天线支架的安装位置。

(6) 将支架伸出铁塔平台，用 U 形固定卡（包括连接杆和 U 形螺栓）把支架固定在塔身上。

(7) 用螺栓 M12×45 连接铁塔平台护栏和连接底板。

若天线支架与铁塔平台护栏不便连接，可采用焊接的办法，焊接要牢固、无虚焊和漏焊等缺陷，并在所有焊接的部位和支架表面喷涂防锈漆。

4. 天线安装

天线在铁塔平台的安装过程可分为全向天线和定向天线。

1) 全向天线

全向天线在铁塔上安装时，应保证天线在铁塔避雷针保护范围内，天线离铁塔主体至少 1.5 m；全向天线具体安装应以现场工程文件为准；天线轴线应和水平面垂直，误差应小于 ±1°；全向天线中收发天线可以共用一个天线支架，或收发天线分开安装，具体安装位置应根据工程设计图纸而定；天线跳线必须做避水弯。

安装过程：

(1) 按工程设计图确定天线安装方向。

(2) 将天线馈电点朝下，护套靠近支架主杆，将天线固定在支架固定杆上。

(3) 用角度测试仪器检查天线轴线是否与水平面垂直。若角度测试仪显示值同标准值的误差大于等于 ±1°，则需进行调整并重新紧固。

(4) 将天线固定紧，直至手用力推拉不动为止。

(5) 制作天线跳线避水弯，边布放跳线边用黑线扣将天线跳线沿支架横杆绑扎，并剪去多余的线扣尾。

(6) 把安装好天线的支架转动杆伸出铁塔平台，用螺栓将连接底板固定好。

2) 定向天线

天线在铁塔避雷针保护范围内，在天线向前的方向里无铁塔结构的影响，天线伸出铁塔平台距离应大于 0.5 m；定向天线具体安装应以当时工程文件为准；天线跳线必须做避水弯；在天线安装与调节过程中，应保护好已安装好的跳线，避免产生任何损伤；使用指南针时应尽量远离铁

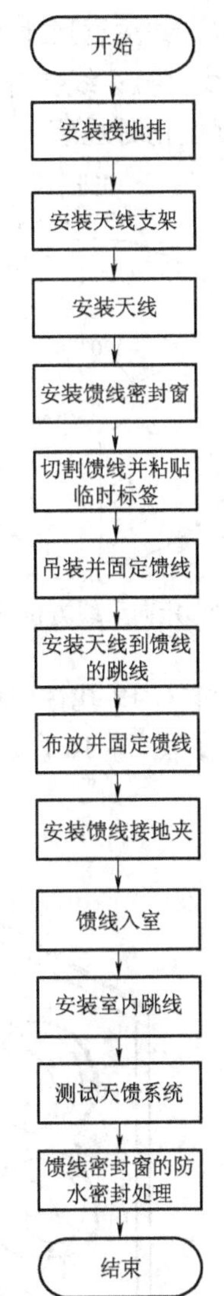

图 8-15 天馈系统安装过程

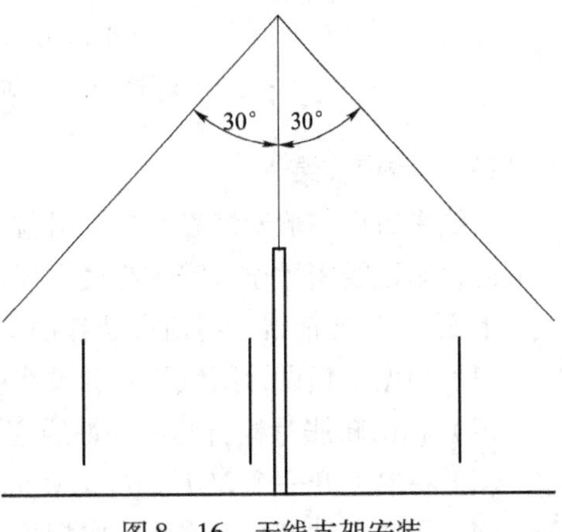

图 8-16 天线支架安装

塔等钢铁物体，并注意当地有无地磁异常现象；跳线布放时弯曲要自然，弯曲半径通常要求大于20倍跳线直径；线扣绑扎要按一个方向进行，剪断线扣尾时要有3～5 mm的余量，以防线扣在温度变化时脱落，且其剪切面要求平整。

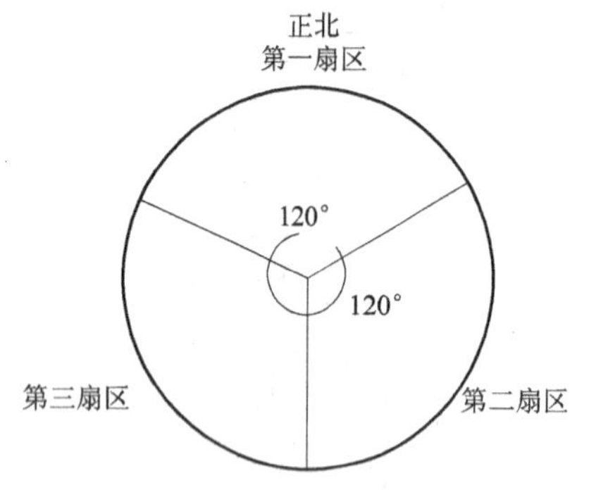

图8－17　定向天线方位角示意图

安装过程：

（1）按工程安装图确定天线安装方向。

（2）将天线固定于支架的固定杆上。松紧程度视实际情况而定，要求不易松动，也不宜过紧。

（3）根据工程设计文件，用指南针确定天线方位角。如图8－17所示：正北方向对应第一扇区；正北顺时针转120°对应第二扇区；再转120°对应第三扇区。

5. 安装馈线窗

1）馈线密封窗的结构

馈线密封窗有12孔馈线密封窗和27孔馈线密封窗两种。一般情况下使用12孔馈线密封窗，其尺寸如图8－18所示。

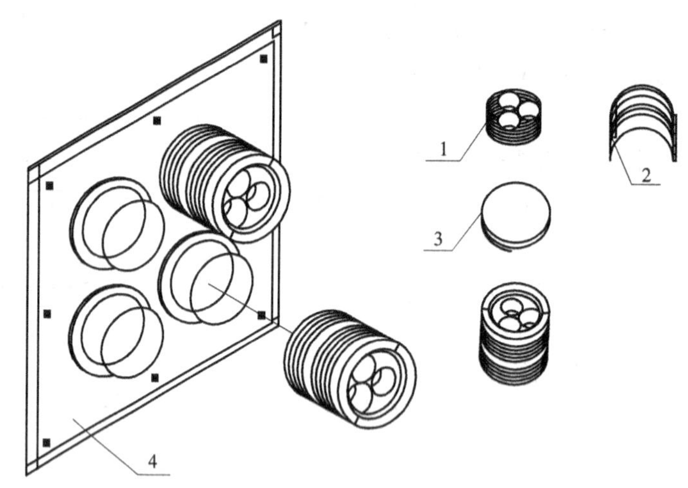

图8－18　馈线密封窗的结构示意图

1—密封垫片；2—密封套；3—钢箍；4—馈线密封窗窗板

2）馈线窗安装

馈线密封窗一般安装在室外，且位于走线架的上方，尽量靠近走线架。若馈线从楼顶进入室内，则馈线密封窗应安装在楼顶屋面上。

下面以12孔馈线密封窗安装在墙上时为例，说明安装方法：

（1）根据工程设计图纸要求和馈线密封窗的尺寸右墙上确定馈线密封窗安装位置。

（2）标出膨胀螺栓打孔位和馈线密封窗镂空位置。

（3）在墙上开一个250 mm×250 mm的正方孔。

（4）用冲击钻打8个安装膨胀螺栓的孔位。

（5）用膨胀螺栓固定馈线密封窗窗板，安装示意图如图 8－19 所示。

馈线必须按照设计文件（方案）的要求布放，要求走线牢固、美观，不得有交叉、飞线、扭曲、裂损等情况。当跳线或馈线需要弯曲布放时，要求弯曲角保持圆滑，且其弯曲曲率半径不得小于其最小弯曲半径，并标示清楚。

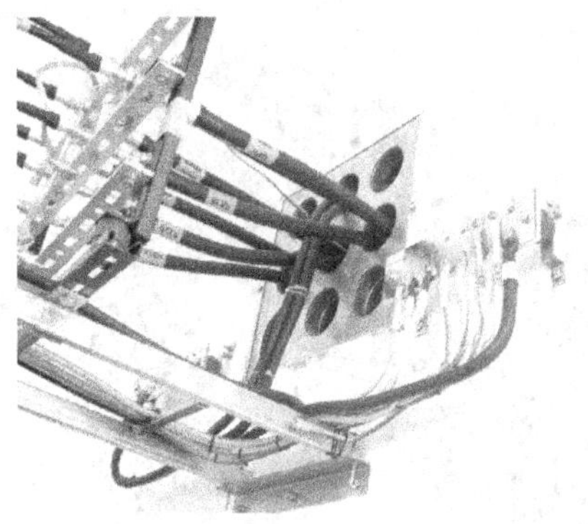
图 8－19　馈线窗安装示意图

6. 安装馈线

馈线的切割可以在吊装前完成，也可直接吊装到位，下部留有足够的长度后再切割。

1）固定馈线的过程

安装过程：

（1）用麻布（或防静电包装袋）包裹已经做好的接头。

（2）用绳子或线扣扎紧，以做好馈线接头的保护。

（3）用吊绳分别在离馈线头约 0. 4 m 处和 4. 4 m 处打结。

（4）塔上人员向上拉馈线，塔下人员拉扯吊绳控制馈线上升方向，以免馈线与塔身或建筑物磕碰而损坏。

（5）将馈线上端固定至适当位置（实行多点固定，防止馈线由塔上滑落），但不宜距离天线或塔太近。可根据需要选择 1 卡 1 固定夹或 1 卡 3 固定夹。

2）安装天线到馈线的跳线

天线到馈线的跳线一般长 3. 5 m；安装过程中并不密封处理跳线和馈线的接头，通常是在天馈系统安装完毕，通过天馈测试后才统一密封处理接头。这主要是为了方便天馈测试中发现问题后更换馈线或跳线。

安装过程：

（1）将跳线与馈线连接。

（2）调整跳线弯曲度，弯曲半径通常要求大于 20 倍跳线直径。

（3）绑扎并布放跳线。

3）布放与固定馈线

（1）馈线布放原则。

馈线弯曲的最小弯曲半径应大于馈线直径的 20 倍；馈线沿走线架、铁塔走线梯布放时应无交叉，馈线入室不得交叉和重叠，建议在布放馈线前一定要对馈线走线的路由进行了解，最好在纸上画出实际走线路由，以免因馈线交叉而返工；馈线的布放应从上往下边理顺边紧固馈线固定夹；每隔 2 m 左右安装馈线固定夹，现场安装时应根据铁塔的实际情况而定，以不超过 2 m 为宜，固定夹可根据现场需要选用 1 卡 3 固定夹，或 1 卡 2 固定夹，或 1 卡 1 固定夹。安装馈线固定夹时，间距应均匀，方向应一致；在屋顶布放馈线时，按标签将馈线卡入馈线固定夹中，馈线固定夹的螺丝应暂不紧固，等馈线排列整齐、布放完毕后再拧紧；馈线固定夹应与馈线保持垂直，切忌弯曲，同一固定夹中的馈线应相互保持平行。馈线自楼顶沿墙布放，如果距离超过 1 m，应做走线梯，且馈线在走线梯上应使用馈线固定夹固定。

图8-20　馈线卡接示意图

（2）布放和固定馈线。

根据工程设计的扇区要求对馈线排列进行设计，确定排列与入室方案，通常一个扇区一列或一排，每列（排）的排列顺序保持一致；将馈线按设计好的顺序排列；一边理顺馈线，一边用固定夹把馈线固定到铁塔或走线架上；安装馈线接地夹；撕下临时标签，用黑线扣绑扎馈线标签，如图8-20所示。

（3）接头处理。

对当天不能做完接头或做了接头但没有和跳线连接的馈线，须对其接头做简易防水处理。如果天馈系统不能在一天内完成，则需对跳线的接头、跳线和馈线的接头，以及馈线裸露端做简易防水处理，等全部安装完毕并通过天馈测试后再统一对各接头做防水密封处理。

7. 三点接地

移动通信基站工作接地电阻小于5Ω；山顶自建机房基站在按本规范敷设接地系统且连接良好的前提下放宽到小于10Ω；架空电力线和电力电缆护套及变压器（100 kV·A以下）保护接地电阻值应小于10Ω。

铁塔的两道防雷地线（40 mm×4 mm以上的镀锌扁铁）应直接通过避雷针由铁塔两（四）对角接至防雷地网。馈线必须有两道以上防雷接地线。当馈线长度小于50 m时，在塔上馈线接头后约1 m处做第一道防雷接地线，在馈线进线窗外（防水弯之前）或水平拐弯前约1 m处做第二道防雷接地线。当馈线长度大于50 m时，除第一、第二道防雷接地线外，在铁塔馈线中间位置做第三道防雷接地线。室外水平走向馈线大于5 m时（小于15 m），须再增加一道防雷接地线，超过15 m时，在水平走向馈线中间再增加一道防雷接地线。馈线防雷接地线必须顺着雷电泻流的方向单独直接接地，防雷接地线禁止回弯、打死折。地线密封胶泥、胶带的缠绕必须为两层，第一层先从上向下半重叠连续缠绕，第二层应从下向上半重叠连续缠绕，缠包时应充分拉伸胶带。在密封包的两端（约2 cm处）须用扎带扎紧，以防止开胶渗水。防雷接地点应该接触可靠、接地良好，并涂刷防锈油（漆）。移动通信基站室内外各一个，必须分别引入地网，且安装位置符合设计要求。所有设备以及室内铁件接地接在室内地排上，馈线第3次接地以及避雷器支架接地接在室外地排上，地排必须低于避雷器。馈线（铁塔）的防雷地阻必须小于10 Ω。

馈线接地采用3点接地防护方式，即第1点在天线处，馈线防护层接地；第2点在铁塔与天桥连接处，馈线防护层接地；第3点在孔板前，馈线防护层接地。这3点“地”通常都连在铁塔地上。铁塔是非常容易遭受雷电袭击的，虽然塔基下面有较好的防护接地网，但在遇到超低空雷击时，其静电电流很大，在雷电入地前，静电或强电会通过馈线防护层窜入室内机架，对机房内的设备和人员造成伤害。建议馈线接地必须接到单独的馈线保护地上（采用一点接地即可），这一地应与铁塔地、设备工作地分开，以确保设备安全。

8.4.4 线缆布放

室内外扎带有黑色和白色之分，室外必须用黑扎带，室内必须用白扎带，绑扎时应整齐美观、工艺良好。

1. 信号线布放原则

(1) 布放线缆的规格、路由和位置应符合施工图的规定，线缆排列必须整齐，外皮无损伤，如图8-21所示。

图8-21 信号线布放示意图

(2) 布放在走线架上的线缆必须绑扎。绑扎后的线缆应互相紧密靠拢，外观平直整齐，线扣间距均匀，松紧适度。使用麻线绑扎时麻线必须浸蜡。

(3) 布放在槽道内的线缆可不绑扎，但槽内线缆应顺直，不宜交叉。在线缆转弯处应绑扎固定。

(4) 线缆在机柜内布放时不能绷紧，应留有适当余量，绑扎力度要适宜，布放应顺直、整齐，不应交叉缠绕。

(5) 在具备条件的情况下，信号线和电源线应分井引入；若分井敷设确有困难，则电源线与信号线缆必须做适当隔离。

(6) 上走线的机房，走线架上线缆较少时可将交、直流电源线和信号线在同架上隔离布放；线缆较多的，要求将交、直流电源线和信号线分架走线。

2. 电源线布放要求

(1) 交、直流电源电缆必须分开布放；电源电缆和信号线缆应分离布放，如图8-22所示。

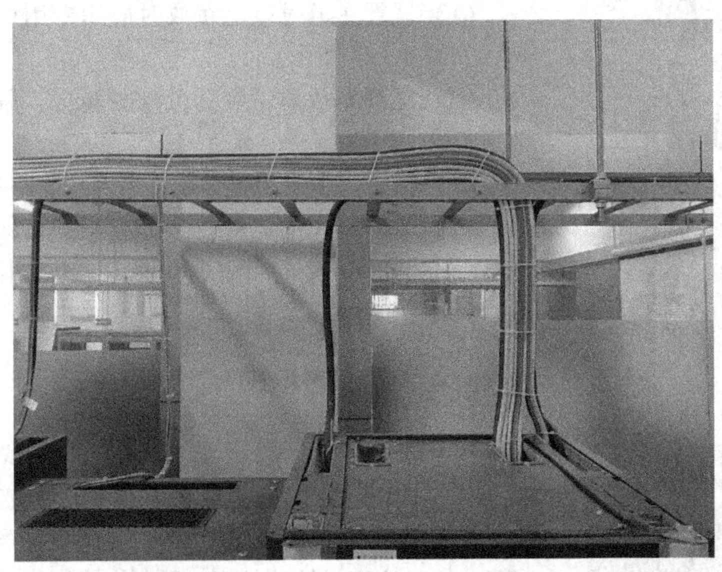

图8-22 电源线布放示意图

（2）电源线必须采用整段线料，中间无接头。

（3）电源线走线采用地槽或架上走线时，应避免交叉，布线要整齐。采用上走线方式时，交、直流电源线应尽量分架布放。在机房空间紧张且电源线较少时，交、直流电源线可在同一个走线架上分两边隔离走线。如果设备机柜没有上线孔，则需要顺其机架安装爬梯或爬线槽。如必须采用地板下槽道走线时，槽道须架空，交、直流电源线之间应隔离。

（4）电源线和信号线应分井引入，若分井敷设确有困难，则电源线与信号线必须做适当隔离。

（5）交流电源线和直流电源线应分井引入，若有困难，应将交流线和直流线在同一井内分两边引入。

（6）所有进入机房的电缆均应采用优质阻燃电缆。

（7）活动地板下禁止设电源接线板和用电终端设备。

（8）敷设的电源线应平直并拢、整齐，不得有急剧弯曲和凹凸不平现象；在电缆走道或走线架上敷设电源线的绑扎间隔应符合设计规定，且绑扎线扣整齐、松紧合适。绑扎电源线时不得损伤电缆外皮。

（9）电源线穿钢管时，钢管管口应光滑，管内清洁、干燥，接头紧密，不得使用螺丝接头；钢管管径及钢管位置应符合设计规定；穿入管内的电源线不得有接头，穿线管在穿线后应按设计规定将管口密封；室外穿线钢管应分别在电缆进出户处可靠接地；非同一级电压的电力电缆不得穿在同一管孔内。

（10）电源线与设备应可靠连接，连接时应符合下列要求：

① 截面在 10 mm^2 及以下的单芯电源线打接头圈连接时，线头弯曲方向应与紧固螺丝方向一致，并在导线与螺母间加装垫圈，所有接线螺丝均应拧紧。

② 截面在 10 mm^2 以上的多股电源线应加装铜鼻子，其尺寸应与导线线径相配合。

3. 尾纤布放要求

（1）尾纤在走线架上布放时应用专用尾纤槽或套管保护，如图 8－23 所示。

图 8－23　尾纤布放示意图

（2）尾纤布放时，应尽量减少转弯，需转弯时应弯成弧形。

（3）机柜内多余的尾纤应绕圈绑扎、整齐放置。

（4）暂时不用的尾纤，头部应用护套保护，整齐盘绕成直径不小于 8 cm 的圈后绑扎固定，且绑扎松紧适度。尾纤严禁压、折。

8.4.5　标签标识

要求使用经过标准认证的标签。对于线缆标签，尽量使用标签打印机打印标签或覆盖保护膜标签。当使用覆盖保护膜标签缠绕电缆时，透明的“尾巴”应覆盖在白色的打印区上，且应有足够的长度，至少能够缠绕线缆一圈或一圈半。各公司制度和规范要求不同，故要求其标签的标示必须清晰、简洁、准确。机房使用的标签材质、样式、帮扎方式等必须统一，如图 8－24 所示。

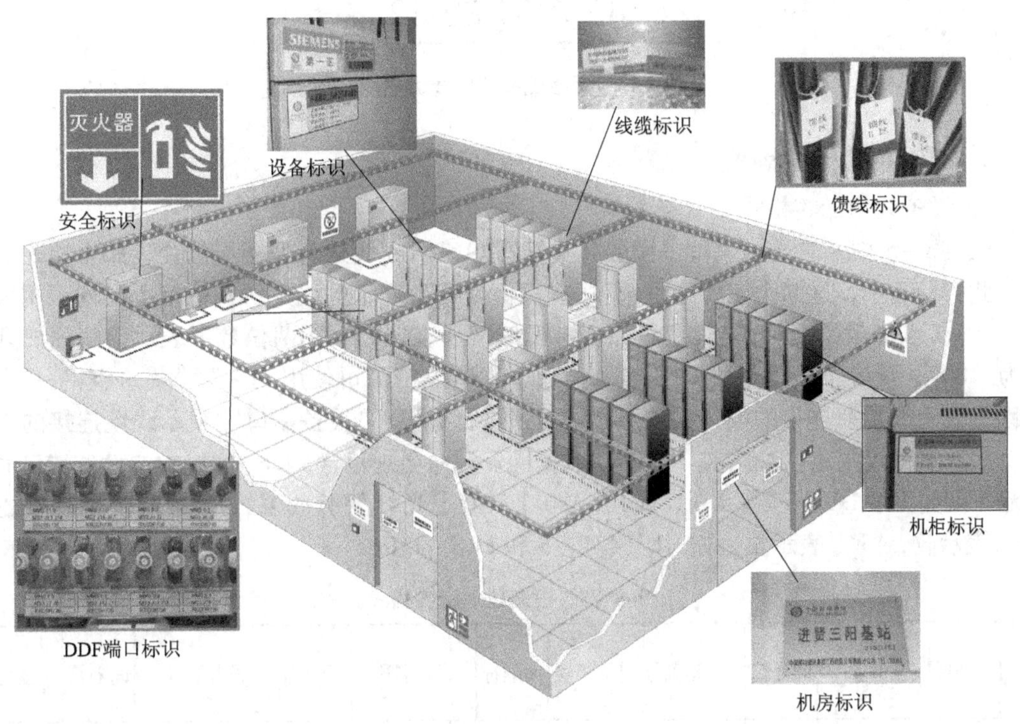

图 8－24　机房标签标识

1. 网络配线架跳线标签格式

1）网络配线架跳纤标签

在表 8－4 中，“楼层”和“楼层英文缩写”表示配线架所处楼层位置，如 4 楼表示为 4F；“机柜列号”表示配线架所在机柜所属列，用大写字母 A～Z 顺序编码表示；“机柜号”表示配线架所在机柜，用两位数字表示，每列的列头柜为“00”，第二个机柜为“01”，依此类推；“间隔符”可使用“－”“/”、空格；“配线架端口号”用不多于 6 位数字标识网线所连接的配线模块端口。

表 8－4　网络配线架跳纤标签

项目	楼层	楼层英文缩写	间隔符	机柜列号	机柜号	间隔符	配线架端口号
符号	数字	字符	字符	字符	数字	字符	数字/字符
字符数	≤2	大写字母：F	1	1（大写字母）	2	1	≤6

2）网络配线架跳线标签（见图 8－25）。

标签含义是上排代码表示跳线起始端（“四楼 A 列 00 柜第 8 个模块端口 1”）；TO 表示去向；下排代码表示跳线中止端（“四楼 A 列 00 柜第 9 个模块端口 1”）。

4F-A-00-08-01
TO
4F-A-01-09-22

图8－25　网络配线架跳线标签示意图

2. 设备线缆标签格式

1）设备线缆标签格式

在表8－5中，“楼层”和“楼层英文缩写”表示配线架所处楼层位置，如4楼表示为4F。此类标签中，这两个字段为可选项。“机柜列号”表示配线架所在机柜所属列，用大写字母A～Z顺序编码表示；“机柜号”表示配线架所在机柜，用两位数字表示，每列的列头柜为“00”，第二个机柜为“01”，依此类推。“间隔符”可使用“－”“/”、空格；“设备名称”表示线缆所连接的设备，按照维护习惯进行标识。“设备端口”表示线缆连接的设备端口，其书写规则建议参照《中国移动数据网资源命名规范（V1.1.0）》中的设备端口命名规范，例如E－1/2、FE－7/12、E1－4/0/1。由于光纤要分收发，所以光纤端口描述中“S”表示收，“F”表示发，如GE－4/1－S和POS－1/0/2－F。

表8－5　设备线缆标签格式

项目	楼层	楼层英文缩写	间隔符	机柜列号	机柜号	间隔符	设备名称	间隔符	设备端口	间隔符	备注
符号	数字	字符	字符	字符	数字	字符	字符	字符	字符/数字	字符	字符/数字
字符数	≤2	大写字母:F	1	1(大写字母)	2	1	≤8(大写字母或数字)	1	≤15(大写字母或数字)	1	≤8

2）网络设备线缆标签（见图8－26）

标签含义是上排表示“5楼B01机柜3808－1（这个机柜中有两台3808，标签上分别标识为3808－1和3808－2）交换机FE2/12端口”；TO表示去向；下排表示“5楼A列01柜第9个模块端口22”。

5F-B-01-38081-FE-2/12
TO
5F-A-01-09-22

图8－26　网络设备线缆标签示意图

3. ODF尾纤标签格式

1）ODF尾纤标签格式

在表8－6中，“楼层”和“楼层英文缩写”表示配线架所处楼层位置，如4楼表示为4F。此类标签中，这两个字段为可选项。“机柜列号”表示配线架所在机柜所属列，用大写字母 A～Z 顺序编码表示；“机柜号”表示配线架所在机柜，用两位数字表示，每列的列头柜为“00”，第二个机柜为“01”，依此类推；“间隔符”可使用“－”“/”、空格；“ODF 子框号”表示同一 ODF 架中的不同的 ODF 子框。当同一个机柜中有多个 ODF 子框时，从上到下，依次标识为“1”“2”“3”…；“纤芯号”可以表示为“A00”芯、“A01”芯、“B02”芯……；

表 8－6　ODF 尾纤标签格式

项目	楼层	楼层英文缩写	间隔符	机柜列号	机柜号	间隔符	ODF 子框号	间隔符	纤芯号	间隔符	备注
符号	数字	字符	字符	字符	数字	字符	数字	字符	字符/数字	字符	字符/数字
字符数	≤2	大写字母：F	1	1(大写字母)	2	1	1	1	≤4	1	≤8

2）ODF 尾纤标签（见图 8－27）

标签含义是上排表示“6 楼 B01 机柜 3808 交换机 GE－1/1 端口的收光尾纤”；TO 表示去向；下排表示“6 楼 A 列 03 柜（03 柜是 ODF 柜）第 4 个 ODF 子框的 A 汇接盘的 03 芯”。

6F-B-01-3808-1-GE-1/1-S
TO
6F-A-03-4-A-03

图 8－27　ODF 尾纤标签示意图

4. 设备标签

为了便于日后维护管理和监督工程实施情况，建议按照此标签规则规定的内容制作设备标签。设备标签应由集团公司统一提供，对整个标签制作过程把关。标签尺寸 140 mm × 50 mm；设备标识为彩色，黑色字体；背胶采用永久性丙烯酸类乳胶。

设备标签应能够全面涵盖所描述设备的各项具体信息，但又要尽量做到简洁、清晰、规范。主设备机架/机柜标识尽量粘贴于机架顶部靠左位置，同类型设备要求粘贴位置统一，并尽可能粘贴于设备表面醒目位置，要求平整、美观，不能遮挡设备出厂标识或告警信号指示灯。图 8－28 所示为某公司设备标签示意图。

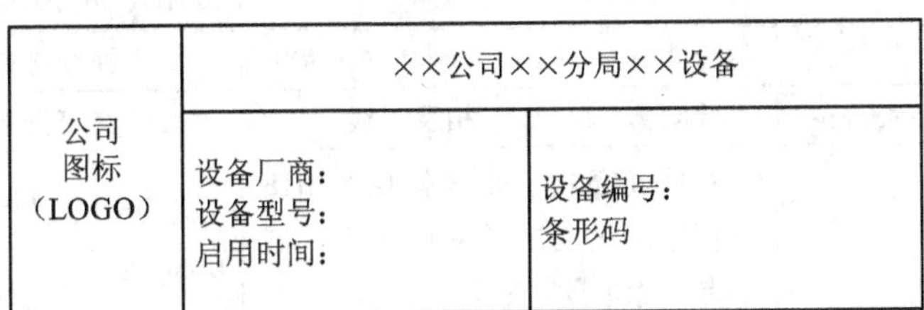

图 8－28　设备标签

5. 标签粘贴

线缆标识分 F 型、T 型和吊牌线缆标签。如图 8－29（a）～图 8－29（c）所示。

(a)

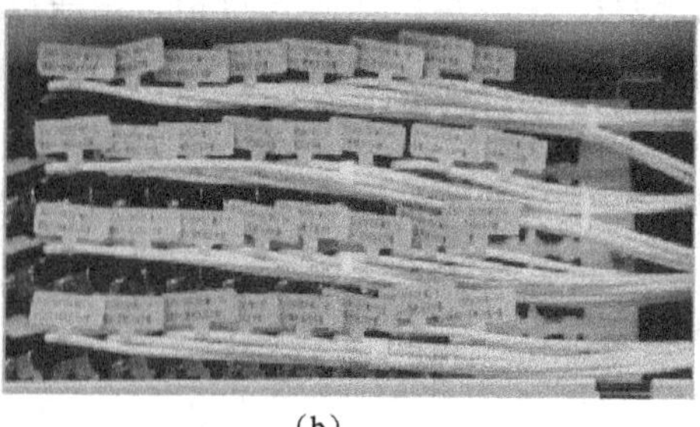
(b)

(c)

图8-29 线缆标识示意图
(a) F型；(b) T型；(c) 吊牌

F型和T型标签粘贴于网线、尾纤和2M线两端，距接头3~6 cm处，颜色主要有红、黄、蓝、绿和白等颜色；标签内容包含网线本端与对端信息，网元名称、电路方向、端口IP地址信息，2M信息收发及机架位置编号。其符合UL969标准，基材为聚丙烯类材料，背胶采用永久性丙烯酸类乳胶，室内使用5~10年。

F型标签尺寸及对应线缆见表8-7。

表8-7 F型标签尺寸及对应线缆

序号	标签尺寸/mm	适用线缆
1	20×30+30	2M线、尾纤
2	38×25+48	尾纤、网线
3	45×30+60	大信息量线缆、电源线

吊牌标签对折粘贴后用捆扎带捆扎，适用设备有电源线、室内馈线及不适宜用粘贴方式的设备和线缆，标签尺寸为45 mm×30 mm（单面）×2，主要有红、黄、蓝、绿和白等颜色，见表8-8。其符合UL969标准，基材为聚丙烯类材料，背胶采用永久性丙烯酸类乳胶，室内使用5~10年。

表8-8 吊牌标签尺寸及对应线缆

序号	适用线缆	标签内容	粘贴位置
1	室内馈线小区标签	标明站名、第几小区第几根以及900和1 800	室内馈线接避雷器上5~10 cm处用扎带扎在馈线上
2	室内馈线RX、TX标签	标明RX、TX以及900和1 800	室内馈线接避雷器处
3	交流三箱线接入标签	标明A、B、C三相及零线	市电交流三相线接入处
4	机柜电源线接入标签	标明正负极、收发信息及BTS机柜电源线正极（+）和BTS机柜电源线负极（-）	机柜电源线首尾两端距接头3~6 cm处
5	电池电源线接入标签	标明正负极及编号	电池电源线首尾两端距接头3~6 cm处
6	市电交流接入标签	标明市电交流引入线和收发信息	市电交流接入线距接头3~6 cm处

8.5　动环监控系统

8.5.1　动环监控系统概述

1. 动环监控系统

随着电信事业的发展及电信设备的大量增加，需要使用大量的动力设备。动力设备不仅种类繁多，而且位置分散，无疑增加了维护的难度。维护人员不但要巡视重要局房，并经常对重要的设备数据或信号进行抄表和测试，更要求能对系统出现的故障做出快速响应。此外，随着电信企业改革地不断深入，对维护效率提出了更高的要求。由于不少局站可能无人值守或少人值守，故需要通过一定的远程监控手段实时了解设备的运行状态。集中监控系统正是为了适应这一需求而发展出来的一种专用监控系统，以实现远程监控和集中管理，其不但能有力地保障通信设备的正常运行和设备安全，同时可提高电信企业维护效率。其主要用于对基站动力设备和环境进行监控，所以一般简称为动环监控系统。

目前，动环监控系统一般采用模块化结构，具有技术先进、组网灵活、可靠性强、实时性好、功能强大和升级方便等特点。本节以运营商广泛使用的中兴 ZXM10 集中监控系统为例对动环监控系统作简要介绍。

2. ZXM10 系统

ZXM10 集中监控系统运用当今先进的传感技术、通信技术和计算机技术，通过多种灵活的传输方式，将这些监控数据和图像传到中央监控中心，使分散的远端与监控中心连成一体。专业人员可以在监控中心进行远距离监控，实现远端无人值守。ZXM10 集中监控系统具有强大的五遥（遥测 AI、遥信 DI、遥控 DO、遥调 AO、遥视）功能。

ZXM10 系统包括本地网监控系统以及移动基站监控系统两个部分，主要对本地网与移动基站中的动力设备和环境实行监控。动力设备监控适用于电信机房的动力设备，包括油机、整流器、蓄电池组、高低压配电、空调、电源等；环境监控部分所要检测的参量包括温度、湿度、烟感、门磁、玻璃破碎和红外探测以及各个被监控点的现场图像。

ZXM10 向用户提供多种监测控制手段，可以准确迅速地发现各种故障和紧急情况，以保障用户项目的安全，帮助用户提高管理效率，适合于邮电通信、电力系统、交通系统、银行系统和矿山、机场、油田等各种大型公共设施的监控应用，以满足不同用户的需要。

3. 动环监控系统的监控对象

1）监控量

ZXM10 能够监测设备的模拟输入信号参量 AI、数字输入信号参量 DI、数字输出信号参量 DO 和模拟输出信号参量 AO 等。

2）监控对象

动环监控系统的监控对象有多种分类方式。

（1）按用途分。

监控对象按用途可分为通信动力系统和环境系统两大类。

通信动力系统是ZXM10动力环境监控系统的主要监控对象，其包括高压配电、低压配电、交流稳压器、UPS、柴油发电机组、整流器和蓄电池组等动力设备。

环境系统包括机房用空调、门磁开关、门禁、温湿度、红外、烟雾、玻璃破碎、手动报警开关和水浸等环境量以及各个局站的现场视频。

（2）按性能分。

监控对象按被采集设备的性能可分为智能设备和非智能设备。

智能设备是指设备本身带有一定数量的传感器、变送器，可以进行数据采集和处理能力，并带有智能接口，可直接与后台进行通信。对于智能设备，可通过其智能设备协议（包括智能设备通信协议、数据包的结构，包的内容及按口方式）直接进行通信，纳入监控系统。

非智能设备本身不具备数据采集和处理能力，无智能接口。

（3）按电特性分。

监控对象按电特性可分为非电量和电量。

对于非电量对象（如温湿度、烟感等），可通过传感器将非电量变成电量后接入数据采集设备。

对于电量（如电压，电流等），则可通过变送器把其变换成适合采集器要求的输入信号范围后接入数据采集设备。

（4）按信号性质分。

监控对象按信号的性质可分为模拟量和数字量。

模拟量是指那些随时间变化而连续变化的量（如交流电压、交流电流等），对这些量的测量，需采用模/数转换器将模拟量变成数字量后才能供单片机处理。

数字量是指那些仅有“0”和“1”两种状态的量，单片机可直接测量数字量。

8.5.2 动环监控系统组网

1. ZXM10监控系统总体结构

ZXM10动力及环境集中监控系统采用分布式计算机控制系统的结构，以多级监控中心自下而上逐级汇接而成。根据用户的实际情况和具体要求，ZXM10系统可以组成两级或三级组网结构。

ZXM10三级组网结构如图8-30所示，包括本地网监控中心SC、区域监控站SS、远端被控局监控单元SU和监控模块SM，监控模块SM与被监控的设备相连。二级组网结构如图8-31所示。

SC（Supervision Center）代表监控中心，一般设在本地网的网管中心并受网管中心管理。SS（Supervision Station）代表监控站，主要职能是受监控中心调度，执行对下属端局的维护操作。SU（Supervision Unit）代表监控单元，设在各个被监控的端局，负责对端局内的各个监控模块（SM）进行管理。SM（Supervision Module）代表监控模块，它可能是安装的监控设备，也可能是动力设备本身具有的智能接口。

该组网结构适合于大型的本地网监控网络，每个监控站SS可以监控区县内的数十个被监控远端局。各监控站可以将监控数据以及图像送到本地网监控中心SC，监控中心SC可以直接通过监控站SS向被监控端局SU下达监控命令。

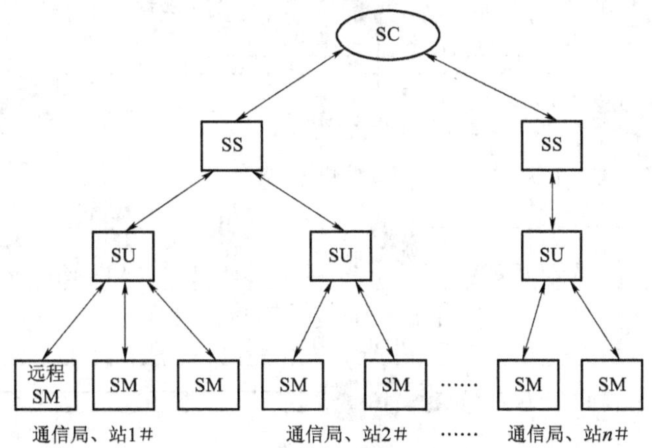

图8－30　监控系统三级结构

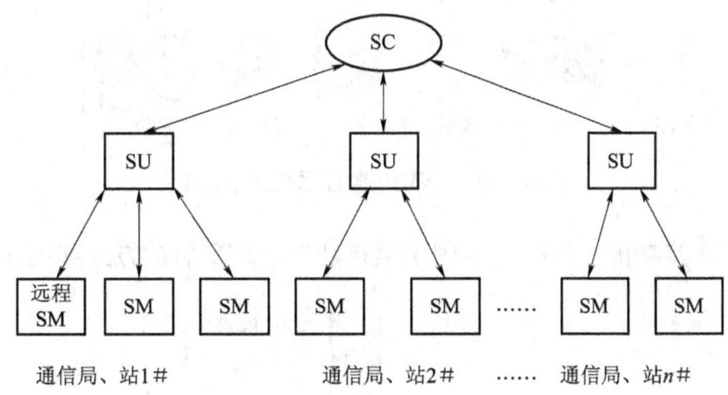

图8－31　监控系统二级结构

2. ZXM10监控系统基本组成

ZXM10系统的基本组成如图8－32所示，包括前端采集部分、远距离传输部分和中心局域网部分。图8－32所示为三级组网情况下的系统结构，图中左下部分描述了二级组网的系统结构。

3. ZXM10监控系统组网介绍

ZXM10监控系统支持多种组网接入方式，这里介绍几种我国内地最常用的组网方式。

1）2M时隙组网

通过采集模块将监控数据插入到2M电路的时隙中，向上级传输。通过交换管理单元（如GSM的BSC）或时隙交换设备（DX16）等将监控数据时隙交换到一条或多条2M电路上，在监控中心用PC2（8）M或NAE－4设备接入。

每一台PC2（8）M前置机的最大接入能力是120个端局，每一台NAE－4的最大接入能力是124个端局。

2M时隙组网方式分为BTS后插方式和BTS前插方式。

（1）BTS后插方式。

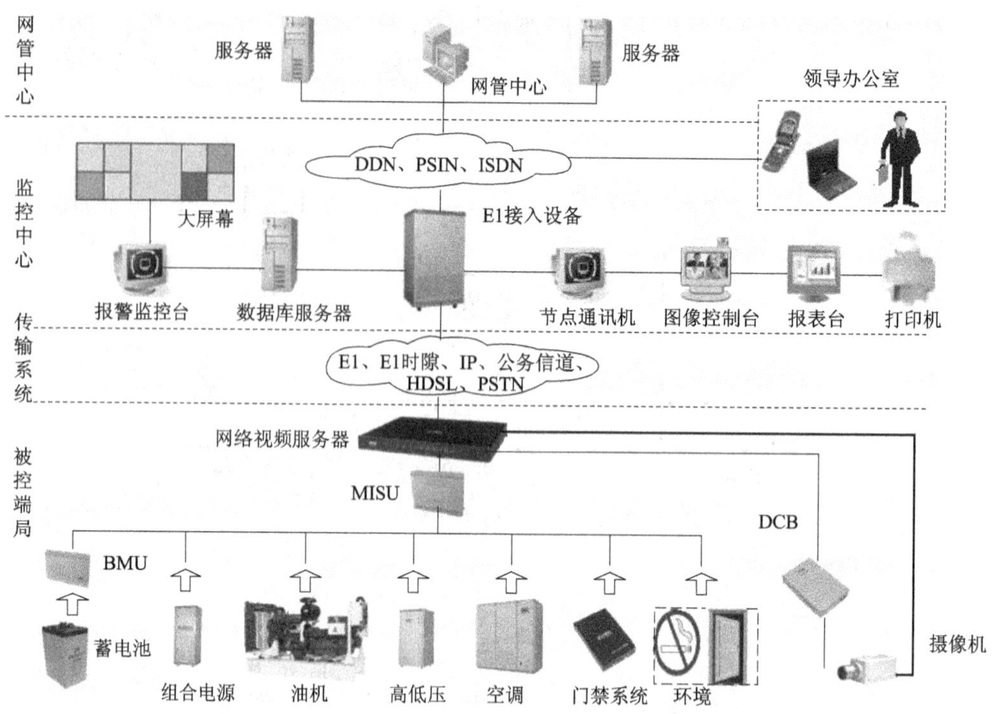

图 8－32　ZXM10 监控系统组成结构

BTS 支持菊花链接功能，BSC 有半固定链接功能。BTS 后插方式如图 8－33 所示。

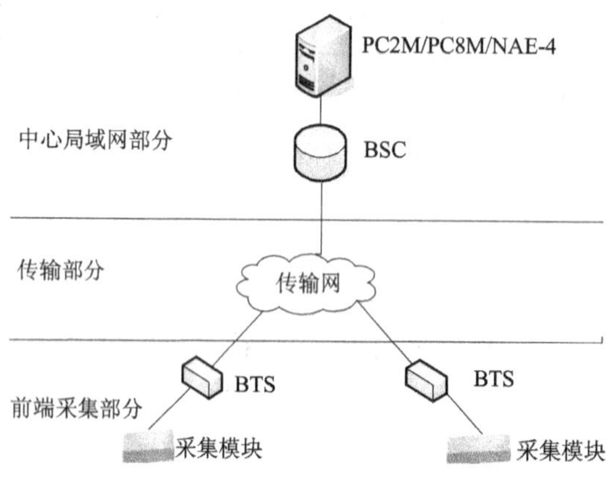

图 8－33　BTS 后插方式

（2）BTS 前插方式。

BTS 不具备菊花链接功能，但 BSC 有半固定链接功能，如果 BSC 没有半固定链接功能时，前插 DX16 收敛，组网如图 8－34 所示。

2）单独 2M 组网方式

单独 2M 组网方式主要应用于能够提供独立 2M 传输资源的端局，分单独 2M 时隙方式和单独 2M IP 方式。

（1）单独 2M 时隙方式。

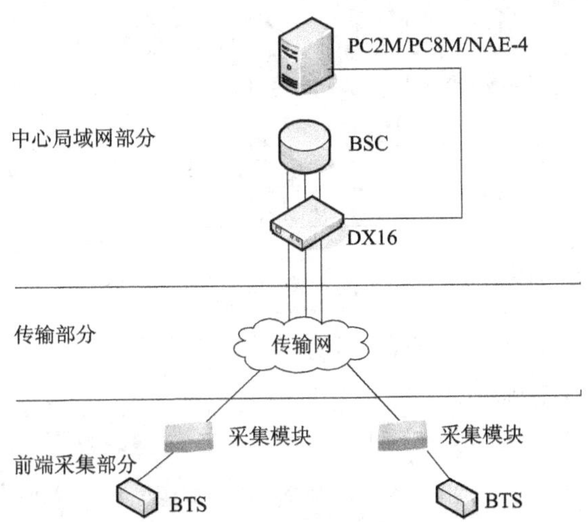

图 8－34　BTS 前插、中心 DX16 收敛方式

每个基站采用单独 2M，中心采用 DX16 等时隙交换设备将多个前端采集设备（FSU）所占用时隙进行交换收敛后再送到前置机（PC8M 或 NAE－4）。FSU 具有时隙插入功能，如 MISUE、EISU 等。其组网如图 8－35 所示。

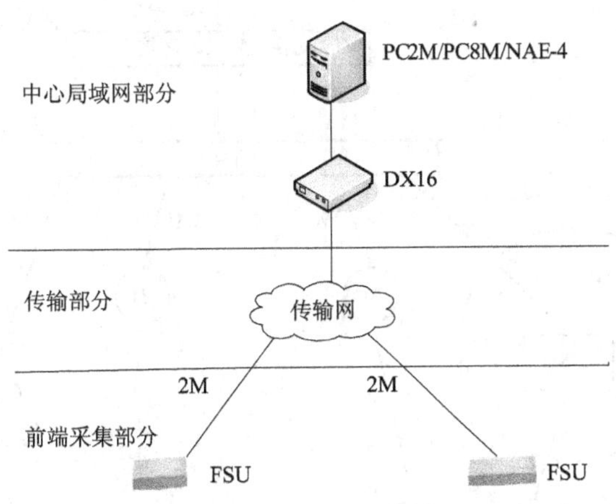

图 8－35　单独 2M 时隙方式组网

（2）单独 2M IP 方式。

每个站点 FSU 独占 2M，FSU 具有 EI－IP 转换功能，如 EAU－N＋MISUN（P）、EISU 等。其组网如图 8－36 所示。

3）2M 环组网方式

2M 环组网方式分 2M 环 IP 方式和 2M 环时隙方式。2M 环 IP 方式要求基站侧 FSU 必须具有 E1－IP 功能；2M 时隙方式应用范围较少，在此不作详细介绍。2M 环 IP 方式组网如图 8－37 所示。

4）IP 组网方式

IP 组网方式应用于用户具备 IP 网络传输资源的端局，其组网如图 8－38 所示。

需要注意的是，这种组网方式中的传输部分可以采用交换机、路由器等数据通信设备，

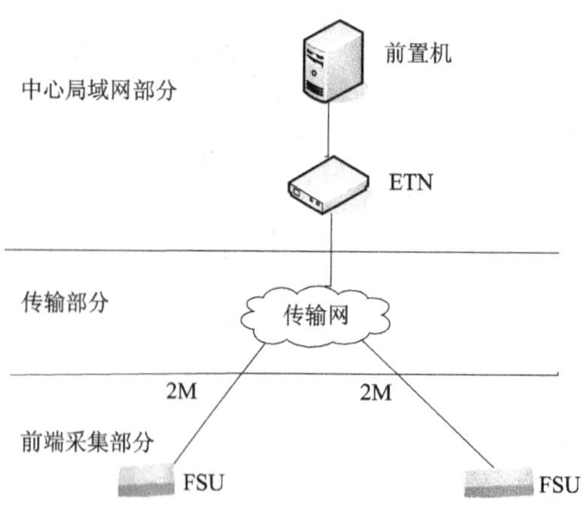

图8-36　单独2M IP方式组网

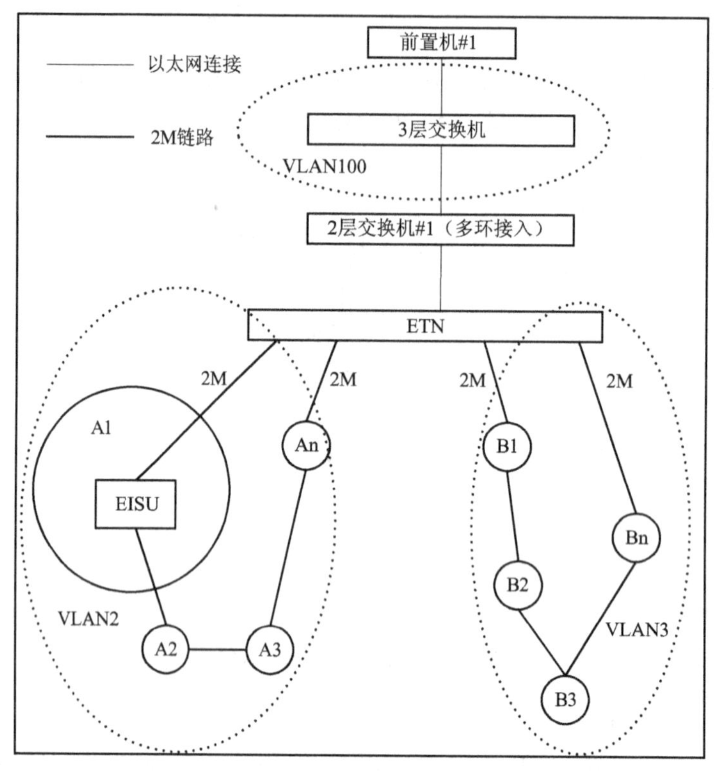

图8-37　2M环IP方式-EISU组网

也可以采用支持IP业务的传输设备。随着移动通信传输网络快速向全IP化演进，全面支持IP业务传送的新兴技术PTN（分组传送网）和OTN（光传送网）已成为传输网的主流，SDH/MSTP设备将逐步退网，因此，IP组网方式将替代2M组网方式成为动环监控系统的主流组网方式。

5）CDMA 1X无线方式

CDMA-1X无线方式组网如图8-39所示。值得一提的是，由于无线组网非常便捷，且随着无线接入技术的发展，GPRS、WLAN 和 3G 等无线组网方式在一些地区也有所应用。

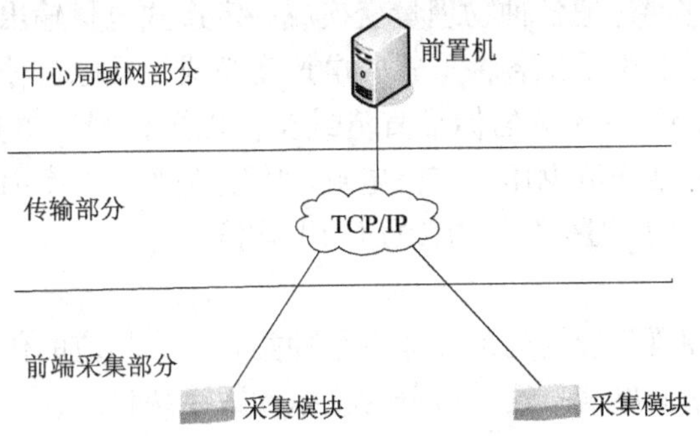

图 8－38　IP 方式组网

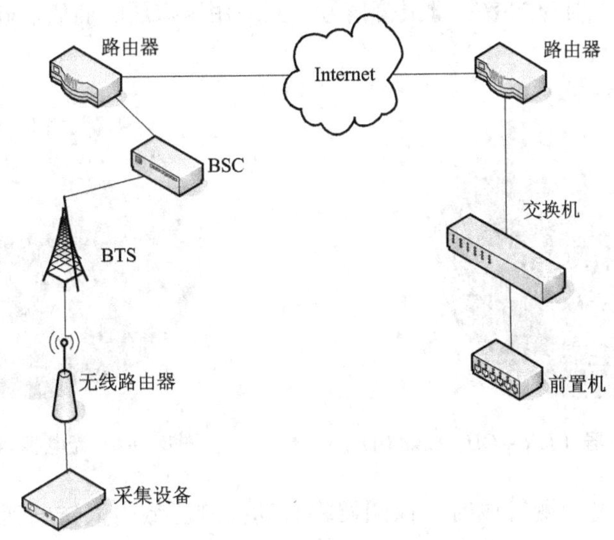

图 8－39　CDMA 1X 无线方式

8.5.3　动环监控设备

1. 传感器

1）传感器及其作用

监控系统测量范围广泛，如高低压配电设备、柴油发电机组、空调设备的交流电量（如交流电压、交流电流、有功功率、功率因数和频率等）、整流器、直流配电设备、蓄电池组的直流量（如直流电压、直流电流）、机房环境的各种物理量（如温度、湿度、红外、烟感、水浸和门禁等），同时其还可以监测表示各种物理状态的开关量。

由于监控系统数据采集设备的输入电量范围只能是一些小电压、小电流，而上述各种量却是一些非电量、强电量，因此必须用信号变换装置将它们转换成标准信号。传感器、变送器就是这样一种信号变换装置，传感器可以把一种形式的信号变换成另外一种形式的信号，变送器可以把同一种信号变换成不同大小或不同形式的信号。因此，传感器和变送器在监控系统中得到了广泛应用，是监控系统中必不可少的组成单元。

在监控系统中，传感器是把各种物理量变换成一定形式电量输出，以便于进行测量和数据采集的装置。电量变送器则是把各种形式的电量变换成标准电量输出的装置，其输出的标准电量一般为4～20 mA或0～5 V的标准直流或交流电压信号。电量变送器一般用于各种交流电量的变换，主要包括交流电压、交流电流、有功功率、功率因数和频率等。交流电量的表示方法有多种，常用的有瞬时值、有效值和平均值。

2）传感器分类

由于监控系统中各种要测量的电量和非电量种类繁多，相应的传感器和变送器也各种各样，故根据它们转换后的输出信号性质可分为模拟和数字两种。

（1）数字信号传感器（变送器）。

感烟探测器：用于探测烟雾浓度，如图8－40和图8－41所示。当烟雾达到一定的浓度时，感烟探测器将给出对应的数字量报警信号。其适用于家居、商店、仓库等场所的火灾预报警。

图8－40　光电感烟报警器（JTY－GD－CA2001L）

图8－41　光电感烟火灾探测器

红外传感器：通过探测区域时，探测器将自动探测区域内人体的活动。如图8－42和图8－43所示，如有动态移动现象，它则向控制主机发送报警信号。

图8－42　红外微波防盗探测器

图8－43　双鉴探测器

玻璃破碎传感器：当玻璃被击碎时，提供对应的继电器触点信号输出，给出对应的数字量报警信号。如图 8－44 所示。

水淹传感器：当传感器被水淹没时，输出一个标准的 TTL 低电平信号。如图 8－45 和图 8－46 所示。

图 8－44　FG－1025 型玻璃破碎传感器

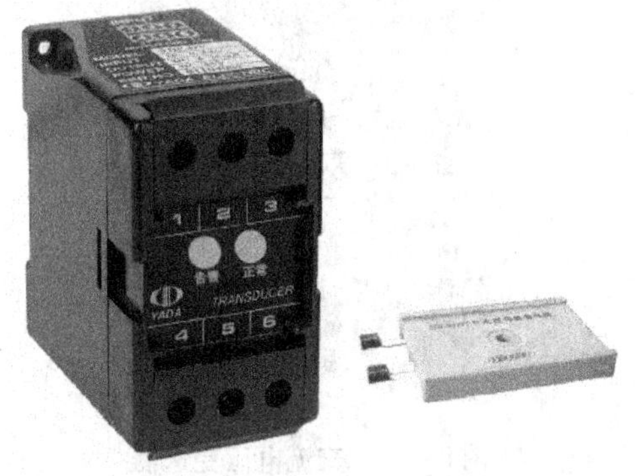

图 8－45　五探头水浸传感器

门磁开关：当门被打开时提供对应的继电器触点信号输出，给出对应的数字量报警信号。如图 8－47 所示。

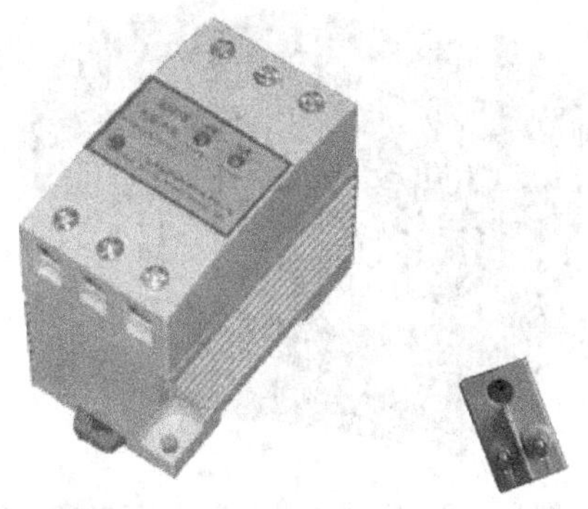

图 8－46　单探头水浸开关（SJ523A/B）

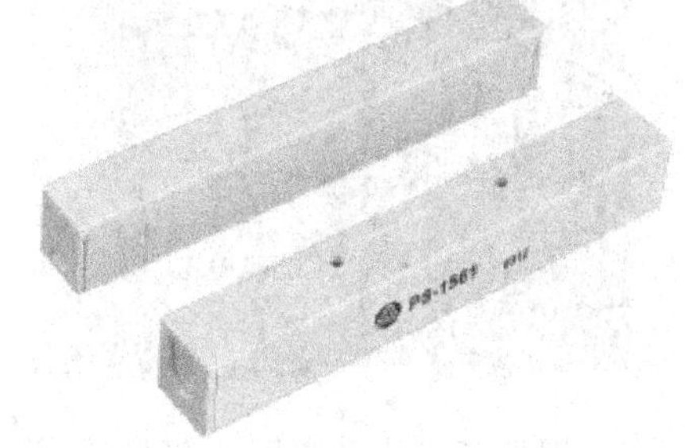

图 8－47　门磁（PS－1561）

报警开关：串接入供电电源，可给出对应手动报警信号（类似继电器触点信号输出）。

（2）模拟信号传感器（变送器）。

温湿度变送器：测试环境温湿度，输出与环境温、湿度呈线性关系的直流电流信号。如图 8－48 所示。

电量变送器：进行转换后，可将电压、电流等强电信号转换成标准信号输出。如图 8－49 ~ 图 8－51 所示。

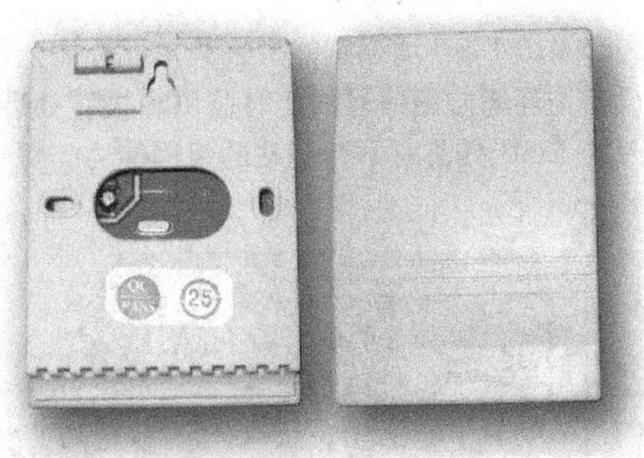

图 8－48　温湿度变送器

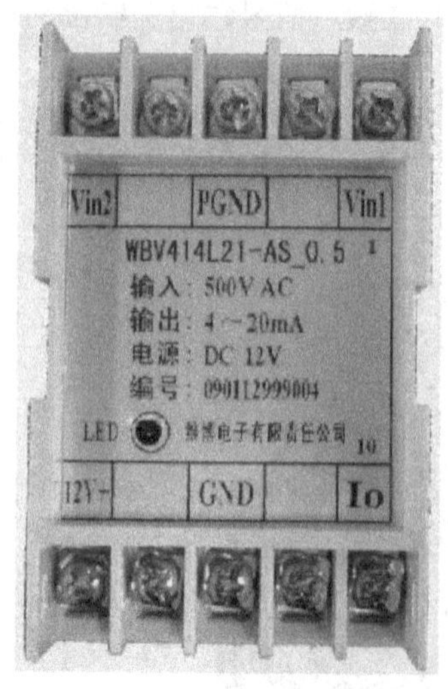

图8－49　交流电压变送器

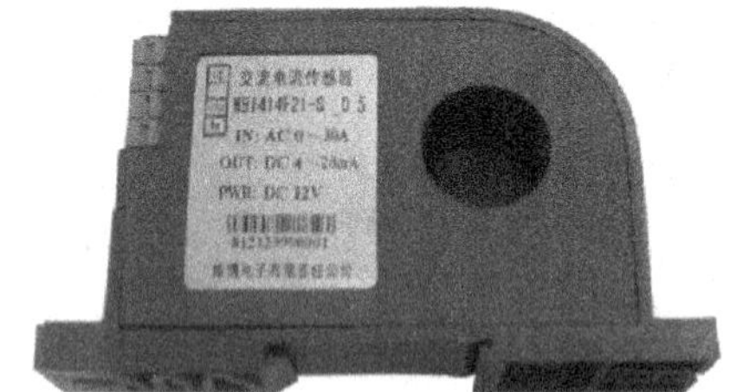

图8－50　交流电流变送器

智能电表：用来测量交流电压、交流电流、频率、功率和功率因素的智能表，可以通过MISU、EISU直接纳入到我们的系统中来，以省去传感器、变送器及采集模块。如图8－52所示。

图8－51　直流电压变送器

图8－52　智能电量变送器YD2010

2. 前端采集设备EISU

ZXM10 EISU增强智能型采集单元为嵌入式微处理器系统。它可以实现对各种基站动力设备与环境监测信号的实时监测和报警处理，并根据应用需求做出相应的控制。同时，ZXM10 EISU具备对下行基站的组网能力，可以有效地利用基站的通信资源进行组网。如图8－53所示。

图8－53　ZXM10 EISU外观

ZXM10 EISU外观如图8－53所示，其具备专用的传感器接口，可以接入1路数字温度传感器、2路蓄电池总电压、1路烟雾传感器；可提供多个智能设备协议解析接口，完成智能设备的数据采集和控制；具备图片监控功能，可提供2路USB摄像头接口，完成图片数据的处理、存储和转发；图片分辨率可达到 640 ×480；提供多种通信接口和组网方式，传输接口包括异步串口、以太网接口和 E1 接口，可以提供公务信道、网络、2M 保护环、2M 链、单独 2M、2M 抽时隙等组网方式；提供本地存储功能。在主通信中断后，ZXM10 EISU 可以在本地存储 15 天的数据；提供运行程序与智能设备通信协议程序远程下载和本地下载功能；具备设备自诊断、故障自定位功能；提供实时时钟的管理功能；可配置扩展传输板，提供透明以太网接口；支持智能设备中心解析功能。MISU 是 EISU 的前一代产品，两者功能和作用相似。

3. 传输接入设备

1）ETN

ETN 网络转换器属于 ZXM10 监控系统中的传输接入部分，是 ZXM10 监控系统的主要接入设备。

ETN 网络转换器外形如图 8－54 所示。ETN 最大能提供 8 路 E1 接口和 8 路以太网接口，可以实现 E1 线路与以太网之间的对接互连；可以提供一个配置串口（RS232/RS422）。通过该配置口可以配置每块 ETNM 单板的工作方式并读取其工作状态，每块 ETNM 单板可通过单板上拨码开关所确定的地址来区分；支持以太网方式设备的接入（如 EISU，MISUN，MISUNP），而 E1 网络可以作为数据的传输链路使用；具备远程复位功能，即在 ETN 设备异常情况下，配置程序可对 ETN 进行远程复位操作。

2）DX16 介绍

ZXM10 DX16 提供 16 路 2M（E1）线路接口，可以实现时隙之间的无阻塞交换，具有 TS0 时隙透传（非 CRC－4 帧模式下）及 E1 接口告警透传功能，适用于需要告警透明传输的系统。

ZXM10 DX16 外观如图 8－55 所示。ZXM10 DX16 提供 16 路 E1 接口，能够通过配置软件设置时隙交换关系，实现 512 ×512 时隙的无阻塞交换；时隙交换关系采用非易失性存储器存储，在掉电后所配置的数据不会丢失；具有灵活的时钟提取及自动切换功能；具有告警透传功能和 TS0 时隙透传功能；具有动态时隙交换功能。

图 8－54　ZXM10 ETN 外形

图 8－55　ZXM10 DX16 外观

8.5.4　动环监控网管软件系统

ZXM10 监控系统的核心平台是网管软件系统；核心功能包括实时数据显示、告警显示、数据存储、转发和报表统计等，包含的软件组件有业务台、备份服务台、存储服务台、配置台、报表台、管理台（包括主程序和代理程序）、前置台、鉴权服务台、节点服务台、同步台和数据库服务器等。

1. 业务台

业务台的主要功能是查询设备的实时数据，控制、调整设备的各种参数；对设备及下层中心的告警进行统计与管理；为用户提供各种简洁的视图和人性化的操作界面。

2. 备份服务台

备份服务台具有对三级监控中心或二级监控中心的历史数据进行自动备份、自动删除和导入功能。

3. 存储服务台

存储服务台应用于二级监控中心和三级监控中心的数据存储，其中，在二级监控中心应用时，对于前置台已经直接存储的数据，二级存储服务台不再进行存储。存储服务台可对节点台发来的告警数据、状态改变数据、遥调量改变数据和遥测量历史数据等信息进行存储。

4. 配置台

配置台主要的功能是帮助用户将网管系统中的所有监控对象（包括局站、设备、监控量、监控点）以及相互之间的关联关系存储到网管数据库中，以供其他软件子系统读取。

5. 报表台

报表台主要功能是查询、统计、分析告警设备运行情况及设备维护情况；生成、打印各种报表，生成各种统计曲线；给用户提供一个简洁的界面，以方便地管理报表。监控报表台软件采用B/S架构呈现报表，部署简单方便。

6. 管理台

管理台包括管理台服务程序（MC）和代理程序（Agent）两部分。代理程序负责监控计算机主机设备和采集数据，并将监控数据发送至服务程序。管理台服务程序负责接收所有代理程序和节点台发送的监控数据，然后对监控数据进行实时的统计分析和存储，并将结果传输至节点台，同时转发业务台的相关请求至代理程序，以达到对计算机主机设备的监控。在常规的三级组网中，监控管理台的管理台服务程序部署在LSC，代理程序部署在欲监控的主机。

7. 前置台

前置台提供监控数据的收集和分析功能，并将分析结果上报到监控中心并存储到数据库中。

8. 鉴权服务台

鉴权服务台为所有的登录提供验证用户登录、获取用户权限和修改用户信息等功能。

9. 节点服务台

节点服务台主要是对数据进行集中和转发。

10. 同步台

同步台用于二、三级数据同步。

11. 数据库服务器

数据库服务器使用了SQL Server数据库。

8.5.5　动环监控系统案例

中兴从2007年开始承建了中国移动通信集团××公司的动力环境集中监控系统，共计实现了对××市8 628个基站的集中监控、集中维护和集中管理。

如图8-56所示，移动动力及环境监控系统具有三级网络结构，各基站现场集中单元FSU负责对数据的采集监控，并由传输设备上报到区域监控中心LSC。各个区域监控中心的数据最终汇聚到××市集中监控中心CSC。FSU端局通过2M环、PTN网络等方式接入LSC，CSC与LSC之间通过MDCN网络通道连接。

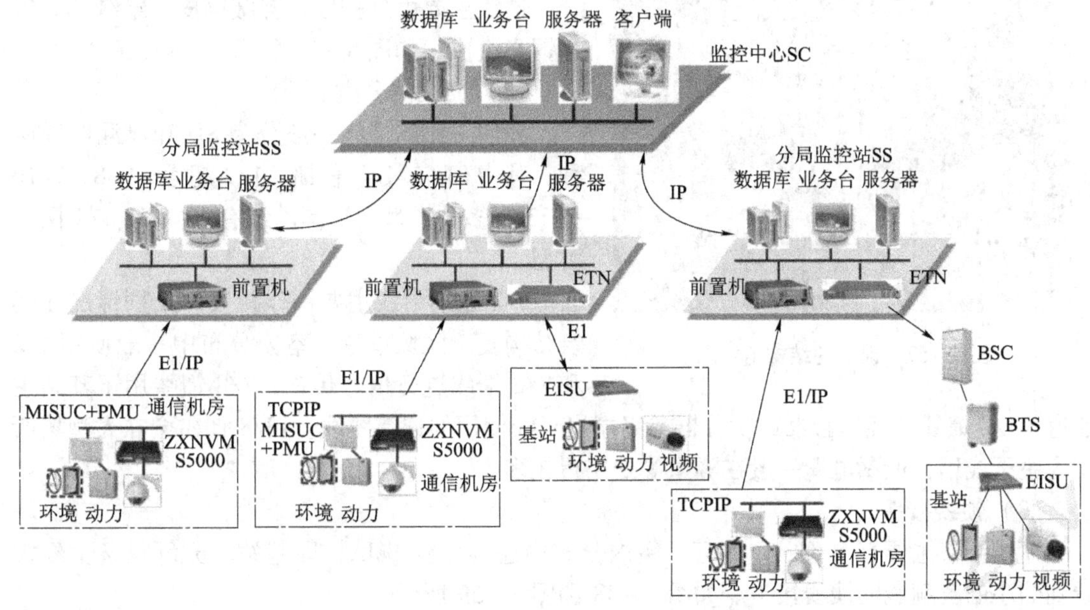

图8-56　××省移动监控系统全网结构示意图

在××省移动的这些被监控的基站中，有600多个基站传输资源比较匮乏，很难提供E1线路或PTN资源用于监控数据的传输。针对这种情况，中兴采用了短信+GPRS的无线传输方式，该无线传输为短连接模式，只在有数据传输时才连接网络，在数据传输完成后断开网络。这样既保障了告警信息的及时上报，也兼顾了历史数据的定时接收，同时也避免了对GPRS网络连接的长期占用。

8.6　技能训练

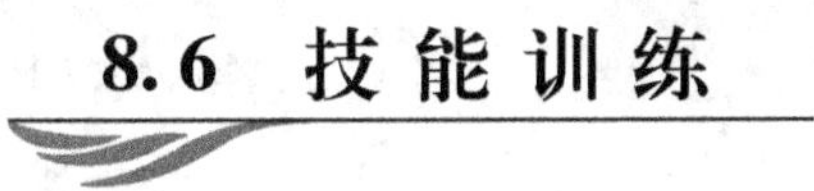

8.6.1　基站天馈线制作

1. 实验目的

（1）掌握移动通信天馈线系统的结构。

（2）掌握天馈线制作的原理、步骤及专业技能。

2. 实验原理

天馈系统是无线网络规划和优化中关键的一环，包含天线和与之相连用于传输信号的馈线及无源器件。馈线是通信用的电缆，一般用于基站设备中的 BTS 与天线的连接。信号需要通过天线来传输电磁波，而馈线可以给天线提供电磁通道，馈线的接头质量指标直接影响到共用天馈线系统各微波波道的通信质量。

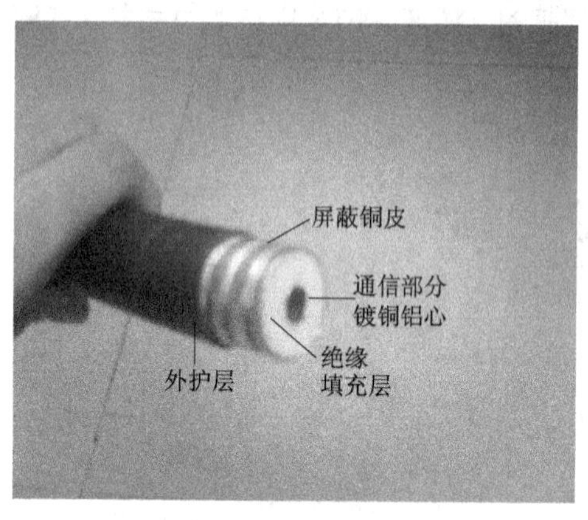

图 8－57　馈线的结构示意图

1）天馈线结构及分类

（1）馈线组成。

馈线主要由外护层、屏蔽铜皮、绝缘填充层和铜心组成。如图 8－57 所示。

（2）馈线的分类。

我们常用的馈线一般分为 8D 和泄漏电缆两种，其中 8D 有 1/2 普馈、1/2 超柔、7/8、7/16 和 13/8 多种类型，泄漏电缆有 13/8 和 5/4 两种类型。

1/2 超柔馈线主要用作跳线，个别情况在建筑结构复杂区域过弯，室内分布中一般使用 1/2 和 7/8 馈线进行信号传输，7/8 馈线用于基站主通道，1/2 馈线是经耦合器或功分器或终端出天线使用的连接跳线。13/8 偶尔会在大型场所作为主干线用，泄漏电缆一般在隧道等处用得较多。

（3）馈线接头。

馈线接头主要有 N 型、D 型等。室内分布中还会用到 SMA，即基站和光纤设备上经常看到的小的黄颜色的馈线接头。如图 8－58 和图 8－59 所示。

图 8－58　接头示意图

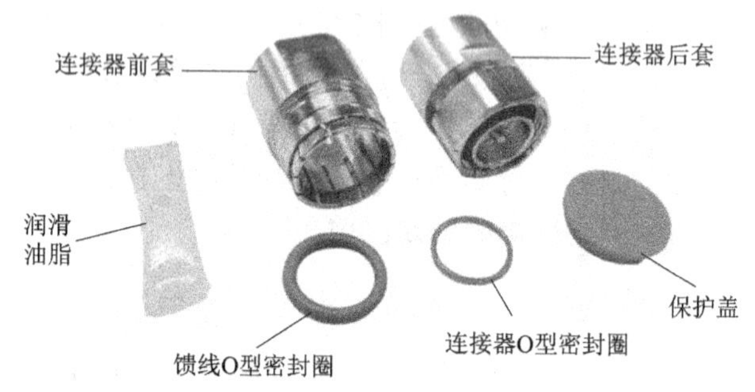

图 8－59　接头组成示意图

3. 实验步骤

1）馈线准备

选取合适长度的馈线，确定制作接头的位置，馈线接头部位必须是直的，不能有弯曲，将弯曲的馈线校直 15 cm 用于接头制作。

2）切割

图 8－60　7/8 切割刀

7/8 切割刀如图 8－60 所示，其上面是刀口，用于切割馈线，下面的半圆形槽刚好可以把 7/8 馈线卡进去。下面有两根圆柱形钢柱，一长一短，短的钢柱带尖，用于将 7/8 馈线里面的铜皮往外扩，以更好的接触接头；长的圆柱形钢柱用于放进馈线中心的铜管里，给外面短的圆柱形钢柱受力转动。

选择在将要制作接头馈线断口 5 mm 处的一圈馈线波纹的波谷中央位置，用馈线切割刀进行环切，用手轻压馈线切割刀，按馈线切割刀旋转的方向进行旋转以恰好能切断馈线皮为佳，应尽量避免切伤馈线外导体。

使用馈线安全刀从环切处开始向外将这小段馈线皮剥掉，剥削时，馈线安全刀的刀刃应微微向上，以避免划伤外导体的表面。

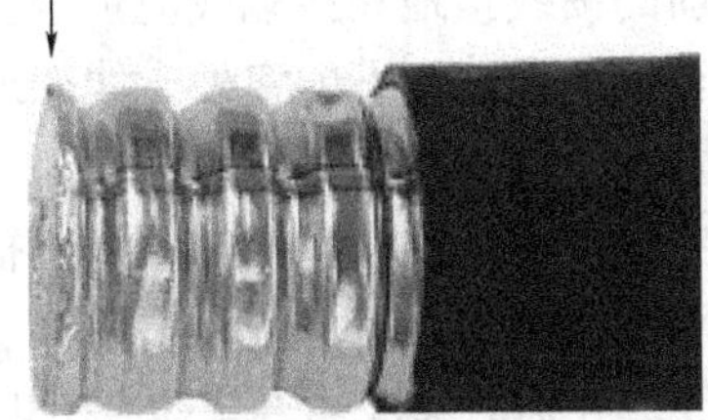

图 8－61　切割后的馈线

3）切口处理

用小金属刷将刚切割好的馈线端进行清洁，使用锉刀锉平馈线毛刺，并用切割刀（见图 8－61）对馈线内导体口扩孔，利用螺丝刀等工具挤压馈线端的绝缘层边沿，使其与馈线外导体呈 45°。如图 8－62 所示。

4）安装馈线接头后套

在外护层和铜屏蔽层套上 O 形圈并涂润滑油脂，以起到防水和牢固接头的作用；安装连接器后套，左手不动，右手把后套的外套往左推，注意切口和后套平齐。

5）紧固

先用手将接头的前端（外套件）和后端（内套件）拧紧，需要注意的是：拧紧的过程中外套件须固定不动，只旋转套在馈线端的内导体，待手拧紧后，再用扳手将接头拧紧，拧紧的方法仍然是旋转内套件，外套件用扳手夹紧固定，直到将接头两边紧密连接到位。如图 8－63 所示。

如果旋转连接器前套件，则在拧动过程中，连接器前套件内导体与馈线内导体因摩擦而产生的金属碎屑容易残存在两者接触面之间，影响馈线的电气性能。

图 8－62　切口处理后的效果

图 8－63　制作完成后的馈线

4. 实验报告

各团队撰写技能训练方案，按步骤制作馈线，注意施工安全；记录制作过程场景（打印照片并放入实验报告中）。

8.6.2 基站天馈线接地夹制作

1. 实验目的

（1）掌握天馈线接地原理。

（2）掌握天馈线接地夹制作原理及技能。

2. 实验原理

接地夹完成馈线的接地连接。当馈线在铁塔上布放时，若塔身有接地夹安装处，则可直接将接地线接至就近的铁塔钢板上；若塔身没有接地夹安装处，则可借助于馈线固定夹底座安装，即将底座固定在铁塔塔身或室外走线架上，而将接地线连接在固定夹底座上。当馈线在室外走线架上布放时，可将接地线接至接地性能良好的走线架上；接地线接至走线架接地处时，接地处的防锈漆应除去，接地线安装完成后，应再在线鼻、螺母以及走线架上涂防锈漆，裸线及线鼻柄应用绝缘胶带缠紧，不得外露。馈线入室前的馈线接地夹接地线应引至室外接地排，要求排列整齐。若没有安装室外接地排，则应接至接地性能良好的室外走线架或建筑物防雷接地网上，接地线和接地点连接处要做防锈处理。

在整个天馈系统安装过程中，有许多地方需要使用接地夹，现对用到接地夹的地点概括如下：

（1）通常每根馈线都应至少有三处避雷接地（三点接地），分别为馈线离开塔上平台后1 m范围内；馈线离开塔体引至室外走线架前1 m范围内；馈线进入馈线窗前馈线窗的外侧（就近原则）。当塔上馈线长度超过60 m时，还应在塔身中部增加避雷接地夹，一般为每20 m安装一处。

（2）若馈线离开铁塔后，则应在楼顶布放一段距离后再入室，且这段距离超过20 m时需在楼顶加一避雷夹。

（3）馈线自楼顶沿墙壁入室，若使用室外走线架，则室外走线架也应接地。

3. 实验步骤

（1）准备好必需的工具：裁纸刀、一字螺丝刀和尖嘴钳等。

（2）拆开避雷接地夹的包装盒及包装袋，把各部件和附件放在干净的地面或纸上，以便于取用，如图8－64所示。

（3）确定避雷接地夹安装位置，按接地夹大小切开该处馈线外皮，以露出外导体为宜，如图8－65所示。

（4）把避雷接地夹扣在馈线上。避雷接地夹接地线引向应由上往下，与馈线夹角以不大于15°为宜。如图8－66所示。

（5）在避雷接地夹上，先裹防水绝缘胶带，再裹PVC胶带。首先应从下往上逐层缠绕，然后从上往下逐层缠绕，最后再从下往上逐层缠绕。逐层缠绕胶带时，上一层应覆盖下一层1/3左右，如图8－67所示。

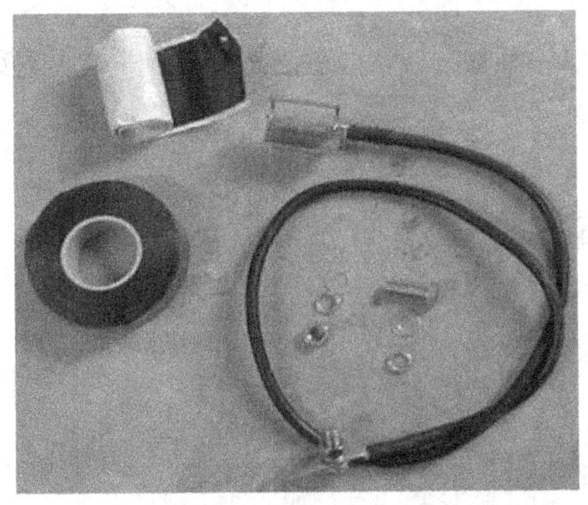

图 8-64　避雷接地夹安装附件

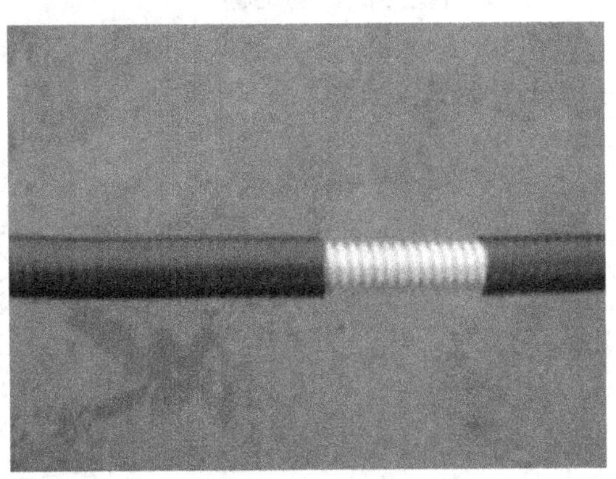

图 8-65　剥去馈线外皮

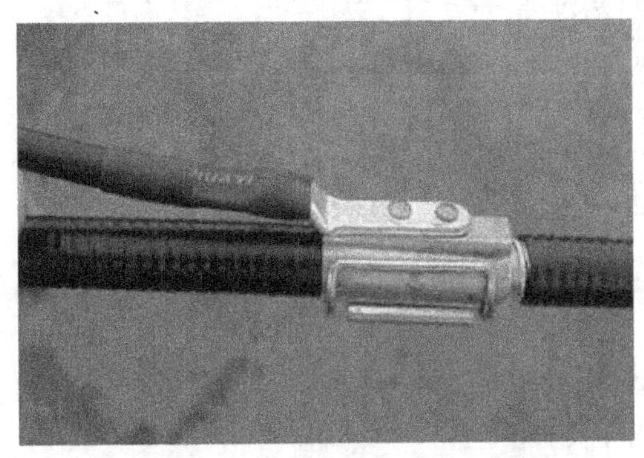

图 8-66　夹在馈线上的避雷接地夹

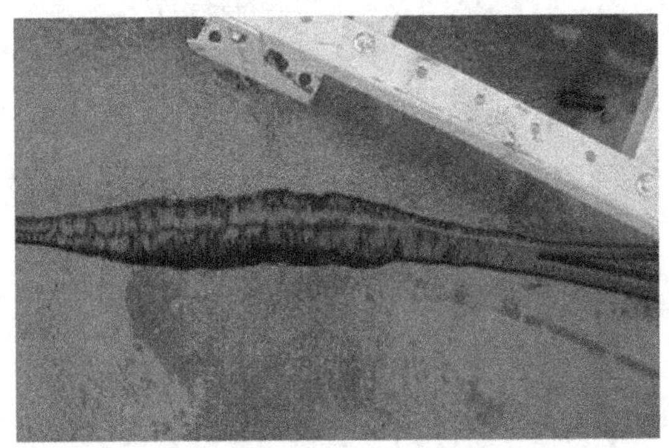

图 8-67　避雷接地夹缠上三层胶带示意图

（6）密封好的避雷接地夹接地线可接至室外接地排，也可接至接地性能良好的室外走线架上，当接在室外走线架时，走线架接地处的防锈漆应除去，接地线安装完成后，应再涂上防锈漆，其他裸露的接头部分如不能用绝缘胶带绝缘，则一律涂上防锈漆，以确保接触良好。

4. 实验报告

各团队撰写技能训练方案，按步骤制作馈线接地夹，注意施工安全；记录制作过程场景（打印照片并放入实验报告中）。

8.6.3　天馈线测试

1. 实验目的

掌握天馈测试仪的原理和操作技能。

2. 实验原理

1）天馈线测试仪种类

TDR（时域反射仪）专用于测故障点；HP8954E 专用于测 SWR（驻波比）；SITE MASTER（安立 S331D/安捷伦 N9330A）用于测试频域特性（SWR）与 DTF（故障点定位）。

2）天馈线测试仪的结构

天馈线测试仪主要由显示器、键盘、测试接口、蓄电池、软件系统和控制器等组成。安立 S331D 测试仪结构如图 8-68 所示。

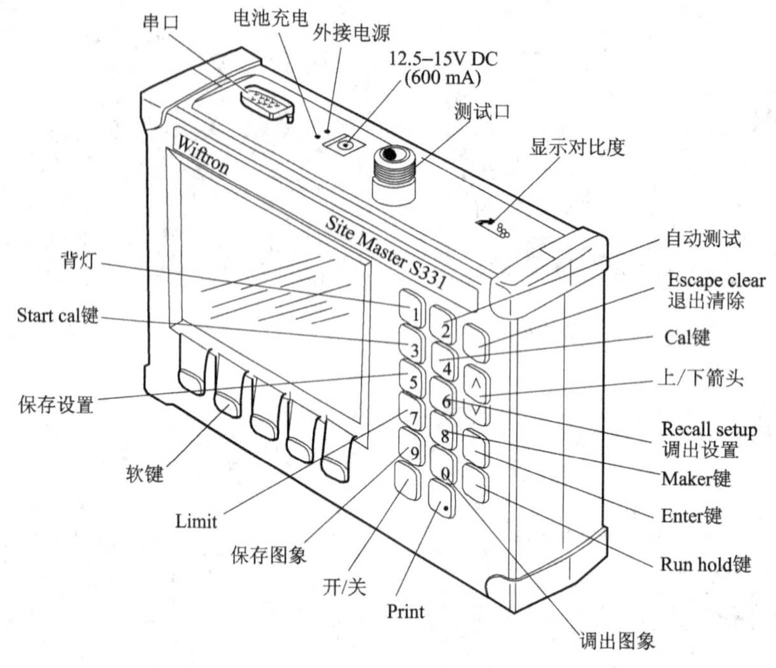

图 8-68　S331D 结构

3）测试原理

不论是什么样的射频馈线都会有一定的反射波产生，且还会有一定的损耗，其频域特性的测量原理是：仪表按操作者输入的频率范围，从低端向高端发送射频信号，之后计算每一个频点的回波，然后通过将总回波与发射信号比较来计算 *SWR* 值。

DTF（判断天馈线系统故障）的测试原理仪表发送某一频率的信号，当遇到故障点时，产生反射信号，到达仪表接口时，仪表依据回程时间 *X* 和传输速率来计算故障点，并同时计算 *VSWR*，所以 DTF 的测试与两个因数有关：PROP *V*——传输速率，*LOSS*——电缆损耗。

3. 实验步骤

1）选择测试天线的频率范围

（1）按“ON”按钮打开“SiteMaster”。

（2）按“FREQ”软键，然后按“F1”软键。输入天线系统的下限（“Lower”）频率值，按“Enter”键。

（3）再按“F2”软键。输入天线系统的上限（“Higher”）频率值，按“Enter”键。在显示区域显示新的频率数值范围。检查是否与输入的频率范围一致。

（4）按“MAIN”软键回到主菜单。

2）测试仪表较准

（1）将测试口扩充电缆连到测试端口。若在扩充电缆端口校准，则测出的天馈线长度以此点为参考点；若在标准测试端口校准，则测出的天馈线长度以点为参考点。

(2) 接校准器，按“START CAL”键 ，开始校准。如图 8 - 69 所示。

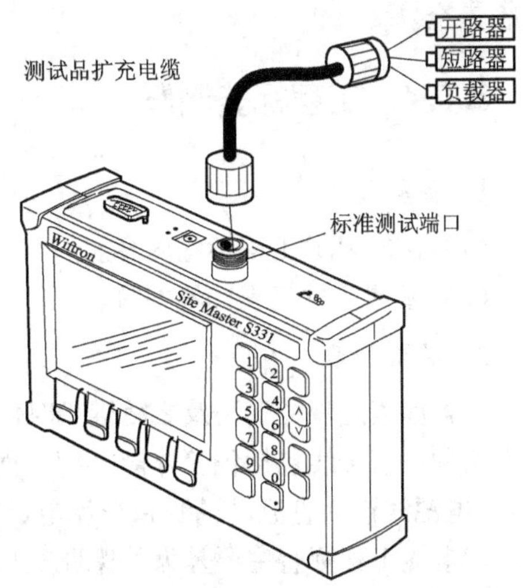

图 8 - 69　校准测试连接示意图

3）输入天馈线的参数

(1) 按“DIST”软键。

(2) 按“MORE”软键。

(3) 按“LOSS”键。

输入要测试的天馈线类型每米的损耗 dB 值 (7/8 硬馈线，型号为 LDF5 - 50A，cable loss = 0.043 dbm/m；1/2 的软跳线，型号为 LDF4 - 50A，cable loss = 0.077 dbm/m) ，然后按“Enter”键。

注意：只有采用供货商提供的正确值，才能保证测试结果的可靠性。

(4) 再按“PROP V”软键，输入“relative velocity”(7/8 硬馈线，型号为 LDF5 - 50A，V_f = 0.89；1/2 的软跳线，型号为 LDF4 - 50A，V_f = 0.88)，然后按“Enter”键。

注意：也可调出电缆表，直接选中所用的电缆型号。若有几种电缆混用，则选择使用最长的电缆型号。可省略 (3)、(4) 两步。

(5) 按“MAIN”软键返回主菜单。

4）测试连接 Test Set - Up

(1) 连接测试电缆到 SiteMaster 的测试端口，如图 8 - 70 所示。

(2) 连接适配器 B 到测试电缆。

(3) 将“Lower jumper”连接天线系统到 SiteMaster 的适配器 B 上。

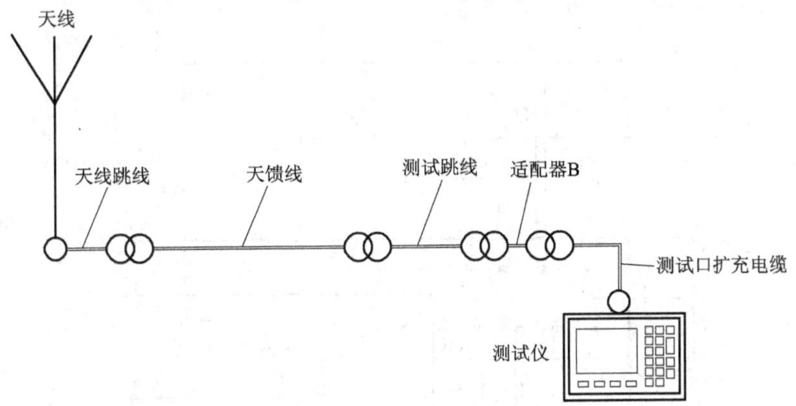

图 8 - 70　测试框图

5）测试数据要求

依据移动通信行业标准 YDT/1058—2000，要求天线驻波比小于 1.50，全向基站的天馈线驻波比小于 1.35，定向基站的天馈线驻波比小于 1.30。

4. 实验报告

各团队撰写技能训练方案，按步骤测试天馈系统，记录测试结果，注意测试人员和仪表安全。

8.6.4 工程标签制作

1. 实验目的

（1）掌握基站工程标签内容。

（2）掌握基站工程标签书写。

2. 实验原理

工程标签是现场安装及之后维护时使用的一种识别标识，其由电源线和信号线两方面可分为两种，信号线包括告警外接电缆、网线、光纤、中继电缆和用户电缆等（不包括天馈线）；电源线包括直流电源线和交流电源线（不包括电源母线）。天馈线标签与信号线标签不同。电缆工程标签主要是为了保证安装时的条理化、正确性及以后维护检查时的方便。如果用户需要保证机房内所有设备标签描述的统一性，则标签内容应按照用户的要求填写，但必须在报告中说明。

1）标签

（1）标签材料。

标签具有0.09 mm标签厚度、哑白本色面材颜色和PET的材料，可在－29℃～149℃使用且兼容激光打印和油性笔手工书写，其材质通过了UL和CSA认证。

（2）标签种类及结构。

工程标签分电源线、信号线和天馈工程三种。

① 信号线标签。

信号线采用固定尺寸的刀形结构，如图8－71所示。

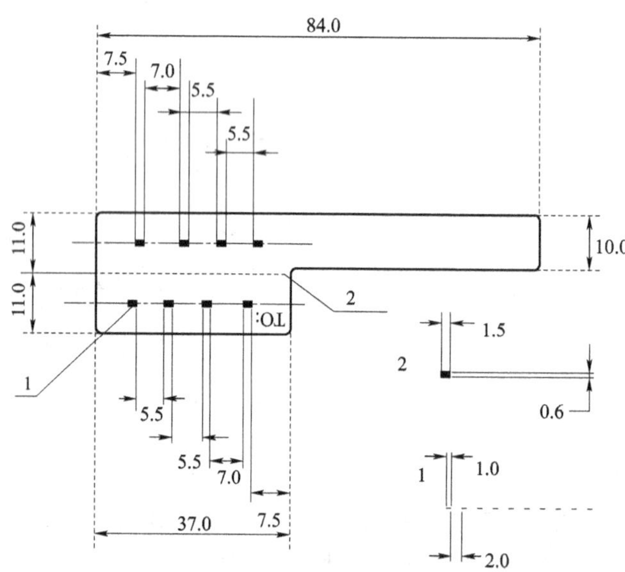

图8－71　信号线标签纸

1—分隔线；2—刀刻虚线

信号线标签纸中使用分隔线的作用是更加清晰地明确电缆位置信息，如机柜号和插框号之间有一个分隔线，插框号和板位号之间有一个分隔线，其他信息类同。分隔线尺寸为 1.5 mm×0.6 mm，颜色为 PONTONE 656c（浅蓝色）；

刀刻虚线的作用是使标签粘贴时方便折叠，其尺寸为 1.0 mm×2.0 mm，标签刀形结构右下角有一个英文单词“TO:”（在图示方向看是倒写的），用以表示标签所在电缆的对端位置信息。

② 电源线标签。

电源线标签在使用时需先将标签粘贴在线扣的标识牌上，然后再用线扣将其绑扎在电源线缆上，标识牌四周为 0.2 mm×0.6 mm 的凸起（双面对称），中间区域用来粘贴标签。如图 8－72 所示。

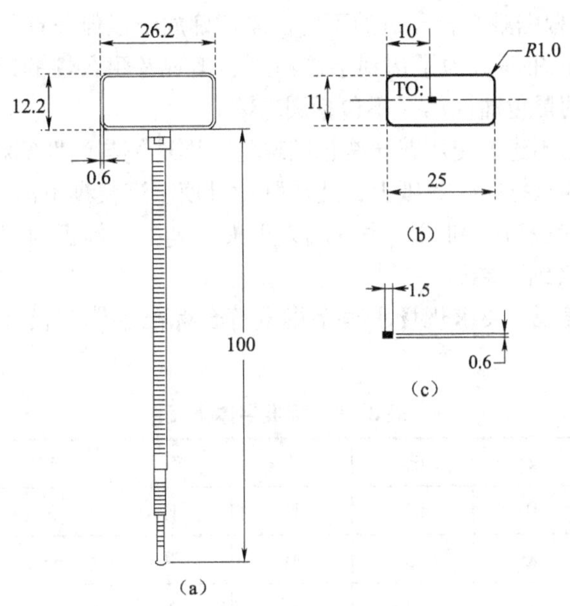

图 8－72　电源线标签纸

（a）线扣；（b）电源线标签纸；（c）标签上的分隔线

③ 天馈工程标签。

天馈工程标签使用的是金属标牌，1 mm 标签厚度，铝材料，标签正面喷涂黄色底漆，上面印有黑色的标签内容，标签正反两面都有塑料薄膜保护层。馈线标牌上的内容在出厂前就已经印制好，无须现场书写或打印。

馈线标牌需要用黑色线扣绑扎在馈线上，绑扎的位置为：距室外馈线接头 200 mm 处；馈线入室前在距馈线密封窗 200 mm 处；室内馈线与跳线接口处。绑扎时，标牌排列应整齐美观，方向应一致，线扣的方向也应一致，减去线扣尾时应留有 3～5 mm 余量。

（3）标签的书写。

标签内容有两种填写方式：打印机打印；使用油性笔手工书写。考虑到效率和美观性，建议采用打印机打印的方式。

① 采用打印机打印方式。标签打印必须使用打印模板，模板可通过 Microsoft Word 制作和网络下载两种途径获得。根据现场安装电缆的位置信息，可直接在模板上进行印字内容的

更改，而模板上字符的居中设置、方向、字体等原定规格不允许有任何改动；一般情况下字符大小不必改变，只有在内容较多无法布下时才允许采用“字符缩放”功能，但必须保证打印内容的清晰和可读性。打印机必须使用激光打印机，对激光打印机的型号不作限制。

对打印好的标签，打印内容应全部覆盖在标签上，不应有任何内容被印在标签的底纸上；每个空格的内容应尽量居中，单行的打印内容不应覆盖分隔线和“TO:”字样；当第一项内容较多允许空格被合并且多行打印时，需调节打印内容的位置使之尽量不要覆盖标签上自带的“TO:”字样（用“空格”键使打印内容后移直到下一行，这样即可避开与“TO:”重合）。

无论采用哪种型号的打印机，都必须一张一张地手动送纸，不能由打印机自己连续送纸，以避免卡纸（标签材质由两层组成，且经过印刷、刀模切割等多工序处理，不同于普通打印纸），送纸时，根据激光打印机的不同，需正确放纸以保证打印内容位置的准确。

② 使用油性笔手工书写。为了达到字迹识别、美观及耐久性的效果，在手工书写标签时必须使用随货配发的黑色油性笔（不包括圆珠笔）。

特殊情况下允许但不建议使用普通黑色圆珠笔。圆珠笔与油性笔相比书写效果较差，同时书写时容易将圆珠油涂抹在标签纸上，造成脏污且使字迹模糊不清。说明：双头油性笔的一端为大头（笔上有标识为“细”），另一端为小头（笔上有标识为“极细”），在书写标签时需使用小头（即“极细”端）。

为了便于识别和美观，要求现场手写字尽量符合标准字体模板（宋体）的要求。标准字体模板见表 8－9。

表 8－9　标准字体模板

0	1	2	3	4	5	6	7	8
9	A	B	C	D	E	F	G	H
I	J	K	L	M	N	O	P	Q
R	S	T	U	V	W	X	Y	Z

字的大小可根据数字或字母的数量灵活处理。当填写有汉字时，要求汉字大小适中、清晰可辨认、整齐美观。书写方向：标签中内容的书写方向如图 8－73 所示。

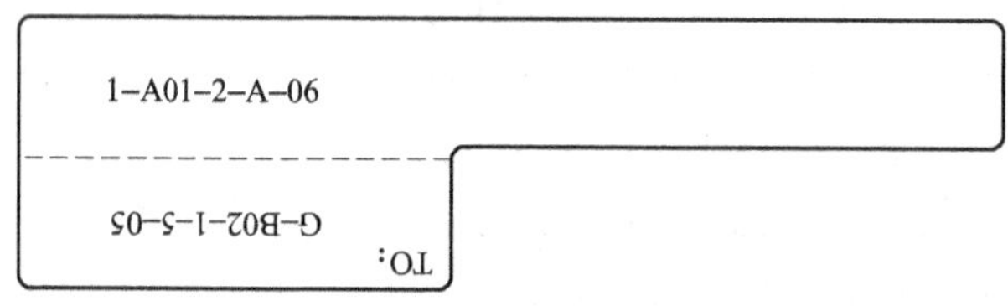

图 8－73　标签字体书写方向

（4）标签的粘贴方法。

粘贴标签之前应先在整版标签纸上填写或打印好标签内容，然后揭下并粘贴在电缆或标识牌线扣上。下面分别说明两种标签的粘贴方法。

① 信号线标签。

确定标签粘贴位置，标签默认粘贴位置在距离插头2 cm处，特殊情况可特殊处理，如：标签位置应该避开电缆弯曲或其他影响电缆安装的位置。

如图8-74（a）所示，将标签与电缆定位。标签在电缆上粘贴后，长条形文字区域一律朝向右侧或下侧，即在标签粘贴处，当电缆垂直布放时标签朝向右；当电缆水平布放时标签朝向下，此时粘贴方法相当于图8-74中三个图形分别顺时针旋转90°（下面两个步骤中对于电缆水平布放情况不再说明）。

折叠局部，向右环绕着电缆折叠标签局部，并粘贴。注意使粘贴面在电缆的中心面，局部折叠后的形状如图8-74（b）所示。

粘贴后局部不一定完全和文字区域重合，根据电缆外径的不同有的局部会比文字区域短，这是因为局部长度是根据单芯同轴电缆的外径2.6 mm设计的，当使用在大线径电缆上时，剩余的不同长度的局部区域被折在标签里面，从外面只能看到整齐的文字区域。

折叠标签，沿虚线向上折叠标签并粘贴，粘贴后形状如图8-74（c）所示。

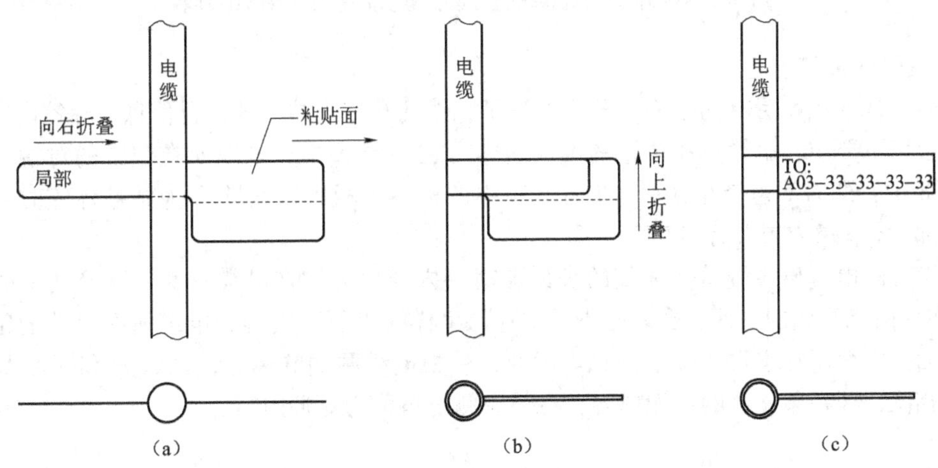

图8-74　信号线标签粘贴方法

（a）标签与电缆定位示意图；（b）局部折叠后标签形状示意图；（c）粘贴完成后标签形状示意图

② 电源线标签。

将标签纸从整版标签材料上揭下来，粘贴在线扣的标识牌上（只粘贴其中一面），应尽量粘贴在标识牌的四方形凹槽内（粘贴在哪一面不作规定，由现场根据操作习惯自行确定，但是同一机房内需保持粘贴面的统一）；线扣默认绑扎位置在距离插头2 cm处，特殊情况可特殊处理。

电缆两端均需要绑扎线扣，线扣在电缆上绑扎后标识牌一律朝向右侧或上侧，即当电缆垂直布放时标识牌朝向右；当电缆水平布放时标识牌朝向上，并保证粘贴标签的一面朝向外侧。如图8-75所示。

（5）标签的内容。

① 电源线标签内容。

电源线标签仅粘贴在线扣标识牌的一面，内容为电缆对端位置信息（体现标签上自带的“TO：”字样的含义），即仅填写标签所在电缆侧的对端设备、控制柜、分线盒或插座的位置信息。

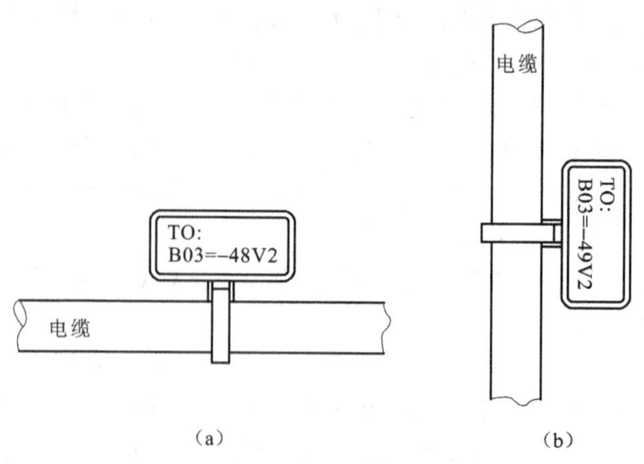

图 8-75　电源线标识牌绑扎效果

(a) 电缆水平存放时标识牌朝上；(b) 电缆垂直存放时标识牌朝右

② 信号线标签内容。

信号线标签粘贴后有两个面，分别标识了电缆两端所连端口的位置信息。标签内容的填写需符合以下要求：电缆所在位置的本端内容写在区域 A 中；电缆所在位置的对端内容写在区域 B 中，即右下角带有倒写“TO:”字样的标签区域中；区域 C 为粘贴标签时将被折叠的局部。如图 8-76 所示。

从设备的电缆出线端看，标签的长条形写字内容部分均在电缆右侧，字迹朝上的一面（即露在外面能看到的一面，也就是带“TO:”字样的一面）内容为电缆所在对端的位置信息，背面为电缆所在本端的位置信息。因此，一根电缆两端的标签，区域 A 和区域 B 中内容刚好相反，即在某一侧的本端内容，在另一侧时被称为对端内容。

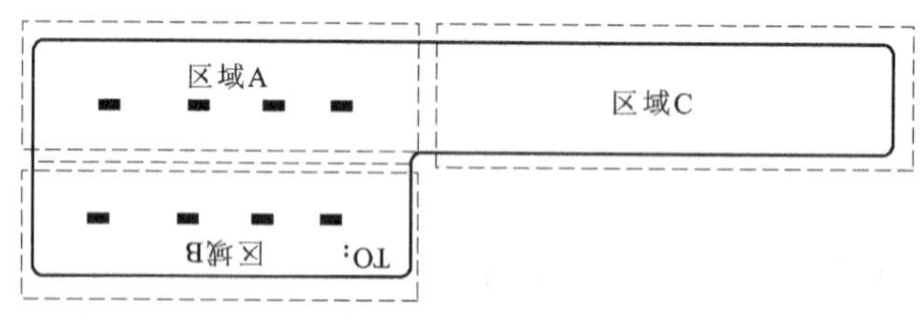

图 8-76　信号线标签示意图

(6) 标签使用注意事项。

标签内容填写、打印和粘贴过程中应保持标签纸面的清洁。因为所使用的标签纸为防潮防水材料，故在任何情况下都不允许使用喷墨打印机进行打印，不允许使用类似钢笔的水笔书写。在上述两项说明的基础上，要求标签粘贴整齐、美观，因为新型标签成长条旗状，如果粘贴位置和方向混乱，则将严重影响产品外观。电源线的标识牌线扣绑扎，要求线扣绑扎高度和标识牌方向一致。

2) 标签举例

(1) 馈线标牌的结构。

如图 8-77 所示，RAU 天馈系统馈线标牌内容 ATN 表示天馈，数字和字母标识每个天馈接口，从 0A 开始依次往后编号。

（2）光纤工程标签。

如图 8－78 所示，标签一侧“A0－01－05－05－R”：说明光纤本端连接机房中 A 行、01 列的机柜、第 1 个插框、第 5 个板位、第 5 个光接收端口；标签另一侧“G01－01－01－01－T”：说明光纤另一端连接机房中 G 行、01 列的机柜、第 1 个插框、第 1 个板位、第 1 个光发送端口。

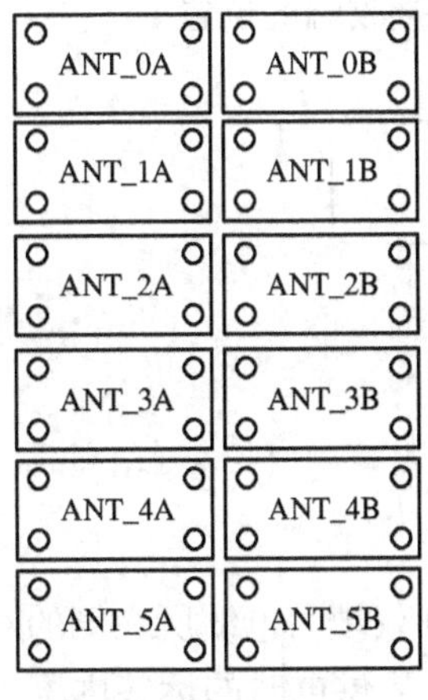

图 8－77　天馈工程标签

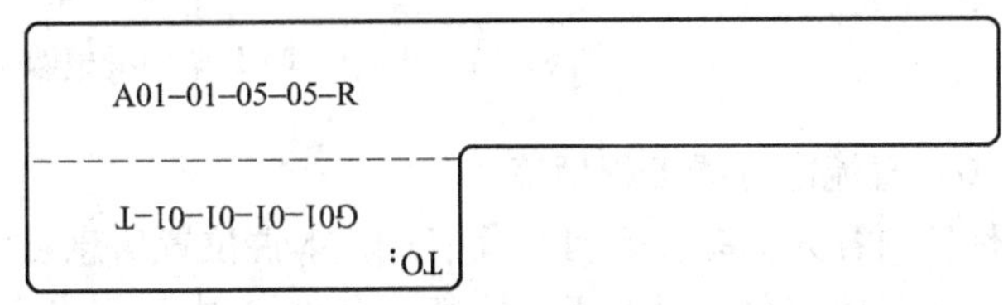

图 8－78　设备间光纤标签示例

（3）ODF 标签。

如图 8－79 所示，标签一侧为“ODF－G01－01－01－R”：说明光纤本端连接到机房中第 G 排、01 列的 ODF 架上、第 1 行、第 1 列端子光接口接收端的位置；标签另一侧为“A01－01－05－05－R”：说明此光纤对端连接到机房中第 A 排、01 列的机柜、第 1 个插框、第 5 个板位、第 5 个光接收端口的位置。

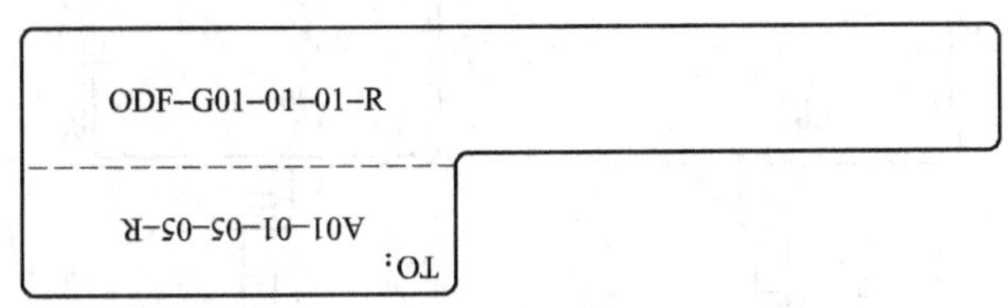

图 8－79　设备到 ODF 配线架间光纤标签示例

（4）中继电缆工程标签。

如图 8－80 所示，标签一侧为“G01－01－05－12－T”：说明此中继电缆本端连接到机房中第 G 排、01 列的机柜、第 1 个插框、第 5 个板位、第 12 个中继电缆发送端的位置；标

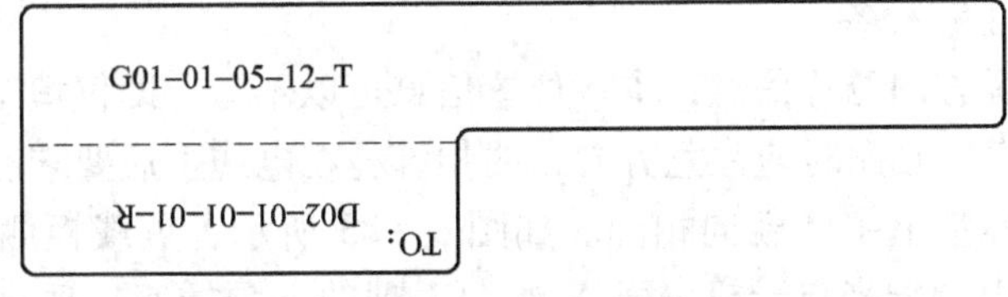

图 8－80　设备间中继电缆工程标签示例

签另一侧为“D02 -01 -01 -10 - R”：说明此中继电缆对端连接到机房中第 D 排、02 列的机柜、第 1 个插框、第 1 个板位、第 10 个中继电缆接收端的位置。

（5）DDF 工程标签。

如图 8 -81 所示，标签一侧为“A01 -03 -01 -01 - R”：说明此中继电缆本端连接到机房中第 A 排、01 列的机柜、第 3 个插框、第 1 个板位、第 1 个中继电缆接收端的位置；标签另一侧为“DDF - G01 -01 -01 - AR”：说明此中继电缆对端连接到机房中第 G 排、01 列的 DDF 架上、第 1 行、第 1 列、A 向端子（即连接光网络设备）接收端的位置。

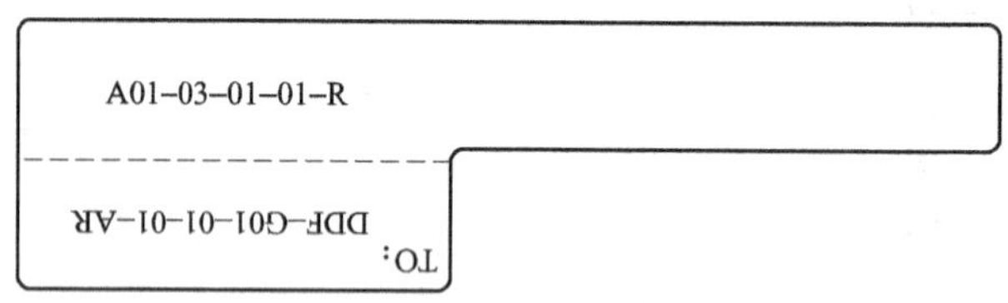

图 8 -81　设备到 DDF 架中继电缆工程标签示例

（6）直流电源线工程标签。

标签内容为电缆源方向位置信息，本端位置信息可以不写，即仅填写电缆所在侧的对端设备、控制柜或分线盒的相应信息。表 8 -6 中仅列出了两路 -48 V 供电时的标签内容，其他直流电压的填写内容类似（如 24 V、60 V 等）。粘贴时应注意方向，线扣绑扎在电缆上后要求有标签的一面朝向外侧，同一机柜中电缆标签上字体朝向相同。如图 8 -82 所示，负载柜侧电缆上标签内容为“A01/B08— -48V2”：说明此电源线为 -48V2，来自于机房第 A 排 01 列配电柜中，第二排 -48 V 接线排上第 8 个接线端子处；配电柜侧电缆上标签内容为“B03— -48V2”：说明此电源线为 -48V2，来自于机房第 B 排、03 列负载柜。

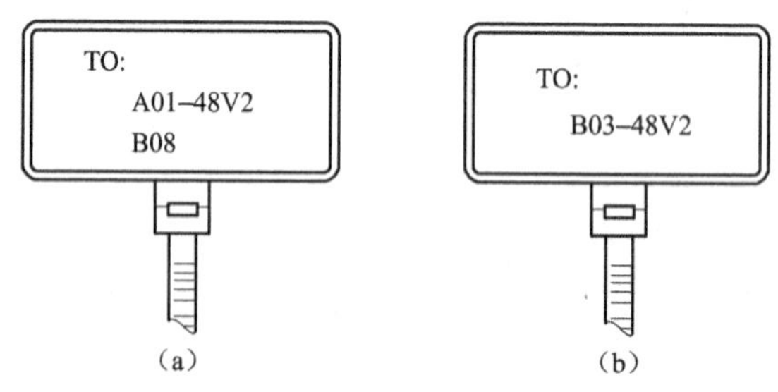

图 8 -82　直流电源线工程标签示例

（a）负载柜侧电缆上标签内容（即配电柜侧电缆的位置信息）；
（b）配电柜侧电缆上标签内容（即负载柜侧电缆的位置信息）

（7）直流电源线工程标签。

标签内容为电缆源方向位置信息，本端位置信息可以不写，即仅填写电缆所在侧的对端设备、插座的相应信息。粘贴时应注意方向，线扣绑扎在电缆上后要求有标签的一面朝向外侧，同一机柜中电缆标签上字体朝向相同。如图 8 -83 所示，负载柜侧电缆上标签内容为“A01 - AC”：说明此电源线来自于机房第 A 排、01 列的电源插座；插座侧电缆上标签内容为“B01 - AC”：说明此电源线来自于机房第 B 排、01 列负载柜。

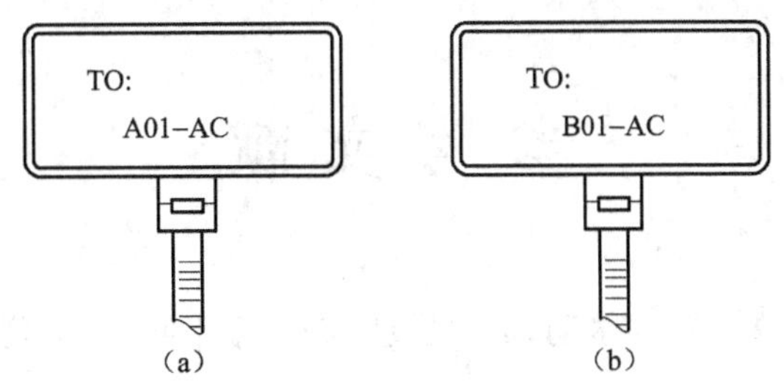

图 8－83　交流电源线工程标签示例
a）负载柜侧电缆上标签内容（即配电柜侧电缆的位置信息）；
（b）配电柜侧电缆上标签内容（即负载柜侧电缆的位置信息）

3. 实验步骤及实训报告

各团队撰写技能训练方案，通过参观实训基地和机房，将所见标签结果记录或拍照，根据老师现场提供信号线、机柜、馈线和电源线制作标签。注意现场人员和设备安全。

参 考 文 献

[1] 华永平，钟苏，赵桂钦．移动通信原理与设备［M］．上海：上海交通大学出版社，2002.

[2] 郭梯云，杨家玮，李建东．数字移动通信［M］．北京：人民邮电出版社，2000.

[3] 祁玉生，邵世祥．现代移动通信系统［M］．北京：人民邮电出版社，1999.

[4] 庞宝茂，肖岗，杜思深．现代移动通信［M］．北京：清华大学出版社，2004.

[5] 高大飞，韩连伟．爱立信 RBS200 数字移动通信基站的原理与维护［M］．北京：人民邮电出版社，1998.

[6] 魏红．移动通信技术［M］．北京：人民邮电出版社，2005.

[7] 王世顺．移动通信原理与应用［M］．西安电子科技大学出版社，1995.

[8] 邬国扬．CDMA 数字蜂窝网［M］．西安：西安电子科技大学出版社，2000.

[9] 薛晓明．移动通信技术［M］．北京：北京理工大学出版社，2007.

[10] 张威．GSM 网络优化－原理与工程［M］．北京：人民邮电出版社，2003.

[11] 段丽．移动通信技术［M］．北京：人民邮电出版社，2009.

[12] 昆明移动电话维修技能培训中心．移动通信基础.

[13] 蔡涛，等，译．无线通信原理与应用［M］．北京：电子工业出版社，2006.

[14] 吴伟陵．移动通信中的关键技术［M］．北京：北京邮电大学出版社，2000.

[15] 杨大成，等．CDMA2000 技术［M］．北京：北京邮电大学出版社，2000.

[16] 张平，等．第三代蜂窝移动通信系统——WCDMA［M］．北京：北京邮电大学出版社，2000.

[17] 中国移动通信集团辽宁有限公司．移动通信设备安装工艺图解［M］．北京：人民邮电出版社，2009.